审图号：苏 S（2023）19 号

图书在版编目（CIP）数据

江苏植被志 / 张光富，伊贤贵著．—福州：福建科学技术出版社，2023.11

（中国东南沿海植被书系）

ISBN 978-7-5335-7133-7

Ⅰ．①江… Ⅱ．①张… ②伊… Ⅲ．①植物志－江苏 Ⅳ．① Q948.525.3

中国国家版本馆 CIP 数据核字（2023）第 219583 号

书　　名	**江苏植被志**
	中国东南沿海植被书系
著　　者	张光富　伊贤贵
出版发行	福建科学技术出版社
社　　址	福州市东水路76号（邮编350001）
网　　址	www.fjstp.com
经　　销	福建新华发行（集团）有限责任公司
印　　刷	福州德安彩色印刷有限公司
开　　本	889毫米×1194毫米　1/16
印　　张	45.5
字　　数	1188千字
插　　页	4
版　　次	2023年11月第1版
印　　次	2023年11月第1次印刷
书　　号	ISBN 978-7-5335-7133-7
定　　价	330.00元

“十四五”时期国家重点出版物出版专项规划项目
国家出版基金项目

中国东南沿海植被书系

江苏植被志

张光富　伊贤贵　◎　著

海峡出版发行集团 | 福建科学技术出版社
THE STRAITS PUBLISHING & DISTRIBUTING GROUP | FUJIAN SCIENCE & TECHNOLOGY PUBLISHING HOUSE

参加调查与编写人员

（按姓氏拼音排序）

蔡瀚纬　龚　滨　李　伟　李恺頔　刘　洁　刘　婷

鲁　欣　彭仙丽　邵丽鸳　时　盼　王浩然　王林林

严　格　姚　锐　周艳蓉　朱　伟

“中国东南沿海植被书系”

出版说明

生态文明建设是关系中华民族永续发展的根本大计。党的十八大以来，以习近平同志为核心的党中央，深刻总结人类文明发展规律，将生态文明建设纳入中国特色社会主义“五位一体”总体布局和“四个全面”战略布局，开创了生态文明建设的新局面。

保护生态环境，建设一个天蓝、地绿、水净的美好家园，是全社会共同的愿望。

植被是地球表面最显著的自然特征，在生态系统中有着举足轻重的作用。它是生态系统的主要组成部分及物种基因库，环境多样性与复杂性的指示者，也是人类和其他生物赖以生存、不可替代的物质基础和生活资源。无论是气候、地质地貌，还是土壤、水文，都与植被息息相关。因此，植被是生态保护和建设的基础与标志，一个地区的植被整体状况综合反映了该地区的生态本底。

我国东南沿海地区，地跨暖温带到亚热带再到热带区域数个气候带，热量足，降水丰沛；地处我国地势三大阶梯的最后一级，有五指山脉、南岭山脉、台湾山脉、武夷山脉、泰山山脉等山系，五指山、尖峰岭、鼎湖山、罗浮山、十万大山、玉山、武夷山、戴云山、天目山、云台山、泰山和崂山等名山；我国三大河流——黄河、长江、珠江的出海口也都在此地区，形成了著名的大河三角洲。高异质性的生境，孕育了东南沿海丰富多样的地带性植被类型：温性针叶林、温性针阔叶混交林、暖性针叶林、热性针叶林、落叶阔叶林、常绿落叶阔叶混交林、常绿阔叶林、硬叶林、季雨林、雨林、珊瑚岛常绿林、红树林、竹林、落叶阔叶灌丛、常绿阔叶灌丛、灌草丛、稀树草原，以及非地带性的草甸、沼泽、水生植被、滨海植被，等等。数千年人类生活生产活动，更增加了这一地区植被的多样性和复杂性。

东南沿海地区，涵盖珠三角、长三角和黄三角等我国经济最发达的地区，如何践行“两山论”，加强生物多样性保护，特别是植被的保护，走生态优先、绿色发展之路是一个重大的课题。

显然，深入认识东南沿海地区植被现状至关重要。基于此，我社决定组织出版“中国东南沿海植被书系”。书系采用“志”的形式，力图全面系统地记述东南沿海地区各省（直辖市、自治区）植被类型与分布。邀约一批长期致力于东南沿海各区域植被调查研究的专家学者担任作者。作者团队在主持完成诸多国家级或省部级有关植被生态的课题，以及各区域自然保护地综合科学考察中，积累了丰富的第一手资料，取得了许多重要的原创性研究成果。书系充分反映作者团队对东南沿海地区植被调查研究的最新成果。

人不负青山，青山定不负人。我们相信，“中国东南沿海植被书系”的出版，对于东南沿海地区植被资源保护和合理利用，乃至生态环境保护和生态文明建设将起到积极的推动作用。

福建科学技术出版社

2020 年 8 月

前言

江苏省地处中国东部沿海地区中部，长江、淮河下游，地跨 30.7500°—35.1333°N，116.3500°—121.9333°E。它东濒黄海，北接山东，西连安徽，东南与上海、浙江接壤，是长江三角洲地区的重要组成部分。江苏省跨江滨海、湖泊众多，地势平坦，地貌由平原、水域、低山丘陵构成，其中以平原为主。江苏省陆地面积为 10.72 万 km^2，占中国陆地总面积的 1.12%。境内最高峰为连云港市云台山主峰玉女峰，海拔 624.4m。长江横贯东西 426km，京杭大运河纵贯南北 718km，海岸线长达 954km。江苏省共辖 13 个设区市、95 个县（市、区）。截至 2022 年末，江苏省常住人口 8515 万人，人均地区生产总值自 2009 年起连续稳居全国第一位，地区发展与民生指数（DLI）位居全国省域第一。江苏省具有明显的季风气候特征，处于亚热带向暖温带的过渡地带，这里气候温和，雨量适中，四季分明。该区以淮河、苏北灌溉总渠一线为界，以北属暖温带湿润、半湿润季风气候，以南属亚热带湿润季风气候。江苏省境内多样的地貌类型，较为优越的气候条件，为该区的林木生长与繁衍创造了有利条件。据初步统计，江苏省维管植物有 3700 余种，其中不乏金钱松（*Pseudolarix amabilis*）、银缕梅（*Parrotia subaequalis*）、香果树（*Emmenopterys henryi*）和秤锤树（*Sinojackia xylocarpa*）等国家珍稀濒危保护植物。

由于江苏省经济发达，人口密度高，环境承载压力大，人为干扰和破坏较为严重，使森林植被的保护及恢复面临着十分严峻的形势。最近几十年来通过实施林业生态工程，开展了大规模造林和天然林保护修复工作，江苏省森林资源得到了有效的保护和发展，森林面积和蓄积均有较大幅度增长。然而，与邻近省份相比，江苏的植被研究相对滞后。

根据文献分析，江苏的植被调查与研究，可以大致划分为以下 3 个阶段。

早在 1932 年，著名植物学家钱崇澍先生就发表了题为 *Vegetation of the rock ridge of Chung-shan Nanking*（《南京钟山岩脊的植被》）的论文，这是目前已知的关于江苏植被研究的最早报道。此后直至 1979 年，有关江苏植被的调查研究文献极为零星，仅有曲仲湘和文振旺（1952）的《南京灵谷寺森林的分析》、曲仲湘（1955）的《南京栖霞山林木现状的分析》等少数研究文献。

1980—2000 年，可以视为江苏植被研究的第二个阶段。这一阶段的研究较多，涉及的内容也较广泛。主要包括野外调查研究江苏植被带的划分，如对江苏境内中亚热带常绿阔叶林的北界及对北亚热带植被的南界的讨论（蔡蔚祺等，1981；洪必恭和金济民，1984）。在此期间，江苏省林业局和南京大学对江苏境内6个主要森林生态系统类型的自然保护区进行考察，分析了植物区系组成、主要植被类型。这6个地区分属3个不同的气候带。其中，暖温带落叶阔叶林地带包括连云港云台山自然保护区、徐州泉山自然保护区；北亚热带常绿落叶阔叶混交林地带包括镇江宝华山自然保护区、南京紫金山风景林自然保护区、吴县光福自然保护区；中亚热带常绿阔叶林地带包括宜兴龙池山自然保护区。除森林植被外，这一阶段的野外考察还包括滨海植被（刘昉勋和黄致远，1982）、沙生植被（刘昉勋等，1986）和新生代植被变迁（杨国华，1985）等。

自2001年迄今，可以归为江苏植被研究的第三个阶段。这一阶段与江苏植被相关的调查主要见于植物资源或生物多样性的专题调查。如作者最近十余年来主要从事植物资源调查与生态监测及生物多样性保护研究，先后完成“第二次全国重点保护野生植物资源调查（江苏）”“江苏省珍稀树种调查分析及野外监测”及宝华山、云台山、老山、牛首山等省内多个自然保护区或国家森林公园的综合科学考察或生物多样性调查。与此同时，对南京的沿江湿地植被、盐城滩涂植被、南通海堤防护林及沿岸植被进行调查，并且参与编制了《生物多样性观测技术导则　水生维管植物》（HJ 710.12—2016）。江苏省林业局组织调查并编写了《江苏湿地》（徐惠强，2012）和《中国湿地资源·江苏卷》（徐惠强，2015）。最近十年来，随着中国政府对生物多样性保护力度的加大，江苏省生态环境厅对盐城、南京、苏州等13个市先后开展了生物多样性本底调查；江苏省林业局对全省各地级市的林木种质资源进行了全面的清查。这些工作不仅涉及江苏的植物多样性，而且涉及江苏植被的种类组成及部分植被类型。与此同时，江苏省内多家单位采用卫星遥感影像和无人机航拍数据，通过GIS和ENVI等软件构建模型进行植被研究（阎传海等，2003）。南京大学田兴军教授对江苏植被的研究历史、分布格局、变迁及驱动力进行了考证和综述（杨俊博等，2021），并且正在着手编研江苏1：50万植被图。南京林业大学伊贤贵副教授等在句容宝华山和南京老山分别对宝华玉兰（*Yulania zenii*）和秤锤树所在的植物群落建立面积为1hm^{2}的固定样地（董鹏等，2022）。作者通过比较分析珍稀植物银缕梅、大叶榉树（*Zelkova schneideriana*）和香果树在江苏省与邻近省份的种群及群落生态（Li and Zhang，2014；Shao and Zhang，2021），初步揭示了我国特有植物银缕梅与伴生树种的种间关系，以及次生林与原生林中香果树种群的差异。总体上，这一阶段江苏植被的研究内容更加广泛，研究手段不断更新。

这是第一本全面且系统介绍江苏省植被的专著。全书共分九章。前四章分别介绍了江苏植被环境条件、江苏植被植物区系分析、江苏植被基本特征、江苏植被分类系统；第五章着重阐述了江苏现状植被类型；第六至第八章分别选取代表性群落类型，阐述了江苏植被种群和群落动态、生态位与种间联结、植被动态过程分析；第九章概述江苏植被与生物多样性保护。此外，为便于检索和使用，本书根据所收录的所有植被类型编写了江苏重要植被群系索引。江苏省地处中国东部，以平原为主，人为活动强烈，现状植被大多为次生林，但是该区地处长江下游，水热充沛，生境多样，陆域与水生植被兼备，种类组成丰富。因此，本书侧重介绍江苏的现状植被类型及特点，力求反映江苏植被的全貌。鉴于该区自然植被的次生性质明显，现状次生植被主要是在亚热带季风气候与人类干扰的综合作用下孕育的较为特殊的植被类型，因此我们在江苏省森林植被类型划分时主要参照《中国植被》（1980）的分类系统，但在个别类型的划分上做了适当调整。全书共记载江苏自然植被 5 个植被型组、14 个植被型、28 个植被亚型、197 个群系、204 个群丛。此外，本书对珍稀植物的群落组成、群落结构、群落动态和种间关系进行了分析，并对该区分布的外来入侵植被的定义、类型及特点进行研究，这在同类研究中尚不多见。

在全省森林植被和野生植物资源的调查过程中，我们得到了国家林业局野生动植物保护司、江苏省林业局，以及江苏省内多地林业站、国家或省级自然保护区的大力协助，尤其是在样地调查中得到了南京紫金山、牛首山、老山，镇江宝华山，宜兴龙池山、小黑沟，连云港云台山，徐州云龙山等地的林业或自然保护区人员的帮助与支持。南京师范大学作为主要单位，积极组织并协助出版社申报了国家出版基金项目，并完成了书稿的主要章节；南京大学田兴军教授、孙书存教授对江苏植被类型划分进行有益讨论；南京林业大学伊贤贵副教授、林树燕教授和江苏省植物研究所的刘兴剑高级工程师、熊豫宁先生参与了部分章节（第五章中竹林和草甸）的撰写或标本鉴定。在项目申报、样地整理和书稿撰写过程中，承蒙我的博士生导师——华东师范大学资深教授宋永昌先生的指导，并且得到中国科学院植物研究所张新时院士、南京林业大学方炎明教授、厦门大学李振基教授、生态环境部南京环境科学研究所武建勇研究员的关心。还要感谢福建科学技术出版社刘宜学、谢娟梅编辑，感谢参加本书编写和植被调查工作的研究生及本科生，并对参加野外调查和提供资料的人员一并致谢！因此，本书的出版是许多专家学者、林业管理人员及基层林业或生态保护技术人员共同努力的结果。衷心希望本书的出版，有助于促进江苏省自然植被的科学保护与有效管理。

由于本人知识水平有限，加之时间较为紧迫，书中的不足或错误在所难免，恳请读者批评指正。

张光富

2023 年 10 月

目 录

第一章　江苏植被环境条件

江苏省位于中国大陆东部沿海的中心，湖泊众多，地势平坦，地貌由平原、水域、低山丘陵构成；地跨长江、淮河两大水系。在气候上，江苏属东亚季风气候，处于暖温带向亚热带的过渡区域，以北地区属暖温带湿润、半湿润季风气候，以南地区属亚热带湿润季风气候。多样的生境类型、优越的气候条件，以及相对稳定的地质构造孕育了较为丰富的植被类型和大量的野生植物资源。江苏与上海、浙江共同构成的长江三角洲城市群已成为六大世界级城市群之一，江苏人均地区生产总值、地区发展与民生指数（DLI）均居全国省域第一。与此同时，近几十年来经济的快速发展、人口的密集分布势必对环境造成不小的压力，这对江苏省的植被保育、管理与恢复均构成较大的挑战。

一、自然地理条件

自然环境通常是在地质、地貌、气候、水文、土壤、植物、动物等多种要素相互联系和相互制约下共同作用而形成的。江苏省的自然环境以南北二分的地质构造、平原为主的地貌类型、四季分明的气候状况、沿江海滨河湖的水文条件和逐渐递变的土壤与植被类型为基本特征。

（一）地理位置

江苏地处中国东部沿海地区中部，长江、淮河下游，东濒黄海，北接山东，西连安徽，东南与上海、浙江接壤，是长江三角洲地区的重要组成部分（图 1-1-1）。地跨 30.7500°—35.1333°N，116.3500°—121.9330°E。陆域面积 10.72 万 km^2，占全国陆地总面积的 1.12%；海域面积 3.75 万 km^2，共有 26 个海岛。

（二）地质地貌

1. 地质构造

江苏省地质构造复杂，地层发育齐全，岩浆活动频繁（李寿寅和屈秀宜，1990）。在江苏省境内，各地质时代的地层发育比较完整，从最古老的太古代变质岩系到最新的第四纪沉积层都有出露。江苏省的地质构造分属于华北古陆与扬子古陆两大单元，一般认为以盱眙—响水深断裂带为界，划分为南、北二区。

北区形成于太古代，构造比较稳定，是华北古陆的东南边缘部分。北区的基底岩层主要是中度变质到深度变质的各类结晶片岩、片麻岩，也有一些中性和基性侵入岩，如蛇纹岩、角闪石和榴辉岩等。南区形成于上元古代，是扬子古陆的最东端，其地质构造不如北区稳定，南区以轻变质岩系为基底。另外，

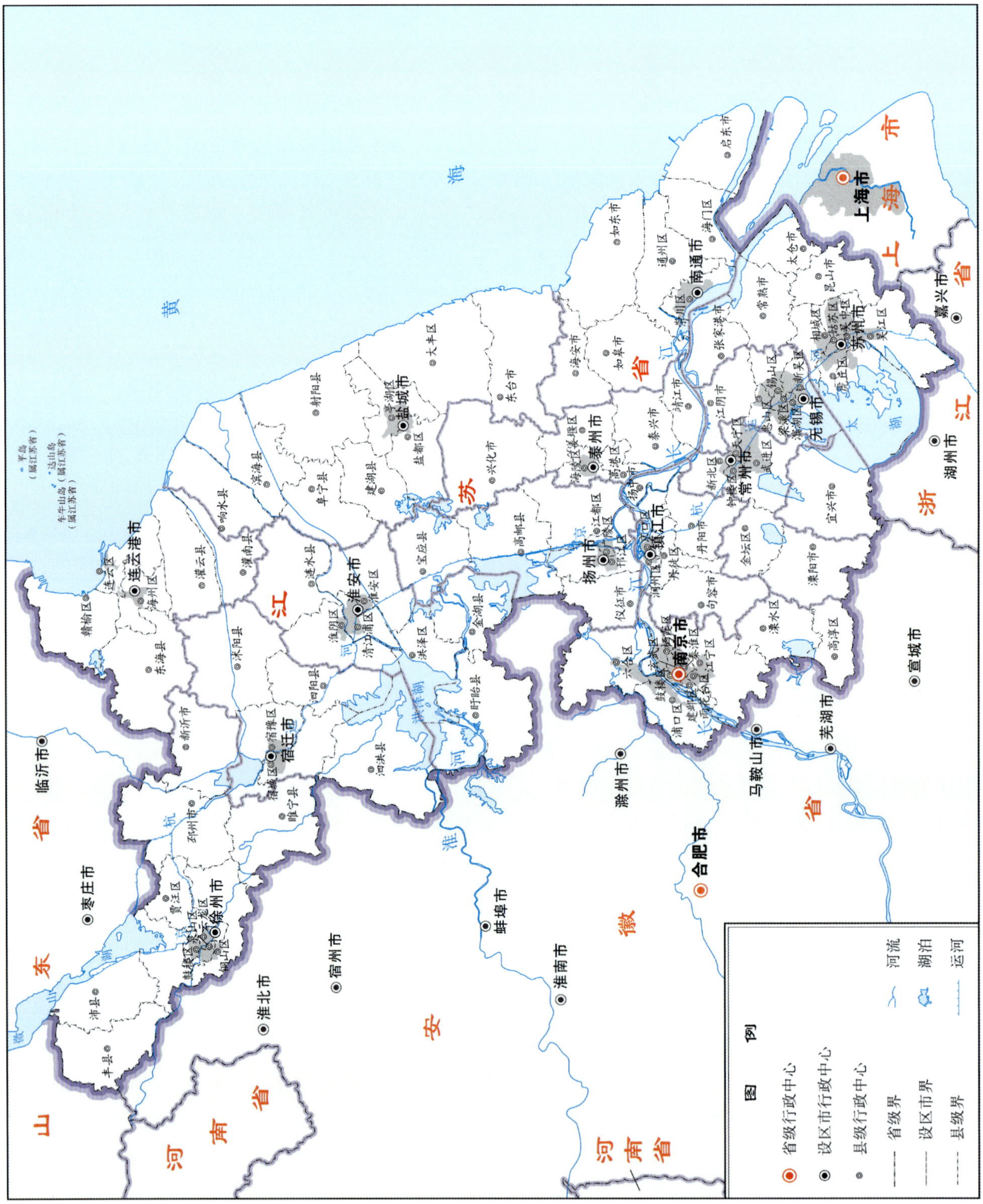

图 1-1-1 江苏地理位置图

在岩层上，南区自震旦纪以来各地质时代的岩层发育完整，是我国从震旦纪到三叠纪各期地层发育最完整的地区；北区，古生代和中生代的岩层则多缺失。这说明了北区自太古代成陆以来，以隆升为主，而南区自上元古代成陆以来，以沉降为主，且沉降幅度较大（赵媛，2011）。

2. 地形地貌

在江苏省境内，岩性和地质构造制约着江苏地貌形态的发育，特别是第四纪以来的新构造运动最终奠定了江苏地貌以平原为主的格局。此外，流水和海浪等外力作用对江苏地貌的形成也发挥着重要作用。

（1）平原

江苏省是全国地势最低的一个省份，绝大部分地区在海拔 50m 以下。地形以平原为主，大部分平原属于堆积平原，形成历史均很短暂。中生代以来，长江三角洲和滨海平原的大部分地区长期以沉降运动为主。第四纪最后一次海侵时，黄海和东海的海水曾侵淹到江苏东北部、北部和西南部低山丘陵的山前。此后，由于受到长江、淮河及 1194 年以后的黄河携带着大量泥沙逐渐填积，逐步形成现今几乎纵贯江苏南北平原的主体格局。目前，江苏陆地面积为 10.72 万 km^2，其中平原面积占比 86.90%，主要由苏北平原、黄淮平原（图 1–1–2）、江淮平原（图 1–1–3）、滨海平原（图 1–1–4）、长江三角洲平原组成。

图 1–1–2　黄淮平原（江苏黄海海滨国家森林公园）

图 1–1–3　江淮平原

图 1-1-4 滨海平原（滩涂）

（2）岗地

岗地是一种呈波状起伏、顶部相对平坦的地貌类型，介于丘陵与平原之间。江苏岗地的地面高程一般 10—60m，相对高程从数米到十余米不等（图 1-1-5）。江苏省岗地面积约占全省总面积的 10%。根据组成物质的不同，江苏岗地可以分为石质性岗地和黄土性岗地两类。

石质性岗地主要分布于东海、赣榆一带南部，是一种山前侵蚀、剥蚀岗地。其地貌类型的高度一般为 20—50m，相对高度 5—10m。

黄土性岗地主要分布于江苏省西南部和西北部地区，由下蜀系黄土堆积而成，介于山地与平原接触的地带，多见于山地的坡麓和谷地中。其堆积较为深厚，以宁镇山脉北麓长江沿岸的堆积最高，高度为 30—40m（徐惠强，2012）。

图 1-1-5 岗地（南京市仙林）

（3）低山丘陵

江苏省的低山丘陵集中在西南部和东北部地区，面积占比为11.54%，主要有老山山脉（图1-1-6）、宁镇山脉、茅山山脉、宜溧山脉（图1-1-7）和云台山脉等。

图1-1-6　老山山脉（南京市）

图1-1-7　宜溧山脉（宜兴市龙池山）

集中于江苏省境内的东北部和西南部的低山丘陵，由于地质过程和构造运动不同，不论是岩性还是地貌形态，两者都有显著差异。低山丘陵海拔一般在 300m 以下，仅有宁镇—茅山山脉的一些山峰、宜兴市的铜官山、连云港市附近的云台山（图 1–1–8）等超过 400m。

图 1–1–8　云台山（连云港市）

东北部的低山丘陵是鲁南山地向江苏南延的部分，主要由云台山、锦屏山、吴山、夹山、马陵山、云龙山（图 1–1–9）、大洞山等组成，其中连云港市云台山主峰玉女峰海拔 624.4m，为江苏省境内的最高点。此地的低山丘陵大都由古老的变质岩系构成山岭，海拔大部分在 200—300m。

西南部的低山丘陵由北向南依次有：盱眙县、仪征市、六合区等地的方山丘陵，浦口区的老山山脉，南京市、镇江市间的宁镇山脉，句容市、溧水区、金坛区间的茅山山脉，宜兴市、溧阳市南部的宜溧山脉（位于苏、浙、皖三省交界处，系天目山向西北部的延伸部分）等。其组成物质主要以变质岩、石英砂岩、砂页岩、石灰岩及火成岩为主，岩性复杂，岭谷相连，海拔 100—400m。

此外，太湖中及其东岸尚有一系列低山丘陵，如太湖中的东洞庭山、西洞庭山，太湖沿岸的马迹山、惠山、渔洋山、太平山、南阳山等，海拔 100—200m，少数山峰可达 300m 左右。

（4）海岛

江苏省海域面积 3.75 万 km^2，是全国海岛数量较少的沿海省份之一。岛屿只分布在海州湾、辐射沙洲、长江口北支 3 个海域，有海岛 26 个。这些海岛分属于黄海水域和东海水域，分为基岩海岛和沙积海岛两种类型。其中，最大的海岛兴隆沙（图 1–1–10）面积仅为 24.70km^2（兴隆沙是泥沙冲击而成的海岛，从岛屿物质而言，不是基岩岛，而是沙积岛）。实际上，连云港市的东西连岛（图 1–1–11）是江苏省最大的基岩海岛，面积仅 7.57km^2。

图 1-1-9 云龙山（徐州市）

图 1-1-10 启东市兴隆沙

图 1-1-11 连云港市东西连岛

（三）气候

江苏省位于中纬度亚洲大陆东岸，属东亚季风区，处于亚热带向暖温带的过渡地带，大致以淮河—灌溉总渠一线为界，以南属亚热带湿润季风气候，以北属暖温带湿润季风气候。由于受到太阳辐射、大气环流与自身地理位置及地貌特征的综合作用，江苏省气候的总体特点为季风显著、过渡明显、四季分明。

由于受季风影响显著，江苏全省盛行风向随季节有明显的变化。冬季盛行来自北方干冷的偏北风，夏季盛行从海洋吹来的湿热的东南到南风。在过渡季节中，春季多东南风，秋季多东北风。由于盛行风各有不同的源地，气团性质有根本的不同，致使江苏省冬季寒冷少雨，夏季炎热多雨，季节差异十分明显。降水分布特征总体上呈现南部多于北部，沿海多于内陆。根据江苏省 12 个气象观测台站的数据，苏南地区的年降水量明显大于苏北地区，但同一地区不同城市间的降水量也存在一定差别（表 1-1-1）。全省多年平均降水量 998mm，自西北向东南递进，西北部的丰县最少，不足 800mm，淮北 800—1000mm，江淮之间 1000—1050mm，太湖地区南部、宜溧山地和长江口附近最多，达 1050—1200mm。年内降水 50%—60% 集中在汛期 6—9 月。

表 1-1-1　1960—2012 年江苏省各地区气温和降水年平均值

地区	台站名称	年均气温 /℃	年均最高气温 /℃	年均最低气温 /℃	年均降水量 /mm
苏南	南京市	15.68	20.48	11.80	1059.32
	常州市	15.91	20.26	12.43	1097.45
	溧阳市（常州市）	15.79	20.35	12.15	1133.65
	吴中区东山（苏州市）	16.27	20.11	13.28	1135.73
	均值 $\bar{x}\pm SD$	15.91 ± 0.26	20.30 ± 0.16	12.42 ± 0.63	1106.54 ± 36.05
苏北	徐州市	14.62	19.82	10.21	839.00
	赣榆区（连云港市）	13.61	18.28	9.60	930.21
	盱眙县（淮安市）	14.91	19.76	10.93	1023.34
	射阳县（盐城市）	14.18	18.88	10.37	1002.00
	高邮市（扬州市）	15.09	19.68	11.39	1036.78
	东台市（盐城市）	15.15	19.64	11.60	1061.76
	南通市	15.50	19.75	12.16	1070.83
	吕四港镇（南通市）	15.22	18.98	12.09	1052.71
	均值 $\bar{x}\pm SD$	14.79 ± 0.62	19.35 ± 0.57	11.04 ± 0.93	1002.08 ± 79.52

注：表中数据来源于夏露等（2015）。

江苏省地处亚热带与暖温带间的过渡地带，气候的过渡性特征明显，兼有南方和北方的特征。全省自北向南依次跨越 3 个温度带：淮北属暖温带，淮南属北亚热带，位于省境南端的宜溧丘陵山区与东西洞庭山丘则具有中亚热带的气候特征。江苏省气候温和，年平均气温 13—16℃。沿江和苏南各地都在 15℃以上（表 1-1-1），徐淮地区除洪泽湖沿岸因受湖水影响略高于 14℃外，其余均在 13—14℃。此外，苏南和苏北地区的年均最高气温与年均最低气温的差值均有较大变幅。全省气象台长期观察资料显示，全省年日照时数为 1981—2640h，日照百分率为 45%—59%，北部多于南部，最高值出现在赣榆区，最低值出现在宜兴市。全省热量资源较丰富，无霜冻日数均在 210d 以上，淮北 210—220d、江淮之间 220—230d、沿江和苏南 230—250d。全省各地日平均温度≥ 0℃积温除赣榆区外，都超过 5000℃；日平均温度≥ 10℃积温一般达 4500—5000℃，苏南优于苏北。春夏秋三季热量较充足，冬季较欠缺。较充足的光能资源为农林业的发展提供了有利的条件（赵媛，2011）。

江苏省气候四季分明。就全省而言，冬季最长，其次是夏季，秋季和春季长度很相似，秋季略短。春季（3月下旬至6月初）气温常不稳定，但降水逐渐增多。由于冬夏季风转换进退，频繁的锋面和气旋活动使天气过程变化无常，气温不稳定，时有10℃左右的陡升骤降。在气温整体回升的过程中，江苏省增温较同纬度其他地区缓慢，尤其是沿海各地春温回升迟滞。北部徐淮地区由于春季比较干燥，潜热作用小，春温上升快于江淮地区和苏南，晚春气温不仅相对较高，还使淮北地区多有春旱。而江南和江淮地区的春季降水逐渐增多，尤其江南地区常有连阴雨，气温较秋季低，常有春寒感。夏季（6月初至9月中旬）气温高，降水丰富。一般而言，受冷暖气流势力的强弱和消长的影响，各地先后受两种不同的天气系统控制，即初夏的梅雨天气和盛夏的伏旱天气。江苏省的梅雨以淮河以南最为典型，通常始于6月中旬，止于7月上旬，持续20d以上。梅雨期间云量多，日照少，气压低，相对湿度大，频现连续性降水或暴雨。梅雨期结束后全省即处在副热带高压控制下而进入盛夏，云量少，日照多，气压迅速增高，相对湿度较小，偶有阵性降水，此时往往出现20—30d的高温干旱期。秋季（9月中旬至11月中旬）比春季略短，天气也较稳定。一般风力小，云量少，秋高气爽，甚至出现秋旱。也有一些年份，夏季风势力较强，撤退较迟，与南下的冷气流交锋，再受台风影响，会出现秋风秋雨连阴雨天气。冬季（11月中旬至次年3月下旬）气温总体偏低，自南向北递减，沿海稍高于内陆。1月平均气温在-1.5—3.5℃，0℃等温线大致在苏北灌溉总渠一线。冬季受频繁而有规律的冷空气入侵形成冷暖交替的天气变化过程，每隔7—10d就有一次冷空气活动，整个冬季有3—4次达到寒潮标准的冷空气南下。

（四）水文

江苏省跨江滨海，河湖众多，水网密布，素有“水乡江苏”之称。长江（图1-1-12）横贯江苏东西426km，京杭大运河纵贯南北718km，海岸线长954km，境内河流、湖泊众多，河渠纵横，水网稠密。江苏省是全国淡水湖泊分布集中的省份之一，湖泊面积6000多km^2，约占全省陆域面积的6%，居全国之首。中国五大淡水湖，有两个位于江苏省：太湖面积2250km^2，居第三（图1-1-13）；洪泽湖面积2069km^2，居第四。此外，江苏省还有大小湖泊290多个（图1-1-14、图1-1-15），其中面积50km^2以上的湖泊12个。

图1-1-12 长江（启东市）

图 1-1-13 太湖

图 1-1-14 天目湖（常州市）

图 1-1-15 秦淮河（南京市）

全省河流湖泊分属长江、淮河两大流域，共有长江、太湖、淮河、沂沭泗四大水系。长江流域又分为长江和太湖两个水系，通扬运河（图 1–1–16）及仪六丘陵山区以南属长江水系，总面积 3.73 万 km^2；长江南岸沿江高地以南、茅山山脉以东、宜溧山地以北为太湖水系，面积 1.92 万 km^2。淮河流域按习惯分为淮河下游和沂沭泗两个水系，通扬运河及仪六丘陵山区以北，属淮河下游水系，面积 6.53 万 km^2；废黄河（图 1–1–17）以北属沂沭泗水系，面积 2.56 万 km^2。

图 1–1–16　通扬运河

图 1–1–17　废黄河（新沂市）

（五）土壤

1. 地带性土壤

由于受气候、水文、地质构造、成土母质、成土时间及人类活动等因素的影响，江苏省土壤的地带性与植被具有很大的一致性。全省地带性土壤自北向南依次为棕壤、淋溶褐土、黄棕壤、红黄壤。而江苏省地带性植被大致以苏北灌溉总渠和高淳—滆湖—太湖北岸—崇明岛南两条线为界，分为 3 个植被带，即暖温带落叶阔叶林带，北亚热带常绿落叶阔叶混交林带和中亚热带常绿阔叶林带。

（1）棕壤和淋溶褐土（阔叶林带）

在苏北灌溉总渠以北的广大暖温带内，大致以中运河为界，东部为与暖温带湿润季风气候相适应的阔叶林带——棕壤类型，西部为与暖温带半湿润季风气候相适应的阔叶林带——淋溶褐土类型。棕壤（图 1–1–18）以酸性变质岩的风化残积物、坡积物为母质，在暖温带湿润季风气候条件和落叶阔叶林的作用下，土壤的矿物质风化和有机质分解强烈，淋溶作用显著，pH 5.5—6.2，全坡面呈中性至微酸性反应。淋溶褐土是褐土的一个亚类，发育于暖温带半湿润条件。成土母质为石灰岩岩系的风化残积物、坡积物及黄泛沉积物质，淋溶作用也较显著，土壤中的石灰质全部被淋失，无钙积层，呈无石灰中性反应，pH 6.5 左右。其底部有石灰积聚，往往形成石灰结核。在淋溶褐土区还穿插分布有花碱土（单树模等，1986）。

图 1–1–18　棕壤剖面图

（2）黄棕壤（常绿落叶阔叶混交林带）

这一土壤类型分布于北起淮河、苏北灌溉总渠一线，南至宜溧山地北麓的广大地区。在北亚热带湿润季风气候下，植被为含有较多常绿阔叶树与落叶阔叶树形成的混交林。落叶阔叶树种常处于森林群落的乔木层，而常绿阔叶树种则为亚乔木状态或呈灌木状。这一区域的阔叶林中，植物种类较为丰富，其中不乏国家重点保护野生植物种类，如见于南京市江浦老山的秤锤树（图 1–1–19）、仅分布于句容市宝华山的宝华玉兰（图 1–1–20）等树种。

黄棕壤（图 1–1–21）是在北亚热带湿润季风气候和常绿落叶阔叶混交林作用下发育的典型土壤。从土壤性状而言，它是介于棕壤和红黄壤之间的过渡类型。江苏境内的黄棕壤的成土母质有两种：一种是砂岩、砂页岩、花岗岩等酸性岩石的风化残积物和坡积物；另一种是石灰质风化残积物、坡积物和下蜀系黄土物质。发育在前一种成土母质上的黄棕壤，表层土厚度一般为 15—20cm，有机质含量 2.0%—2.5%，

图 1-1-19　秤锤树（*Sinojackia xylocarpa*）

图 1-1-20　宝华玉兰（*Yulania zenii*）（左下角为花）

心土呈黄棕色，有时呈红棕色，质地黏重，呈酸性反应，pH 5.0—6.0。而分布于低山丘陵区的黄棕壤，水土流失严重，土层较薄，质地较粗，多沙砾和石屑，称粗骨黄棕壤，主要集中分布于太湖沿岸低山丘陵和湖中岛屿上，宁镇山脉、茅山山脉的坡麓地带也有分布。发育在后一种成土母质上的黄棕壤，表层土厚度一般为 18—28cm，有机质含量 2.5%—3.7%，土壤肥力较高，心土呈黄褐色，pH 5.5—6.5，主要分布于宁镇山脉、茅山山脉的坡麓和山前黄土岗地上（徐慧强，2017）。

（3）黄壤和红黄壤（常绿阔叶林带）

这一土壤类型形成于中亚热带湿润季风气候条件下，主要分布于江苏省南部的宜溧山地。由于地貌因素的影响，阻滞了冬季寒潮的侵袭，这里气温较高，降水较多，最冷月（1 月）气温在 3℃以上，年降水量全部在 1150mm 以上，再加上复杂的山区地形，有利于多种常绿阔叶树种的安全越冬和正常生长，自然植被主要为常绿阔叶林。本区典型土壤是黄壤（图 1-1-22）、红黄壤，成土母质主要为石英砂岩的风化物，土体呈棕黄色，土质黏重，呈酸性反应，pH 5.0—6.0，土壤肥力中等。土壤中矿物质的风化度较高，剖面上淋溶作用和沉淀作用较为明显。

图 1-1-21　黄棕壤剖面图

图 1-1-22　黄壤剖面图

2. 非地带性土壤

除了地带性土壤类型，因局部环境的影响，在江苏境内也存在着非地带性土壤类型。如在江苏东部滨海地区，在海水的浸渍下，延伸着一条南北狭长的滨海盐土带遗迹（图 1-1-23）及与此相适宜的盐土植被带。其成土母质为海相沉积物或河流冲积物，土壤含盐量为 1‰—4‰。例如，位于江苏省东台市沿海东北角的条子泥湿地，在 2019 年 7 月 5 日已经通过第 43 届世界遗产大会审议，作为中国黄（渤）海候鸟栖息地（第一期）核心区，从而成为我国第 14 处世界自然遗产。而在沿江、沿河、沿湖等已脱离江、河、湖、塘洪水泛滥影响的冲积平原和阶地，发育着冲积平原草甸土，有机质含量在 1% 左右，富含钙、镁、钾、磷等养分。其中，在苏北灌溉总渠以南的平原草甸土，大多已培育为水稻土；而在苏北灌溉总渠以北的平原草甸土，则多培育为旱作土或水稻土。

此外，在本省的太湖、里下河平原等地的滨湖低地，由于长期过度潮湿而形成沼泽土，其成土母质以湖积物或河积物为主，所孕育的植被主要为湿生、沼生和水生植被。

图 1-1-23　滨海盐土

二、社会经济概况

江苏省地理位置优越，经济基础良好，科技实力雄厚。而一个地区植被的保育与管理，不仅与其自然地理条件密切相关，也与其社会经济发展水平密不可分。因此，这里简要介绍江苏省目前的行政区划、人口组成、民族特征、国民生产，以及环境保护方面的基本概况。

（一）行政区划

江苏省全省陆域面积 10.72 万 km^2，占全国陆地总面积的 1.12%。全省共有 13 个设区市，下辖 95 个县（市、区），其中 21 个县级市、19 个县、55 个区，昆山市、泰兴市、沭阳县为省直管试点市（县）（表 1-2-1）。

表 1-2-1 江苏省行政区划

省辖市	县级单位数	县（市、区）名称
南京市	11	玄武区、秦淮区、建邺区、鼓楼区、浦口区、栖霞区、雨花台区、江宁区、六合区、溧水区、高淳区
无锡市	7	锡山区、惠山区、滨湖区、梁溪区、新吴区、江阴市、宜兴市
徐州市	10	鼓楼区、云龙区、贾汪区、泉山区、铜山区、丰县、沛县、睢宁县、新沂市、邳州市
常州市	6	天宁区、钟楼区、新北区、武进区、金坛区、溧阳市
苏州市	9	虎丘区、吴中区、相城区、姑苏区、吴江区、常熟市、张家港市、昆山市*、太仓市
南通市	7	崇川区、通州区、如东县、海安市、启东市、如皋市、海门区
连云港市	6	连云区、海州区、赣榆区、东海县、灌云县、灌南县
淮安市	7	淮安区、淮阴区、清江浦区、洪泽区、涟水县、盱眙县、金湖县
盐城市	9	亭湖区、盐都区、大丰区、东台市、响水县、滨海县、阜宁县、射阳县、建湖县
扬州市	6	广陵区、邗江区、江都区、宝应县、仪征市、高邮市
镇江市	6	京口区、润州区、丹徒区、丹阳市、扬中市、句容市
泰州市	6	海陵区、高港区、姜堰区、兴化市、靖江市、泰兴市*
宿迁市	5	宿城区、宿豫区、沭阳县*、泗阳县、泗洪县

注：* 为省直管试点县（市）。

（二）人口组成和民族特征

根据江苏省统计局 2022 年统计数据：2022 年末全省常住人口 8515.40 万人，比 2021 年末增加 10 万人，增长 0.10%，低于 2010—2020 年年平均 0.75% 的增长水平，总人口继续保持低速增长。具体而言，2022 年，江苏省男性人口 4320 万人，女性人口 4195 万人；0—14 岁人口 1205 万人，15—64 岁人口 5788 万人，65 岁及以上人口 1522 万人。全年人口出生率 5.23%，人口死亡率 7.04%，人口自然增长率 –1.81%。同时，2022 年江苏省新型城镇化建设步伐加快，年末常住人口城镇化率达 74.40%，比上年末提高 0.5%。

江苏省是一个民族众多，以汉族为主的省份，汉族人口占比 99.27%。据第七次全国人口普查统计，少数民族人口有 60 多万，占比 0.73%。江苏省少数民族有 3 个特征：一是 55 个少数民族齐全，江苏 95 个县（市、区）都有少数民族人口居住，其中高邮市菱塘回族乡是江苏省唯一的少数民族乡；二是少数民族人口占江苏总人口的比例小，仅为 0.50%；三是回民占少数民族人口的比例较大，为 34%。少数民族人口最多的是南京市，有 9 万多人，占全市总人口的 1.37%。

（三）国民生产

江苏省地处我国大陆东部沿海地区中部，综合经济实力在全国一直处于前列。2022 年，江苏省地区生产总值 12.29 万亿元，迈上 12 万亿元新台阶，比上年增长 2.80%。其中，第一产业增加值 0.50 万亿元，增长 3.10%；第二产业增加值 5.59 万亿元，增长 3.70%；第三产业增加值 6.20 万亿元，增长 1.90%。全年三次产业结构比例为 4 ∶ 45.5 ∶ 50.5。全省人均地区生产总值 14.44 万元，比上年增长 2.50%。经济活力增强，区域经济发展支撑有力，扬子江城市群对全省经济增长的贡献率达 71.60%，沿海经济带对全省经济增长的贡献率达 18.40%。

近年来，江苏省深入贯彻新发展理念，统筹做好稳增长、促改革、调结构、惠民生、防风险、保稳定各项工作，扎实推进供给侧结构性改革，全力推动高质量发展走在前列。新兴动能持续壮大，就业形势保持稳定，经济运行总体平稳、稳中有进，产业发展基础稳固，结构调整稳步推进，民生福祉不断增强，生态环境持续改善，高水平全面建成小康社会取得新进展，“强富美高”新江苏建设迈出新步伐。

1. 工业生产

工业生产稳定恢复。2022 年全年规模以上工业增加值比上年增长 12.80%，其中轻工业增长 12.40%，重工业增长 12.90%。从经济类型看，国有控股企业增加值增长 7.90%，集体企业增长 8.20%，股份制企业增长 14.40%，外商及港澳台商投资企业增长 10.70%，私营企业增长 15.50%。从行业门类看，采矿业增长 2.10%，制造业增长 12.80%，电力、热力、燃气及水生产和供应业增长 12.80%。

2. 农业生产

种植业结构持续优化，现代农业发展较快。2022 年全年粮食播种面积 542.80 万 hm^2，比上年增加 2.20 万 hm^2；棉花种植面积 0.60 万 hm^2，比上年减少 0.30 万 hm^2；油料种植面积 29.60 万 hm^2，比上年增加 1.80 万 hm^2；蔬菜种植面积 145.30 万 hm^2，比上年增加 0.90 万 hm^2。农业综合生产能力持续增强，全年粮食总产量再创新高，达 3746.10 万 t，比上年增产 17.00 万 t，增长 0.50%。其中，夏粮 1380.70 万 t，比上年增长 0.50%；秋粮 2365.40 万 t，比上年增长 0.40%。粮食亩产 460.10kg，比上年增加 0.20kg，增长 0.10%。全省新建高标准农田 26.00 万 hm^2，农作物耕种收综合机械化率超过 83.00%，比全国平均水平高近 11.00%。全省有效灌溉面积达 423.20 万 hm^2，新增有效灌溉面积 0.80 万 hm^2。

3. 林牧渔业

林牧渔业生产总体平稳。2022 年全年造林面积 1.10 万 hm^2。全年猪牛羊禽肉产量 304.10 万 t，比上年增长 14.60%；禽蛋产量 230.30 万 t，比上年下降 0.70%；牛奶总产量 64.90 万 t，比上年增长 3.10%。水产品总产量 495.50 万 t（不含远洋捕捞），比上年增长 1.30%，其中淡水产品 366.70 万 t、海水产品 128.80 万 t，比上年分别增长 3.20% 和下降 3.90%。

（四）环境保护

污染防治攻坚战成效明显，生态环境质量创新世纪以来最好水平。全省 PM2.5 年均浓度 33μg/m^3，同比下降 13.20%，空气质量优良天数比率达 82.40%，同比上升 1.80%，首次以省为单位达到国家空气质量二级标准，实现历史性突破。水环境国考断面优Ⅲ比例 87.10%，同比提高 3.80%，劣Ⅴ类水全面消除，均超额完成国家考核任务（图 1-2-1）。太湖治理连续 14 年实现饮用水安全和不发生大面积湖泛“两个确保”。近岸海域海水优良比例同比大幅上升，全省近岸海域海水优良比例 87.40%，同比上升 41.10%；劣Ⅳ类海水比例 17%，同比下降 7.90%。土壤污染详查工作也全面完成。长江生态环境保护修复扎实推进，牢牢把握“共抓大保护、不搞大开发”的战略导向，巩固提升沿江岸线整治成果，长江干流江苏段水质保持Ⅱ类，自然岸线比例提高到 73.20%。

城乡环境进一步优化。全省的林木覆盖率达 24%，国家生态文明建设示范区增至 27 个，省级特色田园乡村增至 446 个，累计建成的国家生态园林城市共有 9 个，其数量位居全国第一。大力推动化工钢铁煤电行业转型升级优化布局，关闭退出低端落后和环境敏感区化工生产企业共计 354 家。

总体上，优越的自然地理条件和良好的区域位置，有利于江苏植被的孕育与保存（图 1-2-2）。良好的社会经济条件为该区的植被保护与恢复创造了有利条件，但快速发展的经济，也对江苏省的植被生态保护及开发利用造成一定的挑战。

图 1-2-1　瘦西湖（扬州市）

图 1-2-2　蹲门湾湿地野放的麋鹿（*Elaphurus davidianus*）（盐城市大丰区）

第二章　江苏植被植物区系分析

植物区系是一个地区植物种类（通常包括科、属、种等不同分类单位）的总和。它是植物界在一定的自然地理条件下，特别是在自然历史条件综合作用下发展演化的结果。由于植被的组成包括不同植物群落的种类组成，因此分析一个地区植物区系的特点、地理成分、起源与演化等，对于研究和认识该地区的植被特点、分布及动态变化具有重要的意义。

一、植物区系特点

江苏省位于暖温带向亚热带的过渡区域，其以北地区为暖温带湿润、半湿润季风气候，以南地区则属于亚热带湿润季风气候。多样的生境类型、优越的气候条件，以及相对稳定的地质构造，使江苏省境内拥有较为丰富的植被类型和大量的野生植物资源。

《江苏植物志》（上、下册）记载江苏有维管植物 2350 种，隶属于 197 科。据王志伟等（2010）报道，江苏有野生种子植物 1970 种，隶属于 150 科。近年来新修订的《江苏植物志》（1—5 卷）记载：江苏有高等植物 3759 种，隶属于 297 科（刘启新，2013—2015）。由于不同学者在不同时期所参考或调查的数据不同，而且所采用的植物分类系统也不同，因此这些数据在很大程度上往往只反映了当时的情况或者作者的观点。

近 10 余年来，我们陆续开展了“江苏第二次重点保护野生植物资源调查”“江苏省珍稀林木种质资源调查及评估”“江苏林木种质资源清查”“江苏省重要湿地（滨海湿地区域）植物调查”等省级调查项目，以及对江苏南京老山国家森林公园、江苏宝华山国家森林公园、江苏宜兴国家森林公园、江苏南通狼山国家森林公园、江苏连云港云台山国家森林公园、徐州泉山森林公园等地的植物多样性调查和植被生态考察的地方性课题。我们根据实地野外调查和标本考证，参考修订版的《江苏植物志》、《中国植物志》和 *Flora of China*，以及相关网站和文献资料，搜集、整理并分析已有的江苏维管植物种类与分布记录，编制了最新的《江苏维管植物名录》。其中，蕨类植物分类按照张宪春系统（2012），裸子植物分类按照郑万钧系统（1978），被子植物分类按照克朗奎斯特系统（1981）。根据上述维管植物名录，我们对江苏植物区系的特点和区系地理成分及与邻近地区的区系联系进行了分析。

（一）维管植物区系组成

据目前调查和统计，江苏省共有维管植物 3592 种，隶属于 235 科 1243 属（表 2-1-1）。其中，野生植物有 191 科 854 属 2346 种，栽培植物有 156 科 587 属 1246 种。栽培植物占该区维管植物科、属、种总数的 66.38%、47.22%、34.69%。可见，江苏省境内的植物种类较为丰富，且栽培植物占有一定的比例。

按照植物类群分，蕨类植物（包括石松类）共计有 30 科 66 属 184 种，包括野生蕨类植物有 27 科 61 属 176 种，栽培蕨类植物 6 科 7 属 8 种。可见，该区的蕨类植物以野生为主。

表 2-1-1　江苏省维管植物统计

植物类群		科			属			种		
		野生	栽培	小计	野生	栽培	小计	野生	栽培	小计
蕨类植物门		27	6	30	61	7	66	176	8	**184**
裸子植物门		4	10	10	5	30	32	6	71	**77**
被子植物门	**双子叶植物纲**	133	119	160	602	439	882	1598	892	**2490**
	单子叶植物纲	27	21	35	186	111	263	566	275	**841**
合计		191	156	235	854	587	1243	2346	1246	**3592**

江苏省的裸子植物有 10 科 32 属 77 种，其中野生裸子植物仅 4 科 5 属 6 种，它们为赤松（*Pinus densiflora*）、金钱松（*Pseudolarix amabilis*）、杉木（*Cunninghamia lanceolata*）、圆柏（*Juniperus chinensis*）、刺柏（*Juniperus formosana*）和粗榧（*Cephalotaxus sinensis*）（图 2-1-1 至图 2-1-5）。从数量上看，江苏省的野生裸子植物种类较少。栽培裸子植物共计有 10 科 30 属 71 种，如苏铁（*Cycas revoluta*）、银杏（*Ginkgo biloba*）、马尾松（*Pinus massoniana*）、黑松（*Pinus thunbergiana*）、火炬松（*Pinus taeda*）、水杉（*Metasequoia glyptostroboides*）、罗汉松（*Podocarpus macrophyllus*）和三尖杉（*Cephalotaxus fortunei*）等（图 2-1-6 至图 2-1-12）。

图 2-1-1　金钱松（*Pseudolarix amabilis*）

图 2-1-2 杉木（*Cunninghamia lanceolata*）

图 2-1-3 圆柏（*Juniperus chinensis*）

图 2-1-4 刺柏（*Juniperus formosana*）

图 2-1-5　粗榧（*Cephalotaxus sinensis*）

图 2-1-6　苏铁（*Cycas revoluta*）

图 2-1-7　银杏（*Ginkgo biloba*）

图 2-1-8　马尾松（*Pinus massoniana*）

图 2-1-9　黑松（*Pinus thunbergiana*）

图 2-1-10　水杉（*Metasequoia glyptostroboides*）

图 2-1-11 罗汉松（*Podocarpus macrophyllus*）

图 2-1-12 三尖杉（*Cephalotaxus fortunei*）

被子植物共计有 195 科 1145 属 3331 种，包括双子叶植物 160 科 882 属 2490 种，单子叶植物 35 科 263 属 841 种。其中，野生被子植物 160 科 788 属 2164 种，栽培被子植物 140 科 550 属 1167 种。这些植物中，野生双子叶植物有 133 科 602 属 1598 种，单子叶植物仅 27 科 186 属 566 种。可见，该区的野生维管植物以双子叶植物为主。

（二）种子植物区系组成

江苏省共有野生种子植物 164 科 793 属 2170 种（含种下分类单位），分别占江苏省种子植物 205 科、1177 属、3408 种的 80.00%、67.37%、63.67%。需要指出的是，本省种子植物区系的分析均为野生植物，其中包括逸生种或归化种。

参照张光富（2007）的划分方法，结合江苏省的实际情况，根据各科所含种数的多少，我们将含大于 20 种的科、含 10—20 种的科、含 6—9 种的科、含 2—5 种的科、含 1 种的科分别划分为大科、较大科、中型科、少型科和单种科。科的大小顺序及各科的种属数见表 2-1-2。

表 2-1-2　江苏省野生种子植物各大小科的种属数

含大于 20 种的科（21 科）	
禾本科Poaceae（214：90）	十字花科Brassicaceae（37：21）
菊科Asteraceae（177：67）	伞形科Apiaceae（35：23）
莎草科Cyperaceae（152：16）	石竹科Caryophyllaceae（30：15）
蔷薇科Rosaceae（108：24）	兰科Orchidaceae（29：17）
蝶形花科Papilionaceae（102：37）	葡萄科Vitaceae（25：6）
唇形科Lamiaceae（82：29）	报春花科Primulaceae（23：4）
毛茛科Ranunculaceae（57：12）	壳斗科Fagaceae（23：5）
蓼科Polygonaceae（57：9）	榆科Ulmaceae（23：7）
玄参科Scrophulariaceae（49：25）	荨麻科Urticaceae（22：9）
大戟科Euphorbiaceae（44：15）	马鞭草科Verbenaceae（21：7）
百合科Liliaceae（44：22）	
含10—20种的科（32科）	
樟科Lauraceae（20：7）	紫堇科Fumariaceae（13：1）
藜科Chenopodiaceae（20：8）	五福花科Adoxaceae（12：2）
堇菜科Violaceae（19：1）	杨柳科Salicaceae（12：2）
茜草科Rubiaceae（19：11）	桔梗科Campanulaceae（12：6）
景天科Crassulaceae（18：4）	葫芦科Cucurbitaceae（12：7）
萝藦科Asclepiadaceae（18：5）	安息香科Styracaceae（11：3）
鼠李科Rhamnaceae（18：7）	卫矛科Celastraceae（11：3）
灯芯草科Juncaceae（17：2）	龙胆科Gentianaceae（11：4）
苋科Amaranthaceae（17：4）	千屈菜科Lythraceae（11：4）
柳叶菜科Onagraceae（16：5）	天南星科Araceae（11：4）
桑科Moraceae（15：5）	眼子菜科Potamogetonaceae（10：1）
紫草科Boraginaceae（15：7）	山茶科Theaceae（10：4）
旋花科Convolvulaceae（15：8）	五加科Araliaceae（10：4）
石蒜科Amaryllidaceae（14：3）	锦葵科Malvaceae（10：5）

续表

含10—20种的科（32科）	
杜鹃花科Ericaceae（14：4）	茄科Solanaceae（10：5）
椴树科Tiliaceae（14：4）	芸香科Rutaceae（10：5）
含6—9种的科（25科）	
菝葜科Smilacaceae（9：1）	水鳖科Hydrocharitaceae（7：5）
槭树科Aceraceae（9：1）	狸藻科Lentibulariaceae（6：1）
鸢尾科Iridaceae（9：2）	山矾科Symplocaceae（6：1）
桦木科Betulaceae（9：3）	薯蓣科Dioscoreaceae（6：1）
胡颓子科Elaeagnaceae（8：1）	忍冬科Caprifoliaceae（6：2）
猕猴桃科Actinidiaceae（8：1）	远志科Polygalaceae（6：2）
牻牛儿苗科Geraniaceae（8：2）	浮萍科Lemnaceae（6：3）
虎耳草科Saxifragaceae（8：4）	木通科Lardizabalaceae（6：3）
云实科Caesalpiniaceae（8：4）	鸭跖草科Commelinaceae（6：3）
车前科Plantaginaceae（7：1）	漆树科Anacardiaceae（6：4）
清风藤科Sabiaceae（7：2）	木樨科Oleaceae（6：5）
藤黄科Clusiaceae（7：2）	金缕梅科Hamamelidaceae（6：6）
绣球花科Hydrangeaceae（7：4）	
含2—5种的科（52科）	
八角枫科Alangiaceae（5：1）	雨久花科Pontederiaceae（3：2）
冬青科Aquifoliaceae（5：1）	夹竹桃科Apocynaceae（3：3）
山茱萸科Cornaceae（5：1）	爵床科Acanthaceae（3：3）
香蒲科Typhaceae（5：1）	睡莲科Nymphaeaceae（3：3）
败酱科Valerianaceae（5：2）	百部科Stemonaceae（2：1）
马兜铃科Aristolochiaceae（5：2）	柏科Cupressaceae（2：1）
瑞香科Thymelaeaceae（5：3）	柽柳科Tamaricaceae（2：1）
泽泻科Alismataceae（5：3）	海桐花科Pittosporaceae（2：1）
防己科Menispermaceae（5：4）	含羞草科Mimosaceae（2：1）
胡桃科Juglandaceae（5：4）	金鱼藻科Ceratophyllaceae（2：1）
茨藻科Najadaceae（4：1）	鹿蹄草科Pyrolaceae（2：1）
谷精草科Eriocaulaceae（4：1）	木兰科Magnoliaceae（2：1）
柿树科Ebenaceae（4：1）	商陆科Phytolaccaceae（2：1）
白花丹科Plumbaginaceae（4：2）	野牡丹科Melastomataceae（2：1）
马钱科Loganiaceae（4：2）	川续断科Dipsacaceae（2：2）
小二仙草科Haloragaceae（4：2）	莼菜科Cabombaceae（2：2）
茶藨子科Hydrangeaceae（3：1）	沟繁缕科Elatinaceae（2：2）
菖蒲科Acoraceae（3：1）	苦苣苔科Gesneriaceae（2：2）
金粟兰科Chloranthaceae（3：1）	苦木科Simaroubaceae（2：2）
睡菜科Menyanthaceae（3：1）	蓝果树科Nyssaceae（2：2）
菟丝子科Cuscutaceae（3：1）	马齿苋科Portulacaceae（2：2）
紫金牛科Myrsinaceae（3：1）	三白草科Saururaceae（2：2）
列当科Orobanchaceae（3：2）	省沽油科Staphyleaceae（2：2）
檀香科Santalaceae（3：2）	松科Pinaceae（2：2）

续表

含2—5种的科（52科）	
无患子科Sapindaceae（3：2）	五味子科Schisandraceae（2：2）
罂粟科Papaveraceae（3：2）	小檗科Berberidaceae（2：2）
含1种的科（34科）	
八角科Illiciaceae（1：1）	莲科Nelumbonaceae（1：1）
白花菜科Cleomaceae（1：1）	菱科Trapaceae（1：1）
槟榔科Arecaceae（1：1）	茅膏菜科Droseraceae（1：1）
川蔓藻科Ruppiaceae（1：1）	秋海棠科Begoniaceae（1：1）
刺篱木科Flacourtiaceae（1：1）	三尖杉科Cephalotaxaceae（1：1）
大麻科Cannabaceae（1：1）	桑寄生科Loranthaceae（1：1）
大血藤科Sargentodoxaceae（1：1）	杉科Taxodiaceae（1：1）
黑三棱科Sparganiaceae（1：1）	水晶兰科Monotropaceae（1：1）
胡椒科Piperaceae（1：1）	水马齿科Callitrichaceae（1：1）
胡麻科Pedaliaceae（1：1）	粟米草科Molluginaceae（1：1）
槲寄生科Viscaceae（1：1）	铁青树科Olacaceae（1：1）
花蔺科Butomaceae（1：1）	透骨草科Phrymaceae（1：1）
黄杨科Buxaceae（1：1）	梧桐科Sterculiaceae（1：1）
蒺藜科Zygophyllaceae（1：1）	亚麻科Linaceae（1：1）
姜科Zingiberaceae（1：1）	紫茉莉科Nyctaginaceae（1：1）
角果藻科Zannichelliaceae（1：1）	醉鱼草科Buddlejaceae（1：1）
旌节花科Stachyuraceae（1：1）	酢浆草科Oxalidaceae（1：1）

注：各种所附数值为种数：属数。

1. 科的数量组成分析

对江苏省野生种子植物的164科进行分析，含大于20种的大科有21个，占总科数的12.80%；含10—20种的较大科有32个，占总科数的19.51%；含6—9种的中型科有25个，占总科数的15.24%；含2—5种的少型科有52个，占总科数的31.71%；仅含1种的单种科有34个，占总科数的20.73%（表2-1-3）。从这些科所含属和种的统计看，占总科数为67.68%的单种科、少型科和中型科，其属的数量占总属数的23.71%，其种的数量占总种数的17.10%；而占总科数仅为32.31%的较大科和大科，其属的数量占总属数的76.29%，其种的数量占总种数的82.91%。在植被或植物群落中占优势或所含种类相对较多的科，常被称为某一地区植物区系的优势科（秦新生等，2014）。可见，江苏种子植物区系的优势科较为明显。

表2-1-3　江苏省野生种子植物科数、属数和种数的组成

科内种数	科数	占总科数的比例/%	属数	占总属数的比例/%	种数	占总种数的比例/%
大科（含大于20种）	21	12.80	460	58.01	1354	62.40
较大科（10—20种）	32	19.51	145	18.28	445	20.51
中型科（6—9种）	25	15.24	64	8.07	177	8.16
少型科（2—5种）	52	31.71	90	11.35	160	7.37
单种科（1种）	34	20.73	34	4.29	34	1.57
合计	164	100.00	793	100.00	2170	100.00

江苏植物区系含大于20种的主要科共有21个，包含了460属1354种（表2-1-4）。其中，禾本科（Poaceae）、菊科（Asteraceae）、莎草科（Cyperaceae）、蔷薇科（Rosaceae）等所含的属、种数较多，是体现江苏植物多样性的重要科。按各科所含属数、种数占世界属数的百分比排序，排在前面的科在一定程度上能反映该地区植物区系的发生特征，可视为该植物区系起源意义上的代表科（秦新生等，2014）。按属数占比分析的结果，可发现在江苏省这些代表科主要有壳斗科（Fagaceae）、榆科（Ulmaceae）、葡萄科（Vitaceae）、蔷薇科、毛茛科（Ranunculaceae）和石竹科（Caryophyllaceae）等，它们在江苏分布的属数占世界的比例均超过20%。按种数占比分析的结果，发现榆科和蓼科（Polygonaceae）在江苏分布的种数占世界的比例超过5.00%，这表明它们既是江苏植被生态系统的代表科，也是维持植被生态系统植物多样性的关键性的科。

表2-1-4 江苏省野生种子植物的科（含大于20种）大小排列

科名	江苏		世界		江苏占世界比例/%	
	属数	种数	属数	种数	属数	种数
禾本科Poaceae	90	214	700	11000	12.86	1.95
菊科Asteraceae	67	177	1600	24000	4.19	0.74
莎草科Cyperaceae	16	152	106	5400	15.09	2.81
蔷薇科Rosaceae	24	108	95	2825	25.26	3.82
蝶形花科Papilionaceae	37	102	440	12000	8.41	0.85
唇形科Lamiaceae	29	82	220	3500	13.18	2.34
毛茛科Ranunculaceae	12	57	60	2500	20.00	2.28
蓼科Polygonaceae	9	57	50	1120	18.00	5.09
玄参科Scrophulariaceae	25	49	220	4500	11.36	1.09
大戟科Euphorbiaceae	15	44	322	8910	4.66	0.49
百合科Liliaceae	22	44	250	3500	8.80	1.26
十字花科Brassicaceae	21	37	300	3200	7.00	1.16
伞形科Apiaceae	23	35	200	2500	11.50	1.40
石竹科Caryophyllaceae	15	30	75	2000	20.00	1.50
兰科Orchidaceae	17	29	800	25000	2.13	0.12
葡萄科Vitaceae	6	25	14	900	42.86	2.78
报春花科Primulaceae	4	23	22	1000	18.18	2.30
壳斗科Fagaceae	5	23	7	900	71.43	2.56
榆科Ulmaceae	7	23	16	230	43.75	10.00
荨麻科Urticaceae	9	22	47	1300	19.15	1.69
马鞭草科Verbenaceae	7	21	91	2000	7.69	1.05

需要注意的是，在本区系中的一些科，虽然属、种数较少，但在一些群落中却十分常见，有些甚至是群落中的建群种之一（胡玉佳和李玉杏，1992；杨小波，2011），例如杉科（Taxodiaceae）、五加科（Araliaccae）、冬青科（Aquifoliaceae）、金缕梅科（Hamamelidaceae）等。很显然，这些科也是本区系的重要成员，是江苏植被生态系统，尤其是森林生态系统植物多样性支撑的种质基础。

2. 属的数量组成分析

江苏省野生种子植物区系共有 793 属，属内种的数量差异较大。根据属内所含种数的多少，我们将江苏种子植物区系的属划分为 4 个等级（张光富和钱士心，2005）：属内种数含 10 种及以上的为大型属，属内种数 6—9 种的为中型属，属内种数 2—5 种的为少型属，属内种数仅有 1 种的为单种属（表 2-1-5）。

表 2-1-5　江苏省野生种子植物属内种数的组成

属的类型（属内种数）	属数	属数占总属数的比例 /%	种数	种数占总种数的比例 /%
大型属（含10种及以上）	31	3.91	522	24.06
中型属（6—9种）	56	7.06	394	18.16
少型属（2—5种）	297	37.45	845	38.94
单种属（1种）	409	51.58	409	18.85
合计	793	100.00	2170	100.00

表 2-1-6　江苏省野生种子植物（含 10 种及以上的属）

属名	种数	占总种数的比例 /%	属名	种数	占总种数的比例 /%
薹草属*Carex*	63	2.90	紫堇属*Corydalis*	13	0.60
春蓼属*Persicaria*	33	1.52	灯芯草属*Juncus*	12	0.55
蒿属*Artemisia*	30	1.38	石蒜属*Lycoris*	12	0.55
莎草属*Cyperus*	23	1.06	酸模属*Rumex*	12	0.55
铁线莲属*Clematis*	23	1.06	委陵菜属*Potentilla*	12	0.55
飘拂草属*Fimbristylis*	20	0.92	葡萄属*Vitis*	11	0.51
悬钩子属*Rubus*	20	0.92	碎米荠属*Cardamine*	11	0.51
珍珠菜属*Lysimachia*	20	0.92	苋属*Amaranthus*	11	0.51
胡枝子属*Lespedeza*	19	0.88	稗属*Echinochloa*	10	0.46
堇菜属*Viola*	19	0.88	荸荠属*Eleocharis*	10	0.46
大戟属*Euphorbia*	18	0.83	黄芩属*Scutellaria*	10	0.46
刚竹属*Phyllostachys*	17	0.78	荚蒾属*Viburnum*	10	0.46
紫菀属*Aster*	14	0.65	柳属*Salix*	10	0.46
鹅绒藤属*Cynanchum*	13	0.60	毛茛属*Ranunculus*	10	0.46
景天属*Sedum*	13	0.60	眼子菜属*Potamogeton*	10	0.46
野豌豆属*Vicia*	13	0.60	合计	522	24.06

从表 2-1-5、表 2-1-6 可知：

①江苏植物区系中属内种数含 10 种及以上的大型属有 31 属，占总属数的 3.91%，种数 522 种，占总种数的 24.06%。有种数为 63 种的如薹草属（*Carex*），种数为 33 种的如春蓼属（*Persicaria*），种数为 30 种的如蒿属（*Artemisia*），种数为 23 种的如莎草属（*Cyperus*）和铁线莲属（*Clematis*），以及种数为 10—20 种的如飘拂草属（*Fimbristylis*）、胡枝子属（*Lespedeza*）、大戟属（*Euphorbia*）、刚竹属（*Phyllostachys*）、紫菀属（*Aster*）、鹅绒藤属（*Cynanchum*）、灯芯草属（*Juncus*）、葡萄属（*Vitis*）、稗属（*Echinochloa*）等 26 属（图 2-1-13 至图 2-1-15），这些属在各地常见，在江苏植物区系中占有一定的优势。

图 2-1-13　江苏分布的艾蒿（*Artemisia argyi*）

图 2-1-14　江苏分布的毛环竹（*Phyllostachys meyeri*）

图 2-1-15　江苏分布的光头稗（*Echinochloa colona*）

②属内种数 6—9 种的中型属有 56 属，占总属数的 7.06%，种数 394 种，占总种数的 18.16%。种数为 9 种的如椴树属（*Tilia*）和安息香属（*Styrax*），种数为 8 种的如胡颓子属（*Elaeagnus*）和石楠属（*Photinia*），种数为 7 种的如冷水花属（*Pilea*）和山胡椒属（*Lindera*），种数为 6 种的如繁缕属（*Stellaria*）和金丝桃属（*Hypericum*）（图 2-1-16 至图 2-1-19）。

图 2-1-16　江苏分布的南京椴（*Tilia miqueliana*）

图 2-1-17　江苏分布的玉铃花（*Styrax obassia*）

图 2-1-18　江苏分布的胡颓子（*Elaeagnus pungens*）

图 2-1-19 江苏分布的透茎冷水花（*Pilea pumila*）

③属内种数 2—5 种的少型属有 297 属，占总属数的 37.45%，种数 845 种，占总种数的 38.94%。种数为 5 种的如楤木属（*Aralia*）和狗尾草属（*Setaria*），种数为 4 种的如花椒属（*Zanthoxylum*）和臭草属（*Melica*），种数为 3 种的如翠雀属（*Delphinium*）和榉属（*Zelkova*），种数为 2 种的如刺柏属（*Juniperus*）和风毛菊属（*Saussurea*）（图 2-1-20 至图 2-1-23）。

图 2-1-20 江苏分布的楤木（*Aralia elata*）

图 2-1-21　江苏分布的金色狗尾草（*Setaria pumila*）

图 2-1-22　江苏分布的青花椒（*Zanthoxylum schinifolium*）

图 2-1-23　江苏分布的大花臭草（*Melica grandiflora*）

④属内种数仅有 1 种的单种属有 409 属，占 51.58%，种数 409 种，占总种数的 18.85%，如牛膝菊属（*Galinsoga*）、牛至属（*Origanum*）、糯米团属（*Gonostegia*）、女菀属（*Turczaninowia*）等（图 2-1-24、图 2-1-25）。单种属在江苏植物区系中占有绝对优势，是该地区植物区系多样化的重要原因，这可能与本区地处亚热带和暖温带的过渡区域有关。

图 2-1-24　江苏分布的粗毛牛膝菊（*Galinsoga quadriradiata*）

图 2-1-25　江苏分布的糯米团（*Gonostegia hirta*）

（三）江苏植物区系的主要特点

1. 区系组成丰富，优势科、优势属明显

江苏省南北纬度跨度较大，地形复杂，气候适宜，适合多种植物的生长。境内有维管植物 3592 种，隶属于 235 科 1243 属。其中，蕨类植物 30 科 66 属 184 种，裸子植物 10 科 32 属 77 种，被子植物 195 科 1145 属 3331 种。据 *Flora of China*，中国维管植物共有 321 科 3453 属 38520 种（Xie et al.，2021），因此江苏省的维管植物约占全国维管植物科的 73.21%，属的 36.00%，种的 9.33%，这说明江苏省的植物种类在全国区系植物中占有一定的地位。

野生种子植物中，种数最多的前 5 个科（每个科超过 100 种）为禾本科、菊科、莎草科、蔷薇科和蝶形花科（Papilionaceae），这些科仅占江苏野生种子植物总科数（164 科）的 3.05%，但它们所含的植物种数合计 753 种，占该区野生种子植物总种数的 34.70%。该区种数最多的前 5 个属（每个属超过 20 种）为薹草属、春蓼属、蒿属、莎草属和铁线莲属（*Clematis*），仅占该区野生种子植物总属数（793 属）的 0.63%，但它们所含的植物种数合计 172 种，占该区种子植物总种数的 7.93%。因此，江苏种子植物区系的优势科和优势属均较为明显。

2. 起源古老，孑遗植物较多

江苏地处亚热带和暖温带气候区，这里四季分明，降水充沛，光照充足，气候温和，兼具南北过渡性的气候类型和优越的生态气候条件。同时，江苏南部地区多为山地丘陵，地质历史古老，是我国东南部第四纪冰川植物“避难所”之一，因此蕴藏了不少的古老孑遗植物。

以蕨类植物为例，如石松亚门的石杉科（Huperziaceae）（图 2–1–26）、石松科（Lycopodiaceae）、卷柏科（Selaginellaceae）等被认为起源于泥盆纪并繁茂于石炭纪和二叠纪，它们在经过二叠纪冰期后被幸运地保存了下来（张光富，2007）；被认为古生代起源的阴地蕨科（Botrychiaceae）（图 2–1–27）和被认为中生代残遗的水龙骨科（Polypodiaceae）（吴兆洪和秦仁昌，1991）也存在于江苏多个地区。这些说明江苏省蕨类植物区系的古老性和残遗性。

以种子植物为例，裸子植物中的金钱松，可能起源于白垩纪中晚期，曾广泛分布于北纬 33°—52°。但由于受到更新世冰期的影响，多地分布的金钱松相继灭绝，仅在长江中下游地区幸存下来。又如杉木（图 2–1–28），化石资料表明，该种起源于晚侏罗纪，在地质历史时期曾经广泛分布于东亚、北美和欧洲，第四纪冰期以后，由于气候条件急剧恶化，杉木的分布区急剧缩减，杉木在大部分地区相继灭绝，仅在我国秦岭淮河以南至越南北方局部地区残存下来。又如近年来在苏南山区发现的被子植物香果树（图 2–1–29）、银缕梅，均起源于中生代的白垩纪；该区还有不少起源古老的中国种子植物特有属植物，如山拐枣属（*Poliothyrsis*）（图 2–1–30）、牛鼻栓属（*Fortunearia*）、青钱柳属（*Cyclocarya*）、青檀属（*Pteroceltis*）（图 2–1–31）、枸橘属（*Poncirus*）等。

图 2–1–26　江苏分布的古老蕨类植物长柄石杉（*Huperzia javanica*）

图 2-1-27　江苏分布的古老蕨类植物华东阴地蕨（*Botrychium japonicum*）

图 2-1-28　杉木（*Cunninghamia lanceolata*）

图 2-1-29　香果树（*Emmenopterys henryi*）

图 2-1-30　中国特有属山拐枣属（*Poliothyrsis*）植物（山拐枣 *P. sinensis*）

图 2-1-31　中国特有属青檀属（*Pteroceltis*）植物（青檀 *P. tatarinowii*）

3. 地理成分复杂，区系联系广泛

江苏省 61 属野生蕨类植物可分为 10 种类型，其中热带分布属有 32 属，占该区非世界分布属总数的 78.05%；温带分布属有 9 属，占该区非世界分布属总数的 21.95%。可见，江苏蕨类植物区系的属的地理成分具有明显的热带性质。

江苏 793 属野生种子植物可分为 15 个分布区类型和 21 个亚类，其中热带分布的属（2—7 类）共有 278 属，占该区非世界分布属总数的 39.32%；温带分布的属（8—14 类）共有 408 属，占该区非世界分布属总数的 57.71%，可见江苏种子植物区系的属的地理成分具有一定的热带性质。本区在植物区系的发展过程中，由于没有直接受到第四纪冰川的袭击或影响（施雅风等，1989），因此至今保存着不少的古老孑遗植物。随着地质历史的不断变化，加上人类活动的日趋频繁，加速了本区植物的分化和传播，使得各类地理成分相互渗透，所以在本区显示出与其他各地植物区系不同程度的联系。

4. 有少量的特有、珍稀植物

江苏地处江淮平原，地形以平原为主。在地质构造上，江苏处于我国东部两大构造单元（华北准地台和扬子准地台）的衔接部位，与黄海、东海两大构造盆地紧密相连，地质构造复杂。江苏是全国地势最低的省份，绝大部分地区海拔在 50m 以下。但在全省北部和西南部，有较多的低山丘陵，如老山、云台山、宁镇山脉、茅山和宜溧山地。复杂的地质构造，多样的地形地貌，优良的水热条件，创造了本区复杂多样的小生境，有利于不同类型的植物生长。由于未受到第四纪冰川的侵袭，因此一些古老、孑遗或珍稀植物在该区得以保存和繁衍。根据调查和统计，江苏植物区系中有少量的特有或狭域分布植物种类，如南京柳（*Salix nankingensis*）（图 2-1-32）、宝华玉兰、珠芽华东唐松草（*Thalictrum fortunei* var. *bulbiliferum*）（图 2-1-33）、宝华鹅耳枥（*Carpinus oblongifolia*）、秤锤树、南京木蓝（*Indigofera chenii*）、毛果短冠草（*Sopubia matsumurae*）、南京玄参（*Scrophularia nankinensis*）、宝华山薹草（*Carex baohuashanica*）、宜兴苦竹（*Pleioblastus yixingensis*）、宜兴唐竹（*Sinobambusa yixingensis*）、长筒石蒜（*Lycoris longituba*）、宜兴溪荪（*Iris sanguinea* var. *yixingensis*）等。这其中，有些植物如宝华玉兰、秤锤树属于国家级重点保护野生植物；有些植物如毛果短冠草、南京柳、南京木蓝等目前在野外已经难觅踪迹。

图 2-1-32　江苏特有植物南京柳（*Salix nankingensis*）（左为雌花序，右为雄花序）

图 2-1-33 江苏特有植物珠芽华东唐松草（*Thalictrum fortunei* var. *bulbiliferum*）

二、植物区系地理成分

为了揭示江苏植物区系的地理成分，我们对该区的蕨类植物和种子植物区系分别进行科和属级别的分布区类型分析。蕨类植物科、属的分布区类型主要按照陆树刚（中国科学院中国植物志编辑委员会，2004；陆树刚，2007）的研究方法，种子植物科、属的分布区类型参考吴征镒（1991，2006，2011）和李德铢（2018）等的划分方法。

（一）蕨类植物地理成分

1. 优势科、属

江苏省的野生蕨类植物共有 27 科 61 属 176 种，平均每科仅 6.52 种。按属统计，该地区 27 科蕨类植物中含 4 属以上的科有 6 个，共计 36 属，占总科数的 22.22%，占总属数的 59.02%。其中，水龙骨科有 8 属，凤尾蕨科（Pteridaceae）有 8 属，金星蕨科（Thelypteridaceae）有 7 属，蹄盖蕨科（Athyriaceae）有 6 属，碗蕨科（Dennstaedtiaceae）和鳞毛蕨科（Dryopteridaceae）各有 4 属。按种统计，单种科和少型科（含 2—

5种）共有18科，共有种数35种，占总科数的66.67%，所含种数占总种数的19.89%。中型科（含6—9种）有2个，分别是碗蕨科（9种）和卷柏科（8种），占总科数的7.41%，所含种数占总种数的9.66%。含10种及以上的大科和较大科共有6个，即鳞毛蕨科（38种）、凤尾蕨科（16种）、金星蕨科（16种）、蹄盖蕨科（16种）、铁角蕨科（Aspleniaceae）（14种）和水龙骨科（13种），占总科数的22.22%，所含种数占总种数的64.20%。其余为10个单种科、8个少型科和2个中型科，它们的种数总和占总种数的31.52%。这表明水龙骨科、凤尾蕨科、金星蕨科、蹄盖蕨科和鳞毛蕨科是本区的优势科，它们不仅在属数和种数上占优势，而且在个体数量上也具有优势，是本地区最常见的蕨类植物，在植被草本层的构成中起着重要作用。

该地区的27科野生蕨类植物中既有在系统位置上被认为较进化的科，如水龙骨科、蘋科（Marsileaceae）和槐叶蘋科（Salviniaceae），也有一些较为原始的科，如卷柏科、石松科和水韭科（Isoetaceae），还有一些介于两者之间的科，如鳞始蕨科（Lindsaeaceae）和蹄盖蕨科。这表明本区的蕨类植物在系统发育和进化关系上比较连贯（秦仁昌，1978）。虽然单种科占的比例为38.46%，但其所含的种所占比例却很小，而多种科虽然科少，但其属和种的数量比较多，它们才是该地区蕨类植物中的优势类群。此外，石松亚门的石杉科、石松科、卷柏科等被认为起源于泥盆纪并繁茂于石炭纪和二叠纪，它们在经过二叠纪冰期后被幸运地保存了下来（张光富，1998，2007），这些说明江苏省蕨类植物区系的古老性和残遗性。

2. 科的区系地理成分

江苏省野生蕨类植物科的分布区类型分为6类（表2-2-1）。其中，世界分布类型的科有11个，优势科鳞毛蕨科、水龙骨科、金星蕨科和蹄盖蕨科都是世界分布。泛热带分布的科有10个，所占比例较大，达62.50%。北温带分布仅3个，即木贼科（Equisetaceae）、岩蕨科（Woodsiaceae）和紫萁科（Osmundaceae）。因此，从科来分析，江苏省的野生蕨类植物区系属于热带性质，并有向温带过渡的趋势。

表2-2-1 江苏省野生蕨类植物科的分布区类型

分布区类型	科数	占总科数的比例 /%*	科名
1.世界分布	11		石松科Lycopodiaceae、水韭科Isoetaceae、卷柏科Selaginellaceae、金星蕨科Thelypteridaceae、铁角蕨科Aspleniaceae、鳞毛蕨科Dryopteridaceae、蹄盖蕨科Athyriaceae、水龙骨科Polypodiaceae、蘋科Marsileaceae、槐叶蘋科Salviniaceae、瓶尔小草科Ophioglossaceae
2.泛热带分布	10	62.50	里白科Gleicheniaceae、海金沙科Lygodiaceae、碗蕨科Dennstaedtiaceae、乌毛蕨科Blechnaceae、凤尾蕨科Pteridaceae、鳞始蕨科Lindsaeaceae、膜蕨科Hymenophyllaceae、松叶蕨科Psilotaceae、肾蕨科Nephrolepidaceae、骨碎补科Davalliaceae
3.热带亚洲和热带美洲分布	1	6.25	瘤足蕨科Plagiogyriaceae
4.热带亚洲至热带非洲分布	1	6.25	肿足蕨科Hypodematiaceae
5.热带亚洲分布	1	6.25	轴果蕨科Rhachidosoraceae
6.北温带分布	3	18.75	木贼科Equisetaceae、岩蕨科Woodsiaceae、紫萁科Osmundaceae
合计	27	100.00	

注：* 不包括世界分布的科。

3. 属的区系地理成分

根据陆树刚（2007）对中国蕨类植物属的地理成分划分，江苏省61属野生蕨类植物可分为10种类型（表2-2-2）。其中，世界分布20属，包括卷柏属（*Selaginella*）（图2-2-1）、石松属（*Lycopodium*）、耳蕨属（*Polystichum*）、蕨属（*Pteridium*）等。热带分布（类型2—7）共32属，占总属数的78.05%，这其中以泛热带分布最多，有17属，占41.46%，如凤尾蕨属（*Pteris*）、里白属（*Diplopterygium*）（图2-2-2）、碗蕨属（*Dennstaedtia*）等；其次为热带亚洲至热带非洲分布，有6属，占14.63%，如贯众属（*Cyrtomium*）、肿足蕨属（*Hypodematium*）（图2-2-3）和瓦韦属（*Lepisorus*）等。旧大陆热带分布有5属，热带亚洲至热带美洲分布、热带亚洲至热带大洋洲分布和温带亚洲分布均较少，各有1属。温带分布（类型8和类型9）共有5属，占总属数的12.12%，包括北温带分布4属，如卵果蕨属（*Phegopteris*）（图2-2-4）、阴地蕨属（*Scepteridium*）、紫萁属（*Osmunda*）和岩蕨属（*Woodsia*）。东亚分布共有4属，占9.76%，以东亚分布亚型为主，分别是伏石蕨属（*Lemmaphyllum*）、凸轴蕨属（*Metathelypteris*）、轴果蕨属（*Rhachidosorus*）和水龙骨属（*Polypodiodes*）。由此可见，以属计，江苏省的野生蕨类植物区系的亚热带性质明显。

表2-2-2　江苏省野生蕨类植物属的分布区类型

分布区类型	属数	占总属数的比例/%*	属名
1.世界分布	20		耳蕨属*Polystichum*、粉背蕨属*Aleuritopteris*、狗脊属*Woodwardia*、槐叶蘋属*Salvinia*、卷柏属*Selaginella*、蕨属*Pteridium*、鳞毛蕨属*Dryopteris*、满江红属*Azolla*、木贼属*Equisetum*、瓶尔小草属*Ophioglossum*、蘋属*Marsilea*、石杉属*Huperzia*、石松属*Lycopodium*、石韦属*Pyrrosia*、水韭属*Isoetes*、骨碎补属*Davallia*、蹄盖蕨属*Athyrium*、铁角蕨属*Asplenium*、铁线蕨属*Adiantum*、沼泽蕨属*Thelypteris*
2.泛热带分布	17	41.46	凤了蕨属*Coniogramme*、凤尾蕨属*Pteris*、复叶耳蕨属*Arachniodes*、海金沙属*Lygodium*、姬蕨属*Hypolepis*、假毛蕨属*Pseudocyclosorus*、金粉蕨属*Onychium*、金星蕨属*Parathelypteris*、里白属*Diplopterygium*、瘤足蕨属*Plagiogyria*、毛蕨属*Cyclosorus*、书带蕨属*Haplopteris*、水蕨属*Ceratopteris*、松叶蕨属*Psilotum*、碎米蕨属*Cheilanthes*、碗蕨属*Dennstaedtia*、乌蕨属*Odontosoria*
3.旧大陆热带分布	5	12.20	假脉蕨属*Crepidomanes*、鳞盖蕨属*Microlepia*、芒萁属*Dicranopteris*、修蕨属*Selliguea*、阴石蕨属*Humata*
4.热带亚洲至热带美洲分布	1	2.44	双盖蕨属*Diplazium*
5.热带亚洲至热带大洋洲分布	1	2.44	针毛蕨属*Macrothelypteris*
6.热带亚洲至热带非洲分布	6	14.63	角蕨属*Cornopteris*、贯众属*Cyrtomium*、瓦韦属*Lepisorus*、星蕨属*Microsorum*、盾蕨属*Neolepisorus*、肿足蕨属*Hypodematium*
7.热带亚洲分布	2	4.88	安蕨属*Anisocampium*、薄唇蕨属*Leptochilus*
8.北温带分布	4	9.76	阴地蕨属*Scepteridium*、紫萁属*Osmunda*、卵果蕨属*Phegopteris*、岩蕨属*Woodsia*
9.温带亚洲分布	1	2.44	对囊蕨属*Deparia*
10.东亚分布	4	9.76	伏石蕨属*Lemmaphyllum*、水龙骨属*Polypodiodes*、凸轴蕨属*Metathelypteris*、轴果蕨属*Rhachidosorus*
合计	61	100.00	

注：* 百分比不包括世界分布的属。

图 2-2-1　世界分布类型的江苏蕨类卷柏属（*Selaginella*）植物（中华卷柏 *S. sinensis*）

图 2-2-2　泛热带分布类型的江苏蕨类里白属（*Diplopterygium*）植物（里白 *D. glaucum*）

图 2-2-3　热带亚洲至热带非洲分布类型的江苏蕨类肿足蕨属（*Hypodematium*）植物（鳞毛肿足蕨 *H. squamulosopilosum*）

图 2-2-4　北温带分布类型的江苏蕨类卵果蕨属（*Phegopteris*）植物（延羽卵果蕨 *P. decursive-pinnata*）

（二）种子植物地理成分

1. 科的区系地理成分

科是植物分类学中实际上最大的自然分类单位，科的分布及其对气候的忍耐力是受遗传因素控制的（王荷生，1992），因此分析科的分布区类型将有助于了解某一植物区系各类成分的特征与性质，对于揭示该植物区系的起源也有着较为重要的作用。Sato 等（1974）曾根据各科的地理分布特点，将全球 544 科被子植物划分为 6 个大类：世界或亚世界分布科、热带分布科、温带分布科、间断分布科、特有分布科及特殊分布科。李锡文（1996）将我国 337 科种子植物科的分布区类型划分为 15 个大类。吴征镒等在中国种子植物属分布区类型划分的基础上，将吴征镒等（2002）的 8 纲系统中的世界种子植物 591 科划分为 18 种分布区类型（吴征镒等，2003）。

本文参照吴征镒的分布区类型划分，将江苏境内 164 个野生种子植物的科划分为 11 种分布型。江苏省野生种子植物科仅没有温带亚洲分布，地中海区、西亚至中亚分布，中亚分布和中国特有这 4 个分布区类型，其余 11 种分布区类型及 9 个变型在该区均有分布（表 2-2-3）。

表 2-2-3　江苏省野生种子植物科的分布区类型及其变型

分布区类型及其变型	科数	占总科数的比例 /%*	所含种数	占总种数的比例 /%*
1.世界分布	53		1496	
2.泛热带分布	39	35.14	282	41.84
2–1.热带亚洲、大洋洲（至新西兰）和中南美洲（或墨西哥）间断分布	1	0.90	6	0.89
2–2.热带亚洲、非洲和中南美洲间断分布	4	3.60	32	4.75
2–3.以南半球为主的泛热带分布	4	3.60	18	2.67
3.热带亚洲和热带美洲间断分布	8	7.21	58	8.61
4.旧世界热带分布	3	2.70	8	1.19
5.热带亚洲至热带大洋洲分布	3	2.70	7	1.04
6.热带亚洲至热带非洲分布				
6–1.南非（主要是好望角）	1	0.90	14	2.08
7.热带亚洲分布				
7–1.越南（或中南半岛）至华南（或西南）分布	1	0.90	1	0.15
7–2.全分布区东达新几内亚	1	0.90	7	1.04
8.北温带分布	8	7.21	70	10.39
8–1.北温带和南温带间断分布“全温带”	22	19.82	138	20.47
8–2.欧亚和南美温带间断分布	1	0.90	2	0.30
9.东亚和北美间断分布	9	8.10	16	2.37
10.旧世界温带分布	2	1.80	3	0.45
10–1.欧亚和南部非洲（有时也在大洋洲）间断分布	1	0.90	2	0.30
11.东亚分布	3	2.70	10	1.48
合计	164	100.00	2170	100.00

注：* 百分比不包括世界分布的属（种）。

江苏野生种子植物区系中世界分布类型的科有 53 科，共含有 1496 种。如睡莲科（Nymphaeaceae）、毛茛科、榆科、石竹科、蔷薇科、蝶形花科、鼠李科（Rhamnaceae）、紫草科（Boraginaceae）、茜草科（Rubiaceae）、菊科、眼子菜科（Potamogetonaceae）、莎草科、禾本科、兰科（Orchidaceae）等。

热带分布的科（2—7 类）共有 65 科，占总科数（不含世界分布，下同）的 58.55%；所含种数 433 种，占该区总种数的 64.26%。这其中以泛热带分布类型及其变型的科最多，共有 48 科，占总科数的 43.24%，如樟科（Lauraceae）、马兜铃科（Aristolochiaceae）、防己科（Menispermaceae）、山茶科（Theaceae）、锦葵科（Malvaceae）、葫芦科（Cucurbitaceae）、卫矛科（Celastraceae）、大戟科（Euphorbiaceae）、芸香科（Rutaceae）、天南星科（Araceae）、雨久花科（Pontederiaceae）、菝葜科（Smilacaceae）等，它们大多是本地常见的植物种类。其次为热带亚洲及热带美洲间断分布，有 8 科，占总科数的 7.21%，如冬青科（Aquifoliaceae）、省沽油科（Staphyleaceae）、五加科、安息香科（Styracaceae）；旧世界热带分布和热带亚洲至热带大洋洲分布均只有 3 科，分别为海桐花科（Pittosporaceae）、八角枫科（Alangiaceae）、胡麻科（Pedaliaceae）、马钱科（Loganiaceae）、姜科（Zingiberaceae）、百部科（Stemonaceae）；热带亚洲分布的 2 个变型各有 1 科，分别是大血藤科（Sargentodoxaceae）和清风藤科（Sabiaceae）；热带亚洲至热带非洲分布的变型在江苏有 1 科，为杜鹃花科（Ericaceae），它们所含植物种类也较少。

温带分布的科（8—11 类）共有 46 科，占该区总科数的 41.43%；所含种数 241 种，占该区总种数的 35.76%。这其中以北温带分布类型及其变型的科最多，共有 31 科，占总科数的 27.93%，如裸子植物中的松科（Pinaceae）、杉科（Taxodiaceae）和柏科（Cupressaceae）；被子植物中的金缕梅科、胡桃科（Juglandaceae）、杨柳科（Salicaceae）、五福花科（Adoxaceae）、忍冬科（Caprifoliaceae）、灯芯草科（Juncaceae）、百合科（Liliaceae）等。而东亚及北美间断分布有 9 科，分别为木兰科（Magnoliaceae）、三白草科（Saururaceae）、八角科（Illiciaceae）、五味子科（Schisandraceae）、莲科（Nelumbonaceae）、莼菜科（Cabombaceae）、蓝果树科（Nyssaceae）、透骨草科（Phrymaceae）和菖蒲科（Acoraceae）；旧世界温带分布类型及其变型有 3 科，分别是柽柳科（Tamaricaceae）、菱科（Trapaceae）和川续断科（Dipsacaceae）；东亚分布有 3 科，分别为三尖杉科（Cephalotaxaceae）、猕猴桃科（Actinidiaceae）、旌节花科（Stachyuraceae），它们所含植物种类也较少。

在科级水平上，江苏省境内种子植物区系以热带、亚热带成分为主，且以泛热带分布类型的科占明显优势，而温带成分相对较少。虽然世界分布类型的科较多，但是其中不少种类带有明显的热带、亚热带性质。因此，该地区种子植物科的地理成分组成反映了其热带起源的特性。

2. 属的区系地理成分

通常人们认为属的分类特征相对稳定，并占有较稳定的分布区，在进化过程中可能随地理环境条件的变化而产生分化，表现出明显的地区性差异。同时，一个属所包含的种常具有同一起源和相似的进化趋势，所以属比科更能反映植物系统发育过程中的进化分化情况和地区性特征（王荷生，1997；张光富，2007）。根据吴征镒（1991）和吴征镒等（2003）对中国种子植物属的分布区类型划分，现将江苏省境内 793 属野生种子植物，分为 15 种分布类型。这 15 种属地理分布成分在江苏省均有分布（表 2-2-4）。

表 2-2-4 江苏省野生种子植物属的分布区类型及其变型

分布区类型及其变型	属数	占总属数的比例 /%*	种数	占总种数的比例 /%*
1.世界分布	86		467	
2.泛热带分布	134	18.95	376	22.08
2-1.热带亚洲、大洋洲（至新西兰）和中南美洲（或墨西哥）间断分布	4	0.57	4	0.23
2-2.热带亚洲、非洲和中南美洲间断分布	4	0.57	4	0.23
3.热带亚洲和热带美洲间断分布	16	2.26	34	2.00
3-1.热带、亚热带中美洲至南美洲（含墨西哥中部及西印度群岛）	1	0.14	1	0.06
4.旧世界热带分布	32	4.53	66	3.88
4-1.热带亚洲、非洲（或东非、马达加斯加）和大洋洲间断分布	3	0.42	4	0.23
5.热带亚洲至热带大洋洲分布	28	3.96	47	2.76
6.热带亚洲至热带非洲分布	24	3.39	32	1.88
6-1.华南、西南到印度和热带非洲间断分布	1	0.14	1	0.06
7.热带亚洲（印度—马来西亚）分布	23	3.25	48	2.82
7-1.爪哇（或苏门答腊）、喜马拉雅间断或星散分布到华南、西南	2	0.28	2	0.12
7-2.越南（或中南半岛）至华南（或西南）分布	3	0.42	3	0.18
7-3.马来西亚半岛，基本上在新华莱士线以西，北可达中南半岛或印东北或热带喜马拉雅，南达苏门答腊	2	0.28	4	0.23
7-4.全分布区东南达西太平洋诸岛弧，包括新喀里多尼亚和斐济	1	0.14	2	0.12

续表

分布区类型及其变型	属数	占总属数的比例 /%*	种数	占总种数的比例 /%*
8.北温带分布	115	16.27	409	24.02
8–1.北极—高山分布	1	0.14	1	0.06
8–2.北温带和南温带间断分布“全温带”	36	5.09	146	8.57
8–3.欧亚和南美温带间断分布	1	0.14	2	0.12
9.东亚和北美洲间断分布	61	8.63	128	7.52
9–1.东亚和墨西哥间断分布	1	0.14	1	0.06
10.旧世界温带分布	51	7.21	102	5.99
10–1.地中海区、西亚（或中亚）和东亚间断分布	9	1.27	18	1.06
10–2.欧亚和南部非洲（有时也在大洋洲）间断分布	7	0.99	16	0.94
11.温带亚洲分布	13	1.84	20	1.17
12.地中海区、西亚至中亚分布	6	0.85	6	0.35
12–1.地中海区至中亚和南非洲、大洋洲间断分布	1	0.14	1	0.06
12–2.地中海区至中亚和墨西哥至美国南部间断分布	1	0.14	1	0.06
12–3.地中海区至温带—热带亚洲、大洋洲和南美洲间断分布	3	0.42	5	0.29
13.中亚分布	2	0.28	2	0.12
14.东亚分布	50	7.07	124	7.28
14–1.中国—喜马拉雅分布	9	1.27	10	0.59
14–2.中国—日本分布	41	5.80	61	3.58
15.中国特有分布	20	2.83	21	1.23
15–1.华东—华中分布	1	0.14	1	0.06
合计	793	100.00	2170	100.00

注：* 百分比不包括世界分布的属（种）。

（1）世界分布类型

世界分布类型是指几乎遍布于世界各大洲而没有明显分布中心的属。江苏省野生种子植物区系中世界分布的属有 86 属。如睡莲科的睡莲属（*Nymphaea*），莼菜科的莼菜属（*Brasenia*），金鱼藻科（Ceratophyllaceae）的金鱼藻属（*Ceratophyllum*），毛茛科的银莲花属（*Anemone*）、铁线莲属、毛茛属（*Ranunculus*）（图 2–2–5），商陆科（Phytolaccaceae）的商陆属（*Phytolacca*）（图 2–2–6），藜科（Chenopodiaceae）的滨藜属（*Atriplex*）、藜属（*Chenopodium*）、刺藜属（*Dysphania*）、猪毛菜属（*Salsola*）、碱蓬属（*Suaeda*），苋科（Amaranthaceae）的苋属（*Amaranthus*），石竹科的牛漆姑属（*Spergularia*）、繁缕属（*Stellaria*）（图 2–2–7），蓼科的拳参属（*Bistorta*）、虎杖属（*Reynoutria*）（图 2–2–8）、

图 2–2–5　世界分布类型的江苏种子植物毛茛属（*Ranunculus*）植物（毛茛 *R. japonicus*）

图 2-2-6 世界分布类型的江苏种子植物商陆属（*Phytolacca*）植物（美洲商陆 *P. americana*）

图 2-2-7 世界分布类型的江苏种子植物繁缕属（*Stellaria*）植物（繁缕 *S. media*）

酸模属（*Rumex*）、萹蓄属（*Polygonum*），白花丹科（Plumbaginaceae）的补血草属（*Limonium*），藤黄科（Clusiaceae）的金丝桃属（*Hypericum*），堇菜科（Violaceae）的堇菜属（*Viola*），十字花科（Brassicaceae）的碎米荠属（*Cardamine*）、臭荠属（*Coronopus*）、独行菜属（*Lepidium*）、蔊菜属（*Rorippa*），蔷薇科的悬钩子属（*Rubus*）等。这一类型的属共含有 467 种，它们大多为广泛分布于世界各地的植物，如臭荠（*Lepidium didymum*）、求米草（*Oplismenus undulatifolius*）、灯芯草（*Juncus effusus*）、川蔓藻（*Ruppia maritima*）、单叶铁线莲（*Clematis henryi*）、刺藜（*Dysphania aristata*）等。

图 2-2-8　世界分布类型的江苏种子植物虎杖属（*Reynoutria*）植物（虎杖 *R. japonica*）（左下角为果实）

（2）热带分布类型

热带分布类型的属（2—7 类）共有 278 属，占总属数的 39.32%（不含世界分布，下同）；所含植物种数 628 种，占该区总种数的 36.88%。

泛热带分布表示普遍分布于东、西半球热带地区的属。此种分布类型及其变型的属共有 142 属，占总属数的 20.08%。如莼菜科的水盾草属（*Cabomba*），防己科的木防己属（*Cocculus*）（图 2-2-9），榆科的朴属（*Celtis*）、山黄麻属（*Trema*）（图 2-2-10），荨麻科（Urticaceae）的苎麻属（*Boehmeria*）、艾麻属（*Lapotea*）、冷水花属，山茶科的红淡比属（*Cleyera*），沟繁缕科（Elatinaceae）的田繁缕属（*Bergia*）、沟繁缕属（*Elatine*），梧桐科（Sterculiaceae）的马松子属（*Melochia*），锦葵科的苘麻属（*Abutilon*）、木槿属（*Hibiscus*）、黄花稔属（*Sida*）、梵天花属（*Urena*），茅膏菜科（Droseraceae）的茅膏菜属（*Drosera*），秋海棠科（Begoniaceae）的秋海棠属（*Begonia*），云实科（Caesalpiniaceae）的云实属（*Caesalpinia*）、山扁豆属（*Chamaecrista*），蝶形花科的合萌属（*Aeschynomene*）、猪屎豆属（*Crotalaria*）、黄檀属（*Dalbergia*）、木蓝属（*Indigofera*）、黧豆属（*Mucuna*）、鹿藿属（*Rhynchosia*）、

田菁属（*Sesbania*）、豇豆属（*Vigna*），千屈菜科（Lythraceae）的节节菜属（*Rotala*），柳叶菜科（Onagraceae）的丁香蓼属（*Ludwigia*），铁青树科（Olacaceae）的青皮木属（*Schoepfia*），卫矛科的南蛇藤属（*Celastrus*）、卫矛属（*Euonymus*），黄杨科（Buxaceae）的黄杨属（*Buxus*），大戟科的铁苋菜属（*Acalypha*）、山麻杆属（*Alchornea*）、大戟属、算盘子属（*Glochidion*）、叶下珠属（*Phyllanthus*）、乌桕属（*Triadica*），鼠李科的枣属（*Ziziphus*），蒺藜科（Zygophyllaceae）的蒺藜属（*Tribulus*），柿树科（Ebenaceae）的柿属（*Diospyros*），山矾科（Symplocaceae）的山矾属（*Symplocos*），紫金牛科（Myrsinaceae）的紫金牛属（*Ardisia*），萝藦科（Asclepiadaceae）的鹅绒藤属（图 2-2-11），茄科（Solanaceae）的曼陀罗属（*Datura*），菟丝子科（Cuscutaceae）的菟丝子属（*Cuscuta*），醉鱼草科（Buddlejaceae）的醉鱼草属（*Buddleja*）（图 2-2-12），爵床科（Acanthaceae）的水蓑衣属（*Hygrophila*）、爵床属（*Justicia*），茜草科的栀子属（*Gardenia*）、耳草属（*Hedyotis*）等。

图 2-2-9　泛热带分布类型的江苏种子植物木防己属（*Cocculus*）植物（木防己 *C. orbiculatus*）

图 2-2-10　泛热带分布类型的江苏种子植物山黄麻属（*Trema*）植物（山油麻 *T. cannabina* var. *dielsiana*）

图 2-2-11　泛热带分布类型的江苏种子植物鹅绒藤属（*Cynanchum*）植物（鹅绒藤 *C. chinense*）

图 2-2-12　泛热带分布类型的江苏种子植物醉鱼草属（*Buddleja*）植物（醉鱼草 *B. lindleyana*）

热带亚洲和热带美洲间断分布类型是指间断分布于亚洲和美洲温暖地区的热带属，在东半球从亚洲可能延伸至澳大利亚东北部和西南太平洋岛屿。此种分布区类型及其变型共包括17属，占总属数的2.40%。如樟科的木姜子属（*Litsea*）（图 2-2-13）、楠属（*Phoebe*），清风藤科的泡花树属（*Meliosma*），山茶科的柃木属（*Eurya*）（图 2-2-14），柳叶菜科的月见草属（*Oenothera*），马鞭草科（Verbenaceae）的过江藤属（*Phyla*），菊科的胜红蓟属（*Ageratum*）、合冠鼠麹草属（*Gamochaeta*）、裸柱菊属（*Soliva*）、蟛蜞菊属（*Sphagneticola*），雨久花科的凤眼莲属（*Eichhornia*）等。

图 2-2-13 热带亚洲和热带美洲间断分布类型的江苏种子植物木姜子属（*Litsea*）植物（山鸡椒 *L. cubeba*）（右上角为花）

旧世界热带分布类型是指分布于亚洲、非洲和大洋洲地区及其邻近岛屿的一些属。此种分布区类型及其变型，共有35属，占总属数的4.95%。如防己科的千金藤属（*Stephania*）（图 2-2-15），荨麻科的楼梯草属（*Elatostema*），椴树科（Tiliaceae）的扁担杆属（*Gremia*），海桐花科的海桐花属（*Pittosporum*）（图 2-2-16），含羞草科（Mimosaceae）的合欢属（*Albizia*），野牡丹科（Melastomataceae）的金锦香属（*Osbeckia*），八角枫科的八角枫属（*Alangium*），槲寄生科（Viscaceae）的槲寄生属（*Viscum*），葡萄科的乌蔹莓属（*Causonis*）（图 2-2-17），五加科的五加属（*Eleutherococcus*），萝藦科的娃儿藤属（*Tylophora*），紫草科的厚壳树属（*Ehretia*）等。

图 2-2-14　热带亚洲和热带美洲间断分布类型的江苏种子植物柃木属（*Eurya*）植物（格药柃 *E. muricata*）

图 2-2-15　旧世界热带分布类型的江苏种子植物千金藤属（*Stephania*）植物（千金藤 *S. japonica*）

图 2-2-16　旧世界热带分布类型的江苏种子植物海桐花属（*Pittosporum*）植物（海桐 *P. tobira*）

图 2-2-17　旧世界热带分布类型的江苏种子植物乌蔹莓属（*Causonis*）植物（乌蔹莓 *C. japonica*）

热带亚洲至热带大洋洲分布类型是指旧世界热带分布区东翼的属，其西端有时可达马达加斯加，但一般不达非洲大陆。这类成分主要起源于古南大陆。此种分布区类型在江苏野生种子植物中共有 28 属，占总属数的 3.96%。如樟科的樟属（*Cinnamomum*），桑科（Moraceae）的柘属（*Maclura*）（图 2-2-18），荨麻科的糯米团属，葫芦科的栝楼属（*Trichosanthes*），蝶形花科的鸡血藤属（*Callerya*）、野扁豆属（*Dunbaria*），千屈菜科的紫薇属（*Lagerstroemia*），瑞香科（Thymelaeaceae）的荛花属（*Wikstroemia*），大戟科的雀舌木属（*Leptopus*），鼠李科的猫乳属（*Rhamnella*）（图 2-2-19），葡萄科的崖爬藤属（*Tetrastigma*），远志科（Polygalaceae）的齿果草属（*Salomonia*），苦木科（Simaroubaceae）的臭椿属（*Ailanthus*）等。

图 2-2-18　热带亚洲至热带大洋洲分布类型的江苏种子植物柘属（*Maclura*）植物（柘 *M. tricuspidata*）

图 2-2-19　热带亚洲至热带大洋洲分布类型的江苏种子植物猫乳属（*Rhamnella*）植物（猫乳 *R. franguloides*）

热带亚洲至热带非洲分布类型的属分布于旧世界热带分布区的西翼，从热带亚洲到印度—马来西亚，有的属也分布到斐济等南太平洋岛屿，但不到澳大利亚。此种分布区类型及其变型共有25属，占总属数的3.54%。如白花丹科的蓝雪花属（*Ceratostigma*），葫芦科的黄瓜属（*Cucumis*），白花菜科（Cleomaceae）的黄花草属（*Arivela*），蝶形花科的山黑豆属（*Dumasia*）、大豆属（*Glycine*），大戟科的蓖麻属（*Ricinus*）（图2-2-20），五加科的常春藤属（*Hedera*）（图2-2-21），萝藦科的杠柳属（*Periploca*），马鞭草科的豆腐柴属（*Premna*）（图2-2-22），爵床科的观音草属（*Peristrophe*），茜草科的水团花属（*Adina*），菊科的野茼蒿属（*Crassocephalum*）（图2-2-23）、白酒草属（*Eschenbachia*）、扶郎花属（*Gerbera*）、六棱菊属（*Laggera*），禾本科的荩草属（*Arthraxon*）、香茅属（*Cymbopogon*）、芒属（*Miscanthus*）、莠竹属（*Microstegium*）、束尾草属（*Phacelurus*）、筒轴茅属（*Rottboellia*）、菅属（*Themeda*）、草沙蚕属（*Tripogon*）等。

图2-2-20　热带亚洲至热带非洲分布类型的江苏种子植物蓖麻属（*Ricinus*）植物（蓖麻 *R. communis*）

图2-2-21　热带亚洲至热带非洲分布类型的江苏种子植物常春藤属（*Hedera*）植物（常春藤 *H. nepalensis* var. *sinensis*）

图 2-2-22 热带亚洲至热带非洲分布类型的江苏种子植物豆腐柴属（*Premna*）植物（豆腐柴 *P. microphylla*）

图 2-2-23 热带亚洲至热带非洲分布类型的江苏种子植物野茼蒿属（*Crassocephalum*）植物（野茼蒿 *C. crepidioides*）

热带亚洲（印度—马来西亚）分布类型是指旧世界热带的中心部分，包括印度、斯里兰卡、印度尼西亚、菲律宾及中南半岛、加里曼丹岛、新几内亚岛等地。东面可达斐济等南太平洋岛屿，但不到澳大利亚大陆。其北部边缘到达我国西南、华南及台湾等热带地区甚至更北地区。这一地区是世界上植物区系最丰富的地区之一，保存有许多第三纪古热带植物区系的后裔和残遗，并富有古老或原始的单种属、少型属。此种分布区类型及其变型共有 31 属，占总属数的 4.38%。如樟科的润楠属（*Machilus*）（图 2-2-24）、山胡椒属（图 2-2-25）、新木姜子属（*Neolitsea*），五味子科（Schisandraceae）的南五味子属（*Kadsura*），清风藤科的清风藤属（*Sabia*），金缕梅科的蚊母树属（*Distylium*）（图 2-2-26），桑科的构属（*Broussonetia*），荨麻科的紫麻属(*Oreocnide*)、赤车属(*Pellionia*)，壳斗科的青冈属（*Cyclobalanopsis*），山茶科的山茶属（*Camellia*），葫芦科的绞股蓝属（*Gynostemma*），蔷薇科的蛇莓属（*Duchesnea*）（图 2-2-27），蝶形花科的小槐花属（*Ohwia*）、葛属（*Pueraria*），水晶兰科（Monotropaceae）的沙晶兰属（*Monotropastrum*），旋花科（Convolvulaceae）的飞蛾藤属（*Dinetus*），列当科（Orobanchaceae）的野菰属（*Aeginetia*）等。

图 2-2-24　热带亚洲分布类型的江苏种子植物润楠属（*Machilus*）植物（薄叶润楠 *M. leptophylla*）

图 2-2-25　热带亚洲分布类型的江苏种子植物山胡椒属（*Lindera*）植物（江浙山胡椒 *L. chienii*）

图2-2-26 热带亚洲分布类型的江苏种子植物蚊母树属(*Distylium*)植物(蚊母树 *D. racemosum*)

图2-2-27 热带亚洲分布类型的江苏种子植物蛇莓属(*Duchesnea*)植物(蛇莓 *D. indica*)

(3)温带分布类型

温带分布类型的属(8—14类)共有408属,占总属数的57.71%;所含植物种数1053种,占该区总种数的61.83%。

其中,北温带分布类型是指广泛分布于欧洲、亚洲和北美洲温带地区的属。此种分布区类型及其变型的属最多,共有153属,占总属数的21.64%。如松科的松属(*Pinus*),柏科的刺柏属,马兜铃科的细辛属(*Asarum*),睡莲科的萍蓬草属(*Nuphar*),毛茛科的乌头属(*Aconitum*)、耧斗菜属(*Aquilegia*)、翠雀属、白头翁属(*Pulsatilla*),小檗科(Berberidaceae)的小檗属(*Berberis*),紫堇科(Fumariaceae)的紫堇属(*Corydalis*)(图2-2-28),榆科的榆属(*Ulmus*)(图2-2-29),大麻科(Cannabaceae)的葎草属(*Humulus*),桑科的桑属(*Morus*)(图2-2-30),胡桃科的胡桃属(*Juglans*),壳斗科的栗属(*Castanea*)、栎属(*Quercus*),桦木科(Betulaceae)的桤木属(*Alnus*)、鹅耳枥属(*Carpinus*)、榛属(*Corylus*),藜科的虫实属(*Corispermum*),石竹科的种阜草属(*Moehringia*)、漆姑草属(*Sagina*),蓼科的首乌属(*Fallopia*),椴树科的椴树属,锦葵科的锦葵属(*Malva*),杨柳科的杨属(*Populus*)、柳属(*Salix*),十字花科的拟南芥属(*Arabidopsis*)、荠属(*Capsella*)、播娘蒿属(*Descurainia*)(图2-2-31)、葶苈属(*Draba*)、菥蓂属(*Thlaspi*),绣球花科(Hydrangeaceae)的山梅花属(*Philadelphus*),

茶藨子科（Hydrangeaceae）的茶藨子属（*Ribes*），景天科（Crassulaceae）的八宝属（*Hylotelephium*），虎耳草科（Saxifragaceae）的虎耳草属（*Saxifraga*），蔷薇科的龙牙草属（*Agrimonia*）、樱属（*Cerasus*）、栒子属（*Cotoneaster*）、山楂属（*Crataegus*）、苹果属（*Malus*）、委陵菜属（*Potentilla*）、蔷薇属（*Rosa*）、地榆属（*Sanguisorba*）、花楸属（*Sorbus*）、绣线菊属（*Spiraea*），胡颓子科（Elaeagnaceae）的胡颓子属，山茱萸科（Cornaceae）的山茱萸属（*Cornus*），省沽油科的省沽油属（*Staphylea*），漆树科（Anacardiaceae）的盐麸木属（*Rhus*），杜鹃花科的杜鹃花属（*Rhododendron*），鹿蹄草科（Pyrolaceae）的鹿蹄草属（*Pyrola*），报春花科（Primulaceae）的点地梅属（*Androsace*）、海乳草属（*Glaux*），唇形科（Lamiaceae）的风轮菜属（*Clinopodium*）、活血丹属（*Glechoma*）、地笋属（*Lycopus*）、薄荷属（*Mentha*）、夏枯草属（*Prunella*）等。

图 2-2-28 北温带分布类型的江苏种子植物紫堇属（*Corydalis*）植物（刻叶紫堇 *C. incisa*）

图 2-2-29 北温带分布类型的江苏种子植物榆属（*Ulmus*）植物（榔榆 *U. parvifolia*）

图2-2-30 北温带分布类型的江苏种子植物桑属（*Morus*）植物（桑 *M. alba*）

图 2-2-31 北温带分布类型的江苏种子植物播娘蒿属（*Descurainia*）植物（播娘蒿 *D. sophia*）

东亚和北美洲间断分布类型是指间断分布于东亚和北美洲温带及亚热带地区的一些属。此种分布区类型及其变型共有 62 属，占总属数的 8.77%。如木兰科的木兰属（*Magnolia*），樟科的檫木属（*Sassafras*），三白草科的三白草属（*Saururus*），八角科的八角属（*Illicium*）（图 2-2-32），五味子科的五味子属（*Schisandra*），莲科的莲属（*Nelumbo*），小檗科的十大功劳属（*Mahonia*），防已科的蝙蝠葛属（*Menispermum*）（图 2-2-33），金缕梅科的枫香树属（*Liquidambar*），壳斗科的锥属（*Castanopsis*）、柯属（*Lithocarpus*），蓼科的神血宁属（*Aconogonon*）、金线草属（*Antenoron*），藤黄科的三腺金丝桃属（*Triadenum*），虎耳草科的落新妇属（*Astilbe*）、扯根菜属（*Penthorum*），蔷薇科的石楠属等。

图 2-2-32 东亚和北美洲间断分布类型的江苏种子植物八角属（*Illicium*）植物（红毒茴 *I. lanceolatum*）

旧世界温带分布类型是指广泛分布于欧亚两洲中高纬度温带和寒温带，或也有个别种延伸至亚洲至非洲热带山地或澳大利亚的属。此种分布区类型及其变型共有 67 属，占总属数的 9.48%。如毛茛科的侧金盏花属（*Adonis*）、獐耳细辛属（*Hepatica*），罂粟科（Papaveraceae）的白屈菜属（*Chelidonium*），石竹科的麦仙翁属（*Agrostemma*）、狗筋蔓属（*Cucubalus*）、石竹属（*Dianthus*）、蝇子草属（*Silene*）（图 2-2-34）、牛繁缕属（*Myosoton*）、石头花属（*Gypsophila*）（图 2-2-35），蓼科的荞麦属（*Fagopyrum*），

图 2-2-33　东亚和北美洲间断分布类型的江苏种子植物蝙蝠葛属（*Menispermum*）植物（蝙蝠葛 *M. dauricum*）

图 2-2-34　旧世界温带分布类型的江苏种子植物蝇子草属（*Silene*）植物（剪秋罗 *S. fulgens*）

图 2-2-35　旧世界温带分布类型的江苏种子植物石头花属（*Gypsophila*）植物（麦蓝菜 *G. vaccaria*）

柽柳科的柽柳属（*Tamarix*），景天科的费菜属（*Phedimus*），蔷薇科的梨属（*Pyrus*），瑞香科的瑞香属（*Daphne*），菱科的菱属（*Trapa*），芸香科的白鲜属（*Dictamnus*），伞形科（Apiaceae）的峨参属（*Anthriscus*）、岩风属（*Libanotis*）、水芹属（*Oenanthe*）、山芹属（*Ostericum*）等。

温带亚洲分布类型是指分布于亚洲温带地区的属，分布范围包括从俄罗斯南部至西伯利亚东部和亚洲东北部，南部界线至喜马拉雅山区，我国西南、华北至东北，朝鲜和日本北部。此种分布区类型共有13属，占总属数的1.84%。如石竹科的孩儿参属（*Pseudostellaria*）（图2-2-36），十字花科的诸葛菜属（*Orychophrapmus*）、盐芥属（*Thellungiella*），景天科的瓦松属（*Orostachys*）（图2-2-37），蔷薇科的白鹃梅属（*Exochorda*），蝶形花科的笐子梢属（*Campylotropis*）、锦鸡儿属（*Caragana*）、米口袋属（*Gueldenstaedtia*）等。

图2-2-36 温带亚洲分布类型的江苏种子植物孩儿参属（*Pseudostellaria*）植物（孩儿参 *P. heterophylla*）

图2-2-37 温带亚洲分布类型的江苏种子植物瓦松属（*Orostachys*）植物（瓦松 *O. fimbriata*）

地中海区、西亚至中亚分布类型是指分布于现代地中海周围，经过西亚或西南亚至俄罗斯南部和我国新疆、青藏高原及内蒙古高原一带的属。此种分布区类型及其变型共有11属，占总属数的1.56%。如十字花科的糖芥属（*Erysimum*）、涩荠属（*Malcolmia*）、白芥属（*Sinapis*），伞形科的阿魏属（*Ferula*），漆树科的黄连木属（*Pistacia*），菊科的菊苣属（*Cichorium*），蝶形花科的甘草属（*Glycyrrhiza*）（图2-2-38）等。

图 2-2-38　地中海区、西亚至中亚分布类型的江苏种子植物甘草属（*Glycyrrhiza*）植物（刺果甘草 *G. pallidiflora*）

中亚分布类型是指只分布于中亚（特别是山地）而不见于西亚及地中海周围的属，即大约位于古地中海东半部的属。此分布区类型共有 2 属，占总属数的 0.28%，如十字花科的南芥属（*Arabis*）和花旗杆属（*Dontostemon*）。

东亚分布类型是指由东喜马拉雅山一直分布到日本的一些属，与东亚—北美成分有着共同的起源，即第三纪古热带起源。此种分布区类型及其变型共有 100 属，占总属数的 14.14%。如三尖杉科的三尖杉属（*Cephalotaxus*），三白草科的蕺菜属（*Houttuynia*）（图 2-2-39），睡莲科的芡属（*Euryale*），木通科（Lardizabalaceae）的野木瓜属（*Stauntonia*），金缕梅科的蜡瓣花属（*Corylopsis*）、檵木属（*Loropetalum*），荨麻科的花点草属（*Nanocnide*），猕猴桃科的猕猴桃属（*Actinidia*）（图 2-2-40），旌节花科的旌节花属（*Stachyurus*），葫芦科的盒子草属（*Actinostemma*）（图 2-2-41），绣球花科的溲疏属（*Deutzia*），蔷薇科的木瓜属（*Chaenomeles*）、石斑木属（*Rhaphiolepis*），蝶形花科的马鞍树属（*Maackia*），大戟科的油桐属（*Vernicia*），葡萄科的俞藤属（*Yua*），槭树科（Aceraceae）的槭属（*Acer*），芸香科的四数花属（*Tetradium*），马钱科的蓬莱葛属（*Gardneria*），紫草科的斑种草属（*Bothriospermum*），马鞭草科的莸属（*Caryopteris*），唇形科的铃子香属（*Chelonopsis*）、绵穗苏属（*Comanthosphace*）、石荠苎属（*Mosla*）（图 2-2-42）、紫苏属（*Perilla*），玄参科（Scrophulariaceae）的泡桐属（*Paulownia*）、松蒿属（*Phtheirospermum*）、地黄属（*Rehmannia*），桔梗科（Campanulaceae）的党参属（*Codonopsis*）、袋果草属（*Peracarpa*）等。

图 2-2-39　东亚分布类型的江苏种子植物蕺菜属（*Houttuynia*）植物（蕺菜 *H. cordata*）

图 2-2-40　东亚分布类型的江苏种子植物猕猴桃属（*Actinidia*）植物（中华猕猴桃 *A. chinensis*）

图 2-2-41　东亚分布类型的江苏种子植物盒子草属（*Actinostemma*）植物（盒子草 *A. tenerum*）

图 2-2-42　东亚分布类型的江苏种子植物石荠苎属（*Mosla*）植物（石荠苎 *M. scabra*）

（4）中国特有分布类型

中国特有分布类型是指其分布区限于中国境内，或者主要分布于中国境内而稍出国界的属。江苏境内的中国特有分布的属及其变型共有21属，占总属数的2.97%。如松科的金钱松属（*Pseudolarix*），杉科的杉木属（*Cunninghamia*），大血藤科的大血藤属（*Sargentodoxa*）（图2-2-43），安息香科的秤锤树属（*Sinojackia*），榆科的青檀属，刺篱木科（Flacourtiaceae）的山拐枣属，蓝果树科的喜树属（*Camptotheca*），芸香科的枸橘属，茜草科的香果树属（*Emmenopterys*），菊科的虾须草属（*Sheareria*）（图2-2-44）等。其中，江苏省有华东—华中特有分布变型的属1个，为十字花科的华葱芥属（*Sinalliaria*）。中国特有分布类型及其变型共含种数21种，占该区总种数的1.29%。特有属的分布区类型的比例并不高，这与该区境内没有高山、地形以平原为主有关。

图2-2-43 中国特有分布类型的江苏种子植物大血藤属（*Sargentodoxa*）植物（大血藤 *S. cuneata*）

图2-2-44 中国特有分布类型的江苏种子植物虾须草属（*Sheareria*）植物（虾须草 *S. nana*）

由此可以看出，江苏省种子植物区系的地理成分复杂多样。其中，温带分布类型共有 408 属，占总属数的 57.71%，在本地区占有优势。同时，热带分布类型在本省也有一定分布，共有 278 属，占总属数的 39.32%。中国特有属较少，江苏分布的中国特有属 21 属，占比 2.97%。这说明该区的种子植物区系在属级水平上表现为明显的温带区系性质，但也具有一定的热带亲缘。

三、植物区系成分与植被关系

将一个植物区系中的所有植物按照其分布区类型、种的发生地和迁移路线等划分为若干群，称为植物区系成分。按照分布区类型进行划分即为地理成分，按照种的发生进行划分即为发生成分，按照迁移路径进行划分即为迁移成分。通常一个地区的植被与其区系成分密切相关。这里分别以蕨类植物和种子植物简要阐述江苏植物区系成分在主要植被类型中的作用。

（一）蕨类植物与植被的关系

江苏省的自然植被主要有针叶林、阔叶林、常绿落叶阔叶混交林、灌丛、竹林和草丛。蕨类植物在本区的森林植被中起着重要的作用，尤其是水龙骨科、金星蕨科、蹄盖蕨科和鳞毛蕨科这些优势科的植物，往往是构成林下草本层植物的重要成分，甚至有时是林下草本植物的主体。如黑足鳞毛蕨（*Dryopteris fuscipes*）（图 2-3-1）常见于苏南山区亚热带常绿阔叶林的草本层中，而芒萁（*Dicranopteris pedata*）常见于亚热带低山灌草丛中或森林遭到砍伐的防火道两侧。金星蕨科的日本金星蕨（*Parathelypteris nipponica*）和碗蕨科的蕨（*Pteridium aquilinum* var. *latiusculum*）等植物，很多时候成为该区亚热带山地向阳山坡、林缘或路旁阳光充足地方草丛的优势种。

图 2-3-1 黑足鳞毛蕨（*Dryopteris fuscipes*）（左为植株，右为孢子囊）

此外，江苏省的有些水生蕨类植物如槐叶蘋（*Salvinia natans*）（图 2-3-2）、满江红（*Azolla pinnata* subsp. *asiatica*）等，常生于水田、沟渠、池塘、河汊等静水水体中，是本区浮水水生植被的重要组成成分。而原产美洲的细叶满江红（*Azolla filiculoides*）（闫小玲等，2020）（图 2-3-3），近年来在江苏多地的水田、池塘等静水水体中已较为常见，甚至成为外来入侵种。

图 2-3-2　槐叶蘋（*Salvinia natans*）

图 2-3-3　细叶满江红（*Azolla filiculoides*）

（二）种子植物与植被的关系

江苏的种子植物区系中，有不少是构成本省植被的重要组成成分，而且往往起着建群种或优势种的作用。这里主要对裸子植物中的松科和杉科，以及被子植物的壳斗科、樟科、山茶科、榆科、金缕梅科、漆树科和禾本科中的竹亚科（Bambusoideae）予以概述。

松科：江苏省有 7 属 24 种 1 变种。其中，马尾松是本省亚热带山区针叶林或针阔混交林中乔木层的优势成分。由于受到松材线虫（*Bursaphelenchus xylophilus*）和松毛虫（*Dendrolimus* sp.）的影响，苏南山区近年来马尾松的分布面积急剧减少（图 2–3–4）。在苏北地区如云台山，赤松喜光，深根系，抗风力强，常常可以形成小片的次生纯林（图 2–3–5）。而本省引种栽培的湿地松（*Pinus elliottii*）、黑松（图 2–3–6）由于适应性较强，往往在亚热带山区形成小片针叶林或针阔混交林。此外，在宜溧山地和宁镇山脉，本区分布的国家重点保护野生植物金钱松，有时散生于低山丘陵，有时生于针阔混交林或竹阔混交林中。

图 2–3–4　受松材线虫侵染的马尾松（*Pinus massoniana*）

图 2-3-5　赤松林（连云港市云台山）

图 2-3-6　黑松林（溧阳市）

杉科：江苏省有 8 属 9 种 2 变种。其中，杉木是本省南部亚热带山区针叶林的优势种，也是该区营林的常见速生树种。近十余年来，随着苏南地区经济的快速发展，当地的土地利用方式也随之发生变化，例如传统的农业、林业在社会经济中的比重持续下降，而乡村旅游、特色种植、养殖业蓬勃发展，从而使得原有的杉木林缺乏管理或抚育，且一些阔叶树种不断侵入，导致杉木总体长势较差，甚至形成小老头树。水杉、柳杉（*Cryptomeria japonica* var. *sinensis*）（图 2-3-7）、落羽杉（*Taxodium distichum*）（图 2-3-8）和池杉（*Taxodium distichum* var. *imbricatum*）（图 2-3-9）在本省多个地区广泛栽培，有时形成人工纯林。此外，南通市如东县在海堤附近营造的柳杉和水杉人工林，经过 20 多年的生长，已经形成极具特色的海堤防护林，优势种主要为柳杉、水杉和桑（*Morus alba*）。

图 2-3-7　柳杉林（南京市紫金山）

图 2-3-8　落羽杉林（苏州市东沙湖生态公园）

图 2-3-9　池杉林（南通市通州区开沙岛）

壳斗科：江苏省有 5 属 38 种 2 变种。不少种类是本省山地森林的主要建群种，如青冈属、柯属、栎属的常绿和落叶树种。如青冈（*Cyclobalanopsis glauca*）、苦槠（*Castanopsis sclerophylla*）、柯（石栎）（*Lithocarpus glaber*）是本省南部山区常绿阔叶林和常绿落叶阔叶混交林中的建群种或优势种。而麻栎（*Quercus acutissima*）、栓皮栎（*Quercus variabilis*）（图 2-3-10）、枹栎（*Quercus serrata*）等常常是苏南地区宁镇山脉、茅山山脉次生阔叶林的优势种，也是苏北地区连云港市云台山、徐州市云龙山的次生性落叶阔叶林的建群种或优势种。此外，本省的森林群落中常常有不少伴生种为壳斗科植物。近年来，本省的一些公园、林场及苗圃地不断从国外引进壳斗科植物，如德州栎（*Quercus texana*）（图 2-3-11）、柳叶栎（*Quercus phellos*）（图 2-3-12）、水栎（*Quercus nigra*）等，有时成片栽培。这些种类在修订版的《江苏植物志》中尚未见记载，它们大多原产北美，作为观叶植物或绿化植物而引入本省。由于对其生态风险或生长习性尚缺乏足够的了解，大面积仓促引进或批量化栽培应当慎重。

图 2-3-10　栓皮栎林（常州市金坛区石家山）

图 2-3-11　德州栎林（溧阳市）

图 2-3-12 柳叶栎林（右为枝叶放大，溧阳市）

樟科：江苏省有8属27种2变种。其中有些种类是本省中亚热带常绿阔叶林和北亚热带常绿落叶阔叶混交林的建群种或优势种，如宜兴龙池省级自然保护区和连云港市云台山分布的红楠（*Machilus thunbergii*）小片成林（图2-3-13），在宜兴龙池山、溧阳市龙潭林场和句容宝华山的沟谷附近分布的紫楠（*Phoebe sheareri*）小片成林，在苏州市吴中区金庭镇缥缈村分布的香樟（*Camphora officinarum*）成为萌生林（图2-3-14）。还有不少种类是本省中亚热带常绿阔叶林和北亚热带常绿落叶阔叶混交林的重要成分和伴生树种，如山胡椒（*Lindera glauca*）（图2-3-15）、檫木（*Sassafras tzumu*）、豹皮樟（*Litsea coreana* var. *sinensis*）、山橿（*Lindera reflexa*）（图2-3-16）等。本省的少数樟科植物呈现较为明显的水平替代现象，如在苏南山区阔叶林中的灌木层植物乌药（*Lindera aggregata*）（图2-3-17），至苏北连云港市云台山的阔叶林中则主要为三桠乌药（*Lindera obtusiloba*）（图2-3-18）。此外，樟科的一些树种如山胡椒，在本省的南部山区，在水热条件或立地条件较好时可以生长为小乔木，而在北亚热带或暖温带低山丘陵的落叶阔叶林中则呈现为丛生的灌木。

图 2-3-13 红楠（*Machilus thunbergii*）

图 2-3-14　香樟萌生林（苏州市吴中区缥缈村）

图 2-3-15　山胡椒（*Lindera glauca*）

图 2-3-16　山橿（*Lindera reflexa*）

图 2-3-17 乌药（*Lindera aggregata*）

图 2-3-18 三桠乌药（*Lindera obtusiloba*）

山茶科：江苏省有 6 属 16 种 1 变种。其中的山茶属和柃木属的多种植物是本省山地森林群落灌木层的重要成分，其他一些山茶科植物如红淡比（*Cleyera japonica*）在本省的中亚热带山区也时常成为森林群落的伴生种。本省的不少山区，由于曾经大量种植油茶（*Camellia oleifera*）、油桐（*Vernicia fordii*），目前这两种植物在林中已经逸生。近年来，宜兴市、溧阳市、句容市，以及常州市金坛区等地广泛种植茶树（*Camellia sinensis*），在亚热带低山丘陵形成了大片的茶园（人工植被），且大多已形成独具特色的茶叶品牌，如茅山青峰、宜兴红茶、溧阳白茶和黄金茶等，这也有力地促进了当地的乡村旅游和经济发展（图 2-3-19 至图 2-3-21）。

图 2-3-19 大片茶园（宜溧山地）

图 2-3-20　柃木（*Eurya japonica*）

图 2-3-21　油茶（*Camellia oleifera*）

榆科：江苏省有 7 属 27 种 1 变种。其中的大叶榉树、糙叶树（*Aphananthe aspera*）（图 2-3-22）、朴树（*Celtis sinensis*）等往往成为落叶阔叶林中的建群种或优势种。而青檀（*Pteroceltis tatarinowii*）、刺榆（*Hemiptelea davidii*）（图 2-3-23）、山油麻（*Trema cannabina*）等是构成本省石灰岩山地落叶阔叶林的重要成分。榆科的不少种类也是园林绿化、四旁绿化的常见树种，如大叶榉树、榔榆（*Ulmus parvifolia*）（图 2-3-24）和榆树（*Ulmus pumila*）等。

图 2-3-22　糙叶树（*Aphananthe aspera*）

图 2-3-23　刺榆（*Hemiptelea davidii*）

图 2-3-24　榔榆（*Ulmus parvifolia*）（左为枝叶，右为树皮鳞片状剥落后的树干）

金缕梅科：江苏省有 8 属 11 种 1 变种。其中的不少种类如牛鼻栓（*Fortunearia sinensis*）（图 2-3-25）、银缕梅、檵木（*Loropetalum chinense*）、枫香树（*Liquidambar formosana*）（图 2-3-26）等是本省落叶阔叶林中的重要建群种或主要伴生树种。近年来，本省部分地区如扬州市、徐州市大片栽培的北美枫香（*Liquidambar styraciflua*），在秋季可形成彩叶林景观。但北美枫香为外来树种，在我国引种时间不长，引种栽培应当慎重，不宜盲目。

漆树科：江苏省有 5 属 8 种 1 变种。本省漆树科种类并不多，但其中的不少种类如漆树（*Toxicodendron vernicifluum*）、黄连木（*Pistacia chinensis*）（图 2-3-27）、盐麸木（*Rhus chinensis*）是亚热带或暖温带阔叶林中的重要建群种或主要伴生种。近十余年来，在宜兴市、溧阳市等地的低山丘陵地带引种栽培的南酸枣（*Choerospondias axillaris*）（图 2-3-28）长势良好。

图 2-3-25　牛鼻栓（*Fortunearia sinensis*）

图 2-3-26　枫香树（*Liquidambar formosana*）

图 2-3-27　黄连木（*Pistacia chinensis*）

图 2-3-28　南酸枣（*Choerospondias axillaris*）

禾本科的竹亚科：江苏省有16属121种10变种29变型。修订版的《江苏植物志》中记载江苏现有竹类植物8属39种3变种1变型。新增的竹类属种主要为栽培种类。本省自然植被中的种类主要为刚竹属、苦竹属（*Pleioblastus*）、业平竹属（*Semiarundinaria*）和箬竹属（*Indocalamus*）植物。刚竹属的不少种类如桂竹（*Phyllostachys bambusoides*）（图2-3-29）、毛竹（*Phyllostachys edulis*）（图2-3-30）、刚竹（*Phyllostachys sulphurea* var. *viridis*）、淡竹（*Phyllostachys glauca*）常常是构成本省亚热带竹林的建群种，其中毛竹往往形成单优群落。而苦竹属、业平竹属和箬竹属的种类常常丛生呈灌木状，形成本省的暖性竹丛。本省的一些竹种如毛竹、短穗竹（*Semiarundinaria densiflora*）、阔叶箬竹（*Indocalamus latifolius*）（图2-3-31）等，既有野生群落，也有大量栽培。在苏南的宜溧山区，当地对原有分布的毛竹林和阔叶林进行人为改造，形成了面积广阔的"竹海"景观。

图2-3-29　桂竹林（常州市金坛区石家山）

图 2-3-30　毛竹（*Phyllostachys edulis*）（左为秆，右为笋）

图 2-3-31　阔叶箬竹（*Indocalamus latifolius*）

四、植物区系与毗邻地区联系

江苏省植物区系除上述与日本、印度，以及北美、东南亚等发生联系外，与毗邻地区的区系起源、发生与发展有着更为密切的亲缘关系。另外，由于该地区处于亚热带与暖温带间的过渡地带，气候的过渡性特征明显，兼有南方和北方的特征，因此本省境内的植物区系能够反映出具有暖温带及亚热带互相渗透的情况。例如苏南宜溧山地分布着中亚热带成分，如褐叶青冈（*Cyclobalanopsis stewardiana*）（图 2-4-1）、包果柯（*Lithocarpus cleistocarpus*）、刺毛越橘（*Vaccinium trichocladum*）、江西鸡血藤（*Callerya kiangsiensis*）等，因此该区大多为中亚热带植物分布的北界。而在苏北徐州市云龙山等暖温带山地分布着毛掌叶锦鸡儿（*Caragana leveillei*）（图 2-4-2）、地构叶（*Speranskia tuberculata*）（图 2-4-3）、少花米口袋（*Gueldenstaedtia verna*）（图 2-4-4）、鹤虱（*Lappula myosotis*）、太行铁线莲（*Clematis kirilowii*）（图 2-4-5）等北方植物，因此该区成了这些北方区系成分在本省分布的最南界。

将本省与邻近的浙江、安徽和山东的野生种子植物进行科、属水平的 Szymkiewicz 相似性系数比较，结果发现：不论是科的相似性系数，还是属的相似性系数，江苏与浙江的种子植物区系最为相近，其次为安徽，再次为山东。但是，它们的区系相似性系数，不论是科水平还是属水平，均超过 80%（王志伟等，2010）。这表明江苏与其毗邻的这 3 个省份的植物区系较为相近，反映出它们之间的区系联系较为密切，这与它们同处于我国华东地区，同属于华东植物区系相一致。

图 2-4-1　褐叶青冈（*Cyclobalanopsis stewardiana*）

图 2-4-2　毛掌叶锦鸡儿（*Caragana leveillei*）

图 2-4-3 地构叶（*Speranskia tuberculata*）

图 2-4-4 少花米口袋（*Gueldenstaedtia verna*）

图 2-4-5 太行铁线莲（*Clematis kirilowii*）

第三章　江苏植被基本特征

本章主要概述江苏植被的外貌（季相、高度、生活型等）和结构（群落种类成分与多度、垂直层次、层外植物等）、植被的综合特征，以及自然植被在本省的水平分布规律（纬度地带性和经度地带性）和垂直分布规律。

一、植被外貌和结构

（一）植被季相

植被中植物群落的外貌在不同季节随着植物的生长而呈现一定的规律性变化。主要层植物的季节性变化，使得群落表现出不同的季节性外貌，即为群落的季相（图 3-1-1 至图 3-1-6）。

图 3-1-1　落叶阔叶林季相（4 月刚长新叶，连云港市云台山）

图 3-1-2　落叶阔叶林季相（早春林下草本植物，连云港市云台山）

图 3-1-3　落叶阔叶林季相（11 月底全部落叶，连云港市云台山）

图 3-1-4　常绿阔叶林季相（8 月的苦槠林，宜兴市小黑沟）

图 3-1-5　栓皮栎林季相（4 月刚长新叶，连云港市云台山）

图 3-1-6 麻栎林季相（7 月枝繁叶茂，常州市金坛区）

江苏省地跨南暖温带、北亚热带和中亚热带 3 个生物气候带，典型地带性植被类型依次为落叶阔叶林、常绿落叶阔叶混交林和常绿阔叶林，前两个类型也分别见于北亚热带和中亚热带地区（刘昉勋和黄致远，1982）。每种群落类型都具有一定的组成种类，且群落外貌随着季节的变化而表现出一定的季相变化。概括而言，组成江苏植被的物种具有较高的落叶性，这主要是由于江苏境内中亚热带的区域面积很小，常绿阔叶林主要见于宜溧山地南端及太湖南部丘陵。其次，江苏境内没有高山，现状植被受到人为影响较大，植被的次生性质较为明显。

落叶阔叶林是江苏暖温带地区的地带性植被类型，在亚热带山地也较为常见。据野外调查资料显示，通常群落中乔木层的优势层片大多为落叶乔木，如麻栎、栓皮栎、枫香树、化香树（*Platycarya strobilacea*）、黄檀（*Dalbergia hupeana*）、山槐（*Albizia kalkora*）、朴树等，灌木层中的优势层片也主要为落叶灌木或落叶小乔木，如山胡椒、牛鼻栓、野鸦椿（*Euscaphis japonica*）、细柱五加（*Eleutherococcus nodiflorus*）、朴树、白檀（*Symplocos paniculata*）、山莓（*Rubus corchorifolius*）（图 3-1-7）、茶条槭（*Acer tataricum* subsp. *ginnala*）等，这些乔木、灌木种类一般在每年的 3—4 月开始展叶，5—6 月落叶阔叶林的林冠郁闭度明显增加，可达 0.70—0.80。一般而言，位于苏南北亚热带地区的落叶树种抽枝展叶通常比位于苏北暖温带地区的落叶树种早 15—20d。

图 3-1-7 落叶灌木山莓（*Rubus corchorifolius*）（早春 3 月长叶开花，句容市宝华山）

以南京市仙林地区所调查的24种落叶植物的出叶物候为例（表3-1-1），发现出叶开始时间相对集中，主要在3月下旬到4月上旬（图3-1-8A）；出叶结束时间较为分散，从3月下旬到8月下旬均有分布（图3-1-8B）。24种落叶阔叶植物平均出叶开始时间为25.10d，出叶结束时间为64.00d，出叶持续时间为38.70d，平均相对出叶速率为0.181。雀梅藤（*Sageretia thea*）和圆叶鼠李（*Rhamnus globosa*）（图3-1-9）最早在3月中旬（13d）出叶，翅荚决明（*Senna alata*）最晚，在4月上旬（38d）出叶，雀梅藤比翅荚决明早出叶25d；枫杨（*Pterocarya stenoptera*）在3月下旬（27d）最早完成出叶过程，翅荚决明出叶结束时间最晚，在8月下旬（183d）完成出叶过程，两者相差156d；出叶持续时间最短的为槲树（*Quercus dentata*），仅5d就完成出叶过程；出叶持续时间最长的为翅荚决明，长达156d，两者相差151d。

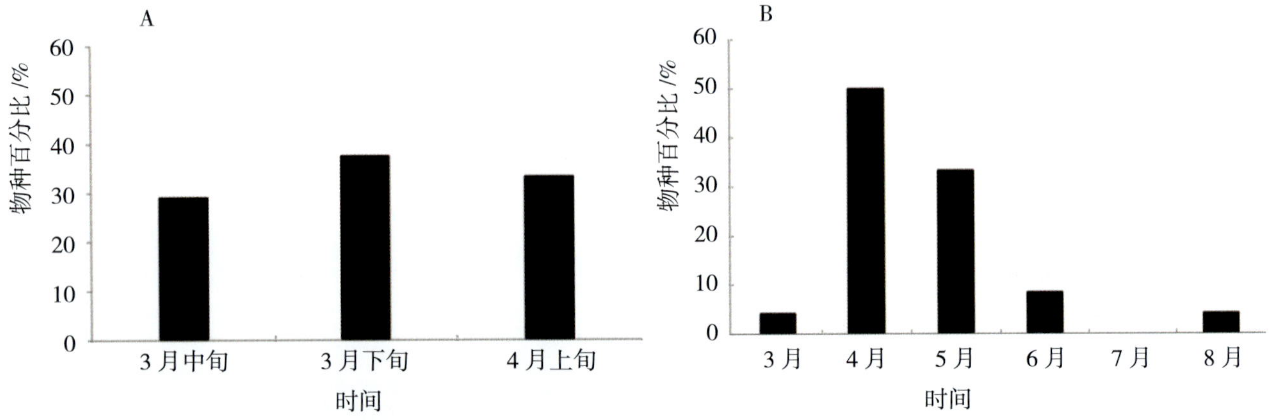

图3-1-8　南京仙林落叶阔叶林中24种落叶植物出叶开始（A）、出叶结束（B）时间分布格局

图3-1-9　落叶灌木圆叶鼠李（*Rhamnus globosa*）（早春3月长叶开花，句容市宝华山）

表 3-1-1　南京仙林落叶阔叶林中 24 种落叶植物出叶物候参数、叶片数量、出叶相对速率及比叶重

	物种	开始时间 / d	结束时间 /d	持续时间 /d	叶片数量 / 个	比叶重 /g · m⁻²	出叶相对速率	R^2
单叶植物	雀梅藤*Sageretia thea*	13	40	27	10.1	96.6	0.116	0.610
	圆叶鼠李*Rhamnus globosa*	13	51	38	11.8	91.8	0.103	0.851
	榆树*Ulmus pumila*	15	56	41	11.5	81.7	0.099	0.706
	朴树*Celtis sinensis*	15	63	48	9.2	83.7	0.114	0.635
	赛山梅*Styrax confusus*	18	40	22	5.6	75.2	0.154	0.600
	白檀*Symplocos paniculata*	21	43	22	10.9	86.3	0.239	0.661
	枹栎*Quercus serrata*	21	33	12	6.6	81.9	0.175	0.142
	老鸦柿*Diospyros rhombifolia*	23	43	20	7.8	67.7	0.124	0.758
	枫香树*Liquidambar formosana*	24	60	36	6.7	77.2	0.100	0.647
	柘树*Maclura tricuspidata*	26	76	50	10.6	74.5	0.120	0.705
	槲树*Quercus dentata*	28	33	5	9.0	90.3	0.641	0.464
	构树*Broussonetia papyrifera*	32	85	53	12.5	65.9	0.083	0.737
	山胡椒*Lindera glauca*	33	46	13	6.8	64.1	0.242	0.490
复叶植物	枫杨*Pterocarya stenoptera*	18	27	9	3.2	71.8	0.295	0.703
	野蔷薇*Rosa multiflora*	19	36	17	3.4	82.4	0.233	0.640
	盐麸木*Rhus chinensis*	23	82	59	14.3	97.3	0.076	0.857
	牡荆*Vitex negundo* var. *cannabifolia*	24	102	78	15.4	73.2	0.074	0.867
	刺槐*Robinia pseudoacacia*	29	69	30	6.3	58.8	0.130	0.822
	化香树*Platycarya strobilacea*	32	75	43	8.3	65.3	0.138	0.865
	黄连木*Pistacia chinensis*	33	65	32	13.6	58.4	0.265	0.876
	黄檀*Dalbergia hupeana*	34	48	14	7.0	88.0	0.634	0.725
	山槐*Albizia kalkora*	34	76	42	8.7	52.4	0.096	0.808
	楝*Melia azedarach*	36	104	72	9.2	54.6	0.069	0.659
	翅荚决明*Senna alata*	38	183	145	40.8	53.8	0.035	0.875
平均值		25.1	64.0	38.7	10.4	74.7	0.181	

注：描述出叶物候的时间为距离 2014 年 3 月 1 日的时间。R^2 为单叶生长曲线方程 $A=A_{max}/[1+\exp(\beta-\alpha\times t)]$ 的拟合度（$P<0.01$）。式中：A 为单叶面积，A_{max} 为最大单叶面积，t 为距离 2014 年 3 月 1 日的天数，α 为相对生长速率，β 为物种相关的常数。

此外，不少落叶树种还有二次抽枝的现象，比例约为 1/3。以南京市仙林地区 16 种落叶植物的物候观测数据为例（表 3-1-2）：一次抽枝的出叶开始时间相对集中，分布在 3 月中旬到 4 月中旬，但主要集中于 3 月中旬到 4 月上旬，占所有物种的 93.80%，一次抽枝出叶最早的是赛山梅（*Styrax confusus*），出叶开始时间为 12d，最晚的是乌桕（*Triadica sebifera*），出叶开始时间为 43d；二次抽枝的出叶开始时间较为分散，分布在 5 月下旬到 7 月中旬，但主要集中于 6 月上、中旬，占所有物种的 68.80%（图 3-1-10A），二次抽枝出叶最早的是青灰叶下珠（*Phyllanthus glaucus*），出叶开始时间为 55d，最晚的是黄檀（图 3-1-11），出叶开始时间为 109d。一次抽枝的出叶结束时间分布在 3 月下旬到 6 月上旬，出叶结束最早的是赛山梅（27d），最晚的是乌桕（91d）；二次抽枝的出叶结束时间分布在 5 月中旬到 8 月中旬，但主要集中分布在 6 月中旬到 7 月上旬，占所有物种的 62.50%（图 3-1-10B），出叶结束最早的是响叶杨（*Populus adenopoda*）（72d）（图 3-1-12），最晚的是河北木蓝（*Indigofera bungeana*）（164d）（图

3–1–13）。此外，这些落叶树种的出叶模式有持续式和爆发式两种，且以持续式为主，如单叶植物的白檀和复叶植物的枫杨（图 3–1–14）。

表 3–1–2　南京仙林落叶阔叶林中 16 种落叶植物一次、二次抽枝出叶物候参数及出叶模式

物种		抽枝批次	开始时间 /d	结束时间 /d	持续时间 /d	出叶模式
单叶植物	白檀*Symplocos paniculata*	Ⅰ	24	56	32	持续式
		Ⅱ	105	130	25	持续式
	枹栎*Quercus serrata*	Ⅰ	21	40	19	爆发式
		Ⅱ	95	103	8	爆发式
	枫香树*Liquidambar formosana*	Ⅰ	23	48	25	持续式
		Ⅱ	103	127	24	持续式
	槲树*Quercus dentata*	Ⅰ	28	33	5	爆发式
		Ⅱ	78	84	6	爆发式
	朴树*Celtis sinensis*	Ⅰ	15	63	48	持续式
		Ⅱ	93	122	29	持续式
	青灰叶下珠*Phyllanthus glaucus*	Ⅰ	29	80	51	持续式
		Ⅱ	55	76	21	持续式
	赛山梅*Styrax confusus*	Ⅰ	12	27	15	爆发式
		Ⅱ	105	119	14	爆发式
	乌桕*Triadica sebifera*	Ⅰ	43	91	48	持续式
		Ⅱ	96	125	29	持续式
	响叶杨*Populus adenopoda*	Ⅰ	20	32	12	爆发式
		Ⅱ	61	72	11	爆发式
	榆树*Ulmus pumila*	Ⅰ	15	56	41	持续式
		Ⅱ	91	113	22	持续式
复叶植物	枫杨*Pterocarya stenoptera*	Ⅰ	18	37	21	持续式
		Ⅱ	110	128	20	持续式
	化香树*Platycarya strobilacea*	Ⅰ	32	75	43	持续式
		Ⅱ	95	122	27	持续式
	黄连木*Pistacia chinensis*	Ⅰ	33	65	32	持续式
		Ⅱ	97	123	36	持续式
	黄檀*Dalbergia hupeana*	Ⅰ	34	48	14	爆发式
		Ⅱ	109	122	13	爆发式
	河北木蓝*Indigofera bungeana*	Ⅰ	20	113	93	持续式
		Ⅱ	103	164	61	持续式
	紫穗槐*Amorpha fruticosa*	Ⅰ	37	61	24	持续式
		Ⅱ	56	78	22	持续式

注：描述出叶物候的时间为距离 2014 年 3 月 1 日的时间。

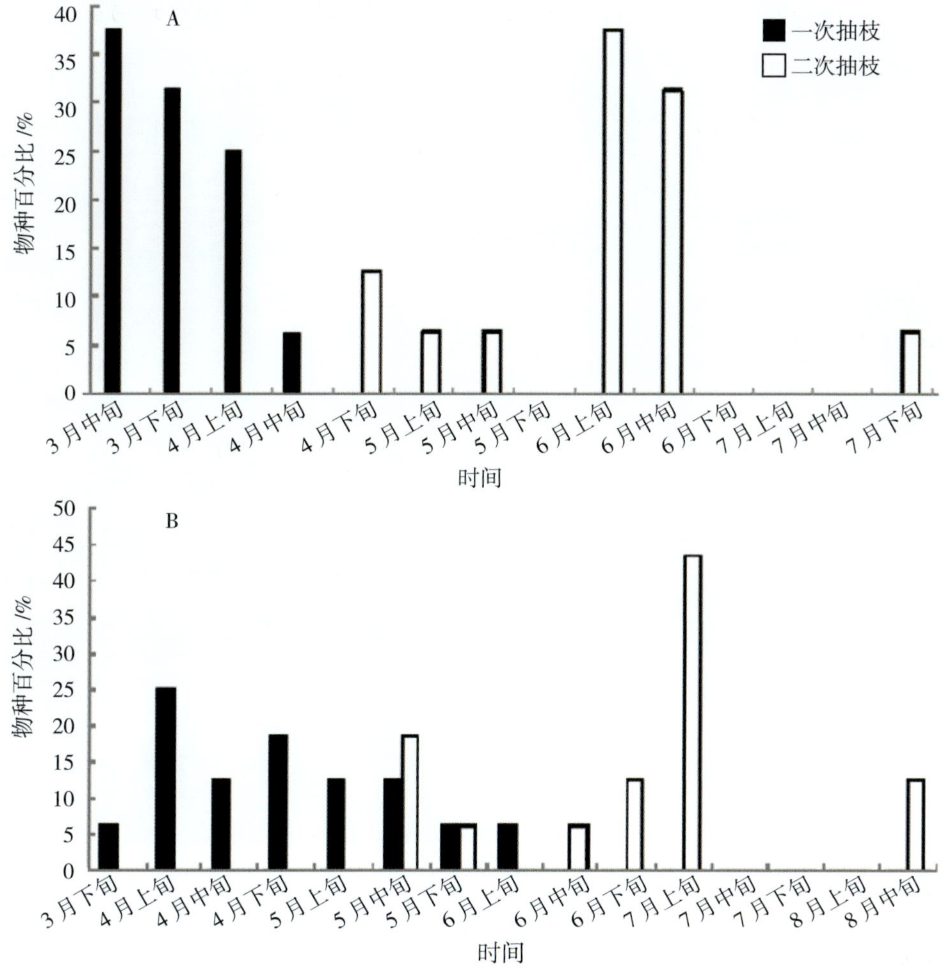

图 3-1-10　南京仙林落叶阔叶林中 16 种落叶植物一次、二次抽枝出叶开始（A）、出叶结束（B）时间分布格局

图 3-1-11　黄檀（*Dalbergia hupeana*）（具有二次抽枝）

图 3-1-12　响叶杨（*Populus adenopoda*）（具有二次抽枝）

图 3-1-13　河北木蓝（*Indigofera bungeana*）（具有二次抽枝）

图 3-1-14　枫杨（*Pterocarya stenoptera*）（具有二次抽枝）

一般而言，苏北地区落叶阔叶林的落叶时间平均要早于苏南地区的落叶树种 15—20d。而同一个地区，不同落叶树种的落叶物候也存在一定的差异。这里以南京地区 24 种落叶阔叶树种的落叶物候为例进行分析（表 3-1-3）。落叶开始时间从 6 月中旬到 11 月下旬均有分布，主要集中在 8 月，物种百分比为 41.70%（图 3-1-15A）；落叶高峰主要集中在 10 月和 11 月，物种百分比为 58.30%（图 3-1-15B）；落叶结束时间主要集中在 11 月，物种百分比为 50.00%（图 3-1-15C）。24 种落叶阔叶植物平均落叶开始时间为 183.40d，落叶高峰期为 231.00d，落叶结束时间为 243.50d，落叶持续时间为 60.10d，平均落叶相对速率为 0.206。枫杨最早在 6 月中旬（105d）落叶，枹栎最晚在 11 月下旬（270d）出叶，枫杨比枹栎早出叶 165d；落叶高峰期最早到来的为枫杨（120d），最晚为枹栎（280d），两者相差 160d；枫杨在 6 月下旬（118d）最早完成落叶过程，此时其他物种还没开始落叶；翅荚决明落叶结束时间最晚，在 12 月中旬（290d）完成落叶过程，两者相差 172d；落叶持续时间最短的为枹栎，仅 11d 就完成落叶过程，落叶持续时间最长的为翅荚决明，长达 105d，两者相差 94d。此外，有些落叶树种，如乌桕在夏季为绿色（图 3-1-16），而在秋季落叶前变为红色（图 3-1-17）。

表 3-1-3　南京仙林落叶阔叶林中 24 种落叶植物落叶物候参数、叶寿命及落叶相对速率

	物种	落叶开始时间 /d	落叶高峰 /d	落叶结束时间 /d	落叶持续时间 /d	叶寿命 /d	落叶相对速率	R^2
单叶植物	圆叶鼠李*Rhamnus globosa*	148	203	240	92	177	0.059	0.632
	柘树*Maclura tricuspidata*	165	203	250	85	176	0.050	0.891
	老鸦柿*Diospyros rhombifolia*	173	193	228	55	168	0.092	0.825
	榆树*Ulmus pumila*	176	229	261	85	189	0.069	0.870
	构树*Broussonetia papyrifera*	176	261	263	87	219	0.046	0.872
	朴树*Celtis sinensis*	180	236	261	81	246	0.102	0.736
	枫香树*Liquidambar formosana*	183	247	260	77	236	0.085	0.555
	赛山梅*Styrax confusus*	186	255	270	84	222	0.072	0.671
	白檀*Symplocos paniculata*	228	269	270	42	240	0.513	0.695
	山胡椒*Lindera glauca*	245	254	257	12	220	0.653	0.775
	槲树*Quercus dentata*	250	261	263	13	234	0.373	0.825
	雀梅藤*Sageretia thea*	251	279	279	28	256	0.390	0.716
	枹栎*Quercus serrata*	270	280	281	11	256	0.805	0.845
复叶植物	枫杨*Pterocarya stenoptera*	105	120	118	13	99	0.381	0.910
	野蔷薇*Rosa multiflora*	135	173	190	55	142	0.119	0.848
	山槐*Albizia kalkora*	136	156	170	34	106	0.189	0.781
	牡荆*Vitex negundo* var. *cannabifolia*	138	222	223	85	154	0.049	0.797
	刺槐*Robinia pseudoacacia*	158	236	245	87	183	0.039	0.557
	黄连木*Pistacia chinensis*	167	261	270	103	196	0.042	0.442
	盐麸木*Rhus chinensis*	170	236	248	78	203	0.159	0.702
	化香树*Platycarya strobilacea*	180	230	236	56	191	0.103	0.702
	翅荚决明*Senna alata*	185	280	290	105	195	0.031	0.858
	楝*Melia azedarach*	196	247	257	61	189	0.149	0.650
	黄檀*Dalbergia hupeana*	200	212	213	13	168	0.375	0.923
	平均值	183.4	231.0	243.5	60.1	191.7	0.206	

注：描述落叶物候的时间为距离 2014 年 3 月 1 日的时间。R^2 为单叶生长曲线方程 $A=A_{max}/[1+\exp(\beta-\alpha\times t)]$ 的拟合度（$P<0.01$）。式中：A 为单叶面积，A_{max} 为最大单叶面积，t 为距离 2014 年 3 月 1 日的天数，α 为相对生长速率，β 为物种相关的常数。

苏南局部山地分布的常绿阔叶林的季相变化不太明显。通常青冈、苦槠、柯等乔木层中优势层片在春季 3 月中下旬更换新叶，呈现鲜绿色；4—5 月为花期，林冠呈现黄绿相映；而到了秋季 10 月，仍然呈现绿色。有时伴生少量优势落叶乔木，如黄连木（*Pistacia chinensis*）在秋季叶色变红，果实红色（图 3-1-18、图 3-1-19），林冠夹杂少量红色或黄色，呈现出一定程度的斑驳色彩。

山地落叶灌丛的季相变化比较明显，如苏北连云港市云台山的小野珠兰（*Stephanandra incisa*）（图 3-1-20）到 3 月中旬还没有长叶，7 月上旬为翠绿色，而通常到 10 月底已经基本落叶。

禾草草丛或盐生草甸的季相变化更为明显。以盐生草甸为例，这一植被类型是由多年生盐生根茎类草本植物组成，在江苏省分布于连云港市、盐城市、南通市等地的沿海滩涂。其种类组成通常较为单一，群落结构也较为简单。常见的优势种主要有碱蓬（*Suaeda glauca*）（图 3-1-21）、盐地碱蓬（*Suaeda salsa*）、盐角草（*Salicornia europaea*）等。夏季群落外貌为绿色，而到秋季则呈现红色，如盐地碱蓬（图 3-1-22）。

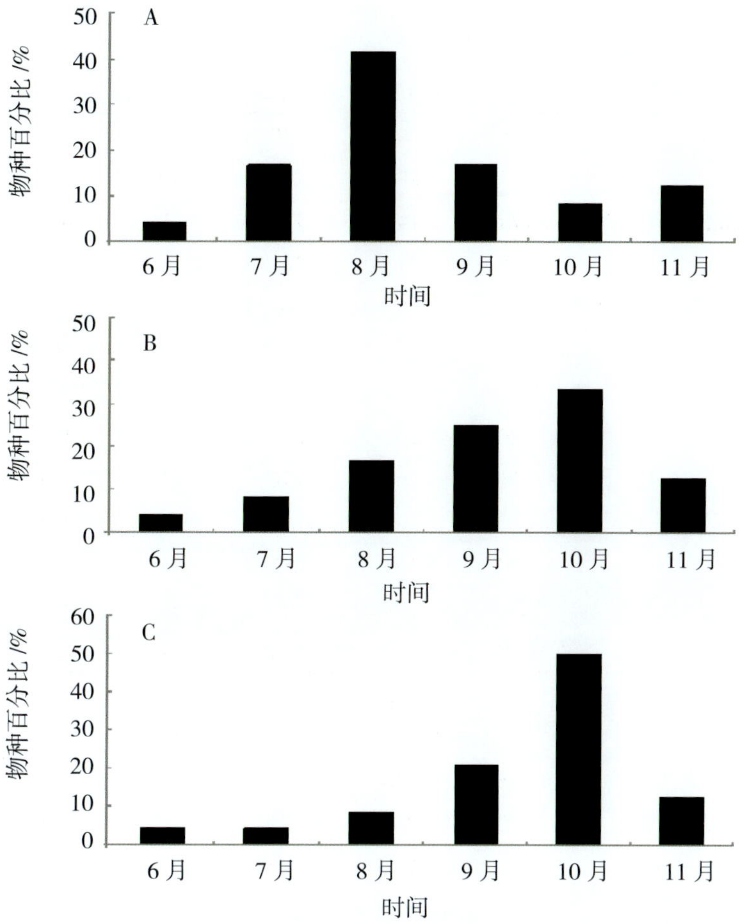

图 3-1-15　南京仙林落叶阔叶林中 24 种落叶植物落叶开始时间（A）、落叶高峰（B）、落叶结束时间（C）分布格局

图 3-1-16　乌桕（*Triadica sebifera*）夏季叶片绿色

图 3-1-17 乌桕（*Triadica sebifera*）秋季叶片变红（宿迁市三台山）

图 3-1-18　黄连木（*Pistacia chinensis*）（落叶乔木，秋季叶色变红，连云港市云台山）

图 3-1-19　黄连木（*Pistacia chinensis*）（落叶乔木，秋季果实红色，连云港市云台山）

图 3-1-20　小野珠兰灌丛（4 月长叶，连云港市云台山）

图 3-1-21　碱蓬盐生草甸（夏季绿色，盐城市大丰区）

图 3-1-22　盐地碱蓬盐生草甸（秋季红色，盐城市大丰区）

（二）群落高度

植物群落的高度通常由群落中的优势种或建群种的高度所决定，并且随着群落类型和生境条件的不同而有所差异。江苏中亚热带常绿阔叶林的建群层高度可达16—20m，乔木层优势种或伴生种的高度一般在16—20m，平均株高15.20m，如宜兴山区分布的柯林（图3-1-23）。北亚热带常绿落叶阔叶混交林的建群层高度可达14—16m，乔木层优势种或伴生种的高度一般在12—15m，平均株高11.50m。在这一类型的群落中，乔木层优势层片的常绿树种高度一般小于落叶树种。而落叶阔叶林的建群层高度可达7—15m，乔木层优势种或伴生种的高度一般在7—13m，平均株高10.60m。由于本区落叶阔叶林的群落类型较多，优势树种较多，如枫香树（图3-1-24）、麻栎、大叶榉树、黄连木、朴树等，因此其群落的高度往往与立地条件、群落所处的演替阶段等因素有较大的关系。总体上，江苏森林植被的群落高度，自南向北随着植被类型的变化呈现降低的趋势。

图3-1-23　常绿阔叶林柯林（宜兴市）

图3-1-24　落叶阔叶林枫香树林（宜兴市）

江苏的竹林大多为毛竹林（图3-1-25、图3-1-26），群落乔木层通常以毛竹为优势种，群落高度一般为7—9m。有时竹林中伴生有少量落叶乔木树种，如大叶榉树、枫香树、马尾松、朴树等，这些树种的多度一般较小，呈现散生状，但是植株一般较大，高度通常为12—15m，明显高于毛竹。

图 3-1-25　毛竹林单优群落（宜兴市）

图 3-1-26　毛竹林伴生马尾松（*Pinus massoniana*）（溧阳市）

江苏省灌丛的群落高度一般为 2—5m，亚热带南部山区的次生灌丛如檵木常绿灌丛（图 3-1-27）的高度为 3—5m，明显高于苏北山区的落叶灌丛，如牛枝子（*Lespedeza potaninii*）（图 3-1-28）、小野珠兰形成灌丛的高度一般不超过 2m。

图 3-1-27　常绿灌丛檵木灌丛（溧阳市）

图 3-1-28　落叶灌丛牛枝子灌丛（徐州市泉山）

江苏省的草丛高度一般为 1—3m，主要取决于建群种或优势种的高度。例如，江苏南部山区或滩地分布的荻群落（图 3-1-29），高度可达 3.50m。而苏南山区的芒群落一般高 1.50—2.30m（图 3-1-30），通常高于白茅群落（图 3-1-31），后者一般高 0.70—0.80m。

图 3-1-29　荻群落（宝应县）

图 3-1-30　芒群落（溧阳市）

图 3-1-31　白茅群落（溧阳市）

（三）植物生活型

植物生活型是指植物生长的主要形态或生活的类型。它是植物对生境长期适应所体现出来的外貌特点，并在一定程度上决定着群落的外貌特征（黄威廉，1993）。生活型有不同的划分标准，Raunkiaer 生活型系统根据植株度过不良生长季节的休眠芽高度，或繁殖器官所处的位置和保护方式等进行划分，通常分为高位芽植物、地上芽植物、地面芽植物、地下芽植物和一年生植物。江苏省的落叶阔叶树种既有鳞芽，也有裸芽，但是通常以鳞芽植物居多（图 3–1–32 至图 3–1–35）。Drude 生活型系统根据植株的高矮、木质化的程度等适应形态进行划分，一般包括乔木、灌木、藤本和草本。木本植物根据叶的性质又可以再分为常绿型和落叶型，藤本植物可以再分为木质藤本和草质藤本，草本植物可分为一年生草本、二年生草本和多年生草本。目前，我国大多采用 Drude 生活型系统。

图 3–1–32　赛山梅（*Styrax confusus*）（鳞芽）

图 3–1–33　山胡椒（*Lindera glauca*）（鳞芽）

图 3–1–34　枹栎（*Quercus serrata*）（鳞芽）

图 3–1–35　枫杨（*Pterocarya stenoptera*）（裸芽）

此外，根据不同植物类群的生长习性或形态特点，也可以采用相应的其他生活型系统划分方法。

1. 蕨类植物的生活型

根据江苏野生蕨类植物的生境和分布，可将该地区的蕨类生态分布分为 5 类：土生、石生、附生、水生、旱生（表 3–1–4）。鉴于有些蕨类植物的属或种具有 2 种生态类型，在统计时以在该区出现的主要类型进行统计。

表 3–1–4 江苏蕨类植物的生活型

生活型	科	占总科数的比例 /%	属	占总属数的比例 /%	种	占总种数的比例 /%
土生	13	48.15	41	67.21	126	71.59
石生	2	7.41	4	6.56	22	12.50
附生	5	18.52	8	13.11	13	7.39
水生	4	14.81	5	8.20	8	4.55
旱生	3	11.11	3	4.92	7	3.98
合计	27	100.00	61	100.00	176	100.00

①土生。此类型有 126 种，占本区蕨类植物总种数的 71.59%，如鳞毛蕨属（*Dryopteris*）、贯众属、紫萁属等，形体一般较大，大多为广布于长江以南亚热带中低山的喜光种类，在本区的森林群落中，往往是草本层的必要组成成分。它们当中有些分布于常绿阔叶林中，且大多为耐阴性种类，如贯众（*Cyrtomium fortunei*）（图 3–1–36）、乌蕨（*Stenoloma chusanum*）等；有些则表现出喜光耐旱的生态特性，如蕨、芒萁、紫萁（*Osmunda japonica*）（图 3–1–37）、虎尾铁角蕨（*Asplenium incisum*）等，多见于林缘或疏林中。而长柄石杉（*Huperzia javanica*）、凤丫蕨（*Coniogramme japonica*）（图 3–1–38）等多见于毛竹林下及松、杉林下。其中有些种类如蕨、狗脊（*Woodwardia japonica*）、芒萁等在本区的低海拔山坡、荒地或路旁，常常可以形成单优势种群。

图 3–1–36 贯众（*Cyrtomium fortunei*）（土生蕨类）

图 3-1-37 紫萁（*Osmunda japonica*）（土生蕨类）

图 3-1-38 凤丫蕨（*Coniogramme japonica*）（土生蕨类）

②石生。此类型有 22 种，占本区蕨类植物总种数的 12.50%。石生的属仅有卷柏属（图 3-1-39）和铁角蕨属（*Asplenium*），且这些属都兼有其他生态类型。石生的种类仅次于土生种类，但其比例较小，且大多为兼性石生，如兖州卷柏（*Selaginella involvens*）、铁角蕨（*Asplenium trichomanes*）、虎尾铁角蕨（图 3-1-40）等。

图 3-1-39　卷柏（*Selaginella tamariscina*）（石生蕨类）

图 3-1-40　虎尾铁角蕨（*Asplenium incisum*）（土生和石生蕨类）

③附生。此类型有 13 种，占本区蕨类植物总种数的 7.39%。常见的附生于树干上的种类有江南星蕨（*Microsorium fortunei*）、抱石莲（*Lepidogrammitis drymoglossoides*）（图 3-1-41）、书带蕨（*Vittaria flexuosa*）、瓦韦（*Lepisorus thunbergianus*）（图 3-1-42）等，且一般附生于近树干基部。这种类型主要是由于当地森林结构简单，林内水热条件不良造成的。

图 3-1-41　抱石莲（*Lepidogrammitis drymoglossoides*）（附生蕨类）

图 3-1-42　瓦韦（*Lepisorus thunbergianus*）（附生蕨类）

④水生。此类型有 8 种，占本区蕨类植物总种数的 4.55%。属于水生的属有 5 个，如蘋属（*Marsilea*）、槐叶蘋属（*Salvinia*）、满江红属（*Azolla*）、水蕨属（*Ceratopteris*）等，它们大多为世界分布（吴兆洪和秦仁昌，1991）。蘋（*Marsilea quadrifolia*）、槐叶蘋和满江红（图 3-1-43）多见于池塘或积水洼地等。

图 3-1-43　满江红（*Azolla imbricata*）（水生蕨类）

⑤旱生。此类型有 7 种，占本区蕨类植物总种数的 3.98%。属于旱生的属有 3 个，即粉背蕨属（*Aleuritopteris*）、岩属（*Woodsia*）、肿足蕨属。这些旱生蕨类大多生于石灰岩石缝或墙缝中，如银粉背蕨（*Aleuritopteris argentea*）（图 3-1-44）、耳羽岩蕨（*Woodsia polystichoides*）、山东肿足蕨（*Hypodematium sinense*）（图 3-1-45）等。

因此，江苏蕨类植物的生态类型，不论是属数还是种数，均以土生类型为主，其他类型的蕨类植物较少。

2. 种子植物的生活型

根据表 3-1-5，江苏种子植物的生活型分为：乔木、灌木、藤本、草本和竹类 5 大类。其中，草本植物最多，有 1508 种，占江苏野生种子植物总数的 69.49%。在这些草本植物中，以多年生草

图 3-1-44　银粉背蕨（*Aleuritopteris argentea*）（旱生蕨类）

图 3-1-45 山东肿足蕨（*Hypodematium sinense*）（旱生蕨类）

本植物最多，有 966 种，占总数的 44.52%。其次，灌木有 305 种，占总数的 14.06%。这其中以落叶灌木较多，有 228 种，占总数的 10.51%。再次为乔木，有 216 种，占总数的 9.96%。这其中又以落叶乔木较多，有 174 种，占总数的 8.02%。而藤本植物和竹类相对较少。

总体上，该区以草本植物为主；木本植物主要为双子叶植物，并且主要以落叶植物较多。

表 3-1-5 江苏种子植物的生活型

类型		裸子植物		双子叶植物		单子叶植物		小计	
		种数	占比 /%	种数	占比 /%	种数	占比 /%	种数	占比 /%
乔木	常绿	4	66.67	37	2.32	1	0.18	42	1.94
	落叶	1	16.67	173	10.83	0	0.00	174	8.02
灌木	常绿	1	16.66	75	4.69	1	0.18	77	3.55
	落叶	0	0.00	223	13.95	5	0.88	228	10.51
藤本	常绿	0	0.00	18	1.13	0	0.00	18	0.83
	落叶	0	0.00	86	5.38	8	1.41	94	4.33
草本	一年生	0	0.00	385	24.09	125	22.08	510	23.50
	二年生	0	0.00	32	2.00	0	0.00	32	1.47
	多年生	0	0.00	569	35.61	397	70.14	966	44.52
竹类	散生	0	0.00	0	0.00	17	3.00	17	0.78
	丛生	0	0.00	0	0.00	12	2.12	12	0.55
合计		6	100.00	1598	100.00	566	100.00	2170	100.00

（四）植物叶特征

叶的特征方面，江苏中亚热带常绿阔叶林和北亚热带常绿落叶阔叶混交林的叶级均以中型叶为主，分别占总种数的 60% 和 50%，前者群落的革质叶较多，且革质叶的种数明显多于后者群落。

叶型和叶缘方面，两类群落也均以单叶占优势，约为 75%。但两者的叶缘比例存在一定的差异，常绿阔叶林中的叶缘为全缘的种类约占 45%，但在北亚热带常绿落叶阔叶混交林中，全缘的种类比例约占 35%。

总体上，单叶、中型叶、非全缘叶在上述两地带性植被中占据优势，它们在一定程度上决定了该区群落的外貌特征（图 3-1-46 至图 3-1-56）。

图 3-1-46　常绿阔叶林的叶级［毛柄连蕊茶（*Camellia fraterna*）的中型叶］

图 3-1-47　常绿阔叶林的叶级［江南卷柏（*Selaginella moellendorffii*）的鳞叶］

图 3-1-48　常绿阔叶林的叶级［芭蕉（*Musa basjoo*）的巨型叶］

图 3-1-49 常绿阔叶林的叶质［刺楸（*Kalopanax septemlobus*）的叶纸质］

图 3-1-50 常绿阔叶林的叶质［木荷（*Schima superba*）的叶厚革质］

图 3-1-51 常绿阔叶林的叶质［凹叶景天（*Sedum emarginatum*）的叶肉质］

图 3-1-52 落叶阔叶林的单叶与复叶［牛鼻栓（*Fortunearia sinensis*）的单叶］

图 3-1-53 落叶阔叶林的单叶与复叶［山槐（*Albizia kalkora*）的二回偶数羽状复叶］

图 3-1-54 落叶阔叶林组成植物的叶缘［青灰叶下珠（*Phyllanthus glaucus*）的叶全缘］

图 3-1-55 落叶阔叶林组成植物的叶缘［槲栎（*Quercus aliena*）的叶缘有钝齿］

图 3-1-56　落叶阔叶林组成植物的叶型［枫香树（*Liquidambar formosana*）的叶掌状 3 裂］

（五）群落种类成分与多度

植物群落的结构一般取决于群落中的植物种类成分、种的多度、群落的成层现象和层外植物等。

种类成分是形成群落结构的基础，群落的植株密度（或聚生多度）能够在一定程度上反映群落的结构状况。群落的种类及多度根据各地的生境条件、群落的发育阶段和受外力干扰程度等存在明显不同。据野外调查资料统计，在平均 100m^2 面积内，中亚热带常绿阔叶林有立木 10—20 株，多者达 25 株，种类为 5—10 种；灌木 20—80 株，苗木 10—60 株，种类 12—16 种。北亚热带落叶阔叶林中一般有立木 4—8 株，多者约 10 株，种类 4—7 种；灌木 12—18 株，苗木 10—20 株，种类 11—18 种（图 3-1-57）。可见，前一个群落乔木层、灌木层的树种植株密度高于后者。这主要是由于中亚热带的水热气候条件优于北亚热带。此外，两个群落中乔木层的树种种类、密度均低于灌木层。这主要是由于灌木层（实际为下木层）中的种类一般包括常绿树种，也含有落叶树种，既有灌木树种，也有乔木树种的幼树。

全省山地、丘陵或平原的次生灌丛和草丛的植株密度一般比上述乔木群落变化更大，如小蜡（*Ligustrum sinense*）形成的灌丛（图 3-1-58）。一般而言，亚热带低山丘陵次生灌丛的种类较丰富，植株密度较大。而草丛的种类较少，有时几乎形成单优群落，如宜溧山地分布的芒萁草丛（图 3-1-59）的聚生多度均在 Cop1 以上。靠近山脊或山岗附近分布的黄背草草丛（图 3-1-60），高度可达 1.30m，在 1m^2 的样方中有黄背草（*Themeda triandra*）约 100 株。上述表明，全省山地各自然植被类型的种类组成变化较大，但是植株密度一般较高，因而群落结构也较紧密。

图 3-1-57　麻栎 + 朴树落叶阔叶混交林（宜兴市）

图 3-1-58　山顶常绿灌丛小蜡灌丛（植株密度大，宜兴市）

图 3-1-59　芒萁草丛（宜溧山地）

图 3-1-60　黄背草草丛（植株密度大，常州市金坛区）

（六）群落垂直层次

江苏省森林群落地上部分的垂直结构，一般有乔木层、灌木层和草本层 3 个基本层。苏南局部山地的部分林下，有时可见较少量苔藓地衣层。此外，还有层外结构。

1. 乔木层

中亚热带常绿阔叶林乔木层一般可分为 2 个亚层，冠层相对较平整，因而垂直层次较分明。第一亚层乔木显著高于第二亚层乔木，树冠大致呈广伞形而较松散，冠层常不连续，高低参差不齐。第二亚层冠层比较连续，分布相对较密，呈波浪状。北亚热带的常绿落叶阔叶混交林，在局部立地条件较好的地段，如林中靠近沟谷的附近，其群落的乔木层通常也可分为 2 个亚层：乔木 1 层大多为落叶树种，乔木 2 层通常为常绿树种。在这一群落类型中，也有乔木层优势种中常绿树种与落叶树种的混杂，即不分亚层（图 3-1-61）。在典型的落叶阔叶林中，通常乔木层植物不再分层，乔木层下为灌木层，垂直分层较为明显。在江苏的森林群落中，乔木层外常有一些藤本植物。

图 3-1-61　常绿落叶阔叶混交林的乔木层（不分亚层）

2. 灌木层

江苏植物群落的灌木层一般由灌木树种和乔木幼树组成，也有部分的藤状灌木和藤本植物。在某些群落类型中，林下以灌木状或丛生状竹类占据优势，如阔叶箬竹（图 3-1-62）。

3. 草本层

江苏植物群落的草本层一般由草本植物、乔木苗木、灌木和藤本植物的幼苗组成，群落下层的草本植物往往成丛或集中林窗下分布（图 3-1-63）。一般情况下，植物群落发育阶段越高、环境条件越优越，则层次越多，结构也越紧密，其中的植物生活型也越多样。

图 3-1-62　阔叶箬竹（*Indocalamus latifolius*）占优势的灌木层

图 3-1-63　森林群落的草本层

（七）藤本植物

藤本植物在植物群落中无固定的层次，属于层间或层外植物，也是构成群落结构和外貌的重要组成部分。藤本植物是指茎自身不能直立，必须依附其他物件生长的一类植物（陈恒彬等，2013）。辛建攀和田如男（2017）初步统计出江苏野生藤本植物共有 35 科 74 属 153 种，其中蕨类植物有 1 科 1 属 1 种，单子叶植物有 3 科 4 属 12 种，双子叶植物有 31 科 69 属 140 种。生长型以木质藤本为主（56.58%），如木通科、防己科等；草质藤本次之，如百部科、萝藦科等。江苏藤本植物的攀缘类型可以分为 4 大类，以缠绕类居多（40.13%），其他依次是卷曲类（30.26%）、搭靠类（22.37%）及吸固类（7.24%）。该研究表明江苏省野生藤本植物以少型科（属）、单种科（属）为主，其地理成分复杂，具有明显的热带亲缘性，并受温带成分的影响。

而我们根据新近整理的江苏维管植物名录，对该区的藤本植物进行统计分析，结果发现江苏有藤本植物 115 种，隶属于 26 科 49 属。这与前人的研究结果存在一定的差异，原因可能在于：对于藤本植物定义的理解不同，本文对于少量攀缘灌木未当作藤本植物；本文只统计分析野生藤本植物，栽培的藤本植物未计入。而辛建攀和田如男（2017）尽管也提及只分析野生藤本植物，但是文中含有少量栽培的藤本植物，如落葵科的落葵（*Basella alba*）、紫葳科的凌霄（*Campsis grandiflora*）等。

根据表 3–1–6，在江苏藤本植物中，种类最多的前 3 个科分别是：葡萄科（25 种）、毛茛科（19 种）和蝶形花科（9 种）。这些科的不少植物，在本区的森林群落中，往往是群落层间植物的常见或主要成分。

表 3–1–6　江苏藤本植物的种类组成

科名（种数：属数）	科名（种数：属数）
菝葜科Smilacaceae（2：1）	葡萄科Vitaceae（25：6）
大血藤科Sargentodoxaceae（1：1）	蔷薇科Rosaceae（4：2）
蝶形花科Papilionaceae（9：8）	茄科Solanaceae（2：1）
防己科Menispermaceae（5：4）	清风藤科Sabiaceae（2：1）
海金沙科Lygodiaceae（1：1）	忍冬科Caprifoliaceae（1：1）
葫芦科Cucurbitaceae（6：3）	桑科Moraceae（2：1）
夹竹桃科Apocynaceae（1：1）	鼠李科Rhamnaceae（1：1）
桔梗科Campanulaceae（2：1）	薯蓣科Dioscoreaceae（6：1）
萝藦科Asclepiadaceae（3：3）	卫矛科Celastraceae（2：1）
马钱科Loganiaceae（1：1）	五加科Araliaceae（1：1）
毛茛科Ranunculaceae（19：1）	五味子科Schisandraceae（2：2）
猕猴桃科Actinidiaceae（8：1）	绣球花科Hydrangeaceae（2：1）
木通科Lardizabalaceae（6：3）	旋花科Convolvulaceae（1：1）

江苏藤本植物的攀缘类型可分为 4 大类（表 3–1–7），以缠绕类藤本植物最多，有 49 种，占藤本植物总数的 42.61%。其中，草质藤本有两类，缠绕草质藤本有 23 种（图 3–1–64），卷曲草质藤本有 14 种（图 3–1–65）。两者合计有 37 种，占该区藤本植物总数的 32.17%。而木质藤本共有 4 类，以卷曲类木质藤本植物种数最多，有 36 种，占总数的 31.30%，如铁线莲属、葡萄属和蛇葡萄属（*Ampelopsis*）的多种植物（图 3–1–66 至图 3–1–69）。

表 3-1-7　江苏藤本植物的类型

藤本类型		科	占总科数的比例 /%	属	占总属数的比例 /%	种	占总种数的比例 /%
草质藤本	缠绕	9	34.62	16	32.65	23	20.00
	卷曲	4	15.38	7	14.29	14	12.17
木质藤本	缠绕	9	34.62	14	28.57	26	22.61
	搭靠	4	15.38	5	10.20	8	6.96
	卷曲	2	7.69	4	8.16	36	31.30
	吸固	5	19.23	5	10.20	8	6.96
合计		26	100.00	49	100.00	115	100.00

注：由于科、属中藤本植物种类的生态类型存在一定的交叉重叠，故表中科、属的合计不包含重叠的数目。

江苏南部的中亚热带常绿阔叶林中，在偏南部的一些低海拔山谷地的群落中可见少量较大的木质藤本，而在北亚热带常绿落叶阔叶混交林或落叶阔叶林中，藤本植物的种类和数量一般较少，且植株小。

全省山地丘陵的次生灌丛或草丛群落中，常混生一些阳性藤本如葛属（*Pueraria*）、菝葜属（*Smilax*）、木防己属（*Cocculus*）、葡萄属（*Vitis*）等植物（图 3-1-70 至图 3-1-72），这对群落外貌和结构也有一定的影响。

图 3-1-64　缠绕草质藤本何首乌（*Fallopia multiflora*）

图 3-1-65　卷曲草质藤本女萎（*Clematis apiifolia*）

图 3-1-66　缠绕木质藤本大血藤（*Sargentodoxa cuneata*）

图 3-1-67　吸固木质藤本地锦（*Parthenocissus tricuspidata*）

图 3-1-68　卷曲木质藤本毛葡萄（*Vitis heyneana*）

图 3-1-69　搭靠木质藤本清风藤（*Sabia japonica*）

图 3-1-70　阳性木质藤本葛（*Pueraria montana* var. *lobata*）

图 3-1-71　阳性木质藤本菝葜（*Smilax china*）

图 3-1-72　阳性木质藤本山葡萄（*Vitis amurensis*）

（八）其他

江苏自然植被的外貌与结构，除了上述的主要特征外，有时在群落中也可见到少量寄生植物，如旋花科的日本菟丝子（*Cuscuta japonica*）（图 3–1–73），桑寄生科的槲寄生（*Viscum coloratum*）（图 3–1–74），檀香科的百蕊草（*Thesium chinense*）、米面蓊（*Buckleya lanceolata*）等。在苏南山区毛竹林分布的溪沟附近，可以见到具有类似板状根的粗大糙叶树（图 3–1–75）、三角槭（*Acer buergerianum*）和朴树等。此外，在苏南山区的森林群落中，有时还可见到少量的附生植物，如蕨类植物中的抱石莲（图 3–1–76）、兰科的蜈蚣兰（*Cleisostoma scolopendrifolium*）（图 3–1–77）等。

图 3–1–73　朴树（*Celtis sinensis*）幼枝上寄生的日本菟丝子（*Cuscuta japonica*）

图 3–1–74　寄生灌木槲寄生（*Viscum coloratum*）

图 3-1-75 板状根植物糙叶树（*Aphananthe aspera*）

图 3-1-76 附生蕨类植物抱石莲（*Lemmaphyllum drymoglossoides*）

图 3-1-77 附生兰科植物蜈蚣兰（*Cleisostoma scolopendrifolium*）（白色为气生根）

二、植被综合特征

植被是由不同种类的植物组成的，并以各种组合形式组成不同的植物群落类型。植被的综合特征，也可从组成该群落类型的植物（特别是建群种、优势种及伴生种）的各项数量特征（如多度、显著度和频度等）综合体现出来。

宝华山国家森林公园地处北亚热带中部，保存有典型的地带性常绿落叶阔叶混交林和落叶阔叶林（图 3-2-1）。钮峥洋等（2019）基于 56 个 20m×20m 的样方，对江苏宝华山重要森林群落的基本特征进行了调查与分析。结果表明，该区域森林群落的优势种主要为响叶杨、朴树、黄连木、麻栎、栓皮栎、青冈和紫楠（图 3-2-2）。

根据钮峥洋等（2019）对江苏宝华山 10 个 20m×20m 的样方调查，结果发现该群落物种组成丰富，共有维管植物 59 科 100 属 120 种，其中被子植物 55 科 95 属 115 种，蕨类植物 4 科 5 属 5 种；样地内种子植物区系类型在属级水平上以温带成分占优势，具有亚热带向暖温带过渡的特征。群落垂直结构明显，乔木层以紫楠、枫香树、青冈、建始槭（*Acer henryi*）和红柴枝（*Meliosma oldhamii*）为主要优势种，其重要值依次为 29.69、10.34、8.61、7.83 和 6.12；灌木层仍以紫楠为主要优势种，重要值为 34.00，伴生种有丁香杜鹃（*Rhododendron farrerae*）（图 3-2-3）、枸骨（*Ilex cornuta*）、蓬藟（*Rubus hirsutus*）（图 3-2-4）等；草本层以安徽碎米荠（*Cardamine anhuiensis*）为第一优势种，重要值为 10.52，其他种类有鹅掌草（*Anemone flaccida*）（图 3-2-5）、紫花堇菜（*Viola grypoceras*）（图 3-2-6）、野芝麻（*Lamium barbatum*）等。

图 3-2-1　落叶阔叶林（句容市宝华山）

图 3-2-2　紫楠林（句容市宝华山）

图 3-2-3　丁香杜鹃（*Rhododendron farrerae*）（灌木层中，句容市宝华山）

图 3-2-4　蓬蘽（*Rubus hirsutus*）（灌木层中，句容市宝华山）

图 3-2-5　鹅掌草（*Anemone flaccida*）（草本层中，句容市宝华山）

图 3-2-6　紫花堇菜（*Viola grypoceras*）（草本层中，句容市宝华山）

根据对宜兴国家森林公园、苏州市常熟市虞山和苏州市吴中区金庭镇缥缈村等地的常绿阔叶林的调查和研究，在 20 个乔木层的主要树种中，苦槠（图 3-2-7）、冬青（*Ilex chinensis*）（图 3-2-8）、光亮山矾（*Symplocos lucida*）、柯（图 3-2-9）、香樟（图 3-2-10）的重要值较高，共占总值的 60%，大多为一些耐寒的常绿成分，它们主要是壳斗科、樟科、冬青科和山矾科植物，这与其所处中亚热带气候及小生境条件较为有利相适宜。

图 3-2-7　苦槠（*Castanopsis sclerophylla*）（宜兴市小黑沟）

图 3-2-8　冬青（*Ilex chinensis*）（溧阳市瓦屋山）

图 3-2-9　柯（*Lithocarpus glaber*）（宜兴市龙池山）

图 3-2-10　香樟（*Camphora officinarum*）（宜兴国家森林公园）

三、植被分布规律

植被在地球表面占据着一定的空间，决定植被在地球表面分布的主要因素是热量和水分（宋永昌，2017）。由于受到热量和水分条件变化的影响，通常一个地区的植被在水平方向和垂直方向上都会呈现出有规律的分布。

（一）植被类型水平分布

植被的水平分布包括经度地带性分布和纬度地带性分布。江苏省位于中国东部沿海，陆域面积较小。从水分条件看，尽管江苏省东西经度相差 5.5833°，但由于江苏境内缺乏高山，整个地形在东西方向上跨度较小（图 1-1-1）；同时江苏跨江滨海，区域内河湖众多，总体上该区的水分条件较为优越。因此，江苏植被的经度地带性规律不明显。从热量条件看，江苏省南北方向上地跨纬度 4° 以上，经历 3 个生物气候带，从北向南气候梯度变化明显，所以本省植被分布的纬度地带性规律明显：由北向南植被的种类组成和类型逐渐复杂；典型地带性植被类型，暖温带为落叶阔叶林，北亚热带为常绿落叶阔叶混交林，中亚热带为常绿阔叶林（图 3-3-1）（刘昉勋和黄致远，1982）。

除此之外，壳斗科的一些主要树种在江苏省境内的水平分布具有一定的经度地带性和纬度地带性规律。自北向南，植被类型从落叶林、混交林至常绿林，组成种类也由简单趋于复杂，常绿阔叶树种从没有至逐渐增多，群落结构也是由简单逐渐复杂。落叶阔叶林一般只有乔木、灌木、草本 3 层结构，只有一个落叶层片。混交林除 3 层基本结构外，藤本植物逐渐增多，有常绿与落叶两个基本层片，有时还有竹类层片；常绿阔叶林一般均有乔木、灌木、草本 3 层结构，藤本植物较多（图 3-3-2），以常绿层片为主，也有落叶层片，常见竹类层片。壳斗科植物在江苏省境内的北方地区一般只有落叶树种，如麻栎（图 3-3-3）；而到了南方地区的森林群落中，通常既有落叶树种也有常绿树种，如青冈（图 3-3-4）。

图 3-3-1 青冈林（常绿阔叶林）

图 3-3-2 常绿阔叶林中的藤本植物尾叶那藤（*Stauntonia obovatifoliola* subsp. *urophylla*）

图 3-3-3 壳斗科的落叶树种麻栎（*Quercus acutissima*）

图 3-3-4 壳斗科的常绿树种青冈（*Cyclobalanopsis glauca*）

（二）植被类型垂直分布

江苏是中国地势最低的一个省份，绝大部分地区在海拔 50m 以下，低山丘陵集中在西南部和东北部，主要有老山山脉、云台山脉、宁镇山脉、茅山山脉、宜溧山脉。连云港市云台山的玉女峰为江苏省最高峰，海拔 624.4m。由于垂直高度引起的水热条件差异不大，所以江苏植被的垂直地带性分布规律不明显。但是在海拔较高的山丘，从基部到顶端，植被也会出现非地带性的垂直分布现象。例如，在溧阳市戴埠镇金刚夼，海拔不到 500m，山脚主要分布毛竹林（图 3–3–5）；山坡主要分布落叶阔叶林（图 3–3–6），通常含有少量耐寒性的常绿阔叶树种，如青冈、柯、檵木等；而近山顶时主要为低矮的落叶阔叶林、山顶灌丛或蕨类植物草丛（图 3–3–7），有时在沟谷混生有浙江楠（*Phoebe chekiangensis*）（图 3–3–8）、马银花（*Rhododendron ovatum*）（图 3–3–9），在山顶偶尔有刺柏（图 3–3–10）。又如在宜兴市的老鹰夼，虽然海拔只有 360m，但由于基部主要为沟谷地形，至山体上部坡度渐陡，土层逐渐变薄，至顶部则耸立突出，周围没有屏障，常年多风，从而引起植被垂直分布的变化；从山脚向上，依次出现以壳斗科栎类植物为主的常绿阔叶林、常绿落叶阔叶混交林及落叶阔叶林，再往上则是以栎类为主的灌丛，山顶为草丛（刘昉勋和黄致远，1982）。

图 3–3–5　毛竹林（溧阳市金刚夼）

图 3-3-6　落叶阔叶林（溧阳市金刚乔）

图 3-3-7　蕨类植物石韦草丛（溧阳市金刚乔）

图 3-3-8 耐寒性常绿树种浙江楠（*Phoebe chekiangensis*）

图 3-3-9 耐寒性常绿树种马银花（*Rhododendron ovatum*）

图 3-3-10 近山顶分布的裸子植物刺柏（*Juniperus formosana*）

第四章　江苏植被分类系统

植被分类是掌握一个地区植被特点，了解它与其他地区植被联系的重要手段。研究一个地区的植被分类，必然涉及一定的分类原则，目前国内外关于植被分类的原则观点不一。江苏省地跨亚热带和暖温带，境内虽无高山，但是低山、丘陵、平原均有，同时河流、湖泊、沿海滩涂兼备，区域内植被类型多样；加之江苏人为耕作历史悠久，近年来经济发展迅速，这使得该区不少地段的植被次生性质明显，这些势必增加江苏植被分类的难度。本章在简要阐述植被分类主要原则的基础上，制定江苏植被分类的原则，介绍江苏植被分类系统。

一、植被分类原则

植被是生长在一定区域内的植物覆盖，是该区域内所有植物群落及其时空配置的综合，相当于一个地区植物群落的总和。植物群落是一些生长在一定条件下的植物有规律的组合。研究一个地区的植被类型、分析其植物群落特征，对于揭示植被的数量特征、动态变化、植被保护及植物资源的开发利用都具有重要的意义。

目前关于植被类型的划分，不同学者存在不同的做法（宋永昌，2017）。由于早期不同地区的学者往往侧重于本地的植被研究，如群落的种类组成、群落外貌、群落结构、群落动态变化等，因此存在不同的研究学派，各家观点不一，主要区别在于不同学派所依据的植被分类原则存在差异。

根据植被分类的目的不同，可能有不同的植被划分方法。例如，人们常将森林划分为天然林、半人工林和人工林；根据利用方向，又可将森林分为经济林、用材林、薪炭林、水源涵养林和特种用途林等；根据植被的生长环境，可以将植被划分为陆生植被和水生植被；根据植被的性质，可以将一个地区的植被划分为原生植被和次生植被；根据研究的时间尺度，可以将植被划分为历史植被、现状植被和潜在植被。

王献溥等（2014）曾将植被分类的主要原则归纳为以下 10 项：生态外貌原则、生态学原则、植物区系原则、群落形态学原则、植物群落学原则、植被动态发生原则、生态—地理学原则、发生学原则、群落地理分布原则、经济原则。实际上，这些原则本身并不是相互排斥，而是相互补充的。目前通常认为，植被的自然分类原则主要依据植被自身的特点及与其环境特征进行分类。

中国植被分类采用的是植物群落学原则（或称植物群落学—生态学原则），即主要以植物群落本身特征作为分类的依据，但又十分注意群落的生态关系，力求利用所有能够利用的特征（吴征镒，1980）。其主要依据有植物种类组成、外貌和结构、生态地理特征及动态特征等。《中国植被》早在 20 世纪 80 年代就已出版，该书内容广泛，影响深远，尤其是对各省的植被类型划分影响较大。最近几十年来，随着我国社会经济的快速发展，我国对植被和生物多样性保护不断加强重视，并取得了明显的保护成效。不同学者对植被类型的划分原则进行了有益的探索。如宋永昌（2004，2013）在对中国常绿阔叶林进行区系分析和归纳的基础上，根据高级单位以生态外貌、中级单位以优势度类型、低级单位以特征种组的分类原则，构建了从“群丛”“群系”“群系组”到“植被亚型”和“植被型”的中国常绿阔叶林分类系统，并且将中国常绿阔叶林划分出 3 个植被型、8 个植被亚型、14 个群系组和 53 个群系。这对我国的植被分类起到了积极的推动作用。

近年来，方精云和王国宏（2020）提出对中国植被分类系统进行修订，尤其需要修订高级分类单位及相对应的英文名称，以便于与国际进行学术交流。同时提出撰写《中国植被志》的卷册（计划 110 册）编排体系，以及用于《中国植被志》研编的植被类型划分方案。新修订的中国植被的分类单位有 8 个，其名称及其对应的英文名称如下：植被型组（Vegetation Formation Group）、植被型（Vegetation Formation）和植被亚型（Vegetation Sub-formation）、群系组（Alliance Group）、群系（Alliance）和亚群系（Sub-Alliance）、群丛组（Association Group）及群丛（Association）。其中，植被型组划分为 9 类：森林、灌丛、荒漠、草地、湿地、高山冻原和稀疏植被、农业植被、城市植被、无植被区域。这与我国以往的植被分类原则和植被分类方案有着很大的不同。不难预计，这将极大地提升我国植被科学和生态学的研究水平，并且有力地促进我国植被生态学的发展。

植被志是基于植被（或植物群落）调查资料，全面记叙植被的群落外貌、物种组成、结构和功能，以及地理分布和生境条件等群落特征，并对同类植被进行归纳和总结的志书。为了便于与兄弟省（自治区、直辖市）的植被进行比较，江苏植被的分类原则主要参考《中国植被》（吴征镒，1980）和《中国植物区系与植被地理》（陈灵芝，2019）对中国植被的划分原则，采取综合性原则（即生态—外貌原则），即以植物群落本身的特征为分类依据（宋永昌，2017）；同时结合刘昉勋等提出的江苏植被分类方案和《江苏省植被区划》（刘昉勋和黄致远，1987）来确定植被类型。根据野外考察资料及样地调查数据进行划分，高级单位的分类和命名依据群落的生态外貌特征，群系则主要依据群落组成和结构特征，具体以优势种或共优种进行分类和命名，优势种或共优种依据样方中的物种重要值进行确定，以群落的组成种、生活型并结合演替趋势等特征进行群丛划分。在高级单位使用生态—外貌原则，中低级单位采用种类组成兼顾群落中优势种、特征种或标志种的作用，其中中级单位以优势种为主，而低级单位更重视特征种或标志种。

二、植被分类的单位和系统

由于本书主要参照《中国植被》的植被分类原则，因此这里就中国植被的分类单位做一简单介绍，并与美国植被的分类单位进行比较。

《中国植被》对我国的植被采用 3 级分类单位，即植被型（高级单位）、群系（中级单位）和群丛（基本单位），这与 2009 年修订版的美国植被的分类单位相类似（表 4-2-1）。然后，《中国植被》（吴征镒，1980）再在每一个分类单位之上，分别再各设一个辅助单位，即植被型组、群系组和群丛组。这一做法与美国植被的划分也较为相似。不过，中美植被的划分依据和单位名称大相径庭。美国植被的划分等级有 8 个，其高级单位划分的依据是群落外貌发挥主导作用，中级单位强调植物区系和群落外貌均发挥主导作用，而低级单位则突出植物区系的主导作用（表 4-2-2）。

陈灵芝（2019）对中国植被的划分与《中国植被》（吴征镒，1980）较为相似，但是前者有 8 个分类单位，即在中级分类单位群系之下设立一个辅助分类单位。通常，建群种或主要共建种相同的植物群落联合为群系。对于建群种的生态幅度较广的群系，由于分布生境的不同，群落的其他优势种和种类组成往往也有明显差异。此时可以根据群落生境的综合特征和建群种之外的其他优势种生活型与生态习性等将群系细分为亚群系（陈灵芝，2019）。

表 4-2-1　中国和美国的植被分类单位及等级比较

等级	单位（中国[1]）	单位（中国[2]）	单位（美国）
高级单位	植被型组（Group of vegetation-type） 植被型（Vegetation-type） 植被亚型（Vegetation-subtype）	植被型组（Group of vegetation–type） 植被型（Vegetation–type） 植被亚型（Vegetation–subtype）	群系纲（Formation class） 群系亚纲（Formation subclass） 群系（Formation）
中级单位	群系组（Formation group） 群系（Formation）	群系组（Formation group） 群系（Formation） 亚群系（Subformation）	群落门（Division） 群落大组（Macrogroup） 群落组（Group）
低级单位	群丛组（Association group） 群丛（Association）	群丛组（Association group） 群丛（Association）	群团（Alliance） 群丛（Association）
合计	7	8	8

注：单位（中国[1]）引自《中国植被》（吴征镒，1980），单位（中国[2]）引自《中国植物区系与植被地理》（陈灵芝，2019），单位（美国）引自《修订的美国国家植被分类标准概览》（Faber–Langendoen et al.，2009）。

表 4-2-2　基于《修订的美国国家植被分类标准概览》的自然植被等级及划分标准

等级（单位）	划分标准
高级单位	群落外貌发挥主导作用
1.群系纲	较广的优势生长型的组合，能够适应基础温度（能量预算）、降水、基质/水分条件
2.群系亚纲	优势或鉴别生长型的组合，反映主要由纬度和大陆位置导致的全球气候，或反映主要的基质/水分条件
3.群系	优势或鉴别生长型的组合，反映因纬度、季节性降水、基质、水文条件的改变而导致的气候因子的变化
中级单位	植物区系和群落外貌发挥主导作用
4.群落门	优势或鉴别生长型的组合，以及一套鉴别植物种，反映由于中尺度气候、地理、基质、水文和干扰方面而引起的大陆差异和生物地理上的种类组成差异
5.群落大组	一套适量的鉴别种和生长型的组合，反映由于中尺度气候、地质、基质、水文和干扰方面而引起的次大陆至地区的差异和生物地理上的种类组成差异
6.群落组	一套较少量的鉴别种（包括优势种和共优种），较相似的种类组成和鉴别性的生长型，反映地区尺度的气候、地质、基质、水文和干扰状况
低级单位	植物区系发挥主导作用
7.群团	鉴别种，包括一些优势的生长型或层，以及中度相似的种类组成，它们反映了地区到亚地区水平的气候、基质、水文、水分/营养和干扰状况
8.群丛	鉴别种，通常来自多个生长型或层，具有更窄的种类组成，它们反映了地形—土壤、气候、基质、水文和干扰状况

注：此表参考《修订的美国国家植被分类标准概览》（Faber–Langendoen et al.，2009）。

江苏植被分类系统参照《中国植被》的分类原则，采用植被型组作为最高级分类单位。以植被型、群系和群丛作为三大主要级别单位。但在植被型内增设植被亚型这一辅助等级，在群系级别之上设立群系组。

（一）植被型组

植被型组是植被分类系统中的高级单位。凡是建群种的生活型相近，群落外貌基本相似的植被型，都可以联合为一个植被型组，如针叶林、阔叶林、灌丛、草丛、沼泽等。

（二）植被型

植被型是植被分类系统中的高级单位，划分的主要依据为植物群落建群种的基本生活型相似，生态适应和生态外貌较为一致。即在同一植被型组内，建群种I级或II级生活型相同或相似，对水热条件生态关系一致的群系联合为植被型。植被型是一定的气候区域的产物，如落叶针叶林、落叶阔叶林、常绿阔叶林、落叶阔叶灌丛等。

（三）植被亚型

植被亚型是植物群落对生态地理环境的适应具有一定程度的分异而采用的辅助等级，其划分依据为：建群种的生活型相同或相似，或者由具有两类不同生活型的共建种构成的群落组合，但每一植被亚型都适应于特定的水热生态条件，如暖性落叶针叶林、温性落叶阔叶林、暖湿性常绿阔叶林、暖性落叶阔叶灌丛等。

（四）群系组

群系组是建群种亲缘关系相近（同属或相近属）、生活型近似、生态特点相似的群系联合而成，如常绿阔叶林中的栲类林、青冈林、柯林、润楠林、木荷林等群系组。群系组是植被分类系统中的中级单位，主要用建群种属的名称进行命名，如“栲类林”群系组。

（五）群系

群系是植被分类系统中的中级单位，划分的主要依据为建群种或共建种相同的植物群落的联合，如杉木林、马尾松林、苦槠林等。群落在地理分布上一般具有一定的分布范围，通常限于大地带内的亚地带或亚地带的一定地区，一般是不跨带的（黄威廉，1993）。但也有一些例外，如少数生态幅较广的建群种，可以跨气候带而分布，如马尾松。

（六）群丛组

群丛组是植被分类系统中的基本单位。层片结构相似，而且优势层片与次优势层片的优势种或共优种相同的植物群丛联合为群丛组。

（七）群丛

群丛是植被分类系统中的基本单位，同时也是具体存在的群落实体。划分的主要依据是：凡层片结构相同、各层片的优势种或共优种相同的植物群落，可以联合为一个群丛。群丛的命名一般应该尽量将各层（或层片）的优势种列出，以便充分反映群落的层片结构，如苦槠—马银花—狗脊群丛。同一层次有两个或两个以上的优势种时，可以用“＋”连接不同优势种，如湿地松＋山槐—牛鼻栓—青绿薹草群丛、苦槠＋栓皮栎—青冈—黑足鳞毛蕨群丛等。

根据野外调查及相关文献资料，江苏植被可以分为自然植被和栽培植被。自然植被分为5个植被型组：针叶林、阔叶林、灌丛、草甸与草丛、沼泽与水生植被。此外，江苏的栽培植被（或人工植被）主要为果园、茶园和栽培农作物。江苏的现状植被主要以自然植被为主。

这里有两点需要指出。

①我们在野外调查过程中发现，江苏的现状植被大多属于次生性质，由于长期的人为活动使得该区的原生植被几乎荡然无存。而在现存的自然植被中，除了常见的针叶林、阔叶林、灌丛、草丛等常见类型外，有一类次生性质的植被类型也较为常见，即主要是地带性的常绿阔叶林或者常绿落叶阔叶混交林受到人为砍伐或破坏后，原有的植物群落中的繁殖体（如土壤中的种子库、孢子，林地表面的木本植物残桩或根状茎、休眠芽等）通常存在，或者由于附近残存的森林群落易于将繁殖体扩散至该受到破坏的群落中，因此这类森林群落在外貌上既不同于森林，也不同于灌丛，其群落中的植物种类较为混杂，既

有常绿树种也有落叶树种，既有乔木树种也有灌木树种。群落的结构较为凌乱，分层极不明显。但是它又明显不同于亚热带的次生灌丛，后者的高度一般小于前者。灌丛群落的优势种主要为灌木物种或呈现出丛生状态的乔木物种，其灌木物种如小野珠兰、截叶铁扫帚（*Lespedeza cuneata*）、中华绣线菊（*Spiraea chinensis*）等；乔木物种如白檀、白栎（*Quercus fabri*）、枹栎（短柄枹）等。这种植被类型（丛林）在我国亚热带山地较为常见，分布一般也较为广泛。《广西植被志要》（王献溥等，2014）是将其单独列为一类，作为丛林，与针叶林、阔叶林、灌丛、草丛相并列。考虑到这种植被类型的次生性质明显，并且具有明显的过渡性质，我们仍将其中的大部分归入灌丛，少部分乔木层分化明显的群落归入森林。这样也便于与《中国东南沿海植被书系·福建植被志》（李振基等，2021）等总体上保持一致。

②江苏境内由于缺乏高山，人口密度极高，人为耕作历史悠久，社会经济发达，加之境内地形以低山和平原为主，因此在不少地方可见成片栽培的森林树种。而这些森林群落由于长期的栽培及人为的保护和管理，其分布范围相对较广，栽培时间较长，并表现出近自然林的特征。因此，这里我们将这类森林植被如刺槐林、落羽杉林、侧柏林等，暂列入自然植被类型。

江苏的自然植被分为 5 个植被型组，14 个植被型，28 个植被亚型，197 个群系，204 个群丛。各植被型组包含的植被型和植被亚型具体见表 4-2-3、表 4-2-4。

表 4-2-3　江苏自然植被分类的高级单位

植被型组	植被型	植被亚型
一、针叶林		
	1. 落叶针叶林	
		1.1 暖性落叶针叶林
	2. 常绿针叶林	
		2.1 温性常绿针叶林
		2.2 暖性常绿针叶林
	3. 针叶与阔叶混交林	
		3.1 （亚热带）山地针叶与阔叶混交林
二、阔叶林		
	4. 落叶阔叶林	
		4.1 暖性落叶阔叶林
	5. 常绿落叶阔叶混交林	
		5.1 落叶、常绿阔叶混交林
	6. 常绿阔叶林	
		6.1 暖性常绿阔叶林
	7. 竹林	
		7.1 暖性竹林与竹丛
		7.2 暖湿性竹林
		7.3 热性竹林
		7.4 竹阔叶混交林
三、灌丛		
	8. 落叶阔叶灌丛	
		8.1 温性落叶阔叶灌丛
		8.2 暖性落叶阔叶灌丛
		8.3 石灰岩山地落叶阔叶灌丛

续表

植被型组	植被型	植被亚型
三、灌丛		8.4 盐生落叶阔叶灌丛
	9. 常绿阔叶灌丛	
		9.1 暖性常绿阔叶灌丛
		9.2 暖干性常绿阔叶灌丛
四、草甸与草丛		
	10. 根茎草类草甸	
		10.1 根茎草类盐生草甸
	11. 杂类草草甸	
		11.1 杂类草盐生草甸
	12. 草丛	
		12.1 禾草草丛
		12.2 蕨类草丛
		12.3 杂类草草丛
五、沼泽与水生植被		
	13. 草本沼泽	
		13.1 莎草沼泽
		13.2 禾草沼泽
		13.3 杂类草沼泽
	14. 水生植被	
		14.1 挺水植物群落
		14.2 浮水植物群落
		14.3 沉水植物群落

表 4-2-4　江苏主要自然植被类型及分布

植被亚型	群系	群丛	分布
一、暖性落叶针叶林	1. 水杉林	水杉—柘—双穗雀稗群丛	南京市玄武区，常州市溧阳市
二、温性常绿针叶林	1. 侧柏林	侧柏—山胡椒—求米草群丛	徐州市云龙区、鼓楼区、泉山区、铜山区、贾汪区、邳州市、睢宁县、新沂市
		侧柏—朴树—求米草群丛	徐州市云龙区、泉山区、铜山区
	2. 赤松林	赤松—狭叶山胡椒—黄背草群丛	连云港市云台山
		赤松—绿叶胡枝子—橘草群丛	连云港市云台山
	3. 黑松林	黑松—截叶铁扫帚—黄背草群丛	南京市玄武区，常州市武进区、溧阳市，连云港市云台山
		黑松林—枫香树—菝葜群丛	南京市玄武区，常州市武进区、溧阳市
三、暖性常绿针叶林	1. 马尾松林	马尾松—檵木—芒萁群丛	南京市玄武区，常州市溧阳市，无锡市宜兴市，苏州市吴中区
		马尾松—杜鹃—蕨群丛	常州市溧阳市，无锡市宜兴市，苏州市吴中区，连云港市连云区
		马尾松—算盘子—芒群丛	常州市溧阳市，无锡市宜兴市
	2. 杉木林	杉木—杉木—黑足鳞毛蕨群丛	常州市溧阳市，苏州市吴中区，无锡市宜兴市
		杉木—海州常山—野青茅群丛	常州市溧阳市，苏州市吴中区，无锡市宜兴市

续表

植被亚型	群系	群丛	分布
三、暖性常绿针叶林	3. 湿地松林	湿地松—狭叶山胡椒—芒群丛	南京市溧水区、浦口区
		湿地松—楝—美洲商陆群丛	常州市武进区、溧阳市，镇江市句容市
四、（亚热带）山地针叶与阔叶混交林	1. 黑松＋朴树林	黑松＋朴树—白檀—荩草群丛	南京市栖霞区，常州市溧阳市
	2. 杉木＋苦槠林	杉木＋苦槠—苦槠—络石群丛	无锡市宜兴市，苏州市吴中区
	3. 杉木＋光亮山矾林	杉木＋光亮山矾—杉木—刺头复叶耳蕨群丛	无锡市宜兴市，苏州市吴中区
	4. 马尾松＋枫香树林	马尾松＋枫香树—山胡椒—狗脊群丛	南京市紫金山，常州市溧阳市，无锡市宜兴市
	5. 马尾松＋木荷林	马尾松＋木荷—算盘子—芒萁群丛	苏州市吴中区
五、暖性落叶阔叶林	1. 化香树林	化香树—算盘子—芒群丛	镇江市宝华山，南京市紫金山，无锡市宜兴市，常州市溧阳市，苏州市吴中区
	2. 枫香树林	枫香树—盐麸木—山莓群丛	镇江市宝华山，南京市栖霞山、紫金山，无锡市宜兴市，常州市溧阳市
	3. 麻栎林	麻栎—牛鼻栓—黑足鳞毛蕨群丛	镇江市宝华山，无锡市宜兴市，南京市玄武区、溧水区，常州市溧阳市、武进区，连云港市连云区，徐州市云龙区
	4. 栓皮栎林	栓皮栎—山胡椒—大花臭草群丛	南京市玄武区、溧水区，无锡市宜兴市，常州市武进区，镇江市句容市，苏州市吴中区，连云港市连云区，徐州市云龙区
	5. 枹栎林	枹栎—木蜡树—青绿薹草群丛	镇江市句容市，常州市金坛区、溧阳市，南京市栖霞区，无锡市宜兴市，连云港市连云区
	6. 白栎林	白栎—六月雪—狗脊群丛	无锡市宜兴市龙池山，镇江市宝华山，南京市幕府山、紫金山，苏州市相城区、常熟市虞山
	7. 板栗林	板栗—六月雪—金色狗尾草群丛	无锡市宜兴市，常州市溧阳市，苏州市吴中区，徐州市邳州市，连云港市连云区
	8. 山槐林	山槐—山胡椒—薹草群丛	南京市浦口区，无锡市宜兴市，常州市溧阳市
	9. 糙叶树林	糙叶树—樫木石楠—紫金牛群丛	镇江市句容市，常州市金坛区，连云港市连云区
	10. 黄连木林	黄连木—猫乳—梓木草群丛	南京市玄武区、栖霞区、浦口区，镇江市句容市，连云港市连云区
	11. 三角槭林	三角槭—南天竹—乌蔹莓群丛	南京市玄武区，徐州市泉山区
	12. 枫杨林	枫杨—胡颓子—野芝麻群丛	镇江市宝华山，南京市紫金山、溧水区
	13. 刺槐林	刺槐—毛梾—求米草群丛	南京市浦口区，淮安市盱眙县，徐州市泉山区
	14. 檫木林	檫木—马银花—狗脊群丛	常州市溧阳市，无锡市宜兴市，南京市溧水区、江宁区
	15. 朴树林	朴树—高粱藨—求米草＋蓬蘽群丛	无锡市宜兴市，常州市溧阳市，淮安市盱眙县，镇江市句容市，南京市浦口区、栖霞区、玄武区、溧水区
	16. 黄檀林	黄檀—白檀—山麦冬群丛	南京市玄武区、溧水区
	17. 银缕梅林	银缕梅—狭叶山胡椒—络石群丛	无锡市宜兴市，常州市溧阳市
六、落叶、常绿阔叶混交林	1. 麻栎＋冬青林	麻栎＋冬青—白檀—野青茅群丛	南京市溧水区

续表

植被亚型	群系	群丛	分布
六、落叶、常绿阔叶混交林	2. 苦槠＋栓皮栎林	苦槠＋栓皮栎—柃木—鳞毛蕨群丛	无锡市宜兴市
	3. 黄檀＋冬青林	黄檀＋冬青—山胡椒—梓木群丛	无锡市宜兴市，常州市溧阳市
	4. 紫楠＋宝华玉兰林	紫楠＋宝华玉兰—紫楠—青绿薹草群丛	镇江市宝华山
	5. 朴树＋青冈林	朴树＋青冈—建始槭—还亮草＋老鸦瓣群丛	南京市江宁区，镇江市句容市
	6. 枹栎＋苦槠林	枹栎＋苦槠—白檀—淡竹叶群丛	无锡市宜兴市，常州市溧阳市
	7. 枹栎＋青冈林	枹栎＋青冈—柃木—显子草群丛	镇江市句容市，无锡市宜兴市，常州市溧阳市
	8. 枫香树＋苦槠林	枫香树＋苦槠—盐麸木—山麦冬群丛	无锡市宜兴市，常州市溧阳市，南京市江宁区、玄武区
	9. 青冈＋栓皮栎林	青冈＋栓皮栎—山鸡椒—中日金星蕨群丛	南京市紫金山，无锡市宜兴市，常州市溧阳市
七、暖性常绿阔叶林	1. 青冈林	青冈—山鸡椒—金星蕨群丛	无锡市宜兴市，常州市溧阳市，南京市溧水区，苏州市吴中区
	2. 苦槠林	苦槠—马银花—狗脊群丛	南京市溧水区，常州市溧阳市
	3. 米槠林	米槠—胡颓子—阔鳞鳞毛蕨群丛	无锡市宜兴市，苏州市吴中区
	4. 红楠林	红楠—窄基红褐柃—狗脊群丛	无锡市宜兴市，连云港市连云区
	5. 紫楠林	紫楠—紫楠—络石＋石蒜＋山麦冬群丛	镇江市宝华山，常州市溧阳市，苏州市吴中区
	6. 木荷林	木荷—木荷—芒萁群丛	苏州市吴中区
	7. 香樟林	香樟—香樟—络石群丛	常州市武进区
	8. 柯林	柯—柃木—刺头复叶耳蕨群丛	无锡市宜兴市
	9. 光亮山矾林	光亮山矾—格药柃—狗脊群丛	常州市溧阳市，无锡市宜兴市
八、暖性竹林与竹丛	1. 毛竹林	毛竹—山莓—林泽兰群丛	无锡市宜兴市，常州市溧阳市，苏州市吴中区，连云港市连云区
	2. 篌竹林	篌竹—牡荆—牛膝群丛	广泛分布
	3. 水竹林	水竹—柘—泥胡菜群丛	镇江市句容市，南京市溧水区、玄武区，无锡市宜兴市
	4. 淡竹林	淡竹—淡竹—通泉草群丛	南京市六合区、高淳区
	5. 桂竹林	桂竹—蛇莓群丛	徐州市泉山区，常州市金坛区，苏州市吴中区等地
	6. 刚竹林	刚竹—杜鹃—阔鳞鳞毛蕨群丛	南京市六合区，无锡市宜兴市，常州市溧阳市
	7. 金镶玉竹林	金镶玉竹—茅莓—络石群丛	连云港市连云区
	8. 短穗竹林	短穗竹—美洲商陆群丛	南京市玄武区、栖霞区，镇江市句容市，常州市金坛区、溧阳市，无锡市宜兴市
	9. 苦竹林	苦竹—苎麻—荩草群丛	苏南地区

续表

植被亚型	群系	群丛	分布
八、暖性竹林与竹丛	10. 箬竹丛	箬竹—栝楼群丛	苏南山区
	11. 阔叶箬竹丛	阔叶箬竹—栝楼群丛	镇江市句容市，常州市金坛区、溧阳市，无锡市宜兴市，连云港市连云区
九、暖湿性竹林	1. 孝顺竹林	孝顺竹—酢浆草群丛	无锡市宜兴市，徐州市泉山区，常州市金坛区
十、热性竹林	1. 茶竿竹林	茶竿竹—六月雪—金星蕨群丛	南京市，无锡市宜兴市
十一、竹阔叶混交林	1. 毛竹＋朴树林	毛竹＋朴树—朴树—龙葵＋水蓼＋蓬虆群丛	南京市溧水区、常州市溧阳市
	2. 毛竹＋大叶榉树林	毛竹＋大叶榉树—蓬虆—九头狮子草	南京市溧水区，常州市金坛区、溧阳市，镇江市句容市
十二、温性落叶阔叶灌丛	1. 毛掌叶锦鸡儿灌丛	毛掌叶锦鸡儿—求米草群丛	徐州市泉山区、云龙区
	2. 绿叶胡枝子灌丛	绿叶胡枝子—荩草群丛	南京市，镇江市，常州市，苏州市，无锡市，连云港市
	3. 牛枝子灌丛	牛枝子—中华卷柏群丛	连云港市赣榆区，徐州市泉山区、云龙区
	4. 截叶铁扫帚灌丛	截叶铁扫帚—鼠尾粟群丛	南京市江宁区，镇江市句容市，常州市金坛区、溧阳市，无锡市宜兴市，连云港市连云区
	5. 笐子梢灌丛	笐子梢—老鸦瓣群丛	广泛分布
	6. 小野珠兰灌丛	小野珠兰—橘草群丛	镇江市句容市，连云港市云台山
	7. 枸杞灌丛	枸杞—婆婆针群丛	南京市，镇江市，盐城市，南通市，连云港市连云区、灌云县，徐州市邳州市、铜山区、睢宁县
	8. 野蔷薇灌丛	野蔷薇—野燕麦群丛	广泛分布
十三、暖性落叶阔叶灌丛	1. 丁香杜鹃灌丛	丁香杜鹃—梓木草群丛	广泛分布
	2. 蓬虆灌丛	蓬虆—金星蕨群丛	南京市浦口区、玄武区、溧水区，镇江市句容市，常州市溧阳市、金坛区，淮安市盱眙县
	3. 高粱藨灌丛	高粱藨—豨莶群丛	广泛分布
	4. 白檀灌丛	白檀—络石群丛	无锡市宜兴市，常州市溧阳市，连云港市云台山
	5. 野鸦椿灌丛	野鸦椿—显子草群丛	无锡市宜兴市，常州市溧阳市，连云港市云台山
	6. 茅栗灌丛	茅栗—五节芒群丛	无锡市宜兴市，常州市溧阳市，连云港市云台山
	7. 枹栎灌丛	枹栎—黑足鳞毛蕨群丛	常州市金坛区，镇江市句容市，无锡市宜兴市惠山区
	8. 构树灌丛	构树—鹅观草群丛	广泛分布
十四、石灰岩山地落叶阔叶灌丛	1. 小果蔷薇灌丛	小果蔷薇—鸭跖草群丛	广泛分布
	2. 茅莓灌丛	茅莓—乱草群丛	广泛分布
	3. 火棘灌丛	火棘——年蓬群丛	常州市溧阳市，苏州市常熟市，无锡市宜兴市
	4. 竹叶花椒灌丛	竹叶花椒—短莛山麦冬群丛	南京市浦口区、玄武区、溧水区，淮安市盱眙县，镇江市句容市

续表

植被亚型	群系	群丛	分布
十四、石灰岩山地落叶阔叶灌丛	5. 盐麸木灌丛	盐麸木—显子草群丛	南京市浦口区、玄武区、溧水区，淮安市盱眙县，镇江市句容市，连云港市连云区
	6. 野山楂灌丛	野山楂—卷柏群丛	广泛分布
	7. 酸枣灌丛	酸枣—求米草群丛	徐州市，连云港市，淮安市盱眙县
十五、盐生落叶阔叶灌丛	1. 柽柳灌丛	柽柳—碱蓬群丛	连云港市，盐城市，南通市
十六、暖性常绿阔叶灌丛	1. 檵木灌丛	檵木—五节芒群丛	无锡市宜兴市，常州市溧阳市，镇江市句容市，苏州市吴中区
	2. 枸骨灌丛	枸骨—贯众群丛	南京市，镇江市，常州市，苏州市，无锡市
	3. 小蜡灌丛	小蜡—荩草群丛	苏南山区，徐州市
	4. 油茶灌丛	油茶—石蒜群丛	无锡市宜兴市，常州市溧阳市
	5. 茶灌丛	茶—天葵群丛	无锡市宜兴市，常州市溧阳市
	6. 青冈灌丛	青冈—络石群丛	无锡市宜兴市，常州市溧阳市
十七、暖干性常绿阔叶灌丛	1. 火棘＋竹叶椒灌丛	火棘＋竹叶花椒—白茅群丛	无锡市宜兴市，常州市溧阳市
十八、根茎草类盐生草甸	1. 獐毛草甸	獐毛群丛	连云港市，盐城市，南通市
	2. 大穗结缕草草甸	大穗结缕草群丛	连云港市，盐城市，南通市
	3. 拂子茅草甸	拂子茅群丛	苏北沿海滩涂
	4. 碱蓬草甸	碱蓬群丛	苏北沿海滩涂
	5. 南方碱蓬草甸	南方碱蓬群丛	苏北沿海滩涂
十九、杂类草盐生草甸	1. 罗布麻草甸	罗布麻群丛	广泛分布
	2. 地肤草甸	地肤群丛	广泛分布
	3. 刺果甘草草甸	刺果甘草群丛	苏北地区
	4. 盐地碱蓬草甸	盐地碱蓬群丛	连云港市，盐城市，南通市
	5. 盐角草草甸	盐角草群丛	苏北沿海滩涂
	6. 二色补血草草甸	二色补血草群丛	苏北沿海滩涂
	7. 砂引草草甸	砂引草群丛	盐城市大丰区，连云港市赣榆区、响水县
	8. 肾叶打碗花草甸	肾叶打碗花群丛	连云港市，盐城市，南通市
	9. 东亚市藜草甸	东亚市藜群丛	苏北沿海滩涂
二十、禾草草丛	1. 芒草丛	芒群丛	广泛分布
	2. 五节芒草丛	五节芒群丛	广泛分布
	3. 狗牙根草丛	狗牙根群丛	广泛分布
	4. 马唐草丛	马唐群丛	广泛分布
	5. 白羊草草丛	白羊草群丛	广泛分布
	6. 白茅草丛	白茅群丛	广泛分布

续表

植被亚型	群系	群丛	分布
二十、禾草草丛	7. 黄背草草丛	黄背草群丛	广泛分布
	8. 矛叶荩草草丛	矛叶荩草群丛	广泛分布
	9. 狗尾草草丛	狗尾草群丛	广泛分布
	10. 狼尾草草丛	狼尾草群丛	广泛分布
	11. 虎尾草草丛	虎尾草群丛	广泛分布
	12. 淡竹叶草丛	淡叶竹群丛	广泛分布
	13. 橘草草丛	橘草群丛	广泛分布
	14. 大油芒草丛	大油芒群丛	广泛分布
二十一、蕨类草丛	1. 芒萁草丛	芒萁群丛	镇江市宝华山，无锡市宜兴市，常州市溧阳市，苏州市吴中区
	2. 蕨草丛	蕨群丛	广泛分布
	3. 节节草草丛	节节草群丛	广泛分布
	4. 石韦草丛	石韦群丛	无锡市宜兴市，常州市溧阳市
二十二、杂类草草丛	1. 长裂苦苣菜草丛	长裂苦苣菜群丛	连云港市，盐城市，南通市
	2. 野艾蒿草丛	野艾蒿群丛	广泛分布
	3. 小蓬草草丛	小蓬草群丛	广泛分布
	4. 加拿大一枝黄花草丛	加拿大一枝黄花群丛	广泛分布
	5. 萹蓄草丛	萹蓄群丛	广泛分布
	6. 田菁草丛	田菁群丛	苏北地区
二十三、莎草沼泽	1. 水葱沼泽	水葱群丛	广泛分布
	2. 荆三棱沼泽	荆三棱群丛	广泛分布
	3. 荸荠沼泽	荸荠群丛	广泛分布
	4. 牛毛毡沼泽	牛毛毡群丛	广泛分布
	5. 水莎草沼泽	水莎草群丛	广泛分布
	6. 扁秆荆三棱沼泽	扁秆荆三棱群丛	广泛分布
	7. 三穗薹草沼泽	三穗薹草群丛	苏南地区
	8. 签草沼泽	签草群丛	苏南地区
	9. 糙叶薹草沼泽	糙叶薹草群丛	广泛分布
	10. 碎米莎草沼泽	碎米莎草群丛	广泛分布
	11. 高秆莎草沼泽	高秆莎草群丛	苏南地区
	12. 扁穗莎草沼泽	扁穗莎草群丛	苏南地区
	13. 长穗飘拂草沼泽	长穗飘拂草群丛	广泛分布
二十四、禾草沼泽	1. 长芒稗沼泽	长芒稗群丛	广泛分布
	2. 双穗雀稗沼泽	双穗雀稗群丛	广泛分布

续表

植被亚型	群系	群丛	分布
二十五、杂类草沼泽	1. 灯芯草沼泽	灯芯草群丛	广泛分布
	2. 谷精草沼泽	谷精草群丛	镇江市句容市，无锡市宜兴市，常州市溧阳市，苏州市
	3. 菖蒲沼泽	菖蒲群丛	广泛分布
	4. 金钱蒲沼泽	金钱蒲群丛	广泛分布
	5. 南方狸藻沼泽	南方狸藻群丛	扬州市宝应湖，常州市长荡湖，泰州市兴化市，南京市，苏州市
二十六、挺水植物群落	1. 莲群落	莲群丛	广泛分布
	2. 香蒲群落	香蒲群丛	广泛分布
	3. 水烛群落	水烛群丛	广泛分布
	4. 芦苇群落	芦苇群丛	广泛分布
	5. 菰群落	菰群丛	广泛分布
	6. 荻群落	荻群丛	广泛分布
	7. 喜旱莲子草群落	喜旱莲子草群丛	广泛分布
	8. 芦竹群落	芦竹群丛	广泛分布
	9. 水葱群落	水葱群丛	广泛分布
	10. 互花米草群落	互花米草群丛	连云港市，盐城市，南通市
	11. 大米草群落	大米草群丛	盐城市东台市、大丰区，南通市如东县
	12. 慈姑群落	慈姑群丛	广泛分布
	13. 红蓼群落	红蓼群丛	广泛分布
	14. 水芹群落	水芹群丛	广泛分布
	15. 粗梗水蕨群落	粗梗水蕨群丛	苏南湿地
二十七、浮水植物群落	1. 浮萍群落	浮萍群丛	广泛分布
	2. 紫萍群落	紫萍群丛	广泛分布
	3. 满江红群落	满江红群丛	南京市，扬州市，镇江市，常州市，苏州市，无锡市等地
	4. 细叶满江红群落	细叶满江红群丛	苏南地区
	5. 槐叶蘋群落	槐叶蘋群丛	广泛分布
	6. 凤眼莲群落	凤眼莲群丛	广泛分布
	7. 欧菱群落	欧菱群丛	南京市，苏州市，无锡市，扬州市，泰州市等地
	8. 细果野菱群落	细果野菱群丛	广泛分布
	9. 水鳖群落	水鳖群丛	广泛分布
	10. 荇菜群落	荇菜群丛	广泛分布
	11. 睡莲群落	睡莲群丛	南京市，常州市，无锡市，苏州市，扬州市，泰州市等地
	12. 眼子菜群落	眼子菜群丛	南京市，无锡市，苏州市等地
	13. 莼菜群落	莼菜群丛	苏州市

续表

植被亚型	群系	群丛	分布
二十七、浮水植物群落	14. 芡实群落	芡实群丛	苏南和苏中地区
	15. 黄花水龙群落	黄花水龙群丛	镇江市，常州市，无锡市，苏州市，连云港市
	16. 大薸群落	大薸群丛	苏州市，泰州市，扬州市，盐城市，连云港市等地
二十八、沉水植物群落	1. 金鱼藻群落	金鱼藻群丛	广泛分布
	2. 水盾草群落	水盾草群丛	苏州市，无锡市，扬州市，泰州市，盐城市，徐州市等地
	3. 狐尾藻群落	狐尾藻群丛	苏南和苏中地区
	4. 穗状狐尾藻群落	穗状狐尾藻群丛	广泛分布
	5. 伊乐藻群落	伊乐藻群丛	南京市，常州市，扬州市，盐城市等地
	6. 菹草群落	菹草群丛	广泛分布
	7. 竹叶眼子菜群落	竹叶眼子菜群丛	南京市，镇江市，无锡市，苏州市，徐州市
	8. 光叶眼子菜群落	光叶眼子菜群丛	苏州市，徐州市
	9. 篦齿眼子菜群落	篦齿眼子菜群丛	扬州市宝应湖，淮安市洪泽湖
	10. 苦草群落	苦草群丛	广泛分布
	11. 黑藻群落	黑藻群丛	广泛分布
	12. 龙舌草群落	龙舌草群丛	南京市，镇江市，常州市，无锡市，苏州市，扬州市，连云港市
	13. 大茨藻群落	大茨藻群丛	广泛分布
	14. 小茨藻群落	小茨藻群丛	广泛分布
	15. 川蔓藻群落	川蔓藻群丛	盐城市，连云港市，南通市

栽培植被是人类在长期的生产实践过程中创造的植物群落，通常具有较高的经济利用价值。江苏省由于人为活动历时悠久，经济活动较为发达，因此栽培植被类型多样。这里参照《中国植被》和宋永昌（2017）对栽培植被的分类，对江苏栽培植被进行划分。江苏人工植被（或栽培植被）的分类原则主要依据栽培植物群落建群种的生活型、生态地理特征及人类对栽培植物的经济利用等原则进行划分，共包括 3 个植被型组、7 个植被型和 14 个植被亚型（表 4-2-5）。

表 4-2-5　江苏人工植被分类的高级单位

植被型组	植被型	植被亚型
一、草本栽培植被	1. 大田作物	
		1.1 旱地作物
		1.2 水田作物
	2. 草本果蔬作物	
		2.1 旱地果蔬作物
		2.2 水田果蔬作物

续表

植被型组	植被型	植被亚型
一、草本栽培植被	3. 草本经济植物	
		3.1 夏绿草本经济植物
		3.2 常绿草本经济植物
二、灌木栽培植被	4. 粮果灌木丛	
		4.1 落叶粮果灌木丛
		4.2 常绿粮果灌木丛
	5. 经济灌木丛	
		5.1 落叶经济灌木丛
		5.2 常绿经济灌木丛
三、乔木栽培植被	6. 粮果林	
		6.1 落叶粮果林
		6.2 常绿粮果林
	7. 经济林	
		7.1 落叶经济林
		7.2 常绿经济林

第五章　江苏现状植被类型

江苏省的现状植被包括自然植被和栽培植被。由于江苏省境内没有高山，平原面积广阔，农业开发历史悠久，因此江苏省的自然植被总体上具有明显的次生性质。这些自然植被的类型相对简单，分布范围相对局限。其中，森林植被主要见于省内南部山区的丘陵和山地。黄宝龙（1998）曾将江苏省自然林划分为针叶林、阔叶林和竹林三类。这里，我们参照第四章的江苏省植被分类原则和方案，将江苏省境内长期栽培的部分人工林，如水杉林、黑松林、侧柏林等，暂时归入自然植被；而将水稻（*Oryza sativa*）、小麦（*Triticum aestivum*）、玉米（*Zea mays*）等大田栽培的农作物，以及栽培时间较短、栽培规模较小的人工林，如南酸枣林、柳杉林（图 5-0-1）、爆竹柳林（图 5-0-2）等，归入栽培植被。

现对本书各植被类型的样地调查方法概述如下。首先选择调查地点，通过野外踏查设置调查样地，然后进行样方调查并计算各层物种的重要值。森林群落的乔木层和灌木层的样方调查采用典型样地法和每木调查法，草本层采用 Braun-Blanquent 多盖度等级法（张光富，2007）。每个样方的面积大于或等于群落的表现面积。根据群落的不同类型、地形等特点，采用巢式样方法确定群落的表现面积。测定结果：乔木样方面积为 20m × 20m，灌丛样方面积为 5m × 5m，草本植物群落的取样面积为 1m × 1m。

图 5-0-1　柳杉林（南京中山植物园）

图 5-0-2　爆竹柳林（江苏溧阳天目湖国家湿地公园）

首先，通过野外踏查和设置踏查样线进行植物调查。通过查阅相关文献资料和向当地林业管理人员咨询，初步确定植被调查的区域。接着，通过前期访问、座谈讨论与文献资料研读，在对该地区的植被类型有了总体认识的基础上，选择区域内野生植物群落集中分布的地段进行实地踏查。其次，在地形图或卫星图片上设计踏查线路，线路密度根据自然条件的复杂程度和植物群落的类型来确定。再次，根据植物生长的不同物候期，对调查区域的植被进行不同季节的野外调查。

植物群落调查样地的选择遵循以下原则。

①选择植物群落物种组成、结构和生境相对均匀的区域。

②保证样地的周围能够有 10—20m 以上的缓冲区。

③样地尽量选择在地势相对平缓的地段上，避免坡顶、沟谷等复杂地形。

④针叶林、阔叶林的样地面积为 20m × 20m，灌丛的样地面积为 5m × 5m，草甸、草丛和水生植被的样地面积为 1m × 1m。记录每个样地的地理坐标、海拔、坡度、坡向、土壤类型、植被覆盖率、人为干扰情况等环境生态因子。

⑤根据林分结构，对样地中的维管植物分层进行调查。

将乔木树种的每个 $400m^2$ 的调查样地分为 4 个 10m × 10m 的调查样方，在每个样方中采用每木调查法记录乔木层植物的种名、株数、物候期、生活型、生长状况、结实情况，测量其胸径（距地面 1.3m 处的直径）、树高、枝下高、冠幅（长与宽）等。接着在每个 10m × 10m 的调查样方中设置一个 5m × 5m 的调查样方，进行灌木层植物的调查。记录灌木层植物的种名、株数、物候期、生活型、生长状况、结实情况，测量其胸径、树高等。再在每个 5m × 5m 的调查样方中随机设置 1 个 1m × 1m 的草本层样方（图 5-0-3），采用 Braun-Blanquent 多盖度等级法记录草本层植物的种类、高度、多盖度等级等。

⑥灌丛、草丛及藤本植物调查。

对灌丛样地中所有灌木进行每木调查，具体调查方法参照上述灌木层植物的调查方法。草丛样地的调查方法参照上述草本层植物的调查方法。对于藤本植物记录其植物名称、生活型、生长状况、结实情况、胸径等，根据其所处的植物群落层次归入相应的层次。

因此，这里主要对江苏自然植被的 28 个植被亚型分别进行逐一介绍，而对江苏栽培植被的 14 个植被亚型仅做概要介绍。现分述如下。

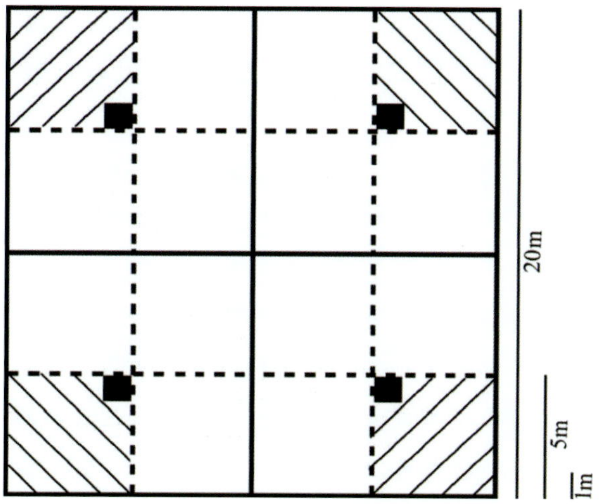

图 5-0-3　森林群落调查样地的样方设计示意图

一、暖性落叶针叶林

针叶林，是对以针叶树为建群种所组成的多种森林群落的总称。我国的针叶林分布广泛，从寒温带的大兴安岭到热带的海南岛，从东部的平原到西部的高原、山地均有。江苏省的针叶林从南到北均有分布，如暖温带的侧柏林、亚热带的杉木林（图 5-1-1）。这些针叶林大多林相整齐、结构简单、层次分

图 5-1-1　杉木林（常州市武进区）

明。这一植被型组在江苏省主要包括各类落叶或常绿针叶纯林、不同针叶树种的混交林及由针叶树种与阔叶树种构成的针阔叶混交林，可以划分为 3 个不同的植被型：落叶针叶林、常绿针叶林和针叶与阔叶混交林。

暖性落叶针叶林是落叶针叶林的植被亚型，它是指由冬季落叶的暖性松柏类乔木树种为建群种所构成的森林群落类型。此类树种大多喜温暖湿润的环境，有着既耐水湿又耐干旱的特点，同时因其冬季落叶的性状又较其他亚热带常绿树种耐寒，故适应性很广，部分种类如水杉的引种区甚至超过了它们在历史上的分布区。我国暖性落叶针叶林的分布区具有温暖、湿润的亚热带气候特点。夏季温暖或炎热，相对空气湿度大；冬季有雪但不是很严寒，较为湿润。在江苏省，暖性落叶针叶林主要为水杉林，有时在局部山地或平原也有少量的金钱松林、落羽杉林（图 5–1–2）。其中，金钱松为我国特有孑遗树种，在江苏省宜溧山地有少量野生分布。该种在苏南地区栽培广泛，但是面积一般不大。落羽杉原产北美，喜温暖、湿润生境，常有呼吸根（图 5–1–3），具有强的耐水湿性，在江苏省多地有栽培。这些针叶林均为人工培植的植被类型，由于水杉林在江苏省栽培历史长达半个世纪以上，并且面积较大，因此暂列于此。

图 5–1–2　落羽杉林（南京市燕雀湖）

图 5-1-3 落羽杉（*Taxodium distichum*）的呼吸根

水杉林

水杉为柏科落叶高大乔木，为我国古老、孑遗的珍贵树种。该种在我国分布于湖南、湖北和重庆，是我国特有树种。在郑万钧裸子植物分类系统中，水杉被置于杉科。在 2021 年国务院颁布的《国家重点保护野生植物名录》中被列为一级保护物种。作为重要的材用和观赏树种，水杉已被国内外广泛引种栽培，例如其已成为我国长江中下游等广大地区的常见造林树种及四旁绿化树种。且由于树姿优美，秋叶变红（图 5-1-4），水杉也是该区常见的著名庭园树种。水杉在江苏省南北各地均有引种栽培，其中在江苏省南部地区更为普遍。例如，在南京市中山植物园、白马公园（图 5-1-5），江苏溧阳天目湖国家湿地公园、长荡湖国家湿地公园，江苏扬州宝应湖国家湿地公园（图 5-1-6），淮安市金湖县嵇圩林场的万亩水杉林，宿迁市泗洪洪泽湖湿地公园等。

由于江苏省的水杉林乔木层优势树种占据绝对优势，林下灌木层植物稀疏，这里以江苏溧阳天目湖国家湿地公园的水杉林为例予以介绍。水杉林在该湿地公园内常见，主要分布于吴村村和后前村附近。代表性样地设在该湿地公园内的吴村村，为水杉—柘—双穗雀稗群丛。样地面积 400m^2，分为 4 个 10m × 10m 的样方。群落乔木层郁闭度为 0.60 左右，平均高度约为 8.9m。该群落乔木层仅有水杉 1 种植物。灌木层植物稀疏，盖度约为 30%，高度约为 2.7m，种类主要有柘树（*Maclura tricuspidata*）、水杉、桑等。草本层的盖度约为 80%，高度约为 0.7m，共有 4 种植物。其中，双穗雀稗（*Paspalum distichum*）为优势种，重要值为 50.00，该层还包括其他伴生植物如狼尾草（*Pennisetum alopecuroides*）、皱果薹草（*Carex dispalata*）和荩草（*Arthraxon hispidus*）（表 5-1-1）。

图 5-1-4 水杉（*Metasequoia glyptostroboides*）秋叶变红

图 5-1-5 水杉林（南京市白马公园）

图 5-1-6 水杉林（扬州市宝应湖）

表 5-1-1　水杉—柘—双穗雀稗群丛不同层次物种重要值

种名	相对多度 /%	相对频度 /%	相对显著度 /%	相对多盖度 /%	重要值 /%
乔木层					
水杉*Metasequoia glyptostroboides*	100.00	100.00	100.00		100.00
灌木层					
柘*Maclura tricuspidata*	55.56	57.14	85.22		65.97
水杉*Metasequoia glyptostroboides*	22.22	28.57	11.30		20.70
桑*Morus alba*	22.22	14.29	3.48		13.33
草本层					
双穗雀稗*Paspalum distichum*		51.23		48.77	50.00
狼尾草*Pennisetum alopecuroides*		17.39		15.95	16.67
皱果薹草*Carex dispalata*		16.24		17.10	16.67
荩草*Arthraxon hispidus*		14.75		18.59	16.67

注：调查时间为 2022 年 8 月 27 日，地点在江苏溧阳天目湖国家湿地公园，海拔为 21m，蔡瀚纬记录。

二、温性常绿针叶林

常绿针叶林是以常绿针叶树种组成的森林。江苏省分布的常绿针叶林包括 2 个植被亚型：温性常绿针叶林和暖性常绿针叶林。温性常绿针叶林在我国广泛分布于温带至亚热带山地。在江苏省，温性常绿针叶林可分为 3 个群系：侧柏林、赤松林和黑松林（图 5-2-1 至图 5-2-5）。温性常绿针叶林这一植被亚型在江苏分布于暖温带和亚热带地区，如侧柏林分布于徐州市的云龙山、泉山、泰山等地；赤松林主要分布于连云港市连云区云台山；黑松林主要分布于南京市玄武区，常州市武进区、溧阳市山区。

图 5-2-1　侧柏林（徐州市云龙山，背景山坡森林为侧柏林）

图 5-2-2 侧柏林（徐州市泉山）

图 5-2-3 赤松林（连云港市云台山，箭头所示）

图 5-2-4　赤松林（连云港市云台山柳河村）

图 5-2-5　黑松林（南京市栖霞区仙林后山）

1. 侧柏林

侧柏为柏科常绿乔木，高达20m。鳞叶交互对生，排成一平面，小枝扁平，故名。喜光；根系浅，侧根发达，耐干旱贫瘠；可在石灰岩山地或轻度盐碱地上生长；能适应干冷气候，也能在暖湿气候条件下生长。我国自然分布的侧柏林见于河北省兴隆县、山西省太行山区、陕西省秦岭以北渭河流域及云南省澜沧江流域山谷中。由于侧柏木材淡黄褐色，富树脂，材质细密，纹理斜行，耐腐力强，坚实耐用，因此可供建筑、器具、家具、农具及文具等用材。又因其四季常青，树形美观，树龄长达百年，也常被用作庭院观赏树种。此外，侧柏的球果卵状椭圆形（图5-2-6），其种子和小枝可入药。在我国，侧柏在淮河以北、华北地区石炭岩山地、阳坡及平原常作为造林树种。

侧柏林在江苏省主要分布于暖温带地区的石灰岩丘陵地区（当地俗称“绵羊石”）（图5-2-7），如徐州市的云龙区、泉山区、鼓楼区、铜山区、贾汪区、邳州市、睢宁县、新沂市等地，其中邳州市、睢宁县和新沂市的分布面积相对较少。在北亚热带的淮安市盱眙县，在石灰岩和玄武岩丘陵山地也有少量

图5-2-6　侧柏（*Platycladus orientalis*）的球果

图 5-2-7　侧柏林的生境（徐州市泰山）

分布（图 5-2-8）。江苏省的侧柏林虽为人工林，但是由于栽培时间较长，人为干扰相对较小，林下已有少量阔叶植物侵入生长，大多呈现自然生长状态（图 5-2-9），如徐州市九里山早在 1952 年就营造侧柏林 60 余 hm^2。由于侧柏林在江苏栽培时间长，分布面积大，因此暂将其列为自然植被进行介绍。江苏省的侧柏林主要见于徐州市，共调查到 2 个群丛。这些侧柏林的乔木层优势树种占据绝对优势，林下灌木层植物较为稀疏。

一个群丛为侧柏—山胡椒—求米草群丛。主要见于徐州市的云龙区、鼓楼区、泉山区、铜山区等地。代表性样地设于徐州市泉山森林公园内的东侧山坡。土壤主要为褐土，它是在石灰岩残丘上，在暖温带半湿润气候影响下发育形成的地带性土壤。土层瘠薄，大多见于裸露岩石的缝隙中。群落总盖度 75%。

该群丛乔木层平均高度约为 13m，郁闭度在 0.70 左右（图 5-2-10）。在该层次中，只有 3 种乔木树种，分别为侧柏（重要值为 87.44）、黄檀（6.41）和女贞（*Ligustrum lucidum*）（6.15），其中侧柏为优势种。灌木层的盖度为 30%，平均高度为 1.7m。灌木层的优势种为山胡椒（图 5-2-11），其重要值为 23.63。其他伴生植物包括女贞（18.32）、海州常山（*Clerodendrum trichotomum*）（14.68）、君迁子（*Diospyros lotus*）（14.28）、楝（*Melia azedarach*）（12.81）和桑（7.14）等。草本层的高度小于 1m，群落盖度约为 40%，共有 9 种植物。优势种为求米草（图 5-2-12），其重要值为 20.89，常见伴生种有寻骨风（*Isotrema mollissimum*）（17.21）、萝藦（*Cynanchum rostellatum*）（17.21）、太行铁线莲（17.21）、朴树（8.39）和乌桕（8.39）等（表 5-2-1）。

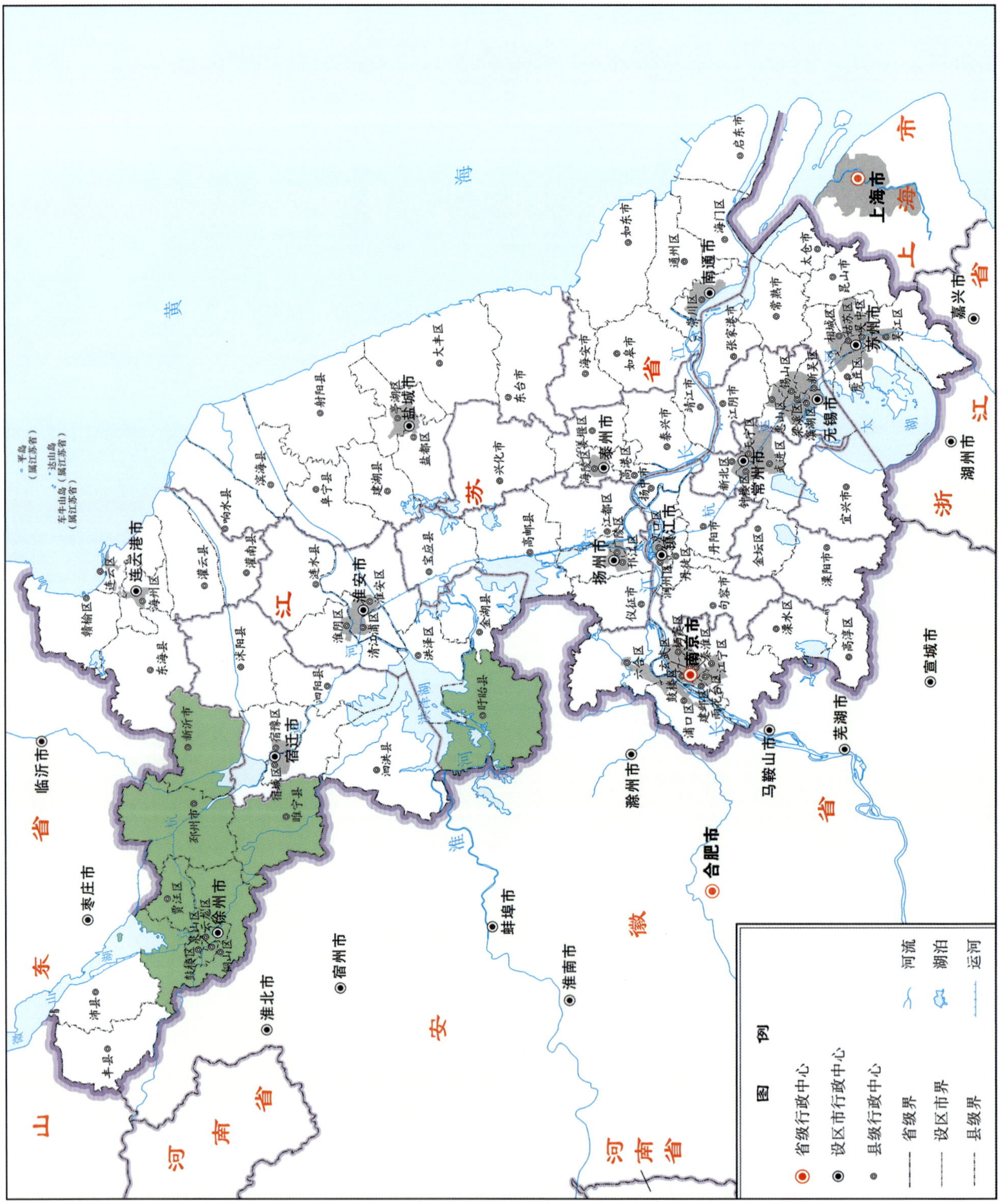

图例
省级行政中心
设区市行政中心
县级行政中心
省级界
设区市界
县级界
河流
湖泊
运河
黄海
江苏省
山东省
安徽省
河南省
浙江省
上海市
南京市
徐州市
连云港市
宿迁市
淮安市
盐城市
扬州市
泰州市
镇江市
南通市
常州市
无锡市
苏州市
临沂市
枣庄市
淮北市
宿州市
蚌埠市
淮南市
合肥市
滁州市
马鞍山市
芜湖市
宣城市
湖州市
嘉兴市

图 5-2-8 侧柏林分布图

图 5-2-9　侧柏林（徐州市淮海战役烈士纪念塔陵园内）

图 5-2-10　侧柏—山胡椒—求米草群丛（徐州市泉山）

图 5-2-11　山胡椒（*Lindera glauca*）

图 5-2-12　求米草（*Oplismenus undulatifolius*）

表 5-2-1　侧柏—山胡椒—求米草群丛不同层次物种重要值

种名	相对多度/%	相对频度/%	相对显著度/%	相对多盖度/%	重要值/%
乔木层					
侧柏*Platycladus orientalis*	97.62	66.67	98.03		87.44
黄檀*Dalbergia hupeana*	1.19	16.67	1.37		6.41
女贞*Ligustrum lucidum*	1.19	16.67	0.61		6.15
灌木层					
山胡椒*Lindera glauca*	15.00	15.00	40.90		23.63
女贞*Ligustrum lucidum*	10.00	10.00	34.96		18.32
海州常山*Clerodendrum trichotomum*	20.00	20.00	4.03		14.68
君迁子 *Diospyros lotus*	20.00	20.00	2.85		14.28
楝*Melia azedarach*	15.00	15.00	8.44		12.81
桑*Morus alba*	10.00	10.00	1.43		7.14
猫乳*Rhamnella franguloides*	5.00	5.00	4.03		4.68
臭椿*Ailanthus altissima*	5.00	5.00	3.38		4.46
草本层					
求米草*Oplismenus undulatifolius*		14.81		26.96	20.89
寻骨风*Isotrema mollissimum*		14.81		19.61	17.21
萝藦*Cynanchum rostellatum*		14.81		19.61	17.21
太行铁线莲*Clematis kirilowii*		14.81		19.61	17.21
朴树*Celtis sinensis*		14.81		1.96	8.39
乌桕*Triadica sebifera*		14.81		1.96	8.39
山麦冬*Liriope spicata*		3.70		4.90	4.30
天名精*Carpesium abrotanoides*		3.70		4.90	4.30
毛掌叶锦鸡儿*Caragana leveillei*		3.70		0.49	2.10

注：调查时间为 2022 年 7 月 5 日，地点在徐州市泉山森林公园，海拔为 238m，严格记录。

另一个群丛为侧柏—朴树—求米草群丛（图 5-2-13）。代表性样地设于徐州市云龙山的向阳山坡。该群丛乔木层平均高度约为 12m，郁闭度在 0.60 左右。在该层次中有 4 种乔木树种，优势种为侧柏（70.33），伴生种有黄檀（17.41）、楝（8.11）和泡桐（*Paulownia fortunei*）（4.14）。灌木层的盖度为 50%，平均高度为 0.8m。灌木层的优势种为朴树，其重要值为 31.43。其他伴生植物包括构树（*Broussonetia papyrifera*）（13.59）、扁担杆（*Grewia biloba*）（12.47）（图 5-2-14）、小叶女贞（*Ligustrum quihoui*）（8.31）、盐麸木（7.43）和海州常山（7.76）等。草本层的高度小于 1m，群落盖度约为 45%，共有 13 种植物。优势种为求米草，其重要值为 38.12，主要伴生植物有爵床（*Justicia procumbens*）（11.76）、木防己（*Cocculus orbiculatus*）（5.88）、扁担杆（5.91）、柘（5.91）和寻骨风（5.88）（图 5-2-15）等（表 5-2-2）。

图 5-2-13　侧柏—朴树—求米草群丛（徐州市云龙山）

图 5-2-14　扁担杆（*Grewia biloba*）

图 5-2-15　寻骨风（*Isotrema mollissimum*）

表 5-2-2 侧柏—朴树—求米草群丛不同层次物种重要值

种名	相对多度/%	相对频度/%	相对显著度/%	相对多盖度/%	重要值/%
乔木层					
侧柏*Platycladus orientalis*	85.42	36.36	89.22		70.33
黄檀*Dalbergia hupeana*	8.33	36.36	7.53		17.41
楝*Melia azedarach*	4.17	18.18	1.99		8.11
泡桐*Paulownia fortunei*	2.08	9.09	1.26		4.14
灌木层					
朴树*Celtis sinensis*	30.43	16.67	47.18		31.43
构树*Broussonetia papyrifera*	13.04	16.67	11.05		13.59
扁担杆*Grewia biloba*	13.04	16.67	7.69		12.47
小叶女贞*Ligustrum quihoui*	8.70	11.11	5.12		8.31
盐麸木*Rhus chinensis*	4.35	5.56	12.38		7.43
海州常山*Clerodendrum trichotomum*	8.70	11.11	3.49		7.76
酸枣*Ziziphus jujuba* var. *spinosa*	8.70	5.56	6.19		6.81
君迁子*Diospyros lotus*	4.35	5.56	3.68		4.53
楝*Melia azedarach*	4.35	5.56	2.57		4.16
桑*Morus alba*	4.35	5.56	0.65		3.52
草本层					
求米草*Oplismenus undulatifolius*		21.05		55.19	38.12
爵床*Justicia procumbens*		10.53		12.99	11.76
木防己*Cocculus orbiculatus*		5.26		6.49	5.88
扁担杆*Grewia biloba*		10.53		1.30	5.91
柘*Maclura tricuspidata*		10.53		1.30	5.91
寻骨风*Isotrema mollissimum*		5.26		6.49	5.88
萝藦*Cynanchum rostellatum*		5.26		6.49	5.88
太行铁线莲*Clematis kirilowii*		5.26		6.49	5.88
狭叶香港远志*Polygala hongkongensis* var. *stenophylla*		5.26		0.65	2.96
地构叶*Speranskia tuberculata*		5.26		0.65	2.96
木通*Akebia quinata*		5.26		0.65	2.96
毛掌叶锦鸡儿*Caragana leveillei*		5.26		0.65	2.96
乌桕*Triadica sebifera*		5.26		0.65	2.96

注：调查时间为 2022 年 7 月 6 日，地点在徐州市云龙山，海拔为 142m，鲁欣记录。

侧柏林是江苏省北部山区分布面积大、占比多、适应性强、抗逆性强的针叶林，具有极为重要的保持水土、涵养水源、改善小气候的作用。经过近 70 年的自然演替，徐州市的侧柏林总体长势良好（图 5-2-16）。特别是经过近 20 年来的林相改造，尽管徐州市侧柏林群落的优势树种主要为侧柏，但在个别地段的乔木层中也时有朴树、黄檀（图 5-2-17）、刺槐（图 5-2-18）、女贞、毛梾（*Cornus walteri*）（图 5-2-19）等阔叶树种。灌木层中除了侧柏幼树外，时常有黄檀、黄连木、构树等幼树，以及酸枣（*Ziziphus jujuba* var. *spinosa*）（图 5-2-20）、野山楂（*Crataegus cuneata*）、截叶铁扫帚（图 5-2-21）、细梗胡枝子（*Lespedeza virgata*）、毛掌叶锦鸡儿等。草本层植物主要为求米草、中华卷柏（*Selaginella sinensis*）（图 5-2-22）、荩草、地构叶（图 5-2-23），有时立地条件较好的林下也有地黄（*Rehmannia glutinosa*）（图 5-2-24）、

图 5-2-16　侧柏林（徐州市泰山）

图 5-2-17　黄檀（*Dalbergia hupeana*）

图 5-2-18 侧柏林中的刺槐（*Robinia pseudoacacia*）（箭头所示）

图 5-2-19 毛梾（*Cornus walteri*）

图 5-2-20 酸枣（*Ziziphus jujuba* var. *spinosa*）

图 5-2-21　截叶铁扫帚（*Lespedeza cuneata*）

图 5-2-22　中华卷柏（*Selaginella sinensis*）

图 5-2-23　地构叶（*Speranskia tuberculata*）

图 5-2-24　地黄（*Rehmannia glutinosa*）

翻白草（*Potentilla discolor*）（图 5-2-25）、绵枣儿（*Barnardia japonica*）、宽蕊地榆（*Sanguisorba applanata*）（图 5-2-26）等。但在人为活动明显的地段或林缘，有时会有三裂叶豚草（*Ambrosia trifida*）（图 5-2-27）、小蓬草（*Erigeron canadensis*）（图 5-2-28）、猩猩草（*Euphorbia cyathophora*）（图 5-2-29）等外来入侵植物。

常见藤本植物主要有木防己、寻骨风、马兜铃（*Aristolochia debilis*）、太行铁线莲、狭裂太行铁线莲（*Clematis kirilowii* var. *chanetii*）、菝葜（*Smilax china*）、络石（*Trachelospermum jasminoides*）、地锦（*Parthenocissus tricuspidata*）（图 5-2-30）等。

图 5-2-25　翻白草（*Potentilla discolor*）

图 5-2-26　宽蕊地榆（*Sanguisorba applanata*）

图 5-2-27　外来入侵植物三裂叶豚草（*Ambrosia trifida*）

图 5-2-28　外来入侵植物小蓬草（*Erigeron canadensiss*）

图 5-2-29　外来入侵植物猩猩草（*Euphorbia cyathophora*）

图 5-2-30　地锦（*Parthenocissus tricuspidata*）［支柱木为侧柏（*Platycladus orientalis*）］

2. 赤松林

赤松为松科常绿乔木，高达30m。成年植株的树皮橘红色，裂成不规则的鳞片状块片脱落，树干上部树皮红褐色，枝平展形成伞状树冠，隶属于松属，故名。赤松喜光，深根性，抗风力强，比马尾松耐寒，耐贫瘠但不耐盐碱土，常生于温带至暖温带的沿海山区及平原地区（吴征镒，1980；沈国舫，2020）。赤松可作沿海山地的造林树种，也可栽植庭院以供观赏（图5-2-31）。我国赤松林自然分布于吉林省长白山、辽东半岛，经山东半岛，南达江苏。赤松林在江苏分布于连云港市的云台山（图5-2-32）。此外，在北亚热带的淮安市盱眙县丘陵及南京市紫金山有零星栽培。在江苏省调查到2个群丛。

图5-2-31　赤松（*Pinus densiflora*）（栽培）

图5-2-32　赤松林（连云港市后云台山）

代表性样地设于连云港市后云台山的北坡。土壤主要为棕壤，但由于地处黄海边，受到海洋性气候的影响，具有亚热带黄棕壤的某些特性，成土母质为变质岩系片麻岩（黄宝龙，1998）。为赤松—狭叶山胡椒—黄背草群丛，群落盖度变化较大，介于40%—75%。

该群丛通常可以分为乔木层、灌木层和草本层。乔木层平均高度为5—8m，郁闭度在0.45左右。在该层次中，乔木树种主要为赤松，常见的伴生树种有野柿（*Diospyros kaki* var. *silvestris*）（图5-2-33）、化香树、栓皮栎（图5-2-34）、黄檀、山槐等。灌木层的盖度为40%，平均高度为1.5m。灌木层植物种类较为丰富，主要有狭叶山胡椒（*Lindera angustifolia*）（图5-2-35）、山胡椒、三桠乌药（图5-2-36）、荚蒾（*Viburnum dilatatum*）、扁担杆、圆叶鼠李、美丽胡枝子（*Lespedeza thunbergii* subsp. *formosa*）（图5-2-37）等。草本层的高度小于1m，群落盖度约为45%，植物种类较多。主要种类有黄背草、橘草（*Cymbopogon goeringii*）、牡蒿（*Artemisia japonica*）、蕨、野古草（*Arundinella hirta*）、野菊（*Chrysanthemum indicum*）（图5-2-38）等，常见伴生种有白莲蒿（*Artemisia stechmanniana*）、白花败酱（*Patrinia villosa*）、中华卷柏、心叶堇菜（*Viola yunnanfuensis*）、刺果毛茛（*Ranunculus muricatus*）（图5-2-39）、狗尾草（*Setaria viridis*）、兔儿伞（*Syneilesis aconitifolia*）（图5-2-40）、林泽兰（*Eupatorium lindleyanum*）等。

图5-2-33　野柿（*Diospyros kaki* var. *silvestris*）

图5-2-34　栓皮栎（*Quercus variabilis*）

图 5-2-35　狭叶山胡椒（*Lindera angustifolia*）

图 5-2-36　三桠乌药（*Lindera obtusiloba*）

图 5-2-37　美丽胡枝子（*Lespedeza thunbergii* subsp. *formosa*）

图 5-2-38 野菊（*Chrysanthemum indicum*）

图 5-2-39 刺果毛茛（*Ranunculus muricatus*）

图 5-2-40 兔儿伞（*Syneilesis aconitifolia*）

3. 黑松林

黑松为松科常绿乔木，高达 30m。黑松幼树树皮暗灰色，老则灰黑色，故名。黑松为强阳性树种，喜光，抗风，耐雾，抗寒性强，耐瘠薄土壤，喜温暖湿润的海洋性气候。其木材富含树脂，较为坚韧，结构较细，纹理直，耐久用，可作建筑、矿柱、器具、板料及薪炭等用材。黑松树性强健，生长缓慢，寿命长，终年常绿，可作庭园观赏或江沿海地区的造林树种（图 5-2-41）。黑松原产日本及朝鲜南部海岸地区，我国在 20 世纪初叶就曾在南京市引种栽培造林。20 世纪中叶，黑松在我国旅顺口区、大连市、山东省沿海山区和浙江省北部沿海地区等大面积引种造林。由于受到松材线虫病的为害，以及黑松在亚热带地区生长后期常有结顶现象，因此江苏省目前呈现自然状态分布的黑松林不多，主要集中于南京市紫金山、牛首山，常州市武进区芳茂山、清明山，溧阳市和宜兴市山区，以及连云港市云台山等地

图 5-2-41 黑松（*Pinus thunbergii*）（栽培）

（图 5-2-42）。在江苏省调查到 2 个群丛。

代表性样地设于南京市的牛首山。土壤为黄棕壤。为黑松林—枫香树—菝葜群丛。群落总盖度 75%。该群丛乔木层盖度在 70% 左右，平均高度约为 10.4m。该层乔木植物种类不多，其中黑松的重要值最大，为 66.77。其他伴生植物包括枫香树（图 5-2-43）、黄连木和白檀（图 5-2-44），重要值分别为 19.24、7.14 和 6.85。灌木层的盖度为 44%，平均高度为 4.6m。枫香树的重要值最大，为 44.52，是该层的优势种。其他主要伴生植物包括盐麸木（图 5-2-45）、黄檀、苦竹（*Pleioblastus amarus*）等。草本层的盖度约为 35%，共有 13 种植物，其中菝葜为优势种，重要值为 26.25。该层还包括其他伴生植物如山莓、高羊茅（*Festuca elata*）、枸骨冬青（*Ilex cornuta*）、黄檀等（表 5-2-3）。

常见的藤本植物有络石、乌蔹莓（*Causonis japonica*）、紫藤（*Wisteria sinensis*）、菝葜、木防己等。

从植物种类组成看，该群丛的次生性较强。尽管乔木层中的黑松占优势地位，但是由于黑松喜光，并且群落中缺乏黑松的幼苗和幼树，一些落叶的阔叶树种已经侵入乔木层和灌木层中。因此，随着森林群落的演替，该区的黑松种群将逐渐退出该群丛，而逐渐被阔叶树种所取代。

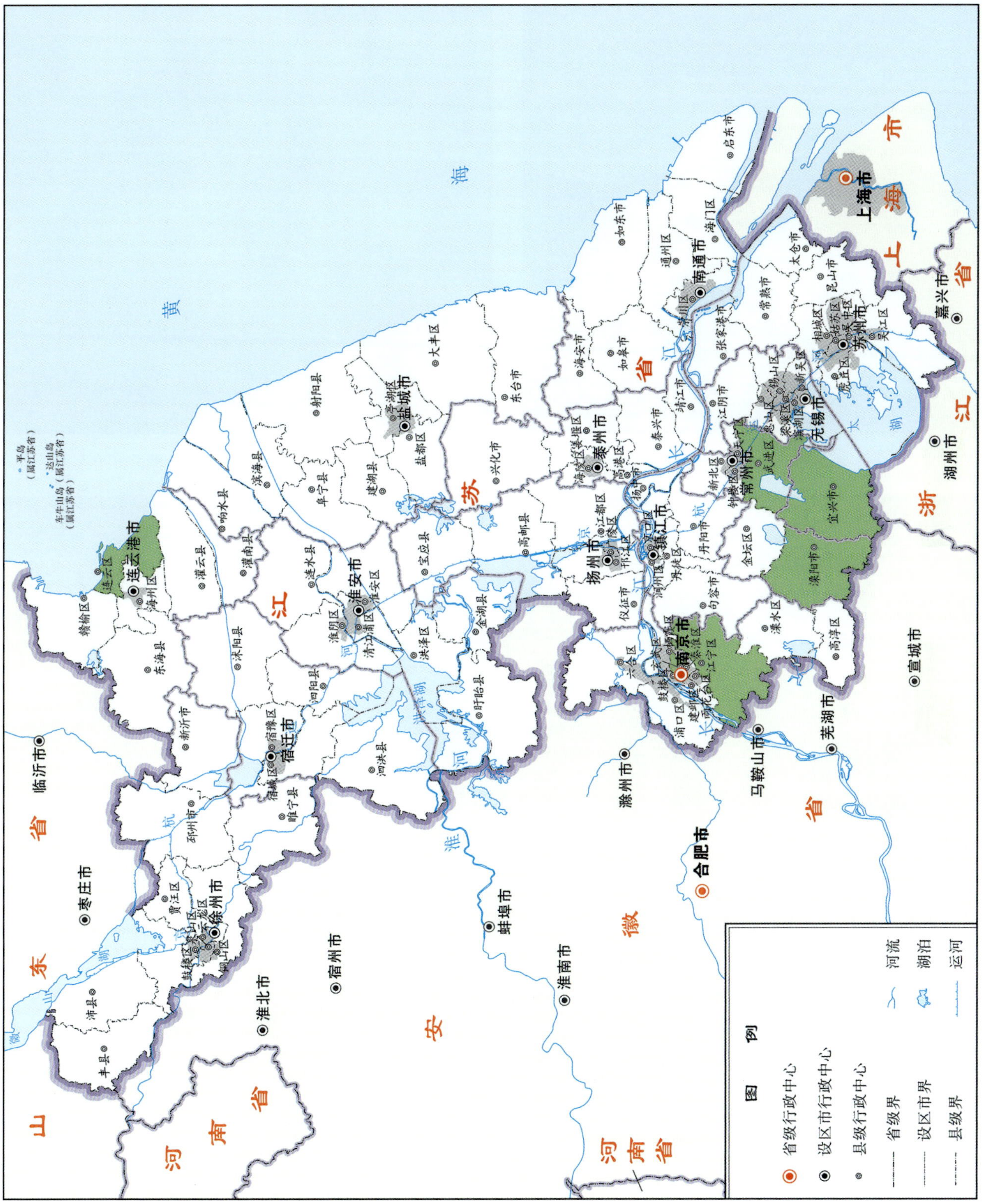

图 5-2-42　黑松林分布图

图 5-2-43　枫香树（*Liquidambar formosana*）

图 5-2-44　白檀（*Symplocos paniculata*）

图 5-2-45　盐麸木（*Rhus chinensis*）

表 5-2-3 黑松—枫香树—菝葜群丛不同层次物种重要值

种名	相对多度 /%	相对频度 /%	相对显著度 /%	相对多盖度 /%	重要值 /%
乔木层					
黑松*Pinus thunbergii*	78.26	44.44	77.60		66.77
枫香树*Liquidambar formosana*	13.04	33.33	11.33		19.24
黄连木*Pistacia chinensis*	4.35	11.11	5.97		7.14
黄檀*Dalbergia hupeana*	4.35	11.11	5.10		6.85
灌木层					
枫香树*Liquidambar formosana*	33.33	23.53	76.71		44.52
盐麸木*Rhus chinensis*	14.29	17.65	10.13		14.02
黄檀*Dalbergia hupeana*	14.29	17.65	2.88		11.60
苦竹*Pleioblastus amarus*	14.29	11.76	4.03		10.03
槲树*Quercus dentata*	9.52	11.76	3.58		8.29
枸骨冬青*Ilex cornuta*	9.52	11.76	0.89		7.39
黄连木*Pistacia chinensis*	4.76	5.88	1.79		4.14
草本层					
菝葜*Smilax china*		15.00		37.50	26.25
山莓*Rubus corchorifolius*		15.00		21.43	18.21
高羊茅*Festuca elata*		5.00		17.86	11.43
枸骨冬青*Ilex cornuta*		10.00		3.57	6.79
黄檀*Dalbergia hupeana*		10.00		3.57	6.79
鸡屎藤*Paederia foetida*		10.00		3.57	6.79
枹栎*Quercus serrata*		5.00		1.79	3.39
木防己*Cocculus orbiculatus*		5.00		1.79	3.39
木蜡树*Toxicodendron sylvestre*		5.00		1.79	3.39
朴树*Celtis sinensis*		5.00		1.79	3.39
青花椒*Zanthoxylum schinifolium*		5.00		1.79	3.39
盐麸木*Rhus chinensis*		5.00		1.79	3.39
泽珍珠菜*Lysimachia candida*		5.00		1.79	3.39

注：调查时间为 2021 年 7 月 16 日，地点在南京市牛首山，海拔为 243m，朱伟记录。

三、暖性常绿针叶林

暖性常绿针叶林是由热带、亚热带分布的常绿松柏类乔木所组成的森林群落。它主要分布于我国亚热带丘陵、低山和平原，也会向北延伸至暖温带地区的南缘背风山谷及盆地，向南可以分布到热带地区地势较高的凉湿山地。在江苏省，暖性常绿针叶林主要分布于南部的亚热带山地，在北部的暖温带地区偶尔也有小片栽培。暖性常绿针叶林在江苏省分为 3 个群系：马尾松林、杉木林和湿地松林。

1. 马尾松林

马尾松为松科高大常绿乔木（图 5-3-1、图 5-3-2），原产我国。松针 2 针一束，细长柔软，长达 20cm，因其嫩枝及叶形似马尾，故名。该种为喜光、深根性树种，不耐阴，喜温暖湿润气候，适生于干

图 5-3-1 马尾松（*Pinus massoniana*）的植株

图 5-3-2　马尾松（*Pinus massoniana*）的球果

旱、瘠薄的红壤、石砾土及沙质土，或生于岩石缝中，为荒山恢复森林的先锋树种。木材有弹性、富树脂、极耐水湿、富含纤维素、耐腐力强，是我国重要的乡土树种、材用树种和荒山造林树种。此外，其松脂还可以提取松香、松节油作为工业原料。马尾松由于生长快、材质优、适应性强，广泛应用于制浆造纸、建筑和松香制取等行业，因此马尾松不仅广泛分布于我国 17 个省（秦国峰和周志春，2012），而且在其分布区及邻近地区被广泛引种栽培。马尾松林在江苏省境内，长江以南各地丘陵、低山分布普遍，长江北岸丘陵有零星分布（图 5-3-3）。例如，在淮河南岸的盱眙县丘陵山区现有大片的马尾松人工造林（图 5-3-4），呈自然状态分布。由于受到松毛虫和松材线虫的影响，近年来江苏省的马尾松林分布面积明显减少，共调查到 3 个群丛。

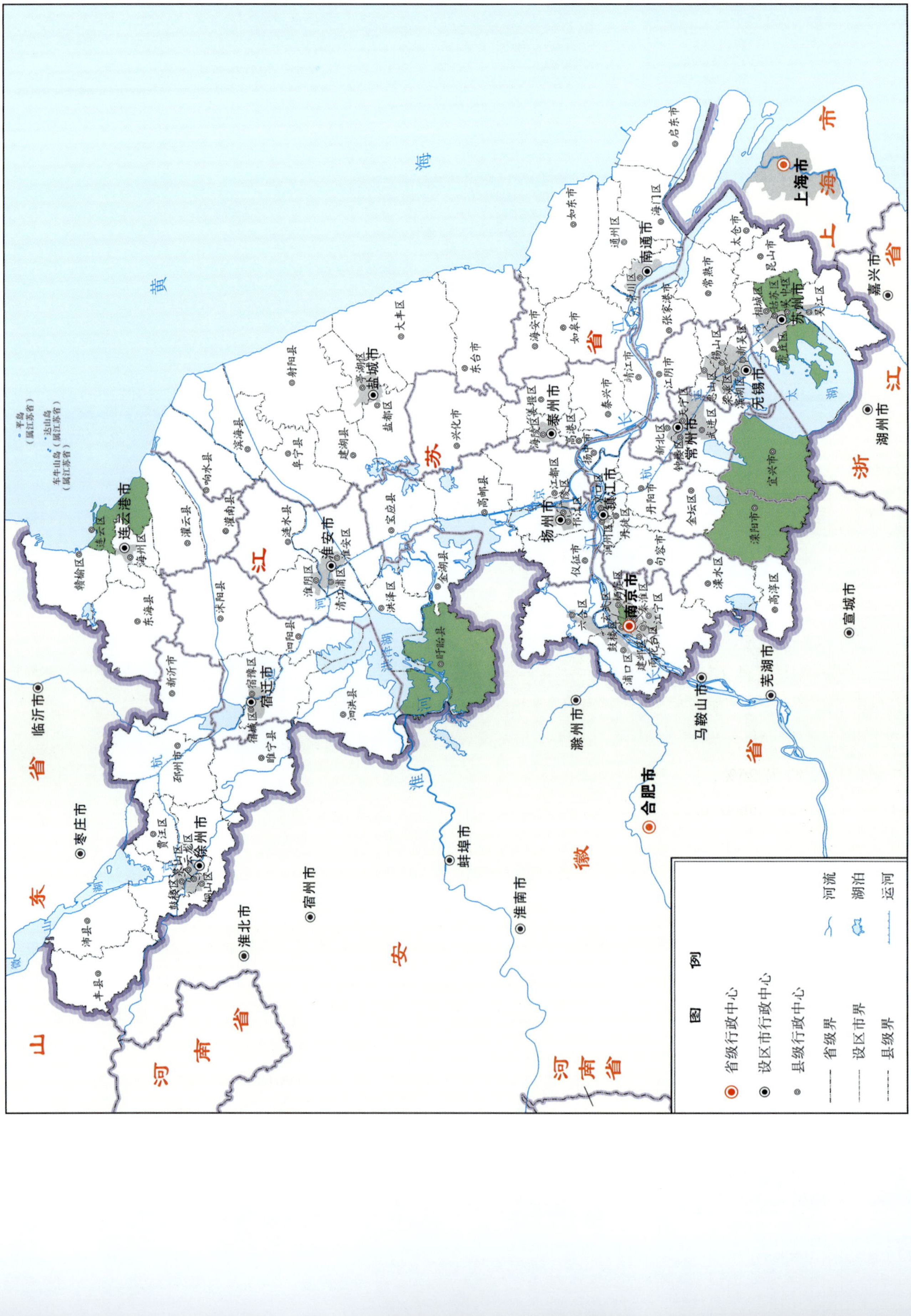

图 5-3-3 马尾松林分布图

图 5-3-4　马尾松林（盱眙县山红林场）

现仅重点介绍马尾松—算盘子—芒群丛。代表性样地设于江苏宜兴国家森林公园善卷村的北部山坡。土壤为黄壤，呈微酸性。群落总盖度 60% 左右。该群丛乔木层郁闭度在 0.50 左右，平均高度约为 10.4m。该层次中共有 4 种植物，其中优势种马尾松的重要值最大，为 50.57。其他伴生植物包括枫香树、白背叶野桐和化香树，重要值分别为 20.05、19.56 和 9.82。灌木层的盖度为 30%，平均高度为 1.6m。其中，算盘子的重要值最大，为 25.47，是该层的优势种。其他主要伴生植物包括野鸦椿、海州常山、化香树等。草本层的盖度约为 25%，共有 8 种植物，其中芒为优势种，重要值为 27.76。该层还包括其他伴生植物如青花椒（*Zanthoxylum schinifolium*）、蕨、山莓等（表 5-3-1）。尽管乔木层中的马尾松占优势地位，但是由于马尾松喜光，并且群落中缺乏马尾松的幼苗和幼树，一些常绿的阔叶树种已经侵入乔木层和灌木层中。因此，随着森林群落的演替，该区的马尾松种群将逐渐退出该群丛，而逐渐被阔叶树种所取代。

表 5-3-1　马尾松—算盘子—芒群丛不同层次物种重要值

种名	相对多度 /%	相对频度 /%	相对显著度 /%	相对多盖度 /%	重要值 /%
乔木层					
马尾松 *Pinus massoniana*	50.00	30.77	70.95		50.57
枫香树 *Liquidambar formosana*	18.00	30.77	11.38		20.05
白背叶野桐 *Mallotus apeltus*	24.00	23.08	11.60		19.56
化香树 *Platycarya strobilacea*	8.00	15.38	6.07		9.82
灌木层					
算盘子 *Glochidion puberum*	22.37	12.12	41.93		25.47
野鸦椿 *Euscaphis japonica*	27.63	12.12	12.92		17.56

续表

种名	相对多度 /%	相对频度 /%	相对显著度 /%	相对多盖度 /%	重要值 /%
海州常山 *Clerodendrum trichotomum*	6.58	9.09	13.02		9.56
化香树 *Platycarya strobilacea*	6.58	12.12	7.49		8.73
青花椒 *Zanthoxylum schinifolium*	7.89	9.09	4.23		7.07
枹栎 *Quercus serrata*	3.95	6.06	3.28		4.43
山鸡椒 *Litsea cubeba*	3.95	6.06	2.87		4.29
牡荆 *Vitex negundo* var. *cannabifolia*	3.95	6.06	1.96		3.99
盐麸木 *Rhus chinensis*	3.95	6.06	1.50		3.84
山莓 *Rubus corchorifolius*	3.95	6.06	0.60		3.53
马尾松 *Pinus massoniana*	1.32	3.03	3.43		2.59
金樱子 *Rosa laevigata*	3.95	3.03	0.76		2.58
枫香树 *Liquidambar formosana*	1.32	3.03	3.14		2.50
君迁子 *Diospyros lotus*	1.32	3.03	2.33		2.23
檵木 *Loropetalum chinense*	1.32	3.03	0.53		1.63
草本层					
芒 *Miscanthus sinensis*		23.53		32.00	27.76
青花椒 *Zanthoxylum schinifolium*		17.65		16.80	17.22
蕨 *Pteridium aquilinum* var. *latiusculum*		11.76		16.00	13.88
山莓 *Rubus corchorifolius*		17.65		9.60	13.62
野鸦椿 *Euscaphis japonica*		11.76		8.80	10.28
六月雪 *Serissa foetida*		5.88		8.00	6.94
金樱子 *Rosa laevigata*		5.88		8.00	6.94
石荠苎 *Mosla scabra*		5.88		0.80	3.34

注：调查时间为 2020 年 8 月 5 日，地点在江苏宜兴国家森林公园的善卷村，海拔为 275m，张光富记录。

2. 杉木林

杉木为柏科常绿高大乔木（图 5-3-5、图 5-3-6），高达 30m。杉木为阳性树种，浅根系，生长快。该种喜温和湿润气候，不耐寒，喜深厚、肥沃、排水良好的酸性土壤。杉木树干通直、材质优良，易加工，耐腐力强，是良好的材用树种或木纤维工业原料树种。杉木林是我国亚热带东部湿润地区地带性的重要常绿针叶林之一，具有重要的生态系统服务功能，主要分布在中亚热带地区。在我国，杉木林的分布北自陕西省秦岭南部、河南省桐柏山、安徽省大别山、山东省昆嵛山，南至广东省及广西壮族自治区，东自江苏省（图 5-3-7）、浙江省、福建省，西至四川省。其中，以武夷山，以及南岭山地和湘桂交界的山区生长最好，为杉木林分布中心。

江苏省为我国杉木林分布的北缘地区，主要在中亚热带的宜兴市、溧阳市山区有少量分布（图 5-3-8）。由于杉木速生，喜温、喜湿，在太湖沿岸丘陵及茅山、宁镇山区均有少量栽培。苏北地区或沿海地区也曾有小片栽培或作为防护林，但是由于杉木怕风、怕旱，往往呈现初期生长尚好，后期生长不良的现象。

江苏省的杉木林主要见于宜溧山地，共调查到 2 个群丛。杉木—杉木—黑足鳞毛蕨群丛主要见于宜兴市、溧阳市的亚热带山地（图 5-3-9）。代表性样地设于江苏宜兴国家森林公园的老鹰夼，海拔 139.7m。土壤主要为山地黄棕壤。群落总盖度 70%。

图 5-3-5 杉木（*Cunninghamia lanceolata*）

图 5-3-6 杉木（*Cunninghamia lanceolata*）的球果

图 5-3-7 杉木林内的树冠有大量白鹭（*Egretta garzetta*）（南京市老山）

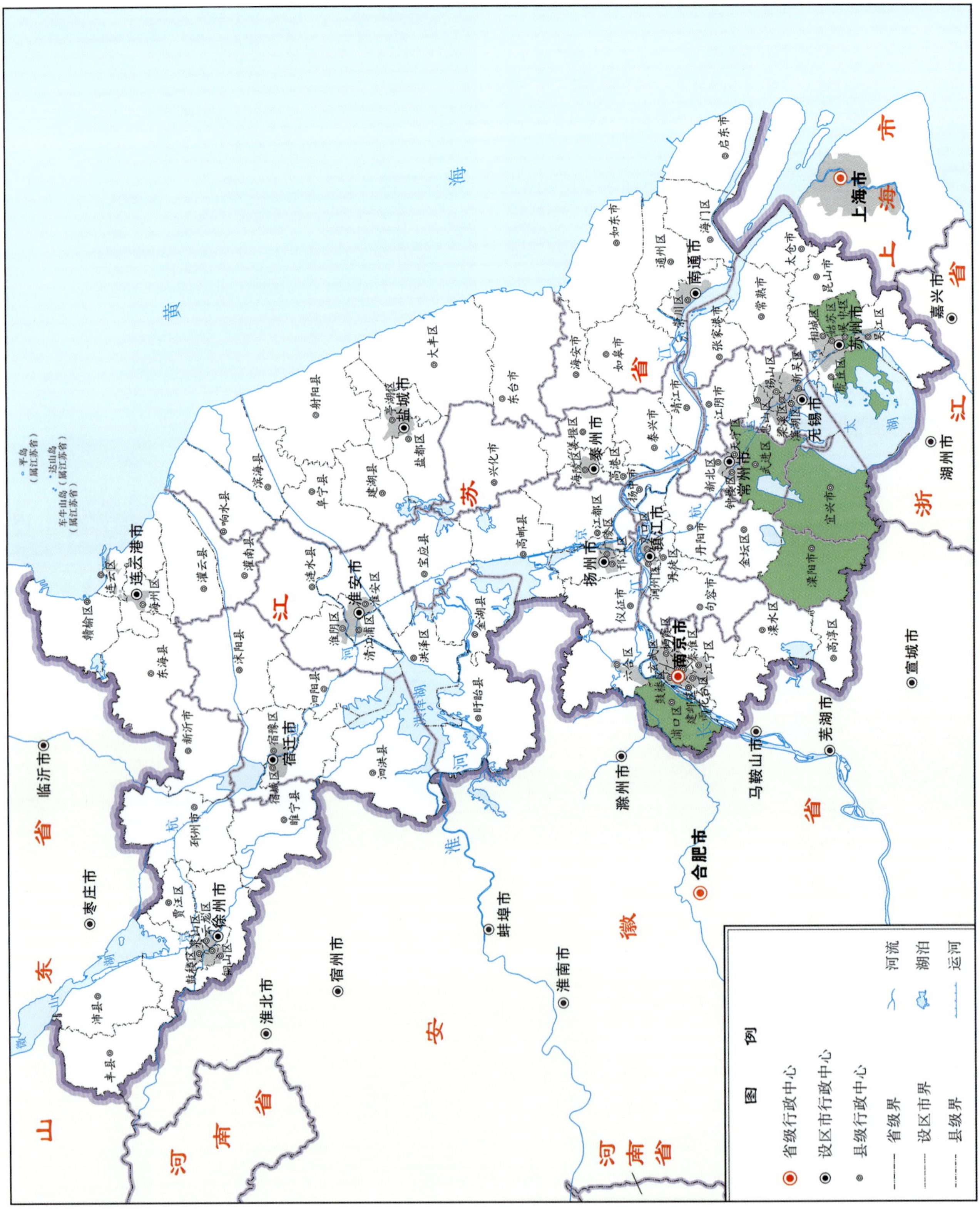
黄
海
山
东
省
河
南
省
安
徽
省
江
苏
省
浙
江
省
上
海
市
上海市
南京市
合肥市
连云港市
宿迁市
徐州市
淮安市
盐城市
扬州市
泰州市
镇江市
南通市
常州市
无锡市
苏州市
临沂市
枣庄市
淮北市
宿州市
蚌埠市
淮南市
滁州市
马鞍山市
芜湖市
宣城市
湖州市
嘉兴市
图例
省级行政中心
设区市行政中心
县级行政中心
省级界
设区市界
县级界
河流
湖泊
运河

图 5-3-8 杉木林分布图

图 5-3-9 杉木林林内结构（宜兴市老鹰岕）

该群丛乔木层郁闭度在 0.65 左右，平均高度约为 12.4m。在该层次中，有 5 种乔木树种，主要为杉木，重要值达 72.56，为优势种。伴生树种有青冈（7.43）、光亮山矾（7.13）（图 5-3-10）、柯（6.98）和檫木（5.90）（图 5-3-11）。灌木层的盖度为 38%，平均高度为 3.2m，优势种为杉木，重要值为 32.97。其他伴生植物包括柯、苦槠、海州常山（图 5-3-12）和蓬蘽（图 5-3-13）等。草本层的盖度约 30%，共有 12 种植物。优势种为黑足鳞毛蕨（图 5-3-14），重要值为 23.08；其次为络石，重要值 21.15。此外，草本层还伴生有杉木、红楠、楤木（*Aralia elata*）、柯的幼苗、青绿薹草（*Carex breviculmis*）等植物（表 5-3-2）。

图 5-3-10 光亮山矾（*Symplocos lucida*）

图 5-3-11　檫木（*Sassafras tzumu*）

图 5-3-12　海州常山（*Clerodendrum trichotomum*）

图 5-3-13　蓬蘽（*Rubus hirsutus*）

图 5-3-14　黑足鳞毛蕨（*Dryopteris fuscipes*）

表 5-3-2　杉木—杉木—黑足鳞毛蕨群丛不同层次物种重要值

种名	相对多度 /%	相对频度 /%	相对显著度 /%	相对多盖度 /%	重要值 /%
乔木层					
杉木*Cunninghamia lanceolata*	84.78	50.00	82.90		72.56
青冈*Cyclobalanopsis glauca*	4.35	12.50	5.43		7.43
光亮山矾*Symplocos lucida*	4.35	12.50	4.54		7.13
柯*Lithocarpus glaber*	4.35	12.50	4.09		6.98
檫木*Sassafras tzumu*	2.17	12.50	3.04		5.90
灌木层					
杉木*Cunninghamia lanceolata*	39.53	17.39	41.98		32.97
柯*Lithocarpus glaber*	6.98	13.04	17.23		12.42
苦槠*Castanopsis sclerophylla*	9.30	8.70	16.24		11.41
海州常山*Clerodendrum trichotomum*	11.63	17.39	3.99		11.00
蓬蘽*Rubus hirsutus*	11.63	17.39	0.76		9.93
光亮山矾*Symplocos lucida*	9.30	8.70	11.78		9.93
江浙山胡椒*Lindera chienii*	6.98	8.70	6.99		7.56
木蜡树*Toxicodendron sylvestre*	2.33	4.35	0.80		2.49
满山红*Rhododendron mariesii*	2.33	4.35	0.22		2.30
草本层					
黑足鳞毛蕨*Dryopteris fuscipes*		16.67		29.49	23.08
络石*Trachelospermum jasminoides*		16.67		25.64	21.15
杉木*Cunninghamia lanceolata*		12.50		7.69	10.10
青绿薹草*Carex breviculmis*		12.50		7.69	10.10
红楠*Machilus thunbergii*		8.33		7.05	7.69
海州常山*Clerodendrum trichotomum*		8.33		7.05	7.69
阔叶鳞毛蕨*Dryopteris campyloptera*		4.17		6.41	5.29
光脚金星蕨*Parathelypteris japonica*		4.17		6.41	5.29
楤木*Aralia elata*		4.17		0.64	2.40
山胡椒*Lindera glauca*		4.17		0.64	2.40
柯*Lithocarpus glaber*		4.17		0.64	2.40
青灰叶下珠*Phyllanthus glaucus*		4.17		0.64	2.40

注：调查时间为 2021 年 8 月 17 日，地点在江苏宜兴国家森林公园的老鹰岕，海拔为 139.7m，蔡瀚纬记录。

江苏省的杉木林通常外貌整齐（图 5-3-15）。这些杉木的树龄偏大，林冠已逐渐郁闭，故林下阔叶树往往偏少。由于 20 世纪江苏省南部山区将杉木作为重要的植树造林树种之一，但最近几十年来随着人们生活水平的不断提高，对杉木的材用需求明显降低，因此不少地段的杉木林或疏于管理，或由于杉木林发育至后期生长缓慢，而亚热带地区的水热条件良好，加之种源丰富，故不断有阔叶树种侵入，呈现阔叶树种与针叶树种混生，并且藤本植物不断增多的现象（图 5-3-16）。由北向南，随着气温和降水梯度的递增，杉木林中的阔叶树种类逐渐增多，其中常绿阔叶树种明显增多。

图 5-3-15 杉木林林冠（常州市武进区清明山）

图 5-3-16 阔叶树侵入杉木林（宜兴市小黑沟）

3. 湿地松林

湿地松为松科常绿高大乔木，原产美国东南部湿润温暖的低海拔地区，海拔大多在150m以下，一般不超过600m。湿地松为阳性树种，喜光，忌荫蔽；耐寒，也耐高温；耐旱，亦耐水湿，可忍耐短期淹水；根系发达，抗风力强。湿地松树干挺拔，生长迅速，适应性强，可作造林先锋树种，也可作材用或者园林绿化观赏树种。

我国最早自20世纪30年代在华南地区开始引种，到20世纪60年代起开始示范性造林引种，现广泛栽培于亚热带地区的低山丘陵地带。由于该种耐水湿，通常长势比同地区的马尾松或黑松好，并且很少受到松毛虫为害，调查显示我国湿地松的规模化造林区域目前主要集中在亚热带东部地区的低山丘陵地带（沈国舫，2020）。

湿地松自1947年被引入南京市中山陵进行栽培，现苏南地区多处低山丘陵中有小片的湿地松林（图5-3-17）。湿地松在苏南地区，通常被当地群众称为“国外松”。由于栽培时间较久，因此这里暂将湿地松林作为自然植被予以介绍。江苏省湿地松林主要见于南京市、常州市和镇江市等地的低山丘陵（图5-3-18），共调查到2个群丛。

图5-3-17　湿地松林（常州市武进区横山桥）

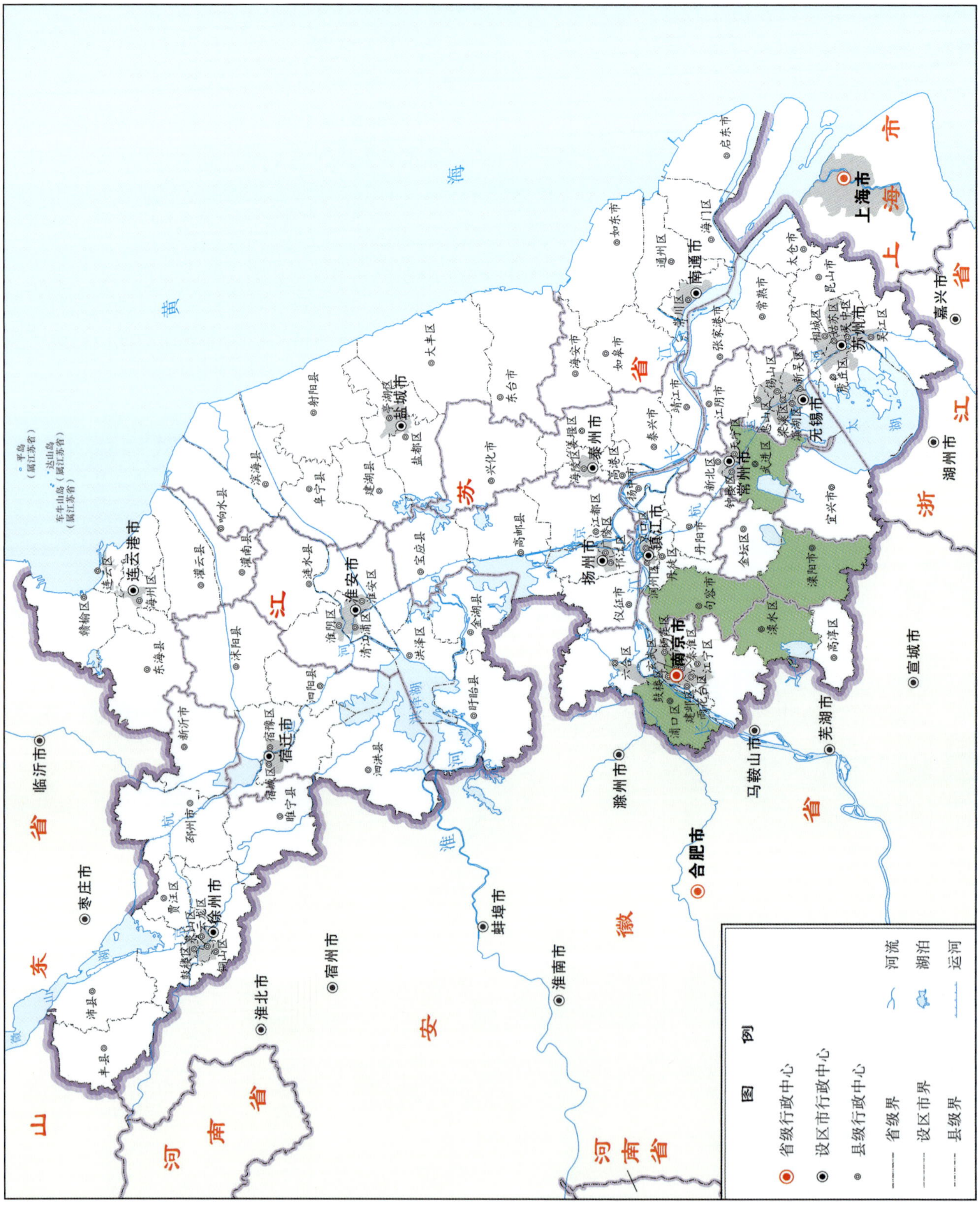

图 5-3-18 湿地松林分布图

湿地松林代表性样地设于常州市横山生态公益林内的芳茂山、清明山公墓大门内侧的向阳山坡，海拔 24.0m（图 5-3-19）。土壤为红壤。为湿地松—楝—美洲商陆群丛。群落总盖度 40%。该群丛乔木层郁闭度在 0.35 左右，平均高度约 8.0m。在该层次中，湿地松占据明显的优势，重要值为 72.23，其他 3 种植物楝（图 5-3-20）、麻栎和黄檀均为落叶阔叶树种，重要值依次为 13.67、7.27、6.83。灌木层的盖度为 40% 左右，平均高度约 3.6m，共 9 种植物。灌木层的物种构成以楝的幼树占有较大的优势，其他的主要伴生植物还有刺槐、黄檀与构树，重要值分别为 14.39、14.18、12.08；同时还有一些常绿阔叶植物，如香樟和枸骨等。由于乔木层郁闭度较低，透光率较大，草本层的盖度较高，可达 60%，植物种类也较丰富，共有 12 种。草本层中重要值较大的物种依次为美洲商陆（*Phytolacca americana*）（也称垂序商陆）（16.64）（图 5-3-21）、楝（13.47）、金樱子（*Rosa laevigata*）（12.15）（图 5-3-22）与马唐（*Digitaria sanguinalis*）（12.15）（图 5-3-23）等（表 5-3-3）。

尽管乔木层中的湿地松占据优势地位，但是由于湿地松喜光，并且群落中缺乏湿地松的幼苗和幼树，一些常绿和落叶的阔叶树种已经侵入乔木层和灌木层中，因此随着森林群落的演替，该区的湿地松种群将逐渐退出该群丛，而被阔叶树种所取代。

图 5-3-19　湿地松林内部结构（常州市武进区芳茂山）

图 5-3-20　楝（*Melia azedarach*）

图 5-3-21　美洲商陆（*Phytolacca americana*）

图 5-3-22　金樱子（*Rosa laevigata*）

图 5-3-23　马唐（*Digitaria sanguinalis*）

表 5-3-3 湿地松—楝—美洲商陆群丛不同层次物种重要值

种名	相对多度 /%	相对频度 /%	相对显著度 /%	相对多盖度 /%	重要值 /%
乔木层					
湿地松*Pinus elliotti*	76.47	50.00	90.22		72.23
楝*Melia azedarach*	11.76	25.00	4.24		13.67
麻栎*Quercus acutissima*	5.88	12.50	3.43		7.27
黄檀*Dalbergia hupeana*	5.88	12.50	2.12		6.83
灌木层					
楝*Melia azedarach*	36.67	20.00	43.40		33.35
刺槐*Robinia pseudoacacia*	13.33	20.00	9.83		14.39
黄檀*Dalbergia hupeana*	10.00	15.00	17.55		14.18
构树*Broussonetia papyrifera*	10.00	15.00	11.23		12.08
香樟*Camphora officinarum*	6.67	5.00	11.47		7.71
朴树*Celtis terrandra*	6.67	10.00	1.96		6.21
榆树*Ulmus pumila*	10.00	5.00	2.41		5.80
牡荆*Vitex negundo* var. *cannabifolia*	3.33	5.00	1.36		3.23
枸骨冬青*Ilex cornuta*	3.33	5.00	0.80		3.05
草本层					
美洲商陆*Phytolacca americana*		14.29		18.99	16.64
楝*Melia azedarach*		14.29		12.66	13.47
金樱子*Rosa laevigata*		9.52		14.77	12.15
马唐*Digitaria sanguinalis*		9.52		14.77	12.15
狗尾草*Setaria pumila*		9.52		8.44	8.98
黄檀*Dalbergia hupeana*		9.52		8.44	8.98
鸭跖草*Commelina communis*		9.52		0.84	5.18
刺槐*Robinia pseudoacacia*		4.76		4.22	4.49
马瓟儿*Zehneria japonica*		4.76		4.22	4.49
茅莓*Rubus parvifolius*		4.76		4.22	4.49
木防己*Cocculus orbiculatus*		4.76		4.22	4.49
野蔷薇*Rosa multiflora*		4.76		4.22	4.49

注：调查时间为 2021 年 8 月 15 日，地点在常州市横山生态公益林内的芳茂山，海拔为 24m，姚锐记录。

四、（亚热带）山地针叶与阔叶混交林

针叶与阔叶混交林是指由针叶树和阔叶树混交而组成的森林。针叶树一般为常绿树种，而阔叶树既有落叶阔叶树种，也有常绿阔叶树种。这类森林的形成原因主要在于江苏省亚热带山区的不同针叶林在森林演替过程中，不断有落叶阔叶树种如枫香树、朴树、枹栎等的侵入，有时在水热条件较好的地段也会混有常绿阔叶树种如苦槠、木荷、光亮山矾等植物。

在江苏省，这一植被型包括 1 个植被亚型：（亚热带）山地针叶与阔叶混交林。这一植被亚型含有 5 个群系：黑松＋朴树林、杉木＋枹栎林、杉木＋光亮山矾林、马尾松＋枫香树林、马尾松＋木荷林。

1. 黑松＋朴树林

黑松原产日本和朝鲜，在我国广泛栽培。由于在江苏省多地栽培时间久，适应性强，其种群已经能够自然更新（图 5–4–1）。朴树为大麻科落叶乔木，为我国乡土树种（图 5–4–2），其核果成熟后为红色，被鸟取食而易于传播（图 5–4–3）。朴树喜光，稍耐阴，耐寒，对土壤要求不严，耐轻度盐碱，喜生于土层深厚、排水良好的肥沃土壤。黑松＋朴树林在江苏省主要见于南京市栖霞山、老山，以及常州市溧阳市的低山丘陵（图 5–4–4）。江苏省调查到 1 个群丛。

图 5–4–1 黑松（*Pinus thunbergiana*）的球花

图 5–4–2 朴树（*Celtis sinensis*）的植株

图 5–4–3 朴树（*Celtis sinensis*）的果实

图 5-4-4 黑松 + 朴树林（溧阳市落马岭）

黑松+朴树林的代表性样地设于江苏南京老山国家森林公园的虎凹。为黑松+朴树—白檀—荩草群丛。土壤为黄棕壤。群落外貌不整齐（图 5-4-5），总盖度在 80% 左右。乔木层盖度为 60%，主要由黑松与朴树构成，高达 15m，平均胸径 30cm，局部有黄连木、构树、刺槐、八角枫（*Alangium chinense*）（图 5-4-6）、黄檀等。灌木层盖度为 40%，高 2—3m。以白檀为主，常见的伴生种类有狭叶山胡椒、茅莓（*Rubus parvifolius*）（图 5-4-7）、扁担杆、野蔷薇（*Rosa multiflora*）、野山楂、枸骨等。草本层盖度为 40%，高度小于 1m。植物种类有荩草、黄背草、蛇莓（*Duchesnea indica*）、紫花地丁（*Viola philippica*）、天门冬（*Asparagus cochinchinensis*）、东亚魔芋（*Amorphophallus kiusianus*）（图 5-4-8）、白英（*Solanum lyratum*）、石荠苎（*Mosla scabra*）、珍珠菜（*Lysimachia clethroides*）、马兰（*Aster indicus*）、地榆（*Sanguisorba officinalis*）、桔梗（*Platycodon grandiflorus*）等。层间植物主要有络石、木通（*Akebia quinata*）、菝葜、木防己、忍冬（*Lonicera japonica*）和葛（*Pueraria montana* var. *lobata*）等。

图 5-4-5　黑松 + 朴树林群落外貌（南京市老山）

图 5-4-6　八角枫（*Alangium chinense*）

图 5-4-7　茅莓（*Rubus parvifolius*）

图 5-4-8　东亚魔芋（*Amorphophallus kiusianus*）

2. 杉木+苦槠林

杉木+苦槠林散见于江苏省南部山区，在无锡龙池山省级自然保护区的小黑沟、苏州市吴中区低山丘陵有少量分布（图 5-4-9）。群落外貌较为整齐，林内植物种类丰富。在江苏省仅调查到 1 个群丛。

图 5-4-9 杉木+苦槠林（宜兴市小黑沟）

代表性样地设于无锡龙池山省级自然保护区的小黑沟水库旁的山坡上，海拔 168.0m。为杉木+苦槠—苦槠—络石群丛。群落外貌较整齐，总盖度在 85% 左右。乔木层主要由杉木（图 5-4-10）与苦槠（图 5-4-11）构成，盖度为 35%—40%，高达 13m，平均胸径 20.5cm，其他伴生树种包括赛山梅（图 5-4-12）、木蜡树（*Toxicodendron sylvestre*）、蓝果树（*Nyssa sinensis*）、肉花卫矛（*Euonymus carnosus*）、光亮山矾等。灌木层盖度 30%，平均高 3.0m，以苦槠幼树为主，其他常见种类有大青（*Clerodendrum cyrtophyllum*）、紫藤、大芽南蛇藤（*Celastrus gemmatus*）、白檀、小构树（*Broussonetia kazinoki*）、青灰叶下珠、老鸦柿（*Diospyros rhombifolia*）、南蛇藤（*Celastrus orbiculatus*）、蓬虆、野鸦椿（图 5-4-13）等。草本层盖度 35%，植物种类较混杂，以络石为主，其他伴生种类有黑足鳞毛蕨、菝葜、蕨、杉木、白檀、海州常山、鸡屎藤（*Paederia foetida*）、冬青、海金沙（*Lygodium japonicum*）、青绿薹草、茜草（*Rubia cordifolia*）（图 5-4-14）等（表 5-4-1）。

图 5-4-10 杉木（*Cunninghamia lanceolata*）

图 5-4-11 苦槠（*Castanopsis sclerophylla*）的枝叶

图 5-4-12 赛山梅（*Styrax confusus*）

图 5-4-13 野鸦椿（*Euscaphis japonica*）

图 5-4-14 茜草（*Rubia cordifolia*）

表 5-4-1 杉木 + 苦槠—苦槠—络石群丛不同层次物种重要值

种名	相对多度 /%	相对频度 /%	相对显著度 /%	相对多盖度 /%	重要值 /%
乔木层					
杉木*Cunninghamia lanceolata*	40.00	23.53	42.40		35.31
苦槠*Castanopsis sclerophylla*	30.00	23.53	51.00		34.84
赛山梅*Styrax confusus*	12.50	17.65	2.11		10.75
木蜡树*Toxicodendron sylvestre*	7.50	11.76	1.69		6.98
蓝果树*Nyssa sinensis*	5.00	11.76	1.46		6.08
肉花卫矛*Euonymus carnosus*	2.50	5.88	0.80		3.06
光亮山矾*Symplocos lucida*	2.50	5.88	0.54		2.97
灌木层					
苦槠*Castanopsis sclerophylla*	25.93	20.00	44.14		30.02
大青*Clerodendrum crytophyllum*	18.52	20.00	14.72		17.74
紫藤*Wisteria sinensis*	7.41	10.00	10.68		9.36
大芽南蛇藤*Celastrus gemmatus*	11.11	10.00	4.85		8.65
白檀*Symplocos paniculata*	7.41	5.00	4.52		5.64
小构树*Broussonetia kazinoki*	3.70	5.00	7.24		5.32
青灰叶下珠*Phyllanthus glaucus*	7.41	5.00	3.41		5.27
老鸦柿*Diospyros rhombifolia*	3.70	5.00	3.74		4.15
南蛇藤*Celastrus orbiculatus*	3.70	5.00	2.19		3.63
蓬蘽*Rubus hirsutus*	3.70	5.00	1.76		3.49
野鸦椿*Euscaphis japonica*	3.70	5.00	1.76		3.49
赛山梅*Styrax confusus*	3.70	5.00	0.99		3.23

续表

种名	相对多度 /%	相对频度 /%	相对显著度 /%	相对多盖度 /%	重要值 /%
草本层					
络石*Trachelospermum jasminoides*		17.39		20.26	18.83
黑足鳞毛蕨*Dryopteris fuscipes*		17.39		8.50	12.94
菝葜*Smilax china*		4.35		16.34	10.34
蕨*Pteridium aquilinum* var. *latiusculum*		4.35		16.34	10.34
杉木*Cunninghamia lanceolata*		4.35		7.19	5.77
白檀*Symplocos paniculata*		4.35		6.54	5.44
海州常山*Clerodendrum trichotomum*		4.35		6.54	5.44
鸡屎藤*Paederia foetida*		4.35		6.54	5.44
牛鼻栓*Fortunearia sinensis*		4.35		6.54	5.44
冬青*Ilex chinensis*		8.70		1.31	5.00
海金沙*Lygodium japonicum*		4.35		0.65	2.50
青绿薹草*Carex breviculmis*		4.35		0.65	2.50
赛山梅*Styrax confusus*		4.35		0.65	2.50
大青*Clerodendrum crytophyllum*		4.35		0.65	2.50
山莓*Rubus corchorifolius*		4.35		0.65	2.50
茜草*Rubia cordifolia*		4.35		0.65	2.50

注：调查时间为 2020 年 8 月 19 日，地点在无锡龙池山省级自然保护区的小黑沟水库旁的山坡上，海拔为 168m，邵丽鸳记录。

3. 杉木＋光亮山矾林

杉木＋光亮山矾林散见于江苏省南部山区，在无锡龙池山省级自然保护区的小黑沟、苏州市东山和西山的低山丘陵有少量分布（图 5-4-15）。群落外貌较为整齐，林内植物种类丰富。在江苏省仅调查到

图 5-4-15　杉木＋光亮山矾林（宜兴市小黑沟）

1 个群丛。

代表性样地设于无锡龙池山省级自然保护区的小黑沟。土壤类型为黄棕壤。为杉木＋光亮山矾—杉木—刺头复叶耳蕨群丛。群落总盖度 85%。该群落乔木层郁闭度在 0.75 左右，平均高度为 7.8m。该层共有 7 种植物，其中针叶树种杉木为优势种，阔叶树种光亮山矾为共优种，其他伴生植物包括赛山梅、柯、青冈、檫木、冬青（图 5-4-16）。灌木层的盖度为 35%，平均高度约为 3.2m。该层有灌木 10 种，重要值最大的为杉木（25.27），其次为苦槠（15.78），其他伴生植物有赛山梅、牛鼻栓（图 5-4-17）、马银花、野梧桐（*Mallotus japonicus*）、木蜡树（图 5-4-18）、海州常山等。草本层盖度约为 30%，包括 12 种植物。刺头复叶耳蕨（*Arachniodes aristata*）为优势种，其他伴生植物包括海州常山、络石、地锦、显子草（*Phaenosperma globosum*）（图 5-4-19）、八角枫、薜荔（*Ficus pumila*）、黑足鳞毛蕨等（表 5-4-2）。

图 5-4-16　冬青（*Ilex chinensis*）

图 5-4-17　牛鼻栓（*Fortunearia sinensis*）

图 5-4-18　木蜡树（*Toxicodendron sylvestre*）的果实

图 5-4-19　显子草（*Phaenosperma globosum*）

表 5-4-2 杉木 + 光亮山矾—杉木—刺头复叶耳蕨群丛不同层次物种重要值

种名	相对多度 /%	相对频度 /%	相对显著度 /%	相对多盖度 /%	重要值 /%
乔木层					
杉木*Cunninghamia lanceolata*	19.15	19.05	43.26		27.15
光亮山矾*Symplocos lucida*	42.55	19.05	19.41		27.00
赛山梅*Styrax confusus*	14.89	19.05	5.50		13.15
柯*Lithocarpus glaber*	8.51	19.05	11.41		12.99
青冈*Cyclobalanopsis glauca*	6.38	9.52	9.50		8.47
檫木*Sassafras tzumu*	4.26	9.52	6.18		6.65
冬青*Ilex chinensis*	4.26	4.76	4.73		4.58
灌木层					
杉木*Cunninghamia lanceolata*	20.00	16.67	39.15		25.27
苦槠*Castanopsis sclerophylla*	15.00	16.67	15.67		15.78
赛山梅*Styrax confusus*	10.00	11.11	13.19		11.43
牛鼻栓*Fortunearia sinensis*	15.00	11.11	5.79		10.64
马银花*Rhododendron ovatum*	10.00	11.11	5.12		8.74
野梧桐*Mallotus japonicus*	5.00	5.56	14.49		8.35
满山红*Rhododendron mariesii*	10.00	11.11	2.90		8.00
木蜡树*Toxicodendron sylvestre*	5.00	5.56	2.42		4.33
菝葜*Smilax china*	5.00	5.56	0.70		3.75
海州常山*Clerodendrum trichotomum*	5.00	5.56	0.58		3.71
草本层					
刺头复叶耳蕨*Arachniodes exilis*		12.00		18.75	15.38
海州常山*Clerodendrum trichotomum*		12.00		13.13	12.56
络石*Trachelospermum jasminoides*		8.00		12.50	10.25
地锦*Parthenocissus tricuspidata*		8.00		12.50	10.25
显子草*Phaenosperma globosum*		12.00		7.50	9.75
八角枫*Alangium chinense*		12.00		7.50	9.75
六月雪*Serissa foetida*		8.00		6.88	7.44
海金沙*Lygodium japonicum*		12.00		1.88	6.94
枹栎*Quercus serrata*		4.00		6.25	5.13
薜荔*Ficus pumila*		4.00		6.25	5.13
黑足鳞毛蕨*Dryopteris fuscipes*		4.00		6.25	5.13
细齿叶柃*Eurya nitida*		4.00		0.63	2.31

注：调查时间为 2020 年 8 月 29 日，地点在无锡龙池山省级自然保护区的小黑沟，海拔为 250m，李恺頔记录。

4. 马尾松＋枫香树林

马尾松＋枫香树林见于江苏省南部山区，在南京市紫金山和宜溧山地的低山丘陵有少量分布（图 5-4-20）。在江苏省仅调查到 1 个群丛。

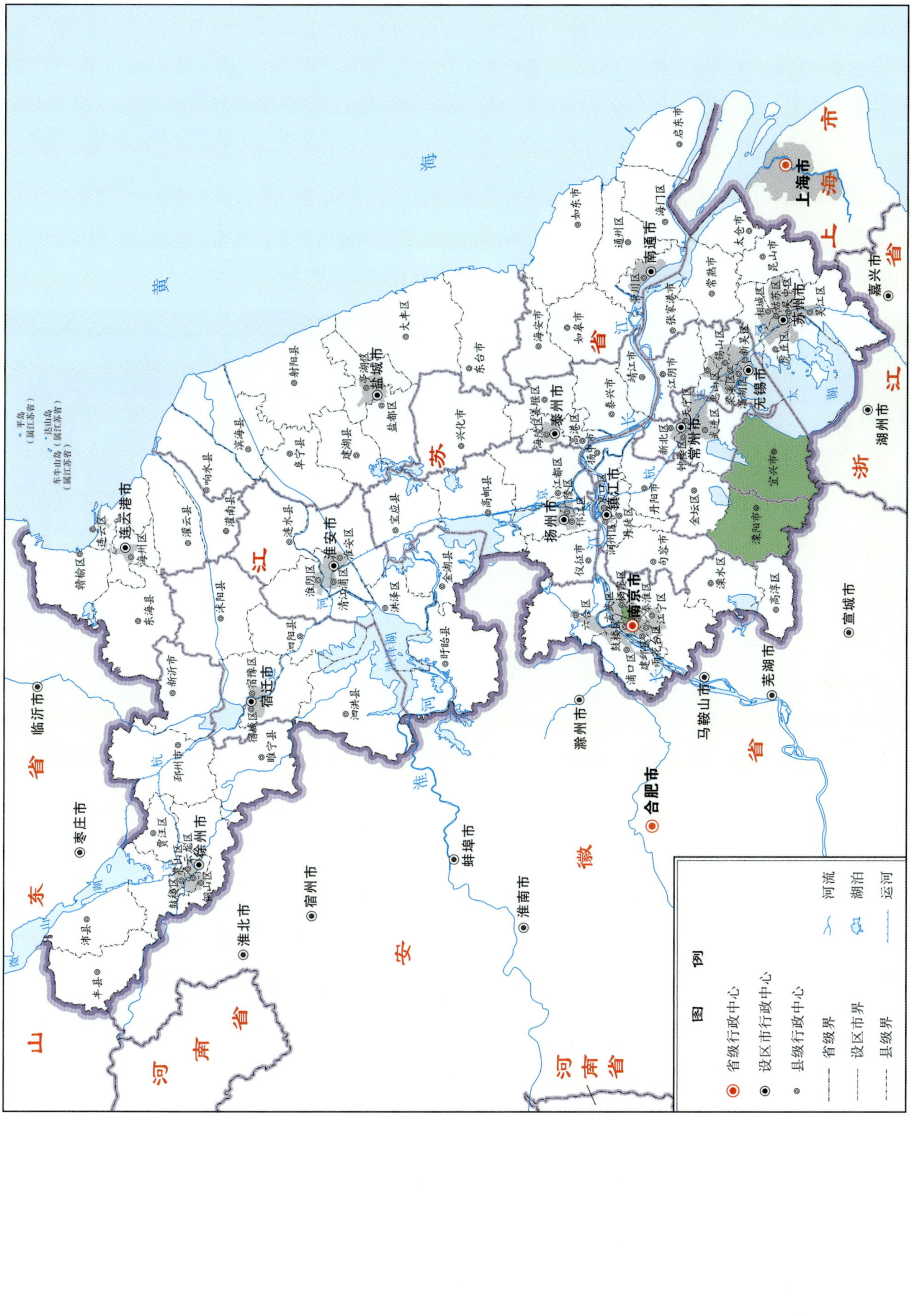

图 5-4-20　马尾松＋枫香树林分布图

代表性样地设于南京市紫金山的灵谷寺北部山坡。土壤类型为灰棕壤。为马尾松＋枫香树—山胡椒—狗脊群丛（图 5-4-21）。群落总盖度 75%。群落外貌不整齐，林内结构相对简单。该群丛乔木层郁闭度在 0.70 左右，平均高度为 12.8m。马尾松居于乔木层的上层，枫香树位于乔木层的下层。优势种为马尾松、枫香树，伴生树种有糙叶树、君迁子、石楠（*Photinia serratifolia*）（图 5-4-22）等。灌木层的盖度为 25%，平均高度约为 2.5m。主要种类有山胡椒、赛山梅、毛叶石楠（*Photinia villosa*）（图 5-4-23）、朴树、三角槭等。草本层盖度约为 30%，高度小于 1m。草本层植物种类较为混杂，主要有狗脊（图 5-4-24）、显子草、紫金牛（*Ardisia japonica*）、地锦等。藤本植物主要有络石、菝葜、地锦、木防己等。

此外，由于近几十年马尾松种群的持续衰退，江苏省境内不同地段的马尾松＋枫香树林中的马尾松多度变化较大，群落中优势树种枫香树的胸径大小也存在不同程度的变化。总体上，随着时间的推移，群落中马尾松的数量减少，而枫香树的数量趋于增多且胸径也增大（图 5-4-25）。

图 5-4-21　马尾松＋枫香树林（南京市紫金山）

图 5-4-22 石楠（*Photinia serratifolia*）

图 5-4-23 毛叶石楠（*Photinia villosa*）

图 5-4-24 狗脊（*Woodwardia japonica*）

图 5-4-25 马尾松＋枫香树林（南京市紫金山）

5. 马尾松＋木荷林

马尾松＋木荷林见于江苏省的中亚热带山区，在苏州光福省级自然保护区内的低山丘陵有少量分布（图 5-4-26）。在江苏省仅调查到 1 个群丛。

图 5-4-26 马尾松＋木荷林（苏州市吴中区光福镇）

代表性样地设于苏州光福省级自然保护区内的东侧向阳山坡。土壤类型为黄棕壤。为马尾松＋木荷—算盘子—芒萁群丛。群落总盖度 85%。群落外貌不整齐，林内结构简单。该群丛乔木层郁闭度在 0.80 左右，平均高度为 9.5m。马尾松居于乔木层的上层，木荷位于乔木层的下层。优势种为马尾松、木荷，伴生树种有香樟、杨梅（*Morella rubra*）（图 5-4-27）、杉木等。灌木层的盖度为 20%，平均高度约为 1.5m。主要种类有乌饭树（*Vaccinium bracteatum*）、山胡椒、白檀、满山红（图 5-4-28）等。草本层盖度约为 20%，高度小于 1m。草本层植物种类较少，在局部地段的林缘主要以芒萁为主（图 5-4-29），有时伴生有木荷幼苗、显子草、野青茅（*Deyeuxia pyramidalis*）、薹草（*Carex* sp.）等。藤本植物有络石、菝葜、乌蔹莓、地锦等。

图 5-4-27　杨梅（*Morella rubra*）

图 5-4-28　满山红（*Rhododendron farrerae*）

图 5-4-29　芒萁（*Dicranopteris pedata*）

五、暖性落叶阔叶林

阔叶林是以阔叶树种为主要成分构成的森林群落，在江苏省的暖温带和亚热带地区均有分布。江苏省的阔叶林包括4个植被型：落叶阔叶林、常绿落叶阔叶混交林、常绿阔叶林和竹林。关于落叶阔叶林下的植被亚型划分，不同学者观点不一。例如，陈灵芝（2019）根据森林优势树种的地理分布及生境特点，将我国的落叶阔叶林划分为4个植被亚型：寒温性落叶阔叶林、温性落叶阔叶林、暖性落叶阔叶林和荒漠区河岸落叶阔叶林。李振基等（2021）将福建省的落叶阔叶林划分为1个植被亚型，即山地落叶阔叶林。江苏省大部分地区属于亚热带气候，境内没有高山，现在森林植被次生性强，因此这里将本省的落叶阔叶林划分为1个植被亚型，即暖性落叶阔叶林。这一植被亚型主要分布在江苏省的北亚热带山地、中亚热带山区的低山丘陵或地带性植被常绿阔叶林遭到破坏后形成的前期森林演替阶段、暖温带地区的局部山地。

暖性落叶阔叶林在江苏省分为17个群系。它们包括江苏省亚热带、暖温带地区的壳斗科的落叶栎类林，以及由胡桃科、金缕梅科、榆科、豆科（Fabaceae）等落叶乔木树种构成的落叶阔叶林类型，其共同特征表现为春夏生长和冬季落叶以适应寒冷或干旱的不良气候。在水热条件较好的地段，往往也会混生少量的常绿阔叶树种，尤其是一些耐寒的常绿乔木，如青冈、冬青、苦槠等。

1. 化香树林

化香树为胡桃科落叶乔木（图5-5-1），我国分布于甘肃省、陕西省、河南省、山东省、安徽省、江苏省、浙江省、江西省、福建省、台湾省、广东省、广西壮族自治区、湖南省、湖北省、四川省、贵州省、云南省；国外分布于朝鲜、日本和越南。化香树为强阳性树种，喜光，耐干旱瘠薄，萌芽力、抗风力强；海拔幅度宽广，对土壤适应性强，因此在我国多见于向阳山坡及杂木林中，在较高海拔的山地可以形成小片纯林。群落外貌整齐，夏季冠层绿色，秋季变黄色；群落结构简单。在江苏省，化香树林分布于镇江市宝华山、南京市紫金山、无锡市宜兴市、常州市溧阳市和苏州市吴中区（图5-5-2）。在江苏省仅调查到1个群丛。

图5-5-1 化香树（*Platycarya strobilacea*）

代表性样地设于江苏宜兴国家森林公园。土壤为山地黄棕壤。为化香树—算盘子—芒群丛。群落总盖度60%。该群丛乔木层郁闭度在0.50左右，平均高度为10.4m。乔木层优势种为化香树（图5-5-3），主要伴生种有白背叶野桐（*Mallotus apeltus*）与枫香树。灌木层的盖度为30%，平均高度为1.6m。主要植物包括算盘子（*Glochidion puberum*）、野鸦椿、海州常山、青花椒、枹栎、盐麸木等。草本层的盖度约为25%，主要物种有芒、山莓、野鸦椿、六月雪（*Serissa foetida*）等。

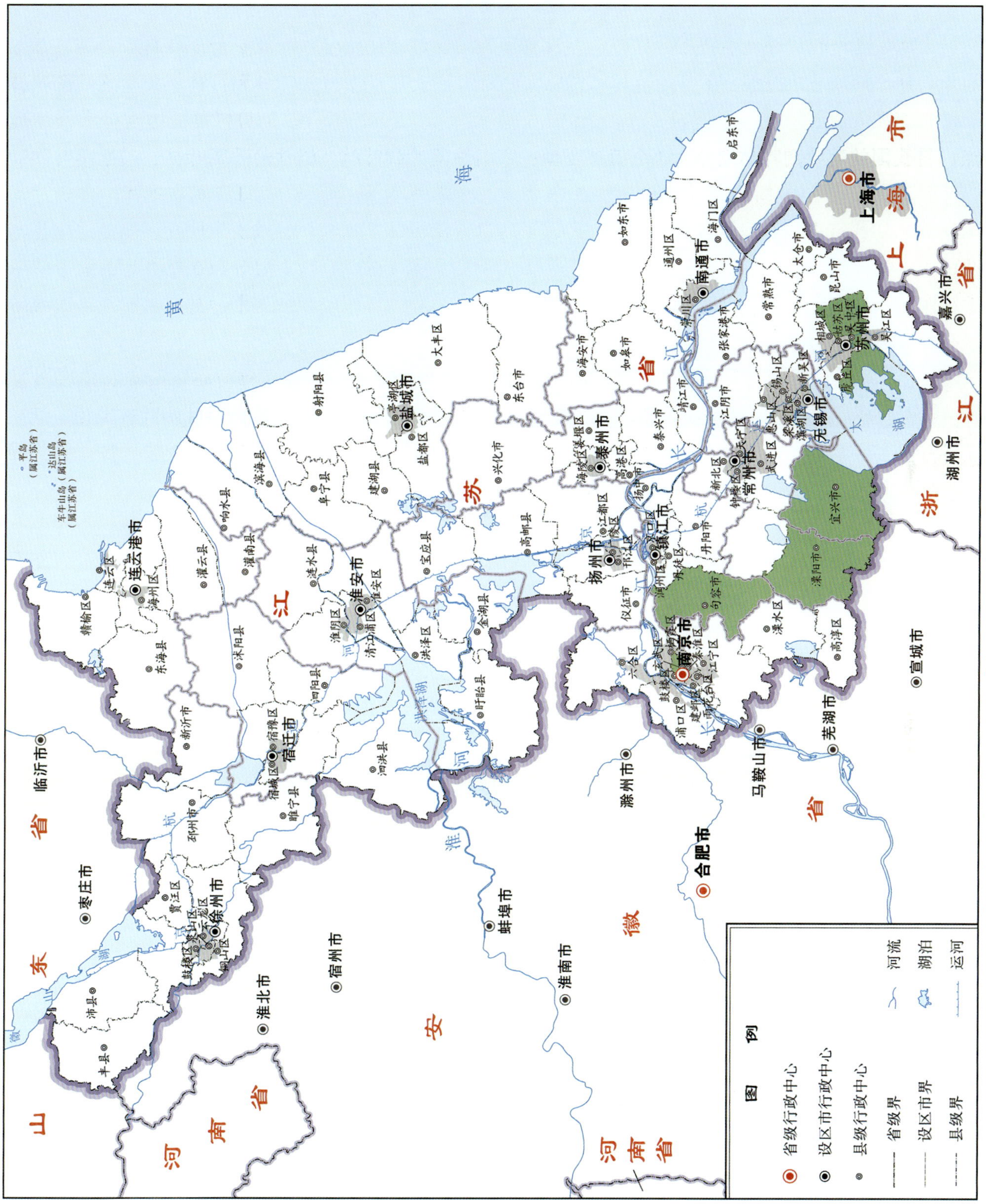

图 5-5-2 化香树林分布图

图 5-5-3　化香树群落（宜兴市）

2. 枫香树林

枫香树为金缕梅科落叶乔木（图 5-5-4），产我国秦岭及淮河以南各省，北起河南省、山东省，东至台湾省，西至四川省、云南省及西藏自治区，南至广东省；亦见于越南北部、老挝及朝鲜南部。该种为阳性速生树种，深根性，萌蘖性强，对土壤、气候要求不严，多生于平地、村落附近或低山的次生林中。此外，由于寿命长，有时会成为古树。在江苏省，枫香树林分布于镇江市宝华山，南京市栖霞山、紫金山，无锡市宜兴市和常州市溧阳市（图 5-5-5）。群落外貌较整齐，林内结构简单，夏季冠层绿色，秋季林冠

图 5-5-4　枫香树（*Liquidambar formosana*）

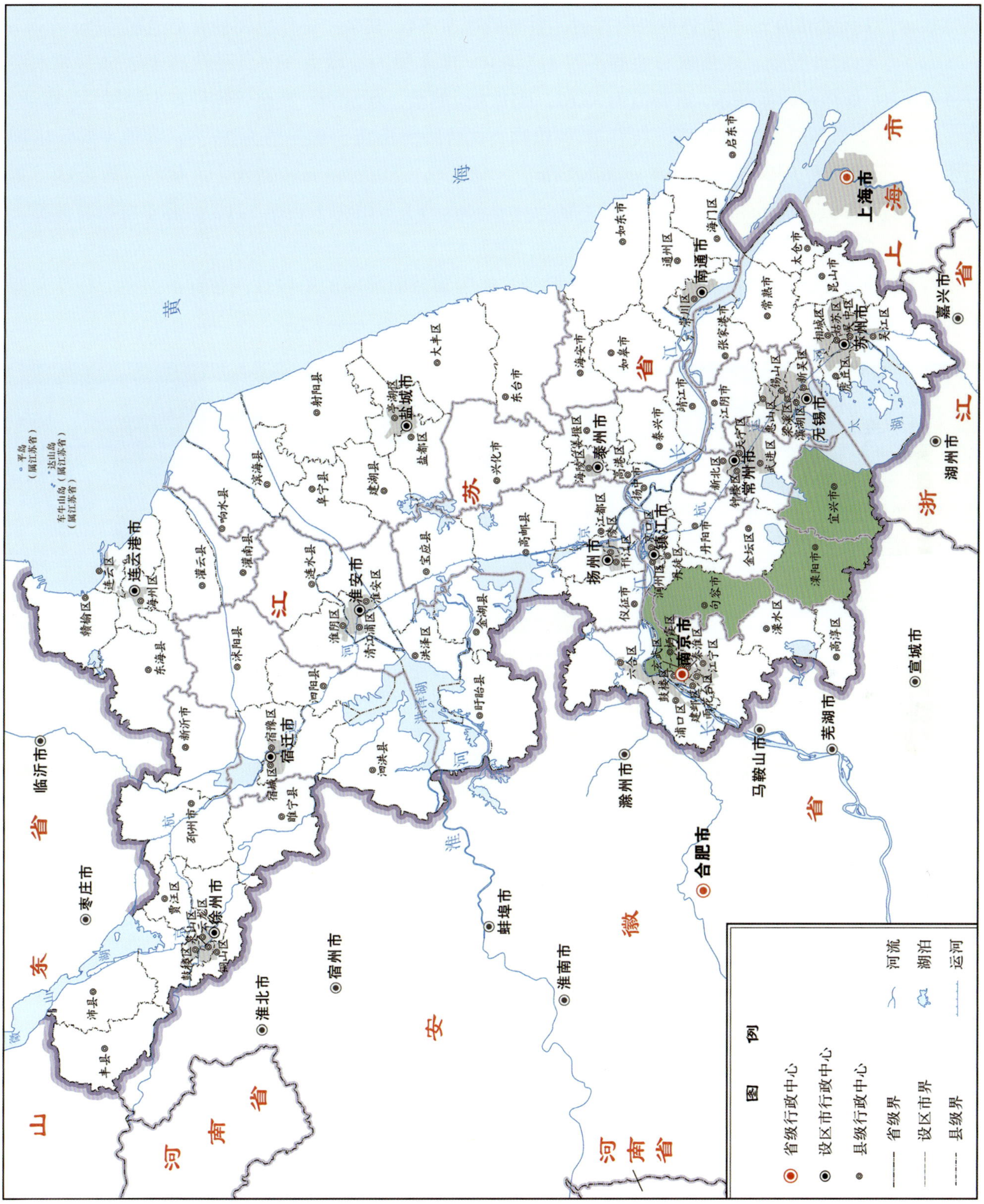

图 5-5-5　枫香树林分布图

变红色，如南京市栖霞山的“栖霞红叶”主要指以枫香树组成的秋季景观。在江苏省调查到 1 个群丛。

代表性样地设于无锡市宜兴市抽水蓄能电站开关站下方山坡（31.3234°N，119.7607°E），海拔 217.4m。土壤为山地黄棕壤，土层较厚。为枫香树—盐麸木—山莓群丛。群落总盖度 70%。乔木层的郁闭度为 0.40，平均高度 9.2m。优势种为枫香树，重要值达 50.94，其余主要伴生树种有毛泡桐（*Paulownia tomentosa*）、白背叶野桐、八角枫和油桐（图 5-5-6）。灌木层的盖度为 35%，平均高度 2.3m。灌木层共有植物 7 种，优势种为盐麸木，重要值为 35.67；其次为山胡椒，为 21.26；其余伴生种有木蜡树、金樱子、紫藤、苦竹等。草本层盖度为 28%，共有 10 种植物，优势种为山莓，重要值为 26.37；其他主要伴生种有山麦冬、五叶地锦（*Parthenocissus quinquefolia*）、何首乌（*Fallopia multiflora*）、菝葜、海金沙、木防己、一年蓬（*Erigeron annuus*）、博落回（*Macleaya cordata*）等植物（表 5-5-1）。藤本植物有菝葜、络石、木通、紫藤和地锦等。

该群落为原有的常绿阔叶林遭到人为破坏后经过逆向演替而形成的阶段性演替群落类型。在苏南地区的局部亚热带山地，枫香树群落中有时会出现少量常绿树种（图 5-5-7）。

图 5-5-6　枫香树群落（宜兴市）

表 5-5-1　枫香树—盐麸木—山莓群丛不同层次物种重要值

种名	相对多度 /%	相对频度 /%	相对显著度 /%	相对多盖度 /%	重要值 /%
乔木层					
枫香树*Liquidambar formosana*	54.55	30.77	67.51		50.94
毛泡桐*Paulownia tomentosa*	18.18	23.08	10.95		17.40
白背叶野桐*Mallotus apeltus*	13.64	23.08	9.48		15.40
八角枫*Alangium chinense*	9.09	15.38	5.47		9.98
油桐*Vernicia fordii*	4.55	7.69	6.60		6.28

续表

种名	相对多度 /%	相对频度 /%	相对显著度 /%	相对多盖度 /%	重要值 /%
灌木层					
盐麸木*Rhus chinensis*	27.27	20.00	59.74		35.67
山胡椒*Lindera glauca*	27.27	26.67	9.85		21.26
木蜡树*Toxicodendron sylvestre*	13.64	13.33	10.49		12.49
金樱子*Rosa laevigata*	13.64	20.00	2.89		12.17
紫藤*Wisteria sinensis*	9.09	6.67	10.33		8.70
苦竹*Pleioblastus amarus*	4.55	6.67	5.79		5.67
野迎春*Jasminum mesnyi*	4.55	6.67	0.91		4.04
草本层					
山莓*Rubus corchorifolius*		14.29		38.46	26.37
山麦冬*Liriope spicata*		14.29		17.95	16.12
五叶地锦*Parthenocissus quinquefolia*		9.52		17.09	13.31
何首乌*Fallopia multiflora*		9.52		17.09	13.31
菝葜*Smilax china*		9.52		1.71	5.62
海金沙*Lygodium japonicum*		9.52		1.71	5.62
木防己*Cocculus orbiculatus*		9.52		1.71	5.62
一年蓬*Erigeron annuus*		9.52		1.71	5.62
博落回*Macleaya cordata*		9.52		1.71	5.62
野蔷薇*Rosa multiflora*		4.76		0.85	2.81

注：调查时间为 2022 年 4 月 22 日，地点在宜兴市抽水蓄能电站开关站下方山坡，海拔为 217.4m，刘洁记录。

图 5-5-7 枫香树群落（南京市紫金山）

3. 麻栎林

麻栎是壳斗科落叶乔木（图 5-5-8），我国分布于辽宁省、河北省、山西省、山东省、江苏省、安徽省、浙江省、江西省、福建省、河南省、湖北省、湖南省、广东省、海南省、广西壮族自治区、四川省、贵州省、云南省等；朝鲜、日本、尼泊尔、泰国、越南、缅甸、印度也有分布。麻栎喜温暖湿润气候，喜光，耐寒，耐干旱瘠薄；对土壤适应性强，但不耐水湿，不耐盐碱；为深根性树种，萌芽力、抗风力强。麻栎为重要的绿化和材用树种，木材坚硬、耐磨，供机械用材；种子含淀粉 56.4%，可作饲料和工业用淀粉；壳斗、树皮可提取栲胶，因此在江苏省为常见的造林树种。在江苏省，麻栎林分布于镇江市宝华山，无锡市宜兴市，南京市玄武区、溧水区，常州市溧阳市、武进区，连云港市连云区，徐州市云龙区（图 5-5-9）。群落外貌整齐，林内结构简单。在江苏省调查到 2 个群丛。

图 5-5-8　麻栎（*Quercus acutissima*）（左下角为果实）

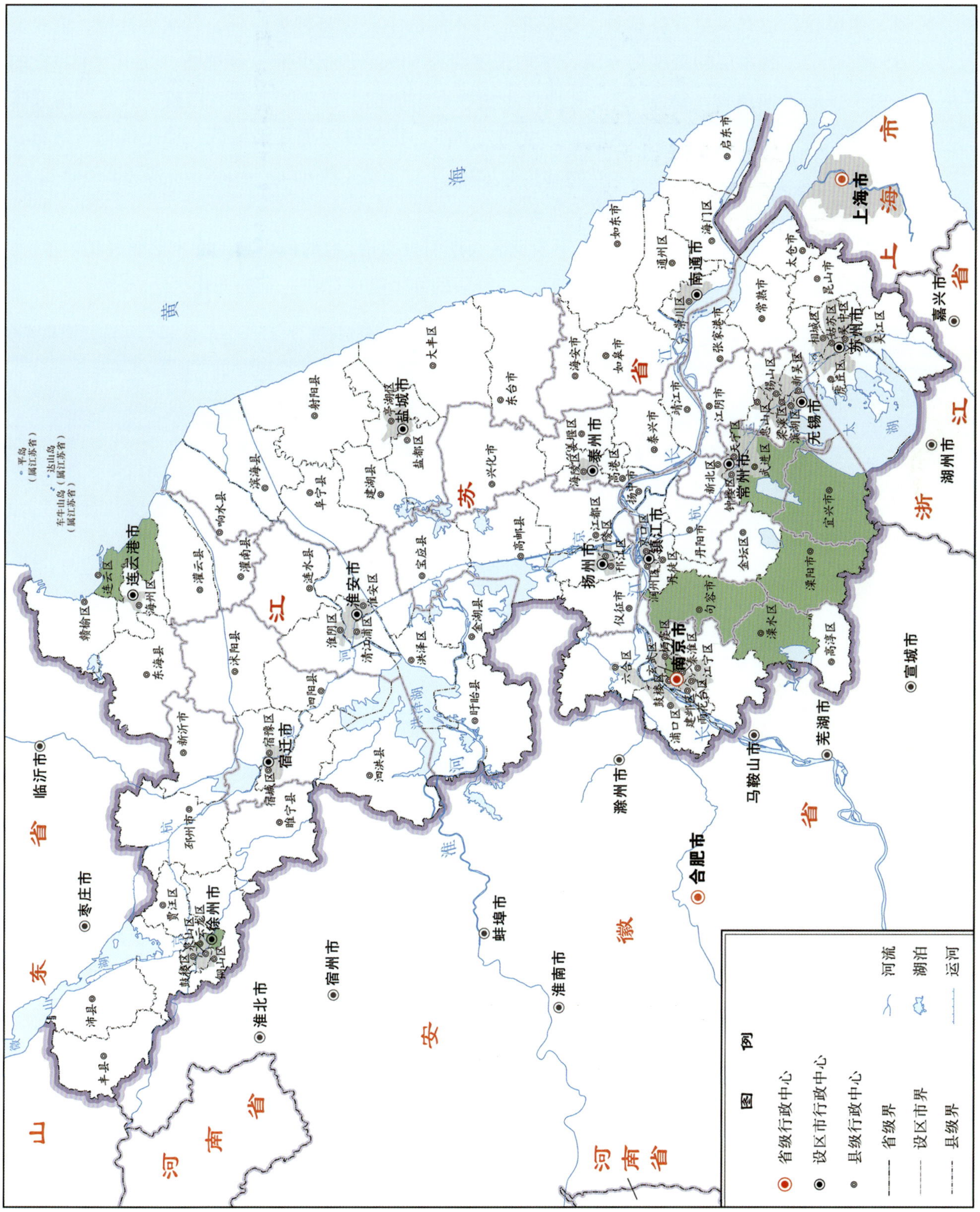
黄
海
江
苏
省
山
东
省
安
徽
省
浙
江
省
上
海
市
河
南
省
上海市
南通市
苏州市
无锡市
常州市
镇江市
南京市
扬州市
泰州市
盐城市
淮安市
连云港市
宿迁市
徐州市
临沂市
枣庄市
淮北市
宿州市
蚌埠市
淮南市
合肥市
滁州市
马鞍山市
芜湖市
宣城市
湖州市
嘉兴市
启东市
海门区
通州区
如东市
如皋市
海安市
东台市
大丰区
射阳县
滨海县
响水县
灌南县
灌云县
东海县
赣榆区
海州区
连云区
沭阳县
泗阳县
泗洪县
宿豫区
宿城区
睢宁县
邳州市
新沂市
铜山区
贾汪区
沛县
丰县
涟水县
盱眙县
金湖县
宝应县
高邮市
兴化市
建湖县
阜宁县
盐都区
泰兴市
靖江市
江阴市
张家港市
常熟市
太仓市
昆山市
吴江区
宜兴市
溧阳市
金坛区
丹阳市
句容市
溧水区
高淳区
六合区
仪征市
图例
省级行政中心
设区市行政中心
县级行政中心
省级界
设区市界
县级界
河流
湖泊
运河
图 5-5-9　麻栎林分布图

代表性样地设于江苏宜兴国家森林公园内附近芙蓉山庄的北部山坡（31.2958°N，119.7349°E），海拔 179.4m。土壤类型为黄棕壤。为麻栎—牛鼻栓—黑足鳞毛蕨群丛。群落总盖度 70%。乔木层郁闭度为 0.75 左右，平均高度 10.3m（图 5–5–10）。该层共有 5 种植物，主要为落叶阔叶树种，包括麻栎、朴树、柘树、牛鼻栓，也有少量针叶树种，如杉木。乔木层的主要优势种为麻栎，其次为朴树，重要值分别为 35.95 和 32.42。灌木层的盖度为 60%，平均高度约为 5.0m。该层共有 9 种植物。其中，牛鼻栓的重要值显著大于该层其他植物，达 40.62。其他伴生植物有山胡椒、青灰叶下珠、白檀、大青、南五味子（*Kadsura longipedunculata*）等。草本层的盖度约为 60%，优势种为黑足鳞毛蕨，伴生植物有络石、山麦冬、菝葜、白檀、贯众、箬竹（*Indocalamus tessellatus* ）、车前（*Plantago asiatica*）等（表 5–5–2）。层间植物主要有菝葜、木防己、络石、地锦、海金沙等。

麻栎林在江苏省分布普遍，加之苏南山区不少地区长期引种栽培，有时麻栎林的乔木层树种相对单一，有时会混生少量常绿树种或针叶树种（图 5–5–11），群落的郁闭度也存在一定的变化。

图 5–5–10 麻栎群落（宜兴市）

表 5–5–2 麻栎—牛鼻栓—黑足鳞毛蕨群丛不同层次物种重要值

种名	相对多度 /%	相对频度 /%	相对显著度 /%	相对多盖度 /%	重要值 /%
乔木层					
麻栎*Quercus acutissima*	36.84	30.00	41.01		35.95
朴树*Celtis sinensis*	31.58	30.00	35.67		32.42
柘树*Maclura tricuspidata*	15.79	20.00	17.04		17.61
牛鼻栓*Fortunearia sinensis*	10.53	10.00	5.49		8.67
杉木*Cunninghamia lanceolata*	5.26	10.00	0.79		5.35

续表

种名	相对多度 /%	相对频度 /%	相对显著度 /%	相对多盖度 /%	重要值 /%
灌木层					
牛鼻栓*Fortunearia sinensis*	29.41	25.00	67.46		40.62
山胡椒*Lindera glauca*	17.65	18.75	16.98		17.79
青灰叶下珠*Phyllanthus glaucus*	17.65	12.50	1.07		10.41
白檀*Symplocos paniculata*	5.88	12.50	3.46		7.28
大青*Clerodendrum crytophyllum*	8.82	6.25	2.65		5.91
南五味子*Kadsura longipedunculata*	8.82	6.25	1.32		5.46
紫藤*Wisteria sinensis*	5.88	6.25	2.03		4.72
朴树*Celtis sinensis*	2.94	6.25	4.50		4.56
蓬蘽*Rubus hirsutus*	2.94	6.25	0.54		3.24
草本层					
黑足鳞毛蕨*Dryopteris fuscipes*		26.67		47.06	36.86
络石*Trachelospermum jasminoides*		20.00		21.76	20.88
山麦冬*Liriope spicata*		20.00		17.65	18.82
菝葜*Smilax china*		6.67		5.88	6.27
白檀*Symplocos paniculata*		6.67		0.59	3.63
贯众*Cyrtomium fortunei*		6.67		5.88	6.27
箬竹*Indocalamus tessellatus*		6.67		0.59	3.63
车前*Plantago asiatica*		6.67		0.59	3.63

注：调查时间为 2021 年 8 月 16 日，地点在江苏宜兴国家森林公园内附近芙蓉山庄的北部山坡，海拔为 179.4m，邵丽鸳记录。

图 5-5-11　麻栎群落（南京市紫金山）

4. 栓皮栎林

栓皮栎是壳斗科落叶乔木（图 5-5-12），我国分布于辽宁省、河北省、山西省、陕西省、甘肃省、山东省、江苏省、安徽省、浙江省、江西省、福建省、台湾省、河南省、湖北省、湖南省、广东省、广西壮族自治区、四川省、贵州省、云南省等；朝鲜、日本也有分布。栓皮栎小枝无毛，叶背面灰白色，密被星状毛，且树皮的木栓层发达。栓皮栎喜光，幼苗耐阴；耐低温；抗旱、耐瘠薄；对土壤要求不严。该种属于深根性树种，根系发达，萌芽力强。在江苏省，栓皮栎林分布于南京市玄武区、溧水区，无锡市宜兴市，常州市武进区，镇江市句容市，苏州市吴中区，连云港市连云区，徐州市云龙区（图 5-5-13）。群落外貌整齐，林内结构简单。在江苏省调查到 2 个群丛。

代表性样地设于宝华山国家森林公园山一方木栈道东南的山坡（32.1269°N，119.0855°E），海拔 213.0m。土壤为黄棕壤。为栓皮栎—山胡椒—大花臭草群丛。群落总盖度 85%。群落乔木层郁闭度为 0.85，平均高度为 9.8m。该层乔木树种多为落叶阔叶树种，主要包括栓皮栎、枫香树、山胡椒、糙叶树、油茶、榆树（图 5-5-14）。其中，栓皮栎为乔木层建群种，重要值为 45.38。灌木层的盖度为 44%，平均高度为 4.0m。其中，山胡椒的重要值最大，为 29.00，为优势种。其他伴生植物还包括油茶、山茶（*Camellia japonica*）、朴树、糙叶树、刺楸（*Kalopanax septemlobus*）、山拐枣（*Poliothyrsis sinensis*）、尾叶樱（*Cerasus dielsiana*）、小叶石楠（*Photinia parvifolia*）等。草本层的盖度约为 58%。其中，大花臭草（*Melica grandiflora*）的重要值最大，为 24.94，是该层的优势种。其他伴生植物包括络石、山胡椒、建始槭、光紫黄芩（*Scutellaria laeteviolacea*）、满山红等。层间植物主要有菝葜、清风藤（*Melica grandiflora*）、络石、地锦、海金沙等（表 5-5-3）。

图 5-5-12 栓皮栎（*Quercus variabilis*）

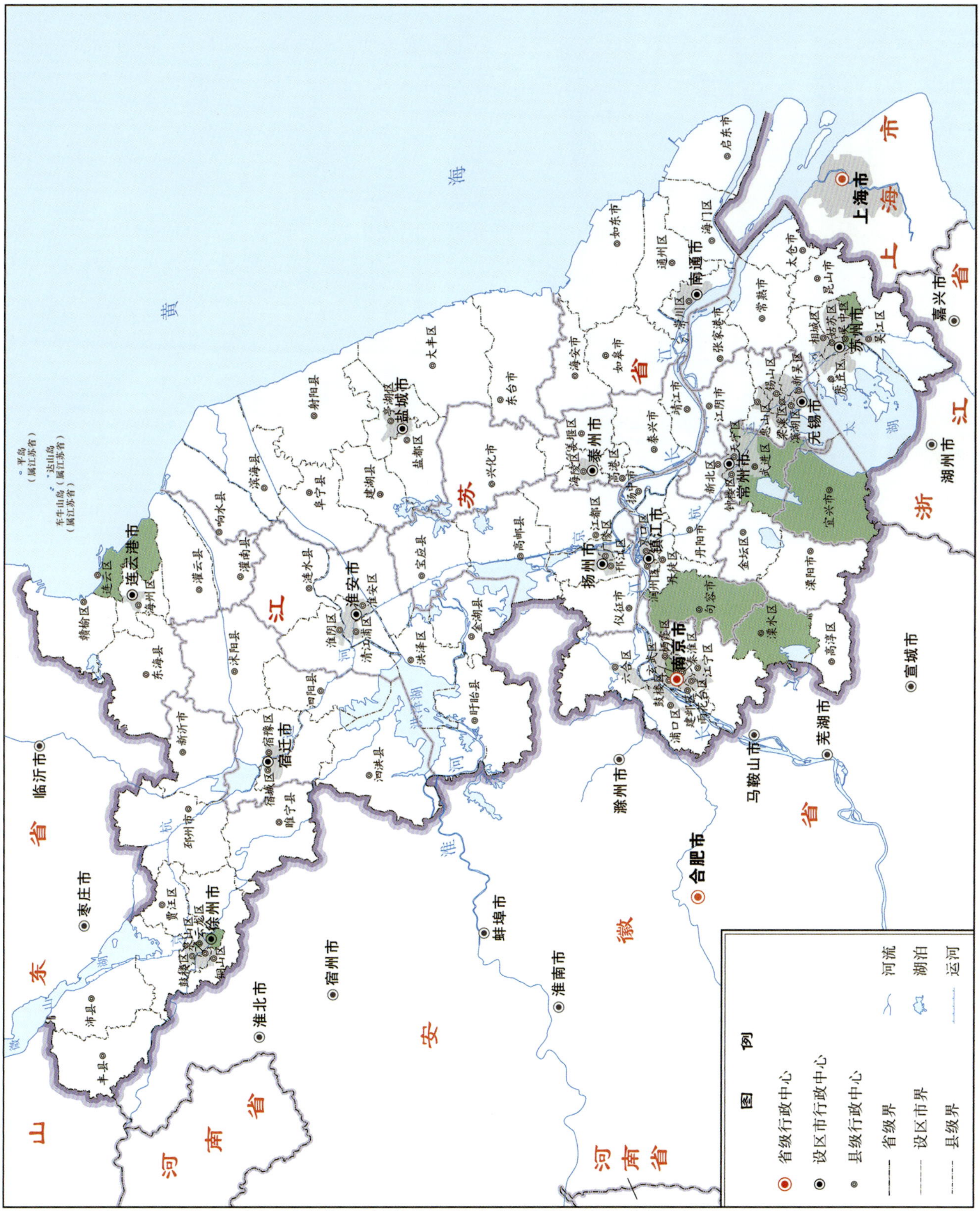

图 5-5-13　栓皮栎林分布图

图 5-5-14　栓皮栎群落（宜兴市龙池山）

表 5-5-3　栓皮栎—山胡椒—大花臭草群丛不同层次物种重要值

种名	相对多度 /%	相对频度 /%	相对显著度 /%	相对多盖度 /%	重要值 /%
乔木层					
栓皮栎*Quercus variabilis*	38.78	25.00	72.38		45.38
枫香树*Liquidambar formosana*	32.65	25.00	17.89		25.18
山胡椒*Lindera glauca*	14.29	18.75	2.59		11.88
糙叶树*Aphananthe aspera*	6.12	12.50	5.41		8.01
油茶*Camellia oleifera*	6.12	12.50	1.40		6.68
榆树*Ulmus pumila*	2.04	6.25	0.33		2.87
灌木层					
山胡椒*Lindera glauca*	28.21	20.00	38.79		29.00
油茶*Camellia oleifera*	20.51	15.00	9.46		14.99
山茶*Camellia japonica*	15.38	5.00	5.37		8.58
朴树*Celtis sinensis*	7.69	10.00	6.82		8.17
糙叶树*Aphananthe aspera*	5.13	5.00	10.62		6.91
刺楸*Kalopanax septemlobus*	2.56	5.00	6.62		4.73
山拐枣*Poliothyrsis sinensis*	2.56	5.00	6.62		4.73
尾叶樱*Cerasus dielsiana*	2.56	5.00	5.23		4.26
牛鼻栓*Fortunearia sinensis*	2.56	5.00	4.00		3.86
小叶石楠*Photinia parvifolia*	2.56	5.00	2.75		3.44
糯米椴*Tilia henryana* var. *subglabra*	2.56	5.00	2.04		3.20
建始槭*Acer henryi*	2.56	5.00	0.74		2.77

续表

种名	相对多度 /%	相对频度 /%	相对显著度 /%	相对多盖度 /%	重要值 /%
卫矛*Euonymus alatus*	2.56	5.00	0.64		2.73
白背叶野桐*Mallotus apelta*	2.56	5.00	0.33		2.63
草本层					
大花臭草*Melica grandiflora*		14.81		35.06	24.94
络石*Trachelospermum jasminoides*		14.81		17.82	16.32
山胡椒*Lindera glauca*		14.81		17.82	16.32
建始槭*Acer henryi*		11.11		12.07	11.59
山麦冬*Liriope spicata*		7.41		6.32	6.86
油茶*Camellia oleifera*		3.70		5.75	4.73
朴树*Celtis sinensis*		7.41		1.15	4.28
菝葜*Smilax china*		3.70		0.57	2.14
枫香树*Liquidambar formosana*		3.70		0.57	2.14
光紫黄芩*Scutellaria laeteviolacea*		3.70		0.57	2.14
六月雪*Serissa japonica*		3.70		0.57	2.14
满山红*Rhododendron mariesii*		3.70		0.57	2.14
山茶*Camellia japonica*		3.70		0.57	2.14
梓木草*Lithospermum zollingeri*		3.70		0.57	2.14

注：调查时间为 2020 年 7 月 27 日，地点在宝华山国家森林公园一方木栈道东南的山坡，海拔为 213m，严格记录。

栓皮栎林在江苏省从南到北均有分布，但总体上看苏南地区的地处亚热带山区分布的栓皮栎林种类相对丰富，乔木层树种较为高大（图 5-5-15、图 5-5-16）；而苏北地区如连云港市云台山分布的栓皮栎林种类组成明显减少，乔木层高度明显减小，植株胸径也较小（图 5-5-17）。

图 5-5-15　栓皮栎群落（溧阳市）

图 5-5-16　栓皮栎群落（南京市紫金山）

图 5-5-17　栓皮栎群落（连云港市云台山）

5. 枹栎林

枹栎（*Quercus serrata*）是壳斗科的落叶乔木（图 5-5-18）。《江苏植物志》记载的短柄枹栎（*Quercus serrata* var. *brevipetiolata*），与原种的主要区别在于后者叶集生于小枝顶端，现已被并入枹栎。枹栎在我国分布于辽宁省、山西省、陕西省、甘肃省、山东省、江苏省、安徽省、浙江省、江西省、福建省、台湾省、河南省、湖北省、湖南省、广东省、广西壮族自治区、四川省、贵州省等；日本和朝鲜也有分布。在江苏省，枹栎林分布于镇江市句容市，常州市金坛区、溧阳市，南京市栖霞区，无锡市宜兴市，连云港市连云区（图 5-5-19）。群落外貌不整齐，林内结构简单。在江苏省调查到 1 个群丛。

代表性样地设于江苏宜兴国家森林公园的老鹰岕（31.2455°N，119.7375°E），海拔 189.2m。土壤为山地黄棕壤。为枹栎—木蜡树—青绿薹草群丛。群落总盖度 85%。群落乔木层郁闭度在 0.75 左右，平均高度约 10.9m（图 5-5-20）。在该层次中，共有 9 种植物。其中，落叶阔叶树种枹栎的重要值最大，为 30.15，为优势种；其次为柯，重要值为 28.56。其他主要伴生树种还有牛鼻栓、苦槠、木蜡树、青冈、野梧桐、槲栎（*Quercus aliena*）等。灌木层的盖度为 30%，平均高度约 4.0m。该层以落叶阔叶树种木蜡树的幼树为优势种，其重要值为 22.01。其他主要伴生物种包括牛鼻栓、华紫珠（*Callicarpa cathayana*）、赛山梅、细齿叶柃（*Eurya nitida*）、大芽南蛇藤、君迁子等。草本层的盖度约为 25%，种类丰富，共有 20 种植物，其中青绿薹草在该层中占优势地位，其重要值为 18.96。其余主要的伴生植物还包括菝葜、狗脊（*Woodwardia japonica*）和络石，重要值分别为 11.14、8.06 和 6.40（表 5-5-4）。层间植物有土茯苓（*Smilax glabra*）、络石、华东菝葜、海金沙等。

野外调查发现该群丛乔木层以落叶阔叶树种枹栎为建群种，但常绿阔叶树种柯也占有较大优势，同时灌木层与草本层的常绿阔叶树种青冈和苦槠重要值也较大，因此推测该群丛可能会逐渐被常绿阔叶林所取代。

图 5-5-18　枹栎（*Quercus serrata*）

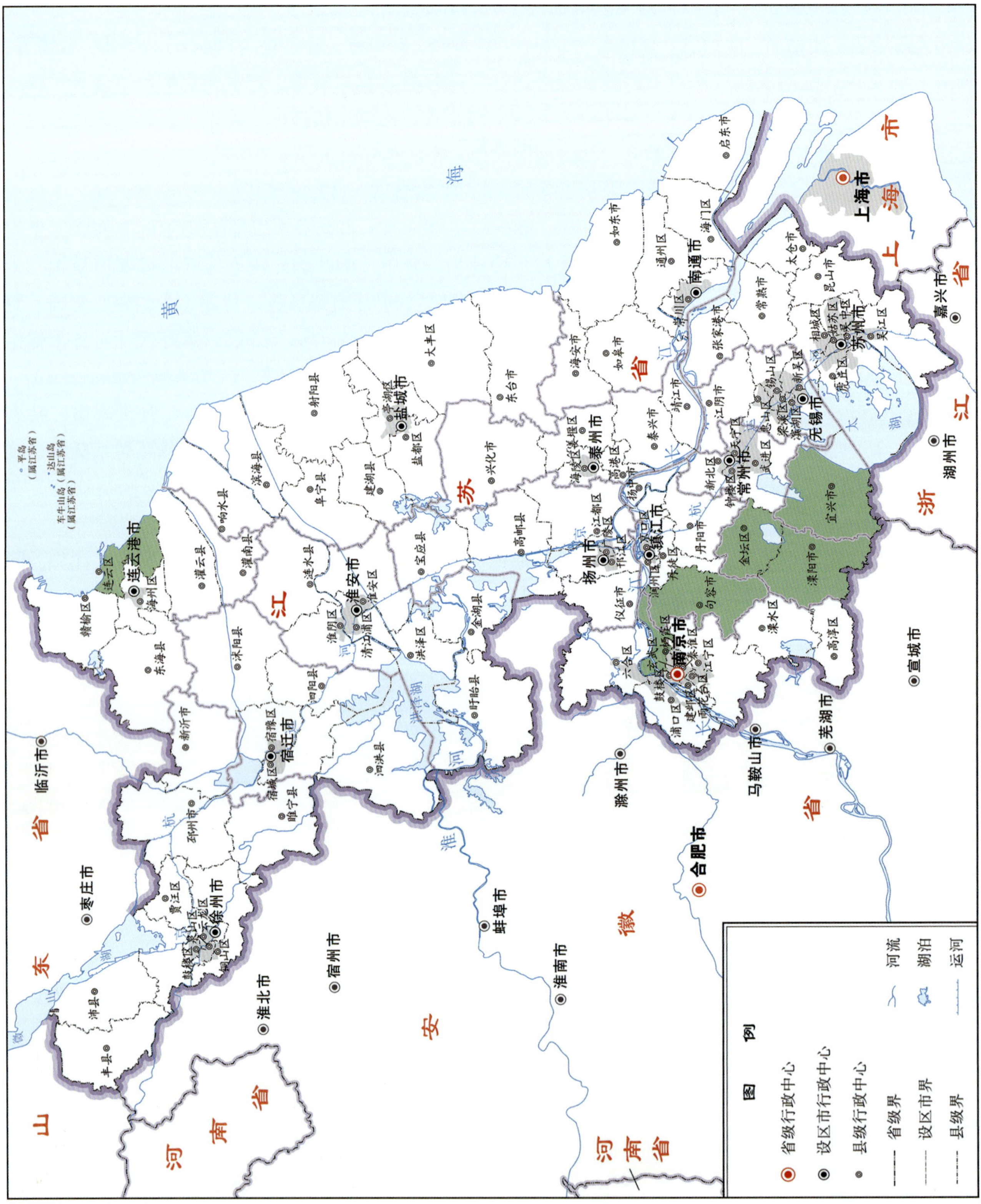

图 5-5-19 枹栎林分布图

图 5-5-20 枹栎群落（宜兴市）

表 5-5-4 枹栎—木蜡树—青绿薹草群丛不同层次物种重要值

种名	相对多度 /%	相对频度 /%	相对显著度 /%	相对多盖度 /%	重要值 /%
乔木层					
枹栎*Quercus serrata*	30.88	16.67	42.89		30.15
柯*Lithocarpus glaber*	29.41	16.67	39.60		28.56
牛鼻栓*Fortunearia sinensis*	13.24	16.67	5.43		11.78
苦槠*Castanopsis sclerophylla*	8.82	12.50	5.43		8.92
木蜡树*Toxicodendron sylvestre*	7.35	12.50	1.94		7.26
青冈*Cyclobalanopsis glauca*	4.41	8.33	1.94		4.90
杉木*Cunninghamia lanceolata*	2.94	8.33	1.23		4.17
野梧桐*Mallotus japonicus*	1.47	4.17	0.93		2.19
槲栎*Quercus aliena*	1.47	4.17	0.60		2.08
灌木层					
木蜡树*Toxicodendron sylvestre*	24.00	13.79	28.25		22.01
牛鼻栓*Fortunearia sinensis*	12.00	10.34	24.78		15.71
华紫珠*Callicarpa cathayana*	12.00	10.34	13.12		11.82
赛山梅*Styrax confusus*	8.00	10.34	11.16		9.84
山胡椒*Lindera glauca*	8.00	10.34	4.90		7.75
大青*Clerodendrum crytophyllum*	8.00	10.34	4.64		7.66
朴树*Celtis sinensis*	8.00	6.90	2.42		5.77
山鸡椒*Litsea cubeba*	6.00	6.90	2.72		5.21

续表

种名	相对多度 /%	相对频度 /%	相对显著度 /%	相对多盖度 /%	重要值 /%
细齿叶柃*Eurya nitida*	4.00	6.90	2.69		4.53
柯*Lithocarpus glaber*	2.00	3.45	3.34		2.93
大芽南蛇藤*Celastrus gemmatus*	4.00	3.45	0.51		2.65
君迁子*Diospyros lotus*	2.00	3.45	1.39		2.28
野蔷薇*Rosa multiflora*	2.00	3.45	0.08		1.84
草本层					
青绿薹草*Carex breviculmis*		10.53		27.40	18.96
菝葜*Smilax china*		7.89		14.38	11.14
狗脊*Woodwardia japonica*		7.89		8.22	8.06
络石*Trachelospermum jasminoides*		5.26		7.53	6.40
黑足鳞毛蕨*Dryopteris fuscipes*		5.26		7.53	6.40
土茯苓*Smilax glabra*		5.26		7.53	6.40
山鸡椒*Litsea cubeba*		7.89		2.05	4.97
海金沙*Lygodium japonicum*		7.89		2.05	4.97
棕鳞耳蕨*Polystichum polyblepharum*		2.63		6.85	4.74
六月雪*Serissa foetida*		2.63		6.85	4.74
山胡椒*Lindera glauca*		5.26		1.37	3.32
苦槠*Castanopsis sclerophylla*		5.26		1.37	3.32
大芽南蛇藤*Celastrus gemmatus*		5.26		1.37	3.32
柘树*Maclura tricuspidata*		5.26		1.37	3.32
野鸦椿*Euscaphis japonica*		2.63		0.68	1.66
朴树*Celtis sinensis*		2.63		0.68	1.66
青灰叶下珠*Phyllanthus glaucus*		2.63		0.68	1.66
青冈*Cyclobalanopsis glauca*		2.63		0.68	1.66
枸骨冬青*Ilex cornuta*		2.63		0.68	1.66
大青*Clerodendrum crytophyllum*		2.63		0.68	1.66

注：调查时间为 2022 年 9 月 2 日，地点在江苏宜兴国家森林公园的老鹰岕，海拔为 189.2m，鲁欣记录。

6. 白栎林

白栎是壳斗科的落叶乔木（图 5–5–21）。中国特有树种，分布于安徽省、福建省、广东省、广西壮族自治区、贵州省、河南省、湖北省、湖南省、江苏省、江西省、陕西省、四川省、云南省、浙江省。该种为阳性树种，喜温暖湿润气候，对土壤要求不严，耐干旱、瘠薄，萌芽力、抗风力强，生于丘陵、山地杂木林中。可作材用或绿化观赏树种。在江苏省，白栎林分布于无锡市宜兴市龙池山，镇江市宝华山，南京市幕府山、紫金山，苏州市常熟市虞山、相城区（图 5–5–22）。群落外貌整齐，林内结构简单。在江苏省调查到 1 个群丛。

代表性样地设于无锡龙池山省级自然保护区的龙池山的白云岩附近山坡（31.2455°N，119.7375°E），海拔 285.2m。土壤为山地黄棕壤。为白栎—六月雪—狗脊群丛。群落总盖度 80%。群落乔木层郁闭度在 0.7 左右，平均高度约 9.8m（图 5–5–23）。在该层次中，优势种主要为白栎，伴生树种有黄檀、南京椴、君迁子、野梧桐、冬青等。灌木层的盖度为 30%，平均高度约 2.7m。主要种类为六月雪、白檀、

图 5-5-21　白栎（*Quercus fabri*）（右下角为果实）

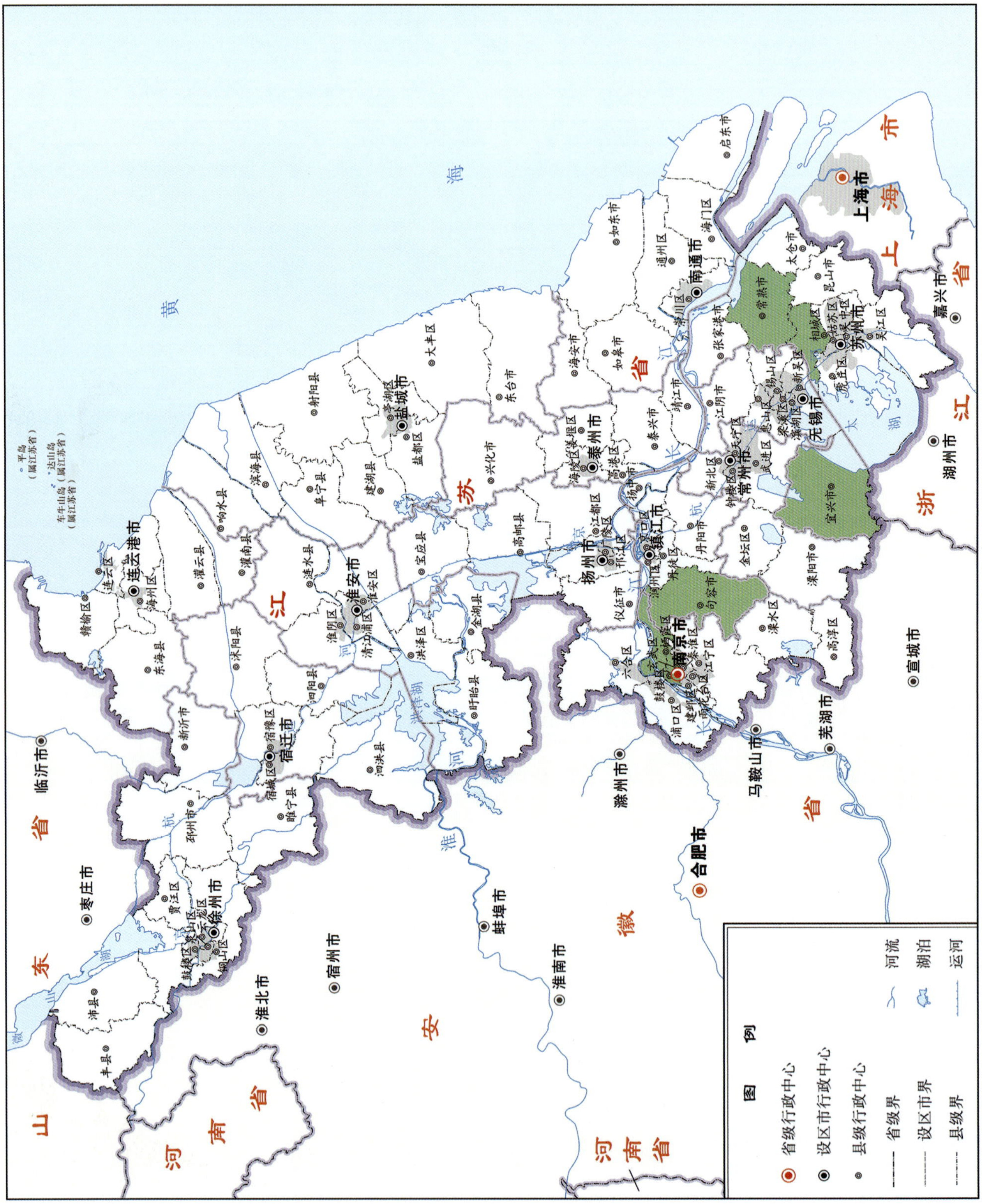

图 5-5-22　白栎林分布图

图 5-5-23　白栎群落（宜兴市）

马银花、山鸡椒等，其他主要伴生物种有牛鼻栓、华紫珠、马银花、山鸡椒（*Litsea cubeba*）、赛山梅、细齿叶柃等。草本层的盖度约为 30%，主要种类有狗脊、淡竹叶（*Lophatherum gracile*）、马兰，其他主要的伴生植物包括耳挖草（*Utricularia bifida*）、狗脊、络石、野菊等。层间植物有土茯苓、络石、菝葜、大芽南蛇藤等。

7. 板栗林

板栗（*Castanea mollissima*）是壳斗科落叶乔木（图 5-5-24），也称为栗。除青海省、宁夏回族自治区、新疆维吾尔自治区、海南省等外，板栗在我国广布南北各地。该种为阳性树种，喜温暖湿润气候，耐寒、耐旱、抗涝、耐瘠薄，生态适应性强，因此是荒山造林的优选树种。因其坚果果肉甜美、营养丰富而被广泛栽培，早在《诗经》中就有记载，其至少有 2500 年的栽培历史。在江苏省，板栗林主要分布于无锡市宜兴市、常州市溧阳市、苏州市吴中区、徐州市邳州市和连云港市连云区（图 5-5-25）。由于长期广泛引种

图 5-5-24　板栗（*Castanea mollissima*）

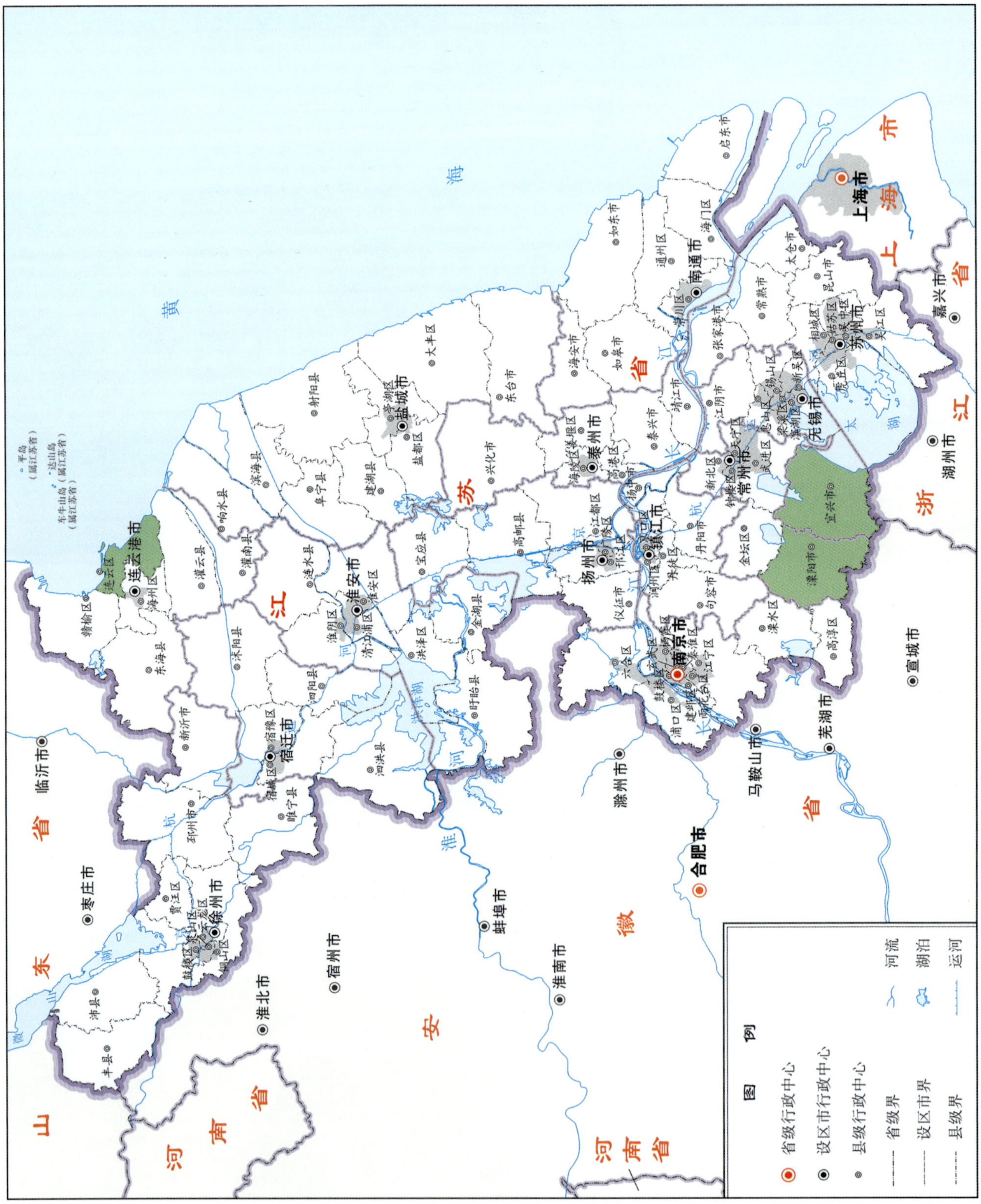

图 5-5-25 板栗林分布图

栽培，江苏省的板栗林大多为人工林。其中，国家级板栗良种繁育基地位于常州市溧阳市龙潭林场，现收集有 312 份板栗种质资源。板栗林群落外貌整齐，林内结构简单。在江苏省调查到 1 个群丛。

代表性样地设于江苏溧阳天目湖国家湿地公园境内的牛头山。土壤类型为黄棕壤。为板栗—六月雪—金色狗尾草群丛。群落总盖度约 85%。群落乔木层郁闭度在 0.7 左右，平均高度约 5.2m。板栗在该乔木层占主要绝对优势，胸径为 7.0—24.0cm。灌木层稀疏，主要有六月雪、杜鹃（*Rhododendron simsii*）、蓬藟等。由于受到人工管护，草本层种类也较少，主要为金色狗尾草（*Setaria pumila*）、饭包草（*Commelina benghalensis*）、续断菊（*Sonchus asper*）等（图 5-5-26）。

图 5-5-26　板栗群落（溧阳市）

8. 山槐林

山槐是豆科落叶乔木（图 5-5-27），也称山合欢。产于我国华北、西北、华东、华南至西南部各地；越南、日本、缅甸、印度亦有分布。该种生长环境喜光，根系较发达，对土壤要求不严，能耐干旱及瘠薄地，生长快。木材耐水湿，株形优美，花美丽，可作为风景树或行道树。在江苏省，山槐林分布于南京市浦口区、无锡市宜兴市、常州市溧阳市（图 5-5-28）。群落外貌不整齐，林内结构简单。在江苏省调查到 1 个群丛。

图 5-5-27　山槐（*Albizia kalkora*）

图 5-5-28 山槐群落（南京市老山）

代表性样地设于无锡龙池山省级自然保护区的小黑沟。土壤为山地黄棕壤。为山槐—山胡椒—签草群丛。群落总盖度 80%。群落乔木层郁闭度在 0.7 左右，平均高度约 6.8m（图 5-5-29）。在该层次中，优势种主要为山槐，伴生树种有白栎、黄檀、盐麸木、野梧桐、赛山梅等。灌木层的盖度为 30%，平均

图 5-5-29 山槐群落（宜兴市小黑沟）

高度约 2.1m。主要种类为山胡椒、牛鼻栓、六月雪、白檀、山鸡椒、老鸦糊（*Callicarpa giraldii*）、细齿叶柃等。草本层的盖度约为 30%，主要种类有签草（*Carex doniana*）、刺头复叶耳蕨、狗脊、淡竹叶、络石等。层间植物有南五味子、络石、菝葜、海金沙等。

9. 糙叶树林

糙叶树是大麻科落叶乔木（图 5-5-30），我国分布于山西省、山东省、江苏省、安徽省、浙江省、江西省、福建省、台湾省、湖南省、湖北省、广东省、广西壮族自治区、四川省东南部、贵州省和云南省东南部；朝鲜、日本和越南也有分布。该种喜光，稍耐阴，喜温暖湿润气候，喜潮湿、肥沃而深厚的酸性土壤。该种是我国北亚热带至暖温带阔叶林中的重要组成树种，也是江苏省落叶阔叶林中主要的乡土树种之一。糙叶树生长较迅速，多生于山坡林中或溪沟边，但成片生长较少。在江苏省，糙叶树林分布于镇江市句容市、常州市金坛区、连云港市连云区（图 5-5-31）。群落外貌较整齐，林内结构简单。在江苏省调查到 1 个群丛。

代表性样地设于南京市紫金山（32.0638°N，118.8693°E），海拔 203.0m。土壤类型为黄棕壤。为糙叶树—椤木石楠（贵州石楠）—紫金牛群丛。群落总盖度 80%。群落乔木层郁闭度在 0.8，平均高度为 11.8m。该层乔木树种多为落叶阔叶树种，主要包括糙叶树、黄连木、朴树、枫香树，以及女贞等少量常绿乔木树种（图 5-5-32），其中糙叶树为建群种。灌木层的盖度为 40%，平均高度为 3.0m。主要种类有椤木石楠（*Photinia bodinieri*）、白檀、海桐（*Pittosporum tobira*）、小叶石楠、老鸦柿等。草本层的盖度约为 30%。主要种类有紫金牛、络石、野青茅、野芝麻等。层间植物较少，主要有菝葜、络石、地锦、扶芳藤（*Euonymus fortunei*）、常春藤（*Hedera nepalensis* var. *sinensis*）等。

图 5-5-30 糙叶树（*Aphananthe aspera*）的树干（左）和枝叶（右）

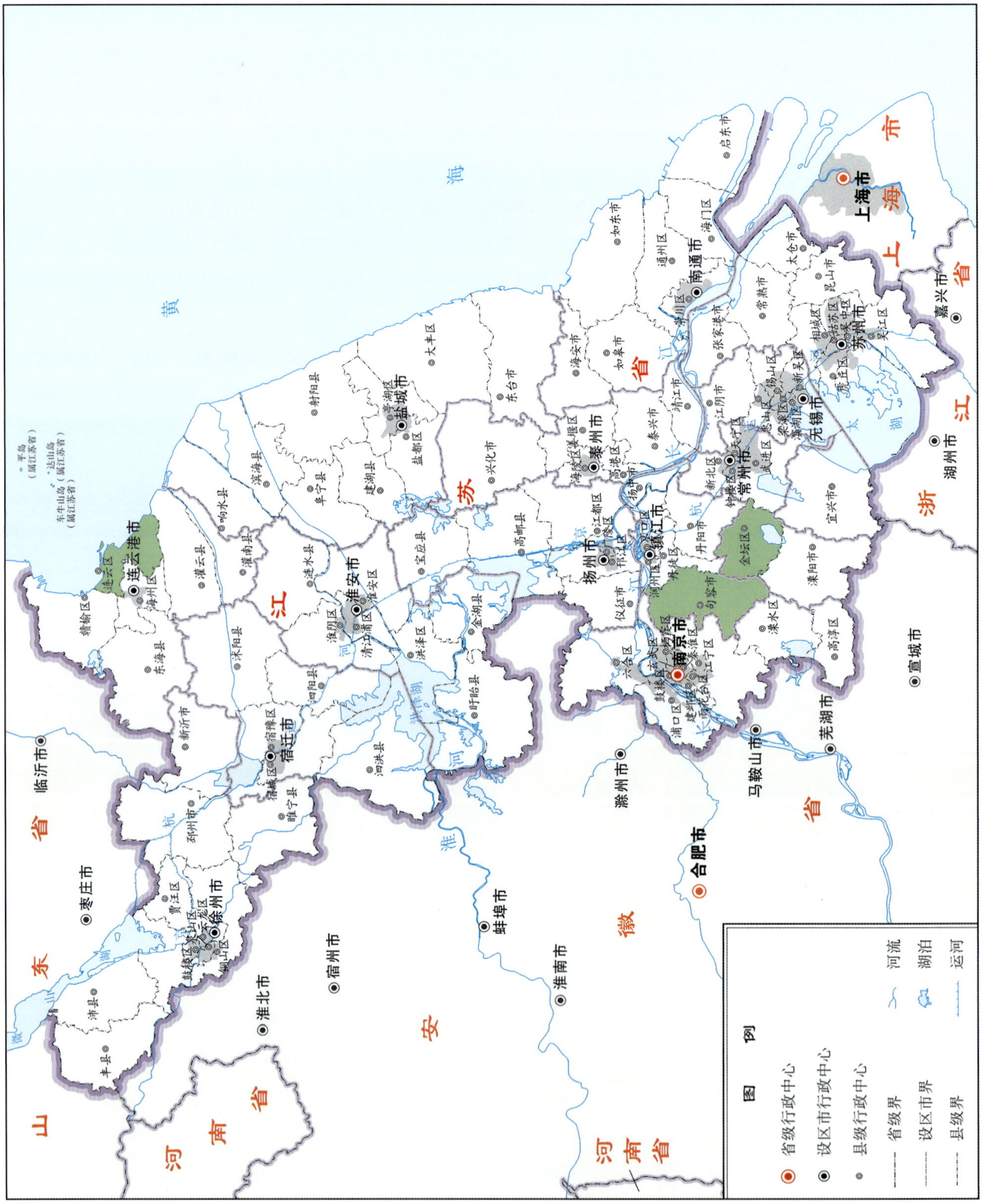

图 5-5-31 糙叶树林分布图

图 5-5-32　糙叶树群落（南京市紫金山）

10. 黄连木林

黄连木是漆树科落叶乔木（图 5-5-33）。产于长江以南各省及华北、西北地区。黄连木为阳性树种，略耐阴，喜温暖湿润气候；对土壤要求不严，喜潮湿、肥沃而深厚的酸性土壤，主根发达且适应性强；寿命长、萌芽力强。黄连木为优良的园林观赏树种、经济林树种和能源林树种。在江苏省，黄连木分布于南京市玄武区、栖霞区、浦口区，镇江市句容市，连云港市连云区（图 5-5-34）。群落外貌整齐，林冠夏季绿色，秋季变红色，林内结构简单。在江苏省调查到 1 个群丛。

代表性样地设于江苏南京老山国家森林公园状元广场附近山坡，海拔 319.2m。土壤类型为黄棕壤。为黄连木—猫乳—梓木草群丛。群落总盖度 85%。群落乔木层郁闭度在 0.85，平均高度为 12.5m。该层乔木树种多为落叶阔叶树种，主要包括黄连木、黄檀、八角枫、刺槐、化香树、栓皮栎、构树等（图 5-5-35）。灌木层的盖度为 30%，平均高度为 3.0m。优势种为猫乳（*Rhamnella franguloides*），其他伴生植物还包括长叶冻绿（*Frangula crenata*）、白檀、胡颓子（*Elaeagnus pungens*）、山胡椒等灌木种类，以及朴树、化香树、刺槐、八角枫等乔木树种的幼树。草本层的盖度约为 40%。主要种类有梓木草（*Lithospermum zollingeri*）、渐尖毛蕨（*Cyclosorus acuminatus*）、贯众、球果堇菜（*Viola collina*）、窃衣（*Torilis scabra*）、天门冬、紫花前胡（*Angelica decursiva*）、蛇莓等。层间植物主要有木通、圆锥铁线莲（*Clematis terniflora*）、小果菝葜（*Smilax davidiana*）、紫藤、薯蓣（*Dioscorea polystachya*）、忍冬、蛇葡萄（*Ampelopsis glandulosa*）等。

图 5-5-33　黄连木（*Pistacia chinensis*）

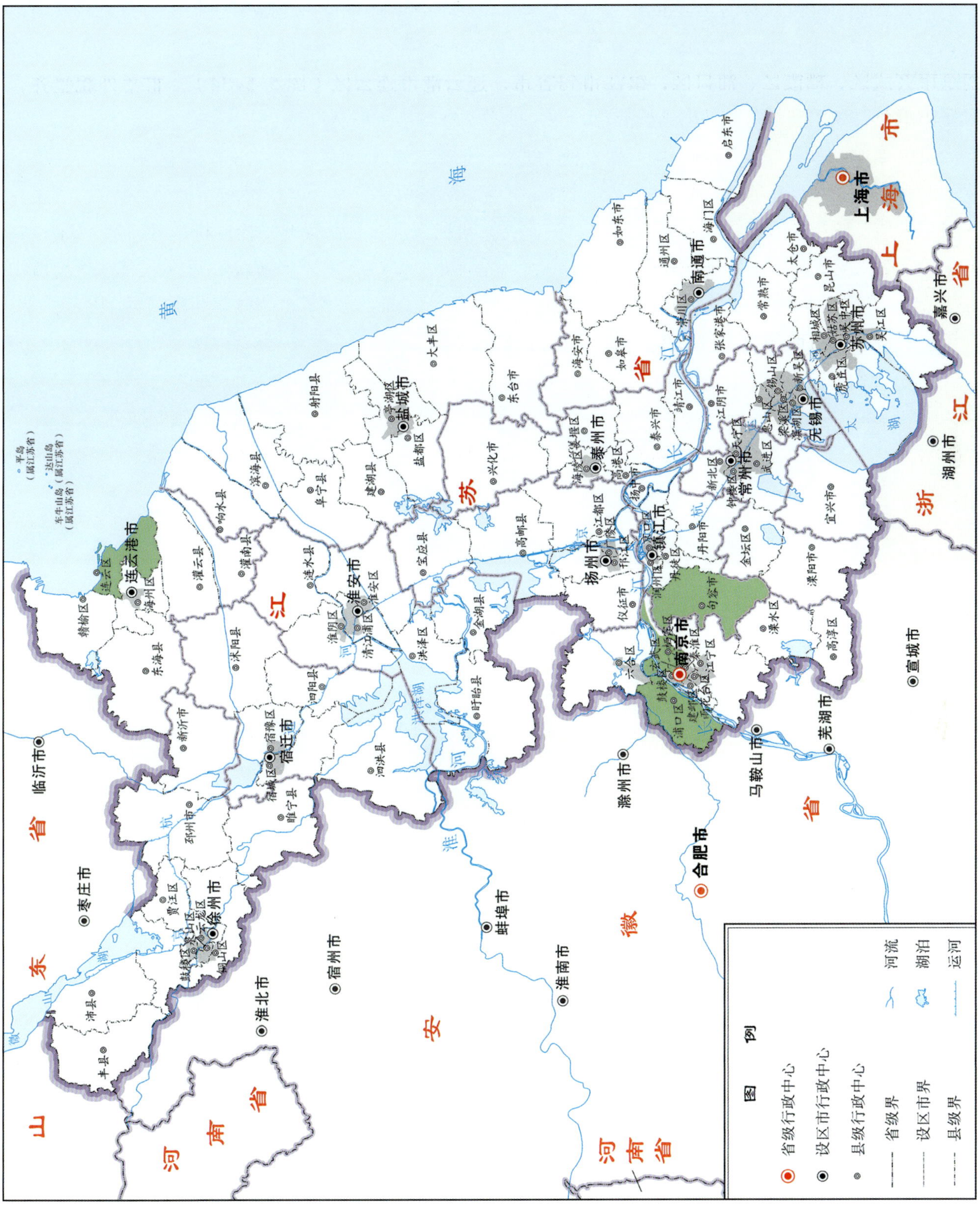

图 5-5-34 黄连木林分布图

图 5-5-35　黄连木群落（南京市老山）

11. 三角槭林

三角槭是无患子科的落叶乔木（图5-5-36）。叶纸质，通常三浅裂，故名。产于山东省、河南省、甘肃省、江苏省、浙江省、安徽省、山东省、江西省、陕西省、福建省、湖北省、湖南省、四川省、贵州省、广东省和台湾省等；日本也有分布。该种为弱阳性树种，幼树稍耐阴，大树喜光；喜温暖湿润气候和酸性至中性土壤，也可生于石灰岩土，耐寒、耐旱、耐贫瘠；萌芽力强，耐修剪，可作绿篱、盆景或庭院绿化树种。在江苏省，三角槭林分布于南京市玄武区、徐州市泉山区。群落外貌整齐，林内结构简单。在江苏省调查到1个群丛。

图 5-5-36　三角槭（*Acer buergerianum*）

代表性样地设于徐州市淮海战役烈士纪念塔的陵园内。土壤类型为褐土。为三角槭—南天竹—乌蔹莓群丛。群落总盖度60%。群落乔木层郁闭度在0.7左右，平均高度约9.1m。在该层次中，优势种主要为三角槭，伴生树种有黄连木、朴树、榔榆等（图5-5-37）。灌木层的盖度为40%，平均高度约1.7m。

图 5-5-37　三角槭群落（徐州市淮海战役烈士纪念塔陵园内）

主要种类为南天竹（*Nandina domestica*）、八角金盘（*Fatsia japonica*）、海桐、金森女贞（*Ligustrum japonicum* 'Howardii'）等园林绿化栽培植物。草本层的盖度约为 30%，主要种类有乌蔹莓、黄鹌菜（*Youngia japonica*）、牛膝（*Achyranthes bidentata*）、求米草、山麦冬等。层间植物有萝藦、葎草、络石、鸡屎藤等。

12. 枫杨林

枫杨是胡桃科落叶大乔木，高达 30m（图 5-5-38）。我国分布于安徽省、福建省、甘肃省、广东省、广西壮族自治区、贵州省、海南省、河北省、河南省、湖北省、湖南省、江苏省、江西省、辽宁省、陕西省、山东省、山西省、四川省、台湾省、云南省、浙江省；朝鲜和日本也有分布。枫杨为阳性速生树种，喜温暖湿润气候，较耐寒；主根明显，侧根发达；萌芽力强，对土壤要求不严，耐水湿，常生于沿溪涧河滩、阴湿山坡地的林中。可作公园、城镇和村庄道路的绿化树种或行道树。在江苏省，枫杨林分布于镇江市句容市宝华山，以及南京市紫金山和溧水区（图 5-5-39）。群落外貌较整齐，林冠夏季绿色，林内结构简单。在江苏省调查到 1 个群丛。

代表性样地设于宝华山国家森林公园的三和厂后山的溪沟边，海拔 56.6m。土壤类型为黏壤质土层不厚的棕壤。为枫杨—胡颓子—野芝麻群丛。群落总盖度 65%。群落乔木层的郁闭度为 0.85，平均高度为 10.8m。乔木层植物种类较少，仅有 3 种植物，分别为枫杨、朴树和枫香树（图 5-5-40）。枫杨平均胸径（DBH）为 30.50cm，DBH 最大为 60.00cm，最小为 10.00cm。枫杨重要值达 86.77，在乔木层中占据绝对优势地位，为群落的建群种。灌木层的盖度为 30%，平均高度为 3.8m。优势种为胡颓子，主要伴生种包括榆树、细

图 5-5-38 枫杨（*Pterocarya stenoptera*）

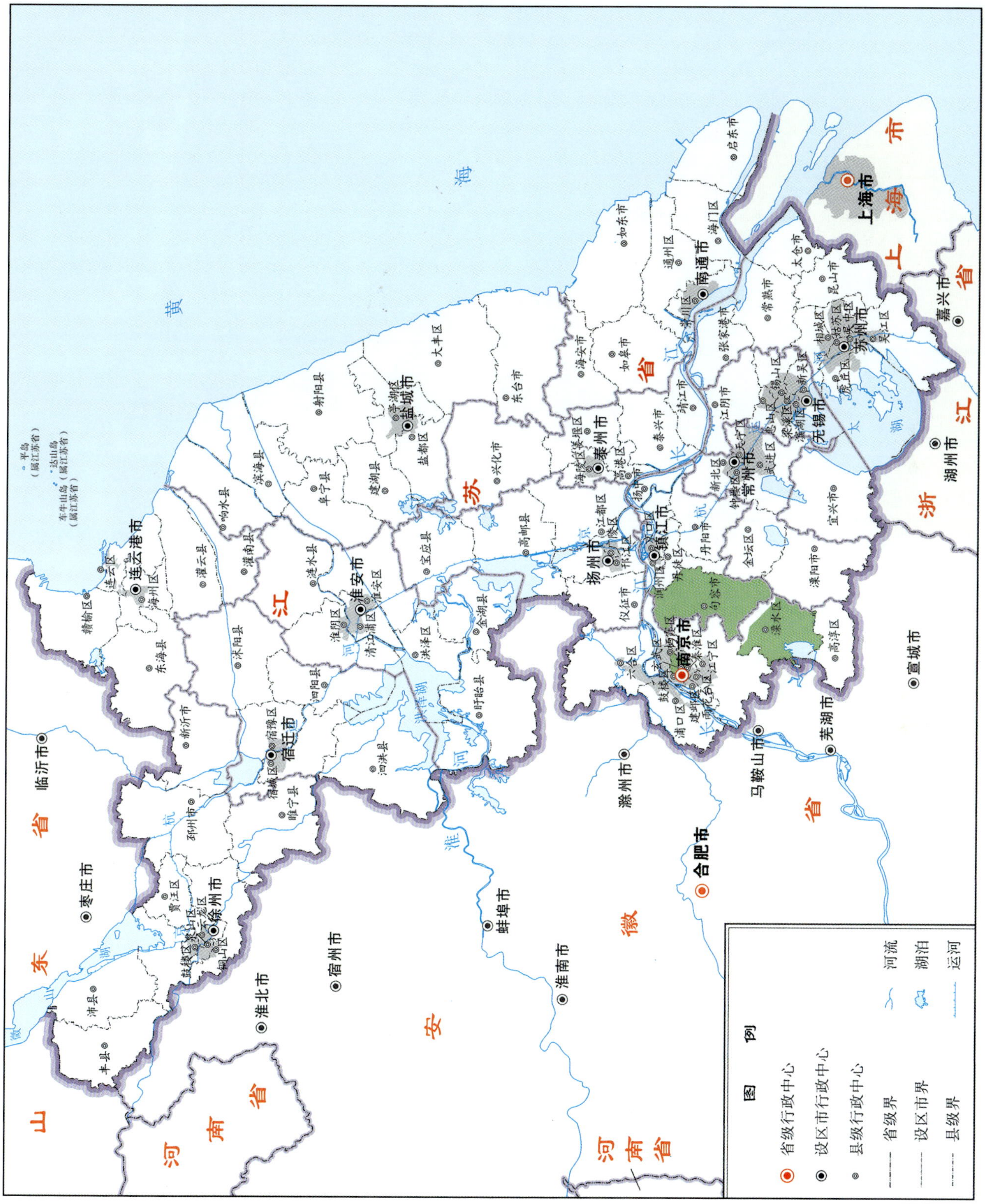

图 5-5-39 枫杨林分布图

图 5-5-40　枫杨群落（南京市老山）

柱五加、朴树、枸骨冬青、枫香树、八角枫、竹叶花椒（*Zanthoxylum armatum*）。草本层盖度为60%，由于较阴湿，植物种类较多。野芝麻为优势种，其他主要伴生植物有天葵（*Semiaquilegia adoxoides*）、艾蒿（*Artemisia argyi*）、络石、窃衣、鹅观草（*Elymus kamoji*）、拉拉藤（*Galium spurium*）、山麦冬、紫花地丁等。层间植物稀少，主要有络石、忍冬、扶芳藤、菝葜等（表 5-5-5）。

表 5-5-5　枫杨—胡颓子—野芝麻群丛不同层次物种重要值

种名	相对多度 /%	相对频度 /%	相对显著度 /%	相对多盖度 /%	重要值 /%
乔木层					
枫杨*Pterocarya stenoptera*	66.67	93.75	99.90		86.77
朴树*Celtis sinensis*	16.67	3.13	0.07		6.62
枫香树*Liquidambar formosana*	16.67	3.13	0.03		6.61
灌木层					
胡颓子*Elaeagnus pungens*	16.67	32.50	62.52		37.23
榆树*Ulmus pumila*	16.67	15.00	14.93		15.53
细柱五加*Eleutherococcus nodiflorus*	16.67	22.50	3.88		14.35
朴树*Celtis sinensis*	16.67	12.50	13.58		14.25
枸骨冬青*Ilex cornuta*	11.11	7.50	0.68		6.43
枫香树*Liquidambar formosana*	11.11	5.00	0.84		5.65
八角枫*Alangium chinense*	5.56	2.50	2.63		3.56
竹叶花椒*Zanthoxylum armatum*	5.56	2.50	0.95		3.00
草本层					
野芝麻*Lamium barbatum*		9.52		47.76	28.64

续表

种名	相对多度 /%	相对频度 /%	相对显著度 /%	相对多盖度 /%	重要值 /%
天葵*Semiaquilegia adoxoides*		14.29		8.06	11.17
艾蒿*Artemisia argyi*		9.52		5.97	7.75
络石*Trachelospermum jasminoides*		9.52		5.97	7.75
窃衣*Torilis japonica*		9.52		5.97	7.75
鹅观草*Elymus kamoji*		9.52		3.28	6.40
拉拉藤*Galium spurium*		9.52		3.28	6.40
山麦冬*Liriope spicata*		4.76		7.46	6.11
紫花地丁*Viola philippica*		4.76		2.99	3.87
蓬蘽*Rubus hirsutus*		4.76		2.99	3.87
小根蒜*Allium macrostemon*		4.76		2.99	3.87
梓木草*Lithospermum zollingeri*		4.76		2.99	3.87
老鸦瓣*Amana edulis*		4.76		0.30	2.53

注：调查时间为 2021 年 8 月 22 日，地点在宝华山国家森林公园的三和厂后山的溪沟边，海拔为 56m，张光富记录。

13. 刺槐林

刺槐为豆科落叶乔木，高 10—25m。托叶刺明显，长达 2cm，故名。原产北美洲，现归化于中美洲、南美洲和亚洲。我国于 1897 年从欧洲引入青岛市栽培，被称作洋槐，现全国各地广泛栽植。刺槐为阳性树种，喜湿润气候，根系浅而发达（图 5–5–41），萌蘖性极强，对土壤适应性强，生长迅速，为优良的行道树、庭园观赏树种和重要的速生材用树种，也是优良的蜜源植物。在江苏省，刺槐林主要分布于南京市浦口区、淮安市盱眙县、徐州市泉山区（图 5–5–42）。此外，在苏南丘陵山区和苏北沿海地区有

图 5–5–41 刺槐（*Robinia pseudoacacia*）的侧根发达

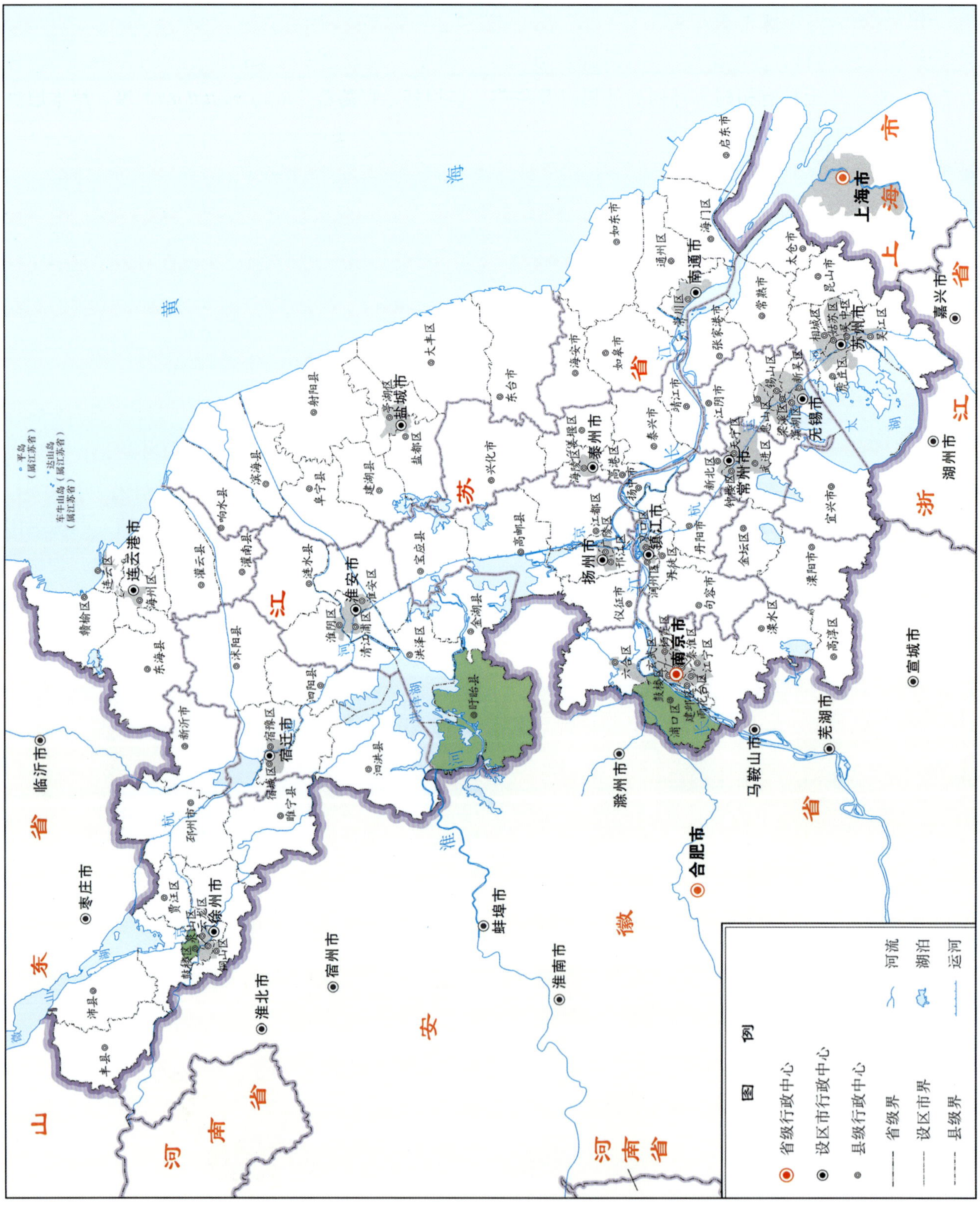

图 5-5-42　刺槐林分布图

少量栽培，作为薪材林或防护林。群落外貌较整齐，群落结构简单（图 5-5-43）。在江苏省共调查到 1 个群丛。

代表性样地设于徐州云龙湖风景区的淮海战役烈士纪念塔（淮塔）旁的山坡上，土壤类型为褐土，土层较薄，林下岩石多裸露。为刺槐—毛梾—求米草群丛。乔木层高度约为 12m，郁闭度约为 0.7，优势种为刺槐（图 5-5-44），常见伴生种有侧柏、榔榆、朴树等。灌木层高为 2.6m，盖度约为 40%，优势种为毛梾，常见伴生种有柘树、朴树的幼树以及茅莓、扁担杆、野蔷薇（*Rosa multiflora*）等。草本层高度小于 1m，盖度约为 70%，优势种为求米草，主要伴生种为酸模（*Rumex acetosa*）、益母草（*Leonurus japonicus*）和茅莓等。常见植物有萝藦、寻骨风（绵毛马兜铃）和太行铁线莲等。

图 5-5-43　刺槐群落（徐州市泉山）

图 5-5-44　刺槐群落（徐州市淮海战役烈士纪念塔陵园内）

14. 檫木林

檫木为樟科落叶乔木（图 5-5-45），高达 35m。中国特有树种，我国分布于浙江省、江苏省、安徽省、江西省、福建省、广东省、广西壮族自治区、湖南省、湖北省、四川省、贵州省及云南省等。檫木为阳性速生树种，根系深，萌芽力强；喜温暖湿润气候，幼树畏霜冻；适于酸性土壤，忌积水，常生于长江以南的山地疏林或密林中。檫木树干通直，秋叶绯红；材质优良，细致耐久，为良好的风景园林树种或材料树种。在江苏省，檫木在苏南山区有零星分布，也常用于营造人工林；在常州市溧阳市、无锡市宜兴市、南京市溧水区及江宁区的山区有少量分布（图 5-5-46）。群落外貌较整齐，群落结构简单。在江苏省调查到 1 个群丛。

图 5-5-45　檫木（*Sassafras tzumu*）

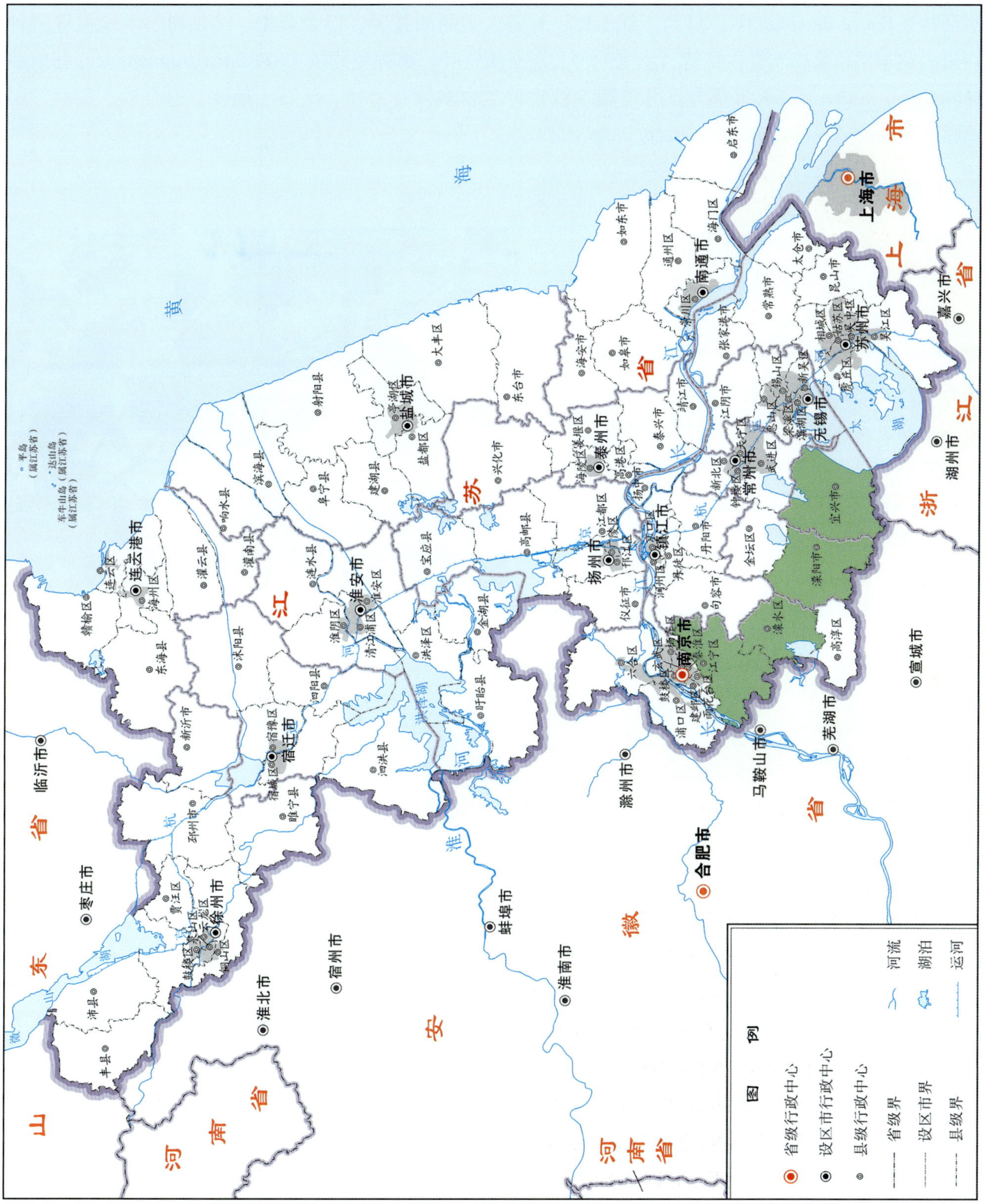

图 5-5-46 橡木林分布图

代表性样地设于常州市溧阳市戴埠镇的深溪岕，海拔 226m。土壤类型为山地黄棕壤，土层较厚。为檫木—马银花—狗脊群丛。群落总盖度 90%。乔木层高度约 20m，平均胸径 36cm，树种仅有青冈、毛竹、浙江樟（*Cinnamomum chekiangense*）。灌木层盖度为 40%，高度为 2.8m。种类以马银花为主，常见种类有格药柃（*Eurya muricata*）、乌药、红淡比、杜鹃、美丽胡枝子，以及刺柏、乌饭树、木蜡树等树种的幼树。草本层植物以狗脊占优势，常见的种类还有淡竹叶、杏香兔儿风（*Ainsliaea fragrans*）、韩信草（*Scutellaria indica*）、求米草等。林内藤本植物种类较多，有木通、络石、地锦、海金沙、菝葜、尾叶那藤（*Stauntonia obovatifoliola* subsp. *urophylla*）等。

15. 朴树林

朴树为大麻科高大落叶乔木（图 5-5-47），高达 20m。我国分布于安徽省、福建省、甘肃省、广西壮族自治区、广东省、贵州省、河南省、江苏省、江西省、山东省、四川省、台湾省、浙江省、湖南省、湖北省；日本也有分布。朴树为阳性树种，深根系，耐干旱、瘠薄；喜温暖湿润气候，对土壤要求不严，也能耐一定程度的水湿、轻盐碱。在江苏省，朴树多生于路旁、山坡、林缘，朴树林分布于无锡市宜兴市，常州市溧阳市，淮安市盱眙县，镇江市句容市及南京市浦口区、栖霞区、玄武区、溧水区（图 5-5-48、图 5-5-49）。

图 5-5-47　朴树（*Celtis sinensis*）

图 5-5-48　朴树群落（宜兴市）

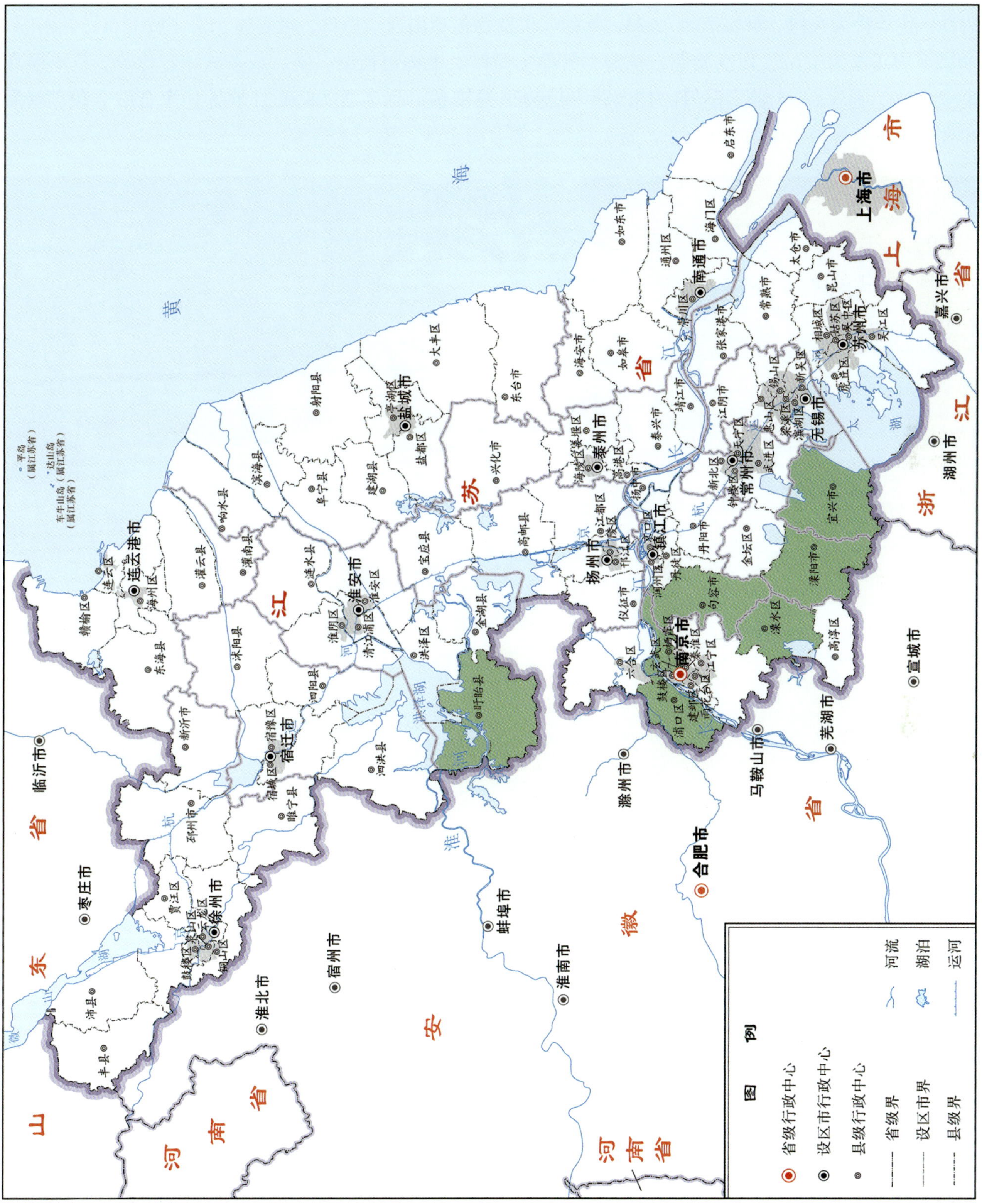

图 5-5-49 朴树林分布图

群落外貌较整齐，群落结构简单（图 5-5-50）。在江苏省调查到 1 个群丛。

代表性样地设于江苏溧阳天目湖国家湿地公园内的牛头山。土壤类型为黄棕壤。为朴树—高粱藨—求米草＋蓬虆群丛。群落总盖度约 80%。乔木层郁闭度为 0.7，平均高度为 12.3m。在该层次中有 12 个乔木树种，优势种为朴树，重要值为 43.33，其他伴生植物包括山槐、白栎、枫香树、栗、黄檀和盐麸木等。灌木层平均高度为 1.7m，以高粱藨占优势，其他主要伴生植物包括栗、桑、茶条槭和苦竹等。草本层高度小于 1.0m，盖度约 35%。优势种为求米草和蓬虆，重要值分别为 23.08 和 31.16，伴生有海金沙、刺头复叶耳蕨、贯众等植物（表 5-5-6）。常见植物主要有海金沙、葛、木通等。

图 5-5-50　朴树群落（南京市老山）

表 5-5-6　朴树—高粱藨—求米草＋蓬虆群丛不同层次物种重要值

种名	相对多度 /%	相对频度 /%	相对显著度 /%	相对多盖度 /%	重要值 /%
乔木层					
朴树*Celtis sinensis*	37.14	59.00	33.85		43.33
山槐*Albizia kalkora*	11.43	6.08	13.00		10.17
白栎*Quercus fabri*	8.57	8.95	9.42		8.98
枫香树*Liquidambar formosana*	5.71	8.13	7.52		7.12
栗*Castanea mollissima*	5.71	2.68	5.86		4.75
黄檀*Dalbergia hupeana*	5.71	2.79	4.94		4.48
盐麸木*Rhus chinensis*	5.71	2.16	4.76		4.21
白花泡桐*Paulownia fortunei*	2.86	4.86	4.37		4.03
化香树*Platycarya strobilacea*	5.71	1.19	5.13		4.01
木蜡树*Toxicodendron sylvestre*	5.71	1.84	4.18		3.91

续表

种名	相对多度 /%	相对频度 /%	相对显著度 /%	相对多盖度 /%	重要值 /%
野梧桐*Mallotus japonicus*	2.86	1.93	2.95		2.58
白背叶*Mallotus apelta*	2.86	0.28	2.02		1.72
灌木层					
高粱藨*Rubus lambertianus*	17.86	47.83	21.50		29.06
桑*Morus alba*	17.86	14.33	17.91		16.70
栗*Castanea mollissima*	25.00	1.45	14.02		13.49
茶条槭*Acer tataricum* subsp. *ginnala*	10.71	12.03	13.80		12.18
苦竹*Pleioblastus amarus*	7.14	14.26	12.38		11.26
山胡椒*Lindera glauca*	3.57	2.78	3.37		3.24
柘*Maclura tricuspidata*	3.57	1.34	4.27		3.06
麻栎*Quercus acutissima*	3.57	1.62	3.06		2.75
棘茎楤木*Aralia echinocaulis*	3.57	1.06	3.62		2.75
枸骨*Ilex cornuta*	3.57	1.47	2.76		2.60
细柱五加*Eleutherococcus nodiflorus*	3.57	1.83	2.40		2.60
草本层					
蓬蘽*Rubus hirsutus*		37.88		24.44	31.16
求米草*Oplismenus undulatifolius*		22.49		23.67	23.08
海金沙*Lygodium japonicum*		7.53		7.93	7.73
刺头复叶耳蕨*Arachniodes aristata*		7.28		8.14	7.71
贯众*Cyrtomium fortunei*		6.43		8.95	7.69
皱果薹草 *Carex dispalata*		6.06		9.1	7.58
紫花地丁*Viola philippica*		6.95		7.67	7.31
黑足鳞毛蕨*Dryopteris fuscipes*		5.38		8.7	7.04

注：调查时间为 2022 年 8 月 29 日，地点在江苏溧阳天目湖国家湿地公园内的牛头山，海拔为 21m，周艳蓉记录。

16. 黄檀林

黄檀为豆科落叶乔木（图 5–5–51），高 10—20m。中国特有树种，在我国分布于安徽省、福建省、广东省、广西壮族自治区、河南省、湖北省、湖南省、江苏省、江西省、山东省、山西省、四川省、贵州省、云南省、浙江省。黄檀为阳性树种，深根系，萌芽力强；生长缓慢，寿命长；耐干旱瘠薄，具根瘤，能固氮，对土壤要求不严，多生于山地林中或灌丛中，山沟溪旁及有小树林的坡地。在江苏省，黄檀林在南京市玄武区、溧水区有少量分布。群落外貌较整齐，群落结构简单。在江苏省调查到 1 个群丛。

代表性样地设于常州市溧阳市戴埠镇深溪岕的向阳山坡。土壤类型为山地黄棕壤。为黄檀–白檀–山麦冬群丛。群落总盖度 85%。乔木层郁闭度为 0.7，平均高度为 9.3m。乔木层树种主要有黄檀，树干通直，平均胸径 9cm，其余伴生树种有青冈、白栎、黄连木、南烛（*Vaccinium bracteatum*）、毛竹等（图 5–5–52）。灌木层以白檀为主（图 5–5–53），平均高 1.5m，其余常见种类有格药柃、杜鹃、刺柏、马银花、竹叶椒、绿叶胡枝子（*Lespedeza buergeri*）、茶（*Camellia sinensis*）等。草本层植物主要有山麦冬（*Liriope spicata*）、狗脊、疏花野青茅（*Deyeuxia pyramidalis* var. *laxiflora*）、野菊等。层间植物林主要有络石、海金沙、菝葜、木通、地锦、天门冬等。

图 5-5-51　黄檀（*Dalbergia hupeana*）

图 5-5-52　黄檀群落（溧阳市）

图 5-5-53　白檀（*Symplocos paniculata*）

17. 银缕梅林

银缕梅为金缕梅科落叶小乔木（图5-5-54），高达15m。中国特有的古老孑遗植物，仅散布于中国东部的亚热带山区，分布于安徽省、江苏省、浙江省、河南省。根据2021年国务院颁布的《国家重点保护野生植物名录》，银缕梅属于国家一级重点保护野生植物。银缕梅为喜光树种，耐旱、耐瘠薄，萌蘖性强；喜凉爽湿润气候；适生于深厚肥沃、排水良好的酸性土壤，因此其多生于山坡沟谷地带。在江苏省，银缕梅林分布于无锡市宜兴市、常州市溧阳市（图5-5-55），并在局部形成落叶阔叶林（图5-5-56）。群落外貌较整齐，夏季林冠青绿，秋季林冠变红（图5-5-57），群落结构简单。在江苏省共调查到1个群丛。

代表性样地设于无锡龙池山省级自然保护区的大龙西岕山坡（31.2486°N，119.7450°E），海拔210.5m。土壤类型为黄棕壤，林内土层较薄，岩石裸露（图5-5-58）。为银缕梅—狭叶山胡椒—络石群丛。群落总盖度80%。乔木层高度为8—10m，郁闭度约为0.60，优势种为银缕梅，伴生树种有青冈、黄连木、枹栎、黄檀、狭叶山胡椒等（图5-5-59）。灌木层高度约3m，盖度约40%，优势种为狭叶山胡椒，伴生种为青冈、牛鼻栓、老鸦柿、赛山梅和银缕梅等。草本层较为稀疏（图5-5-60），高度小于1m，盖度约为30%，共有16种植物，优势种为络石，伴生有银缕梅、野蔷薇、显子草、三脉紫菀（*Aster trinervius* subsp. *ageratoides*）等（表5-5-7）。

图5-5-54　银缕梅（*Parrotia subaequalis*）

图5-5-55　银缕梅群落（溧阳市）

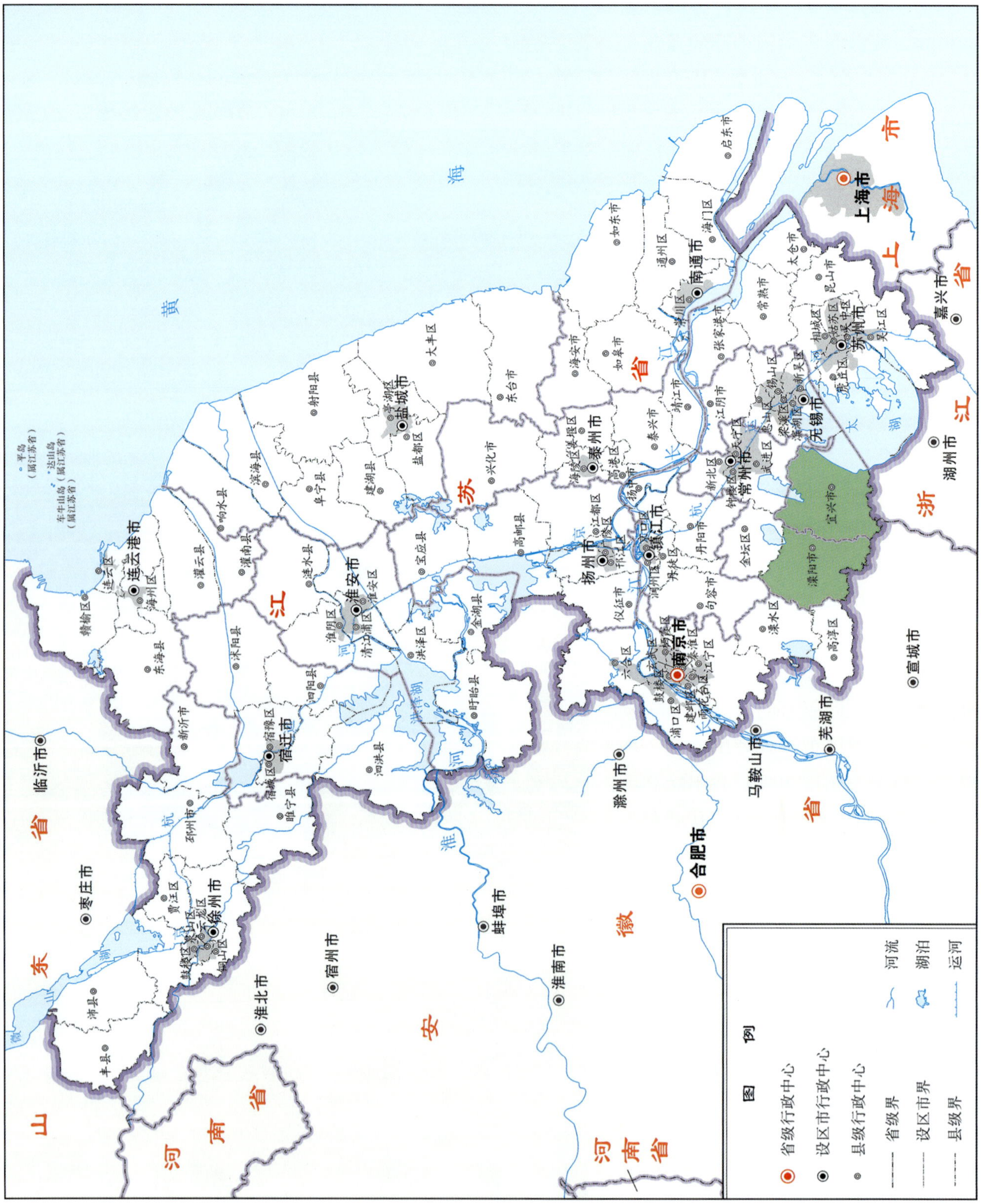

图 5-5-56 银缕梅林分布图

图 5-5-57　银缕梅（*Parrotia subaequalis*）秋叶变红

图 5-5-58　银缕梅群落林内岩石裸露（宜兴市）

图 5-5-59　银缕梅群落（宜兴市）

图 5-5-60　银缕梅群落草本层（宜兴市）

表 5-5-7 银缕梅—狭叶山胡椒—络石群丛不同层次物种重要值

种名	相对多度 /%	相对频度 /%	相对显著度 /%	相对多盖度 /%	重要值 /%
乔木层					
银缕梅*Parrotia subaequalis*	22.22	16.67	33.67		24.19
青冈*Cyclobalanopsis glauca*	19.75	12.50	25.85		19.37
黄连木*Pistacia chinensis*	9.88	16.67	18.82		15.12
枹栎*Quercus serrata*	7.41	8.33	9.05		8.26
牛鼻栓*Fortunearia sinensis*	12.35	8.33	3.27		7.98
狭叶山胡椒*Lindera angustifolia*	11.11	4.17	2.13		5.80
白背叶*Mallotus apeltus*	3.70	8.33	0.93		4.32
柘树*Maclura tricuspidata*	3.70	4.17	1.96		3.28
黄檀*Dalbergia hupeana*	2.47	4.17	1.90		2.85
茶条槭*Acer tataricum* subsp. *ginnala*	3.70	4.17	0.66		2.84
八角枫*Alangium chinense*	1.23	4.17	0.80		2.07
毛竹*Phyllostachys edulis*	1.23	4.17	0.48		1.96
朴树*Celtis sinensis*	1.23	4.17	0.47		1.96
灌木层					
狭叶山胡椒*Lindera angustifolia*	39.62	23.53	32.90		32.02
青冈*Cyclobalanopsis glauca*	18.87	11.76	22.98		17.87
牛鼻栓*Fortunearia sinensis*	15.09	11.76	15.45		14.10
银缕梅*Parrotia subaequalis*	5.66	17.65	7.39		10.23
山胡椒*Lindera glauca*	5.66	5.88	9.14		6.89
赛山梅*Styrax confusus*	3.77	11.76	3.05		6.20
老鸦柿*Diospyros rhombifolia*	5.66	5.88	1.98		4.51
枹栎*Quercus serrata*	1.89	5.88	5.23		4.33
野鸦椿*Euscaphis japonica*	3.77	5.88	1.88		3.85
草本层					
络石*Trachelospermum jasminoides*		20.13		10.71	15.42
青冈*Cyclobalanopsis glauca*		17.11		10.71	13.91
银缕梅*Parrotia subaequalis*		12.08		10.71	11.40
野蔷薇*Rosa multiflora*		11.74		7.14	9.44
显子草*Phaenosperma globosum*		7.05		10.71	8.88
黑足鳞毛蕨*Dryopteris fuscipes*		6.71		7.14	6.93
三脉紫菀*Aster trinervius* subsp. *ageratoides*		6.71		7.14	6.93
青绿薹草*Carex breviculmis*		3.69		7.14	5.42
茶*Camellia sinensis*		3.36		3.57	3.46
茶条槭*Acer tataricum* subsp. *ginnala*		3.36		3.57	3.46
老鸦柿*Diospyros rhombifolia*		3.36		3.57	3.46
山莓*Rubus corchorifolius*		3.36		3.57	3.46
黄连木*Pistacia chinensis*		0.34		3.57	1.95
黄檀*Dalbergia hupeana*		0.34		3.57	1.95
柃木*Eurya japonica*		0.34		3.57	1.95
山麦冬*Liriope spicata*		0.34		3.57	1.95

注：调查时间为 2020 年 9 月 18 日，地点在无锡龙池山省级自然保护区的大龙西岕山坡，海拔为 210.5m，刘洁记录。

六、落叶、常绿阔叶混交林

落叶、常绿阔叶混交林是指由落叶阔叶树种和常绿阔叶树种混合组成的森林，是亚热带地区的地带性森林植被类型。由于长期受到人为活动的影响或破坏，此类混交林在江苏省大多分布于北亚热带的南缘地区，如宁镇山脉、宜溧山地及环太湖地区。落叶树种通常以壳斗科的麻栎、白栎、枹栎、栓皮栎、黄檀、化香树、朴树等植物为主，常绿树种主要为青冈、苦槠、石栎（柯）、冬青、石楠、女贞等耐寒性树种。此外，在江苏省中亚热带的局部山地，如无锡市宜兴市、常州市溧阳市山区，这类落叶、常绿阔叶混交林如果任其发展，随着群落生境的改良，常绿成分的增多，最终可以发展为常绿阔叶林。

在江苏省，落叶、常绿阔叶混交林这一植被亚型分为9个群系：麻栎＋冬青林、苦槠＋栓皮栎林、黄檀＋冬青林、紫楠＋宝华玉兰林、朴树＋青冈林、枹栎＋苦槠林、枹栎＋青冈林、枫香树＋苦槠林、青冈＋栓皮栎林。

1. 麻栎＋冬青林

麻栎为壳斗科高大落叶乔木，在我国广泛分布于湿润半湿润区的山坡或沟谷；朝鲜、日本、越南、印度也有分布。在江苏省，麻栎主要分布于亚热带丘陵山地，喜生于海拔50—600m的土壤肥沃和排水良好的山坡，最北可分布至连云港市。冬青为冬青科常绿乔木，在我国分布于安徽省、福建省、广东省、广西壮族自治区、河南省、湖北省、湖南省、江苏省、江西省、台湾省、云南省和浙江省；日本也有分布。冬青为中国常见的庭园观赏树种；木材坚韧，供细工原料，用于制作玩具、雕刻品、木梳等；树皮、根、叶、种子均可入药，具有清热利湿、消肿镇痛之功效。在江苏省，冬青主要分布于常州市溧阳市、苏州市、无锡市、南京市等地的山坡常绿阔叶林、常绿落叶阔叶混交林或林缘。麻栎＋冬青林主要见于南京市溧水区。由于麻栎秋季叶色变黄，因此麻栎＋冬青林的季相变化明显（图5-6-1、图5-6-2）。在江苏省调查

图5-6-1 麻栎＋冬青林（春季，溧阳市）

图 5-6-2 麻栎+冬青林（秋季，南京市紫金山）

到 1 个群丛。

代表性样地设在江苏南京无想山国家森林公园（31.6064°N，119.0039°E），海拔 134m。土壤为山地黄棕壤。为麻栎+冬青—白檀—野青茅群丛。群落总盖度 60%。该群落乔木层郁闭度在 0.70 左右，平均高度为 13.5m。优势种为麻栎、冬青，主要伴生种有白栎、枹栎、油桐、刺楸与黄檀。灌木层郁闭度为 0.30，平均高度为 1.5m。以白檀为优势种，主要伴生植物包括六月雪、卫矛、茶、蓬蘽、野蔷薇、牡荆（*Vitex negundo* var. *cannabifolia*）、雀梅藤，以及朴树、油桐、山胡椒、栓皮栎、麻栎等幼树。草本层的盖度约为 20%，主要物种有野青茅、荩草、贯众、薹草（*Carex* sp.）等。藤本植物有海金沙、鸡屎藤、木防己、菝葜、忍冬、葛和薯蓣等。

2. 苦槠+栓皮栎林

苦槠为壳斗科常绿乔木，我国分布于安徽省、福建省、广西壮族自治区、贵州省、湖北省、湖南省、江苏省、江西省、四川省和浙江省。苦槠为中性偏阳树种，耐干旱、耐贫瘠，对土壤要求不严。苏州市、无锡市等地的局部山丘可以形成小面积的苦槠林，林冠层中往往混杂栓皮栎、麻栎、白栎等落叶栎类的乔木树种。苦槠+栓皮栎林见于无锡龙池山省级自然保护区的小黑沟、江苏宜兴国家森林公园、无锡市沿太湖山丘。群落外貌较为整齐，林内植物种类丰富。在江苏省调查到 1 个群丛。

图 5-6-3 苦槠 + 栓皮栎林（宜兴市小黑沟）

图 5-6-4 苦槠 + 栓皮栎林的灌木层优势种柃木（*Eurya japonica*）

代表性样地设于无锡龙池山省级自然保护区。土壤为山地黄棕壤。为苦槠＋栓皮栎—柃木—鳞毛蕨群丛（图 5-6-3）。群落总盖度 70%。该群落乔木层郁闭度在 0.60 左右，平均高度为 11.8m。优势种为苦槠、栓皮栎，主要伴生种有白栎、化香树、杉木、冬青、大叶榉树、光亮山矾、牛鼻栓、赛山梅等。灌木层的盖度为 30%，平均高度为 1.7m。优势种为柃木（图 5-6-4），主要伴生植物包括山胡椒、算盘子、野鸦椿、海州常山、白檀、胡颓子、枸骨冬青、六月雪等。草本层盖度约 20%，种类组成较为简单，主要物种有鳞毛蕨（*Dryopteris* sp.）、贯众、青绿薹草、泽兰（*Eupatorium japonicum*）等。藤本植物有海金沙、菝葜、络石等。

3. 黄檀＋冬青林

黄檀为豆科落叶乔木，我国分布于山东省、江苏省、安徽省、浙江省、江西省、福建省、湖北省、湖南省、河南省、山西省、广东省、广西壮族自治区、四川省、贵州省、云南省。属于深根性树种，具根瘤，能固氮，是荒山荒地的先锋造林树种；耐寒、耐旱，适应性强，生长于深厚肥沃的土壤中为佳。黄檀在江苏省生于山地林中或灌丛中，山沟溪旁及阔叶林的坡地常见。黄檀＋冬青林分布于常州市溧阳市、无锡市宜兴市（图 5-6-5）。在江苏省仅调查到 1 个群丛。

代表性样地设在常州市溧阳市龙潭林场。土壤类型为山地黄棕壤。为黄檀＋冬青—山胡椒—梓木草群丛（图 5-6-6）。群落总盖度 60%。乔木层郁闭度在 0.5 左右，平均高度为 9.4m。优势种为黄檀、冬青，主要伴生种有化香树、白背叶野桐、茅栗、白栎、响叶杨、枫香树、黄连木。灌木层的盖度为 30%，平均高度为 2.1m。主要种类有山胡椒、白檀、山莓，伴生植物有老鸦柿、笐子梢（*Campylotropis macrocarpa*）、红果钓樟（*Lindera erythrocarpa*）、枸骨、苦竹、老鸦糊、野鸦椿、醉鱼草（*Buddleja lindleyana*）、小构树、海州常山等。草本层的盖度约为 25%，主要物种有梓木草（图 5-6-7）、龙芽草（*Agrimonia pilosa*）、锈鳞薹草（即仙台薹草）（*Carex sendaica*）、疏花野青茅等。藤本植物有木通、菝葜、紫藤、柱果铁线莲（*Clematis uncinata*）、海金沙、络石等。

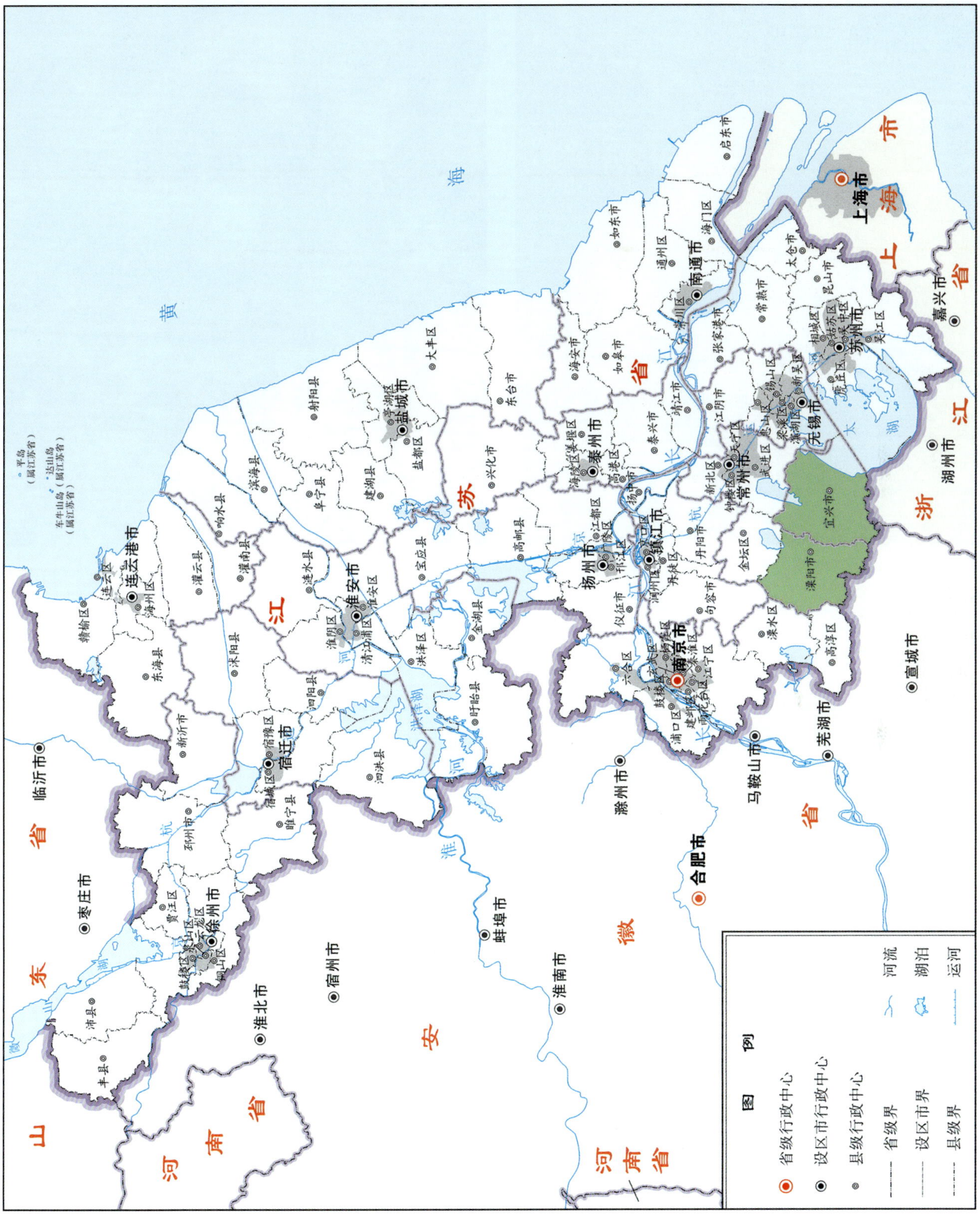

图 5-6-5　黄檀 + 冬青林分布图

图 5-6-6　黄檀＋冬青林（溧阳市龙潭）

图 5-6-7　黄檀＋冬青林的草本层优势种梓木草（*Lithospermum zollingeri*）

4. 紫楠＋宝华玉兰林

紫楠为樟科常绿乔木，我国分布于安徽省、福建省、广东省、广西壮族自治区、贵州省、湖北省、湖南省、江苏省、江西省、四川省、云南省、浙江省；越南也有分布。紫楠木材纹理直，结构细，质坚硬，耐腐性强，是优良的材用树种；冠形端正，树姿优美，叶大荫浓，为庭院观赏树种。此外，也可作油料和芳香树种。该种为深根性树种，萌生性强，喜温暖湿润的气候及深厚、肥沃、湿润而排水良好的微酸性或中性土壤。宝华玉兰为木兰科落叶乔木（图 5-6-8），产于镇江市句容市宝华山，生于海拔约 220m 的丘陵地。根据 2021 年国务院颁布的《国家重点保护野生植物名录》，宝华玉兰属于国家二级重点保护野生植物；也是优美的庭院观赏树种（图 5-6-9）。在江苏省，紫楠＋宝华玉兰林分布于镇江市句容市宝华山（图 5-6-10）。群落外貌较整齐，林内结构简单。在江苏省调查到 1 个群丛。

代表性样地设在宝华山国家森林公园。土壤为山地黄棕壤。为紫楠＋宝华玉兰—紫楠—青绿薹草群丛（表 5-6-1）。群落总盖度 70%。乔木层郁闭度在 0.60 左右，平均高度为 7.2m。在该层次中，种类组成丰富，共有 16 种植物。其中，常绿阔叶树种紫楠和落叶阔叶树种宝华玉兰占据明显的优势，重要值分别为 17.66 和 14.00，为优势种。其他主要伴生物种还包括毛竹（8.57）、枫香树（8.61）、青冈（7.96）和红柴枝（*Meliosma oldhamii*）（7.15）等。灌木层的盖度为 30%，平均高度约 3.8m。该层以紫楠为优势种，其重要值为 22.96，其他主要伴生物种包括牛鼻栓（15.27）、青冈（9.76）和榆树（8.99）等。草本层的盖度约为 40%，共有 20 种植物，其中络石和青绿薹草在该层中占优势地位，其重要值分别为 13.33 和 11.29。其余主要的伴生植物还包括细柱五加（5.69）、乳浆大戟（*Euphorbia esula*）（4.73）、南蛇藤（1.60）等。藤本植物有络石、南蛇藤、海金沙等。

图 5-6-8　宝华玉兰（*Yulania zenii*）的植株

图 5-6-9 宝华玉兰（*Yulania zenii*）的花

图 5-6-10 紫楠 + 宝华玉兰林（句容市宝华山）

表 5-6-1 紫楠 + 宝华玉兰—紫楠—青绿薹草群丛不同层次物种重要值

种名	相对多度 /%	相对频度 /%	相对显著度 /%	相对多盖度 /%	重要值 /%
乔木层					
紫楠*Phoebe sheareri*	32.07	10.00	10.92		17.66
宝华玉兰*Yulania zenii*	18.69	10.00	13.32		14.00
枫香树*Liquidambar formosana*	5.49	10.00	10.34		8.61
毛竹*Phyllostachys edulis*	12.58	3.33	9.80		8.57
青冈*Cyclobalanopsis glauca*	5.49	6.67	11.73		7.96
红柴枝*Meliosma oldhamii*	4.59	6.67	10.18		7.15
榆树*Ulmus pumila*	2.20	6.67	10.06		6.31
朴树*Celtis sinensis*	2.20	6.67	6.65		5.17
木蜡树*Toxicodendron sylvestre*	2.20	6.67	6.11		4.99
山葡萄*Vitis amurensis*	2.40	6.67	0.63		3.23
建始槭*Acer henryi*	3.30	6.67	0.71		3.56
黄连木*Pistacia chinensis*	2.20	6.67	1.45		3.44
化香树*Platycarya strobilacea*	2.20	3.33	2.18		2.57
响叶杨*Populus adenopoda*	2.20	3.33	1.85		2.46
麻栎*Quercus acutissima*	1.10	3.33	2.17		2.20
胡桃楸*Juglans mandshurica*	1.10	3.33	1.89		2.11
灌木层					
紫楠*Phoebe sheareri*	21.62	10.00	37.25		22.96
牛鼻栓*Fortunearia sinensis*	19.92	10.00	15.90		15.27
青冈*Cyclobalanopsis glauca*	8.11	5.00	16.18		9.76
榆树*Ulmus pumila*	5.41	10.00	11.56		8.99

续表

种名	相对多度 /%	相对频度 /%	相对显著度 /%	相对多盖度 /%	重要值 /%
细柱五加*Eleutherococcus nodiflorus*	9.81	10.00	0.95		6.92
老鸦柿*Diospyros rhombifolia*	8.11	5.00	2.11		5.07
糙叶树*Aphananthe aspera*	2.70	5.00	6.00		4.57
黄檀*Dalbergia hupeana*	2.70	5.00	3.48		3.73
苦竹*Pleioblastus amarus*	2.70	5.00	1.96		3.22
建始槭*Acer henryi*	2.70	5.00	1.36		3.02
红柴枝*Meliosma oldhamii*	2.70	5.00	1.10		2.93
枫香树*Liquidambar formosana*	2.70	5.00	0.87		2.86
五角枫*Acer pictum* subsp. *mono*	2.70	5.00	0.49		2.73
山胡椒*Lindera glauca*	2.70	5.00	0.34		2.68
胡桃楸*Juglans mandshurica*	2.70	5.00	0.34		2.68
小蜡*Ligustrum sinense*	2.70	5.00	0.12		2.61
草本层					
青绿薹草*Carex breviculmis*		11.71		14.95	13.33
络石*Trachelospermum jasminoides*		11.71		10.87	11.29
紫楠*Phoebe sheareri*		8.71		8.83	8.77
山麦冬*Liriope spicata*		5.71		7.83	6.77
缩箬*Oplismenus undulatifolius*		5.71		6.83	6.27
蓬虆*Rubus hirsutus*		5.71		6.83	6.27
细柱五加*Eleutherococcus nodiflorus*		2.86		8.53	5.69
三脉紫菀*Aster trinervius* subsp. *ageratoides*		2.86		8.53	5.69
乳浆大戟*Euphorbia esula*		5.71		3.75	4.73
阔叶土麦冬*Liriope muscari*		5.71		3.75	4.73
贯众*Cyrtomium fortunei*		5.71		3.75	4.73
宝铎草*Disporum sessile*		5.71		3.75	4.73
紫藤*Wisteria sinensis*		2.86		3.41	3.14
野大豆*Glycine soja*		2.86		3.41	3.14
艾蒿*Artemisia argyi*		2.86		3.41	3.14
青冈*Cyclobalanopsis glauca*		2.86		0.34	1.60
南蛇藤*Celastrus orbiculatus*		2.86		0.34	1.60
木通*Clematis finetiana*		2.86		0.34	1.60
老鸦柿 *Diospyros rhombifolia*		2.86		0.34	1.60
海金沙*Lygodium japonicum*		2.86		0.34	1.60

注：调查时间为 2021 年 9 月 17 日，地点在宝华山国家森林公园，海拔为 185m，李恺頔记录。

5. 朴树＋青冈林

朴树为大麻科高大落叶乔木，在我国广泛分布，多生于路旁、山坡、林缘，海拔 100—1500m 处。青冈为壳斗科常绿乔木，我国分布于陕西省、甘肃省、江苏省、安徽省、浙江省、江西省、福建省、台湾省、河南省、湖北省、湖南省、广东省、广西壮族自治区、四川省、贵州省、云南省、西藏自治区等；生于海拔 60—2600m 的山坡或沟谷，常组成常绿阔叶林、常绿阔叶与落叶阔叶混交林。在江苏省，朴树＋青冈林分布于南京市江宁区、镇江市句容市（图 5-6-11）。群落外貌较整齐，林内结构简单。在江苏省调

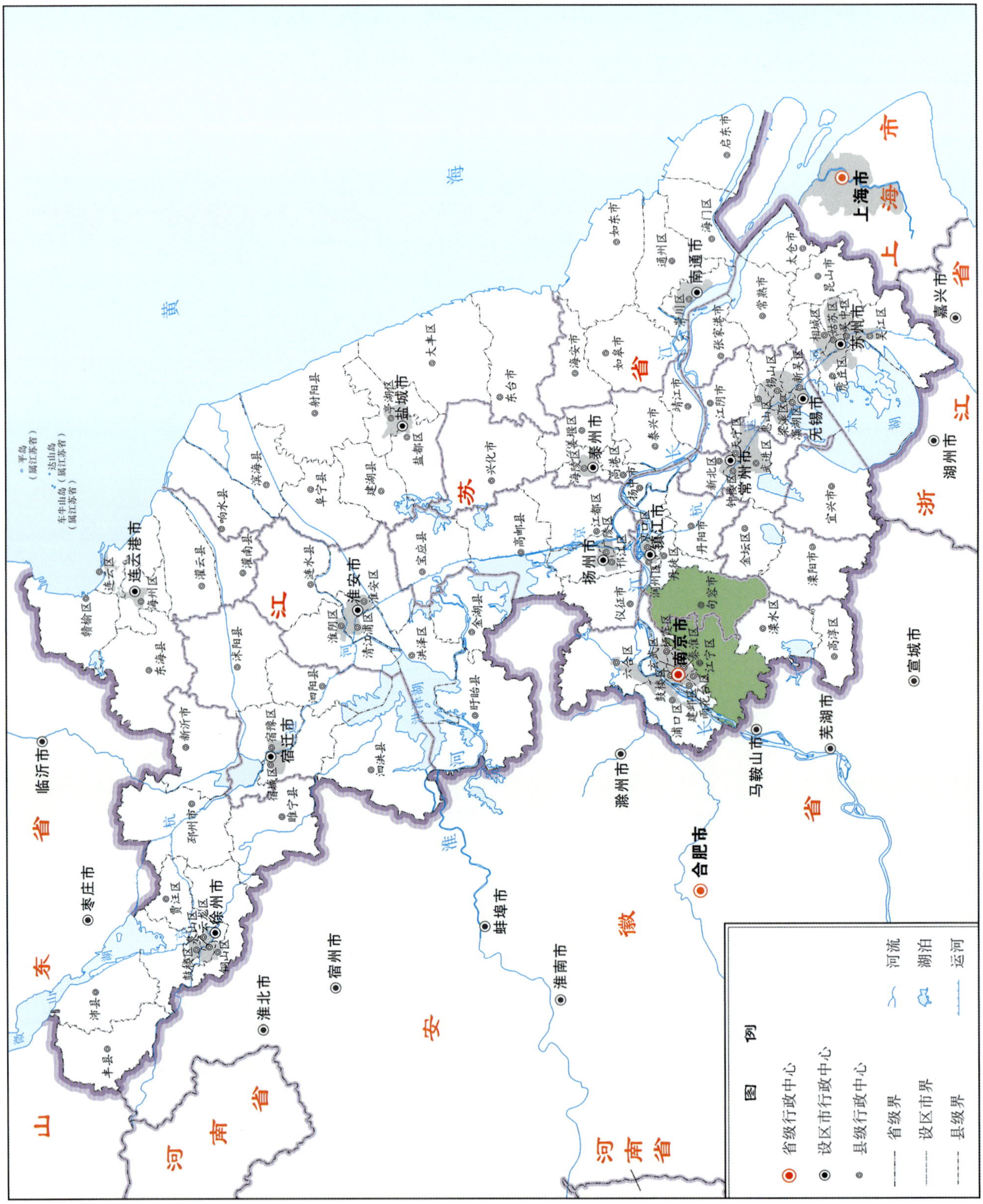

图 5-6-11 朴树 + 青冈林分布图

查到 1 个群丛。

代表性样地设在宝华山国家森林公园，海拔 185m（图 5-6-12）。土壤为山地黄棕壤。为朴树＋青冈—建始槭—还亮草＋老鸦瓣群丛（表 5-6-2）。群落总盖度 70%。该群落乔木层郁闭度在 0.80 左右，平均高度为 8.0m。该层共有 6 种植物，主要为阔叶树种，包括朴树、青冈、建始槭、栓皮栎、枫香树、刺楸。其中，朴树的重要值最大，为 29.84；其次为青冈，重要值为 26.64，它们为优势种。灌木层的盖度为 44%，平均高度约为 4.2m。该层共有 5 种植物，其中建始槭是群落的优势种，重要值为 48.79。其他伴生植物包括枫香树（21.03）、毛柄连蕊茶（*Camellia fraterna*）（19.21）、青冈（5.85）等。草本层的盖度约为 40%，共有 10 种植物，优势种为还亮草（*Delphinium anthriscrifolium*）和老鸦瓣（*Amana edulis*），重要值分别为 17.37 和 17.24。其他伴生植物还包括建始槭（16.51）、天葵（14.41）、孩儿参（*Pseudostellaria heterophylla*）（8.62）等。藤本植物主要有海金沙、络石、菝葜等。

图 5-6-12　朴树＋青冈林（句容市宝华山）

表 5-6-2　朴树＋青冈—建始槭—还亮草＋老鸦瓣群丛不同层次物种重要值

种名	相对多度 /%	相对频度 /%	相对显著度 /%	相对多盖度 /%	重要值 /%
乔木层					
朴树*Celtis sinensis*	31.07	27.27	31.19		29.84
青冈*Cyclobalanopsis glauca*	22.95	29.09	27.89		26.64
建始槭*Acer henryi*	13.16	6.13	21.68		13.66
栓皮栎*Quercus variabilis*	15.08	21.27	6.12		14.16
枫香树*Liquidambar formosana*	9.31	9.27	12.54		10.37
刺楸*Kalopanax septemlobus*	8.85	7.09	11.03		5.66

续表

种名	相对多度 /%	相对频度 /%	相对显著度 /%	相对多盖度 /%	重要值 /%
灌木层					
建始槭*Acer henryi*	57.90	37.27	51.19		48.79
枫香树*Liquidambar formosana*	10.53	18.18	34.39		21.03
毛柄连蕊茶*Camellia fraterna*	21.05	27.27	9.30		19.21
青冈*Cyclobalanopsis glauca*	5.26	9.09	3.19		5.85
朴树*Celtis sinensis*	5.26	9.09	1.63		5.33
草本层					
还亮草*Delphinium anthriscifolium*		15.00		19.74	17.37
老鸦瓣*Amana edulis*		20.00		14.47	17.24
建始槭*Acer henryi*		10.00		23.03	16.51
天葵*Semiaquilegia adoxoides*		15.00		13.82	14.41
孩儿参*Pseudostellaria heterophylla*		10.00		7.24	8.62
山麦冬*Liriope spicata*		5.00		6.58	5.79
紫金牛*Ardisia japonica*		5.00		6.58	5.79
紫堇*Corydalis edulis*		5.00		6.58	5.79
角堇*Viola cornuta*		10.00		1.32	5.66
天门冬*Asparagus cochinchinensis*		5.00		0.66	2.83

注：调查时间为 2020 年 8 月 25 日，地点在宝华山国家森林公园，海拔为 185m，刘洁记录。

6. 枹栎＋苦槠林

枹栎（短柄枹）为壳斗科落叶乔木，在我国广泛分布，生于海拔 100—2000m 的山地或沟谷林中。苦槠为壳斗科常绿乔木（图 5-6-13），我国分布于安徽省、福建省、广西壮族自治区、贵州省、湖北省、湖南省、江苏省、江西省、四川省、浙江省；见于海拔 200—1000m 的丘陵或山坡疏林或密林中，常与杉木、香樟或栎属树种混生，形成针阔混交林、常绿阔叶林、常绿落叶阔叶混交林。苦槠为中性偏阳性树种，耐干旱瘠薄，耐寒性强，对土壤要求不高，是亚热带森林的建群种之一，其种子是制粉条和豆腐的原料。在江苏省，枹栎＋苦槠林分布于无锡市宜兴市、常州市溧阳市。群落外貌较整齐，林内结构简单。在江苏省调查到 1 个群丛。

图 5-6-13　苦槠（*Castanopsis sclerophylla*）的果实

代表性样地设在无锡龙池山省级自然保护区的小黑沟。土壤类型为山地黄棕壤。为枹栎＋苦槠—白檀—淡竹叶群丛（图 5-6-14）。群落总盖度 60%。乔木层郁闭度在 0.60 左右，平均高度为 10.8m。优势种为枹栎、苦槠，主要伴生种有白背

图 5-6-14　枹栎＋苦槠林（宜兴市小黑沟）

叶野桐、黄檀、化香树、山槐和枫香树。灌木层的盖度为 40%，平均高度为 1.7m。主要植物有白檀、山胡椒、野鸦椿、六月雪、海州常山、青花椒、长叶冻绿、盐麸木等。草本层的盖度约为 25%，主要物种有淡竹叶、芒、蕨，以及山莓、野鸦椿、六月雪等幼苗。藤本植物主要有葛、海金沙、络石等。

7. 枹栎＋青冈林

枹栎和青冈均为壳斗科乔木（图 5-6-15）。在江苏省，枹栎＋青冈林主要分布于镇江市句容市、无锡市宜兴市、常州市溧阳市等苏南山地。群落外貌较整齐，秋季枹栎叶色变红（图 5-6-16），群落外貌红绿相间，林内结构简单。在江苏省调查到 1 个群丛。

图 5-6-15　枹栎（*Quercus serrata*）（夏季）

图 5-6-16　枹栎（*Quercus serrata*）（秋季）

代表性样地设在无锡龙池山省级自然保护区的小黑沟。土壤为山地黄棕壤。为枹栎＋青冈—柃木—显子草群丛（图 5-6-17）。群落总盖度 60%。乔木层郁闭度在 0.60 左右，平均高度为 11.5m。优势种为枹栎、青冈，主要伴生种有柯、白栎、黄檀、木蜡树、蓝果树和君迁子。灌木层的盖度为 40%，平均高度为 1.8m。主要植物有柃木、狭叶山胡椒、木蜡树、白檀、赛山梅、野鸦椿、大青、青花椒、圆叶鼠李等。草本层的盖度约为 25%，主要物种有显子草、淡竹叶、贯众、刺头复叶耳蕨等。藤本植物主要有薜荔、海金沙、络石、华东菝葜（*Smilax sieboldii*）等。

图 5-6-17　枹栎＋青冈林（宜兴市小黑沟）

8. 枫香树＋苦槠林

枫香树和苦槠均为江苏省森林群落的常见森林树种，也可栽培供观赏（图 5-6-18）。枫香树＋苦槠林分布于无锡市宜兴市，常州市溧阳市，南京市江宁区、玄武区（图 5-6-19、图 5-6-20）。群落外貌较整齐，林内结构简单。在江苏省调查到 1 个群丛。

代表性样地设在无锡市宜兴市抽水蓄能电站开关站下方山坡（31.3234°N，119.7607°E），海拔 217.4m。土壤类型为山地黄棕壤。为枫香树＋苦槠—盐麸木—山麦冬群丛（表 5-6-3）。群落总盖度 60%。乔木层郁闭度为 0.40，平均高度 9.2m。该层共有 5 种植物，主要为枫香树、苦槠，其余植物有白背叶野桐、八角枫和油桐。其中，枫香树的重要值为 36.61，苦槠为 31.74，均为乔木层的优势种。灌木层的盖度为 35%，平均高度 2.3m。共有 7 种植物，优势种为盐麸木，重要值为 35.67；其次为山胡椒，为 21.26；主要伴生种包括木蜡树、金樱子与紫藤等。草本层平均盖度为 28%，共有 10 种植物。优势种为山麦冬，重要值为 26.37。主要伴生种有山莓（16.12）、地锦（13.31）和何首乌（13.31）等植物（表 5-6-3）。藤本植物有地锦、菝葜、紫藤、海金沙、木防己等。

图 5-6-18　枫香树（*Liquidambar formosana*）（栽培，南京市中山陵）

图 5-6-19　枫香树 + 苦槠林（江苏宜兴国家森林公园）

图 5-6-20　枫香树 + 苦槠林（南京市紫金山）

表 5-6-3　枫香树 + 苦槠—盐麸木—山麦冬群丛不同层次物种重要值

种名	相对多度 /%	相对频度 /%	相对显著度 /%	相对多盖度 /%	重要值 /%
乔木层					
枫香树*Liquidambar formosana*	35.54	30.77	43.51		36.61
苦槠*Paulownia tomentosa*	35.18	33.08	26.95		31.74
白背叶野桐*Mallotus apeltus*	13.64	13.08	17.48		15.28
八角枫*Alangium chinense*	9.09	15.38	5.47		9.98
油桐*Vernicia fordii*	4.55	7.69	6.60		6.28
灌木层					
盐麸木*Rhus chinensis*	27.27	20.00	59.74		35.67
山胡椒*Lindera glauca*	27.27	26.67	9.85		21.26
木蜡树*Toxicodendron sylvestre*	13.64	13.33	10.49		12.49
金樱子*Rosa laevigata*	13.64	20.00	2.89		12.17
紫藤*Wisteria sinensis*	9.09	6.67	10.33		8.70
苦竹*Pleioblastus amarus*	4.55	6.67	5.79		5.67
野迎春*Jasminum mesnyi*	4.55	6.67	0.91		4.04
草本层					
山麦冬*Liriope spicata*		14.29		38.46	26.37
山莓*Rubus corchorifolius*		14.29		17.95	16.12
地锦*Parthenocissus tricuspidata*		9.52		17.09	13.31

续表

种名	相对多度 /%	相对频度 /%	相对显著度 /%	相对多盖度 /%	重要值 /%
何首乌*Fallopia multiflora*		9.52		17.09	13.31
菝葜*Smilax china*		9.52		1.71	5.62
海金沙*Lygodium japonicum*		9.52		1.71	5.62
木防己*Cocculus orbiculatus*		9.52		1.71	5.62
一年蓬*Erigeron annuus*		9.52		1.71	5.62
博落回*Macleaya cordata*		9.52		1.71	5.62
野蔷薇*Rosa multiflora*		4.76		0.85	2.81

注：调查时间为 2021 年 7 月 23 日，地点在无锡市宜兴市抽水蓄能电站开关站下方山坡，海拔为 217.4m，邵丽鸳记录。

9. 青冈＋栓皮栎林

青冈和栓皮栎均为壳斗科乔木，是江苏省森林群落的常见优势种。青冈＋栓皮栎林见于南京市紫金山、常州市溧阳市，以及无锡市宜兴市、沿太湖山丘（图 5-6-21、图 5-6-22）。群落外貌较为整齐，林内植物种类丰富。在江苏省调查到 1 个群丛。

图 5-6-21　青冈＋栓皮栎林（宜兴市老鹰岕）

图 5-6-22 青冈 + 栓皮栎林（南京市紫金山）

代表性样地设在无锡市宜兴市的老鹰岕。土壤类型为山地黄棕壤。为青冈+栓皮栎—山鸡椒—中日金星蕨群丛。群落总盖度 70%。乔木层郁闭度在 0.60 左右，平均高度为 11.5m。优势种为青冈、栓皮栎，主要伴生种有白栎、柯、杉木、冬青、黄檀、枹栎、赛山梅等。灌木层的盖度为 30%，平均高度为 1.7m。优势种为山鸡椒（图 5-6-23），主要伴生植物包括山胡椒、枸骨、盐麸木、茶、荚蒾、庐山石楠（*Photinia villosa* var. *sinica*）、山莓、胡颓子、八角枫、江浙山胡椒（*Lindera chienii*）、六月雪等。草本层的盖度约为 20%，种类组成较为简单，主要物种有中日金星蕨（*Parathelypteris nipponica*）、两色鳞毛蕨（*Dryopteris setosa*）、贯众、薹草（*Carex* sp.）、杏香兔儿风等。藤本植物有海金沙、土茯苓、络石、薜荔等。

图 5-6-23 青冈 + 栓皮栎林的灌木层优势种山鸡椒（*Litsea cubeba*）（宜兴市老鹰岕）

七、暖性常绿阔叶林

由于北半球 25°—35°N 中纬度地带受副热带高压下沉气流和信风带背岸风的作用，这一地区气候干旱少雨，大部分为荒漠和半荒漠，而东亚大陆由于海陆对比显著，形成了特殊的温暖湿润的亚热带季风气候，由此孕育出独特的植被类型——常绿阔叶林（宋永昌等，2007）。常绿阔叶林是亚热带湿润地区由常绿阔叶树种组成的地带性森林类型。常绿阔叶林在我国分布最广泛，南北纵跨约 10 个纬度（23°—33°N），东西横跨约 25 个经度（98°—123°E）。宋永昌（2013）将广义的常绿阔叶林划分为 4 种类型：典型常绿阔叶林、亚热带季风常绿阔叶林、亚热带适雨常绿阔叶林、温带适雨常绿阔叶林。狭义的常绿阔叶林即指典型常绿阔叶林。陈灵芝（2019）将我国的常绿阔叶林分为 4 类：暖性常绿阔叶林、暖湿性常绿阔叶林、偏热性常绿阔叶林（季风常绿阔叶林）和偏热湿性常绿阔叶林。江苏省的常绿阔叶林属于暖性常绿阔叶林。这一类型在我国主要分布于中亚热带低山丘陵，林型丰富，主要见于中亚热带东部地区。

江苏省境内的常绿阔叶林主要分布于常州市溧阳市，无锡市宜兴市、沿太湖山丘，自西向东经宜溧山地沿太湖北岸直至苏州以南地区，即在 31.3333°—31.5833°N 以南地区。这一区域缺少高山，主要为亚热带低山丘陵，但是水热条件良好，因此局部地段分布着以壳斗科、樟科、山茶科等植物为主的典型常绿阔叶林，如宜溧山地的青冈林、柯林、紫楠林；苏州市吴中区铜井山的苦槠林、西山岛的香樟林、光福镇的木荷林。这些森林群落中的优势树种大多为亚热带耐寒性成分。由于地处中亚热带北缘，林内往往含有不少的落叶阔叶树种，但是常绿树种的多度和盖度占据优势，以常绿层片为主，所以群落外貌为常绿阔叶林。

在江苏省，暖性常绿阔叶林这一植被亚型分为 9 个群系：青冈林、苦槠林、米槠林、红楠林、紫楠林、木荷林、香樟林、柯林、光亮山矾林。

1. 青冈林

青冈为壳斗科常绿乔木（图 5-7-1），是我国亚热带地区森林群落中的常见树种之一。为深根性树种，对土壤要求不严；萌芽力强，有时可形成单优群落；较为耐寒，能耐受 -10℃的极端低温；可耐阴，耐干旱瘠薄。在江苏省，青冈分布于亚热带山坡或沟谷，组成常绿阔叶林、常绿阔叶与落叶混交林。青冈林群系分布于无锡市宜兴市、常州市溧阳市、南京市溧水区、苏州市吴中区（图 5-7-2）。群落外貌整齐，群落结构分层明显。在江苏省调查到 1 个群丛。

图 5-7-1 青冈（*Cyclobalanopsis glauca*）

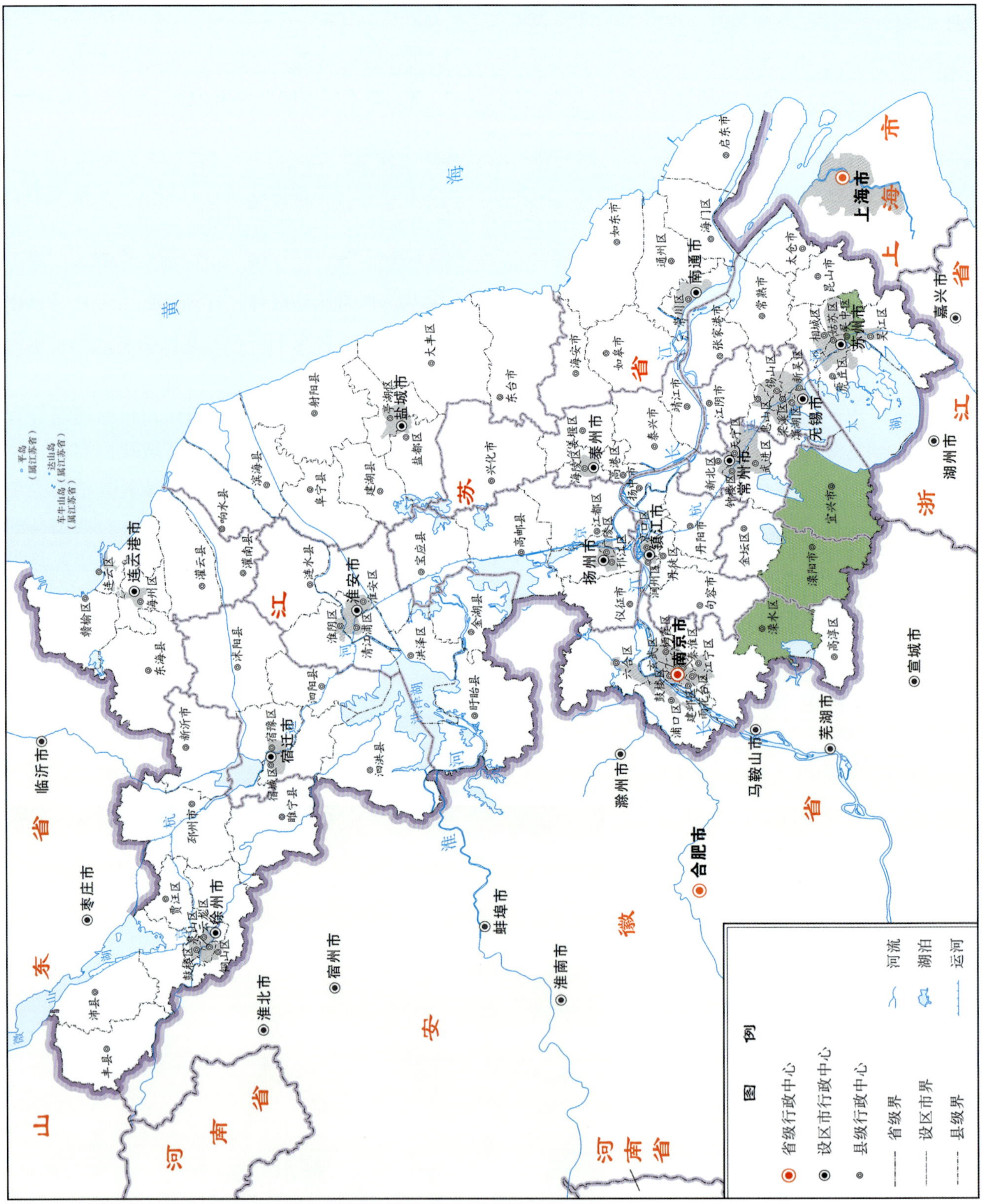

图例
省级行政中心
设区市行政中心
县级行政中心
省级界
设区市界
县级界
河流
湖泊
运河
黄海
江苏省
上海市
浙江省
安徽省
山东省
河南省
南京市
合肥市
苏州市
无锡市
常州市
镇江市
扬州市
泰州市
南通市
盐城市
淮安市
宿迁市
徐州市
连云港市
湖州市
嘉兴市
宣城市
芜湖市
马鞍山市
滁州市
蚌埠市
淮南市
宿州市
淮北市
枣庄市
临沂市
宜兴市
溧阳市
溧水区
高淳区

图 5-7-2 青冈林分布图

代表性样地设于江苏宜兴国家森林公园的老鹰岕（31.2461°N，119.7366°E），海拔 181.2m。为青冈—山鸡椒—金星蕨群丛（图 5-7-3）。土壤类型主要为黄棕壤。群落总盖度 70%。乔木层郁闭度为 0.60，平均高度为 11.5m。优势种为青冈，其胸径范围为 6.5—26.0cm，平均胸径为 15.83cm。其余乔木树种还有柯、木蜡树、枹栎、冬青和君迁子。其中，青冈的重要值最大，达 48.33，为乔木层的建群种（表 5-7-1）。灌木层的盖度为 30%，平均高度 2.3m。共有植物 10 种。优势种为山鸡椒，重要值为 37.88。主要伴生种包括山胡椒（14.72）、狭叶山胡椒（13.97）与木蜡树（6.37）等。草本层盖度平均为 25%，共有 16 种植物。优势种为金星蕨（*Parathelypteris glanduligera*），重要值为 33.03。其余主要伴生植物有青绿薹草（12.78）、山麦冬（6.96）、显子草（6.96），以及青冈（3.48）、木蜡树（2.08）、柯（2.08）等的幼苗（表 5-7-1）。藤本植物有菝葜、薜荔、鸡屎藤、海金沙、大芽南蛇藤等。

图 5-7-3　青冈林（宜兴市老鹰岕）

表 5-7-1　青冈—山鸡椒—金星蕨群丛不同层次物种重要值

种名	相对多度 /%	相对频度 /%	相对显著度 /%	相对多盖度 /%	重要值 /%
乔木层					
青冈*Cyclobalanopsis glauca*	48.57	28.57	67.83		48.33
柯*Lithocarpus glaber*	17.14	28.57	10.80		18.84
木蜡树*Toxicodendron sylvestre*	17.14	14.29	11.45		14.29
枹栎*Quercus serrata*	8.57	14.29	6.97		9.94
冬青*Ilex chinensis*	5.71	7.14	2.06		4.97
君迁子*Diospyros lotus*	2.86	7.14	0.89		3.63
灌木层					
山鸡椒*Litsea cubeba*	36.11	25.00	52.52		37.88
山胡椒*Lindera glauca*	16.67	12.50	14.98		14.72
狭叶山胡椒*Lindera angustifolia*	16.67	18.75	6.49		13.97
木蜡树*Toxicodendron sylvestre*	8.33	6.25	4.52		6.37
君迁子*Diospyros lotus*	2.78	6.25	6.34		5.12
菝葜*Smilax china*	5.56	6.25	2.95		4.92
大青*Clerodendrum crytophyllum*	2.78	6.25	5.57		4.87
满山红*Rhododendron mariesii*	2.78	6.25	5.57		4.87
赛山梅*Styrax confusus*	5.56	6.25	0.15		3.99
柯*Lithocarpus glaber*	2.78	6.25	0.89		3.31
草本层					
金星蕨*Parathelypteris glanduligera*		11.54		54.52	33.03
青绿薹草*Carex breviculmis*		11.54		14.02	12.78
山麦冬*Liriope spicata*		7.69		6.23	6.96
显子草*Phaenosperma globosum*		7.69		6.23	6.96
山胡椒*Lindera glauca*		7.69		3.43	5.56
薜荔*Ficus pumila*		7.69		3.43	5.56
鸡屎藤*Paederia foetida*		7.69		3.43	5.56
石韦*Pyrrosia lingua*		7.69		0.62	4.16
青冈*Cyclobalanopsis glauca*		3.85		3.12	3.48
黑足鳞毛蕨*Dryopteris fuscipes*		3.85		3.12	3.48
海金沙*Lygodium japonicum*		3.85		0.31	2.08
楤木*Aralia elata*		3.85		0.31	2.08
柯*Lithocarpus glaber*		3.85		0.31	2.08
木蜡树*Toxicodendron sylvestre*		3.85		0.31	2.08
大芽南蛇藤*Celastrus gemmatus*		3.85		0.31	2.08
冬青*Ilex chinensis*		3.85		0.31	2.08

注：调查时间为 2022 年 5 月 7 日，地点在江苏宜兴国家森林公园的老鹰岕，海拔为 181.2m，蔡瀚纬记录。

2. 苦槠林

苦槠为壳斗科常绿乔木（图 5-7-4），是我国亚热带常绿阔叶林乔木层的主要建群种之一（图 5-7-5）。在我国分布于长江以南五岭以北各地，西南地区仅见于四川省东部及贵州省东北部。在江苏省，苦槠林分布于南京市溧水区、常州市溧阳市（图 5–7–6）。群落外貌较整齐，群落结构较复杂。在江苏省调查到 1 个群丛。

代表性样地设于无锡龙池山省级自然保护区的小黑沟（31.2422°N，119.7313°E），海拔 177.0m。为苦槠—马银花—狗脊群丛（图 5–7–7）。土壤类型主要为黄棕壤。乔木层郁闭度为 0.55，平均高度 13.0m。共有 5 种植物，分别为苦槠、杉木、光亮山矾、木蜡树和蓝果树。其中，苦槠的重要值为 38.53，为优势种。灌木层的盖度为 30%，平均高度 4.2m。共有植物 14 种，优势种为马银花，重要值为 22.60。主要伴生种包括赛山梅（12.41）、苦槠（11.50）和大青（7.91）等。草本层盖度平均为 40%，共有 13 种植物，优势种为狗脊，重要值为 22.93。主要伴生植物有黑足鳞毛蕨（12.85）、地锦（12.32）和茜草（6.90）等（表 5–7–2）。藤本植物有紫藤、络石、海金沙、五味子（*Schisandra chinensis*）、常春藤等。

图 5–7–4　苦槠（*Castanopsis sclerophylla*）的植株

图 5–7–5　苦槠（*Castanopsis sclerophylla*）的花序

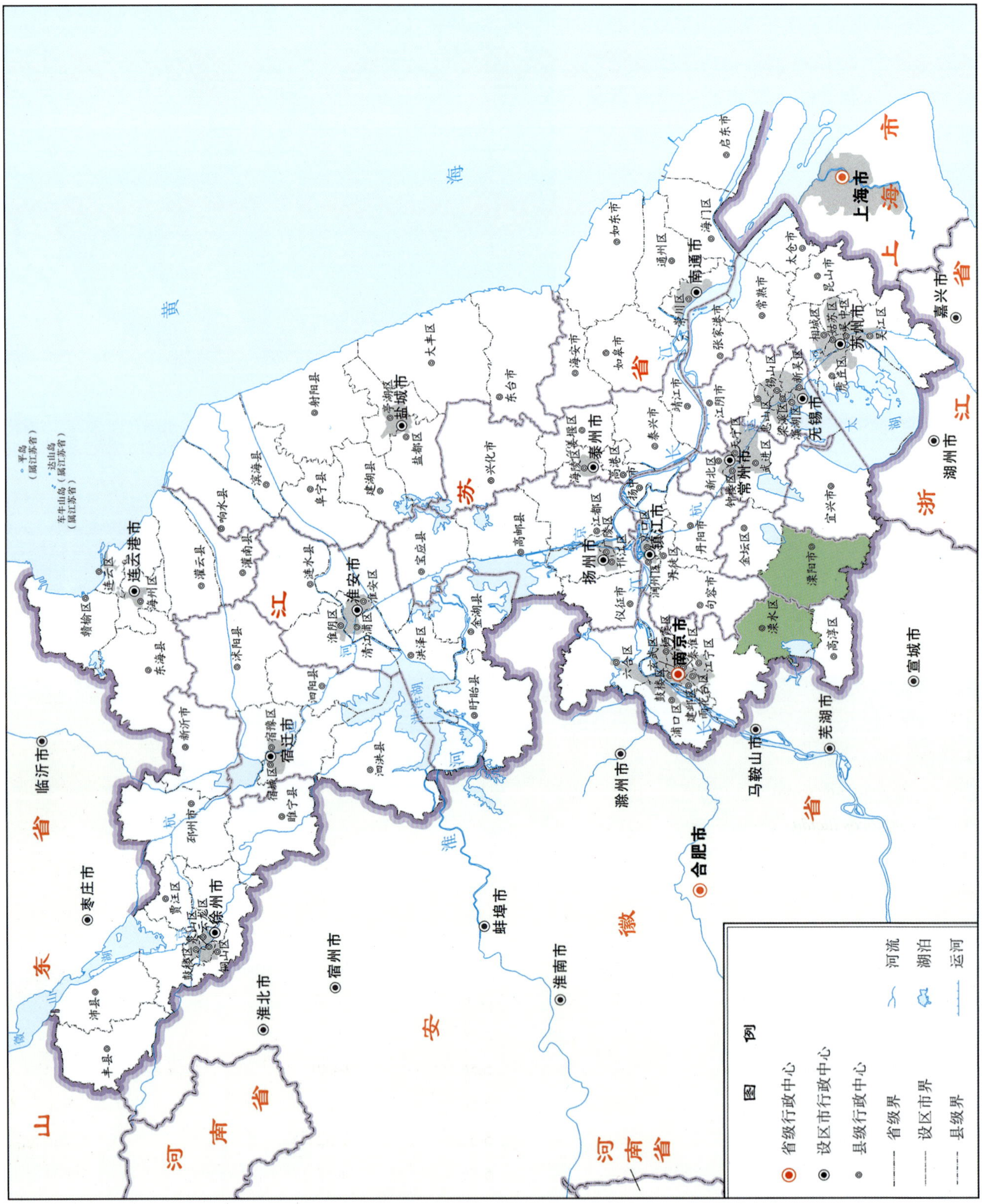

黄
海
江
苏
省
上海市
上
海
市
浙
江
省
安
徽
省
山
东
省
河
南
省
南京市
合肥市
连云港市
盐城市
淮安市
宿迁市
徐州市
扬州市
泰州市
镇江市
南通市
常州市
无锡市
苏州市
临沂市
枣庄市
淮北市
宿州市
蚌埠市
淮南市
滁州市
马鞍山市
芜湖市
宣城市
湖州市
嘉兴市
丰县
沛县
睢宁县
邳州市
新沂市
东海县
灌云县
灌南县
响水县
滨海县
阜宁县
射阳县
建湖县
东台市
兴化市
宝应县
高邮市
仪征市
句容市
丹阳市
金坛区
溧阳市
溧水区
高淳区
宜兴市
江阴市
张家港市
常熟市
太仓市
昆山市
如皋市
如东市
海安市
海门区
启东市
泰兴市
靖江市
盱眙县
金湖县
洪泽区
泗阳县
泗洪县
沭阳县
涟水县
大丰区
图例
省级行政中心
设区市行政中心
县级行政中心
省级界
设区市界
县级界
河流
湖泊
运河

图 5-7-6 苦槠林分布图

图 5-7-7 苦槠林(宜兴市小黑沟)

表 5-7-2 苦槠—马银花—狗脊群丛不同层次物种重要值

种名	相对多度 /%	相对频度 /%	相对显著度 /%	相对多盖度 /%	重要值 /%
乔木层					
苦槠*Castanopsis sclerophylla*	41.03	25.00	49.57		38.53
杉木*Cunninghamia lanceolata*	30.77	25.00	43.95		33.24
光亮山矾*Symplocos lucida*	12.82	18.75	2.74		11.44
木蜡树*Toxicodendron sylvestre*	10.26	18.75	1.98		10.33
蓝果树*Nyssa sinensis*	5.13	12.50	1.75		6.46
灌木层					
马银花*Rhododendron ovatum*	26.92	22.22	18.66		22.60
赛山梅*Styrax confusus*	11.54	11.11	14.57		12.41
苦槠*Castanopsis sclerophylla*	3.85	5.56	25.11		11.50
大青*Clerodendrum crytophyllum*	7.69	5.56	10.49		7.91
小构树*Broussonetia kazinoki*	7.69	5.56	4.02		5.76
青灰叶下珠*Phyllanthus glaucus*	7.69	5.56	2.52		5.26
野鸦椿*Euscaphis japonica*	7.69	5.56	1.65		4.97
白蜡树*Fraxinus chinensis*	3.85	5.56	5.20		4.87
光亮山矾*Symplocos lucida*	3.85	5.56	4.02		4.47
山胡椒*Lindera glauca*	3.85	5.56	4.02		4.47

续表

种名	相对多度 /%	相对频度 /%	相对显著度 /%	相对多盖度 /%	重要值 /%
冬青*Ilex chinensis*	3.85	5.56	4.02		4.47
紫藤*Wisteria sinensis*	3.85	5.56	2.64		4.01
老鸦柿*Diospyros rhombifolia*	3.85	5.56	2.44		3.95
蓬蘽*Rubus hirsutus*	3.85	5.56	0.64		3.35
草本层					
狗脊*Woodwardia japonica*		21.05		24.81	22.93
黑足鳞毛蕨*Dryopteris fuscipes*		21.05		4.65	12.85
地锦*Parthenocissus tricuspidata*		5.26		19.38	12.32
茜草*Rubia cordifolia*		5.26		8.53	6.90
络石*Trachelospermum jasminoides*		5.26		7.75	6.51
海金沙*Lygodium japonicum*		5.26		7.75	6.51
青绿薹草*Carex breviculmis*		5.26		7.75	6.51
赛山梅*Styrax confusus*		5.26		7.75	6.51
常春藤*Hedera nepalensis* var. *sinensis*		5.26		7.75	6.51
五味子*Schisandra chinensis*		5.26		1.55	3.41
苦槠*Castanopsis sclerophylla*		5.26		0.78	3.02
大青*Clerodendrum crytophyllum*		5.26		0.78	3.02
青绿薹草*Carex breviculmis*		5.26		0.78	3.02

注：调查时间为 2022 年 9 月 30 日，地点在无锡龙池山省级自然保护区的小黑沟，海拔为 177m，严格记录。

3. 米槠林

米槠为壳斗科常绿乔木（图 5-7-8），我国分布于安徽省、福建省、广东省、广西壮族自治区、贵州省、海南省、湖北省、湖南省、江苏省、江西省、四川省、台湾省、云南省、浙江省。米槠与苦槠同属锥属，在江苏省锥属仅有 2 个野生种。两者的壳斗外壁的小苞片具疣状突起或呈鳞片状。苦槠叶片螺旋状排列，小枝具棱；而米槠叶片排成 2 列，小枝不具棱。米槠喜雨量充沛和温暖气候，能耐阴，喜深厚、温润的中性和酸性土，亦耐干旱和贫瘠。江苏省米槠分布面积小，仅见于无锡市宜兴市和苏州市吴中区局部山地的湿润沟谷或山坡林中。群落外貌较整齐，群落结构较简单。在江苏省调查到 1 个群丛。

图 5-7-8 米槠（*Castanopsis carlesii*）

代表性样地设于苏州市吴中区光福镇，海拔 287.0m。为米槠—胡颓子—阔鳞鳞毛蕨群丛（图 5-7-9）。土壤类型主要为黄棕壤。乔木层郁闭度为 0.55，平均高度 12.6m。该层植物主要有米槠、麻栎、枫香树、盐麸木、光亮山矾、冬青、白栎。灌木层的盖度为 30%，平均高度 3.1m。该层植物主要有胡颓子、狭叶山胡椒、卫矛（*Euonymus alatus*）、野蔷薇、南烛、牛鼻栓、紫金牛、白檀等。草本层盖度平均为 40%，植物种类丰富，主要种类有阔鳞鳞毛蕨（*Dryopteris championii*）、显子草、绵枣儿、梓木草、牛膝、紫苏（*Perilla frutescens*）、薹草（*Carex* sp.）、过路黄（*Lysimachia christinae*）和茜草等。藤本植物有紫藤、络石、菝葜、茜草、海金沙、鸡屎藤等。

图 5-7-9　米槠林（苏州市吴中区光福镇）

4. 红楠林

红楠为樟科常绿乔木（图 5-7-10），我国分布于山东省、江苏省、浙江省、安徽省、台湾省、福建省、江西省、湖南省、广东省、广西壮族自治区；日本、朝鲜也有分布。为中性偏阳性树种，幼年耐阴，成年喜光；萌芽力强，寿命长；喜温暖湿润气候，是润楠属最耐寒的树种之一。为优良的材用树种、庭园观赏树种，叶、果可提取芳香油，树皮可作香料。在江苏省，红楠林分布于无锡市宜兴市、连云港市连云区（图 5-7-11、图 5-7-12）。群落外貌较整齐，群落结构较简单。在江苏省调查到 2 个群丛。

代表性样地设于无锡龙池山省级自然保护区的龙池山（31.2231°N，119.6931°E），海拔 151.0m。为红楠—窄基红褐柃—狗脊群丛（图 5-7-13）。土壤类型为黄棕壤。乔木层郁闭度为 0.65，平均高度 11.6m。该层植物主要有红楠、青冈、枫香树、光亮山矾、冬青、蓝果树、檫木。灌木层的盖度为 30%，平均高度 2.2m。该层植物主要有窄基红褐柃（*Eurya rubiginosa* var. *attenuata*）、胡颓子、山鸡椒、木莓（*Rubus swinhoei*）、油茶、马银花、格药柃、山鸡椒等。

图 5-7-10　红楠（*Machilus thunbergii*）的植株

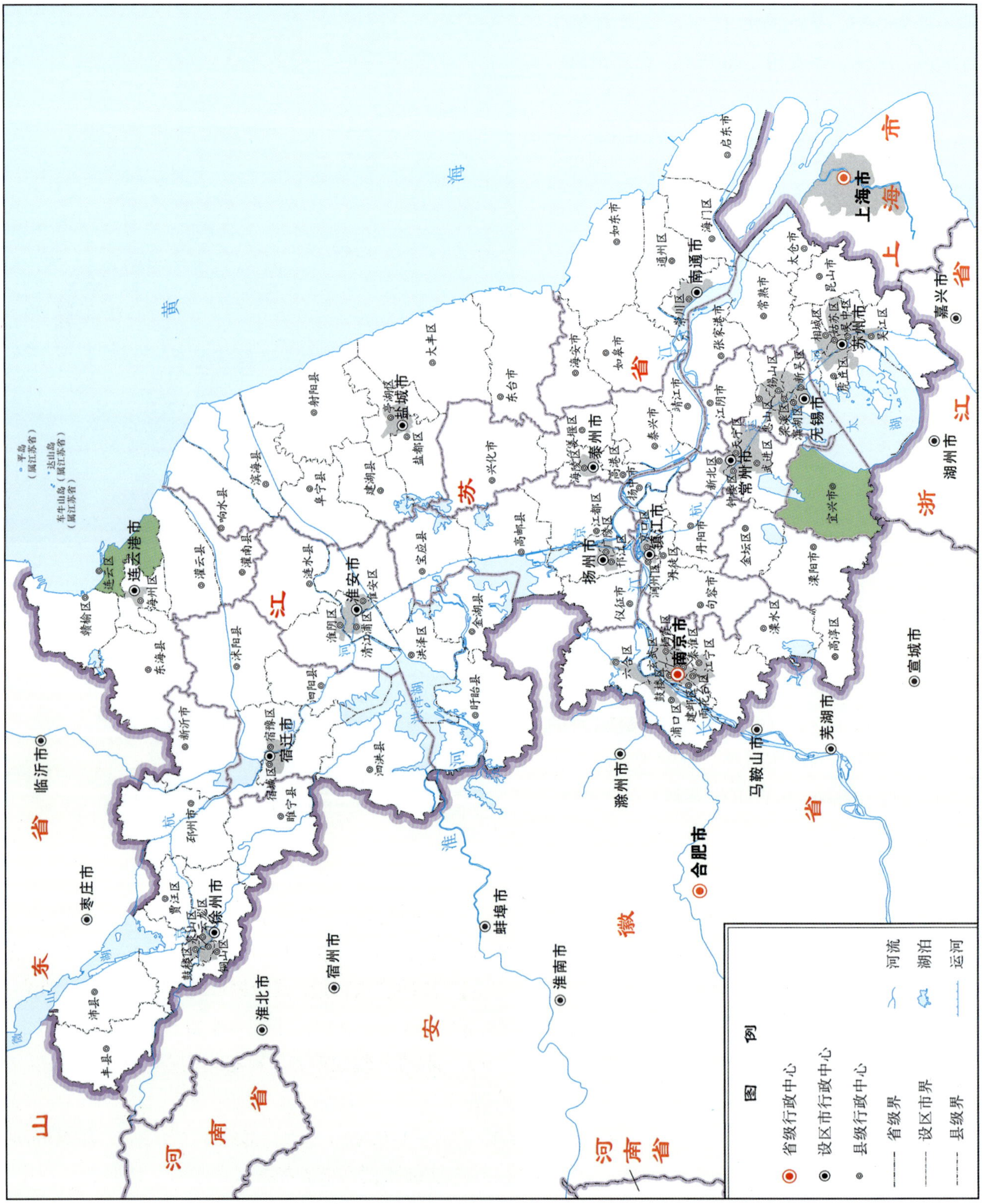

图 5-7-11 红楠林分布图

图 5-7-12　红楠林（连云港市云台山柳河村）

图 5-7-13　红楠林（宜兴市小黑沟）

草本层盖度平均为 40%，植物种类丰富，主要种类有狗脊、金星蕨、淡竹叶、紫金牛、沿阶草（*Ophiopogon japonicus*）、薹草（*Carex* sp.）、阔鳞鳞毛蕨等。藤本植物有紫藤、络石、土茯苓、海金沙、木防己、地锦等。

5. 紫楠林

紫楠为樟科常绿乔木（图 5-7-14）。我国分布于安徽省、福建省、广东省、广西壮族自治区、贵州省、湖北省、湖南省、江苏省、江西省、四川省、云南省、浙江省；也分布于越南。紫楠林在我国分布于长江流域及以南地区，多生于海拔 1000m 以下的阴湿山谷或山坡冲刷沟附近。紫楠树形端正美观，叶大荫浓，宜作庭荫树及绿化、风景树（图 5-7-15）。在江苏省，紫楠林分布于镇江市句容市宝华山、常州市溧阳市龙潭、苏州市吴中区茅棚坞（图 5-7-16 至图 5-7-19）。群落外貌较整齐，群落结构较简单。在江苏省调查到 1 个群丛。

代表性样地设于宝华山国家森林公园北坡（32.1337°N，119.0857°E），海拔 170.7m。土壤类型为棕壤土。为紫楠—紫楠—络石＋石蒜＋山麦冬群丛。乔木层郁闭度在 0.7 左右，平均高度约 6.5m。在该层次中，共有 7 种植物。其中，常绿阔叶树种紫楠占据明显的优势，重要值为 39.88，是建群种。其他主要伴生物种还包括青冈（15.59）、朴树（15.29）、建始槭（14.96）和胡桃楸（*Juglans mandshurica*）（5.87）等。灌木层的盖度为 20%，平均高度约 3.5m。由于紫楠的萌生性强，该层也以常绿阔叶树种

图 5-7-14 紫楠（*Phoebe sheareri*）的植株

紫楠为优势种，其重要值为 41.92；其他主要伴生物种包括青冈（27.36）、建始槭（17.04）、朴树（8.60）等。草本层的盖度约为 35%，共有 10 种植物，其中络石、石蒜（*Lycoris radiata*）和山麦冬的重要值较大，分别为 14.57、14.16 和 14.16。由于林内岩石裸露，络石缠绕和覆盖于岩石上，因此络石尽管属于藤本植物，但也成为草本层的优势种之一。其余主要的伴生植物还包括虎掌（*Pinellia pedatisecta*）（13.00）、贯众（10.24）、青绿薹草（10.24）等（表 5-7-3）。藤本植物主要有清风藤、菝葜、紫藤、地锦等。

图 5-7-15 紫楠（*Phoebe sheareri*）的花

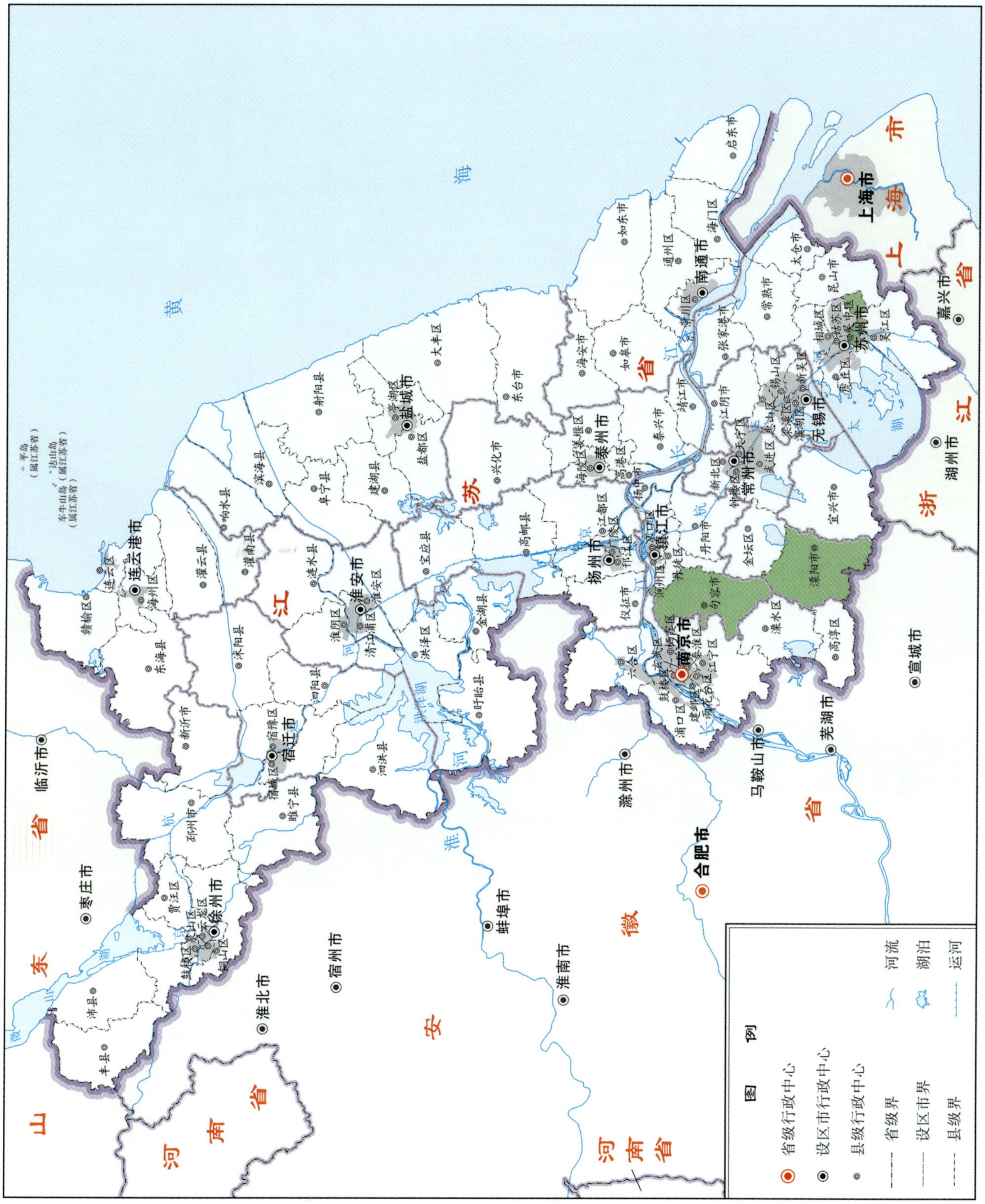

图 5-7-16　紫楠林分布图

图 5-7-17　紫楠林（溧阳市龙潭）

图 5-7-18　紫楠（*Phoebe sheareri*）的叶

图 5-7-19　紫楠林（苏州市吴中区茅棚坞）

表 5-7-3　紫楠—紫楠—络石 + 石蒜 + 山麦冬群丛不同层次物种重要值

种名	相对多度 /%	相对频度 /%	相对显著度 /%	相对多盖度 /%	重要值 /%
乔木层					
紫楠*Phoebe sheareri*	50.00	26.67	42.96		39.88
青冈*Cyclobalanopsis glauca*	11.54	20.00	15.23		15.59
朴树*Celtis sinensis*	11.54	13.33	20.99		15.29
建始槭*Acer henryi*	15.38	20.00	9.49		14.96
胡桃楸*Juglans mandshurica*	3.85	6.67	7.09		5.87
响叶杨*Populus adenopoda*	3.85	6.67	3.30		4.60
紫藤*Wisteria sinensis*	3.85	6.67	0.94		3.82
灌木层					
紫楠*Phoebe sheareri*	48.00	28.57	49.17		41.92
青冈*Cyclobalanopsis glauca*	24.00	28.57	29.51		27.36
建始槭*Acer henryi*	16.00	21.43	13.70		17.04
朴树*Celtis sinensis*	8.00	14.29	3.50		8.60
清风藤*Sabia japonica*	4.00	7.14	4.13		5.09
草本层					

续表

种名	相对多度 /%	相对频度 /%	相对显著度 /%	相对多盖度 /%	重要值 /%
络石*Trachelospermum jasminoides*		15.00		14.14	14.57
石蒜*Lycoris radiata*		10.00		18.32	14.16
山麦冬*Liriope spicata*		10.00		18.32	14.16
虎掌*Pinellia pedatisecta*		15.00		10.99	13.00
贯众*Cyrtomium fortunei*		10.00		10.47	10.24
青绿薹草*Carex breviculmis*		10.00		10.47	10.24
天葵*Semiaquilegia adoxoides*		10.00		5.76	7.88
紫楠*Phoebe sheareri*		10.00		1.05	5.52
老鸦瓣*Amana edulis*		5.00		5.24	5.12
地锦*Parthenocissus tricuspidata*		5.00		5.24	5.12

注：调查时间为 2020 年 8 月 12 日，地点在宝华山国家森林公园北坡，海拔为 170.7m，李恺頔记录。

6. 木荷林

木荷为山茶科常绿大乔木（图 5-7-20）。根据《中国植物志》（中文版）记载，木荷在我国分布于 9 省（自治区）：浙江省、福建省、台湾省、江西省、湖南省、广东省、海南省、广西壮族自治区、贵州省。根据《中国植物志》（英文版），木荷产于我国 11 省（自治区）：含上述 9 省（自治区）及安徽省、湖北省；日本（琉球群岛）也有分布。根据我们的野外调查和相关资料，木荷在我国分布于 12 个省（自治区、直辖市）（包括江苏省）。木荷在江苏省分布于常州市溧阳市山区及苏州市吴中区（图 5-7-21、图 5-7-22）。木荷喜光，中性偏阳性树种，幼年稍耐阴，为亚热带常绿阔叶林的建群种之一。深根性树种，耐干旱瘠薄，萌芽力强（图 5-7-23），耐火性极强，为园林材用、观赏树种及生物防火树种（图 5-7-24）。群落外貌较整齐，群落结构较简单。在江苏省调查到 1 个群丛。

图 5-7-20　木荷（*Schima superba*）（左为花，右为幼果）

图 5-7-21 木荷林（苏州市吴中区光福自然保护区）（1）

图 5-7-22 木荷林（苏州市吴中区光福自然保护区）（2）

图 5-7-23 木荷（*Schima superba*）萌枝

图 5-7-24 木荷林防火道（图中左侧山坡，苏州市吴中区光福自然保护区）

代表性样地设于苏州市吴中区的光福自然保护区（31.2897°N，120.3664°E），海拔 12.1m。土壤类型为黄棕壤土。为木荷—木荷—芒萁群丛。群落总盖度 85%—90%。乔木层郁闭度在 0.7 左右，平均高度约 6.5m。由于木荷的萌生性极强，故该层植物主要为木荷，其胸径大小不一，最大为 26.5cm。其余伴生树种有香樟、冬青、杨梅、青冈、枫杨等，这些植物一般见于林缘。灌木层稀疏，盖度为 20%，平均高度约 2.5m。在调查中了解到由于当地林业部门对此处的木荷萌生林任其自然发展，因此灌木层植物主要为木荷的幼树，大多为树干基部的萌枝。其余伴生植物有算盘子（图 5-7-25）、六月雪、马银花、枸骨、柃木等，大多见于林缘。由于森林郁闭度较大，林下透光率较低，而且林中木荷的多度很高，林下草本层的枯枝落叶层厚，草本层盖度低，植物种类稀疏，除了木荷幼苗外，还有芒萁（图 5-7-26）、牛膝、乌蔹莓等，仅见于林缘。藤本植物有薜荔、络石、圆锥铁线莲、菝葜、何首乌等。

图 5-7-25 木荷林灌木层植物算盘子（*Glochidion puberum*）（苏州市吴中区光福自然保护区）

图 5-7-26 木荷林草本层植物芒萁（*Dicranopteris pedata*）（苏州市吴中区光福自然保护区）

7. 香樟林

香樟，也称樟、樟树，樟科常绿乔木（图 5-7-27），亚热带常绿阔叶树种，在我国分布于长江以南地区；也分布于日本、韩国和越南。中性偏阳性树种，幼树稍耐阴，大树喜光；深根性树种，萌芽力强；喜温暖湿润、排水良好的中性或酸性土壤。可作风景林造景树种、行道树、观赏树种或材用树种（图 5-7-28），也可作芳香、油料、药用植物。在 1999 年《国家重点保护野生植物名录（第一批）》中曾被列为二级保护物种。香樟在江苏省广泛栽培，常见于亚热带的向阳山坡、谷地、河岸平地及村落附近。在苏州市西山岛、无锡市宜兴市和常州市武进区等地有小片香樟林（图 5-7-29、图 5-7-30）。随着气候变化和人为活动的影响，江苏省的香樟林近年来呈现增多的趋势。例如，在常州市武进区横山桥镇的芳茂山和清明山向阳山坡，可能由于香樟果实为乌鸫（*Turdus merula*）等鸟类所喜食（图 5-7-31），因此

图 5-7-27　香樟（*Camphora officinarum*）的植株

图 5-7-28　香樟（*Camphora officinarum*）作为行道树

图 5-7-29　香樟林（常州市武进区横山桥镇）

图 5-7-30　香樟林（苏州市上方山）

图 5-7-31　香樟（*Camphora officinarum*）的果实

图 5-7-32　香樟林（苏州市吴中区西山岛）

常常形成以香樟为主的常绿阔叶林，有时为以香樟和湿地松为优势种的针阔混交林。香樟林群系的群落外貌较整齐，呈蘑菇云状（图 5-7-32），群落结构简单。在江苏省调查到 1 个群丛。

代表性样地设于常州市武进区横山生态公益林清明山的白龙观上方登山步道的西侧山坡（31.7730°N，120.0104°E），海拔 93.8m。为香樟—香樟—络石群丛。土壤类型为黄棕壤。乔木层郁闭度在 0.70 左右，平均高度约 14.0m。植物组成有 6 种，香樟为绝对优势种，相对多度、相对频度与相对显著度均明显高于其他树种，重要值也最高，达 60.77。其他伴生有少量的针叶树种，如刺槐、湿地松、杉木等，但它们的重要值偏低。灌木层的盖度为 25% 左右，平均高度约 2.5m，共有 7 种植物，全部为阔叶树种，物种组成以香樟幼树为主，重要值为 35.39；其次为麻栎与白檀，重要值分别为 20.85、17.45；同时还伴生有刺槐、野山楂与朴树等物种。草本层的盖度为 30% 左右，与乔木层和灌木层相比，该层植物种类较为丰富，共有 11 种。重要值较大的物种主要为络石、黑足鳞毛蕨、白檀等，重要值依次为 26.90、16.72、13.62（表 5-7-4）。藤本植物有络石、海金沙、鸡屎藤等。

表 5-7-4　香樟—香樟—络石群丛不同层次物种重要值

种名	相对多度 /%	相对频度 /%	相对显著度 /%	相对多盖度 /%	重要值 /%
乔木层					
香樟*Camphora officinarum*	73.77	33.33	75.22		60.77
刺槐*Robinia pseudoacacia*	13.11	16.67	7.61		12.46
湿地松*Pinus elliotti*	4.92	16.67	6.48		9.35
杉木*Cunninghamia lanceolata*	3.28	16.67	2.07		7.34
朴树*Celtis sinensis*	1.64	8.33	6.87		5.61

续表

种名	相对多度 /%	相对频度 /%	相对显著度 /%	相对多盖度 /%	重要值 /%
麻栎*Quercus acutissima*	3.28	8.33	1.76		4.46
灌木层					
香樟*Camphora officinarum*	41.38	30.77	34.02		35.39
麻栎*Quercus acutissima*	20.69	15.38	26.46		20.85
白檀*Symplocos paniculata*	20.69	15.38	16.26		17.45
刺槐*Robinia pseudoacacia*	6.90	15.38	15.78		12.69
野山楂*Crataegus cuneata*	3.45	7.69	4.83		5.32
海州常山*Clerodendrum trichotomum*	3.45	7.69	2.47		4.54
朴树*Celtis sinensis*	3.45	7.69	0.18		3.77
草本层					
络石*Trachelospermum jasminoides*		16.00		54.76	35.38
黑足鳞毛蕨*Dryopteris fuscipes*		16.00		25.42	20.71
白檀*Symplocos paniculata*		16.00		6.00	11.00
香樟*Camphora officinarum*		16.00		6.00	11.00
海金沙*Lygodium japonicum*		12.00		2.74	7.37
野蔷薇*Rosa multiflora*		4.00		3.26	3.63
麻栎*Quercus acutissima*		4.00		1.30	2.65
海州常山*Clerodendrum trichotomum*		4.00		0.13	2.07
鸡屎藤*Paederia scandens*		4.00		0.13	2.07
美洲商陆*Phytolacca americana*		4.00		0.13	2.07
青绿薹草*Carex breviculmis*		4.00		0.13	2.07

注：调查时间为 2019 年 7 月 5 日，地点在常州市武进区横山生态公益林清明山的白龙观上方登山步道的西侧山坡，海拔为 93.8m，张光富记录。

8. 柯林

柯，也称石栎，为壳斗科常绿乔木（图 5-7-33）。亚热带常绿阔叶树种，在我国分布于福建省、广东省、广西壮族自治区、贵州省、河南省、湖北省、湖南省、江苏省、江西省、台湾省、浙江省；也分布于日本。柯为中性偏阳性树种，幼树耐阴，大树喜光；深根性树种，萌芽力较强（图 5-7-34）；喜

图 5-7-33　柯（*Lithocarpus glaber*）的枝叶

图 5-7-34　柯（*Lithocarpus glaber*）的萌枝

温暖湿润气候，耐干旱瘠薄；喜酸性土壤，在石灰土、紫色土等土壤中也能生长。柯可作水土保持、水源涵养、绿化观赏或材用树种。在江苏省，柯分布于南部丘陵山区，柯林群系分布于无锡市宜兴市（图5-7-35至图5-7-37）。群落外貌较整齐，群落结构简单。在江苏省调查到1个群丛。

图 5-7-35 柯林（宜兴市龙池山）（1）

图 5-7-36 柯林（宜兴市龙池山）（2）

图 5-7-37　柯林（宜兴市小黑沟）

代表性样地设于无锡龙池山省级自然保护区的龙池山的澄光禅寺附近山坡，海拔 183.8m。为柯—柃木—刺头复叶耳蕨群丛。土壤类型为黄棕壤。乔木层郁闭度在 0.75，平均高度约 13.0m。该层共有 6 种植物，其中柯的重要值最大，为 54.66。其他伴生植物包括青冈（15.83）、麻栎（11.39）、檫木（7.99）等。灌木层盖度为 30%，平均高度为 2.3m。柃木的重要值最大，为 34.00，是该层的优势种。其他主要伴生植物包括青冈（16.17）、光亮山矾（10.87）、麻栎（7.14）、檵木（7.65）等。草本层的盖度约为 30%，共有 5 种植物。其中，刺头复叶耳蕨为优势种，重要值为 30.26。该层还包括其他伴生植物如杉木（23.44）、柃木（21.16）、木蜡树（3.71）等（表 5-7-5）。藤本植物有络石、海金沙、土茯苓等。

表 5-7-5　柯—柃木—刺头复叶耳蕨群丛不同层次物种重要值

种名	相对多度 /%	相对频度 /%	相对显著度 /%	相对多盖度 /%	重要值 /%
乔木层					
柯*Lithocarpus glaber*	45.45	63.15	55.39		54.66
青冈*Cyclobalanopsis glauca*	18.18	15.21	14.10		15.83
麻栎*Quercus acutissima*	9.09	9.34	15.74		11.39
檫木*Sassafras tzumu*	9.09	3.22	11.65		7.99
光亮山矾*Symplocos lucida*	9.09	5.11	1.73		5.31
檵木*Loropetalum chinense*	9.09	3.97	1.39		4.82
灌木层					
柃木*Eurya japonica*	27.27	41.15	33.57		34.00
青冈*Cyclobalanopsis glauca*	9.09	12.03	27.39		16.17
光亮山矾*Symplocos lucida*	9.09	9.33	14.20		10.87

续表

种名	相对多度 /%	相对频度 /%	相对显著度 /%	相对多盖度 /%	重要值 /%
檵木*Loropetalum chinense*	9.09	8.56	5.30		7.65
麻栎*Quercus acutissima*	9.09	7.04	5.30		7.14
杉木*Cunninghamia lanceolata*	9.09	6.17	4.38		6.55
赛山梅*Styrax confusus*	9.09	5.91	4.38		6.46
柯*Lithocarpus glaber*	9.09	5.14	4.38		6.20
海州常山*Clerodendrum trichotomum*	9.09	4.67	1.10		4.95
草本层					
刺头复叶耳蕨*Arachniodes aristata*		36.13		24.39	30.26
青绿薹草*Carex breviculmis*		18.47		24.39	21.43
杉木*Cunninghamia lanceolata*		22.48		24.39	23.44
柃木*Eurya japonica*		17.94		24.39	21.16
木蜡树*Toxicodendron sylvestre*		4.98		2.44	3.71

注：调查时间为 2022 年 9 月 29 日，地点在无锡龙池山省级自然保护区的龙池山的澄光禅寺附近山坡，海拔为 183.8m，严格记录。

9. 光亮山矾林

光亮山矾，也称四川山矾，为山矾科常绿乔木（图 5-7-38）。我国分布于安徽省、福建省、甘肃省、广东省、广西壮族自治区、贵州省、海南省、湖北省、湖南省、江苏省、江西省、四川省、台湾省、西藏自治区、云南省、浙江省；也分布于不丹、柬埔寨、印度、印度尼西亚、日本、老挝、马来西亚、缅甸、泰国、越南。阳性树种，幼树耐阴；对气候、土壤要求不严，可作绿化观赏或材用树种。《江苏植物志》（第

图 5-7-38　光亮山矾（*Symplocos lucida*）的枝叶

4卷）记载，“南京等地有栽培”。根据野外调查，在江苏省，光亮山矾分布于无锡市宜兴市、常州市溧阳市、苏州市，光亮山矾林群系分布于常州市溧阳市、无锡市宜兴市（图 5-7-39、图 5-7-40）。群落外貌较整齐，群落结构简单。在江苏省调查到 1 个群丛。

图 5-7-39　光亮山矾林（宜兴市小黑沟）

图 5-7-40　光亮山矾（*Symplocos lucida*）

代表性样地设于无锡龙池山省级自然保护区的小黑沟山坡。为光亮山矾—格药柃—狗脊群丛。土壤类型为黄棕壤。乔木层郁闭度在0.75，平均高度约12.6m。优势种有光亮山矾、苦槠，伴生植物有檵木、杉木、栓皮栎、枹栎、檫木、柯等。灌木层盖度为30%，平均高度为2.2m。优势种为格药柃、檵木、光亮山矾，伴生植物有栓皮栎、柯、檵木的幼树，以及山胡椒、马银花、山鸡椒、牛鼻栓、老鼠屎（*Symplocos stellaris*）、海州常山等。草本层的盖度约为30%。狗脊为优势种，其他伴生植物有淡竹叶、山麦冬、贯众、黑足鳞毛蕨，以及杉木、格药柃、柯等的幼苗。藤本植物有菝葜、络石、海金沙、爬藤榕（*Ficus sarmentosa* var. *impressa*）等。

八、暖性竹林与竹丛

竹类植物属于禾本科竹亚科，有时也俗称为竹子，为多年生木本植物。全世界竹类约有123属1642种，主要分布于热带和亚热带地区，少数种类分布于温带和寒带。根据地理分布，世界的竹子可分为3大竹区：亚太竹区、美洲竹区和非洲竹区。其中，亚太竹区是世界上最大的竹区，自然分布的竹类约50属900种。中国是全球竹类植物起源地和分布中心之一，我国有竹种43属647种（含变种）。根据《江苏植物志》（第5卷）记载，江苏省有竹类植物8属42种（含3变种）。

竹林是对以竹类植物为建群种或优势种所组成的植物群落的总称。竹子在竹林中可以呈现为不同的形态类型：丛生、散生和混生。一般而言，竹子与树木不同，竹子具有明显的地下茎和地上茎之分，其地下茎相对于树木的树干，地上茎相对于树木的分枝。所以有学者根据地下茎的繁殖方式将竹子划分为3类：单轴型（散生竹类），如刚竹属、短穗竹属、方竹属等；合轴型（丛生竹类），如箣竹属、簕竹属、慈竹属等；复轴型（混生竹类），如箬竹属、苦竹属、矮竹属等。根据竹子的繁殖特点，通常人们将丛生的高大的竹类植物称为竹林（图5-8-1），而将丛生的低矮的竹类植物称为竹丛（图5-8-2）。也有按竹类或竹丛中的建群种的生活型，将竹林划分为单轴型竹林、合轴型竹林和复轴型竹林。

图5-8-1 毛竹林（溧阳市深溪岕）

实际上，我国竹类植物不仅种类丰富，而且分布面积广阔，竹林面积达 641 万 hm^2。加上长期以来的引种栽培，我国现有的竹林主要分布于热带和亚热带地区。近年来，有些地方如宜溧山地在毛竹林集中分布区域，采取一定的人工措施，如砍阔留竹，人为营造“竹海景观”（图 5-8-3）。这些竹林中有时混杂着一些常绿或落叶阔叶树种，可以形成竹阔混交林（图 5-8-4）。由于竹子分类目前尚无统一认识，很多时候难以区分引种栽培与自然分布的竹子，因此对于竹林的植被类型划分，各家观点不一。《中国植被》（吴征镒，1980）将我国的竹林类型划分为 3 类：温性竹类、暖性竹类和热性竹类。陈灵芝（2019）将竹类与竹丛划分为 5 类：温性竹类与竹丛、暖性竹类与竹丛、暖湿性竹类、热性竹类、热湿性竹类。我们根据多年来的野外调查并结合相关文献资料，考虑到江苏省境内的竹子引种栽培广泛，并且引种时间长，有的竹子已经引种半个世纪以上，因此将在江苏省生长良好的栽培竹林也暂归入现状植被类型中予以简要介绍。

图 5-8-2　阔叶箬竹竹丛（溧阳市金刚芥）

图 5-8-3　竹海景观（溧阳市南山）

图 5-8-4 竹阔混交林（溧阳市金刚夼）

我们将竹类作为“植被型”，置于植被型组“阔叶林”下。江苏省的竹林划分为 4 个植被亚型：暖性竹林与竹丛、暖湿性竹林、热性竹林、竹阔叶混交林。江苏省的现状竹林以暖性竹林与竹丛为主，这一植被亚型包括 12 个群系：毛竹林、篌竹林、水竹林、淡竹林、桂竹林、刚竹林、金镶玉竹林、短穗竹林、苦竹林、箬竹丛、阔叶箬竹丛、倭竹林。

1. 毛竹林

毛竹为禾本科常绿乔木状竹类（图 5-8-5），秆高可达 20m，我国分布于安徽省、福建省、广东省、广西壮族自治区、贵州省、河南省、湖北省、湖南省、江苏省、江西省、陕西省、四川省、台湾省、云南省、浙江省；并被引入朝鲜、日本、菲律宾、越南和北美等地。阳性竹种；浅根系，喜土层深厚、排水良好、疏松肥沃的微酸性土壤；抗火性强；该种不耐干旱、瘠薄、水湿、盐碱，防风雪性差，喜向阳背风山坡。毛竹是我国栽培悠久、面积最广、经济价值也最重要的竹种。其秆型粗大，可供建筑用，也可制作用具、工艺品或作造纸原料；笋味美可食；四季常青，可栽培供观赏。在江苏省，毛竹林分布于无锡市宜兴市、常州市溧阳市、苏州市吴中区、连云港市连云区（图 5-8-6）。群落外貌整齐，群落结构简单。在江苏省调查到 1 个群丛。

代表性样地设于江苏宜兴国家森林公园大汉岕岔路口（31.3308°N，119.7380°E），海拔 173.0m，土壤类型为黄棕壤。为毛竹—山莓—林泽兰群丛（图 5-8-7）。该毛竹林的群落组成较为简单，总盖度为 85%，层次较为分明，可以分为 3 层。乔木层以毛竹占绝对优势，重要值为 81.42，高度 10.4—11.2m。乔木层除毛竹外，还有少量大叶榉树、黄檀等混生其中。灌木层的盖度为 30%，平均高度为 3.6m。该层包括 11 种植物，其中山莓的重要值最大，为 23.55，是优势种。其余伴生植物还包括八角枫、白檀和化香树。草本层盖度约为 15%，主要植物包括林泽兰、络石、黑足鳞毛蕨等，其中林泽兰为优势种（表 5-8-1）。藤本植物有地锦、小果菝葜、海金沙等。

该区的毛竹较少受到人为干扰或影响，年龄较大，并存在少量枯死毛竹（图 5-8-8）。由于毛竹高度较高，林下灌木层和草本层发育较差。同时，由于毛竹的入侵性较强，该区的山地又主要为低山丘陵，故该区分布的毛竹林目前呈现出明显的由山脚沿着低山缓坡往上蔓延和扩展的趋势（图 5-8-9）。

图 5-8-5 毛竹（*Phyllostachys edulis*）

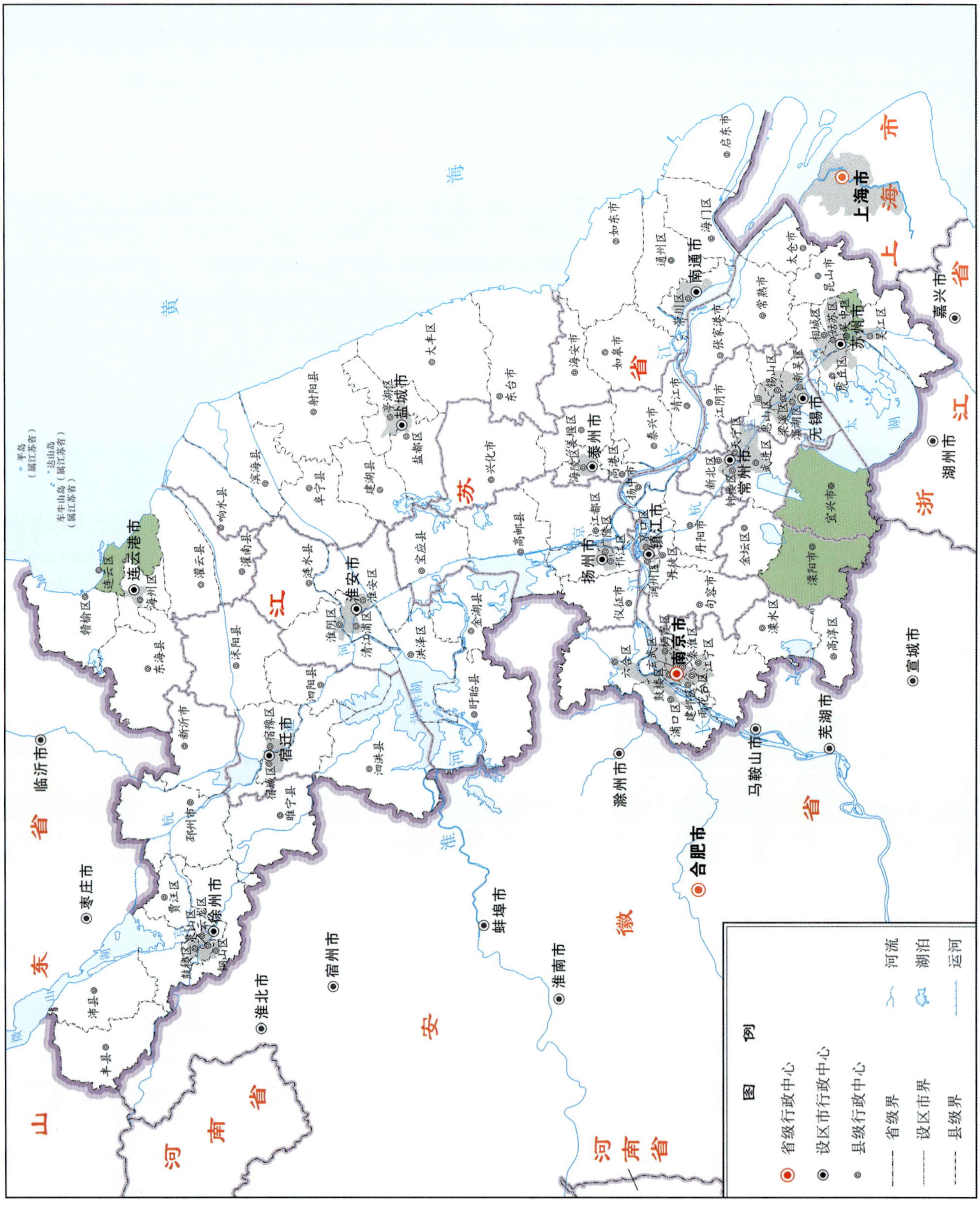
图例
省级行政中心
设区市行政中心
县级行政中心
省级界
设区市界
县级界
河流
湖泊
运河
江苏省
上海市
浙江省
安徽省
山东省
河南省
黄海
南京市
上海市
合肥市
徐州市
连云港市
宿迁市
淮安市
盐城市
扬州市
泰州市
镇江市
南通市
常州市
无锡市
苏州市
宜兴市
溧阳市

图 5-8-6 毛竹林分布图

1. 毛竹林

毛竹为禾本科常绿乔木状竹类（图 5-8-5），秆高可达 20m，我国分布于安徽省、福建省、广东省、广西壮族自治区、贵州省、河南省、湖北省、湖南省、江苏省、江西省、陕西省、四川省、台湾省、云南省、浙江省；并被引入朝鲜、日本、菲律宾、越南和北美等地。阳性竹种；浅根系，喜土层深厚、排水良好、疏松肥沃的微酸性土壤；抗火性强；该种不耐干旱、瘠薄、水湿、盐碱，防风雪性差，喜向阳背风山坡。毛竹是我国栽培悠久、面积最广、经济价值也最重要的竹种。其秆型粗大，可供建筑用，也可制作用具、工艺品或作造纸原料；笋味美可食；四季常青，可栽培供观赏。在江苏省，毛竹林分布于无锡市宜兴市、常州市溧阳市、苏州市吴中区、连云港市连云区（图 5-8-6）。群落外貌整齐，群落结构简单。在江苏省调查到 1 个群丛。

代表性样地设于江苏宜兴国家森林公园大汉岕岔路口（31.3308°N，119.7380°E），海拔 173.0m，土壤类型为黄棕壤。为毛竹—山莓—林泽兰群丛（图 5-8-7）。该毛竹林的群落组成较为简单，总盖度为 85%，层次较为分明，可以分为 3 层。乔木层以毛竹占绝对优势，重要值为 81.42，高度 10.4—11.2m。乔木层除毛竹外，还有少量大叶榉树、黄檀等混生其中。灌木层的盖度为 30%，平均高度为 3.6m。该层包括 11 种植物，其中山莓的重要值最大，为 23.55，是优势种。其余伴生植物还包括八角枫、白檀和化香树。草本层盖度约为 15%，主要植物包括林泽兰、络石、黑足鳞毛蕨等，其中林泽兰为优势种（表 5-8-1）。藤本植物有地锦、小果菝葜、海金沙等。

该区的毛竹较少受到人为干扰或影响，年龄较大，并存在少量枯死毛竹（图 5-8-8）。由于毛竹高度较高，林下灌木层和草本层发育较差。同时，由于毛竹的入侵性较强，该区的山地又主要为低山丘陵，故该区分布的毛竹林目前呈现出明显的由山脚沿着低山缓坡往上蔓延和扩展的趋势（图 5-8-9）。

图 5-8-5　毛竹（*Phyllostachys edulis*）

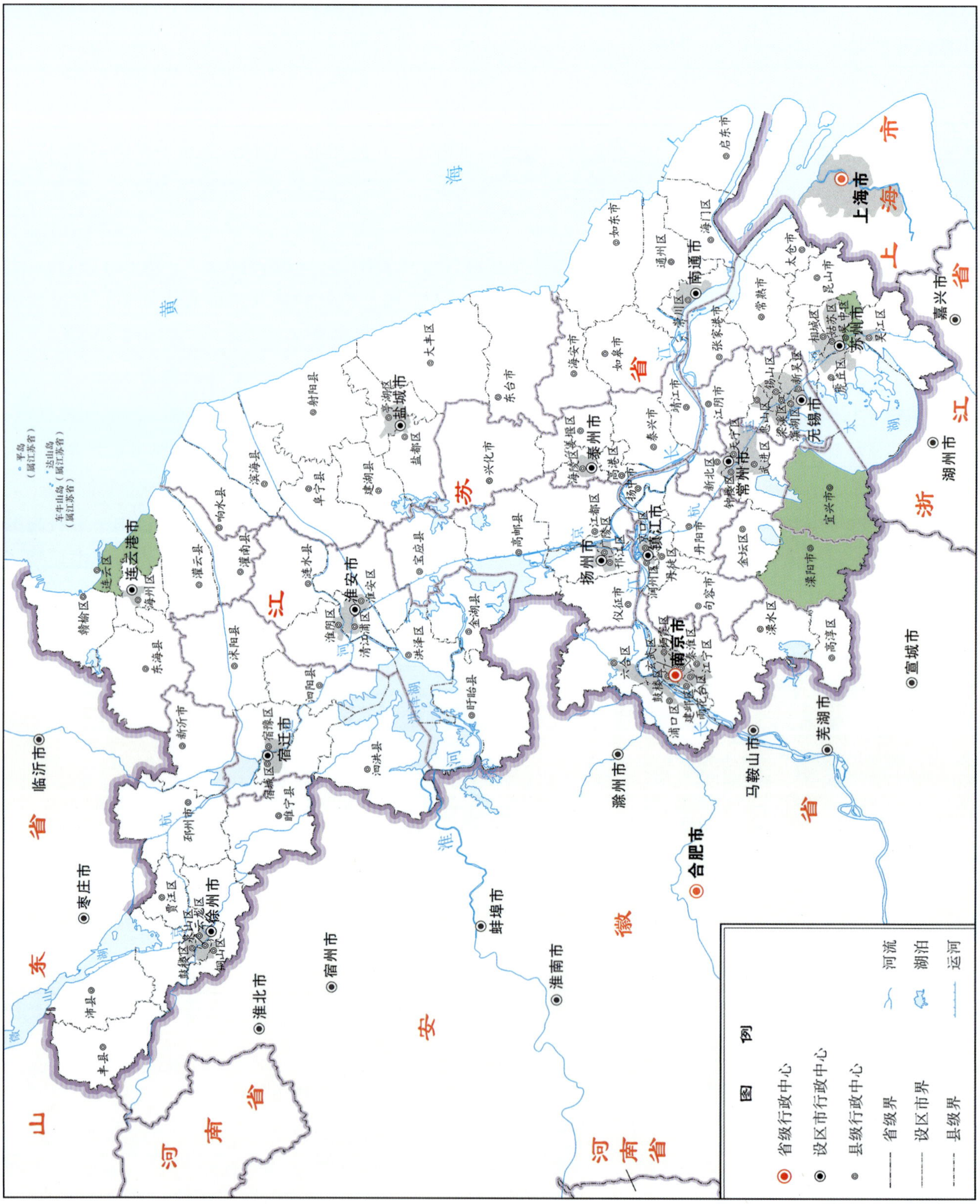
山东省
河南省
安徽省
江苏省
浙江省
上海市
黄海
连云港市
盐城市
淮安市
宿迁市
徐州市
扬州市
泰州市
镇江市
南京市
常州市
无锡市
苏州市
南通市
嘉兴市
湖州市
宣城市
芜湖市
马鞍山市
滁州市
合肥市
蚌埠市
淮南市
宿州市
淮北市
枣庄市
临沂市
丰县
沛县
新沂市
邳州市
睢宁县
沭阳县
泗阳县
泗洪县
盱眙县
金湖县
宝应县
高邮市
兴化市
东台市
大丰区
射阳县
阜宁县
建湖县
滨海县
响水县
灌南县
灌云县
东海县
赣榆区
涟水县
仪征市
句容市
丹阳市
金坛区
溧阳市
宜兴市
溧水区
高淳区
靖江市
泰兴市
如皋市
江阴市
张家港市
常熟市
太仓市
昆山市
启东市
海门区
图例
省级行政中心
设区市行政中心
县级行政中心
省级界
设区市界
县级界
河流
湖泊
运河

图 5-8-6　毛竹林分布图

图 5-8-7　毛竹林（宜兴市大汉岕）

图 5-8-8　毛竹林（宜兴市龙池山）

图 5-8-9 毛竹入侵阔叶林（宜兴市龙池山）

表 5-8-1 毛竹—山莓—林泽兰群丛不同层次物种重要值

种名	相对多度 /%	相对频度 /%	相对显著度 /%	相对多盖度 /%	重要值 /%
乔木层					
毛竹*Phyllostachys edulis*	93.18	57.14	93.94		81.42
大叶榉树*Zelkova schneideriana*	4.55	28.57	4.42		12.51
黄檀*Dalbergia hupeana*	2.27	14.29	1.64		6.06
灌木层					
山莓*Rubus corchorifolius*	27.78	23.53	19.34		23.55
八角枫*Alangium chinense*	5.56	5.88	24.80		12.08
白檀*Symplocos paniculata*	11.11	11.76	13.25		12.04
化香树*Platycarya strobilacea*	11.11	11.76	8.16		10.34
海州常山*Clerodendrum trichotomum*	11.11	11.76	6.42		9.77
枹栎*Quercus serrata*	5.56	5.88	12.15		7.86
楝*Melia azedarach*	5.56	5.88	5.40		5.61
盐麸木*Rhus chinensis*	5.56	5.88	3.97		5.14
白背叶野桐*Mallotus apeltus*	5.56	5.88	2.76		4.73
六月雪*Serissa foetida*	5.56	5.88	2.76		4.73
枸骨冬青*Ilex cornuta*	5.56	5.88	0.99		4.14
草本层					
林泽兰*Eupatorium lindleyanum*		17.65		37.50	27.57

续表

种名	相对多度 /%	相对频度 /%	相对显著度 /%	相对多盖度 /%	重要值 /%
络石 *Trachelospermum jasminoides*		11.76		25.00	18.38
黑足鳞毛蕨 *Dryopteris fuscipes*		11.76		13.75	12.76
鸡屎藤 *Paederia foetida*		5.88		12.50	9.19
青绿薹草 *Carex breviculmis*		11.76		2.50	7.13
菝葜 *Smilax china*		5.88		1.25	3.57
插田泡 *Rubus coreanus*		5.88		1.25	3.57
刺槐 *Robinia pseudoacacia*		5.88		1.25	3.57
杠板归 *Polygonum perfoliatum*		5.88		1.25	3.57
地锦 *Parthenocissus tricuspidata*		5.88		1.25	3.57
蓬蘽 *Rubus hirsutus*		5.88		1.25	3.57
小果菝葜 *Smilax davidiana*		5.88		1.25	3.57

注：调查时间为 2022 年 9 月 11 日，地点在江苏宜兴国家森林公园大汉岕岔路口，海拔为 173m，周艳蓉记录。

2. 篌竹林

篌竹（*Phyllostachys nidularia*）为禾本科常绿乔木状竹类，秆高 10m。该种与水竹的主要区别在于：篌竹的秆箨具发达的箨耳（图 5-8-10），茎秆末级小枝仅具 1 叶（图 5-8-11）；水竹无箨耳或仅有微弱发育的箨耳，茎秆末级小枝仅具 2 叶。根据 *Flora of China*（2006）记载：篌竹产于我国广东省、广西壮族自治区、河南省、湖北省、江西省、陕西省、云南省、浙江省。篌竹为阳性竹种，适生于黄壤、红壤、黄棕壤和河流冲积土。能耐干旱和水湿，因而在土壤瘠薄的山坡地、河溪旁及沙滩地上均能生长，但以土层深厚、肥沃湿润、呈酸性或微酸性的沙质壤土生长较好。在江苏省，篌竹林分布于各地，生于山坡、沟边或平原水边，常以小块状散生。群落外貌不整齐，群落结构简单。在江苏省调查到 1 个群丛。

图 5-8-10　篌竹（*Phyllostachys nidularia*）具发达的箨耳

代表性样地设于江苏南京老山国家森林公园。土壤类型为山地黄棕壤。为篌竹—牡荆—牛膝群丛。以篌竹为建群种（图 5-8-12），篌竹高 4—6m，胸径 1.5—3.5cm。灌木层植物稀疏，主要有牡荆、榉树（*Zelkova serrata*）、柘树等，草本层植物有牛膝、一年蓬、乌蔹莓等。

图 5-8-11　篌竹（*Phyllostachys nidularia*）的末级小枝具 1 叶

图 5-8-12　篌竹林（南京市老山）

3. 水竹林

水竹（*Phyllostachys heteroclada*）为禾本科常绿乔木状竹类（图 5-8-13），秆高达 6m，我国分布于黄河流域及其以南各地，常见栽培竹种之一。阳性竹种，喜温暖湿润和通风透光，喜光照充足环境，耐半阴，较耐严寒；对土壤要求不严，喜腐殖质丰富的黏性土壤，以肥沃稍黏的土质为宜，易开花也易复壮；耐水湿，也耐干旱瘠薄。在江苏省，水竹分布于苏南及苏北各地，生于丘陵岗坡沟边及村落河边。水竹林分布于镇江市句容市，南京市溧水区、玄武区，常州市宜兴市（图 5-8-14）。群落外貌不整齐，群落结

图 5-8-13　水竹（*Phyllostachys heteroclada*）的末级小枝具 2 叶

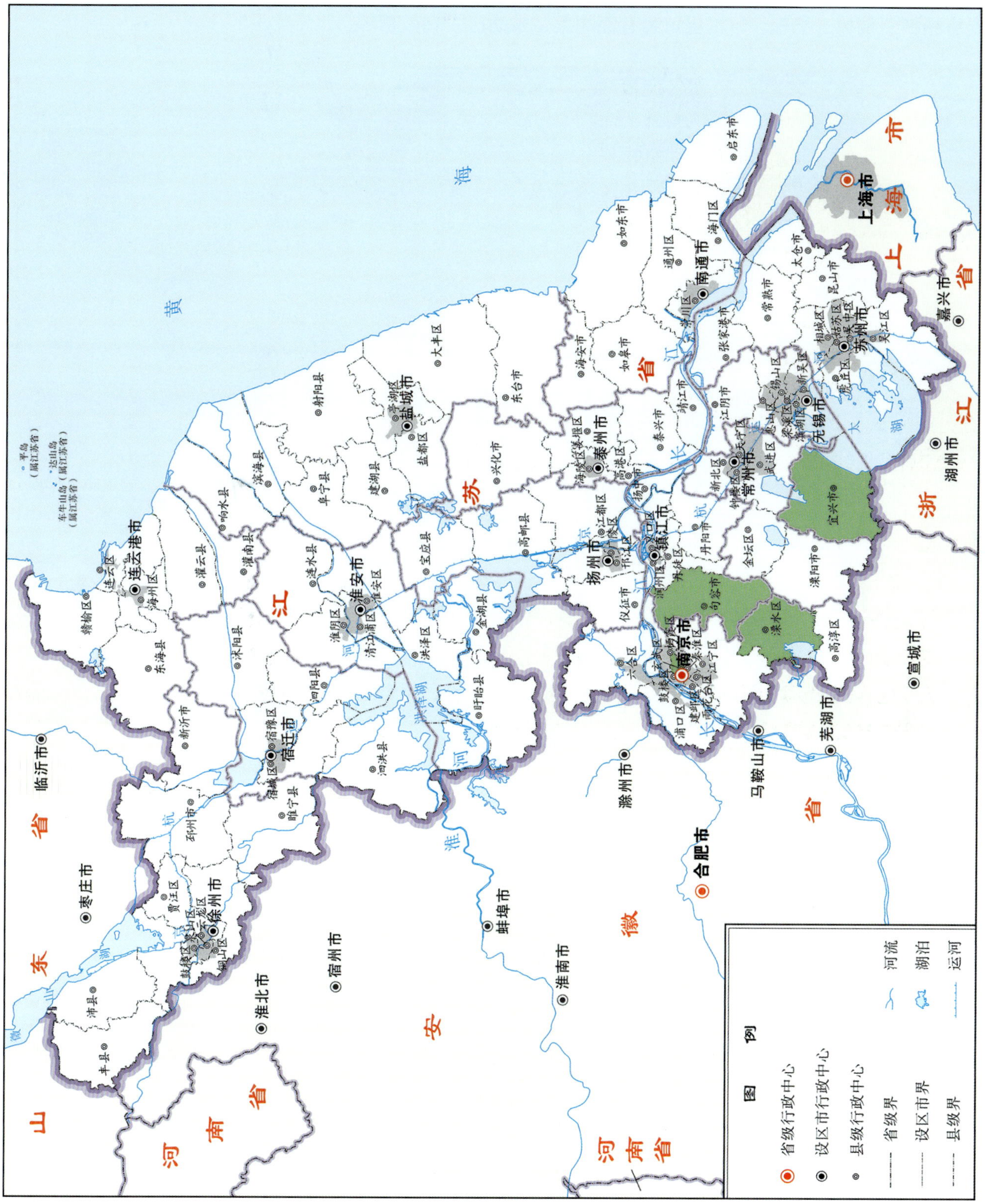

图 5-8-14 水竹林分布图

构较为简单。在江苏省调查到 1 个群丛。

代表性样地设在常州市金坛区石家山。土壤类型为山地黄棕壤。为水竹—柘—泥胡菜（*Hemisteptia lyrata*）群丛。以水竹为建群种（图 5-8-15），水竹高 3.0—4.5m，胸径 1.5—2.5cm。灌木层植物稀疏，主要有柘树、构树、桑等。草本层植物有泥胡菜、木防己、乌蔹莓等。

图 5-8-15　水竹林（常州市金坛区石家山）

4. 淡竹林

淡竹为禾本科常绿乔木状竹类（图 5-8-16），秆高达 5—12m，直径 2—5cm。阳性竹种，喜光，怕强风，较耐严寒，也较耐旱，多生长在海拔 1200m 以下，年降雨量 500mm 左右，年平均温度 10℃以上，极端最低温度不超过 -20℃的地区，适宜生长在中性或微酸、微碱性土壤中，喜生于深厚肥沃、疏松、排水良好的土壤。

图 5-8-16　淡竹（*Phyllostachys glauca*）

关于淡竹，《中国植物志》（1996）记载，“产于我国黄河流域至长江流域各地，常见的栽培竹种之一”；*Flora of China*（2006）记载，分布于“安徽、河南、湖南、江苏、陕西、山东、山西、云南、浙江”；《中国主要树种造林技术（第二版）》（下册）（沈国舫，2020）记载，“江西、福建、浙江、江苏、安徽、河南、山东、山西、陕西、甘肃、湖北、湖南、四川等省均有分布”；《江苏植物志》（刘启新，2015）记载，“苏南苏北各地村落房前屋后有栽培”。根据我们的调查，淡竹在苏南和苏北均有成片栽培（图 5-8-17），野生淡竹林分布于南京市六合区和高淳区，有时与阔叶树种混生。在江苏省调查到 1 个群丛。

图 5-8-17　淡竹林（南京市鼓楼区金信花园）

图 5-8-18 淡竹林（南京市高淳区）

代表性样地设在南京市高淳区低山丘陵。土壤类型为山地黄棕壤。为淡竹—淡竹—通泉草（*Mazus pumilus*）群丛。以淡竹为建群种（图 5-8-18），淡竹高 4—6m，胸径 2.0—4.5cm。灌木层植物稀疏，主要有淡竹萌生幼株，草本层植物稀疏，主要有通泉草、酢浆草（*Oxalis corniculata*）、黄鹌菜等。

5. 桂竹林

桂竹为禾本科常绿乔木状竹类（图 5-8-19），秆高 11—20m，直径 8—15cm，我国分布于黄河流域至长江以南各地，从武夷山脉向西经五岭山脉至西南各地均可见野生的竹株。桂竹抗性较强，适生范围大，能耐 -20℃低温，生长于海拔 1000m 以下山坡下部、盆地、丘陵和平地，喜生于土层深厚、疏松、肥沃、湿润的沙质土壤。《中国主要树种造林技术（第二版）》（下册）（沈国舫，2020）记载，桂竹“东自江苏、浙江，西至四川、贵州，南至广东和广西北部，北至河南、河北均有分布”。根据我们的调查和相关资料，在江苏省桂竹栽培于全省

图 5-8-19 桂竹（*Phyllostachys bambusoides*）

图 5-8-20 桂竹林（徐州市云龙湖湖心岛）

南北各地，如徐州市泉山区、常州市金坛区、苏州市吴中区。群落外貌整齐，群落结构简单。在江苏省调查到 1 个群丛。

代表性样地设在徐州云龙湖风景区湖心岛。土壤类型为褐土。为桂竹—蛇莓群丛。以桂竹为建群种（图 5-8-20），桂竹高 5—7m，胸径 4.0—5.5cm。灌木层植物稀疏，在林缘有乌桕、枫杨等幼苗。草本层植物稀疏，主要有蛇莓、铁苋菜（*Acalypha australis*）、长萼堇菜（*Viola inconspicua*）等。

6. 刚竹林

刚竹（*Phyllostachys sulphurea* var. *viridis*）为禾本科常绿灌木或乔木状竹类，是刚竹属金竹（*Phyllostachys sulphurea*）的变种（图 5-8-21），秆高达 6—15m，直径 4—10cm，我国分布于黄河至长江流域及福建省、台湾省。刚竹抗性强，适应酸性土至中性土，忌排水不良。在江苏省，刚竹林分布于南京市六合区、无锡市宜兴市、常州市溧阳市的山区疏林中，常生于山地与冲积平原。群落外貌较整齐，群落结构简单。在江

图 5-8-21 刚竹（*Phyllostachys sulphurea* var. *viridis*）

苏省调查到 1 个群丛。

代表性样地设在无锡市宜兴市老鹰岕（31.2461°N，119.7366°E），海拔 192.6m。土壤类型为黄棕壤。为刚竹—杜鹃—阔鳞鳞毛蕨群丛。以刚竹为建群种（图 5-8-22）。刚竹高 6—9m，直径 4—8cm。灌木层植物稀疏，主要植物种类有杜鹃、六月雪、大青、枫香树等。草本层植物稀疏，主要有阔鳞鳞毛蕨、茜草、海金沙等。

图 5-8-22　刚竹林（宜兴市老鹰岕）

7. 金镶玉竹林

金镶玉竹（*Phyllostachys aureosulcata* 'Spectabilis'）为禾本科常绿乔木状竹类，曾作为黄槽竹（*Phyllostachys aureosulcata*）的栽培变型（*Phyllostachys aureosulcata* f. *spectabilis*）。与原种的主要区别在于，金镶玉竹的秆金黄色，但沟槽为绿色（图 5-8-23）。我国分布于北京市和江苏省，浙江省、安徽省。金镶玉竹为阳性竹种，稍耐阴；喜温暖湿润气候，耐寒性较强；适宜生长在深厚、肥沃、湿润及排水良好的土壤中；因其秆色美丽，所以主要供观赏。在江苏省，金镶玉竹林分布于连云港市连云区（图 5-8-24、图 5-8-25）。群落外貌整齐，群落结构简单。在江苏省调查到 1 个群丛。

图 5-8-23　金镶玉竹（*Phyllostachys aureosulcata* 'Spectabilis'）

图 5-8-24　金镶玉竹林（连云港市云台山）（1）

图 5-8-25　金镶玉竹林（连云港市云台山）（2）

代表性样地设在连云港市连云区云台山的悟道庵（34.7159°N，119.4221°E），海拔 317.4m。土壤类型为棕壤。为金镶玉竹—茅莓—络石群丛。以金镶玉竹为建群种，金镶玉竹高 3.5—5.0m，直径 1.6—2.8cm。灌木层植物稀疏，主要植物种类有茅莓、六月雪、胡枝子（*Lespedeza bicolor*）等。草本层植物稀疏，主要为络石，伴生植物有牛膝、车前、海金沙等。

8. 短穗竹林

短穗竹为禾本科常绿灌木状竹类（图 5-8-26）；秆散生，高达 3—4m。我国分布于江苏省、安徽省、浙江省、江西省、湖北省、广东省；生长于低海拔的平原和向阳山坡路边。短穗竹性喜气候温暖，多生长在湿度稍大的低海拔平原、丘陵、低山坡地；在 pH 5—8、多腐殖质的土壤中生长良好；在干旱瘠薄生境或遭受砍伐时易开花，但花后常自行复壮再生，并不死亡；每年 5 月下旬至 6 月出笋，笋后即抽新梢。中国特有竹种，在 1991 年《中国植物红皮书（第一册）》中曾被列为国家三级稀有种。在江苏省，短穗竹林分布于南京市玄武区、栖霞区，镇江市句容市，常州市金坛区、溧阳市，无锡市宜兴市（图 5-8-27），常生于低山丘陵、路旁或山顶。群落外貌错落，群落结构较为简单。在江苏省调查到 1 个群丛。

代表性样地设在无锡龙池山省级自然保护区的小黑沟近山顶（31.2419°N，119.7389°E），海拔 326.1m。土壤类型为黄棕壤。为短穗竹—美洲商陆群丛。以短穗竹为建群种（图 5-8-28），短穗竹高 2.5—3.4m，直径 1.6—2.5cm。偶尔伴生少量阔叶植物，主要种类有野山楂、茶条槭、湖北海棠（*Malus hupehensis*）等。草本层植物稀疏，主要有美洲商陆、海金沙、葛等。

图 5-8-26 短穗竹（*Semiarundinaria densiflora*）

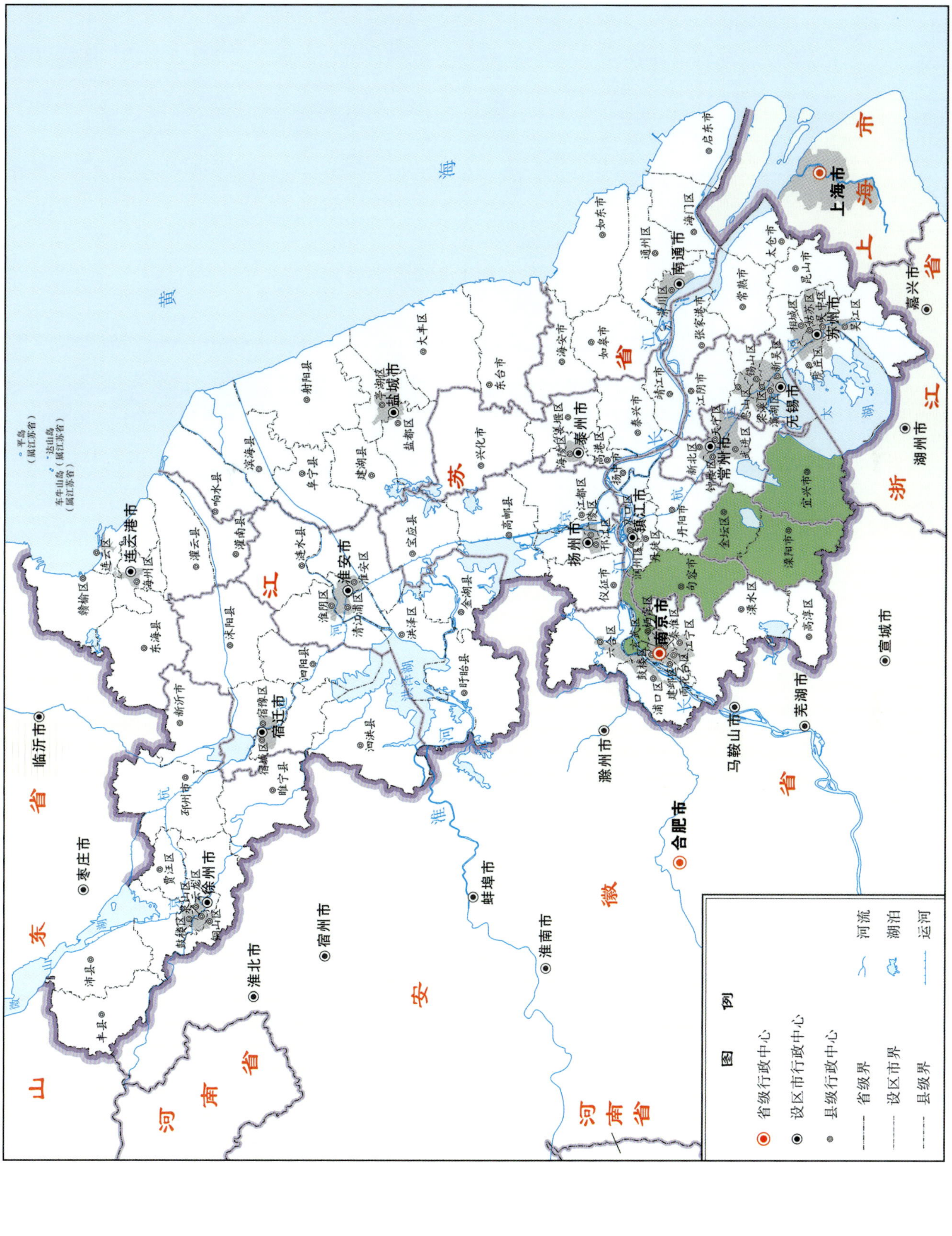

图 5-8-27　短穗竹林分布图

图 5-8-28 短穗竹林（宜兴市小黑沟）

9. 苦竹林

苦竹为禾本科常绿乔木状竹类，秆高达 5m，直径 1.5—2.0cm，我国分布于江苏省、安徽省、浙江省、福建省、江西省、湖南省、湖北省、四川省、贵州省、云南省。苦竹喜生于阳光充足、排水良好、土层疏松的红壤、黄壤、紫色土、冲积土等土壤。在土壤肥沃时，秆基的芽眼呈休眠状态，以竹鞭上的侧芽长出新竹秆，呈现出散生竹的特点；在土层瘠薄时，一般萌发抽笋，长出成丛竹秆，呈现为丛生的特点。在江苏省，苦竹林分布于苏南地区，生于丘陵山地。群落外貌整齐，群落结构简单。在江苏省调查到 1 个群丛。

代表性样地设在无锡龙池山省级自然保护区的小黑沟。土壤类型为黄棕壤。为苦竹—苎麻（*Boehmeria nivea*）—荩草群丛。以苦竹为建群种（图 5-8-29），苦竹高 3.0—5.1m，直径 1.5—2.2cm。灌木层植物稀少，主要有苎麻、构树、茶条槭等。林下草本层植物稀疏，近林缘主要有荩草、鸡屎藤、薹草（*Carex* sp.）、海金沙等。

10. 箬竹丛

箬竹为禾本科常绿灌木状竹类，秆高 0.75—2.00m。根据 *Flora of China*（2006）记载，“箬竹产于我国浙江、湖南；生于山坡疏林，海拔 300—1400m”。箬竹为阳性竹种，喜温暖湿润气候，耐寒性较差，所以要求深厚肥沃、疏松透气、微酸至中性土壤。叶片大，秆丛生，栽培供观赏；竹叶可包粽子，有清香味。修订版《江苏植物志》已收录该种（刘启新，2015）。在江苏省，箬竹丛分布于苏南山区，生于丘陵山区的林缘、山谷或疏林下。群落外貌整齐，群落结构简单。在江苏省调查到 1 个群丛。

图 5-8-29　苦竹林（宜兴市小黑沟）

代表性样地设在常州市溧阳市戴埠镇的金刚岕，土壤类型为黄棕壤。为箬竹—栝楼群丛。群落盖度一般为80%—90%，高度一般为1.0—1.3m。箬竹为建群种（图5-8-30），伴生植物很少，偶有赛山梅、牛鼻栓、山鸡椒等。由于群落盖度大，林下草本层稀疏，主要物种有淡竹叶等。藤本植物有海金沙、菝葜、土茯苓等藤本植物。

图5-8-30　箬竹丛（溧阳市金刚岕）

11. 阔叶箬竹丛

阔叶箬竹为禾本科常绿灌木状竹类（图5-8-31），秆高可达2m，我国分布于广东省、四川省、安徽省、湖北省、湖南省、江苏省、福建省、山东省、浙江省、江西省。阔叶箬竹为阳性竹种，喜温暖湿润的环境，较耐寒、耐旱、耐半阴，不择土壤，在轻度盐碱土中能正常生长；多生于山谷、荒坡或林下，在局部地段往往形成单优种群落。在江苏省，阔叶箬竹丛分布于镇江市句容市，常州市金坛区、溧阳市，无锡市宜兴市，连云港市连云区（图5-8-32）。群落外貌整齐，群落结构较为简单。在江苏省调查到1个群丛。

图5-8-31　阔叶箬竹（*Indocalamus latifolius*）

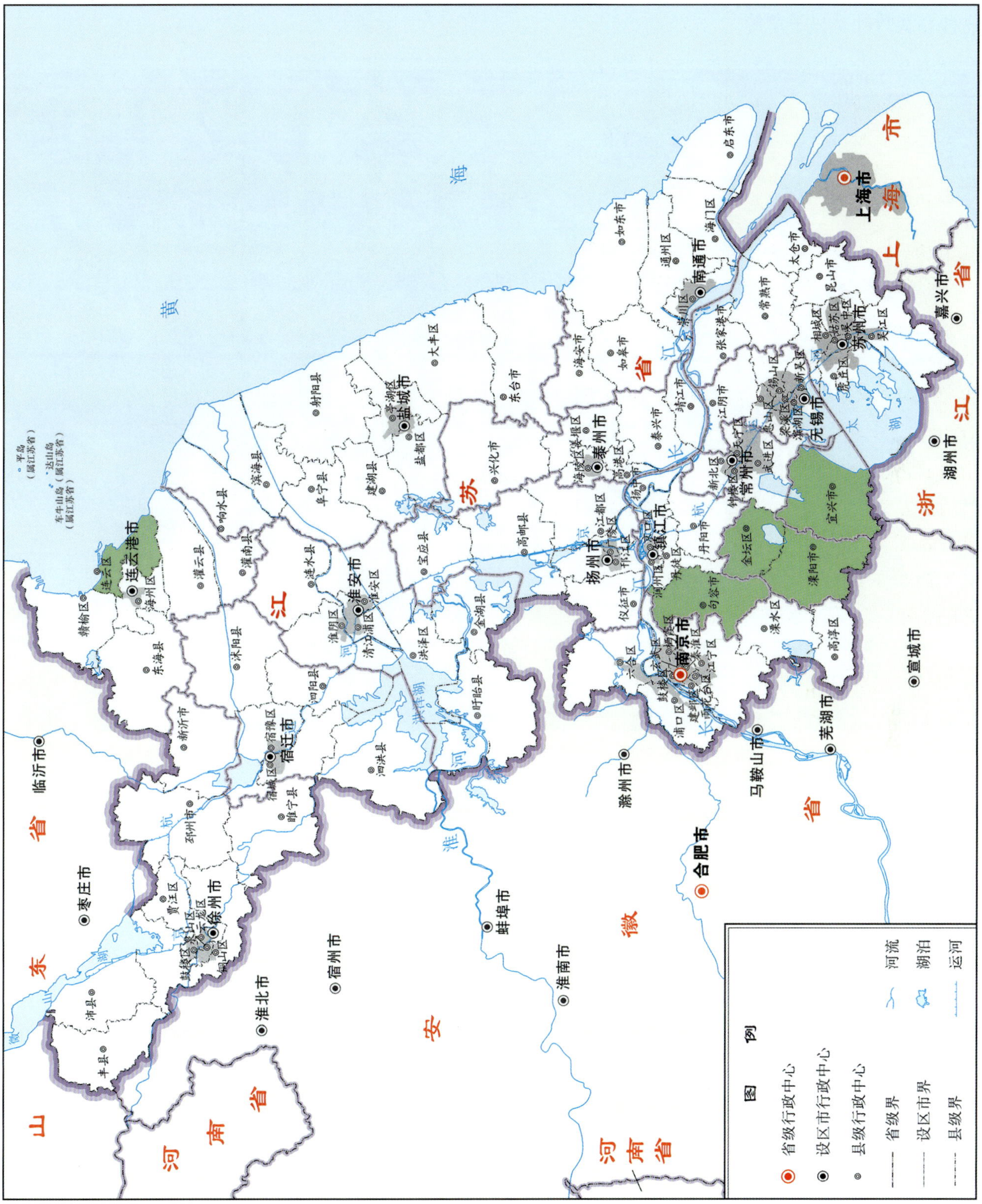

图 5-8-32 阔叶箬竹丛分布图

代表性样地设在无锡龙池山省级自然保护区的小黑沟，土壤类型为黄棕壤。为阔叶箬竹—栝楼群丛。群落盖度一般为 80%—90%，高度一般为 1.0—1.3m。阔叶箬竹占据绝对优势（图 5-8-33），伴生植物很少，偶有栝楼（*Trichosanthes kirilowii*）、土茯苓等藤本植物。由于群落盖度大，林下草本层稀疏，主要物种有淡竹叶、显子草等。

图 5-8-33　阔叶箬竹丛（宜兴市小黑沟）

九、暖湿性竹林

孝顺竹林

孝顺竹为禾本科常绿灌木或乔木状竹类，我国分布于华南、西南直至长江流域，是丛生竹类中分布最广、适应性最强的竹种之一，可以引种北移；国外分布于东南亚地区。孝顺竹为阳性竹种，稍耐阴；浅根系，喜温暖湿润气候，耐寒性较强；对土壤要求不严，但以疏松、湿润、排水良好及富含腐殖质的酸性或微酸性土壤为佳。在江苏省，南北各地有栽培，如无锡市宜兴市、徐州市泉山区、常州市金坛区等地。群落外貌整齐，群落结构较为简单。在江苏省调查到 1 个群丛。

代表性样地设在徐州泉山森林公园内，土壤类型为褐土。为孝顺竹—酢浆草群丛。乔木层平均高度约为 4.5m，郁闭度为 0.80，优势种为孝顺竹（图 5-9-1）。林下灌木层稀疏。草本层的高度约为 0.3m，群落盖度约为 30%，优势种为酢浆草，常见伴生种有山麦冬、狗尾草、马唐、葎草（*Humulus scandens*）等。

图 5-9-1　孝顺竹林（徐州市泉山）

十、热性竹林

茶竿竹林

茶竿竹为禾本科常绿乔木状竹类，秆高 5—13m，我国分布于江西省、福建省、湖南省、广东省、广西壮族自治区，并且在江苏省、浙江省有引种栽培。茶竿竹为阳性竹种；适生的年平均温度为 8℃以上，但也能够耐受 -12℃的低温，适生范围比自然分布范围广；在土层 30cm 以上的红壤、黄壤或沙质土都能生长，而在深厚、肥沃、湿润、排水良好的酸性或中性（pH 4.5—7.0）的沙质土壤中生长最好；多生于丘陵平原或河流沿岸的山坡。在江苏省，茶竿竹林栽培于南京市、无锡市宜兴市。群落外貌较整齐，群落结构较为简单。在江苏省调查到 1 个群丛。

代表性样地设在江苏宜兴国家森林公园，土壤类型为黄棕壤。为茶竿竹—六月雪—金星蕨群丛。群落总盖度 85%—90%。乔木层高度 7—9m，茶竿竹占据绝对优势（图 5-10-1）。灌木层稀疏，有六月雪、

图 5-10-1 茶竿竹林（江苏宜兴国家森林公园）

苎麻等木本植物；草本层也较为稀疏，主要有金星蕨、络石、七星莲（蔓茎堇菜）（*Viola diffusa*）（图 5-10-2）等。

图 5-10-2 茶竿竹林缘的草本植物七星莲（*Viola diffusa*）

十一、竹阔混交林

1. 毛竹+朴树林

亚热带山区的毛竹林，一部分为毛竹占绝对优势的纯林，另一部分为毛竹与优势阔叶树种形成的竹阔混交林。毛竹+朴树林在江苏省主要见于南京市溧水区和常州市溧阳市。在江苏省调查到 1 个群丛。

代表性样地位于江苏溧阳天目湖国家湿地公园境内的仙桥附近山坡（图 5-11-1），土壤类型为黄棕壤。为毛竹+朴树—朴树—龙葵（*Solanum nigrum*）+水蓼（*Persicaria hydropiper*）+蓬藁群丛，总盖度约为 75%。乔木层盖度 70%，平均高度约为 11m。以毛竹和朴树为优势种，重要值分别为 89.08 和 10.92（表 5-11-1）。灌木层以朴树幼树为主，平均高度为 1.6m，重要值为 48.50；常见的伴生种有乌桕、黄檀和楝。草本层的盖度约 20%，高度小于 1.0m，共有 5 种植物。优势种为龙葵、水蓼和蓬藁，其重要值均为 31.25；其余伴生植物有爵床和桑等。

图 5-11-1 毛竹+朴树林（江苏溧阳天目湖国家湿地公园）

表 5-11-1 毛竹+朴树—朴树—龙葵+水蓼+蓬蘽群丛不同层次物种重要值

种名	相对多度 /%	相对频度 /%	相对显著度 /%	相对多盖度 /%	重要值 /%
乔木层					
毛竹*Phyllostachys edulis*	88.46	88.93	90.47		89.08
朴树*Celtis sinensis*	11.54	11.16	9.44		10.92
灌木层					
朴树*Celtis sinensis*	25.13	72.16	71.84		56.38
楝*Melia azedarach*	25.25	18.37	17.63		20.42
乌桕*Triadica sebifera*	25.64	8.41	7.59		13.88
黄檀*Dalbergia hupeana*	23.98	2.06	1.94		9.33
草本层					
龙葵*Solanum nigrum*		30.21		32.29	31.25
水蓼*Polygonum hydropiper*		32.06		30.44	31.25
蓬蘽*Rubus hirsutus*		31.13		31.37	31.25
爵床*Justicia procumbens*		3.04		3.22	3.13
桑*Morus alba*		2.86		3.40	3.13

注：调查时间为 2021 年 7 月 8 日，地点在江苏溧阳天目湖国家湿地公园境内的仙桥附近山坡，海拔为 54m，李恺頔记录。

2. 毛竹＋大叶榉树林

毛竹＋大叶榉树林在江苏省分布于南京市溧水区，常州市金坛区、溧阳市，镇江市句容市（图 5-11-2）。

图 5-11-2 毛竹 + 大叶榉树林分布图

在江苏省调查到1个群丛。

代表性样地设于江苏宜兴国家森林公园的大汉岕（图5-11-3），土壤类型为黄棕壤。为毛竹＋大叶榉树—蓬蘽—九头狮子草群丛。群落盖度70%，高度13m。毛竹数量较多，为乔木层的优势种，重要值达45.55（表5-11-2）。大叶榉树为该层的共优种，高约14m，重要值为30.34；其余伴生树种包括苦槠和女贞等。灌木层盖度30%，以蓬蘽为优势种，重要值为19.39；常见的伴生植物有海州常山、绿叶胡枝子和海桐等。草本层盖度30%。优势种为九头狮子草（*Peristrophe japonica*），重要值为25.54；常见的伴生植物有狗脊、荚蒾、海金沙、檫木和山莓等。

图5-11-3 毛竹＋大叶榉树林（宜兴市大汉岕）

表5-11-2 毛竹＋大叶榉树—蓬蘽—九头狮子草群丛不同层次物种重要值

种名	相对多度/%	相对频度/%	相对显著度/%	相对多盖度/%	重要值/%
乔木层					
毛竹*Phyllostachys edulis*	56.52	28.57	51.57		45.55
大叶榉树*Zelkova schneideriana*	28.26	28.57	34.19		30.34
苦槠*Castanopsis sclerophylla*	8.70	21.43	6.76		12.30
女贞*Ligustrum lucidum*	6.52	21.43	7.48		11.81
灌木层					
蓬蘽*Rubus hirsutus*	21.43	21.43	15.30		19.39

续表

种名	相对多度 /%	相对频度 /%	相对显著度 /%	相对多盖度 /%	重要值 /%
海州常山*Clerodendrum trichotomum*	14.29	14.29	9.65		12.74
绿叶胡枝子*Lespedeza buergeri*	7.14	7.14	13.73		9.34
海桐*Pittosporum tobira*	7.14	7.14	12.07		8.78
荚蒾*Viburnum dilatatum*	7.14	7.14	12.07		8.78
山莓*Rubus corchorifolius*	7.14	7.14	10.51		8.27
女贞*Ligustrum lucidum*	7.14	7.14	10.51		8.27
朴树*Celtis sinensis*	7.14	7.14	5.36		6.55
冬青*Ilex chinensis*	7.14	7.14	4.34		6.21
野鸦椿*Euscaphis japonica*	7.14	7.14	3.43		5.91
白背叶野桐*Mallotus apeltus*	7.14	7.14	3.02		5.77
草本层					
九头狮子草*Peristrophe japonica*		25.00		26.09	25.54
狗脊*Woodwardia japonica*		6.25		21.74	13.99
荚蒾*Viburnum dilatatum*		6.25		17.39	11.82
海金沙*Lygodium japonicum*		12.50		2.61	7.55
檫木*Sassafras tzumu*		6.25		8.70	7.47
山莓*Rubus corchorifolius*		6.25		8.70	7.47
菝葜*Smilax china*		6.25		1.74	3.99
女贞*Ligustrum lucidum*		6.25		1.74	3.99
华东菝葜*Smilax sieboldii*		6.25		0.87	3.56
蕨*Pteridium aquilinum* var. *latiusculum*		6.25		0.87	3.56
毛竹*Phyllostachys edulis*		6.25		0.87	3.56
直立百部*Stemona sessilifolia*		6.25		8.70	7.47

注：调查时间为 2022 年 8 月 27 日，地点在江苏宜兴国家森林公园的大汉岕，海拔为 405m，严格记录。

十二、温性落叶阔叶灌丛

灌丛是以灌木占优势所组成的植被类型。灌木是与乔木相对而言的，通常灌木是指没有明显的主干、呈丛生状的较矮小的树木。灌木的高度一般认为在 5m 以下，也有部分学者认为在 3.5m 以下。因此，灌丛的高度一般小于 5m，盖度大于 30%。

灌丛是分布较广的陆地生态系统类型，在我国的分布面积仅次于草地。我国的灌丛分布广泛，类型十分复杂。就气候带而言，有温带及亚热带高山的落叶阔叶灌丛，也有热带、亚热带低山丘陵的常绿或落叶灌丛，此外在温带或高海拔地区还有亚高山灌丛或灌草丛。从发育性质看，灌丛分为原生灌丛和次生灌丛。我国的灌丛主要以次生灌丛为主。根据建群种的生活型，灌丛分为针叶灌丛和阔叶灌丛、常绿灌丛和落叶灌丛。《中国植被》（吴征镒，1980）根据灌丛的群落结构特征、种类组成、群落外貌及生态地理分布特点将我国灌丛划分为 5 个植被型：常绿针叶灌丛、常绿革叶灌丛、落叶阔叶灌丛、常绿阔叶灌丛和灌草丛。陈灵芝（2019）将中国的灌丛植被分为 5 个植被型：常绿针叶灌丛、落叶阔叶灌丛、常绿阔叶灌丛、常绿革叶灌丛和肉质刺灌丛。

江苏省现状植被的次生性较为明显，灌丛在江苏省的分布相当广泛，从暖温带到亚热带地区，从滩涂湿地到田边村落，从平原到低山丘陵及山顶均有。灌丛的外貌变化很大，结构一般较为凌乱，种类组成变化很大。尤其在亚热带地区，这些灌丛中大多数为森林群落遭到破坏后形成的中生性次生灌丛。根据我们的野外调查资料，江苏省灌丛的植物种类既有乔木树种，也有灌木种类；既有自然分布的乡土树种，也有因长期栽培而逸生的林木种类，如油茶（图 5-12-1）。此外，同一个树种在不同生境条件下，往往有时呈现为乔木，如茅栗（*Castanea seguinii*），属于森林植被；有时则呈现为分枝较多的丛生状灌木，如盐麸木（图 5-12-2），属于灌丛植被。这里将江苏省的灌丛植被作为植被型组，并将其划分为 2 个植被型：落叶阔叶灌丛和常绿阔叶灌丛。落叶阔叶灌丛有 4 个植被亚型：温性落叶阔叶灌丛（8 个群系）、暖性落叶阔叶灌丛（8 个群系）、盐生落叶阔叶灌丛（1 个群系）、石灰岩山地落叶阔叶灌丛（7 个群系）。常绿阔叶灌丛有 2 个植被亚型：暖性常绿阔叶灌丛（6 个群系）和暖干性常绿阔叶灌丛（1 个群系）。因此，江苏省的灌丛植被共有 2 个植被型组，6 个植被亚型，31 个群系。

温性落叶阔叶灌丛是指以温性落叶灌木为建群种所组成的植被类型，在江苏省主要分布于暖温带地区，也有少数延伸到亚热带地区。这类灌丛的植物种类大多耐寒性强、耐干旱、耐瘠薄。灌木层盖度 30%—80%，高度 1—2m；草本层稀疏或分化不明显。现根据群系，分述如下。

图 5-12-1　油茶（*Camellia oleifera*）

图 5-12-2　盐麸木（*Rhus chinensis*）

1. 毛掌叶锦鸡儿灌丛

毛掌叶锦鸡儿为豆科多分枝落叶灌木。根据 *Flora of China*（2010）记载：该种在我国分布于河北省、山西省、山东省、陕西省、河南省；生于 500—1300m 山坡。植株高约 1m，树皮深褐色；小枝直伸，淡褐色，有条棱；叶簇生，呈假掌状复叶，有小叶 4 枚；托叶狭，硬化成针刺。花单生，花萼钟状，花冠黄色，基部带红色。在江苏省，毛掌叶锦鸡儿灌丛分布于徐州市泉山区和云龙区。群落外貌不整齐，群落结构简单。在江苏省调查到 1 个群丛。

代表性样地设于徐州云龙湖风景区的天师岭（34.2342°N，117.1478°E），海拔 54.6m。为毛掌叶锦鸡儿—求米草群丛（图 5-12-3）。土壤类型主要为褐土。群落总盖度 60%。灌木层高度为 0.8m，植物主要有毛掌叶锦鸡儿，有时伴生有扁担杆、酸枣、侧柏、茅莓、桑等。草本层主要有求米草，有时伴生有爵床、

图 5–12–3 毛掌叶锦鸡儿灌丛（徐州市泉山区天师岭）

地构叶、天名精（*Carpesium abrotanoides*）等。藤本植物有太行铁线莲（图 5–12–4）、木防己、萝藦、寻骨风等。

图 5–12–4 藤本植物太行铁线莲（*Clematis kirilowii*）

2. 绿叶胡枝子灌丛

绿叶胡枝子为豆科直立落叶灌木，我国分布于山西省、陕西省、甘肃省、江苏省、安徽省、浙江省、江西省、台湾省、河南省、湖北省、四川省等；日本和朝鲜也有分布。胡枝子属植物通常耐旱、耐瘠薄、耐水湿、耐寒性强，并且萌生能力强，对土壤适应性强，为良好的水土保持植物及固沙植物。江苏省该属有 19 种（含变种），南北各地均有分布，生于山坡、林下、山沟和路旁。其中，有些种类如胡枝子（图 5–12–5）、多花胡枝子（*Lespedeza floribunda*）（图 5–12–6）、大叶胡枝子（*Lespedeza davidii*）（图 5–12–7）等往往成片生长，形成落叶灌丛。绿叶胡枝子灌丛在江苏省主要分布于南京市、镇江市、常州市、苏州市、无锡市和连云港市等地的山坡、林缘、路旁或旷野。群落外貌不整齐，群落结构简单。在江苏省调查到 1 个群丛。

代表性样地设于无锡龙池山省级自然保护区的小黑沟（31.2422°N，119.7312°E），海拔 173.0m。为绿叶胡枝子—荩草群丛（图 5–12–8）。土壤类型主要为黄棕壤。群落总盖度 80%。灌木层高度为 1.5m，植物主要有绿叶胡枝子，有时伴生有山鸡椒、赛山梅、扁担杆、牛鼻栓等。草本层稀疏，主要种类有荩草、天名精、淡竹叶等。藤本植物有菝葜、海金沙、土茯苓等。

图 5-12-5 胡枝子（*Lespedeza bicolor*）

图 5-12-6 多花胡枝子（*Lespedeza floribunda*）

图 5-12-7 大叶胡枝子（*Lespedeza davidii*）

图 5-12-8 绿叶胡枝子灌丛（宜兴市小黑沟）

3. 牛枝子灌丛

牛枝子为豆科落叶半灌木，产于我国辽宁省、内蒙古自治区、河北省、山西省、陕西省、宁夏回族自治区、甘肃省、青海省、山东省、江苏省、河南省、四川省、云南省、西藏自治区等；生于荒漠草原，草原带的沙质地、砾石地、丘陵地、石质山坡及山麓。牛枝子具有较强的抗旱性能，在干旱年份也能产生一定的地上生物量，并能开花结实。可作为优质饲用植物，性耐干旱，可作水土保持及固沙植物。在江苏省，牛枝子灌丛分布于连云港市赣榆区，徐州市泉山区、云龙区。群落外貌不整齐，群落结构简单。在江苏省调查到 1 个群丛。

代表性样地设于徐州云龙湖风景区的泉山（34.2342°N，117.1478°E），海拔 54.6m。为牛枝子—中华卷柏群丛（图 5–12–9）。土壤类型主要为褐土。群落总盖度 50%。灌木层高度为 0.7m，植物主要有牛枝子，有时伴生有扁担杆、鸡桑（*Morus australis*）、茅莓等。草本层主要有中华卷柏，有时伴生有寻骨风、求米草、狭叶香港远志（*Polygala hongkongensis* var. *stenophylla*）（图 5–12–10）等。

图 5–12–9 牛枝子灌丛（徐州市泉山）

图 5–12–10 狭叶香港远志（*Polygala hongkongensis* var. *stenophylla*）

4. 截叶铁扫帚灌丛

截叶铁扫帚为豆科落叶小灌木。根据 *Flora of China*（2003）记载：该种在我国产于陕西省、甘肃省、山东省、台湾省、河南省、湖北省、湖南省、广东省、四川省、云南省、西藏自治区等；亦见于朝鲜、日本、印度、巴基斯坦、阿富汗及澳大利亚。截叶铁扫帚喜光，较喜热，耐贫瘠，较强抗旱，以排水良好的土壤为宜。在江苏省主要见于南京市江宁区，镇江市句容市，常州市金坛区、溧阳市，无锡市宜兴市，连云港市连云区（图 5–12–11）。群落外貌不整齐，群落结构简单。在江苏省调查到 1 个群丛。

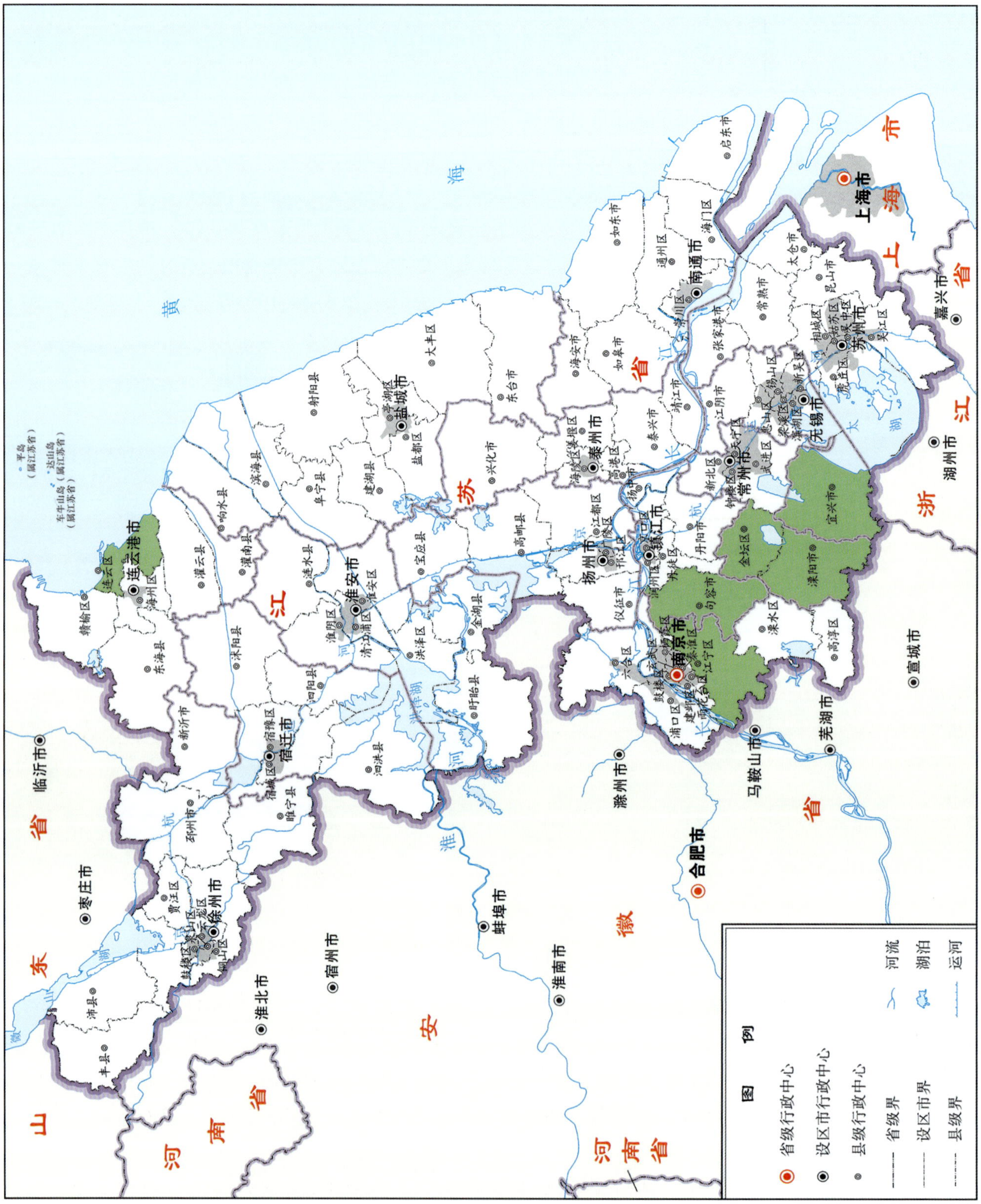

图 5-12-11 截叶铁扫帚灌丛分布图

代表性样地设在常州市武进区横山生态公益林的芳茂山山顶的防火道两侧山坡（31.7733°N，120.1023°E），海拔 84.6m。为截叶铁扫帚—鼠尾粟（*Sporobolus fertilis*）群丛。群落组成较为简单，总盖度 40%。群落灌木层高度为 1.2m，以截叶铁扫帚为主（图 5-12-12），其他伴生树种主要有乌桕、白檀、野山楂、金樱子和算盘子等木本植物。群落层次不够分明，主要以灌木为主，同时混生部分草本植物。草本植物有鼠尾粟、画眉草（*Eragrostis pilosa*）、加拿大一枝黄花（*Solidago canadensis*）、女娄菜（*Silene aprica*）、美洲商陆等。

图 5-12-12 截叶铁扫帚灌丛（常州市武进区芳茂山）

5. 笐子梢灌丛

笐子梢（杭子梢）为豆科落叶灌木，我国分布于河北省、山西省、陕西省、甘肃省、山东省、江苏省、安徽省、浙江省、江西省、福建省、河南省、湖北省、湖南省、广西壮族自治区、四川省、贵州省、云南省、西藏自治区等；朝鲜、日本也有分布。笐子梢为水土保持和土壤改良的植物，也可作为蜜源植物或观赏植物，嫩叶可作饲料。在江苏省，笐子梢灌丛分布于南北各地（图 5-12-13）。群落外貌较整齐，群落结构简单。在江苏省调查到 1 个群丛。

代表性样地设在连云港市云台山的北云台（34.6977°N，119.4045°E），海拔 64.5m。为笐子梢—老鸦瓣群丛。群落组成较为简单，总盖度 70%。灌木层高度为 1.6m，以笐子梢为主（图 5-12-14），其他伴生树种主要有木蜡树、盐麸木、白檀等。草本植物有老鸦瓣、心叶堇菜、青绿薹草等。

图 5-12-13 笐子梢灌丛（宜兴市小黑沟）

图 5-12-14 笐子梢灌丛（连云港市云台山）

6. 小野珠兰灌丛

小野珠兰（小米空木）为蔷薇科常绿半灌木，我国分布于辽宁省、山东省、台湾省；朝鲜、日本也有分布。小野珠兰性喜温暖，喜散射光，怕高温，也不耐寒。在江苏省，小野珠兰灌丛分布于镇江市句容市、连云港市连云区云台山（图 5-12-15、图 5-12-16）。群落外貌较整齐，群落结构简单。在江苏省调查到 1 个群丛。

代表性样地设在连云港连云区云台山的悟道庵山坡（34.7152°N，119.4217°E），海拔 289.5m。为小野珠兰—橘草群丛。群落组成较为简单，总盖度 60%。灌木层高度为 1.6m，以小野珠兰为主，其他伴生树种主要有白木乌桕（*Neoshirakia japonica*）、构树、野山楂等。草本植物有橘草、华东杏叶沙参（*Adenophora petiolata* subsp. *huadungensis*）、金茅（*Eulalia speciosa*）、海金沙、络石等。

7. 枸杞灌丛

枸杞（*Lycium chinense*）为茄科多分枝落叶灌木，分布于我国安徽省、福建省、甘肃省、广东省、广西壮族自治区、贵州省、海南省、河北省、黑龙江省、河南省、湖北省、湖南省、江苏省、江西省、吉林省、辽宁省、内蒙古自治区、宁夏回族自治区、青海省、陕西省、山西省、四川省、台湾省、云南省、浙江省等；日本、朝鲜、蒙古、尼泊尔、巴基斯坦、泰国，以及亚洲西南部、欧洲也有分布。枸杞常生于山坡、荒地、丘陵地、盐碱地、路旁及村边宅旁。在我国除普遍野生外，各地也有作水土保持、药用、蔬菜或绿化栽培（图 5-12-17）。枸杞喜光，喜冷凉气候，耐寒；抗旱能力较强，在干旱荒漠地仍能生长，耐盐碱，

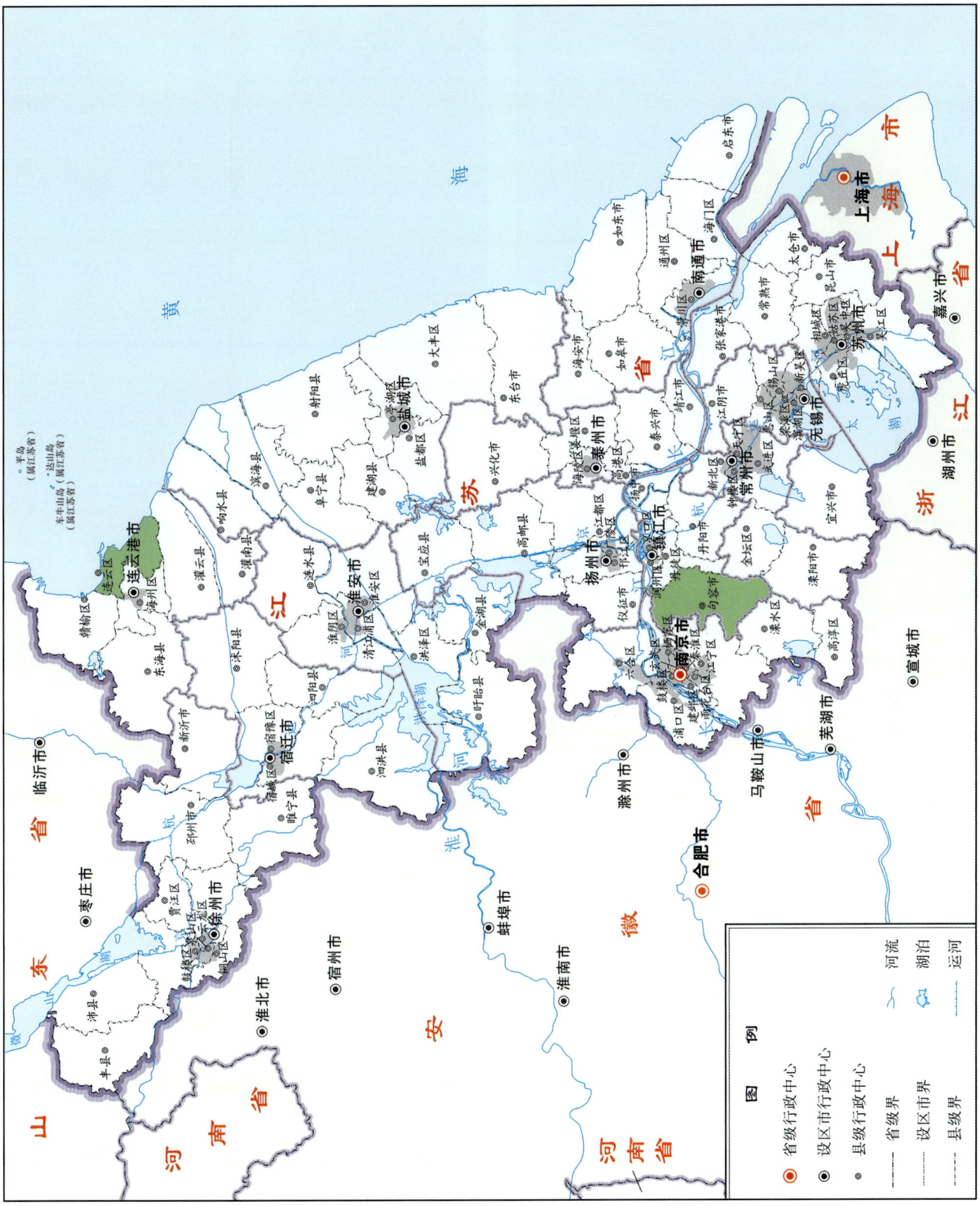

图 5-12-15　小野珠兰灌丛分布图

图 5-12-16 小野珠兰灌丛（连云港市云台山）

图 5-12-17 枸杞（*Rosa multiflora*）（栽培，供观赏）

多生长在碱性土和沙质壤土上，适合在土层深厚、肥沃的壤土生长。在江苏省，枸杞灌丛主要分布于南京市，镇江市，盐城市，南通市，连云港市灌云区、连云区，徐州市邳州市、铜山区、睢宁县等地。在江苏省调查到1个群丛。

代表性样地设在盐城市响水县的灌东盐场。为枸杞—婆婆针群丛。群落组成较为简单，总盖度60%。灌木层高度为1.3m，以枸杞占优势，重要值为72.10（图 5-12-18）。其他伴生植物主要有野大豆（*Glycine soja*）（10.16）、刺槐（4.02）和马瓟儿（*Zehneria japonica*）（4.02）等。草本层不明显（表 5-12-1），仅有少数草本植物如婆婆针（*Bidens bipinnata*）进入灌木层中。

图 5-12-18 枸杞灌丛（盐城市响水县灌东盐场）

表 5-12-1 枸杞—婆婆针群丛不同物种重要值

种名	相对多度 /%	相对频度 /%	相对显著度 /%	相对多盖度 /%	重要值 /%
灌木层					
枸杞*Lycium chinense*		71.58		72.61	72.10
野大豆*Glycine soja*		9.94		10.37	10.16
刺槐*Robinia pseudoacacia*		3.89		4.15	4.02
马瓟儿*Zehneria japonica*		3.89		4.15	4.02
构树*Broussonetia papyrifera*		3.89		4.15	4.02
婆婆针*Bidens bipinnata*		3.89		4.15	4.02
桑*Morus alba*		2.92		0.41	1.67

注：调查时间为 2022 年 7 月 11 日，地点在盐城市响水县的灌东盐场，海拔为 3m，鲁欣记录。

8. 野蔷薇灌丛

野蔷薇为蔷薇科攀缘灌木（图 5-12-19），我国分布于安徽省、福建省、甘肃省、广东省、广西壮族自治区、贵州省、河北省、河南省、湖南省、江苏省、江西省、陕西省、山东省、台湾省、浙江省；日本、朝鲜也有分布。野蔷薇性强健，喜光，耐半阴，耐寒，对土壤要求不严，以肥沃、疏松的微酸性土壤最好，耐瘠薄，忌低洼积水，耐修剪。在江苏省，野蔷薇灌丛分布于南北各地（图 5-12-20、

图 5-12-19 野蔷薇（*Rosa multiflora*）

图 5-12-20 野蔷薇灌丛（溧阳市长荡湖国家湿地公园）

图 5-12-21）。在江苏省调查到 1 个群丛。

代表性样地设在常州市溧阳市长荡湖国家湿地公园。为野蔷薇—野燕麦群丛，主要分布在靠近西部的游客步道附近（31.5565°N，119.5565°E），海拔 2.6m。群落组成较为简单，总盖度 80%。灌木层高度为 1.5m，草本层不明显。主要以灌木状的野蔷薇为主，呈蔓生状，其他伴生植物主要有野燕麦（*Avena fatua*）、乌蔹莓、车前等。

图 5-12-21　野蔷薇灌丛（南京市鼓楼区鬼脸城公园）

十三、暖性落叶阔叶灌丛

暖性落叶阔叶灌丛是一类次生性的灌丛，主要分布在亚热带地区。在江苏省分布的这一类型主要包括两类：一类是亚热带山地的常绿阔叶林、常绿落叶阔叶混交林遭到人为开发破坏后经逆行演替形成的以灌木种类为主的植物群落；另一类为亚热带石灰岩山地或暖温带的落叶阔叶林遭到破坏后由于生境条件较差，由一些萌生性强、耐贫瘠或耐干旱的树种形成矮化的灌丛群落。

江苏省这一植被亚型共有 8 个群系，现分述如下。

1. 丁香杜鹃灌丛

丁香杜鹃为杜鹃花科落叶灌木，曾被称为满山红（*Rhododendron mariesii*）。我国分布于河北省、陕西省、江苏省、安徽省、浙江省、江西省、福建省、台湾省、河南省、湖北省、湖南省、广东省、广西壮族自治区、四川省和贵州省；生于 600—1500m 山地稀疏灌丛中。在江苏省，丁香杜鹃灌丛分布于南

图 5-13-1 丁香杜鹃灌丛（溧阳市龙潭）

北各地山区（图 5-13-1、图 5-13-2）。群落外貌不整齐，群落结构简单。在江苏省调查到 1 个群丛。

代表性样地设于江苏天目湖国家森林公园的龙潭（31.2576°N，119.4852°E），海拔 143.1m。为丁香杜鹃—梓木草群丛。土壤类型主要为黄棕壤。群落总盖度 60%。灌木层高度为 1.7m，植物主要有丁香杜鹃，有时伴生有山胡椒、苦竹、蓬蘽、胡颓子等。草本层主要有梓木草，有时伴生有鼠麹草（*Pseudognaphalium affine*）、爵床、益母草等。藤本植物有南蛇藤、木防己、海金沙、菝葜等。

图 5-13-2 丁香杜鹃灌丛（溧阳市南山竹海）

2. 蓬蘽灌丛

蓬蘽为蔷薇科半常绿灌木，我国分布于安徽省、福建省、广东省、河南省、湖北省、江苏省、江西省、台湾省、云南省、浙江省；朝鲜、日本也有分布。蓬蘽在江苏省分布广泛，有南京市浦口区、玄武区、溧水区，镇江市句容市，常州市溧阳市、金坛区，淮安市盱眙县等（图 5-13-3、

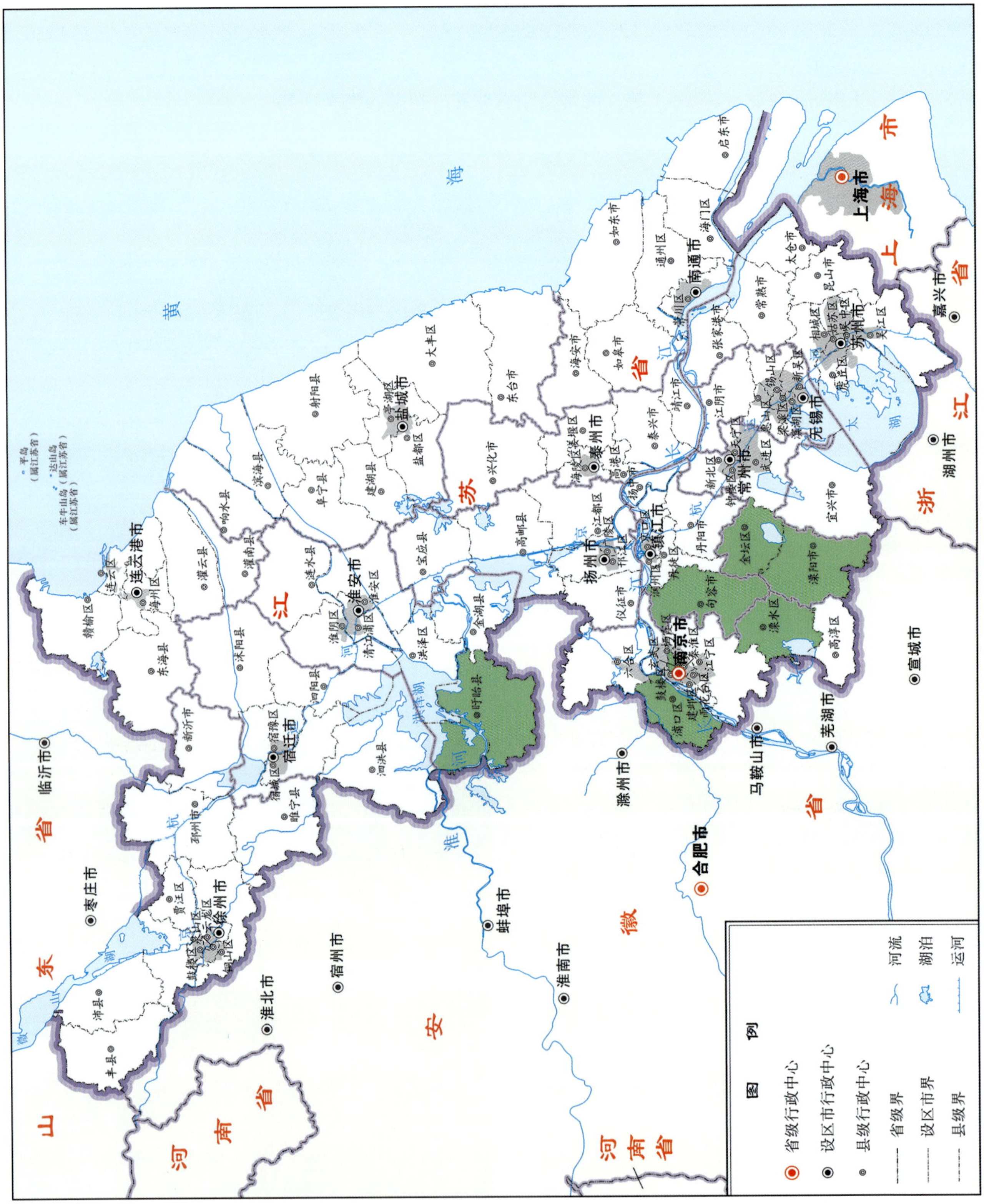

图 5-13-3 蓬蘽灌丛分布图

图 5-13-4）；常见于山坡、荒地、疏林下或灌丛中，在苏南山区山坡路旁阴湿处或灌丛中常成片生长。在江苏省调查到 1 个群丛。

代表性样地设于常州市溧阳市南山竹海的锅底山（31.1572°N，119.5101°E），海拔 493.0m。为蓬藥—金星蕨群丛（图 5-13-5）。土壤类型主要为黄棕壤。群落总盖度 70%。灌木层高度为 0.9m，植物主要有蓬藥，有时伴生有野山楂、六月雪、海州常山、柘树、野梧桐等。草本层植物主要种类有金星蕨、芒、淡竹叶、虎杖（*Reynoutria japonica*）等。藤本植物有紫藤、菝葜、海金沙等。

图 5-13-4 蓬藥灌丛（溧阳市龙潭）

图 5-13-5 蓬藥灌丛（溧阳市锅底山）

3. 高粱藨灌丛

高粱藨（*Rubus lambertianus*），俗称高粱泡，是蔷薇科半落叶藤状灌木，我国分布于河南省、湖北省、湖南省、安徽省、江西省、江苏省、浙江省、福建省、台湾省、广东省、广西壮族自治区、云南省等；日本也有分布。生于低海山坡、山谷或路旁灌木丛中阴湿处、林缘或路旁。在江苏省，高粱藨灌丛分布于南北各地。群落外貌不整齐，群落结构凌乱（图 5-13-6）。在江苏省调查到 1 个群丛。

代表性样地设于南京市紫金山的西马腰（34.0717°N，118.8345°E），海拔 338.3m。为高粱藨—豨莶群丛（图 5-13-7）。土壤类型主要为黄棕壤。群落总盖度 70%。灌木层高度为 1.8m，植物主要有高

图 5-13-6 高粱藨灌丛（常州市石家山）

图 5-13-7 高粱藨灌丛（南京市紫金山）

梁蕨，有时伴生有白檀、山胡椒、朴树、何首乌等。草本层主要有豨莶（*Sigesbeckia orientalis*），有时伴生有三脉紫菀、蔓生百部（*Stemona japonica*）、紫茉莉（*Mirabilis jalapa*）、南赤瓟（*Thladiantha nudiflora*）、紫堇（*Corydalis edulis*）等。

4. 白檀灌丛

白檀为山矾科落叶灌木或小乔木，我国分布于安徽省、福建省、广东省、广西壮族自治区、贵州省、海南省、河北省、黑龙江省、河南省、湖北省、湖南省、江苏省、江西省、吉林省、辽宁省、内蒙古自治区、宁夏回族自治区、陕西省、山东省、山西省、四川省、台湾省、云南省、西藏自治区、浙江省；也分布于不丹、印度、日本、朝鲜、老挝、缅甸和越南。此外，华山矾（*Symplocos chinensis*）已被并入此种。在江苏省，白檀灌丛主要见于苏南山区和连云港市云台山（图 5-13-8）。群落外貌不整齐，群落结构简单。在江苏省调查到 1 个群丛。

代表性样地设在连云港市云台山的柳河（34.7006°N，119.4658°E），海拔 25.5m。为白檀—络石群丛。群落总盖度 40%。灌木层高度为 1.3m，主要有白檀（图 5-13-9）、野梧桐、野珠兰、白蜡树（*Fraxinus chinensis*）等木本植物。草本层植物主要有络石、蜈蚣兰、拐芹（*Angelica polymorpha*）、桔梗、地榆等。

图 5-13-8　白檀灌丛（南京市紫金山）

图 5-13-9　白檀灌丛（连云港市云台山柳河村）

5. 野鸦椿灌丛

野鸦椿为省沽油科的落叶小乔木或灌木（图 5-13-10）。除西北各省外，全国均产，主产江南各省，西至云南东北部；日本、朝鲜也有分布。野鸦椿为弱阳性树种，幼苗耐阴，大树喜光；耐瘠薄干燥，耐寒性较强；在土层深厚、疏松、湿润、排水良好且富含有机质的微酸性土壤中生长良好。在江苏省，野鸦椿灌丛分布于苏南山区和连云港市云台山。群落外貌较整齐，群落结构简单。在江苏省调查到1个群丛。

代表性样地设在无锡龙池山省级自然保护区的龙池山（31.2121°N，119.6951°E），海拔406.2m。为野鸦椿—显子草群丛。群落组成较为简单，总盖度60%。灌木层高度为1.6m，以野鸦椿为主（图5-13-11），其他伴生树种主要有白檀、苦竹、构树、光亮山矾等。草本植物有显子草、刺头复叶耳蕨、烟管头草（*Carpesium cernuum*）、贯众等。

图5-13-10　野鸦椿（*Euscaphis japonica*）

图5-13-11　野鸦椿灌丛（宜兴市龙池山）

6. 茅栗灌丛

茅栗为壳斗科小乔木，常呈灌木状，高4—6m。与同属的板栗相比，茅栗的坚果较小（图5-13-12）。我国分布于安徽省、福建省、广东省、广西壮族自治区、贵州省、河南省、湖北省、湖南省、江苏省、江西省、陕西省、山西省、四川省、云南省、浙江省。生于海拔400—2000m丘陵山地，见于山坡灌木丛中，常与常绿或落叶阔叶树混生。在江苏省，茅栗灌丛主要见于苏南山区和连云港市云台山（图5-13-13）。在江苏省调查到1个群丛。

代表性样地设在无锡龙池山省级自然保护区的龙池山万息亭山坡（31.2121°N，119.6951°E），海拔406.2m。为茅栗—五节芒群丛。群落组成较为简单，总盖度60%。灌木层高度为1.7m，以灌木状萌生的

图 5-13-12　茅栗（*Castanea seguinii*）

图 5-13-13　茅栗灌丛（宜兴市龙池山）

茅栗为主，其他伴生树种主要有白檀、马尾松、山胡椒、小构树、山鸡椒等。草本植物有五节芒（*Miscanthus floridulus*）、荩草、蕨、木防己等。

7. 枹栎灌丛

枹栎为壳斗科落叶乔木，叶常聚生于枝顶，秋季叶色变红（图 5-13-14），可供观赏。我国分布于辽宁省、山西省、陕西省、甘肃省、山东省、江苏省、安徽省、河南省、湖北省、湖南省、广东省、广西壮族自治区、四川省、贵州省、云南省等；日本、朝鲜也有分布。生于海拔 200—2000m 的山地或沟谷林中。在江苏省的亚热带山区往往萌生现象明显，呈现灌木状；枹栎灌丛分布于常州市金坛区、镇江市句容市、无锡市宜兴市、惠山区。在江苏省调查到 1 个群丛。

代表性样地设在无锡市宜兴市张渚镇善卷村向北 750m 的山坡（31.3128°N，119.6674°E），海拔 207.4m。为枹栎—黑足鳞毛蕨群丛。群落组成较为简单，总盖度 60%。层次不够分明，基本可以分为两层。灌木层以枹栎占优势（图 5-13-15），高度 2.3—2.5m，重要值为 31.34；其次为海州常山（28.87）。其他伴生树种主要有山鸡椒（13.50）、白背叶野桐（9.89）、白檀（7.51）、满山红（4.64）和野鸦椿（4.25）等木本植物。草本层较为丰富，主要植物有黑足鳞毛蕨（26.27）、鸡眼草（*Kummerowia striata*）（17.45）、枫香树（13.14）、菝葜（4.31）、海金沙（4.31）等（表 5-13-1）。

图 5-13-14　枹栎（*Quercus serrata*）秋叶变红

图 5-13-15　枹栎灌丛（宜兴市善卷村附近）

表 5-13-1 枹栎—黑足鳞毛蕨群丛不同层次物种重要值

种名	相对多度 /%	相对频度 /%	相对显著度 /%	相对多盖度 /%	重要值 /%
灌木层					
枹栎*Quercus serrata*	31.58	25.00	37.44		31.34
海州常山*Clerodendrum trichotomum*	26.32	25.00	35.29		28.87
山鸡椒*Litsea cubeba*	15.79	18.75	5.97		13.50
白背叶野桐*Mallotus apeltus*	10.53	12.50	6.66		9.89
白檀*Symplocos paniculata*	5.26	6.25	11.01		7.51
满山红*Rhododendron mariesii*	5.26	6.25	2.40		4.64
野鸦椿*Euscaphis japonica*	5.26	6.25	1.22		4.25
草本层					
黑足鳞毛蕨*Dryopteris fuscipes*		13.33		39.22	26.27
鸡眼草*Kummerowia striata*		13.33		21.57	17.45
枫香树*Liquidambar formosana*		6.67		19.61	13.14
菝葜*Smilax china*		6.67		1.96	4.31
海金沙*Lygodium japonicum*		6.67		1.96	4.31
海州常山*Clerodendrum trichotomum*		6.67		1.96	4.31
鸡屎藤*Paederia foetida*		6.67		1.96	4.31
接骨草*Sambucus javanica*		6.67		1.96	4.31
蓬蘽*Rubus hirsutus*		6.67		1.96	4.31
山莓*Rubus corchorifolius*		6.67		1.96	4.31
山麦冬*Liriope spicata*		6.67		1.96	4.31
青绿薹草*Carex breviculmis*		6.67		1.96	4.31
一年蓬*Erigeron annuus*		6.67		1.96	4.31

注：调查时间为 2020 年 9 月 29 日，地点在无锡市宜兴市张渚镇善卷村附近山坡，海拔为 207.4m，严格记录。

8. 构树灌丛

构树（也称构）为桑科高大乔木或呈灌木状，雌雄异株（图 5-13-16）。我国分布于南北各地，在我国的丘陵、山地和平原地区均有；也分布于柬埔寨、日本、朝鲜、老挝、马来西亚、缅甸、泰国、越南和太平洋群岛。构树喜光、耐旱、耐瘠薄，适应性强，为强阳性树种。根系浅，侧根发达，速生，竞争性强，萌芽力强（图 5-13-17），耐修剪，并具有明显的化感作用。可造纸、入药或作饲料，在我国广泛栽培，并被引种到欧洲、美洲和非洲等地。构树在野外条件合适时常常形成纯林（图 5-13-18），伴生树种很少；在荒山坡地、沟边路旁或石灰岩山地会形成构树灌丛（图 5-13-19）。在江苏省，构树灌丛分布于各地，多见于荒地、田园、沟旁（图 5-13-20）。群落外貌整齐，群落结构简单。在江苏省调查到 1 个群丛。

代表性样地设在南京市栖霞区仙林后山（32.1156°N，118.9056°E），海拔 45.6m。为构树—鹅观草群丛，群落组成较为简单。灌木层高 2.1—2.3m，盖度约 60%，优势种为构树（图 5-13-21），伴生种主要有野蔷薇、桑（*Morus alba*）、朴树等。草本层高约 0.65m，盖度约 30%，优势种为鹅观草，伴生有刺儿菜（*Cirsium arvense* var. *integrifolium*）、马兜铃、白茅、画眉草等。

图 5-13-16　构树（*Broussonetia papyrifera*）（左为雌花序，右为雄花序）

图 5-13-17　构树（*Broussonetia papyrifera*）的萌枝

图 5-13-18　构树林（扬州市宝应湖）

图 5-13-19　构树灌丛（溧阳市南渚）

图 5-13-20 构树灌丛（南京市栖霞区仙林后山）

十四、石灰岩山地落叶阔叶灌丛

石灰岩山地落叶阔叶灌丛也是一类次生性的灌丛。石灰岩山地属于中生偏干生境，通常其矿质养分丰富，但土层较薄、土壤贫瘠、水分不足、土壤酸碱度高。在江苏省，石灰岩山地分布广泛，如南京市、镇江市、常州市、无锡市、苏州市、连云港市、徐州市均有。当亚热带常绿阔叶林、常绿落叶阔叶混交林或暖温带落叶阔叶林遭到破坏后，由于石灰岩山地土地瘠薄、保水性差，往往导致水土流失，因此发育形成以耐旱喜钙的灌木种类占优势的灌丛，或者由少数乔木树种矮化呈灌木状，形成落叶阔叶灌丛。前者如小果蔷薇（*Rosa cymosa*）（图 5-14-1）、火棘（*Pyracantha fortuneana*）（图 5-14-2）等，后者如盐麸木（图 5-14-3）、牡荆（图 5-14-4）等。

图 5-14-1 小果蔷薇（*Rosa cymosa*）

图 5-14-2 火棘（*Pyracantha fortuneana*）

图 5-14-3　盐麸木（*Rhus chinensis*）

图 5-14-4　牡荆（*Vitex negundo* var. *cannabifolia*）

江苏省这一植被亚型共有 7 个群系，现分述如下。

1. 小果蔷薇灌丛

小果蔷薇为蔷薇科落叶或半常绿攀缘灌木。我国分布于安徽省、福建省、广东省、广西壮族自治区、贵州省、湖北省、湖南省、江苏省、江西省、陕西省、四川省、台湾省、云南省、浙江省；老挝和越南也有分布。多生于海拔 250—1300m 的向阳山坡、路旁、溪边或丘陵地。小果蔷薇灌丛分布于江苏省各地（图 5-14-5）。群落外貌不整齐，群落结构简单。在江苏省调查到 1 个群丛。

图 5-14-5　小果蔷薇灌丛（溧阳市龙潭）

代表性样地设于常州市武进区横山桥的芳茂山（31.1622°N，120.5146°E），海拔 24.8m。为小果蔷薇—鸭跖草群丛（图 5-14-6）。土壤类型主要为黄棕壤。群落总盖度 60%。灌木层高度为 2.3m。灌木层植物主要有小果蔷薇，有时伴生有野山楂、华东木蓝（*Indigofera fortunei*）、山槐、算盘子等。草本层主要有鸭跖草（*Commelina communis*），有时伴生有蕨、酸模、美洲商陆等。藤本植物有木防己、海金沙、菝葜等。

图 5-14-6　小果蔷薇灌丛（常州市武进区芳茂山）

2. 茅莓灌丛

茅莓为蔷薇科落叶蔓生状灌木，叶被密被灰白色绒毛（图 5-14-7），花粉红色至紫红色。我国分布于黑龙江省、吉林省、辽宁省、河北省、河南省、山西省、陕西省、甘肃省、湖北省、湖南省、江西省、安徽省、山东省、江苏省、浙江省、福建省、台湾省、广东省、广西壮族自治区、四川省、贵州省；朝鲜、日本也有分布。茅莓果实酸甜多汁，可供食用、酿酒及制醋等；根和叶含单宁，可提取栲胶；全株入药；可作蜜源植物或观赏。在江苏省，茅莓分布广泛，常见于杂木林下、向阳山坡、路旁或荒野；茅莓灌丛分布全省各地（图 5-14-8）。在江苏省调查到 1 个群丛。

图 5-14-7　茅莓（*Rubus hirsutus*）

图 5-14-8　茅莓灌丛（徐州市泉山区泰山）

图 5-14-9　茅莓灌丛（常州市武进区芳茂山）

代表性样地设于常州市武进区横山桥的芳茂山（31.7741°N，120.0119°E），海拔 57.7m。为茅莓—乱草群丛（图 5-14-9）。土壤类型主要为黄棕壤。群落总盖度 50%。灌木层高度为 0.6—0.8m，植物主要有茅莓，有时伴生有柘树、算盘子、野山楂、海州常山等。草本层主要有乱草（*Eragrostis japonica*），有时伴生有蕨、野艾蒿（*Artemisia lavandulifolia*）、加拿大一枝黄花等。藤本植物有木防己、海金沙、菝葜等。

此外，悬钩子属我国有约 210 种，江苏省有 30 种（含种下单位），其中有些种类在江苏省的丘陵山地较为常见，如茅莓、蓬蘽、高粱藨、山莓（图 5-14-10）等。

图 5-14-10　山莓（*Rubus corchorifolius*）

3. 火棘灌丛

火棘为蔷薇科的常绿灌木（图 5-14-11），也称火把果。我国分布于陕西省、河南省、江苏省、浙江省、福建省、湖北省、湖南省、广西壮族自治区、贵州省、云南省、四川省、西藏自治区。生长于山地、丘陵的阳坡灌丛草地及河沟路旁。火棘可作蜜源植物、观赏植物（图 5-14-12）或水土保持植物，果可食或入药。在江苏省，火棘灌丛分布于南京市、常州市溧阳市、苏州市常熟市、无锡市宜兴市等地。群落外貌不整齐，群落结构凌乱。在江苏省调查到 1 个群丛。

图 5-14-11　火棘（*Pyracantha fortuneana*）花

图 5-14-12　火棘（*Pyracantha fortuneana*）果（栽培）

代表性样地设于南京市栖霞区仙林后山（32.1156°N，118.9056°E），海拔 46.8m。为火棘——一年蓬群丛（图 5-14-13）。土壤类型主要为黄棕壤。群落总盖度 60%。灌木层高度为 1.7m，植物主要有火棘，有时伴生有白檀、槲树、楝、盐麸木等。草本层主要有一年蓬，有时伴生有三脉紫菀、木防己、加拿大一枝黄花、酢浆草等。

图 5-14-13　火棘灌丛（南京市栖霞区仙林后山）

4. 竹叶花椒灌丛

竹叶花椒为芸香科的半常绿灌木或小乔木，茎枝多锐刺，刺基部宽而扁（图 5-14-14）。我国分布于安徽省、福建省、甘肃省、广东省、广西壮族自治区、贵州省、河南省、湖北省、湖南省、江苏省、江西省、陕西省、山东省、山西省、四川省、台湾省、西藏自治区、云南省、浙江省；也分布于孟加拉国、不丹、印度、印度尼西亚、日本、朝鲜、克什米尔、老挝、缅甸、尼泊尔、巴基斯坦、菲律宾、泰国、越南。竹叶花椒果实可作调味品或入药，也可栽培供观赏。在江苏省，竹叶花椒灌丛分布于南京市浦口区、玄武区、溧水区，淮安市盱眙县，镇江市句容市（图 5-14-15）。群落外貌不整齐，群落结构简单。在江苏省调查到 1 个群丛。

图 5-14-14　竹叶花椒（*Zanthoxylum armatum*）（左为茎具皮刺，右为总叶柄和叶轴具翅）

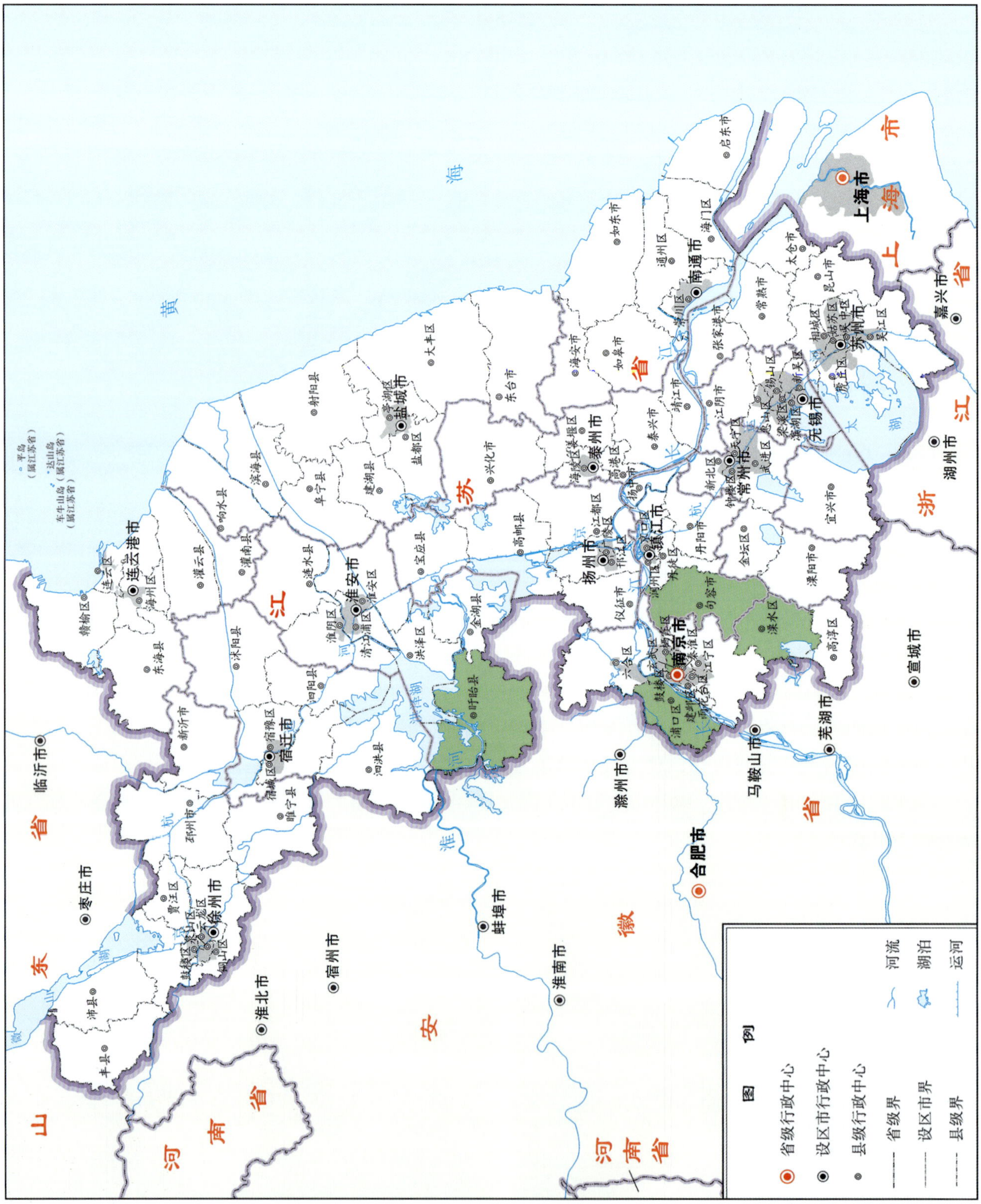

图 5-14-15 竹叶花椒灌丛分布图

代表性样地设在常州市金坛区石家山（34.7236°N，119.3178°E），海拔255.4m。为竹叶花椒—短莛山麦冬群丛。群落总盖度40%。灌木层高度为1.3m，主要有竹叶花椒（图5-14-16）、小蜡、山胡椒、荚蒾、高粱藨等木本植物。草本层植物主要有短莛山麦冬（*Liriope muscari*）、三脉紫菀、薹草（*Carex* sp.）、梓木草等。

图 5-14-16 竹叶花椒灌丛（常州市金坛区石家山）

5. 盐麸木灌丛

盐麸木为漆树科的落叶小乔木或灌木，也称盐肤木。我国分布于安徽省、福建省、甘肃省、广东省、广西壮族自治区、贵州省、海南省、河北省、河南省、湖北省、湖南省、江苏省、江西省、宁夏回族自治区、青海省、陕西省、山东省、山西省、四川省、台湾省、西藏自治区、云南省、浙江省；也分布于不丹、柬埔寨、印度、印度尼西亚、日本、朝鲜、老挝、马来西亚、新加坡、泰国、越南。盐麸木可提取鞣质和墨色染料，可作饲料或农药，其幼枝和叶上寄生的虫瘿即中药“五倍子”，秋季叶色变红可供观赏（图5-14-17）。为阳性树种，耐干旱瘠薄；喜温暖湿润气候，适应性强；深根性树种，萌蘖性强，生长快。在江苏省，盐麸木分布于各地；盐麸木灌丛分布于南京市浦口区、玄武区、溧水区，淮安市盱眙县，镇江市句容市，连云港市连云区（图5-14-18）。群落外貌较整齐，群落结构简单。在

图 5-14-17 盐麸木秋叶变红

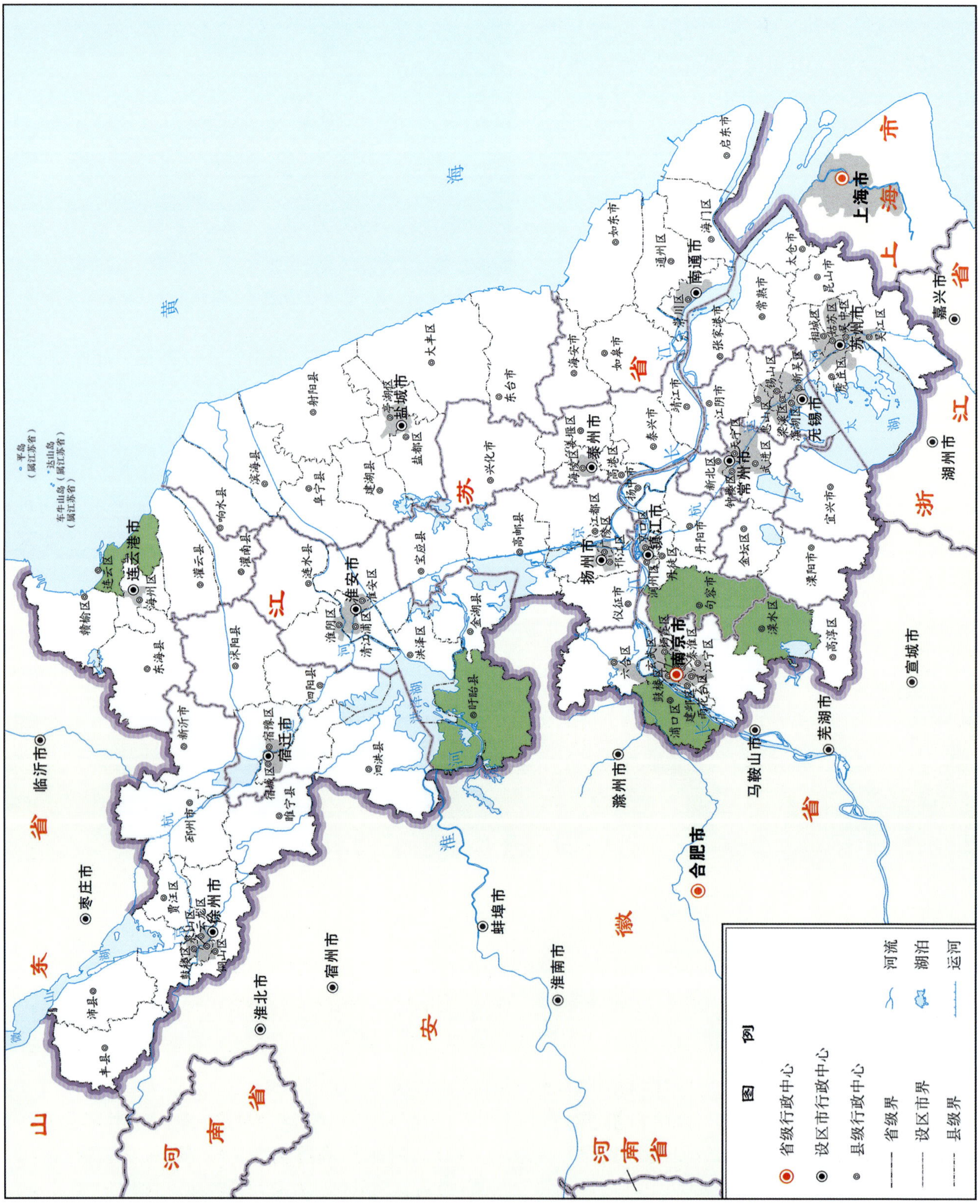

图 5-14-18 盐麸木灌丛分布图

江苏省调查到 1 个群丛。

代表性样地设在连云港市云台山的北云台（34.6977°N，119.4045°E），海拔 66.5m。为盐麸木—显子草群丛。群落组成较为简单，总盖度 80%。灌木层高度为 2.6m，以盐麸木为主（图 5-14-19），其他伴生树种主要有白檀、鹅耳枥（*Carpinus turczaninowii*）、三桠乌药、水榆花楸（*Sorbus alnifolia*）等。草本层植物有心叶堇菜、老鸦瓣、菝葜、天名精、小鸢尾（*Iris proantha*）等。

图 5-14-19　盐麸木灌丛（连云港市云台山的北云台）

6. 野山楂灌丛

野山楂为蔷薇科落叶灌木（图 5-14-20）。我国分布于河南省、湖北省、江西省、陕西省、湖南省、安徽省、江苏省、浙江省、云南省、贵州省、广东省、广西壮族自治区、福建省；也分布于日本。喜光照充足、凉爽湿润的环境，较耐寒、耐高温、耐干旱，适宜土层深厚、质地肥沃、疏松、排水良好的微酸性沙壤土。野山楂灌丛分布于苏南和苏北各地。在江苏省调查到 1 个群丛。

代表性样地设在连云港市云台山的北云台苏文顶（34.7193°N，119.3962°E），海拔 522.1m。为野山楂—卷柏群丛。群落组成较为简单，总盖度 70%。灌木层高度为 1.7m。以丛生的野山楂为主（图 5-14-21），其他伴生树种主要有野茉莉（*Styrax japonicus*）、卫矛、山胡椒、茶条槭、白檀、苦木（*Picrasma quassioides*）等。草本层植物有卷柏、光紫黄芩、荩草、蕨等。藤本植物有络石、菝葜、大芽南蛇藤等。

图 5-14-20　野山楂（*Crataegus cuneata*）

图 5-14-21　野山楂灌丛（连云港市云台山的北云台）

7. 酸枣灌丛

酸枣为鼠李科落叶灌木或小乔木（图 5-14-22），我国分布于安徽省、甘肃省、河北省、河南省、江苏省、辽宁省、内蒙古自治区、宁夏回族自治区、陕西省、山西省、新疆维吾尔自治区等；朝鲜、俄罗斯也有分布。常生于向阳、干燥山坡、丘陵、岗地或平原。根据野外调查，酸枣在江苏省也有长成小乔木（图 5-14-23），但在山区往往为灌木；酸枣灌丛分布于徐州市、连云港市和淮安市盱眙县。在江苏省调查到 1 个群丛。

图 5-14-22　酸枣（*Ziziphus jujuba* var. *spinosa*）（灌木，野生）

图 5-14-23　酸枣（*Ziziphus jujuba* var. *spinosa*）（乔木，栽培）

代表性样地设在徐州市泉山森林公园的东泉山（34.2027°N，117.1568°E），海拔237.4m。为酸枣—求米草群丛。群落组成较为简单，总盖度在60%。层次不够分明，基本可以分为两层。灌木层以酸枣占优势（图5-14-24），高度1.5—1.7m。其他伴生树种主要有扁担杆、小叶女贞、海州常山、朴树和盐麸木等木本植物。草本层植物较为稀疏，主要植物有求米草、天名精、地榆等。

图5-14-24　酸枣灌丛（徐州市泉山）

十五、盐生落叶阔叶灌丛

盐生落叶阔叶灌丛是在土壤含盐量较高的环境中，由一些耐盐性灌木组成的群落。江苏省这一类型分布于东部沿海滩涂，仅有1个群系。

柽柳灌丛

柽柳（*Tamarix chinensis*）为柽柳科落叶乔木或灌木（图5-15-1）。我国分布于安徽省、河北省、河南省、江苏省、辽宁省、山东省，多生于河流冲积平原、海滨、滩头、潮湿盐碱地和沙荒地。在江苏省，柽柳灌丛分布于连云港市、盐城市和南通市，生于海边、路旁或盐碱地。群落外貌不整齐，群落结构简单。在江苏省调查到1个群丛。

代表性样地设于盐城市东台市蹲门湾湿地（32.9486°N，120.9179°E），海拔10.2m。为柽柳—碱蓬群丛（图5-15-2）。土壤类型主要为滨海盐土。群落总盖度60%。灌木层高度为1.8m，植物主要有柽柳，多分枝呈灌木状。草本层主要有碱蓬，有时伴生有一年蓬、芦苇（*Phragmites australis*）、野灯芯草（*Juncus setchuensis*）等。藤本植物有萝藦、鸡屎藤等。

此外，在江苏省沿海滩涂，也有多枝柽柳（*Tamarix ramosissima*）分布，也有可形成灌丛。

图5-15-1　柽柳（*Tamarix chinensis*）（栽培，乔木）

图5-15-2　柽柳灌丛（东台市蹲门湾湿地）

十六、暖性常绿阔叶灌丛

常绿阔叶灌丛是以常绿阔叶灌木或萌生性强的常绿乔木为优势种所组成的一类灌丛。它是热带、亚热带地区季节性雨林、常绿阔叶林、石灰岩季节性雨林、石灰岩常绿落叶阔叶混交林、山地常绿落叶阔叶混交林等遭到破坏后形成的次生性质的阶段性演替群落。在人为干扰停止后，一般经顺向演替可以逐步恢复为森林；如果进一步受到干扰，则将退化为灌草丛或草丛甚至裸地。江苏省的常绿阔叶灌丛包括 2 个植被亚型：暖性常绿阔叶灌丛和暖干性常绿阔叶灌丛。前者主要分布于中亚热带地区酸性土丘陵山地，种类组成较为丰富，大多为耐寒性的常绿成分，如青冈（图 5–16–1）、檵木、枸骨等；同时往往混杂部分落叶种类，如牛鼻栓（图 5–16–2）、山胡椒、枫香树等；有时也包括少量半常绿成分如小叶女贞、小蜡等，以及部分因为长期栽培而成逸生状态的油茶、茶等。

江苏省的暖性常绿阔叶灌丛共有 6 个群系，现分述如下。

图 5–16–1　青冈（*Cyclobalanopsis glauca*）

图 5–16–2　牛鼻栓（*Fortunearia sinensis*）

1. 檵木灌丛

檵木为金缕梅科的常绿灌木（图 5–16–3），稀为小乔木。我国分布于安徽省、福建省、广东省、广西壮族自治区、贵州省、湖北省、湖南省、江苏省、江西省、四川省、云南省、浙江省；印度和日本也有分布。为阳性树种，稍耐阴；耐寒、耐旱；喜肥沃和排水良好的酸性或微酸性土壤；萌芽力强，耐修剪，根系发达。在江苏省，檵木灌丛分布于无锡市宜兴市、常州市溧阳市、镇江市句容市、苏州市吴中区，生于向阳的丘陵山地（图 5–16–4、图 5–16–5）。群落外貌不整齐，群落结构简单。在江苏省调查到 1 个群丛。

图 5–16–3　檵木（*Loropetalum chinense*）

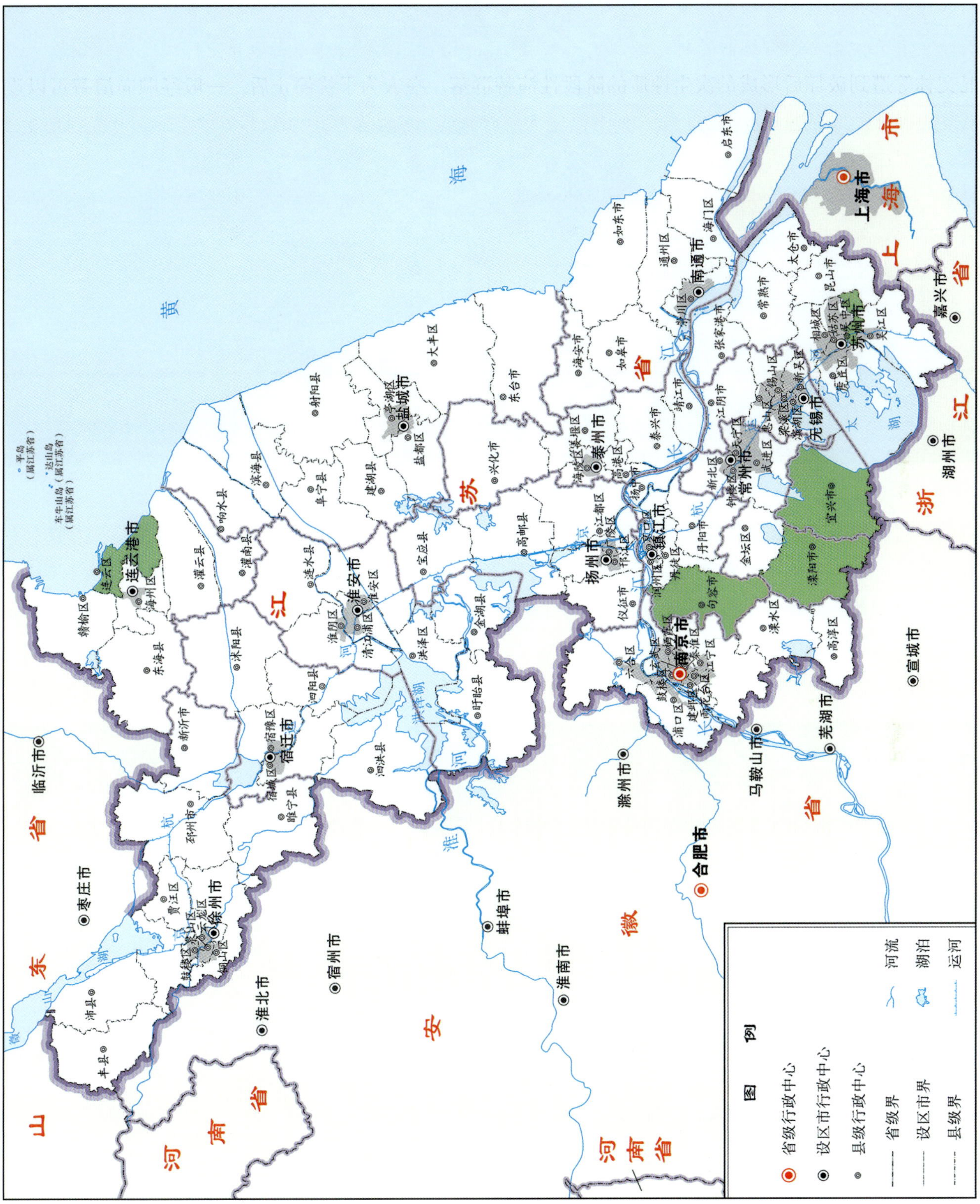

图 5-16-4　檵木灌丛分布图

图 5-16-5 檵木灌丛（宜兴市龙池山）

代表性样地设于常州市溧阳市龙潭林场的煤塘山（31.1647°N，119.4563°E），海拔 170.2m。为檵木—五节芒群丛（图 5-16-6）。土壤类型主要为黄棕壤。群落总盖度 60%。灌木层高度为 2.1m，植物主要有檵木，有时伴生有山莓、野山楂、六月雪、山槐、绿叶胡枝子、算盘子等。草本层主要有五节芒，有时伴生有黄背草、金毛耳草（*Hedyotis chrysotricha*）、蕨、中华三叶委陵菜（*Potentilla freyniana* var. *sinica*）等。藤本植物有紫藤、鸡屎藤、海金沙、菝葜等。

图 5-16-6 檵木灌丛（溧阳市龙潭）

2. 枸骨灌丛

枸骨为冬青科常绿灌木或小乔木。我国分布于安徽省、北京市、福建省、广东省、海南省、河南省、湖北省、湖南省、江苏省、江西省、山东省、天津市、浙江省；朝鲜也有分布。耐干旱，喜肥沃的酸性土壤，较耐寒；喜光，也耐阴，喜生于阴湿的环境中。在江苏省，枸骨在苏南山区常见，也有栽培（图 5-16-7）；枸骨灌丛分布于南京市、镇江市、常州市、苏州市、无锡市的向阳山坡、溪边或路边，一般呈小片状分布，此类灌丛的分布面积较小。在江苏省调查到 1 个群丛。

代表性样地设于常州市武进区乌龟山（31.4948°N，120.0484°E），海拔 95.1m。为枸骨—贯众群丛（图 5-16-8）。土壤类型主要为黄棕壤。群落总盖度 60%。灌木层高度为 1.5—1.7m，植物主要有枸骨，有时伴生有山胡椒、木蜡树、竹叶花椒、高粱藨、白檀等。草本层主要有贯众，有时伴生有求米草、野芝麻、长穗荠苎（*Mosla longispica*）、短莛山麦冬等。藤本植物有络石、海金沙、大芽南蛇藤等。

图 5-16-7　枸骨（*Ilex cornuta*）（栽培）

图 5-16-8　枸骨灌丛（常州市武进区乌龟山）

3. 小蜡灌丛

《中国植物志》（1992）、*Flora of China*（1996）均记载：小蜡为木樨科的落叶灌木或小乔木。修订版《江苏植物志》（刘启新，2015）也记载：“落叶灌木或小乔木。”而根据我们野外调查，小蜡为半常绿灌木或小乔木。我国分布于江苏省、浙江省、安徽省、江西省、福建省、台湾省、湖北省、湖南省、广东省、广西壮族自治区、贵州省、四川省、云南省，生长于海拔 200—2600m 的山坡、山谷、溪边、河旁、路边的密林、疏林或混交林中；越南也有分布。果实可酿酒；种子榨油供制肥皂；树皮和叶入药，具清热降火等功效；可栽培作绿篱。此外，修订版《江苏植物志》记载：小蜡“本省各地有栽培，但较少”。实际上，在江苏省小蜡灌丛零星分布于苏南山区和徐州市等地（图 5-16-9）。群落外貌不整齐，群落结构简单。在江苏省调查到 1 个群丛。

图 5-16-9　小蜡（*Ligustrum sinense*）

代表性样地设于常州市溧阳市戴埠镇的仙山头（31.1763°N，119.4976°E），海拔 286.5m。为小蜡—苎草群丛（图 5-16-10）。土壤类型主要为黄棕壤。群落总盖度 60%。灌木层高度为 1.7m，植物主要有小蜡，有时伴生有白背叶、高粱藨、雀梅藤、竹叶花椒、白檀、胡颓子、美丽胡枝子等。草本层主要有苎草，有时伴生有狭顶鳞毛蕨（*Dryopteris lacera*）、三脉紫菀、木防己、金毛耳草、薹草（*Carex* sp.）等。

此外，与小蜡同属的小叶女贞，修订版《江苏植物志》记载“本省各地栽培”，其实在江苏省也有少量野生分布，如南京市紫金山（图 5-16-11）。

图 5-16-10　小蜡灌丛（溧阳市仙山头）

图 5-16-11　小叶女贞（*Ligustrum quihoui*）

4. 油茶灌丛

油茶为山茶科的常绿小乔木或灌木（图 5–16–12）。我国分布于安徽省、福建省、广东省、广西壮族自治区、贵州省、海南省、河南省、湖北省、湖南省、江苏省、江西省、陕西省、四川省、云南省、浙江省；也分布于老挝、缅甸、越南。为阳性树种，喜温暖湿润气候和深厚、疏松的酸性土壤。油茶种子含油 30% 以上，为优质食用油，与油橄榄（*Olea europaea*）、油棕（*Elaeis guineensis*）、椰子（*Cocos nucifera*）合称为世界四大木本油料植物。在江苏省，油茶灌丛分布于南京市、镇江市、无锡市宜兴市、常州市溧阳市和连云港市。由于在历史上曾经广泛栽培，现在江苏省分布的油茶灌丛很可能属于逸生。群落外貌整齐，群落结构简单。在江苏省调查到 1 个群丛。

代表性样地设于宝华山国家森林公园（32.1269°N，119.0855°E），海拔 213.4m。为油茶—石蒜群丛。群落总盖度 60%。灌木层高度为 1.8m，主要有油茶（图 5–16–13）、朴树、糙叶树、荚蒾、山胡椒等木本植物。草本层植物主要有石蒜、大花臭草、薹草（*Carex* sp.）、梓木草、山麦冬等。

图 5–16–12　油茶（*Camellia oleifera*）

图 5–16–13　油茶灌丛（句容市宝华山）

5. 茶灌丛

茶为山茶科的常绿小乔木或灌木（图 5–16–14）。我国分布于安徽省、福建省、广东省、广西壮族自治区、贵州省、海南省、河南省、湖北省、湖南省、江苏省、江西省、陕西省、四川省、台湾省、西藏自治区、云南省、浙江省；也分布于印度、日本、朝鲜、老挝、缅甸、泰国、越南。常生长于海拔 100—2200m 的山地疏林中。茶为我国国家二级重点保护野生植物，是我国特有的经济植物。江苏省境内的名优茶主要有洞庭碧螺春、南京雨花茶、无锡毫茶、太湖翠竹、茅山青峰、金坛雀舌、茅山长青、扬州绿扬春、太湖碧螺春、三山香茗、云台云雾、苏州茉莉花茶、宜兴红茶等。由于长期广泛栽培（图 5–16–15、图 5–16–16），茶在江苏省的丘陵山地有逸生，茶灌丛主要分布于苏南山区的局部地段（图 5–16–17）。群落外貌较整齐，群落结构简单。在江苏省调查到 1 个群丛。

图 5-16-14　茶（*Camellia sinensis*）

图 5-16-15　茶园（宜兴市龙池山）

图 5-16-16　茶园（南京市江宁区黄龙蚬）

图 5-16-17　茶园（溧阳市戴南村）

代表性样地设在常州市溧阳市竹箦镇丫髻山（31.6644°N，119.3162°E），海拔121.2m。为茶—天葵群丛。群落组成较为简单，总盖度60%。灌木层高度为1.5m，以茶为主（图5-16-18），其他伴生树种有白檀、枫香树、截叶铁扫帚、乌桕等。草本层植物有天葵、虎掌、一年蓬、黄鹌菜、野老鹳草（*Geranium carolinianum*）、山莓等。

图5-16-18 茶灌丛（溧阳市丫髻山）

6. 青冈灌丛

青冈为壳斗科常绿乔木（图5-16-19）。我国分布于陕西省、甘肃省、江苏省、安徽省、浙江省、江西省、福建省、台湾省、河南省、湖北省、湖南省、广东省、广西壮族自治区、四川省、贵州省、云南省、西藏自治区；也分布于日本、朝鲜和印度。青冈的生态适应性强，分布广泛，在生境条件相对较好的亚热带山坡或沟谷，组成常绿阔叶林、常绿阔叶与落叶阔叶混交林。而在青冈的幼苗或幼树阶段、存在明显凹凸度的环境或靠近较高海拔的山脊，青冈种群通常呈现多茎干的萌生现象。在江苏省，青冈灌丛分布于无锡市宜兴市、常州市溧阳市山区。群落外貌较整齐，群落结构简单。在江苏省调查到1个群丛。

代表性样地设于无锡龙池山省级自然保护区的龙池山靠近山顶处（31.2099°N，119.6963°E），海拔478.7m。为青冈—络石群丛（图5-16-20）。群落中青冈的萌生现象明显。灌木层盖度约60%，高约2.3m，青冈和绿叶胡枝子的重要值分别为44.18和36.49，为群落优势种，伴生种白鹃梅（*Exochorda racemosa*）和木防己的重要值分别为15.52和3.81。草本层盖度约40%，优势种为络石，重要值为49.67，伴生种为薯蓣（17.41）、金盏银盘（*Bidens biternata*）（17.15）和何首乌（15.77）（表5-16-1）。

图5-16-19 青冈（*Cyclobalanopsis glauca*）

图5-16-20 青冈灌丛（宜兴市龙池山）

表 5-16-1　青冈—络石群丛不同层次物种重要值

种名	相对多度 /%	相对频度 /%	相对显著度 /%	相对多盖度 /%	重要值 /%
灌木层					
青冈*Cyclobalanopsis glauca*	32.61	45.81	54.12		44.18
绿叶胡枝子*Lespedeza buergeri*	50.00	34.15	25.33		36.49
白鹃梅*Exochorda racemosa*	10.87	15.56	20.13		15.52
木防己*Cocculus orbiculatus*	6.52	4.48	0.42		3.81
草本层					
络石*Trachelospermum jasminoides*		49.33		50.00	49.67
薯蓣*Dioscorea polystachya*		18.16		16.67	17.41
金盏银盘*Bidens biternata*		17.64		16.67	17.15
何首乌*Pleuropterus multiflorus*		14.87		16.67	15.77

注：调查时间为 2021 年 9 月 5 日，地点在无锡龙池山省级自然保护区的龙池山，海拔为 478.7m，鲁欣记录。

十七、暖干性常绿阔叶灌丛

暖干性常绿阔叶灌丛通常分布于中亚热带地区的石灰岩山地，植物种类组成复杂，群落中以常绿阔叶灌木为优势种，但往往含有不少的落叶种类。江苏省的这一类型分布于宜溧山地的石灰岩地区。仅有 1 个群系，即火棘+竹叶花椒群系。

火棘+竹叶花椒灌丛

火棘喜强光，耐贫瘠，抗干旱，耐寒，对土壤要求不严；竹叶花椒较耐寒，亦耐旱，对土壤的适应性强，两者在石灰岩山地生长良好。在江苏省，火棘+竹叶花椒灌丛分布于无锡市宜兴市、常州市溧阳市。群落外貌不整齐，群落结构简单。在江苏省调查到 1 个群丛。

代表性样地设于无锡市宜兴市善卷洞（31.3050°N，119.6578°E），海拔 77.2m。为火棘+竹叶花椒—白茅群丛（图 5-17-1）。土壤类型为石灰土。群落总盖度 60%，高度为 1.6m，植物主要有火棘、竹叶花椒，有时伴生有盐麸木、朴树、小果蔷薇、化香树、八角枫、珍珠莲（*Ficus sarmentosa* var. *henryi*）、野迎春（*Jasminum mesnyi*）等。草本层主要有白茅，有时伴生有荩草、渐尖毛蕨、剪刀股（*Ixeris japonica*）、翻白草、狗尾草等。

图 5-17-1　火棘+竹叶花椒灌丛（宜兴市善卷洞）

十八、根茎草类盐生草甸

草甸是指在适中的水分条件下发育起来的以多年生中生草本植物为主体的一种植被类型。草甸与草原的主要区别在于：草原是以耐寒的旱生多年生草本植物占优势，在半湿润和半干旱气候条件下发育的一种地带性植被；而草甸一般不呈现地带性分布，可以出现在不同的植被带内。《中国植被》根据优势种的生活型和层片结构差异，将我国的草甸植被分为 4 类：典型草甸、高寒草甸、沼泽化草甸和盐生草甸。草丛是指以中生、旱中生的草本植物占优势组成的植物群落。在这一群落类型中，有时往往混生一些稀疏的灌木种类或残留的孤立乔木树种，因此《中国植被》将此类植被称为灌草丛。

江苏省的草甸主要是在连云港市、盐城市和南通市沿海滩涂地区的滨海盐土上发育的盐生草甸。其土壤特点主要为土壤盐分重、pH 偏高、有机质含量低。盐生草甸的植物种类组成一般较为简单，群落盖度一般为 40%—70%，有时甚至超过 90%，如互花米草群落（图 5-18-1）。江苏省的草丛分布广泛，在暖温带落叶阔叶林带和亚热带常绿阔叶林区域内都有分布（图 5-18-2）。通常是在森林植被遭受严重破坏后，生境严重退化，导致水土流失，大量乔木、灌木无法生存，或者是在抛荒地上发展起来的一种次生植被类型。其群落中的植物通常属于多年生禾草类植物，有时也会混杂少量耐寒或耐旱的灌木或萌生状的乔木种类。

陈灵芝（2019）将中国的“草甸与草丛”作为我国的 7 个植被型组之一，与森林、灌丛、荒漠、草原、高山植被、沼泽和水生植被并列。同时，将这一植被型组划分为 5 个植被型：丛生草类草甸、根茎草类草甸、杂类草草甸、草丛、稀树草丛。这里我们将江苏省的草甸与草丛作为植被型组，并将其划分为 3 个植被型：根茎草类草甸、杂类草草甸和草丛。

图 5-18-1　互花米草（*Spartina alterniflora*）（启东市蒿枝港）

根茎草类草甸含有1个植被亚型——根茎草类盐生草甸，含有5个群系，优势种主要为耐盐碱的中生性根茎草类植物，如獐毛（*Aeluropus sinensis*）、大穗结缕草（*Zoysia macrostachya*）、拂子茅（*Calamagrostis epigeios*）、碱蓬、南方碱蓬（*Suaeda australis*）等。

图 5-18-2　亚热带灌草丛（宜兴市龙池山）

杂类草草甸含有杂类草盐生草甸1个植被亚型，含有9个群系，主要优势种有地肤（*Bassia scoparia*）、盐角草、二色补血草（*Limonium bicolor*）、砂引草（*Tournefortia sibirica*）、肾叶打碗花（*Calystegia soldanella*）、东亚市藜（*Oxybasis micrantha*）等，以及少量呈草本状生长状态的灌木或半灌木种类，如罗布麻（*Apocynum venetum*）、刺果甘草（*Glycyrrhiza pallidiflora*）等。

草丛含有禾草草丛、蕨类草丛和其他草丛3个植被亚型。禾草草丛含有14个群系，在江苏省南北各地均有分布。主要种类包括多年生草本植物如芒、五节芒、黄背草、橘草等，以及一年生草本如狗尾草、马唐、虎尾草（*Chloris virgata*）等。这两类草类在江苏大多呈现丛生状态。蕨类草丛含有4个群系，主要种类为芒萁、蕨、节节草（*Equisetum ramosissimum*）和石韦（*Pyrrosia lingua*）等。其他草丛含有6个群系，主要为非禾草、非蕨类的一些种类，如菊科的长裂苦苣菜（*Sonchus brachyotus*）、野艾蒿，蓼科的萹蓄（*Polygonum aviculare*），旋花科的牵牛（*Ipomoea nil*）等。

因此，江苏的草甸和草丛共有3个植被型，5个植被亚型，38个群系。现根据群系，分述如下。

1. 獐毛草甸

獐毛为禾本科的多年生草本，为沿海一带优良固沙植物。我国分布于甘肃省、河北省、河南省、江苏省、辽宁省、内蒙古自治区、宁夏回族自治区、山东省、山西省、新疆维吾尔自治区。生于海岸边至海拔3000m的内陆盐碱地。在江苏省，獐毛草甸在连云港市、盐城市和南通市的沿海均有分布。群落外貌整齐，群落结构简单。在江苏省调查到1个群丛。

代表性样地设在江苏大丰麋鹿国家级自然保护区第三核心区的滩涂湿地。土壤类型为盐渍化土。为獐毛群丛。以獐毛占绝对优势（图5-18-3），有时伴生有碱蓬、大穗结缕草（*Zoysia macrostachya*）、猪毛蒿（*Artemisia scoparia*）、酸模、互花米草（*Spartina alterniflora*）等。

图 5-18-3　獐毛草甸（盐城市大丰区）

2. 大穗结缕草草甸

大穗结缕草为禾本科多年生草本，我国分布于安徽省、福建省、江苏省、山东省、浙江省；日本和朝鲜也有分布。该种植株强健，耐盐碱，可用作保土、护堤、固沙或铺建草坪。在江苏省，大穗结缕草草甸在连云港市、盐城市和南通市的沿海地区有分布。群落外貌不整齐，群落结构简单。在江苏省调查到1个群丛。

代表性样地设在盐城市大丰区沿海滩涂。土壤类型为盐渍化土。为大穗结缕草群丛。以大穗结缕草为主，高15—20cm，有时伴生有碱蓬、獐毛、灰绿藜（*Oxybasis glauca*）（图5-18-4）、小蓬草、互花米草等。

图5-18-4 大穗结缕草草甸伴生种灰绿藜（*Oxybasis glauca*）（盐城市大丰区）

3. 拂子茅草甸

拂子茅为禾本科多年生草本，在欧亚大陆温带地区皆有分布，遍及我国。生于潮湿地及河岸沟渠旁，海拔100—3900m处。为牲畜喜食的牧草；其根状茎顽强，抗盐碱土壤，亦耐强湿，是固定泥沙、保护河岸的良好材料。在江苏省，拂子茅草甸（图5-18-5）分布于苏北沿海滩涂地区。群落外貌整齐，群落结构简单。在江苏省调查到1个群丛。

图5-18-5 拂子茅草甸（盐城市大丰区）

代表性样地设在盐城市大丰区蹲门湾沿海堤坝。土壤类型为盐渍化土。为拂子茅群丛。群落高 60—90cm，群落盖度 80%—90%。以拂子茅为主，有时伴生有田菁（*Sesbania cannabina*）、萝藦、碱蓬、萹蓄、长裂苦苣菜、罗布麻等。

4. 碱蓬草甸

碱蓬为苋科一年生草本，高可达 1m。我国分布于甘肃省、河北省、黑龙江省、河南省、江苏省、内蒙古自治区、宁夏回族自治区、青海省、山东省、山西省、新疆维吾尔自治区、浙江省；日本、朝鲜、蒙古、俄罗斯也有分布。碱蓬抗逆性强，耐盐，耐湿，耐瘠薄，可用于盐渍土的生态修复；嫩苗可作蔬菜；种子也可入药或榨油。在江苏省，碱蓬草甸（图 5-18-6）广泛分布于苏北沿海滩涂地区。群落外貌较整齐，群落结构简单。在江苏省调查到 1 个群丛。

代表性样地设在盐城市东台市条子泥滩涂。土壤类型为盐渍化土。为碱蓬群丛。群落高 80—100cm，群落盖度 80%—90%。以碱蓬为主，有时伴生有南方碱蓬、互花米草、芦苇、糙叶薹草（*Carex scabrifolia*）等。

图 5-18-6 碱蓬草甸（东台市）

5. 南方碱蓬草甸

南方碱蓬为苋科落叶小灌木，高 15—50cm，茎斜升或直立，呈丛生状，仅茎干基部木质化明显，植株上部木质化程度低，秋叶会变红（图 5-18-7）。我国分布于福建省、广东省、广西壮族自治区、江苏省、台湾省，其中江苏省为南方碱蓬在我国分布的北界；日本、朝鲜、澳大利亚也有分布。南方碱蓬的叶含有较高的黄酮类化合物，可以入药；也可食用或饲用。在江苏省，南方碱蓬草甸分布于苏北沿海滩涂地区，生于海滩及海岸上的沙地，常成片群生，分布面积少于碱蓬草甸。群落外貌较整齐，群落结构简单。在江苏省调查到 1 个群丛。

代表性样地设在盐城市响水县灌东盐场滩涂近岸处或潮湿地。土壤类型为盐渍化土。为南方碱蓬群丛（图 5-18-8）。群落高 25—40cm，群落盖度 50%—60%。以南方碱蓬为主，伴生种有碱蓬、互花米草、芦苇、糙叶薹草等。

图 5-18-7 南方碱蓬（*Suaeda australis*）

图 5-18-8 南方碱蓬草甸（盐城市响水县）

十九、杂类草盐生草甸

杂类草盐生草甸主要以适低温、耐盐嗜盐的多年生盐中生杂类草为建群种，也包括一些一年生或多年生盐生草本的植物群落。在我国，杂类草盐生草甸主要分布于北方干旱和半干旱地区，通常多占据盐渍化的平原低地、湖盆、谷地、河滩、河流三角洲和滨海，主要土壤为盐化草甸或草甸盐土。在江苏省，这一类型主要分布于苏北沿海滩涂、海滨地区，这一植被亚型有 9 个群系：罗布麻草甸、地肤草甸、刺果甘草草甸、盐地碱蓬草甸、盐角草草甸、二色补血草草甸、砂引草草甸、肾叶打碗花草甸、东亚市藜草甸。

1. 罗布麻草甸

罗布麻为夹竹桃科直立落叶半灌木(图 5-19-1)。我国分布于甘肃省、河北省、河南省、江苏省、辽宁省、内蒙古自治区、青海省、陕西省、山东省、山西省、新疆维吾尔自治区、西藏自治区；印度、日本、蒙古、巴基斯坦、俄罗斯、西南亚和欧洲也有分布。主要生于盐碱荒地、沙漠边缘、河流两岸、冲积平原及戈壁荒滩上。在江苏省，罗布麻分布较为广泛，但植株一般 1m 或以下，很少达到 2m，并且经常与盐生草本植物混生，群落分层不明显，有时呈现为灌草丛，因此这里将罗布麻群落作为草甸处理。罗布麻草甸分布于苏北盐碱沙荒地、海岸、沟旁。群落外貌不整齐，群落结构简单。在江苏省调查到 1 个群丛。

代表性样地设于盐城市东台市条子泥。土壤类型为草甸盐土。为罗布麻群丛（图 5-19-2）。群落总盖度 85%。优势种为罗布麻，伴生植物有猪毛蒿、萹蓄、碱蓬、狗尾草、葎草、齿果酸模（*Rumex dentatus*）等。

图 5-19-1 罗布麻（*Apocynum venetum*）

图 5-19-2 罗布麻草甸（东台市）

2. 地肤草甸

地肤为苋科沙滨藜属（*Bassia*）的一年生草本（图 5-19-3），其拉丁学名曾为 *Kochia scoparia*。全国各地均产，生于田边、路旁、荒地等处；亦分布于欧洲及亚洲其他地区。在江苏省，该类型分布于南北各地，生于山沟湿地、河滩、路边、海滨等处，但在苏北滨海地区常见。群落外貌不整齐，群落结构简单。在江苏省调查到 1 个群丛。

代表性样地设于连云港市赣榆区柘汪镇西林子，土壤类型为盐渍化土。为地肤群丛（图 5-19-4）。

图 5-19-3 地肤（*Bassia scoparia*）

图 5-19-4 地肤草甸（连云港市赣榆区）

群落总盖度在 75% 左右。建群种主要为地肤，重要值为 82.07，同时混生有野大豆、皱果苋（*Amaranthus viridis*）、碱蓬和马唐等少数草本植物（表 5-19-1）。

表 5-19-1 地肤草甸不同物种重要值

种名	相对多度 /%	相对频度 /%	相对显著度 /%	相对多盖度 /%	重要值 /%
草本层					
地肤 *Bassia scoparia*		81.26		82.87	82.07
野大豆 *Glycine soja*		4.95		5.52	5.24
皱果苋 *Amaranthus viridis*		4.95		5.52	5.24
碱蓬 *Suaeda glauca*		4.95		5.52	5.24
马唐 *Digitaria sanguinalis*		3.89		0.55	2.22

注：调查时间为 2022 年 7 月 10 日，地点在连云港市赣榆区柘汪镇西林子，海拔为 31m，蔡瀚纬记录。

3. 刺果甘草草甸

刺果甘草为豆科多年生草本，荚果卵球形，表面密生尖硬刺（图 5-19-5）。我国分布于河北省、黑龙江省、河南省、江苏省、辽宁省、内蒙古自治区、陕西省、山东省、云南省；蒙古、俄罗斯也有分布。在江苏省，刺果甘草分布于苏中和苏北地区，生于河滩地、岸边、田野、路旁等处；刺果甘草草甸分布于苏北海边、路旁或荒地等处。此外，有文献报道泗洪洪泽湖湿地有甘草（*Glycyrrhiza uralensis*）（王国祥等，2015），但该种江苏省不产，应为刺果甘草。群落外貌不整齐，群落结构简单。在江苏省调查到 1 个群丛。

代表性样地设于盐城市大丰区滩涂荒地，土壤类型为盐渍化土。为刺果甘草群丛（图 5-19-6）。群落总盖度 85%。优势种为刺果甘草，伴生植物主要有芦苇、碱蓬、白茅、节节草等。

图 5-19-5 刺果甘草（*Glycyrrhiza pallidiflora*）

图 5-19-6　刺果甘草草甸（盐城市大丰区）

4. 盐地碱蓬草甸

盐地碱蓬为苋科一年生草本（图 5-19-7），我国分布于甘肃省、河北省、黑龙江省、江苏省、吉林省、辽宁省、内蒙古自治区、宁夏回族自治区、青海省、陕西省、山东省、山西省、新疆维吾尔自治区、浙

图 5-19-7　盐地碱蓬（*Suaeda salsa*）

江省；欧洲及亚洲其他地区也有分布。生于盐碱土，在海滩及湖边常形成单种群落。在江苏省，盐地碱蓬草甸分布于连云港市、盐城市和南通市的沿海地区。群落外貌较整齐，结构简单。在江苏省调查到 1 个群丛。

代表性样地设在盐城市大丰区蹲门湾沿海滩涂。土壤类型为盐渍化土。为盐地碱蓬群丛（图 5-19-8）。群落高 60—70cm，总盖度 70%—80%。群落种类组成简单，以盐地碱蓬占绝对优势，有时伴生互花米草、碱蓬、芦苇等。

江苏省滩涂分布的碱蓬属植物主要有 3 种：碱蓬、南方碱蓬和盐地碱蓬，均可形成盐生草甸。然而，在已有的多数文献中往往未加区分，笼统地称为碱蓬群落。其实，碱蓬草甸在江苏省滨海地区分布最为普遍，往往成片生长，高达 1m 以上，群落高度和盖度大小不一。南方碱蓬尽管为灌木，但由于在该区为分布北界，分枝点接近茎干基部，往往单个植株呈现丛生状。南方碱蓬草甸在该区分布少见，多见于海边滩涂、近岸潮湿处甚至水边，通常群落高度和盖度均较低。盐地碱蓬通常茎干明显直立，在该区分布也较常见，在夏季茎为黄褐色，在晚秋植株变红紫色（图 5-19-9）。

图 5-19-8　盐地碱蓬草甸（夏季，盐城市大丰区）

图 5-19-9 盐地碱蓬草甸（秋季，盐城市滨海县）

5. 盐角草草甸

盐角草为苋科一年生草本（图 5-19-10）。我国分布于甘肃省、河北省、江苏省、辽宁省、内蒙古自治区、宁夏回族自治区、青海省、陕西省、山东省、山西省、新疆维吾尔自治区；朝鲜、日本、印度、俄罗斯，以及欧洲、非洲和北美也有分布。在江苏省，盐角草草甸分布于苏北沿海地区，生于海边湿地或盐碱地，较为少见。群落外貌较整齐，群落结构简单。在江苏省调查到 1 个群丛。

代表性样地设于南通市启东市蒿枝港，土壤类型为草甸盐土。为盐角草群丛（图 5-19-11）。群落高 30—40cm，总盖度约 60%。优势种为盐角草，同时混生有芦苇和盐地碱蓬等少数草本植物。

图 5-19-10 盐角草（*Salicornia europaea*）

图 5-19-11 盐角草草甸（启东市蒿枝港）

6. 二色补血草草甸

二色补血草为白花丹科多年生草本，花萼白色，花冠黄色，基生叶莲座状（图 5-19-12、图 5-19-13）。分布于我国东北、黄河流域各省和江苏省北部，主要生于平原地区，也见于山坡下部、丘陵和海滨，喜生于含盐的钙质土或沙地。在江苏省，该类型分布于苏北沿海地区，生于海边滩涂。在江苏省调查到 1 个群丛。

代表性样地设于盐城市响水县灌东盐场，土壤类型为碱性土。为二色补血草群丛（图 5-19-14、图 5-19-15）。群落高度 40cm，总盖度 40%—85%。优势种为二色补血草，同时混生有碱蓬、盐地碱蓬、小蓬草、萝藦、猪毛蒿和狗尾草等草本植物。

图 5-19-12　二色补血草（*Limonium bicolor*）基生叶莲座状

图 5-19-13　二色补血草（*Limonium bicolor*）花冠黄色

图 5-19-14　二色补血草草甸（盐城市响水县灌东盐场）（1）

图 5-19-15　二色补血草草甸（盐城市响水县灌东盐场）（2）

7. 砂引草草甸

砂引草为紫草科多年生草本（图 5-19-16）。根据《中国植物志》（1995）记载：砂引草分布于我国甘肃省、河北省、黑龙江省、河南省、甘肃省、辽宁省、内蒙古自治区、宁夏回族自治区、陕西省、山东省、山西省；日本、哈萨克斯坦、朝鲜、蒙古、俄罗斯，以及亚洲西南部、欧洲东南部均有分布。在江苏省，砂引草草甸分布于盐城市大丰区、响水县，连云港市赣榆区等地，生于海滨沙地、干旱荒漠及山坡道旁。群落外貌不整齐，群落结构简单。在江苏省调查到 1 个群丛。

图 5-19-16　砂引草（*Tournefortia sibirica*）

代表性样地设在连云港市赣榆区的海边沙地。土壤类型为盐渍化土。为砂引草群丛。群落高度约 0.2m，总盖度 80%（图 5-19-17）。以砂引草为主，有时伴生有罗布麻、藜（*Chenopodium album*）、马唐等。

图 5-19-17 砂引草草甸（连云港市赣榆区）

8. 肾叶打碗花草甸

肾叶打碗花为旋花科多年生草本。产于我国辽宁省、河北省、山东省、江苏省、浙江省、台湾省等沿海地区，生于海滨沙地或海岸岩石缝中；广泛分布于欧、亚温带及大洋洲海滨。在江苏省，肾叶打碗花草甸分布于盐城市、连云港市和南通市海滨沙土上。群落外貌整齐，群落结构简单。在江苏省调查到 1 个群丛。

代表性样地设在南通市启东市吕四海边堤坝旁。土壤类型为沙土。为肾叶打碗花群丛（图 5-19-18）。群落高 10—20cm，总盖度 80%—90%。以肾叶打碗花为主，常见伴生种有狗尾草、马唐、藜等。

图 5-19-18 肾叶打碗花草甸（启东市）

9. 东亚市藜草甸

东亚市藜为苋科红叶藜属（*Oxybasis*）一年生草本，高可达 1m，学名曾为 *Chenopodium urbicum* subsp. *sinicum*。我国分布于黑龙江省、吉林省、辽宁省、河北省、山东省、江苏省、山西省、内蒙古自治区、陕西省、新疆维吾尔自治区，生于荒地、盐碱地、田边等处。在江苏省，东亚市藜草甸分布于苏北沿海荒地、盐碱地或路旁。群落外貌不整齐，群落结构简单。在江苏省调查到 1 个群丛。

代表性样地设在南通市如东县东凌滩涂（图 5-19-19）。土壤类型为盐渍化土。为东亚市藜群丛。群落高 60—80cm，总盖度 60%—80%。以东亚市藜为主，有时伴生马唐、互花米草、芦苇、田菁等。

图 5-19-19　东亚市藜草甸（南通市如东县）

二十、禾草草丛

禾草草丛是指在热带、亚热带森林遭到砍伐或破坏后形成的以禾本科草类占优势的群落。禾本科全球有 700 属 11000 多种，为被子植物的第四大科。中国有 226 属 1800 多种，江苏省有 99 属 265 种。其中，禾本科中的草类植物在江苏省有 91 属 223 种，不少种类分布广泛，可以形成以禾草植物占优势的植物群落。江苏省禾草草丛有 14 个群系：芒草丛、五节芒草丛、狗牙根草丛、马唐草丛、白羊草草丛、白茅草丛、黄背草草丛、矛叶荩草草丛、狗尾草草丛、狼尾草草丛、虎尾草草丛、淡竹叶草丛、橘草草丛、大油芒草丛。

1. 芒草丛

芒为禾本科多年生苇状草本（图 5-20-1）。我国分布于安徽省、福建省、广东省、广西壮族自治区、贵州省、海南省、河北省、湖北省、江苏省、江西省、吉林省、陕西省、山东省、四川省、台湾省、云南省、浙江省；日本、朝鲜也有分布。其幼茎可入药，秆可造纸，秆穗可作扫帚。在江苏省，芒草丛分布于各地，生于山地、丘陵及河边。群落外貌整齐，密集成丛。在江苏省调查到 1 个群丛。

代表性样地设于江苏溧阳天目湖国家湿地公园山坡，土壤类型为黄棕壤。为芒群丛（图 5-20-2）。群落高度 1.2m，总盖度 90%。建群种主要为芒，其重要值达 97.77，同时伴生有加拿大一枝黄花、狼尾草等少数草本植物（表 5-20-1）。

图 5-20-1 芒（*Miscanthus sinensis*）

图 5-20-2 芒草丛（溧阳市天目湖）

表 5-20-1 芒草丛不同物种重要值

种名	相对多度 /%	相对频度 /%	相对显著度 /%	相对多盖度 /%	重要值 /%
草本层					
芒*Miscanthus sinensis*		96.84		98.70	97.77
加拿大一枝黄花*Solidago canadensis*		1.07		1.17	1.12
狼尾草*Pennisetum alopecuroides*		1.07		1.17	1.12

注：调查时间为 2022 年 8 月 27 日，地点在江苏溧阳天目湖国家湿地公园山坡，海拔为 15m，李恺頔记录。

近年来，江苏省多地广泛栽培芒的观赏品种，如斑叶芒（*Miscanthus sinensis* 'Zebrinus'）、花叶芒（*Miscanthus sinensis* 'Variegatus'）。根据野外调查，斑叶芒在少数森林公园或湿地公园已经逸生（图 5-20-3）。

图 5-20-3 斑叶芒（*Miscanthus sinensis* 'Zebrinus'）

2. 五节芒草丛

五节芒为禾本科多年生草本（图 5-20-4），与芒相比，其叶片更宽，花序主轴显著延伸至中部以上。我国分布于安徽省、福建省、广东省、广西壮族自治区、贵州省、海南省、河南省、湖北省、江苏省、四川省、台湾省、云南省、浙江省；亚洲东南部也有分布。其幼叶作饲料，秆可造纸，根状茎可入药。在江苏省，五节芒草丛分布于各地，生于低海拔撂荒地、丘陵潮湿谷地、山坡或草地。群落外貌整齐，密集成丛。在江苏省调查到 1 个群丛。

图 5-20-4 五节芒（*Miscanthus floridulus*）的花序

代表性样地设于常州市溧阳市戴埠镇金刚岕山坡路旁，土壤类型为黄棕壤。为五节芒群丛（图 5-20-5）。群落高度 0.8—1.2m，总盖度 40%—60%。建群种主要为五节芒，有时伴生苎麻、一年蓬、野大豆、马唐等植物。

图 5-20-5　五节芒草丛（溧阳市）

3. 狗牙根草丛

狗牙根（*Cynodon dactylon*）为禾本科低矮草本（图 5-20-6）；全世界温暖地区均有分布，我国广布于黄河以南各省，多生长于村庄附近、道旁河岸、荒地山坡；其根茎蔓延力很强，广铺地面，为良好的固堤保土植物，常用以铺建草坪或球场；全草可入药或作饲料。在江苏省，狗牙根草丛分布于各地，生于路旁、田边或草地。在江苏省调查到 1 个群丛。

图 5-20-6　狗牙根（*Cynodon dactylon*）

代表性样地设于江苏溧阳天目湖国家湿地公园。为狗牙根群丛（图 5-20-7）。群落高度 10—20cm，总盖度 90%。优势种为狗牙根，其中偶尔分布有一年蓬、野大豆、鹅观草等。

图 5-20-7　狗牙根草丛（江苏溧阳天目湖国家湿地公园）

4. 马唐草丛

马唐为禾本科一年生草本（图 5-20-8）。全世界暖温带和亚热带山地均有分布，我国分布于安徽省、甘肃省、贵州省、河北省、黑龙江省、河南省、湖北省、江苏省、宁夏回族自治区、陕西省、山东省、山西省、四川省、台湾省、新疆维吾尔自治区、西藏自治区；在江苏省，马唐草丛分布于各地，生于田边、路旁荒地。在江苏省调查到 1 个群丛。

图 5-20-8 马唐（*Digitaria sanguinalis*）

代表性样地设于盐城市东台市条子泥湿地公园。为马唐群丛（图 5-20-9）。群落高度 60—70cm，总盖度 90%。优势种为马唐，伴生种主要有狗尾草、狗牙根、鬼针草（*Bidens pilosa*）等。

图 5-20-9 马唐草丛（东台市条子泥）

此外，马唐属的紫马唐（*Digitaria violascens*）（图 5-20-10）、止血马唐（*D. ischaemum*）、毛马唐（*D. ciliaris* var. *chrysoblephara*）和红尾翎（短叶马唐）（*D. radicosa*）在江苏省也较为常见，可以形成以其为优势种的禾草草丛。

图 5-20-10　紫马唐（*Digitaria violascens*）

5. 白羊草草丛

白羊草（*Bothriochloa ischaemum*）为禾本科多年生草本（图 5-20-11）。该种适应性强，全世界亚热带和温带地区均有分布，全国均有分布，生于山坡草地和荒地。白羊草耐干旱、耐盐碱、休眠期耐火烧，侵入性强，种子生产能力高，喜温暖和湿度中等的沙壤土环境。嫩叶可作牧草，根可制刷子。在江苏省，白羊草草丛分布于各地，生于山坡、草地或路旁。在江苏省调查到 1 个群丛。

图 5-20-11　白羊草（*Bothriochloa ischaemum*）

代表性样地设于徐州云龙湖风景区的泰山。为白羊草群丛。群落高度60—70cm，总盖度40%—60%。优势种为白羊草（图5-20-12），其中偶尔伴生有一年蓬、野菊、鹅观草和酸枣幼苗等。

图5-20-12　白羊草草丛（徐州市泉山区泰山）

6. 白茅草丛

白茅为禾本科多年生草本，具粗壮的长根状茎（图 5-20-13）；该种适应性强，分布几遍全国；日本、朝鲜、阿富汗、巴基斯坦、印度、斯里兰卡、东南亚和澳大利亚也有分布。白茅可作牧草或入药。在江苏省，白茅草丛分布于各地，生于山坡、路旁和草地。在江苏省调查到 1 个群丛。

代表性样地设于江苏溧阳天目湖国家湿地公园。为白茅群丛（图 5-20-14）。群落高度 60—80cm，总盖度 90%。优势种为白茅，有时伴生有狗尾草、鸡眼草、一年蓬、狗牙根等。

图 5-20-13 白茅（*Imperata cylindrica*）

图 5-20-14 白茅草丛（江苏溧阳天目湖国家湿地公园）

7. 黄背草草丛

黄背草为禾本科多年生草本（图 5-20-15）。广布于旧大陆热带至暖温带地区，我国分布于安徽省、福建省、贵州省、海南省、河北省、河南省、湖北省、湖南省、江苏省、江西省、陕西省、山东省、四川省、台湾省、西藏自治区、云南省、浙江省。在江苏省，黄背草草丛分布于各地，生于干燥山坡、草地、路旁、林缘等处。在江苏省调查到 1 个群丛。

代表性样地设于无锡龙池山省级自然保护区。为黄背草群丛（图 5-20-16）。群落高度 0.9—1.3m，总盖度 60%。建群种为黄背草，重要值为 56.36（表 5-20-2）。有时伴生有毛脉翅果菊（*Lactuca*

图 5-20-15 黄背草（*Themeda triandra*）

raddeana）、狗尾草、鼠麹草等少数草本植物。由于坡顶向阳，光照强、风大，该群丛中也时常伴生有牡荆、算盘子、马尾松等喜光耐旱的木本植物幼苗。

图 5-20-16　黄背草草丛（宜兴市龙池山）

表 5-20-2　黄背草草丛不同物种重要值

种名	相对多度 /%	相对频度 /%	相对显著度 /%	相对多盖度 /%	重要值 /%
草本层					
黄背草*Themeda triandra*		25.00		87.72	56.36
牡荆*Vitex negundo* var. *cannabifolia*		16.67		5.01	10.84
算盘子*Glochidion puberum*		16.67		2.76	9.71
毛脉翅果菊*Lactuca raddeana*		16.67		0.50	8.58
狗尾草*Setaria viridis*		8.33		2.51	5.42
马尾松*Pinus massoniana*		8.33		1.25	4.79
鼠麹草*Gnaphalium affine*		8.33		0.25	4.29

注：调查时间为 2022 年 9 月 25 日，地点在无锡龙池山省级自然保护区的龙池山，海拔为 355m，刘洁记录。

8. 矛叶荩草草丛

矛叶荩草（*Arthraxon prionodes*）为禾本科一年生草本。我国分布于安徽省、北京市、贵州省、河南省、湖北省、江苏省、陕西省、山东省、四川省、西藏自治区、云南省、浙江省；阿富汗、不丹、印度、缅甸、巴基斯坦、泰国、越南和非洲东部、亚洲西南部也有分布。与荩草不同，矛叶荩草的穗轴间有白色纤毛。在江苏省，矛叶荩草草丛分布于各地，生于荒野、路旁或阴湿处。在江苏省调查到 1 个群丛。

代表性样地设于南京市紫金山。为矛叶荩草群丛（图 5-20-17）。群落高度 40—60cm，总盖度 40%—60%。优势种主要为矛叶荩草，同时伴生有野茉莉、野菊、一年蓬、鼠麹草等少数草本植物。

图 5-20-17　矛叶荩草草丛（南京市紫金山）

9. 狗尾草草丛

狗尾草为禾本科一年生草本（图 5-20-18）。原产欧亚大陆的温带和暖温带地区，现广布于全世界的温带和亚热带地区，我国各地遍布，生于荒野、路旁。在江苏省，狗尾草草丛分布于各地，生于路旁、荒野。在江苏省调查到 1 个群丛。

代表性样地设于盐城市东台市方塘河岸。为狗尾草群丛（图 5-20-19）。群落高度 80—90cm，总盖度 85%。优势种为狗尾草，重要值为 68.79，同时伴生有葎草、印度草木樨（*Melilotus indicus*）、长裂苦苣菜和野大豆等少数草本植物（表 5-20-3）。

图 5-20-18　狗尾草（*Setaria viridis*）

图 5-20-19　狗尾草草丛（东台市）

表 5-20-3 狗尾草草丛不同物种重要值

种名	相对多度 /%	相对频度 /%	相对显著度 /%	相对多盖度 /%	重要值 /%
草本层					
狗尾草*Setaria viridis*		68.13		69.44	68.79
葎草*Humulus scandens*		18.19		11.57	14.88
印度草木樨*Melilotus indicus*		3.42		4.63	4.02
野大豆*Glycine soja*		3.42		4.63	4.02
猪毛蒿*Artemisia scoparia*		3.42		4.63	4.02
长裂苦苣菜*Sonchus brachyotus*		3.42		4.63	4.02

注：调查时间为 2018 年 9 月 16 日，地点在盐城市东台市方塘河岸，海拔为 13m，张光富记录。

10. 狼尾草草丛

狼尾草为禾本科多年生草本（图 5-20-20）。我国自东北、华北经华东、中南及西南各省均有分布；日本、印度、朝鲜、缅甸、巴基斯坦、越南、菲律宾、马来西亚和大洋洲、非洲也有分布。在江苏省，狼尾草草丛分布于各地，生于田岸、荒地、道旁或山坡、林缘。在江苏省调查到 1 个群丛。

代表性样地设于江苏扬州宝应湖国家湿地公园。为狼尾草群丛。群落高度 60—90cm，总盖度 80%—90%。优势种为狼尾草（图 5-20-21），有时伴生有狗尾草、画眉草、盒子草（*Actinostemma tenerum*）、钻叶紫菀（*Symphyotrichum subulatum*）等。

图 5-20-20 狼尾草（*Pennisetum alopecuroides*）

图 5-20-21　狼尾草草丛（扬州市宝应湖）

11. 虎尾草草丛

虎尾草为禾本科一年生草本（图 5-20-22）。南北半球热带至温带均有分布，我国遍布。在江苏省，虎尾草草丛分布于各地，生于路旁、荒野、河岸沙地或者土墙上。群落外貌整齐，群落结构简单。在江苏省调查到 1 个群丛。

代表性样地设于连云港市赣榆区海州湾，土壤类型为褐土。为虎尾草群丛。群落高度 60—70cm，总盖度 40%—60%。建群种主要为虎尾草（图 5-20-23），有时伴生葎草、马唐、乌蔹莓、牛筋草（*Eleusine indica*）等植物。

图 5-20-22　虎尾草（*Chloris virgata*）的花序

12. 淡竹叶草丛

淡竹叶为禾本科多年生草本。我国分布于江苏省、安徽省、浙江省、江西省、福建省、台湾省、湖南省、广东省、广西壮族自治区、四川省、云南省；印度、斯里兰卡、缅甸、马来西亚、印度尼西亚、新几内亚岛及日本也有分布。在江苏省，淡竹叶草

图 5-20-23 虎尾草草丛（连云港市赣榆区海州湾）

丛分布于各地，生于山坡、林地或林缘、道旁庇荫处。在江苏省调查到 1 个群丛。

代表性样地设于无锡龙池山省级自然保护区。为淡竹叶群丛。群落高度 70—90cm，总盖度 85%。优势种为淡竹叶（图 5-20-24），伴生植物主要有金爪儿（*Lysimachia grammica*）、蛇莓、薹草（*Carex* sp.）、山莓等植物。

图 5-20-24 淡竹叶草丛（宜兴市龙池山）

此外，在江苏省苏南山区还分布中华淡竹叶草丛（图 5-20-25），其生于山坡林下或溪边。

图 5-20-25　中华淡竹叶草丛（宜兴市龙池山）

13. 橘草草丛

橘草为禾本科多年生草本（图 5-20-26）。我国分布于安徽省、福建省、贵州省、河北省、河南省、香港特别行政区、湖北省、湖南省、江苏省、江西省、山东省、台湾省、云南省、浙江省；日本、朝鲜也有分布。在江苏省，橘草草丛分布于各地，生于山坡草地。在江苏省调查到 1 个群丛。

代表性样地设于常州市武进区芳茂山。为橘草群丛（图 5-20-27）。群落高度 90—100cm，总盖度 80%。优势种为橘草，伴生植物主要有金色狗尾草、鬼针草和野艾蒿等少数草本植物。

图 5-20-26　橘草（*Cymbopogon goeringii*）

图 5-20-27　橘草草丛（常州市武进区芳茂山）

14. 大油芒草丛

大油芒（*Spodiopogon sibiricus*）为禾本科多年生草本（图 5-20-28）。我国分布于安徽省、甘肃省、广东省、贵州省、海南省、河北省、黑龙江省、河南省、湖北省、湖南省、江苏省、江西省、吉林省、辽宁省、内蒙古自治区、宁夏回族自治区、陕西省、山西省、山东省、四川省、浙江省；日本、朝鲜、蒙古、俄罗斯也有分布。在江苏省，大油芒草丛分布于各地，生于山坡、路旁、林荫下。在江苏省调查到 1 个群丛。

代表性样地设于常州市溧阳市深溪岕山坡。为大油芒群丛。群落高度 90—100cm，总盖度 60%—70%。优势种为大油芒（图 5-20-29），伴生植物主要有光果田麻（*Corchoropsis crenata* var. *hupehensis*）、绿穗苋（*Amaranthus hybridus*）和木防己等少数草本植物。

图 5-20-28 大油芒（*Spodiopogon sibiricus*）

图 5-20-29 大油芒草丛（溧阳市深溪岕）

二十一、蕨类草丛

蕨类草丛是由在进化上相对低等的蕨类植物组成的群落，其外部形态和内部结构都表现出一系列的原始性，对环境条件特别是光照、温度、水分等环境因子的依赖性较强，其物种多样性变化与环境条件变化密切相关，对环境条件的改变表现出显著的指示作用（严岳鸿等，2013）。江苏省分布的蕨类草丛优势种主要为芒萁、蕨、节节草等，群落都为单层结构。这一植被亚型共有 4 个群系：芒萁草丛、蕨草丛、节节草草丛、石韦草丛。

1. 芒萁草丛

芒萁是里白科（Gleicheniaceae）的中大型土生蕨类（图 5-21-1）。我国分布于安徽省、福建省、甘肃省、广东省、广西壮族自治区、贵州省、海南省、湖北省、湖南省、江苏省、江西省、山西省、

图 5-21-1 芒萁草丛（宜兴市）

四川省、台湾省、云南省、浙江省；印度、印度尼西亚、日本、马来西亚、尼泊尔、新加坡、斯里兰卡、泰国、越南和澳大利亚也有分布。喜强酸性土壤，耐旱、耐瘠薄，为酸性土壤指示植物。其地下根状茎纵横交错，久旱不雨时叶片卷曲，以减少蒸腾，可作为水土保持植物；也可入药。芒萁草丛在江苏省主要分布在镇江市句容市宝华山、无锡市宜兴市、常州市溧阳市和苏州市吴中区。群落外貌整齐，结构简单。在江苏省调查到 1 个群丛。

代表性样地设于无锡龙池山省级自然保护区。土壤类型为黄棕壤。为芒萁群丛。群落高度 40—60cm，总盖度 80%—90%。以芒萁为建群种，主要伴生种有淡竹叶、狗尾草、芒等。

2. 蕨草丛

蕨为蕨科（Pteridiaceae）的大型土生多年生蕨类（图 5-21-2），根状茎长而横走，植株高可达 1m。蕨产全国各地，但主要产于长江流域及以北地区，喜山地阳坡及森林边缘阳光充足的地方。广布于世界热带、亚热带及温带地区。其嫩叶可食，俗称“蕨菜”；根状茎可制淀粉，也称“蕨粉”；其根状茎纤维可制绳缆，耐水湿；全株可入药或作驱虫剂。蕨草丛在江苏省分布于南北各地，生于林缘或向阳山地。群落外貌整齐，群落结构简单。在江苏省调查到 1 个群丛。

图 5-21-2 蕨（*Pteridium aquilinum* var. *latiusculum*）

代表性样地设于无锡龙池山省级自然保护区的龙池山的向阳山坡。土壤类型为黄棕壤。为蕨群丛。群落高度 80—90cm，总盖度为 80%—90%。优势种为蕨（图 5-21-3），有时伴生山莓、土茯苓、芒等。

图 5-21-3 蕨草丛（宜兴市龙池山）

3. 节节草草丛

节节草为木贼科的中小型蕨类，地上枝多年生，绿色，有轮生的分枝（图 5-21-4）。广泛分布于我国各地，在日本、朝鲜、印度、蒙古、俄罗斯及非洲、欧洲、太平洋岛屿等也有。耐半阴，喜光线充足，较耐寒，喜潮湿生境。节节草草丛在江苏省分布于南北各地，生于田边或沟旁（图 5-21-5、图 5-21-6）。群落外貌整齐，群落结构简单。在江苏省调查到 1 个群丛。

代表性样地设于江苏扬州宝应湖国家湿地公园。为节节草群丛。群落高度 60cm，总盖度 70%—80%。建群种为节节草，伴生种有黄鹌菜、蒲公英（*Taraxacum mongolicum*）、救荒野豌豆（*Vicia sativa*）、续断菊等。

图 5-21-4 节节草（*Equisetum ramosissimum*）

图 5-21-5　节节草草丛（扬州市宝应湖堤旁）

图 5-21-6　节节草草丛（常州市长荡湖堤旁）

4. 石韦草丛

石韦为水龙骨科的中型附生蕨类，根状茎长而横走，叶片全缘，侧脉明显（图 5-21-7）。我国分布于安徽省、福建省、甘肃省、广东省、广西壮族自治区、贵州省、海南省、湖南省、江苏省、江西省、辽宁省、四川省、台湾省、云南省、浙江省；印度、日本、朝鲜、缅甸、越南也有分布。石韦草丛在江苏省分布于无锡市宜兴市、常州市溧阳市，常附生于低海拔林下树干上或稍干的岩石上。群落外貌整齐，群落结构简单。在江苏省调查到 1 个群丛。

代表性样地设于无锡龙池山省级自然保护区的龙池山白云岩。土壤类型为黄棕壤。为石韦群丛。群落高度 20—30cm，总盖度 70%—80%。建群种为石韦（图 5-21-8），伴生种有络石、薹草（*Carex* sp.）、卷柏等。

图 5-21-7 石韦（*Pyrrosia lingua*）

图 5-21-8 石韦草丛（宜兴市龙池山）

二十二、杂类草草丛

通常认为草丛是热带、亚热带等地区的森林植被遭到破坏后而形成的以禾草或蕨类植物占优势的植物群落。也正因为如此，陈灵芝（2019）将中国草丛划分为两类：禾草草丛和蕨类草丛。然而，江苏省现状植被的次生性强，区域内人为活动强烈。我们在调查过程中发现：本区的草丛除了以禾草或蕨类植物为建群种外，还有菊科、旋花科或豆科等植物为群落优势种或建群种构成的草丛。从来源上看，这些优势种分为两类：一类是本地种，如菊科的长裂苦苣菜、野艾蒿和萹蓄等。以长裂苦苣菜为例，该种在苏北滩涂、海边十分常见，这一植物往往形成以该种占据明显优势的草丛，而且多年来此类草丛相对稳定。又如豆科的藤本植物葛，在亚热带山区的路旁或荒地常常形成以葛占绝对优势的草丛。另一类为外来入侵种，如小蓬草、加拿大一枝黄花、一年蓬等，在江苏省南北各地往往形成成片分布单优群落。由于其入侵性强，生长和繁殖快，难以有效防治，此类草丛在江苏省不仅常见而且相对稳定。因此，我们这里将这类草丛暂定为“杂类草草丛”，与“禾草草丛”“蕨类草丛”相并列。

江苏省分布的杂类草草丛的优势种主要为长裂苦苣菜、野艾蒿、小蓬草等，群落分层不明显。这一植被亚型共有 6 个群系：长裂苦苣菜草丛、野艾蒿草丛、小蓬草草丛、加拿大一枝黄花草丛、萹蓄草丛、田菁草丛。

1. 长裂苦苣菜草丛

长裂苦苣菜是菊科的一年生草本（图5-22-1）。我国分布于黑龙江省、吉林省、内蒙古自治区、河北省、山西省、陕西省、山东省、江苏省；日本、蒙古、俄罗斯也有分布。叶可食用或作饲料；全草入药。《中国植物志》中文版和英文版均未记载江苏省有分布，修订版《江苏植物志》记载"产于本省北部地区"。根据野外调查，长裂苦苣菜草丛在江苏省的连云港市、盐城市和南通市的滨海地区广泛分布。群落外貌整齐，群落结构简单。在江苏省调查到1个群丛。

图 5-22-1　长裂苦苣菜（*Sonchus brachyotus*）

代表性样地设于江苏盐城湿地珍禽国家级自然保护区的中路港。为长裂苦苣菜群丛，生于道路两旁和荒地中。群落高度70—80cm，总盖度80%—90%。以长裂苦苣菜为建群种（图5-22-2），主要伴生种有芦苇、萝藦、碱蓬等。

图 5-22-2　长裂苦苣菜草丛（盐城市亭湖区）

2. 野艾蒿草丛

野艾蒿是菊科的多年生草本（图 5-22-3）。我国分布于安徽省、甘肃省、广东省、广西壮族自治区、贵州省、河北省、黑龙江省、河南省、湖北省、湖南省、江苏省、江西省、吉林省、辽宁省、内蒙古自治区、陕西省、山东省、山西省、四川省、云南省；日本、朝鲜、蒙古、俄罗斯也有分布。在江苏省，野艾蒿草丛分布在各地。群落外貌整齐，群落结构简单。在江苏省调查到 1 个群丛。

代表性样地设于连云港市连云区的临洪河口湿地。为野艾蒿群丛，生于道路两旁和荒地中。群落高度 0.7—1.2m，总盖度 70%—85%。以野艾蒿为建群种（图 5-22-4），主要伴生种有芦苇、猪毛蒿、野大豆、碱蓬等。

图 5-22-3 野艾蒿（*Artemisia lavandulifolia*）（左为叶，右为果实）

图 5-22-4 野艾蒿草丛（连云港市连云区）

此外，江苏省菊科蒿属有 32 种（含种下分类单位），不少种类如艾蒿（*Artemisia argyi*）（图 5-22-5）、猪毛蒿（图 5-22-6）、白苞蒿（*A. lactiflora*）等均可形成以其为优势种的草丛。

图 5-22-5　艾蒿（*Artemisia argyi*）

图 5-22-6　猪毛蒿（*Artemisia scoparia*）

3. 小蓬草草丛

小蓬草是菊科的一年生草本，也称“小飞蓬”“加拿大小飞蓬”（图 5-22-7）。原产北美洲，现世界广布。我国南北各省均有分布。在江苏省，小飞蓬草丛分布在各地。群落外貌整齐，群落结构简单。在江苏省调查到 1 个群丛。

代表性样地设于江苏扬州宝应湖国家湿地公园。为小飞蓬群丛，生于道路两旁、旷野和荒地中。群落高度 0.9—1.0m，总盖度 60%—85%。以小飞蓬为建群种（图 5-22-8），主要伴生种有苏门白酒草（*Erigeron sumatrensis*）、乌蔹莓、刺儿菜和构树幼苗等。

除小飞蓬外，江苏省菊科植物还有一些原产北美的种类，现为我国外来入侵植物，如钻叶紫菀（图 5-22-9）、一年蓬（图 5-22-10）、春飞蓬（*Erigeron philadelphicus*）（图 5-22-11）等。它们在江苏省不少地区也可形成以其为优势种的草丛。

图 5-22-7　小飞蓬（*Erigeron canadensis*）

图 5-22-8　小飞蓬草丛（扬州市宝应湖）

图 5-22-9　钻叶紫菀（*Symphyotrichum subulatum*）

图 5-22-10　一年蓬（*Erigeron annuus*）

图 5-22-11　春飞蓬（*Erigeron philadelphicus*）

4. 加拿大一枝黄花草丛

加拿大一枝黄花是菊科的多年生草本（图5-22-12）。原产北美洲，现归化于北温带地区。我国分布于安徽省、重庆市、福建省、广东省、广西壮族自治区、海南省、河南省、湖北省、湖南省、江苏省、江西省、山东省、上海市、四川省、台湾省、浙江省。该种根状茎发达，繁殖力极强，传播速度快，生长优势明显，现已成为我国外来入侵物种。在江苏省，加拿大一枝黄花草丛分布各地，生于山坡、荒地、田野、路边。群落外貌整齐，群落结构简单。在江苏省调查到1个群丛。

代表性样地设于常州市溧阳市长荡湖国家湿地公园。为加拿大一枝黄花群丛，生于道路两旁和湖中小岛上。群落高度0.8—1.3m，总盖度80%—95%。以加拿大一枝黄花为建群种（图5-22-13），主要伴生种有高大翅果菊（*Lactuca raddeana*）、芦苇、葎草和乌蔹莓等。

图5-22-12 加拿大一枝黄花（*Solidago canadensis*）

图5-22-13 加拿大一枝黄花草丛（入侵溧阳市长荡湖）

5. 萹蓄草丛

萹蓄为蓼科的一年生草本（图 5-22-14）。在北温带地区广泛分布，我国遍布各地。在江苏省，萹蓄草丛分布于各地。群落外貌整齐、绿色，群落结构简单。在江苏省调查到 1 个群丛。

代表性样地设于连云港市赣榆区柘汪镇绣针河口。为萹蓄群丛，生于田野、路旁、沟边湿地。群落高度 20—30cm，总盖度 60%—90%。以萹蓄为建群种（图 5-22-15），主要伴生种有田菁、猪毛蒿、碱蓬等。

图 5-22-14 萹蓄（*Polygonum aviculare*）

图 5-22-15 萹蓄草丛（连云港市赣榆区绣针河口）

6. 田菁草丛

田菁（*Sesbania cannabina*）为豆科的一年生亚灌木状草本（图 5-22-16），高达 3m。可能原产于澳大利亚和西南太平洋岛屿，我国分布于安徽省、重庆市、福建省、广东省、广西壮族自治区、贵州省、海南省、河北省、河南省、湖北省、湖南省、江苏省、江西省、内蒙古自治区、山东省、山西省、台湾省、云南省、浙江省。该种在江苏省有栽培，已逸为野生。田菁喜温暖、湿润的环境，耐盐碱、耐贫瘠、耐干旱、耐涝，抗病虫害及抗风能力强。茎、叶可作绿肥及牲畜饲料；根和叶可入药；为蜜源植物。在江苏省，田菁草丛分布于苏北地区，生于田边、路旁或海边。群落外貌不整齐，群落结构简单。在江苏省调查到 1 个群丛。

代表性样地设于南通市通州区通州湾。为田菁群丛。群落高度 0.9—1.1m，总盖度 80%—90%。建群种为田菁（图 5-22-17），伴生种有猪毛蒿、印度草木樨、藜、狗尾草等。

图 5-22-16　田菁（*Sesbania cannabina*）

图 5-22-17　田菁草丛（南通市通州区通州湾）

二十三、莎草沼泽

沼泽植被和水生植被都是生长在多水生境中的植被类型。由于水的比热大，与陆地相比水环境相对稳定，因此这类植物的地带性往往不明显，也被称为隐域植被。作为一种地貌类型，沼泽是指地表及地表下层土壤经常过度湿润，地表生长着湿性植物和沼泽植物，有泥炭累积或虽无泥炭累积但有潜育层存在的土地。简言之，沼泽通常指低洼积水、杂草丛生的大片泥淖区。

本书的沼泽是指以沼生植物为主组成的一种植被类型，与水生植被相对。后者一般生长在水域环境中，由水生植物所组成，包括挺水植被、浮水植被和沉水植被。沼泽植被是分布在土壤过度潮湿、积水或有浅薄水层并常有泥炭的生境中的植被类型。不过沼泽植被和水生植被之间并没有截然的界线，尤其是在没有泥炭的沼泽环境中。

江苏省的沼泽植被主要包括以下两类。

①当地表长期积水，地面排水不畅，或地势低洼受到河湖水流泛滥的影响，或水分不稳定、气温偏高等原因，导致植物残体被迅速分解，虽然无泥炭积累，也可形成沼泽植被，如江苏省中部的里下河地区。这类沼泽植被的种类组成为淡水生境下的植物，如芦苇、水葱（*Schoenoplectus tabernaemontani*）、孔雀稗（*Echinochloa cruspavonis*）、双穗雀稗等。一般种类组成丰富，盖度较大，生产力高；土壤一般为腐殖质沼泽土。

②在盐湖湖滨、海湾、河口一带，受到盐水作用形成沼泽土，由淤泥所组成，含盐量 0.8% 左右，有机质含量 2%—3%，全氮含量在 0.1 以上，呈碱性反应，pH 7.5—8.5。由这类淤泥形成的软相底质很容易在波浪、潮流的共同作用下发生位移，从而改变潮滩高程和被水淹没的周期。这一生境下孕育的沼泽植被一般种类组成简单，盖度较小，生产力低，如连云港市、盐城市和南通市。但是外来入侵植物除外，如互花米草可以在滩涂形成大片的草丛，盖度可达 90% 以上。

沼泽植被分为木本沼泽和草本沼泽。木本沼泽分为森林沼泽和灌木沼泽；草本沼泽分为莎草沼泽、禾草沼泽、杂类草沼泽和苔藓沼泽。江苏省的沼泽均为草本沼泽。根据建群种和优势层片的差异，划分为 3 个植被亚型：莎草沼泽（13 个群系）、禾草沼泽（2 个群系）、杂类草沼泽（5 个群系）。需要指出的是，由于有些沼生植物的生态适应性强，分布相当广泛，既可在积水的沼泽生境下生长，也可在水体较深的水域生长，因此以其为建群种或优势种的植被类型，既会出现在沼泽植被中的禾草沼泽，也可出现在水生植被的挺水植物群落，如禾本科的芦苇。为了避免重复，这里根据野外调查资料，仅将江苏省湖沼或盐沼环境条件下常见的植被类型概要列出，而将可以出现于较深水体的芦苇群落等列入水生植被。徐惠强（2012）根据 2009 年江苏省完成的全国第二次湿地资源普查资料，将江苏省湿地植被划分为 5 个植被型组，12 个植被型，110 多个群系。这为江苏省的湿地植物资源，以及湿地植被的保护、管理和利用提供了重要参考。由于湿地与沼泽的概念不同，加之前者成书较早，有些群系未列出植物学名，个别群系的建群种江苏省不产，如华扁穗草（*Blysmus sinocompressus*）（徐惠强，2012），因此本书此处仅根据近年来的调查资料列出上述 3 个植被亚型在江苏省常见的 20 个群系。

莎草沼泽是指以莎草科植物为优势层片的群落类型。江苏省的莎草科有 16 属 151 种（含种下分类单位），不少种类分布广泛，可以形成以其占优势的沼泽。这一类型包括 13 个群系：水葱沼泽、荆三棱沼泽、荸荠沼泽、牛毛毡沼泽、水莎草沼泽、扁秆荆三棱沼泽、三穗薹草沼泽、签草沼泽、糙叶薹草沼泽、碎米莎草沼泽、高秆莎草沼泽、扁穗莎草沼泽、长穗飘拂草沼泽。

1. 水葱沼泽

水葱为莎草科的多年生草本。我国分布于东北、西北和西南各地；朝鲜、日本、澳大利亚和南北美洲也有分布。喜阳光充足、温暖、潮湿的环境，较耐寒。在江苏省，水葱群落分布在各地，多生于湖边浅水处或浅水塘边。群落外貌绿色，群落结构简单。在江苏省调查到 1 个群丛。

代表性样地设于常州市溧阳市长荡湖国家湿地公园。土壤类型为沼泽土。为水葱群丛（图 5-23-1）。群落高度 1.1—1.3m，总盖度 80%。优势种为水葱，重要值为 64.36，在近岸处常伴生有喜旱莲子草（*Alternanthera philoxeroides*）（10.32）、旋鳞莎草（*Cyperus michelianus*）（10.32）、酸模叶蓼（*Persicaria lapathifolia*）（10.32）、马唐（4.67）等植物（表 5-23-1）。

图 5-23-1　水葱群落（溧阳市长荡湖）

表 5-23-1　水葱群丛不同物种重要值

种名	相对多度 /%	相对频度 /%	相对显著度 /%	相对多盖度 /%	重要值 /%
草本层					
水葱*Schoenoplectus tabernaemontani*		36.36		92.36	64.36
喜旱莲子草*Alternanthera philoxeroides*		18.18		2.46	10.32
旋鳞莎草*Cyperus michelianus*		18.18		2.46	10.32
酸模叶蓼*Persicaria lapathifolia*		18.18		2.46	10.32
马唐*Digitaria sanguinalis*		9.09		0.25	4.67

注：调查时间为 2022 年 10 月 17 日，地点在溧阳市长荡湖国家湿地公园，海拔为 10m，蔡瀚纬记录。

2. 荆三棱沼泽

荆三棱（*Bolboschoenus yagara*）为莎草科的多年生草本（图 5-23-2）。我国分布于安徽省、贵州省、河北省、黑龙江省、河南省、湖北省、湖南省、江苏省、吉林省、辽宁省、内蒙古自治区、山东省、新疆维吾尔自治区、云南省、浙江省；印度、日本、朝鲜、哈萨克斯坦、俄罗斯、越南及欧洲也有分布。在江苏省，荆三棱群落分布在各地，生于湖边浅水处或沼泽湿地边。群落外貌绿色，群落结构简单。在江苏省调查到 1 个群丛。

代表性样地设于常州市溧阳市长荡湖国家湿地公园。土壤类型为沼泽土。为荆三棱群丛（图 5-23-3）。群落高度 0.7—0.9m，总盖度 60%—80%。优势种为荆三棱，近岸主要伴生植物有狗牙根、喜旱莲子草、水蓼等。

图 5-23-2 荆三棱（*Bolboschoenus yagara*）

图 5-23-3 荆三棱群落（溧阳市长荡湖）

3. 荸荠沼泽

荸荠（*Eleocharis dulcis*）为莎草科的多年生草本，其匍匐根状茎纤细，顶端膨大成扁球状块茎。我国分布于福建省、广东省、广西壮族自治区、海南省、湖北省、湖南省、江苏省、台湾省；东南亚、美洲、欧洲和大洋洲等地均有分布。块茎富含淀粉，可食用，也可入药，在江苏省广泛栽培。在江苏省，荸荠群落分布在各地，生于河湖岸边、水田或田边。群落外貌绿色，群落结构简单。在江苏省调查到 1 个群丛。

代表性样地设于苏州市工业园区的池塘。土壤类型为沼泽土。为荸荠群丛（图 5-23-4）。群落高度 0.5—0.6m，总盖度 70%—80%。优势种为荸荠，主要伴生植物有莲（*Nelumbo nucifera*）、喜旱莲子草、丁香蓼（*Ludwigia prostrata*）、细果草龙（*Ludwigia leptocarpa*）等。

图 5-23-4　荸荠群落（苏州市工业园区）

4. 牛毛毡沼泽

牛毛毡（*Eleocharis yokoscensis*）为莎草科的多年生草本。我国几乎遍布；俄罗斯、蒙古、朝鲜、日本、印度、缅甸、越南和菲律宾也有分布。在江苏省，牛毛毡群落分布在各地，生于水田中、池塘边或湿黏土中。群落外貌绿色，低矮，群落结构简单。在江苏省调查到 1 个群丛。

代表性样地设于江苏泗洪洪泽湖湿地国家级自然保护区。土壤类型为沼泽土。为牛毛毡群丛（图 5-23-5）。群落高度 0.1m，总盖度 60%。优势种为牛毛毡，主要伴生植物有莲、喜旱莲子草、丁香蓼、细果草龙等。

图 5-23-5　牛毛毡群落（宿迁市泗洪县洪泽湖）

5. 水莎草沼泽

水莎草（*Cyperus serotinus*）为莎草科的多年生草本。我国分布于黑龙江省、吉林省、辽宁省、内蒙古自治区、甘肃省、新疆维吾尔自治区、陕西省、山西省、山东省、河北省、河南省、江苏省、安徽省、湖北省、浙江省、江西省、福建省、广东省、台湾省、贵州省、云南省；阿富汗、印度、日本、克什米尔、哈萨克斯坦、朝鲜、吉尔吉斯斯坦、巴基斯坦、俄罗斯、土库曼斯坦、乌兹别克斯坦、越南及亚洲西南部、欧洲也有分布。在江苏省，水莎草群落分布在各地，生于浅水中、水边沙土上，或路旁潮湿处。群落外貌绿色，群落结构简单。在江苏省调查到 1 个群丛。

代表性样地设于常州市溧阳市长荡湖国家湿地公园。土壤类型为沼泽土。为水莎草群丛（图 5-23-6）。群落高度 0.8—0.9m，总盖度 70%—80%。优势种为水莎草，主要伴生植物有芦苇、喜旱莲子草、盒子草等。

图 5-23-6 水莎草群落（溧阳市长荡湖）

6. 扁秆荆三棱沼泽

扁秆荆三棱（*Bolboschoenus planiculmis*）为莎草科的多年生草本。我国分布于安徽省、甘肃省、河北省、黑龙江省、河南省、湖北省、江苏省、吉林省、辽宁省、内蒙古自治区、宁夏回族自治区、青海省、陕西省、山东省、山西省、台湾省、新疆维吾尔自治区、云南省、浙江省；印度、日本、哈萨克斯坦、朝鲜、吉尔吉斯斯坦、蒙古、巴布亚新几内亚、菲律宾、俄罗斯、塔吉克斯坦，以及西南亚和欧洲均有分布。在江苏省，扁秆荆三棱群落分布在各地，生于河湖岸边湿地、浅水沼泽。群落外貌绿色，群落结构简单。在江苏省调查到 1 个群丛。

代表性样地设于徐州云龙湖风景区。土壤类型为沼泽土。为扁秆荆三棱群丛。群落高度 0.8—0.9m，总盖度 70%—80%。优势种为扁秆荆三棱（图 5-23-7），主要伴生植物有芦苇、喜旱莲子草、双穗雀稗等。

图 5-23-7　扁秆荆三棱（*Bolboschoenus planiculmis*）的花序

7. 三穗薹草沼泽

三穗薹草（*Carex tristachya*）为莎草科的多年生草本（图 5-23-8）。我国分布于安徽省、福建省、广东省、广西壮族自治区、海南省、湖南省、江苏省、江西省、四川省、台湾省、浙江省；日本、朝鲜也有分布。在江苏省，三穗薹草群落分布在苏南地区，生于山坡路旁、林下阴湿处。群落外貌绿色，群落结构简单。在江苏省调查到 1 个群丛。

代表性样地设于无锡龙池山省级自然保护区。土壤类型为黄棕壤。为三穗薹草群丛（图 5-23-9）。群落高度 0.3—0.4m，总盖度 50%—60%。优势种为三穗薹草，主要伴生植物有天葵、梓木草、络石等。

图 5-23-8　三穗薹草（*Carex tristachya*）

图 5-23-9　三穗薹草群落（宜兴市小黑沟）

8. 签草沼泽

签草（*Carex doniana*）为莎草科的多年生草本，也称芒尖薹草（图 5-23-10）。我国分布于福建省、广东省、广西壮族自治区、湖北省、江苏省、陕西省、四川省、台湾省、云南省、浙江省；日本、朝鲜、尼泊尔、菲律宾也有分布。在江苏省，签草群落分布在苏南地区，生于溪边、沟边、林下、灌木丛和草丛中潮湿处。群落外貌绿色，群落结构简单。在江苏省调查到 1 个群丛。

图 5-23-10 签草（*Carex doniana*）

图 5-23-11 签草群落（句容市宝华山）

代表性样地设于江苏宝华山国家森林公园。土壤类型为黄棕壤。为签草群丛（图 5-23-11）。群落高度 0.5—0.6m，总盖度 70%—80%。优势种为签草，主要伴生植物有天葵、石蒜、浙贝母（*Fritillaria thunbergii*）等。

9. 糙叶薹草沼泽

糙叶薹草为莎草科的多年生草本。我国分布于福建省、河北省、江苏省、辽宁省、山东省、台湾省、浙江省；日本、朝鲜、俄罗斯也有分布。在江苏省，糙叶薹草群落分布于各地，生于海滩沙地、河边、田边。群落外貌绿色，群落结构简单。在江苏省调查到 1 个群丛。

代表性样地设于盐城市东台市条子泥湿地。土壤类型为沙壤土。为糙叶薹草群丛（图 5-23-12）。群落高度 0.4—0.5m，总盖度 50%—60%。优势种为糙叶薹草，有时伴生植物有獐毛、灰绿藜、芦苇等。

图 5-23-12 糙叶薹草群落（东台市条子泥）

10. 碎米莎草沼泽

碎米莎草（*Cyperus iria*）为莎草科的一年生草本（图 5-23-13）。我国分布于安徽省、重庆市、福建省、甘肃省、广东省、广西壮族自治区、贵州省、海南省、河北省、黑龙江省、河南省、湖北省、湖南省、江苏省、江西省、吉林省、辽宁省、陕西省、山东省、山西省、四川省、台湾省、新疆维吾尔自治区、西藏自治区、云南省、浙江省；东亚、中亚、东南亚至太平洋岛屿、热带非洲、印度洋岛屿至澳洲、美洲均有分布。在江苏省，碎米莎草群落分布于各地，生于田间、山坡、路旁阴湿处。群落外貌绿色，群落结构简单。在江苏省调查到 1 个群丛。

代表性样地设于南京市江宁区黄栗墅村的水稻田边。土壤类型为水稻土。为碎米莎草群丛（图 5-23-14）。群落高度 0.7—0.8m，总盖度 80%—90%。优势种为碎米莎草，有时伴生植物有丁香蓼、马唐、异型莎草（*Cyperus difformis*）、光头稗（*Echinochloa colona*）等。

图 5-23-13　碎米莎草（*Cyperus iria*）

图 5-23-14　碎米莎草群落（南京市江宁区）

11. 高秆莎草沼泽

图 5-23-15　高秆莎草（*Cyperus exaltatus*）

高秆莎草（*Cyperus exaltatus*）为莎草科的多年生草本（图 5-23-15）。我国分布于安徽省、福建省、广东省、贵州省、海南省、湖北省、江苏省、吉林省、山东省、台湾省、浙江省；孟加拉国、印度、印度尼西亚、日本、克什米尔、朝鲜、马来西亚、缅甸、尼泊尔、巴基斯坦、巴布亚新几内亚、斯里兰卡、泰国、越南、澳大利亚、热带非洲、印度洋岛屿也有分布。在江苏省，高秆莎草群落分布于苏南地区，生于阴湿多水处。群落外貌绿色，群落结构简单。在江苏省调查到 1 个群丛。

代表性样地设于江苏天目湖国家森林公园的水边。土壤类型为红壤。为高秆莎草群丛（图 5-23-16）。群落高度 0.9—1.1m，总盖度 60%—70%。优势种为高秆莎草，有时伴生植物有长芒稗（*Echinochloa caudata*）、稀花蓼（*Persicaria dissitiflora*）、水蓼、马唐等。

图 5-23-16　高秆莎草群落（溧阳市天目湖）

12. 扁穗莎草沼泽

扁穗莎草（*Cyperus compressus*）为莎草科的多年生草本（图 5-23-17）。我国分布于安徽省、重庆市、福建省、甘肃省、广东省、广西壮族自治区、贵州省、海南省、河北省、河南省、湖北省、湖南省、江苏省、江西省、辽宁省、山东省、山西省、四川省、台湾省、西藏自治区、云南省、浙江省；印度、越南、日本等地也有分布。在江苏省，扁穗莎草群落分布于苏南地区，多生长于空旷的田间和河岸旁。群落外貌绿色，群落结构简单。在江苏省调查到 1 个群丛。

代表性样地设于江苏宜兴国家森林公园的田边。土壤类型为水稻土。为扁穗莎草群丛（图 5-23-18）。群落高度 0.25—0.35m，总盖度 60%—70%。优势种为扁穗莎草，有时伴生西来稗（*Echinochloa crusgalli* var. *zelayensis*）、丁香蓼、北水苦荬（*Veronica anagallis-aquatica*）、母草（*Lindernia crustacea*）等植物。

图 5-23-17　扁穗莎草（*Cyperus compressus*）的花序

图 5-23-18　扁穗莎草群落（宜兴市）

13. 长穗飘拂草沼泽

长穗飘拂草（*Fimbristylis longispica*）为莎草科的多年生草本。我国分布于福建省、广东省、广西壮族自治区、江苏省、辽宁省、陕西省、山东省、云南省、浙江省；日本、朝鲜、缅甸也有分布。在江苏省，长穗飘拂草群落分布于各地，多生长于空旷的田间和河岸旁。群落外貌绿色，群落结构简单。在江苏省调查到 1 个群丛。

代表性样地设于南通市启东市吕四港镇蒿枝港的海滩边。土壤类型为滨海盐土。为长穗飘拂草群丛（图 5-23-19）。群落高度 0.4—0.5m，总盖度 60%—70%。优势种为长穗飘拂草，有时伴生野灯芯草、马唐、灰绿藜、香附子（*Cyperus rotundus*）、野大豆等植物。

图 5-23-19　长穗飘拂草群落（启东市吕四港镇蒿枝港）

二十四、禾草沼泽

禾草沼泽是指以禾本科植物为优势层片的群落类型。江苏省的禾本科有 99 属 265 种（含种下分类单位），其中有些禾草分布广泛，可以形成以其占优势的沼泽。由于不少种类如芦苇、荻、菰（*Zizania latifolia*）等构成的植被不仅见于沼泽也见于相对较深的水体，因此本书将其归入挺水植被。江苏省的禾草沼泽包括长芒稗沼泽和双穗雀稗沼泽 2 个群系。

1. 长芒稗沼泽

长芒稗为禾本科的多年生草本（图 5-24-1）。我国分布于安徽省、贵州省、河北省、黑龙江省、河南省、湖南省、江苏省、江西省、吉林省、内蒙古自治区、山西省、四川省、新疆维吾尔自治区、云南省、浙江省；日本、朝鲜、蒙古、俄罗斯也有分布。在江苏省，长芒稗群落分布于各地，生于溪边、田野或路旁。群落外貌不整齐，群落结构简单。在江苏省调查到 1 个群丛。

图 5-24-1 长芒稗（*Echinochloa caudata*）

代表性样地设于常州市溧阳市长荡湖国家湿地公园。土壤为沼泽土。为长芒稗群丛。群落高度 0.8—0.9m，总盖度 60%—70%。群落优势种为长芒稗（图 5-24-2），近岸主要伴生植物有酸模叶蓼、喜旱莲子草、菰等。

此外，江苏省的稗属植物有 10 种（含种下分类单位）。除了长芒稗外，其他种类如孔雀稗在江苏省有时也可形成以其为优势种的群落（图 5-24-3）。

图 5-24-2 长芒稗群落（溧阳市长荡湖）

图 5-24-3 孔雀稗（*Echinochloa cruspavonis*）（扬州市宝应湖）

2. 双穗雀稗沼泽

双穗雀稗为禾本科多年生草本（图 5-24-4）；我国分布于安徽省、福建省、广西壮族自治区、贵州省、海南省、河南省、香港特别行政区、湖北省、湖南省、江苏省、山东省、四川省、台湾省、云南省、浙江省；世界的热带和暖温带地区均有分布。在江苏省，双穗雀稗群落分布于各地，生于沟旁、田野或水边。群落外貌整齐，群落结构简单。在江苏省调查到 1 个群丛。

图 5-24-4 双穗雀稗（*Paspalum distichum*）

代表性样地设于江苏溧阳天目湖国家湿地公园。土壤为沼泽土。为双穗雀稗群丛。群落高度 0.35—0.5m，总盖度 75%—80%。群落优势种为双穗雀稗（图 5-24-5），近岸主要伴生植物有酸模叶蓼、喜旱莲子草、黄花水龙（*Ludwigia peploides* subsp. *stipulacea*）、芦苇等。

图 5-24-5　双穗雀稗群落（溧阳市天目湖）

二十五、杂类草沼泽

杂类草沼泽是指以莎草科或禾本科以外的多年生杂类草为优势层片的群落类型。江苏省这一类型植被的种类组成丰富，分布范围较广，但是一般每种群落的分布面积不大。江苏省的杂类草沼泽包括5个群系：灯芯草沼泽、谷精草沼泽、菖蒲沼泽、金钱蒲沼泽、南方狸藻沼泽。

1. 灯芯草沼泽

灯芯草为灯芯草科的多年生草本（图 5-25-1）。我国分布于安徽省、福建省、甘肃省、广东省、广西壮族自治区、贵州省、河北省、黑龙江省、河南省、湖北省、湖南省、江苏省、江西省、吉林省、辽宁省、山东省、四川省、台湾省、西藏自治区、云南省、浙江省；广泛分布于热带山地和温带地区。在江苏省，灯芯草群落分布于各地，生于山沟边、溪边、草地或路旁潮湿处。群落外貌不整齐，群落结构简单。在江苏省调查到1个群丛。

图 5-25-1　灯芯草（*Paspalum distichum*）

代表性样地设于常州市武进区横山生态公益林。土壤类型为黄棕壤。为灯芯草群丛。群落高度0.7—0.8m，总盖度60%—70%。优势种为灯芯草（图5-25-2），主要伴生植物有弹刀子菜（*Mazus stachydifolius*）、刺儿菜、泥胡菜、繁缕（*Stellaria media*）、天名精等。

此外，江苏省的灯芯草属植物有13种（含种下分类单位）。除了灯芯草外，其他种类如野灯芯草（图5-25-3）在江苏省局部地区也可形成以其为优势种的群落。

图5-25-2　灯芯草群落（常州市武进区）

图5-25-3　野灯芯草（*Paspalum setchuensis*）

2. 谷精草沼泽

谷精草（*Eriocaulon buergerianum*）为谷精草科（Eriocaulaceae）的一年生草本。我国分布于安徽省、福建省、广东省、广西壮族自治区、贵州省、湖北省、湖南省、江苏省、江西省、四川省、台湾省、浙江省；日本、朝鲜也有分布。在江苏省，谷精草群落分布于镇江市句容市、常州市溧阳市、无锡市宜兴市、苏州市等地，生于池沼、溪沟、水田边。群落外貌不整齐，群落结构简单。在江苏省调查到1个群丛。

代表性样地设于无锡市梁溪区前村水稻田边。土壤类型为水稻土。为谷精草群丛（图5-25-4）。群落高度0.1—0.15m，总盖度50%—60%。优势种为谷精草，主要伴生植物有陌上菜（*Lindernia procumbens*）、丁香蓼、泥胡菜、繁缕、水竹叶（*Murdannia triquetra*）等。

图 5-25-4 谷精草群落（无锡市梁溪区）

3. 菖蒲沼泽

菖蒲（*Acorus calamus*）为菖蒲科的多年生草本（图 5-25-5）。我国各地均有分布；南北两半球的温带、亚热带地区均有分布。全草含挥发油，可作香料；根状茎可入药或作农药；栽培可供观赏。在江苏省，

图 5-25-5 菖蒲（*Acorus calamus*）

菖蒲群落分布于各地（图 5-25-6），生于溪沟、沼泽湿地、水稻田边或湖泊浮岛上。群落外貌较整齐，群落结构简单。在江苏省调查到 1 个群丛。

代表性样地设于江苏天目湖国家森林公园。为菖蒲群丛（图 5-25-7）。群落高度 0.8—0.95m，总盖度 50%—60%。优势种为菖蒲，主要伴生植物有芦苇、鸡屎藤、酸模叶蓼、野灯芯草等。

图 5-25-6　菖蒲群落（江苏省洪泽湖）

图 5-25-7　菖蒲群落（溧阳市天目湖）

4. 金钱蒲沼泽

金钱蒲（*Acorus gramineus*）为菖蒲科的多年生草本（图 5-25-8）。我国分布于安徽省、福建省、甘肃省、广东省、广西壮族自治区、贵州省、海南省、河南省、湖北省、湖南省、江苏省、江西省、宁夏回族自治区、青海省、山东省、山西省、四川省、台湾省、新疆维吾尔自治区、西藏自治区、云南省、浙江省；柬埔寨、印度、日本、朝鲜、老挝、缅甸、菲律宾、俄罗斯、泰国、越南也有分布。修订版《江苏植物志》记载的“石菖蒲（*Acorus tatarinowii*）”，已被并入金钱蒲。金钱蒲根状茎可入药，栽培可供观赏。在江苏省，金钱蒲群落分布于各地（图 5-25-9、图 5-25-10），生于溪沟、沼泽边缘、潮湿土地，或者岩石上。群落外貌绿色，低矮，群落结构简单。在江苏省调查到 1 个群丛。

代表性样地设于江苏天目湖国家森林公园的龙潭。为金钱蒲群丛。群落高度 0.2—0.3m，总盖度 50%—60%。优势种为金钱蒲，伴生植物稀少，偶尔有禺毛茛（*Ranunculus cantoniensis*）、地耳草（*Hypericum japonicum*）、光头稗等。

图 5-25-8　金钱蒲（*Acorus gramineus*）

图 5-25-9　金钱蒲群落（溧阳市龙潭）（1）

图 5-25-10　金钱蒲群落（溧阳市龙潭）（2）

5. 南方狸藻沼泽

南方狸藻（*Utricularia australis*）为狸藻科（Lentibulariaceae）的一年生水生草本（图 5-25-11），捕虫囊侧扁，圆球形（图 5-25-12），花冠黄色（图 5-25-13）。我国分布于安徽省、重庆市、福建省、广东省、广西壮族自治区、贵州省、海南省、湖北省、湖南省、江苏省、江西省、陕西省、四川省、台湾省、

图 5-25-11　南方狸藻（*Utricularia australis*）的匍匐枝具分枝

图 5-25-12　南方狸藻（*Utricularia australis*）的捕虫囊

西藏自治区、云南省、浙江省；阿富汗、不丹、印度、印度尼西亚、日本、克什米尔、朝鲜、蒙古、缅甸、尼泊尔、巴基斯坦、巴布亚新几内亚、菲律宾、俄罗斯、斯里兰卡、澳大利亚，以及非洲、亚洲西南部、欧洲和太平洋岛屿均有分布。在江苏省，南方狸藻群落分布于扬州市宝应湖、溧阳市长荡湖及泰州市兴化市、南京市和苏州市（图 5-25-14、图 5-25-15），生于湖泊、池塘、河流及稻田中。群落外貌多变，群落结构简单。在江苏省调查到 1 个群丛。

图 5-25-13　南方狸藻（*Utricularia australis*）的花序有花 3—8 朵

图 5-25-14　南方狸藻群落（扬州市宝应湖）

图 5-25-15　南方狸藻群落（溧阳市长荡湖）

代表性样地设于常州市溧阳市长荡湖国家湿地公园。为南方狸藻群丛。群落总盖度 40%—60%。优势种为南方狸藻，主要伴生植物有芡（*Euryale ferox*）、细果野菱（*Trapa incisa*）、狐尾藻（*Myriophyllum verticillatum*）、喜旱莲子草等。

二十六、挺水植物群落

水生植被是指生长在水域中由水生植物组成的植被类型。而关于水生植物的定义，不同学者的观点各异，目前尚无统一的认识。这里采用 Cook（1996）对水生维管植物的定义：包括所有蕨类植物亚门及种子植物亚门中的，具有光合生理活性的部分，或永久或至少一年中数月生活于水中或漂浮于水面的植物。水生植被通常可以分为：挺水植物群落、浮水植物群落和沉水植物群落。如果按照水质差异，水生植被可以分为淡水和咸水两大类。由于江苏省水生植被主要以淡水为主，因此本书根据水生植物的形态和生态特征进行划分，即将其分为挺水、浮水和沉水 3 类。其实，水生植物可以由其中的一类或者两类分别形成不同的植物群落类型。一般情况下，在一个池塘、河流或湖泊，从近岸到水体中央随着水体深度的增加，水生植被通常呈现从挺水到浮水再到沉水的变化趋势。此外，由于河流或湖泊等水体的水位在不同季节和年份中往往存在一定的波动，这里我们将近岸生长的少量以湿生植物为主构成的植物群落也归入挺水植物群落类型。

江苏省的挺水植物群落共有 15 个类型，现分述如下。

1. 莲群落

莲（*Nelumbo nucifera*）为睡莲科多年生浮叶根生草本植物（图 5-26-1）。根据 2021 年国务院颁布的《国家重点保护野生植物名录》，莲属于国家二级重点保护野生植物。莲全身是宝，是重要的水生经济植物资源，藕、叶、叶柄、莲蕊、莲房（花托）均可入药，能清热止血；莲心（种子的胚）有清心火、强心降压功效；莲子（坚果）有补脾止泻、养心益肾功效；莲藕（根状茎）可作蔬菜食用或提取淀粉（藕粉）。莲品种繁多，栽培可供观赏（图 5-26-2）。莲喜光、喜温暖、耐高温，对土壤要求不严。

图 5-26-1 莲（*Nelumbo nucifera*）

图 5-26-2 莲（*Nelumbo nucifera*）品种（花局部放大）

莲产于我国南北各省，自生或栽培在池塘或水田内，在亚洲和大洋洲均有分布。在江苏省，莲广泛栽培于南北各地的大小池塘或湖泊岸边。春末新叶刚吐，盖度较小；入夏后生长较快，盾形叶片离开水面高可达 1.5m，交互掩映，盖度可达 80%—90%；深秋叶残柄枯。在江苏省调查到 1 个群丛。

代表性样地设于江苏扬州宝应湖国家湿地公园。为莲群丛。群落外貌较整齐，总盖度 90%，以莲为主，莲常形成单优势群落，伴生植物常见的有浮萍（*Lemna minor*）、紫萍（*Spirodela polyrhiza*）、芡实等（图 5-26-3）。

图 5-26-3　莲群落（扬州市宝应湖）

2. 香蒲群落

香蒲（*Typha orientalis*）为香蒲科（Typhaceae）多年生水生或沼生草本（图 5-26-4），根状茎粗壮，常成片生长。在江苏省，该类型主要见于池塘的浅水处及近岸边。在江苏省调查到 1 个群丛。

代表性样地设于江苏扬州宝应湖国家湿地公园。为香蒲群丛。群落外貌较整齐，总盖度 60%（图 5-26-5）。建群种或优势种为香蒲，在近岸边伴生有菰、乌蔹莓、盒子草、虉草（*Phalaris arundinacea*）、酸模叶蓼和芦苇等。

3. 水烛群落

水烛（*Typha angustifolia*）为香蒲科的多年生水生或沼生草本。本种植株高大，分布较广，生于湖泊、河流、池塘浅水处，水深稀达 1m 或更深，沼泽、沟渠亦常见，当水体干枯时可生于湿地及地表龟裂的环境中。在江苏省，水烛群落主要分布于河流或湖泊两岸。与香蒲的主要区别在于，水烛的雌、雄花序远离，不连接（图 5-26-6）。在江苏省调查到 1 个群丛。

图 5-26-4　香蒲（*Typha orientalis*）

图 5-26-5　香蒲群落（扬州市宝应湖）

代表性样地设于江苏天目湖国家森林公园。为香蒲群丛。群落外貌较整齐，总盖度 65%，群落高 1.5m。主要优势种为水烛，伴生有芒、双穗雀稗、野大豆等（图 5-26-7）。

图 5-26-6　水烛（*Typha angustifolia*）的雌、雄花序不连接

图 5-26-7　水烛群落（溧阳市天目湖）

4. 芦苇群落

芦苇为禾本科的高大多年生草本，地下茎发达，常形成单优势种的群落（图 5-26-8）。在江苏省，该群落类型在河流、湖泊或池塘的岸边分布广泛，面积较大（图 5-26-9）。在江苏省调查到 1 个群丛。

代表性样地设于江苏苏州太湖国家湿地公园。为芦苇群丛。群落外貌较整齐，总盖度 75%，群落高 1.7m。主要优势种为芦苇，伴生有葎草、盒子草、水蓼等（图 5-26-10）。

图 5-26-8 芦苇（*Phragmites australis*）

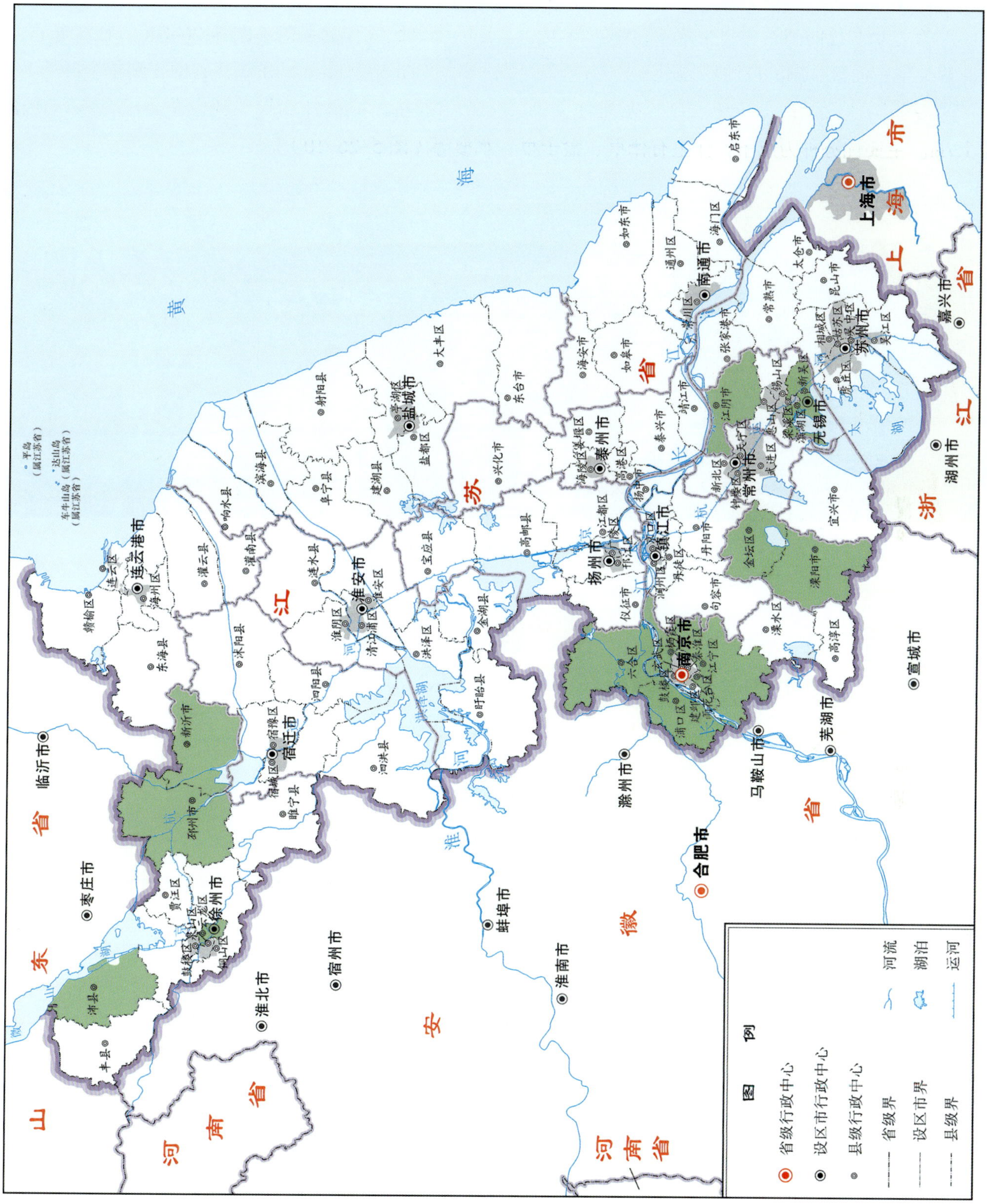

图 5-26-9　芦苇群落分布图

图 5-26-10 芦苇群落（苏州市太湖）

5. 菰群落

菰为禾本科多年生沼生草本（图 5-26-11），也称茭白。具匍匐根状茎，须根粗壮，常为单优群落。菰的经济价值大，幼嫩茎秆基部感染黑粉菌（*Ustilago edulis*）后，增粗膨大，可作蔬菜，称茭瓜；颖果称菰米，营养价值高；全草为优良饲料，也可作鱼类饲料或越冬场所。在江苏省，该类型分布普遍，主要见于河流、湖泊或池塘的近岸处。在江苏省调查到 1 个群丛。

代表性样地设于江苏溧阳天目湖国家湿地公园内。菰群落主要分布于平桥河科普宣教区岸边，优势种为菰，伴生有藨草、喜旱莲子草、芦苇等（图 5-26-12）。

图 5-26-11 菰（*Zizania latifolia*）的花序

图 5-26-12 菰群落（溧阳市天目湖）

6. 荻群落

荻为禾本科的多年生草本。产于我国黑龙江省、吉林省、辽宁省、河北省、山西省、河南省、山东省、江苏省、甘肃省及陕西省；生于山坡草地和平原岗地、河岸湿地。在江苏省，荻也称为“红柴”（图 5-26-13），分布普遍，主要见于河流、湖泊或池塘的近岸处。在江苏省调查到 1 个群丛。

代表性样地设于江苏溧阳天目湖国家湿地公园内。荻群落高 1.0—1.5m，总盖度 65%—75%。主要优势种为荻，伴生有盒子草、鹿藿（*Rhynchosia volubilis*）、马唐等（图 5-26-14）。

图 5-26-13　荻（*Miscanthus sacchariflorus*）茎秆红色

图 5-26-14 荻群落（溧阳市天目湖）

7. 喜旱莲子草群落

喜旱莲子草为苋科的多年生草本，也称水花生。通过营养繁殖互相缠绕在一起，蔓延漂浮于水中。原产巴西，我国引种于北京市、江苏省、浙江省、江西省、湖南省、福建省，后逸为野生，现已成为外来入侵种。

图 5-26-15 喜旱莲子草（*Alternanthera philoxeroides*）的头状花序具总花柄

在江苏省，该种常形成单优群落，见于河流、水塘及岸边，群落总盖度可达 90%。此外，该种为水陆两栖植物，在该区的部分撂荒地中也可形成单优群落。在江苏省调查到 1 个群丛。

该种与江苏省同属本地种莲子草（*Alternanthera sessilis*）的主要区别在于，前者的头状花序具有总花柄（图 5-26-15）。

代表性样地设于南京市浦口区七里河湿地。喜旱莲子草群落高 0.15—0.25m，总盖度 85%—95%。主要优势种为喜旱莲子草，伴生有盒子草、菰、双穗雀稗、芦苇等（图 5-26-16）。

图 5-26-16　喜旱莲子草群落（南京市浦口区七里河）

8. 芦竹群落

芦竹（*Arundo donax*）为禾本科多年生高大草本。喜光，稍耐阴；喜温暖、水湿环境，较耐寒，对土壤适应性强。在江苏省，芦竹群落分布普遍，常见于河岸、路旁。在江苏省调查到 1 个群丛。

代表性样地设于南通市如东县东凌段海堤公路的近水沟旁。群落高度 2—2.5m，总盖度 80%—95%。群落优势种明显，主要为芦竹（图 5-26-17），伴生种主要有芦苇、野艾蒿、野大豆等。

图 5-26-17　芦竹群落（南通市如东县）

此外，在江苏省的多个湿地公园内，常栽培有花叶芦竹（*Arundo donax* 'Versicolor'）群落（图5-26-18），少量已逸生。

图 5-26-18 花叶芦竹群落

9. 水葱群落

水葱为莎草科多年生草本（图5-26-19）。其匍匐根状茎粗壮，具多数须根；秆高大，圆柱状，高1—2m。在江苏省，水葱群落分布普遍，但面积不大，常见于湖泊、池塘的浅水处。在江苏省调查到1个群丛。

代表性样地设于江苏扬州宝应湖国家湿地公园近水岸边。群落高度1.0—1.5m，总盖度70%—80%。群落优势种明显，主要为水葱（图5-26-20），伴生种主要有芦苇、慈姑（*Sagittaria trifolia* subsp. *leucopetala*）、细果野菱等。

图 5-26-19 水葱（*Schoenoplectus tabernaemontani*）

图 5-26-20　水葱群落（扬州市宝应湖）

10. 互花米草群落

互花米草为禾本科多年生草本，地下部由短而细的须根和根状茎组成，根系发达（图 5-26-21）。在江苏省，互花米草群落主要分布于连云港市北部、盐城市中部和南部、南通市中部的沿海滩涂和海边荒地（图 5-26-22），面积达 24000 余 hm^2（图 5-26-23）。在江苏省调查到 1 个群丛。

代表性样地设于南通市启东市吕四港镇蒿枝港滩涂湿地。群落高度 0.5—0.8m，总盖度 80%—90%。群落优势种明显，主要为互花米草（图 5-26-24），且常形成单优群落，其中近岸处偶尔分布有碱蓬、芦苇等。

图 5-26-21　互花米草（*Spartina alterniflora*）植株

图 5-26-22　互花米草（*Spartina alterniflora*）生长在海边荒地

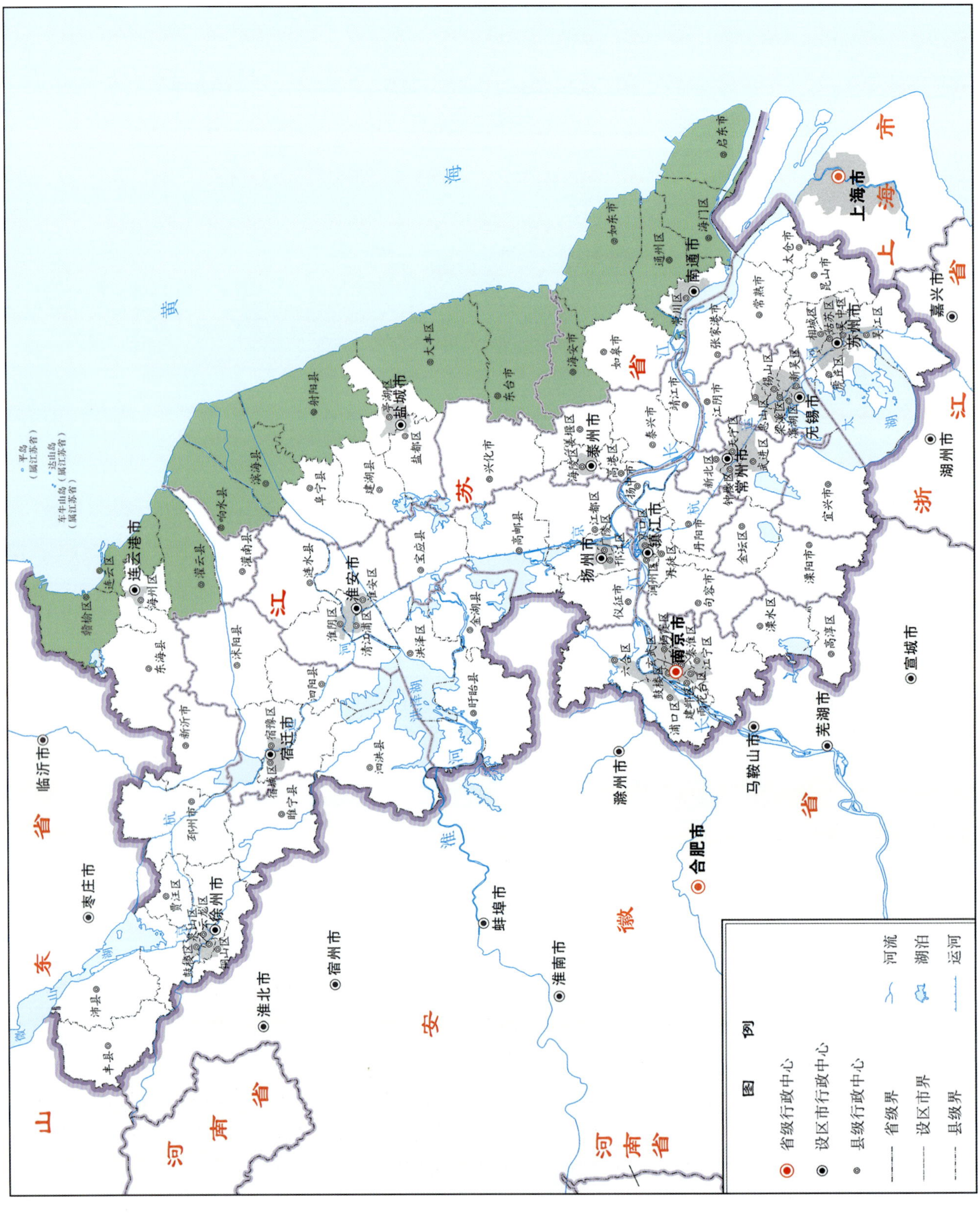

图 5-26-23 互花米草群落分布图

图 5-26-24 互花米草群落（启东市蒿枝港）

11. 大米草群落

大米草（*Spartina anglica*）为禾本科多年生草本，生于海岸的潮汐泥地中。原产欧洲，为海岸米草（*Spartina maritima*）与互花米草的天然杂交种，是优良的海滨先锋植物，耐淹、耐盐、耐淤，在海滩上形成稠密的群落，有较好的促淤、消浪、保滩、护堤等作用。

我国自 1963 年开始引种栽培大米草，现其已成为外来入侵种。在江苏省，大米草群落分布于盐城市大丰区、东台市和南通市如东县等地的沿海滩涂。但是根据我们最近两年（2022—2023）的江苏省滨海湿地植物调查，大米草群落面积较小。在江苏省调查到 1 个群丛。

代表性样地设于南通市如东县东凌滩涂湿地。群落高度约 0.5m，总盖度 60%。群落优势种明显，主要为大米草，常形成单优群落。与互花米草群落相比，大米草群落高度较矮，且群落盖度相对较小（图 5-26-25）。

图 5-26-25 大米草群落（如东县东凌）

12. 慈姑群落

慈姑为泽泻科（Alismataceae）多年生草本，也称华夏慈姑。《江苏植物志》（刘启新，2015）记载该种学名为“*Sagittaria trifolia* var. *sinensis*”，其学名已修订为“*Sagittaria trifolia* subsp. *leucopetala*”。《中国植物志》英文版（2010年）记载：该种在我国长江以南广泛栽培；日本、朝鲜亦有栽培。由于其地下球茎可作蔬菜食用或酿酒，慈姑在江苏省广泛栽培。根据调查，在江苏省，慈姑已有少量逸生；慈姑群落分布于池塘、湖泊岸边或沼泽地带。在江苏省调查到1个群丛。

图 5-26-26 慈姑群落（扬州市宝应湖）

代表性样地设于江苏扬州宝应湖国家湿地公园。为慈姑群丛。群落外貌较整齐，总盖度80%，草丛高度0.6m。优势种慈姑占据绝对优势，伴生种类较少，有时有双穗雀稗、芦苇、菖蒲等（图5-26-26）。

13. 红蓼群落

红蓼（*Persicaria orientalis*）为蓼科一年生草本植物。该种喜水也耐干旱，红蓼群落在江苏省分布于南北各地的山谷、沟边或湖泊近岸阴湿处。在江苏省调查到1个群丛。

代表性样地设于常州市溧阳市长荡湖国家湿地公园的东岸。为红蓼群丛。群落外貌较整齐，总盖度90%，草丛高度1.3m（图5-26-27）。优势种为红蓼，伴生种类有长芒稗、画眉草、菖蒲、芦苇等。

图 5-26-27　红蓼群落（溧阳市长荡湖）

14. 水芹群落

水芹（*Oenanthe javanica*）为伞形科多年生草本植物，也称水芹菜。在江苏省多生于浅水低洼地方或池沼、水沟旁，在农舍附近也有栽培。在江苏省调查到1个群丛。

代表性样地设于徐州云龙湖风景区的岸边。为水芹群丛。群落外貌较整齐，总盖度70%，草丛高度0.3m（图5-26-28）。优势种为水芹，伴生种类有酸模、喜旱莲子草、菖蒲等。

图 5-26-28　水芹群落（徐州市云龙湖）

15. 粗梗水蕨群落

粗梗水蕨（*Ceratopteris chingii*）为凤尾蕨科的一年生水生蕨类。根据2021年国务院颁布的《国家重点保护野生植物名录》，粗梗水蕨属于国家二级重点保护野生植物。粗梗水蕨群落在江苏省苏南地区的河沟、池塘和水田有零星分布。在江苏省调查到1个群丛。

代表性样地设于苏州市工业园区的水稻田边。为粗梗水蕨群丛。群落外貌不整齐，总盖度40%，草丛高度0.2m（图5-26-29）。优势种为粗梗水蕨，伴生种类有耳基水苋菜（*Ammannia auriculata*）、鸭舌草（*Monochoria vaginalis*）、无芒稗（*Echinochloa crusgalli* var. *mitis*）（图5-26-30）、水稻等。

图5-26-29 粗梗水蕨群落（苏州市工业园区）

图5-26-30 无芒稗（*Echinochloa crusgalli* var. *mitis*）

二十七、浮水植物群落

浮水植物指植株悬浮于水面上的植物，包括飘浮型和浮叶型两类植物。飘浮型植物是指植物体浮悬于水面，植株可以随水流或风吹而漂浮，如满江红。浮叶型植物是指植物的叶常浮于水面，根扎入水底基质，植株可以在一定范围内随风飘浮，也称浮叶根生植物。这类植物体内多贮藏有较多的气体，叶柄常常细长而柔软，茎的长度可以随着水位的变化自动卷曲或伸长，使得叶片或部分茎和叶能平稳地漂浮于水面，如细果野菱。江苏省地处长江中下游，地势地平，呈“一山二水七分田”特征。境内河塘沟汊众多，浮水植物通常在静水或水流缓慢的水体中生长良好，并且漂浮植物营养繁殖发达，群落的密度和盖度易受到水流或风力的影响，并且有时与浮水植物群落、挺水植物群落或沉水植物群落形成镶嵌格局。因此，这里对浮水植物群落主要依据调查样地中的优势种进行划分，不再细分飘浮型和浮叶型植物群落。

江苏省的浮水植物群落共有16个类型，现分述如下。

1. 浮萍群落

浮萍为天南星科一年生浮水草本，全球温暖地区广布。在江苏省，浮萍群落分布于南北各地，生于水田、池沼或其他静水水域，常与紫萍混生，形成密布水面的飘浮植物群落。在江苏省调查到1个群丛。

代表性样地设置于江苏溧阳天目湖国家湿地公园内。为浮萍群丛。群落外貌绿色，群落结构简单。优势种为浮萍，有时伴生种有紫萍、稀脉浮萍（*Lemna aequinoctialis*）。因浮萍的繁殖方式可以通过无性系克隆繁殖，且繁殖速度极快，所以有时可以布满池塘或水面，群落总盖度可达 90% 以上（图 5-27-1）。

图 5-27-1　浮萍群落（溧阳市天目湖）

2. 紫萍群落

紫萍为天南星科一年生浮水草本，全球各温带及热带地区广布。与浮萍相比，紫萍的叶背面紫色，有 5—11 条根。这两种植物有时混生，形成紫萍和浮萍群落（图 5-27-2）。在江苏省，紫萍群落分布于南北各地，常见于水田、池塘、水沟或湖湾。在江苏省调查到 1 个群丛。

代表性样地设置于江苏扬州宝应湖国家湿地公园内。为紫萍群丛。群落外貌绿色，群落结构简单。优势种为紫萍，有时伴生种有浮萍、喜旱莲子草（图 5-27-3）。因紫萍可通过无性系克隆繁殖，繁殖速度极快，所以常常布满池塘，群落总盖度可达 90% 以上。

图 5-27-2　紫萍和浮萍群落（右下角为浮萍和紫萍背面观）（扬州市宝应湖）

图 5-27-3　紫萍群落（扬州市宝应湖）

3. 满江红群落

满江红为槐叶蘋科小型漂浮植物，广布于我国长江流域和南北各省。在江苏省，主要见于南京市、扬州市、镇江市、常州市、苏州市、无锡市等地的水田、河流和静水沟塘中。在江苏省调查到 1 个群丛。

代表性样地设置于江苏溧阳天目湖国家湿地公园内。为满江红群丛。群落外貌通常夏季绿色，秋季变红色，群落结构简单，总盖度 95%。优势种为满江红，有时伴生种有浮萍、细叶满江红（图 5-27-4）。

图 5-27-4 满江红群落（溧阳市天目湖）

4. 细叶满江红群落

细叶满江红为槐叶蘋科漂浮蕨类植物。与满江红相比，细叶满江红的大孢子囊外面有 3 个浮膘，侧枝腋外着生。两者均可固氮。细叶满江红原产于美洲，现已扩散到全世界。我国 20 世纪 70 年代引进放养和推广利用，现几乎遍布全国各地的水田，目前在江苏省苏南地区的局部区域已经归化。在江苏省调查到 1 个群丛。

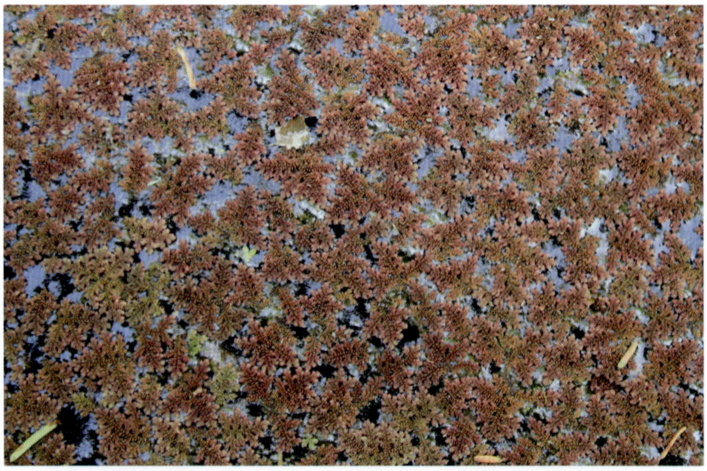

图 5-27-5 细叶满江红群落（溧阳市天目湖）

代表性样地设置于江苏溧阳天目湖国家湿地公园内。为细叶满江红群丛。群落外貌通常夏季绿色，秋季变紫红色，群落结构简单，总盖度 95%。优势种为细叶满江红，有时伴生种有浮萍、紫萍、稀脉浮萍（图 5-27-5）。

5. 槐叶蘋群落

槐叶蘋为槐叶蘋科小型漂浮植物，广布长江流域和华北、东北及远到新疆的水田、沟塘、淡水湖泊和静水溪河内。在江苏省，槐叶蘋群落分布于南北各地，生于水田、池沼或其他静水水域。在江苏省调查到1个群丛。

代表性样地设置于江苏溧阳天目湖国家湿地公园内。为槐叶蘋群丛。群落外貌绿色，群落结构简单。优势种为槐叶蘋，有时伴生种有紫萍、浮萍、凤眼莲等（图5-27-6）。

图5-27-6　槐叶蘋群落（溧阳市天目湖）

6. 凤眼莲群落

凤眼莲（*Eichhornia crassipes*）为雨久花科一年生或多年生浮水草本，须根发达。原产巴西亚马孙河流域，现广布于世界热带、亚热带和温带的淡水水域中。该种叶柄基部略带紫红色，膨大呈葫芦状的气囊，也称“水葫芦”。其花被片6裂，蓝紫色，在蓝色的中央有1枚鲜黄色斑点，形似凤眼，故又名“凤眼蓝”（图5-27-7）。在江苏省，凤眼莲已成为外来入侵种；凤眼莲群落见于南北各地的水塘、湖泊、沟渠，以及水流缓慢的河道或稻田中。在江苏省调查到1个群丛。

图5-27-7　凤眼莲（*Eichhornia crassipes*）的花

代表性样地设置于扬州市仪扬河乌塔沟。为凤眼莲群丛。群落外貌绿色，群落结构简单。优势种为凤眼莲，有时伴生种有满江红、紫萍、浮萍等（图 5-27-8）。

图 5-27-8　凤眼莲群落（扬州市仪扬河乌塔沟）

7. 欧菱群落

欧菱（*Trapa natans*）为千屈菜科一年生浮水水生草本植物。坚果富含淀粉，可供食用。因其叶片呈菱形，果实形状与牛角相似，古代的两角是菱，所以也称菱角（图 5-27-9）。该种世界广布，在我国分布于浙江省、江苏省、江西省、湖北省、四川省、云南省等。在江苏省，欧菱群落分布于南北各地的湖泊、河流、池塘和沼泽，在南京市、苏州市、无锡市、扬州市、泰州市等地极为常见；苏南地区的欧菱品种较多，广泛栽培，也有逸生。在江苏省调查到 1 个群丛。

图 5-27-9　欧菱（*Trapa natans*）（左下角为果实）

代表性样地设置于常州市金坛区长荡湖。为欧菱群丛。群落外貌绿色，群落结构简单。优势种为欧菱，有时伴生种有金银莲花、狐尾藻等植物（图 5-27-10）。

图 5-27-10 欧菱群落（常州市金坛区长荡湖）

8. 细果野菱群落

细果野菱为千屈菜科一年生浮水水生草本植物。与欧菱相比，细果野菱的叶片三角状菱形，坚果三角形，并具 4 个细长刺（图 5-27-11）。根据 2021 年国务院颁布的《国家重点保护野生植物名录》，细果野菱属于国家二级重点保护野生植物。细果野菱群落在江苏省南北各地广泛分布，生于湖泊、河流、池塘或水沟。在江苏省调查到 1 个群丛。

代表性样地设置于南京市牛首山隐龙湖的水塘近岸边。为细果野菱群丛。群落外貌绿色，群落结构简单。优势种为细果野菱，有时伴生种有浮萍、紫萍、狐尾藻等植物（图 5-27-12）。

图 5-27-11 细果野菱（*Trapa incisa*）（左下角为花，右下角为果实）

图 5-27-12 细果野菱群落（南京市牛首山隐龙湖）

9. 水鳖群落

水鳖（*Hydrocharis dubia*）为水鳖科浮水植物（图 5-27-13），叶背面有广卵形蜂窝状的贮气组织（图 5-27-14），外形似鳖，故名。分布于大洋洲和亚洲地区。水鳖适应性强，喜热耐寒，喜光耐阴，在我国东北及江苏省、广东省、云南省等均有分布。在江苏省，水鳖群落分布于南北各地，生于水田、池沼、沟渠或其他静水水域。在江苏省调查到 1 个群丛。

代表性样地设置于江苏扬州宝应湖国家湿地公园内。为水鳖群丛。群落外貌绿色，群落结构简单，总盖度 60%。优势种为水鳖，有时伴生种有喜旱莲子草、槐叶蘋、紫萍、浮萍等（图 5-27-15）。

图 5-27-13　水鳖（*Hydrocharis dubia*）的花白色

图 5-27-14　水鳖（*Hydrocharis dubia*）叶背面的贮气组织

图 5-27-15　水鳖群落（扬州市宝应湖）

10. 荇菜群落

荇菜（*Nymphoides peltata*）为睡菜科的多年生水生草本（图 5-27-16），分布于我国绝大多数地区。在江苏省，荇菜群落生于池沼、湖泊、沟渠、稻田、河流或河口的平稳水域。在江苏省调查到 1 个群丛。

代表性样地设置于江苏扬州宝应湖国家湿地公园内。为荇菜群丛。群落外貌绿色，群落结构简单，总盖度 90%。优势种为荇菜，有时伴生种有喜旱莲子草、紫萍、浮萍、黄花水龙等（图 5-27-17）。此外，荇菜通常群生，有时呈单优势种群落（图 5-27-18）。

图 5-27-16　荇菜（*Nymphoides peltata*）的花黄色

图 5-27-17　荇菜群落（扬州市宝应湖）

图 5-27-18　荇菜群落（南京市玄武区琵琶湖）

11. 睡莲群落

睡莲（*Nymphaea tetragona*）为睡莲科多年生水生草本。在江苏省，睡莲群落分布于南京市、常州市、无锡市、苏州市、扬州市、泰州市等地，生于湖塘池沼中。在江苏省调查到 1 个群丛。

代表性样地设置于江苏扬州宝应湖国家湿地公园内。为睡莲群丛。群落外貌绿色，群落结构简单，总盖度 90%。优势种为睡莲，有时伴生种有细果野菱、喜旱莲子草、黄花水龙等（图 5-27-19）。

此外，睡莲属其他种类在江苏省常有栽培，其中少数种类已经逸生，并可形成群落，如常州市溧阳市长荡湖国家湿地公园西侧池塘中的红睡莲（*Nymphaea alba* var. *rubra*），已形成群落（图 5-27-20）。

图 5-27-19　睡莲群落（扬州市宝应湖）

图 5-27-20　红睡莲群落（溧阳市长荡湖）

12. 眼子菜群落

眼子菜（*Potamogeton distinctus*）为眼子菜科多年生水生草本（图 5-27-21）。该种广布于我国南北大多数地区，生于池塘、水田和水沟等静水中。在江苏省，眼子菜群落分布于南北各地，尤其是南京市、无锡市、苏州市等地。在江苏省调查到 1 个群丛。

代表性样地设于扬州市宝应县氾水镇农田附近的水沟中。为眼子菜群丛。群落外貌较整齐，总盖度 60%。优势种为眼子菜，伴生种类有紫萍、浮萍、喜旱莲子草等（图 5-27-22）。

图 5-27-21 眼子菜（*Potamogeton distinctus*）的穗状花序顶生

图 5-27-22 眼子菜群落（扬州市宝应县氾水镇水沟）

13. 莼菜群落

莼菜（*Brasenia schreberi*）为莼菜科多年生水生草本（图 5-27-23）。幼嫩的茎叶富含胶质及多糖，可作蔬菜（图 5-27-24）。根据 2021 年国务院颁布的《国家重点保护野生植物名录》，莼菜属于国家二级重点保护野生植物。

在江苏省，莼菜群落层分布于苏南地区的池塘、河湖或沼泽。由于莼菜不耐污染，生长易受到人为活动的影响，而苏南地区地势地平，水域面积往往分割，故目前仅分布在苏州市。在江苏省调查到 1 个群丛。

图 5-27-23 莼菜（*Brasenia schreberi*）（叶背面带紫色）

图 5-27-24 莼菜（*Brasenia schreberi*）的幼嫩茎叶

代表性样地设于苏州市吴中区东山镇建国村附近太湖水域。为莼菜群丛。群落外貌较整齐，总盖度90%。优势种为莼菜，伴生种类有华东藨草（*Scirpus karuisawensis*）、稀脉浮萍、金鱼藻（*Ceratophyllum demersum*）、南方狸藻等（图 5-27-25）。

图 5-27-25　莼菜群落（苏州市吴中区）

14. 芡实群落

芡实（或芡）为睡莲科一年生水生草本。浆果球形，革质，顶端有直立、靠合的宿萼，密被长硬刺，形似鸡头，又称鸡头米（图 5-27-26）。种子富含淀粉，可供食用或入药。在江苏省，芡实群落分布于苏南和苏中地区，生于池塘和湖泊中。在江苏省调查到 1 个群丛。

代表性样地设于常州市溧阳市长荡湖国家湿地公园。为芡实群丛。群落外貌较整齐，总盖度 80%（图 5-27-27）。优势种为芡实，伴生种类有细果野菱、槐叶蘋、浮萍、紫萍等。

图 5-27-26　芡实（*Euryale ferox*）的果实

图 5-27-27　芡实群落（溧阳市长荡湖）

15. 黄花水龙群落

黄花水龙为柳叶菜科多年生浮水或上升草本，浮水茎节上常生根状浮器（图5-27-28）。在江苏省，黄花水龙群落分布于镇江市、常州市、无锡市、苏州市和连云港市，多生于浅水低洼地方或池沼、水沟旁。在江苏省调查到1个群丛。

代表性样地设于常州市溧阳市长荡湖国家湿地公园。为黄花水龙群丛，群落外貌较整齐，总盖度85%（图5-27-29）。优势种为黄花水龙，伴生种类有槐叶蘋、水鳖、细果野菱、浮萍、紫萍等。

图 5-27-28　黄花水龙（*Ludwigia peploides* subsp. *stipulacea*）的圆柱形白色根状浮器

图 5-27-29　黄花水龙群落（溧阳市长荡湖）

16. 大薸群落

大薸（*Pistia stratiotes*）为天南星科的多年生水生草本。原产巴西，全球热带及亚热带地区广布。江苏省有引种栽培，现已逸生，在苏州市、泰州市、扬州市、盐城市、连云港市等地均可形成群落。在江苏省调查到1个群丛。

代表性样地设在盐城市阜宁县新沟镇附近的水沟。群落外貌嫩绿色，在水面上高 10cm。优势种大薸占绝对优势，水面上偶尔伴生有浮萍、稀脉浮萍、紫萍（图 5-27-30）。

图 5-27-30　大薸群落（盐城市阜宁县）

二十八、沉水植物群落

沉水植物是指根生于水底泥土中，茎、叶全部沉于水中的水生植物。其根茎不发达，叶薄、柔软或细弱，各部位都能吸收水分和养分，可以在水中进行气体交换，一般都是长期浸没在水中，只在开花时，花茎和花会露出水面。沉水植物群落的分布通常会受到水体的水质，水的深度、透明度，水域的基质状况等因素的影响。江苏省的水域面积广阔，既有太湖、洪泽湖、宝应湖、高邮湖、骆马湖等大型湖泊，也有长江、淮河、沂沭泗水系，此外还有丰富的运河、河道、湖荡、滩地、池塘和沟渠等水体。这些水体的气候相对适宜，植物种类丰富，有利于水生植被的生长与发育。

根据最近 20 年来的野外调查和相关文献资料分析，由于围网养殖、河道疏浚、筑堤建坝、农业生产带来的面源污染等影响，江苏省沉水植物群落的类型、数量及分布面积均存在明显的变化。总体而言，主要呈现为广布种、耐污种类的植物群落分布趋于广泛，相反狭域分布或不耐污的沉水植物群落明显减少。同时，在人为活动强烈的地区，甚至出现少量外来入侵的沉水植物群落，如水盾草群落。

此外，江苏省不仅具有淡水水域的沉水植物群落，我们在调查中还发现了在咸水水域也有零星的沉水植物群落，如川蔓藻植物群落。

为了方便起见，这里不再根据种源和水体生境特点予以细分，即将外来种与本地种植物群落，淡水与咸水植物群落一并介绍。总体上，江苏省的沉水植被可以划分为 15 个群系，现分述如下。

1. 金鱼藻群落

金鱼藻为金鱼藻科多年生沉水草本。全株深绿色，叶 1—2 回二歧分裂（图 5-28-1）。全世界分布，我国广泛分布。可作鱼类、家畜饲料，全草药用，也可供观赏。在江苏省，该种分布于南北各地，生在湖泊、池塘、河沟。在江苏省调查到 1 个群丛。

图 5-28-1 金鱼藻（*Ceratophyllum demersum*）

代表性样地设于江苏扬州宝应湖国家湿地公园。为金鱼藻群丛（图 5-28-2）。群落总盖度 85%。该群落在调查区域内见于河流和水塘中，优势种为金鱼藻，伴生植物有黑藻（*Hydrilla verticillata*）、紫萍等（表 5-28-1）。此外，金鱼藻群落在不同地区，其群落盖度及伴生种类会有一定的变化（图 5-28-3）。

图 5-28-2 金鱼藻群落（扬州市宝应湖）

图 5-28-3 金鱼藻群落（溧阳市天目湖）

表 5-28-1 金鱼藻群丛不同物种重要值

种名	相对多度 /%	相对频度 /%	相对显著度 /%	相对多盖度 /%	重要值 /%
草本层					
金鱼藻*Ceratophyllum demersum*		66.67		94.94	80.80
黑藻*Hydrilla verticillata*		16.67		2.53	9.60
紫萍*Spirodela polyrhiza*		16.67		2.53	9.60

注：调查时间为 2020 年 9 月 5 日，地点在江苏扬州宝应湖国家湿地公园，海拔为 9m，李恺頔记录。

2. 水盾草群落

水盾草（*Cabomba caroliniana*）为莼菜科多年生水生草本。叶二形：浮水叶不明显，常椭圆形；沉水叶明显，具柄，叶片扇形，数回掌状分裂。原产美洲，现在日本、澳大利亚和我国多地已成为入侵种。在江苏省，水盾草群落分布于苏州市、无锡市、扬州市、泰州市、盐城市、徐州市等地，生于河流、湖泊、沟渠中（图 5-28-4）。该种作为水族箱观赏植物引种后疏于管理而逃逸，由于其繁殖力强，且耐污染，目前在江苏省仍呈扩散趋势。在江苏省调查到 1 个群丛。

图 5-28-4 水盾草群落（徐州市云龙湖）

代表性样地设于徐州云龙湖风景区。为水盾草群丛（图 5-28-5），该群丛的种类组成较为简单，群落总盖度约 85%。优势种为水盾草，重要值为 82.94，在群落中占据绝对优势，伴生有香蒲（表 5-28-2）。

图 5-28-5　水盾草群落（徐州市云龙湖）

表 5-28-2　水盾草群丛不同物种重要值

种名	相对多度 /%	相对频度 /%	相对显著度 /%	相对多盖度 /%	重要值 /%
草本层					
水盾草*Cabomba caroliniana*		66.67		99.21	82.94
香蒲*Typha orientalis*		33.33		0.79	17.06

注：调查时间为 2022 年 8 月 26 日，地点在徐州云龙湖风景区，海拔为 49m，鲁欣记录。

3. 狐尾藻群落

狐尾藻为小二仙草科的多年生粗壮沉水草本，花单生于水生叶腋内（图 5-28-6）。该种为世界广布种，我国南北各地池塘、河沟、沼泽中常有生长，常与穗状狐尾藻混生。夏季生长旺盛，冬季生长慢，能耐低温，一年四季可采收，可作养猪、养鱼、养鸭的饲料。在江苏省，狐尾藻群落分布于苏南和苏中地区，生于湖泊、池塘、水沟中。在江苏省调查到 1 个群丛。

代表性样地设于江苏天目湖国家森林公园。为狐尾藻群丛（图 5-28-7），群落总盖度 80%。优势种为狐尾藻，有时伴生有伊乐藻（*Elodea canadensis*）、黑藻等。

图 5-28-6　狐尾藻（*Myriophyllum verticillatum*）的花

图 5-28-7　狐尾藻群落（溧阳市天目湖）

4. 穗状狐尾藻群落

穗状狐尾藻（*Myriophyllum spicatum*）为小二仙草科的多年生沉水草本。该种世界广布，我国南北各地池塘、河沟、沼泽中常有生长，特别是在含钙的水域中更较常见。穗状狐尾藻全草入药或作饲料。在江苏省，穗状狐尾藻群落分布于南北各地，生于池塘、湖沼或河沟中。在江苏省调查到1个群丛。

代表性样地设于江苏天目湖国家森林公园。为穗状狐尾藻群丛（图 5-28-8）。群落总盖度 75%。群落的建群种或优势种为穗状狐尾藻，重要值为 93.75，同时混生有黑藻等植物（表 5-28-3）。

图 5-28-8　穗状狐尾藻群落（溧阳市天目湖）

表 5-28-3　穗状狐尾藻群丛不同物种重要值

种名	相对多度 /%	相对频度 /%	相对显著度 /%	相对多盖度 /%	重要值 /%
草本层					
穗状狐尾藻*Myriophyllum spicatum*		92.17		95.33	93.75
黑藻*Hydrilla verticillata*		7.83		4.67	6.25

注：调查时间为 2022 年 7 月 21 日，地点在江苏天目湖国家森林公园，海拔为 29m，严格记录。

5. 伊乐藻群落

伊乐藻为水鳖科的多年生沉水草本（图 5-28-9）。原产于北美洲的温带地区，20 世纪 80 年代经日本引入中国，现已在浙江省、湖北省、江苏省等地归化，常见于河道、运河、湖泊、水塘中。修订版《江苏植物志》未收录该种，野外调查发现伊乐藻群落分布于江苏省南京市、常州市、扬州市、盐城市等地。其主要原因在于伊乐藻耐寒不耐热，气温在 5℃以上即可生长，在寒冷的冬季能以营养体越冬。江苏省多地引种栽培伊乐藻，将其作为河蟹养殖的优良天然饵料，同时伊乐藻可净化水质，防止水体富营养化。在江苏省调查到 1 个群丛。

图 5-28-9　伊乐藻（*Elodea canadensis*）

代表性样地设于江苏天目湖国家森林公园，伊乐藻群丛位于公园的河汊中，群落总盖度 75%。优势种为伊乐藻，偶尔伴生有黑藻、紫萍、浮萍等（图 5-28-10）（表 5-28-4）。

图 5-28-10　伊乐藻群落（溧阳市天目湖）

表 5-28-4 伊乐藻群丛不同物种重要值

种名	相对多度 /%	相对频度 /%	相对显著度 /%	相对多盖度 /%	重要值 /%
草本层					
伊乐藻*Elodea canadensis*		87.31		88.13	87.72
黑藻*Hydrilla verticillata*		5.77		5.93	5.85
紫萍*Spirodela polyrhiza*		5.77		5.93	5.85
浮萍*Lemna minor*		0.61		0.55	0.58

注：调查时间为 2021 年 9 月 20 日，地点在江苏天目湖国家森林公园，海拔为 29m，李恺峋记录。

6. 菹草群落

菹草（*Potamogeton crispus*）为眼子菜科的多年生沉水草本。该种世界广布，产我国南北各省。该种为草食性鱼类的良好天然饵料或水景绿化的良好材料。该种不耐高温，可形成松果状休眠芽（图 5-28-11）。在江苏省，菹草群落分布于南北各地，生于池塘、水沟、水稻田、灌渠及缓流河水中，水体多呈微酸性至中性。在江苏省调查到 1 个群丛。

代表性样地设于江苏天目湖国家森林公园内。为菹草群丛。群落总盖度 65%（图 5-28-12）。优势种为菹草，有时伴生有槐叶蘋、紫萍、浮萍等（图 5-28-12）。

图 5-28-11 菹草（*Potamogeton crispus*）（右上角为休眠芽）

图 5-28-12 菹草群落（溧阳市天目湖）

7. 竹叶眼子菜群落

竹叶眼子菜（*Potamogeton wrightii*）为眼子菜科的多年生沉水草本。原产俄罗斯、朝鲜、日本、印度及东南亚各国，广泛分布于我国南北各省。在江苏省，竹叶眼子菜群落分布于南京市、句容市、镇江市、无锡市、苏州市和徐州市，生于池塘、湖泊、河流等静水处或稻田中。在江苏省调查到 1 个群丛。

代表性样地设于徐州云龙湖风景区岸边。为竹叶眼子菜群丛（图 5-28-13）。群落总盖度 50%。主要优势种为竹叶眼子菜，偶尔伴生有喜旱莲子草等。

图 5-28-13 竹叶眼子菜群落（徐州市云龙湖）

8. 光叶眼子菜群落

光叶眼子菜（*Potamogeton lucens*）为眼子菜科的多年生沉水草本（图 5-28-14）。北半球广布，在我国分布于东北、华北、华东、西北及中南各省。在江苏省，分布于苏州市和徐州市，常生长于湖泊、池塘等静水水体。在江苏省调查到 1 个群丛。

代表性样地设于徐州云龙湖风景区的池塘。为光叶眼子菜群丛（图 5-28-15）。群落总盖度 50%—90%。主要优势种为光叶眼子菜，偶尔伴生有金鱼藻等。

图 5-28-14　光叶眼子菜（*Potamogeton lucens*）

图 5-28-15　光叶眼子菜群落（徐州市云龙湖）

9. 篦齿眼子菜群落

篦齿眼子菜（*Stuckenia pectinata*）为眼子菜科多年生沉水草本。茎疏生到浓密分枝，丝状到纤细，圆柱状；叶丝状到线形（图 5-28-16）。此外，该种曾被置于眼子菜属（*Potamogeton*），现属于篦齿眼子菜属（*Stuckenia*）；植物智（http://www.iplant.cn/）记述该种在我国"国内产地：青海（青海湖）"有误。该种广泛分布于亚洲、欧洲、美洲和大洋洲等地，我国南北各省均有分布。在江苏省，篦齿眼子菜群落分布于宝应湖和洪泽湖。在江苏省调查到 1 个群丛。

代表性样地设于江苏扬州宝应湖国家湿地公园。为篦齿眼子菜群丛（图 5-28-17）。群落总盖度 60%。优势种篦齿眼子菜占绝对优势，偶尔伴生有大茨藻（*Najas marina*）等。

图 5-28-16　篦齿眼子菜（*Stuckenia pectinata*）

图 5-28-17　篦齿眼子菜群落（扬州市宝应湖）

10. 苦草群落

苦草（*Vallisneria natans*）为水鳖科的多年生沉水草本（图 5-28-18）。分布于印度、中南半岛、日本、马来西亚和澳大利亚，在我国分布于吉林省、河北省、陕西省、山东省、江苏省、安徽省、浙江省、江西省、福建省、台湾省、湖北省、湖南省、广东省、广西壮族自治区、四川省、贵州省、云南省等。在江苏省，苦草群落分布于南北各地（图 5-28-19），生于溪沟、河流、池塘、湖泊中。在江苏省调查到1个群丛。

图 5-28-18　苦草（*Vallisneria natans*）（左下角为花）

代表性样地设于江苏扬州宝应湖国家湿地公园。为苦草群丛（图 5-28-20）。群落总盖度40%。主要优势种为苦草，伴生有浮萍、紫萍、金鱼藻等。

图 5-28-19　苦草群落（溧阳市天目湖）

图 5-28-20　苦草群落（扬州市宝应湖）

11. 黑藻群落

黑藻为水鳖科多年生沉水草本（图 5-28-21）。广布于欧亚大陆热带至温带地区，在我国分布于黑龙江省、河北省、陕西省、山东省、江苏省、安徽省、浙江省、江西省、福建省、台湾省、河南省、湖北省、湖南省、广东省、海南省、广西壮族自治区、四川省、贵州省、云南省等。在江苏省，黑藻群落分布于南北各地，生于河流、池塘、湖泊、水沟中。在江苏省调查到1个群丛。

代表性样地设于江苏扬州宝应湖国家湿地公园。为黑藻群丛（图 5-28-22）。群落总盖度 60%。主要优势种为黑藻，伴生有浮萍、紫萍、金鱼藻等。

图 5-28-21　黑藻（*Hydrilla verticillata*）

图 5-28-22　黑藻群落（扬州市宝应湖）

12. 龙舌草群落

龙舌草（*Ottelia alismoides*）为水鳖科一年生沉水草本。广布于非洲东北部、亚洲东部及东南部至澳大利亚热带地区，在我国分布于华东至西南各省。根据 2021 年国务院颁布的《国家重点保护野生植物名录》，龙舌草属于国家二级重点保护野生植物。在江苏省，龙舌草群落分布于南京市、镇江市、常州市、无锡市、苏州市、扬州市和连云港市，常生于湖泊、沟渠、水塘和水田中。在江苏省调查到 1 个群丛。

图 5-28-23　龙舌草群落（苏州市太湖）

代表性样地设于江苏苏州太湖国家湿地公园。为龙舌草群丛（图 5-28-23）。群落总盖度 35%。主要优势种为龙舌草，伴生有黑藻、眼子菜、狐尾藻等。

13. 大茨藻群落

大茨藻为水鳖科一年生沉水草本，常群聚成丛，生长于水中 0.5—3m 或更深处（图 5-28-24）。我国分布于东北、华北、华中、华东及广东省、广西壮族自治区；南非、澳大利亚、印度、马来西亚、日本、韩国、俄罗斯及北美洲也有分布。在江苏省，大茨藻群落分布于南北各地，生于池沼和缓慢流动的河水中。在江苏省调查到 1 个群丛。

代表性样地设于江苏扬州宝应湖国家湿地公园。为大茨藻群丛（图 5-28-25）。群落总盖度 85%。主要优势种为大茨藻，偶尔伴生有狐尾藻、金鱼藻等。

图 5-28-24 大茨藻（*Najas marina*）

图 5-28-25 大茨藻群落（扬州市宝应湖）

14. 小茨藻群落

小茨藻（*Najas minor*）为水鳖科一年生沉水草本。相较于大茨藻的植株粗壮，小茨藻较为细弱，且茎节下无齿（图 5-28-26）。分布于亚洲、欧洲、非洲和北美洲，在我国分布于东北、华北、华中、华东、华南及新疆维吾尔自治区、云南省。在江苏省，小茨藻群落分布于南北各地，常成小丛生于池塘、湖泊或缓慢流动的河水中，可生于数米深的水底。在江苏省调查到 1 个群丛。

图 5-28-26 小茨藻（*Najas minor*）（右图为茎叶局部放大）

代表性样地设于江苏扬州宝应湖国家湿地公园。为小茨藻群丛（图 5-28-27）。群落总盖度 75%，主要优势种为小茨藻，水面偶尔伴生有紫萍、浮萍等。

图 5-28-27　小茨藻群落（扬州市宝应湖）

15. 川蔓藻群落

川蔓藻为川蔓藻科一年生沉水草本（图 5-28-28）。地下根状茎纤细、质硬，匍匐生于泥中；地上茎细弱，分枝多，呈丛生状。全球温带、亚热带海域及盐湖均产，在我国分布于辽宁省、甘肃省、青海省、新疆维吾尔自治区、山东省、江苏省、浙江省、福建省、台湾省、广东省及其沿海岛屿、海南省、广西壮族自治区等地。在江苏省调查到 1 个群丛。

在江苏省，川蔓藻群落分布于盐城市、连云港市和南通市海滩或海边咸水中。代表性样地设于盐城市东台市蹲门湾湿地。为川蔓藻群丛（图 5-28-29）。群落外貌较整齐，群落总盖度 65%—80%。以川蔓藻为主，且常形成单优势种群落。

图 5-28-28　川蔓藻（*Ruppia maritima*）

图 5-28-29　川蔓藻群落（盐城市大丰区蹲门湾）

二十九、人工植被

人工植被是人为种植和管理的植物群落的总称，又称栽培植被。它是人类在长期的生产实践过程中发展创造的各种人工植物群落的组合。江苏省由于社会经济发达，这一类型的植被的种类多样，分布范围广泛。与自然植被相比，江苏省人工植被注重采用先进的人工智能化种植和管理技术，不断采取一系列农艺或园艺措施以进行有效栽培管理。通常，这些植被类型的植物种类单一，但是与自然植被相比，这类人工植被的生产率和经济效率很高。江苏省的人工植被包括 3 个类型：草本栽培植被、灌木栽培植被、乔木栽培植被（表 4-2-5）。

1. 草本栽培植被

草本栽培植被是指以人工培植的草本种类为建群种构成的植物群落。它可以分为大田作物、草本果蔬作物和草本经济植物。

大田作物可以分为旱地作物和水田作物。江苏省是我国南方最大的粳稻生产省份，也是全国优质弱筋小麦生产优势区。其中，旱地作物主要分布在江苏省北部、东部边缘地区，西南部也有少量分布，总体上分布较为分散。玉米（玉蜀黍）、落花生（花生）（*Arachis hypogaea*）（图 5–29–1）、油菜（*Brassica rapa* var. *oleifera*）（图 5–29–2）及多种杂粮、杂豆等特色粮经作物遍布全省。小麦在徐州市、盐城市、连云港市、淮安市有大面积栽培，玉米在徐州市有大面积栽培，大豆在南通市、徐州市和盐城市有大面积栽培。江苏省旱地作物主要包括：一年一熟的作物，如大豆（*Glycine max*）和甘薯（山芋或番薯）（*Ipomoea batatas*）等；一年两熟的作物组合，如小麦或油菜—玉米、小麦—甘薯、小麦—花生和小麦—棉（陆地棉）（*Gossypium hirsutum*）等。

水田作物主要分布在江苏省中部和南部，分布较为集中。水田作物主要有一年一熟的水稻、一年两熟的双季稻组合。水稻在徐州市、南通市、淮安市、连云港市、盐城市等地都有大面积栽培。此外，江苏省已在全国率先基本实现粮食生产全程机械化，农作物耕种收综合机械化率达 85%，其中水稻、小麦、玉米三大粮食作物达 95%。

与大田作物相比，江苏省草本果蔬作物和草本经济植物的栽培规模偏小，但是后者经济价值高，涉及的植物种类多，主要包括果蔬、花卉、中药材及草坪植物等。例如，花生是江苏省传统的油料经济作物，近年种植面积稳定在 10 万 hm^2。此外，江苏省的不少土特产如苏州碧螺春、阳山水蜜桃、东台西瓜等，已成为有特色、认可度高、竞争力强的知名农产品。

图 5–29–1　落花生（*Arachis hypogaea*）

图 5-29-2 油菜（*Brassica rapa* var. *oleifera*）

2. 灌木栽培植被

灌木栽培植被是指以灌木种类为建群种构成的植物群落。与草本栽培植被相比，江苏省这一类型的栽培植被类型较少，分布面积也较小。它主要包括常绿灌木丛和落叶灌木丛。其中，常绿灌木丛又分为常绿粮果灌木丛和常绿经济灌木丛。前者如蓝莓（*Vaccinium* spp.）、火龙果（量天尺）（*Hylocereus undatus*）（图 5-29-3）等，一般利用温室大棚进行种植；后者如茶，主要有黄金茶、白茶、太湖碧螺春、茅山青锋等不同品种，一般栽培于亚热带山地。落叶灌木丛又分为落叶粮果灌木丛和落叶经济灌木丛。前者如葡萄（*Vitis vinifera*）、桃（*Prunus persica*）、板栗等，一般见于平原或低山丘陵地带，大多采用标准化、智能化、有机化种植；后者如鲁桑（*Morus alba* var. *multicaulis*），一般为露天栽培，因反复人工修剪植株呈丛生状，叶片大而厚，主要利用其桑叶作为养蚕的饲料，在南通市海安市，盐城市射阳县、东台市，苏州市等地常成片栽培（图 5-29-4）。

图 5-29-3 火龙果（*Hylocereus undatus*）的植株和果实

图 5-29-4 射阳县万亩鲁桑（*Morus alba* var. *multicaulis*）

3. 乔木栽培植被

乔木栽培植被是指以乔木种类为建群种构成的植物群落，它主要包括常绿粮果林、常绿经济林，以及落叶粮果林、落叶经济林。前者如柑橘（*Citrus reticulata*）（图 5-29-5）、枇杷（*Eriobotrya japonica*）

图 5-29-5 柑橘（*Citrus reticulata*）

（图 5-29-6）、杨梅（图 5-29-7）等常绿果树，以环太湖地区的苏州市东山最为著名。后者如银杏、水蜜桃、板栗、梨（*Pyrus* spp.）、苹果（*Malus pumila*）（图 5-29-8）、樱桃（包括车厘子）（*Prunus pseudocerasus*）（图 5-29-9）等落叶果树，在江苏省多地均有成片栽培。此外，江苏省的乔木栽培植被近年来还包括培植常绿或落叶观赏树种的苗木基地（如沭阳）或林场工区（如句容市摇令口工区）。

图 5-29-6　枇杷（*Eriobotrya japonica*）

图 5-29-7　杨梅（*Morella rubra*）（右下角为成熟果实）

图 5-29-8　苹果（*Malus pumila*）（右下角为果实）

图 5-29-9　樱桃（*Prunus pseudocerasus*）

第六章　江苏植被种群与群落动态

植物种群动态是指生存在特定环境空间的植物种群随时间呈现的个体数量消长和分布变迁规律。植物群落的动态包括群落的内部动态（即季节变化和年际变化）、群落的演替和地球上植物群落的进化，但通常是指植物群落的演替。群落的演替主要通过群落中优势种群年龄结构和数量动态方面的变化来反映。种群和群落的动态研究不仅能揭示一个地区植被的种群和群落的生存现状与演替规律，阐明种群和群落经历的干扰情况，对环境条件的适应能力，还能合理预测地区植被的未来发展趋势，从而促进区域内自然植被的有效管理。

一、种群大小

种群是生态学领域研究的一个基本层次，是形成群落物种组成的基本单元，在群落中常占有一定时空，并生存在一个特定的地域和自然环境中。种群内部个体被视为单个有机体，它所处的环境包括非生物环境和生物环境。有机体不是孤立存在，任何有机体也会构成其他有机体的环境，这种彼此相互关系被视为种内关系和种间关系。对某个物种而言，一定区域内构成其种群的所有个体数即为该种的种群大小。

自然界中不同群落中的植物种群往往形成大小不同的斑块，这与环境的筛选或生境过滤作用密不可分（梁爽等，2014），因此种群大小往往是植物种群与其周围环境相适应的结果。植被中的群落优势种可以在很大尺度上表征群落的结构、组成和水平，而分析群落中濒危植物的种群大小有利于及时了解目标物种的种群动态，以便及时采取合适的保护措施。

以下重点介绍江苏森林植被优势树种的种群大小、江苏极小种群野生植物的种群大小。我们分别以江苏森林植被中的 3 个常见优势树种，以及江苏分布的 3 个极小种群野生植物为例，探讨江苏现状植被的种群大小。

（一）森林植被优势树种的种群大小

江苏处于亚热带向暖温带过渡的地带，为了反映江苏现状植被中优势种群的密度特征，我们选择江苏北部暖温带山区针叶林中的优势树种侧柏、亚热带落叶阔叶树种麻栎、亚热带常绿阔叶树种紫楠为调查对象。

侧柏为柏科高大常绿乔木。该种可以在干旱贫瘠的环境下生长，具有良好的生态效益，在碳汇、固碳、释氧、防尘、降噪等方面具有很大作用，也常栽培作庭园树。木材淡黄褐色，富含树脂，材质细密，纹理斜行，坚实耐用，可作为建筑、家具、农具及文具等用材。侧柏是江苏北部山区分布面积大、占比高、适应性强、抗逆性强的生态树种，是徐州市云龙山、泉山、泰山等地次生林的主要优势树种，有着不可替代的地位，具有极为重要的保持水土、涵养水源、改善小气候的作用。

麻栎又名橡树、栎木，为壳斗科栎属落叶乔木。树干通直高大，树冠雄伟。早春叶色鹅黄嫩绿，秋季转为橙褐色，季相变化明显。麻栎喜光、喜湿润，耐寒、耐干旱瘠薄，不耐水湿、不耐盐碱，通常在湿润、肥沃、深厚、排水良好的中性至微酸性沙壤土中生长良好。麻栎是我国暖温带和亚热带地区森林植被的主要组成树种，具有较高的生态、经济和景观价值。

紫楠又名紫金楠，也称金丝楠，系樟科楠属中极为珍贵的中国特有树种。该种是在江苏自然分布的常绿树种，也是江苏重点保护物种。紫楠具有多种重要的生态和利用价值。在我国东部的亚热带山地，紫楠有时与落叶阔叶树种伴生，有时为森林群落中乔木层的建群种，因此对维持森林生态系统的结构和功能具有重要的作用。

1. 森林植被优势树种种群大小的研究方法

（1）侧柏种群的调查方法

选择侧柏分布较多的徐州云龙湖风景区作为研究区域。徐州云龙湖风景区位于徐州市西南部，其地理位置 117.1579° E，34.1333° N。该区属于暖温带季风气候区，气候温和，四季分明，春季升温快，蒸发强，常出现春旱；夏季降水集中，出现暴雨，易成夏涝；秋季天气多晴，雨水偏少；冬季雨水稀少，多西北风，常年主导风向为东北偏东。这里多年平均降水量 905.7mm，降水量多集中在 6—8 月，可占全年降水量的 75% 以上；多年平均气温 15.4℃，历史最高气温 39.1℃，最低气温 –15.8℃；全年平均日照时数 2163h，无霜期 208—249d。

在资料搜集、野外踏查和样线调查的基础上，我们对该区域的侧柏群落采用每木调查法和 Braun-Blanquent 多盖度等级法进行样地调查，每个样方的面积大于或等于群落的表现面积。根据群落的不同类型、地形等特点，采用巢式样方法确定群落的表现面积。测定结果：乔木样方面积为 20m × 20m，灌丛样方面积为 5m × 5m，草本植物群落取样面积为 1m × 1m。在泉山、云龙山和泰山侧柏分布集中的区域，选择具有代表性的分布点各设置 3 个 400m^2 的样地，每块样地划分为 16 个 5m × 5m 的小样方。采用无性系分株法对小样方中的侧柏个体进行每木调查，记录其树高（H）、基径、胸径（DBH）、冠幅、枝下高等。

苗木与立木划分，按照曲仲湘等（1952）的划分标准：Ⅰ级苗木：$H \leqslant 0.33$m；Ⅱ级苗木：$H > 0.33$m，DBH < 2.5cm；Ⅲ级立木：2.5cm ≤ DBH < 7.5cm；Ⅳ级立木：7.5cm ≤ DBH < 22.5cm；Ⅴ级立木：DBH ≥ 22.5cm。将调查范围内种群中的个体分为苗木与立木，即：Ⅰ与Ⅱ级（DBH < 2.5cm）为苗木；Ⅲ级及以上等级（DBH ≥ 2.5cm）为立木。

（2）麻栎种群的调查方法

根据麻栎种群的野外调查数据，选择常州市横山生态公益林与溧阳市瓦屋山作为研究区域。

横山生态公益林位于江苏省常州市武进区横山桥镇。林区主要包括清明山、芳茂山等山体以及西崦村、奚巷村、芳茂村等部分地区，总面积 1.05km^2。境内有低山丘陵、池塘沟渠、农田茶园等多种生境类型。该区属于北亚热带湿润季风气候，四季分明，气候温和，雨水充沛，无霜期长。不同的生境类型和湿润的气候条件为动植物的生存和繁衍提供了有利条件。

瓦屋山的气候参考溧阳市的气候条件。溧阳市属于北亚热带季风气候，全年四季分明，温和湿润，无霜期长。年平均气温 16.6℃，1 月份气温最低，平均为 2.8℃；7 月份气温最高，平均为 27.9℃；极端最高气温 38.6℃，极端最低气温 –15.3℃。全年无霜期达 222d 左右。年均日照时数为 1561.0h。年均降雨量为 1149.7mm，降雨日 133d，夏季梅雨是其主要特征。该区地处中亚热带北缘和北亚热带南缘的过渡区，春季多雨，夏季炎热湿润，秋季先湿后干，冬季寒冷干燥。充沛的降水以及优越的地理位置为植物生长与繁衍创造了有利条件。地带性植被为常绿落叶阔叶混交林。在溧阳市北部的瓦屋山现有成片的麻栎林，2016 年溧阳市政府已批准建立溧阳市瓦屋山林场野生植物保护小区。

对研究区域内分布的麻栎进行调查统计整理，样方测定结果：乔木样方面积为 20m × 20m，灌丛样方面积为 5m × 5m，草本植物群落的取样面积为 1m × 1m。在横山和瓦屋山分别设置 6 个和 4 个 400m^2 的样地，每块样地划分为 16 个 5m × 5m 的小样方，对样方内的所有麻栎个体进行每木调查，用皮尺、卷尺等工具记录其树高、基径、胸径、冠幅、枝下高等。其苗木与立木划分按曲仲湘等（1952）的划分标准。

（3）紫楠种群的调查方法

根据近年来开展的野外调查，发现江苏南部山区紫楠野生种群通常呈斑块状分布。因此，选择紫楠在苏南山区相对集中分布的宝华山国家森林公园、溧阳市龙潭林场为研究地点。宝华山属北亚热带湿润季风气候，4 个季节的特征表现明显。年平均气温 15.4℃，其中，1 月份平均气温最低，为 1.4℃；7 月份平均气温最高，达 29.7℃；极端最低气温低至 −16.7℃，极端最高气温达 39.6℃。全年无霜期为 229d，年平均降水量为 1018.6mm。土壤为在石灰岩、砂岩和页岩上发育形成的棕壤土。主要植被类型为常绿落叶阔叶混交林和落叶阔叶林，其他植被类型还有针阔混交林、灌丛和毛竹林等。溧阳市龙潭林场属北亚热带季风气候，季节特征明显。年平均气温 15.6℃，其中，1 月份平均气温最低，为 3.2℃；7 月份平均气温最高，达 31.1℃；极端最低气温低至 −14.7℃，极端最高气温达 39.2℃。全年无霜期 232d 左右，年平均降水量为 1586.7mm。土壤类型为黄棕壤。该区的森林群落类型主要为落叶阔叶林（姚锐，2017）。

宝华山国家森林公园设置 50m × 50m 的样地，分成 5 个 10m × 50m 的样方，共计 2500m^2；溧阳市龙潭林场西阴窠（31.2577° N，119.4850° E，海拔 143m），设置 40m × 50m 的样地，分成 4 个 10m × 50m 的样方，共计 2000m^2；溧阳市龙潭林场中阴窠（31.2565° N，119.4892° E，海拔 156m），设置 40m × 50m 的样地，分成 4 个 10m × 50m 的样方，共计 2000m^2。

对样地内所有紫楠个体进行定位测量，调查并记录样地内所有 DBH ≥ 1.0cm 的紫楠个体情况，记录数量、坐标、胸径、高度、冠幅、枝下高、实生 / 萌生个数、生长状况等特征。其苗木与立木划分按曲仲湘等（1952）的划分标准。此外，还记录了样方 GPS、海拔、坡度、坡向及群落生境类型、立地条件、郁闭度等基本信息。

2. 森林植被优势树种种群大小的特点

调查物种涉及侧柏、麻栎与紫楠 3 个物种，分别统计 3 种森林植被中不同调查地点的 3 个物种的苗木密度、立木密度，并整理了调查面积（表 6–1–1）。所调查的侧柏的苗木平均密度为 3.50 株 /100m^2，立木平均密度为 11.50 株 /100m^2；麻栎的苗木平均密度为 4.24 株 /100m^2，立木平均密度为 8.34 株 /100m^2；紫楠的苗木平均密度为 9.00 株 /100m^2，立木平均密度为 12.33 株 /100m^2。

表 6–1–1　江苏 3 种森林植被中优势树种的种群密度及其调查面积

优势树种	调查地点	调查面积 /m^2	植被类型	苗木密度 / 株 · 100m^{-2}	立木密度 / 株 · 100m^{-2}
侧柏 *Platycladus orientalis*	徐州泉山	1200	暖温带针叶林	3	11
	徐州云龙山	1200	暖温带针叶林	4	12
	平均（$\bar{x}$ ± SD）			3.50 ± 0.50	11.50 ± 0.50

续表

优势树种	调查地点	调查面积 /m²	植被类型	苗木密度 / 株・100m⁻²	立木密度 / 株・100m⁻²
麻栎 *Quercus acutissima*	常州武进横山桥	2400	亚热带落叶阔叶林	5.17	9.17
	溧阳瓦屋山	1600	亚热带落叶阔叶林	3.31	7.50
	平均（$\bar{x}\pm$SD）			4.24 ± 0.93	8.34 ± 0.84
紫楠 *Phoebe sheareri*	句容宝华山	2500	亚热带常绿阔叶林	5	12
	溧阳龙潭西阴窠	2000	亚热带常绿阔叶林	16	14
	溧阳龙潭中阴窠	2000	亚热带常绿阔叶林	6	11
	平均（$\bar{x}\pm$SD）			9.00 ± 4.97	12.33 ± 1.25

注：紫楠仅调查并记录样地内所有 DBH ≥ 1.0cm 的个体。

种群密度和面积大小是影响估算植物种群大小的重要因素。由于完全调查所有物种难以实现，因此这里选取 3 个江苏主要森林群落中的优势种（侧柏、麻栎、紫楠），分别代表暖温带树种、亚热带落叶阔叶树种、亚热带常绿阔叶树种。在调查过程中先确定森林群落的样方面积，再使用每木调查法调查若干样方，以保证数据的准确性。调查结果大体体现了江苏不同气候条件下的植被类型中优势树种的种群大小。以紫楠为代表的亚热带常绿阔叶树种的幼树密度与立木密度均大于以侧柏为代表的暖温带树种，以及以麻栎为代表的亚热带落叶阔叶树种，这可能主要与气候条件、群落生境和种群更新方式有关。侧柏种群生于石灰岩山地，主要见于苏北的徐州市暖温带山地，样地中的幼苗主要通过种子进行繁殖更新；紫楠种群主要见于苏南亚热带山区，由于种群萌生性强，样地中以小径级个体居多；麻栎种群在江苏分布广泛，在苏南山区由于水热条件较好，大多数植株径级较大，而样地中的幼苗和优树偏少。

（二）极小种群野生植物的种群大小

极小种群野生植物是指分布地域狭窄或呈间断分布，加之外界因素的长期干扰，致使种群退化以及数量减少，随时面临灭绝风险的野生植物类群。为了更好地保护这一类群，《全国极小种群野生植物拯救保护工程规划（2011—2015 年）》将 120 种植物列入极小种群野生植物名录，其中包括 36 种国家一级重点保护野生植物和 26 种国家二级重点保护野生植物。在此基础上，国家以及不同省份相继对各自管辖范围内的极小种群野生植物组织开展了调查、保护和恢复技术研究，其中在江苏有分布的植物为 2 种，分别为银缕梅和宝华玉兰。

2022 年国家林业和草原局以《全国极小种群野生植物拯救保护工程规划（2011—2015 年）》确定的 120 种为基础，结合《国家重点保护野生植物名录》、第二次全国重点保护野生植物资源调查结果和《“十四五”林业草原保护发展规划纲要》优先拯救的物种名单，综合考虑前期规划实施过程中的物种特征、物种保护成效、物种保护的紧迫性以及项目的延续性，将全国极小种群野生植物名录更新为 100 种。根据这一名录，在江苏有分布的植物仅为宝华玉兰。

2012 年，江苏省根据野生植物资源现状，以《全国极小种群野生植物拯救保护工程规划（2011—2015 年）》为指导，制定了《江苏省极小种群野生植物拯救保护工程实施方案（2012—2015 年）》，该方案列入的极小种群野生植物有 11 种，包括 2 个国家级种类（银缕梅、宝华玉兰），9 个省级种类［金钱松、大叶榉树、香果树、秤锤树、琅琊榆（*Ulmus chenmoui*）、青檀、天目玉兰（*Yulania amoena*）、独花兰（*Changnienia amoena*）、南京椴］。

综合考虑近年来江苏省极小种群野生植物监测、调查、研究进展，选择宝华玉兰、银缕梅和香果树作为代表物种，以分析阐述江苏极小种群野生植物的种群大小，并根据世界自然保护联盟（IUCN）标准评估其濒危等级。

宝华玉兰是木兰科玉兰属（*Yulania*）落叶乔木，为我国特有种，其野生分布仅见于江苏句容宝华山（张光富等，2022）。宝华玉兰树干挺拔，花芳香而艳丽，具红色假种皮，是非常珍贵的园林观赏树木。与此同时，它对于研究玉兰属的分类系统及种系发生具有重要的科学意义。在1991年《中国植物红皮书：稀有濒危植物（第一册）》中，宝华玉兰被列为国家级保护濒危种（傅立国，1992）；在1999年《国家重点保护野生植物名录（第一批）》中被列为国家二级保护植物（于永福，1999）；在2004年《中国物种红色名录》中被列为极危种；在2013年《中国生物多样性红色名录·高等植物卷》中被列为极危物种；在2021年《国家重点保护野生植物名录》中被列为国家二级保护植物。宝华玉兰为极小种群分布物种，相关历史记录较少。最早的标本采集记录为1931年，于宝华山采集（C. Pei，2417）；1932年宝华山也有采集记录（C. Pei，3123）；1933年郑万钧采集标本（W. C. Cheng，4233、4449、4664），根据模式标本（C. Pei，2417、3123；W. C. Cheng，1233）命名，并发表宝华玉兰。根据文献记录，1984年建立宝华山自然保护区时，共调查到宝华玉兰13株，生长在海拔约200m的丘陵地（郝日明等，2000）。1999年，对宝华山国家森林公园宝华玉兰的调查结果显示，当时宝华玉兰的成年个体有34株（郝日明等，2000；徐惠强等，2001）。2008年，王剑伟等对宝华山半自然群落和自然群落设置了4个调查样地，共记录宝华玉兰149株，其中成年个体仅38株（王剑伟等，2008）。

银缕梅为落叶小乔木，为我国特有的珍稀濒危树种，曾在1999年《国家重点保护野生植物名录（第一批）》中被列为国家一级濒危植物；在2004年《中国物种红色名录》中又被列为濒危种；在2013年《中国珍稀濒危植物图鉴》中，该种被列为我国极小种群保护物种（印红，2013）；在2021年《国家重点保护野生植物名录》中被列为国家一级保护植物。银缕梅材质坚硬，纹理致密，树冠优美，花形奇特且色彩艳丽，常作为良好的城镇绿化树种（Li and Tredici，2008）。早在1935年，沈隽首次在宜兴市芙蓉寺采集到该植物果枝标本，随后张宏达依据这份标本，将其定名为小叶金缕梅（*Hamamelis subaequalis* Chang）。20世纪90年代，邓懋彬等人重新发现并将其命名为小叶银缕梅（*Shaniodendron subaequale*）（龚滨等，2012）。郝日明和魏宏图（1998）根据其花部形态特征并结合分子研究证据，将该种确认为小叶银缕梅，归入银缕梅属（*Parrotia*）。在江苏第二次重点保护野生植物资源调查中，银缕梅被列为国家级重点调查物种。根据近年来的调查，江苏境内的银缕梅野生种群主要分布于宜兴市大龙西岕、善卷洞，溧阳市锅底山等地。在2022年的野外调查与监测中，我们在溧阳市金刚岕的山坡上新发现了1处银缕梅种群的分布点，但是种群数量较小。目前，在宜兴市大龙西岕附近山坡分布的银缕梅种群为江苏境内的最大野生种群。

香果树是茜草科香果树属的落叶大乔木，为中国被子植物中特有的单种属植物（王坚强等，2016），为第三纪孑遗植物。香果树植株高大，花形奇特，其中一萼片变态为叶状，宿存于果上，是一种优美的观赏树种；其材质优良，也为一种珍贵的材用树种（钟育谦，2016）。在1991年发布的《中国植物红皮书：稀有濒危植物（第一册）》中，香果树被列为稀有种（傅立国，1992）；在1999年《国家重点保护野生植物名录（第一批）》中，被列为国家二级重点保护野生植物；在2021年《国家重点保护野生植物名录》中，被列为国家二级保护植物。《中国植物志》中记载香果树在我国14个省份均有分布（中国植物志编辑委员会，1999），*Flora of China*（Vol. 19）中记载香果树分布于15个省份（Wu and Raven，2011）；近期，彭仙丽等（2017）指出香果树在我国的野生种群分布涵盖安徽、江苏、浙江等16个省份。香果树在我国的分布区域广，但种群数量少，且分布生境局限，大多分布于沟谷或山坡碎石中，种群呈斑块状。在全国第一次重点保护野生植物资源调查（江苏省）中，香果树在江苏已经“野外灭绝”（郝日明等，2000）。

1. 极小种群野生植物种群大小的研究方法

（1）宝华玉兰种群的调查方法

宝华玉兰的野外调查地点为宝华山国家森林公园，它位于江苏省镇江市句容市，地理位置32.1000°—32.1667°N，119.0500°—119.1333°E。该区地处宁镇山脉中段，山体东西走向，峰低坡缓，海拔396m；处于亚热带和暖温带的过渡地带，属北亚热带季风气候，四季分明，气候温和，雨水充沛，日照充足；年平均降水量为1018.6mm，年平均气温15.4℃，最冷月1月平均气温1.4℃，最热月7月平均气温29.7℃；年平均日照时数2116h，年平均无霜期229d；土壤微酸性，上层较厚，为棕色土壤。该区的森林群落类型主要为常绿落叶阔叶混交林和落叶阔叶林。

通过踏查发现，宝华玉兰野生植株较少，因此选择分布相对密集的地段（将军洞沟谷旁和竹楼东北侧），采用典型样地法对宝华玉兰群落分两类调查：人工栽种的半自然群落（Q1、Q2）（约20a）和自然分布的群落（Q3、Q4）（约40a）。样地大小均为20m×20m。每个样地再划分为16个5m×5m的小样方，在每个10m×10m的乔木层样方中各随机设置1个5m×5m的灌木层样方和1个1m×1m的草本层样方，分别记录样方内植物种类、株数、胸径等，以及环境条件。在群落调查的同时，对每个5m×5m的小样方中的所有宝华玉兰进行种群调查记录。4个样地概况见表6-1-2。

表6-1-2　宝华玉兰种群样地概况

样地号	样地面积 /m^2	坡度 /（°）	坡向 /（°）	层盖度/%		
				乔木层	灌木层	草本层
Q1	400	15	SE30	30	50	45
Q2	400	20	SE35	35	40	40
Q3	400	25	NE20	60	70	30
Q4	400	30	NE25	55	50	40

注：SE代表southeast（东南），NE代表northeast（东北）。

为了解宝华玉兰的种群规模，分别在不同的季节，先后两年对宝华玉兰所有可能的分布点进行数量调查，在宝华玉兰的花期（2—3月）对其补充调查，并对所有成年个体进行标记和GPS定位，分别记录其株数、胸径、树高、冠幅等资料。其苗木与立木划分按曲仲湘等（1952）的划分标准。

（2）银缕梅种群的调查方法

根据野外踏查，我们发现江苏省宜兴市大龙西岕、安徽省舒城县万佛山和浙江省安吉县龙王山3处的银缕梅种群规模大，最具有代表性，为我国银缕梅种群的主要分布地点。因此，为了解江苏省宜兴市大龙西岕银缕梅种群的大小，同时为了与江苏省外两个代表性种群进行比较，这里以上述3个地点为主要研究区域。

大龙西岕（31.2333°—31.3667°N，119.7333°—119.8167°E），位于江苏省无锡市龙池山省级自然保护区的小黑沟，最高海拔500m。该区属亚热带湿润季风气候，年平均气温15.7℃，年平均降水量1200mm，主要土壤类型为黄壤。常绿落叶阔叶混交林为该区的地带性植被（Li and Zhang，2015）。银缕梅所在群落的主要优势种有青冈、黄檀、牛鼻栓等。

万佛山（31.0167°—31.0833°N，116.5168°—116.5456°E），位于安徽省舒城县万佛山自然保护区，最高海拔1539m。该区属北亚热带湿润季风气候，年平均气温13.6℃，年平均降水量1300mm，主要土壤类型为山地黄壤、山地棕壤和局部山地草甸土。区内地势险峻、生境复杂，地带性植被为常绿落叶阔叶混交林（张光富等，2016）。银缕梅所在群落的主要优势种有紫弹朴（*Celtis biondii*）、青冈、黄连木等。

龙王山（30.3667°—30.4500°N，119.3667°—119.4333°E），位于浙江省安吉县龙王山自然保护区，最高海拔1587.4m。该区属亚热带湿润季风气候，年平均气温15.5℃，年平均降水量1213.4mm，主要土壤类型为红壤、山地黄壤和山地棕壤。地带性植被为常绿阔叶林（任洁等，2012）。银缕梅所在群落的主要优势种有朴树、小叶青冈（*Cyclobalanopsis myrsinifolia*）、化香树等。

根据野外踏查并结合野外实际情况，在江苏宜兴大龙西岕的银缕梅分布相对集中的区域设置样地。由于该区银缕梅分布面积不大，且曾受到一定的人为干扰，加之考虑到生境一致性等因素，该地点的取样面积设为30m×30m。然后，将每块样地再划分为10m×10m的小样方。在安徽省舒城县万佛山的小涧冲和浙江省安吉县龙王山马峰庵，银缕梅分布相对集中，在坡度和坡向等地理条件较为相近的地点设置样地，样地面积为50m×50m。以每个小样方为调查单元，对样方内的银缕梅个体进行每木测量，记录植株的胸径（cm）、树高（m）、冠幅、有无萌枝和萌枝类型及横、纵坐标值等。其苗木与立木划分按曲仲湘等（1952）的划分标准。

（3）香果树种群的调查方法

根据第一次全国野生植物资源调查，江苏省香果树已经野生灭绝（郝日明等, 2000）。在第二次全国野生植物资源调查过程中，我们在溧阳市金刚岕、安鸡头山、龙潭等山区陆续发现了香果树野生种群。这些香果树植株呈斑块状分布，并且不同斑块的距离远近不一。部分香果树种群位于溧阳市南山竹海风景区内，受到森林旅游、清理防火道等活动的人为干扰。为了更好地了解江苏分布的这些香果树种群的规模和大小，我们选取苏南山区的香果树群落作为次生林（均位于天目湖国家森林公园内），同时选取中国东部邻近省份浙江分布的香果树群落作为原生林（大多位于国家级自然保护区内），以比较和分析两地香果树种群的苗木密度和立木密度。

香果树次生林位于江苏省溧阳市戴埠镇的天目湖国家森林公园，共计6个分布地点（记作S1—S6）。地理位置31.1614°—31.2572°N，119.4850°—119.5156°E，海拔195—446m。该区属北亚热带季风气候，四季分明，温和湿润，无霜期长。年平均气温16.6℃，1月最低，7月最高。年均日照1561.0h，年平均降雨量1149.7mm，降雨日133d，夏季梅雨是其主要特征。土壤以黄棕壤为主要类型（王坚强等，2016）。森林群落主要为常绿落叶阔叶混交林。森林群落中的主要优势种有香果树、青榨槭（*Acer davidii*）、紫楠、毛竹、野桐（*Mallotus tenuifolius*）、朴树、大叶榉树、檫木、臭椿（*Ailanthus altissima*）、梧桐（*Firmiana simplex*）和八角枫等。

香果树原生林位于浙江省杭州市淳安县枫树岭镇大源村及曲源头羊栏里，共计4个分布地点（记作P1—P4）。地理位置29.2425°—29.3191°N，118.6328°—118.6407°E，海拔633—955m。该区属北亚热带季风气候，年平均气温17℃，1月最低，7月最高。年平均日照1951h，年平均降雨量1430mm。土壤类型主要为红壤、黄壤和岩性土紫砂土。该地区森林群落类型主要为常绿落叶阔叶混交林，群落中主要优势树种有香果树、浙江山梅花（*Philadelphus zhejiangensis*）、山柿（*Diospyros japonica*）、小叶青冈、枫香树、光叶毛果枳椇（*Hovenia trichocarpa* var. *robusta*）、港柯（*Lithocarpus harlandii*）、红脉钓樟（*Lindera rubronervia*）、红柴枝、秀丽槭（*Acer elegantulum*）、紫楠和青冈等。

根据野外调查，分别在江苏省溧阳市南山竹海和龙潭林场、浙江省淳安县大源村中设置 28 个和 120 个 10m × 10m 香果树种群调查样方，将每个 10m × 10m 的样方划分成 4 个 5m × 5m 的调查小样方。次生林香果树分布于 6 个点，其中南山竹海有 5 个，分别为安鸡头山（S1）、鸡鸣村（地轨终点东侧）（S2）、鸡鸣村（地轨中部西侧）（S3）、桃树岕（S4）、深溪岕（S5）和龙潭林场（S6）（表 6-1-3）；原生林中香果树共计 4 个分布点，分别为大源村的直坑（P1）、毛坑（P2）、潘坑（P3）与曲源头羊栏里（P4）。

表 6-1-3　香果树种群样地概况

地点	样地面积 /m²	东经 /（°）	北纬 /（°）	海拔 /m	坡度 /（°）	坡向	郁闭度	岩石裸露度 /%	群落类型
S1	1500	119.5139	31.1614	407	28	NW	0.60	85	次生林
S2	200	119.5136	31.1624	374	30	NW	0.60	85	次生林
S3	500	119.5145	31.1646	243	48	NW	0.50	90	次生林
S4	200	119.5147	31.1656	203	25	NW	0.70	80	次生林
S5	200	119.5156	31.1738	446	32	N	0.70	75	次生林
S6	200	119.4850	31.2572	195	34	NW	0.50	80	次生林
P1	3600	118.6328	29.2362	897	15	W	0.55	75	原生林
P2	4000	118.6365	29.2425	773	13	N	0.85	72	原生林
P3	3600	118.6407	29.2424	826	10	N	0.60	72	原生林
P4	800	118.6371	29.2191	924	15	SE	0.65	75	原生林

注：W 代表 west（西），N 代表 north（北），SE 代表 southeast（东南），NW 代表 northwest（西北）。

野外调查时，记录小样方内所有香果树的胸径、高度与萌生情况等。其苗木与立木划分按曲仲湘等（1952）的划分标准。调查时萌生植株作为单个个体统计（Li and Zhang，2015）。

2. 极小种群野生植物种群大小的特点

我们调查记录江苏极小种群野生植物 3 种：宝华玉兰、香果树、银缕梅。其中，宝华玉兰仅生存在句容市宝华山，而香果树与银缕梅则主要集中于溧阳市。通过调查记录，统计了 3 个物种的幼树密度与立木密度，并根据世界自然保护联盟（IUCN）标准评估 3 个物种的濒危等级等（表 6-1-4）。

总体上，在调查的区域中银缕梅的立木密度最大，其次为香果树，宝华玉兰的立木密度最小。这主要是由于银缕梅为金缕梅科落叶小乔木，该种在样地中萌生性强，且萌生方式有多种，如根蘖萌生、残桩萌生和机会萌生。不同地点的种群密度，不论是幼苗还是立木，均存在一定的差异，这可能与气候条件和种群规模有关。关于香果树密度，江苏省溧阳市次生林大于浙江省淳安县原生林。这主要是由于该种在溧阳山区见于低山丘陵，不同斑块的香果树种群均受到人为砍伐、旅游开发、生产建设等方面的影响，植株通常高度不超过 10m，以小径级居多；成年大树数量较少，一般见于溧阳市深溪岕和龙潭的沟谷地段。宝华玉兰在江苏的整个种群数量较小，成年植株不足 100 株，见于落叶阔叶林或紫楠林中。从苗木密度看，这 3 个物种的种群密度较为接近，密度均不大。其中，香果树和银缕梅在不同样地的幼苗密度差异很大。这可能与这些濒危植物均为中国特有种，在江苏省及邻近地区的地理分布相对局限，种群规模小，通常呈斑块状有关。此外，由江苏省境内的种群调查数据可知，宝华玉兰、香果树和银缕梅分别属于极危种（CR）、濒危种（EN）和极危种（CR），即三者均属于濒危等级的物种。

表 6-1-4　江苏 3 种极小种群野生植物的种群大小

目的物种	调查地点	调查面积 /m^2	苗木密度 / 株·$100m^{-2}$	立木密度 / 株·$100m^{-2}$	IUCN 等级	是否在保护区内或保护范围
宝华玉兰 *Yulania zenii*	江苏句容宝华山	1600	6.06	3.25	CR	全部
香果树 *Emmenopterys henryi*	江苏溧阳龙潭（次生林）	2800	9.93	4.14	EN	否
	浙江淳安大源村（原生林）	12000	1.71	3.16		部分
	平均（$\bar{x} \pm SD$）		5.82 ± 5.81	3.65 ± 0.69		
银缕梅 *Parrotia subaequalis*	江苏宜兴大龙西岕	900	10.00	9.67	CR	全部
	安徽舒城万佛山	2500	3.80	12.56		全部
	浙江安吉龙王山	2500	0.44	4.92		全部
	平均（$\bar{x} \pm SD$）		4.75 ± 4.84	9.05 ± 3.86		

注：IUCN 等级指江苏境内的极小种群野生植物的濒危等级。保护区指省级或国家级自然保护区。

宝华玉兰自然分布仅见于宝华山国家森林公园，为地方性特有种，其地理分布范围狭小，呈斑块状间断分布，种群个体数量偏少，尤其是成年植株稀少，现已处于濒临灭绝的境地。根据 2023 年《中国生物多样性红色名录·高等植物卷》，宝华玉兰属于极危种。句容市林场、江苏植物研究所、南京师范大学等地均有少量引种栽培。其中，句容市林场引种的规模最大，已经初具规模，一年生的幼苗较多，但成年个体较少。调查中还发现，其种源采集较为单一。宝华玉兰种群规模小、对生境要求苛刻、种间竞争等因素可能对其生存构成一定威胁。根据宝华玉兰野生植株的生存现状和其竞争关系，有必要对其生境进行适度干扰，对于胸径小于 30cm 的野生植株所在群落，适当进行人工去杂，砍伐一些竞争力较强的树种，给予其更多的生存空间，并结合必要的人工抚育，以更好地保存其种质资源。最近，有媒体报道在湖南省汨罗市神鼎山省级森林公园、江西省瑞昌市横立山乡发现野生的宝华玉兰。由于该种与玉兰属的其他近缘种在形态上较为相近，因此上述野生种群的确认可能尚需分子证据。

我们的调查结果发现，3 个地点银缕梅种群的幼苗密度和立木密度均存在较大差异，说明其种群大小在不同地点相差很大。这可能与其生物学特性、种群规模以及人为干扰有关。第一，银缕梅在花芽的形成、分化、开花及授粉过程中，受气候因素的影响较大，加之其为雌雄异熟型，雌蕊比雄蕊迟熟 5—9d，导致传粉受精受阻。在调查样地中，银缕梅的种子产生量一般较少（邓懋彬等，1997）。第二，银缕梅野生种群多生长于沟谷山涧和山坡乱石生境条件下，种子萌发条件不易达到，加上种子的发芽率会随着时间的延长而逐步降低，导致该种的种子萌发率较低；即便种子能正常发芽，形成的幼苗抗逆性差，成活率低。因此，银缕梅种群依靠种子繁殖来扩大种群规模、拓展生存空间的生活策略可能难以实现。第三，银缕梅树干奇特、树皮斑驳、秋季叶色呈红色，具有良好的绿化观赏价值，自然分布种群曾遭受不同程度的偷采盗挖，这加剧了其成年植株的减少和种群规模的降低。第四，银缕梅的竞争能力较弱，通常见于亚热带山地森林群落演替的早期阶段。因此，对银缕梅的保护应该加大力度，对于不同省份交界处分布的银缕梅种群应该予以特别关注。可喜的是，目前银缕梅在江苏境内已经先后建立自然保护区或自然保护小区，积极开展就地保护。与此同时，银缕梅种群的人工繁育也取得明显进展，近年来已在宜兴市林场开展种群迁地保护和野外回归工作。

江苏境内的香果树种群均分布于次生林中，种群呈现斑块状分布；与原生林相比，香果树种群的幼苗密度较高。这可能与该种的树种特性、生态需求和种群更新方式有关。香果树为弱阳性树种，幼树稍耐阴，喜生于空气相对湿度大的沟谷两侧、山坡中下部的肥沃酸性或微酸性土壤中。样地中的香果树萌生性强，主要为根蘖萌生。例如，溧阳安鸡头山（S1）、鸡鸣村（S3），样地中岩石裸露，生境条件较差，香果树种群主要依靠萌枝进行种群更新。在野外调查的过程中，我们发现溧阳山区，如深溪岕（S5），存在部分木质藤本植物（如常春藤）缠绕香果树，这对香果树的生长和更新产生不利影响。据调查，该地的香果树群落在20世纪90年代遭受过大面积的人为砍伐。生境片段化导致香果树种群在苏南山区呈现为斑块状分布的小种群，人为干扰是导致这种现象最主要的因素（主要是亚热带山区的旅游开发）。另外，由于江苏境内的这6个香果树样地中，其中5个样地（S1—S5）群落均位于溧阳南山竹海景区（S5靠近景区边界），因此该区域香果树群落面临着因为游客数量增多而带来的保护压力，目前均处于不稳定状态。景区内还存在砍伐阔叶树种，种植毛竹，以营造“人工竹海”景观的情况，目前这些野生香果树种群邻近毛竹林，易受到毛竹种群扩张的影响，因此建议加强对该地香果树种群数量与分布的动态监测。

二、种群动态

种群动态研究种群数量在时间和空间上的变动规律，研究种群的数量变化、空间分布、迁移扩散及种群调节等方面的重要内容，可以反映种群个体生存与外界环境相适应的能力。植物种群动态可以借助种群年龄结构、静态生命表、存活曲线、生存分析函数、动态指数量化分析，以及时间序列预测等进行研究。种群年龄结构、静态生命表和存活曲线直接反映了种群各龄级阶段个体的存活及死亡等现状，是植物种群与生存环境共同作用的结果，展现植物种群在森林群落中的重要性。生存分析函数可进一步辅助静态生命表进行种群现状分析，并有效阐明植物种群的生存规律；而动态指数量化分析能科学评估群落结构动态问题，填补植物种群结构动态评估中粗放划分等级归类的缺陷（陈晓德，1998）。时间序列预测模型可以科学预测同龄级种群数量未来发展趋势，对了解植物种群各龄级阶段的发展状况及种群的演替动态具有重要意义。

本书重点介绍紫楠、湘楠（*Phoebe hunanensis*）、麻栎、朴树，以及珍稀濒危野生植物种群动态。

（一）紫楠种群动态

1. 紫楠种群动态研究方法

（1）种群研究区域与样方设置

根据野外调查，我们选择紫楠种群分布相对集中的宝华山国家森林公园和溧阳市龙潭林场为研究区域。两地生境条件及样方设置方法等与“一、种群大小”中紫楠种群的调查方法相同。

（2）龄级划分

紫楠为多年生常绿乔木，生长周期长，跟踪所有个体的生长周期无法实现，因此采用空间代替时间法。根据实地调查收集到的数据，结合紫楠的生活史特征，将宝华山国家森林公园紫楠种群和溧阳市龙潭林场西阴窠紫楠种群按胸径划分为5个径级，分别对应第Ⅰ到第Ⅴ龄级：

Ⅰ龄级：DBH ＜ 5cm。

Ⅱ龄级：5cm ≤ DBH ＜ 10cm。

Ⅲ龄级：10cm ≤ DBH ＜ 15cm。

Ⅳ龄级：15cm ≤ DBH ＜ 20cm。

Ⅴ龄级：DBH ≥ 20cm。

将溧阳市龙潭林场中阴窠紫楠种群，按胸径划分为 7 个径级，分别对应第Ⅰ到第Ⅶ龄级：

Ⅰ龄级：DBH < 5cm。

Ⅱ龄级：5cm ≤ DBH < 10cm。

Ⅲ龄级：10cm ≤ DBH < 15cm。

Ⅳ龄级：15cm ≤ DBH < 20cm。

Ⅴ龄级：20cm ≤ DBH < 25cm。

Ⅵ龄级：25cm ≤ DBH < 30cm。

Ⅶ龄级：DBH ≥ 30cm。

（3）种群结构特征分析

根据陈晓德（1998）的方法，以种群两个相邻龄级个体的数量变化指数（V_n）、种群年龄结构数量变化动态指数（V_{pi}），以及考虑外部干扰时种群年龄结构动态指数（V'_{pi}）来量化分析植物种群的动态变化：

$$V_n = \frac{S_n - S_{n+1}}{\max(S_n, S_{n+1})} \times 100\%$$

式中，S_n 与 S_{n+1} 分别为第 n 与第 n+1 年龄级种群个体数；max（…）示取括号中数列的极大值；$-1 \leq V_n \leq 1$，V_n 取正、负、0 时分别反映种群两相邻年龄级个体数量的增长、衰退、稳定的结构动态关系。

当求得整个种群年龄结构数量变化动态指数（V_{pi}）时，因种群的年龄结构在级与级之间是以个体数量进行比较的，所以整个种群年龄结构动态量值（V_{pi}）可由各年龄级间动态 V_n 对年龄级个体数（S_n）进行加权分配而得，且因最大年龄级（K 级）无 V_n，所以 K 级除外，即：

$$V_{pi} = \frac{1}{\sum_{n=1}^{K-1} S_n} \times \sum_{n=1}^{K-1} (S_n \times V_n)$$

式中，V_{pi} 为无外部干扰情况下整个种群的数量动态变化指数；V_n、S_n 的意义与上一个公式相同；V_{pi} 取正、负、0 时反映的动态关系与 V_n 一致，只是表示种群的动态关系。

当考虑外部干扰时，则种群年龄结构动态指数（V'_{pi}）还与年龄级数量（K）及各年龄级个体数（S_n）两因素相关：

$$V'_{pi} = \frac{\sum_{n=1}^{K-1} (S_n \times V_n)}{K \times \min(S_1, S_2, S_3, \cdots, S_K) \times \sum_{n=1}^{K-1} S_n}$$

（4）静态生命表编制和存活曲线绘制

按照目标物种划分的径级，根据文献（江洪，1992）中的方法，将初始年龄间隔的株数标准化为 1000，其他各年龄级的数据均作相应的标准化处理，编制植物种群的静态生命表。由于所研究的种群为天然林，在编制静态生命表时会出现死亡率为负值的情况，这些负值数据虽能提供有用的生态记录，但与生命表编制的假设不符。据特定生命表假设，年龄组合是稳定的，各年龄的比例不变（李玲等，2011）。因此为解决该问题，我们在研究中采用匀滑技术处理原始记录数据（凌云等，2011），经匀滑修正后得到 a_x^* 值，再据此编制种群的静态生命表。静态生命表编制内容如下：

a_x，在 x 龄级内现存个体数；

a_x^*，匀滑后个体存活数；

a_0，a_x 的初始值；

l_x，在 x 龄级开始时标准化存活个体数（一般转化为 1000），$l_x=a_x/a_0\times1000$；

d_x，从 x 到 $x+1$ 龄级间隔期内标准化死亡数，$d_x=l_x-l_{x+1}$；

q_x，从 x 到 $x+1$ 龄级期间死亡率，$q_x=d_x/l_x\times100\%$；

L_x，从 x 到 $x+1$ 龄级间隔期间还存活的个体数，$L_x=(l_x+l_{x+1})/2$；

T_x，从 x 龄级到超过 x 龄级的个体总数，$T_x=\sum L_x$；

e_x，进入 x 龄级个体的期望寿命，$e_x=T_x/L_x$；

K_x，各龄级内的消失率，$K_x=\ln l_x-\ln l_{x+1}$；

S_x，各龄级内的存活率，$S_x=l_{x+1}/l_x$。

种群存活曲线，即一条表示同龄群从初生时的 100% 存活，直到个体全部死亡全过程的曲线。它可以反映植物种群在每个年龄级生存的数目。存活曲线一般有 3 种类型：Deevey Ⅰ型，为凸曲线，该类型种群中大多数个体都能活到其平均生理寿命，早期死亡率较低，当达到平均生理寿命时，短期内几乎全部死亡；Deevey Ⅱ型，为对角线型，该类型种群各龄级死亡率大致相同；Deevey Ⅲ型，为凹曲线，该类型种群中幼龄个体死亡率较高，随后死亡率低且稳定（宋永昌，2017）。

根据静态生命表中的数据，以各径级的标准化存活数的对数（$\ln l_x$）为纵坐标，以径级为横坐标作种群的存活曲线。为了判断种群符合上述哪类存活曲线，我们采用指数函数 $N_x=N_0\,e^{-bx}$ 和幂函数 $N_x=N_0\,x^{-b}$ 两种数学模型对种群的存活曲线类型进行检验。其中，N_x 为匀滑后 x 龄级内存活数，N_0 为种群初始个体数，b 为死亡率。运用 SPSS 统计分析软件对数据进行拟合，检验种群的存活曲线类型。

（5）生存分析方法

为了更好地阐明目标种群的生存规律，引入生存率函数 $S_{(i)}$、累计死亡率函数 $F_{(i)}$、死亡密度函数 $f_{(ti)}$ 和危险率函数 $\lambda_{(ti)}$ 进行种群生存分析，计算公式如下：$S_{(i)}=S_1\times S_2\times\cdots\times S_i$，其中 S_i 为存活率；$F_{(i)}=1-S_{(i)}$；$f_{(ti)}=(S_{i-1}-S_i)/h_i$，其中 h_i 为龄级宽度；$\lambda_{(ti)}=2(1-S_i)/[h_i(1+S_i)]$。根据上述 4 个函数值，绘制生存率曲线、累计死亡率曲线、死亡密度曲线和危险率曲线（李玲等，2011）。

（6）种群动态的时间序列预测模型

采用一次移动平均法对目标种群年龄结构进行模拟和预测，其模型为：

$$M_t=\frac{1}{n}\sum_{k=t-n+1}^{t}X_k$$

式中，n 为需要预测的未来时间年限，M_t 为未来 n 年时 t 龄级的种群大小，X_k 为当前 k 龄级的种群大小。

（7）种群分布格局测度

采用 Ripley（1977）提出的 K 函数分析紫楠种群的空间分布格局。点格局分析是将个体在空间的坐标作为基本数据，以所有个体组成的空间分布点图为基础进行的空间格局分析（Wiegand and Moloney，2004）。该方法可分析不同尺度下种群分布格局和种间关联，应用 Monte-Carlo 拟合检验时可最大程度地利用植株的坐标信息，检验能力较强（张金屯，2004）。其定义如下：

$$\hat{k}(r)=\frac{A}{n^2}\sum_{i=1}^{n}\sum_{j=1}^{n}W_{ij}^{-1}I_r(u_{ij})$$

式中，n 为每个径级的个体总数；A 为样方的面积；u_{ij} 为点 i 和点 j 之间的距离，当 $u_{ij}\leqslant r$ 时，$I_r(u_{ij})=1$，当 $u_{ij}>r$ 时，$I_r(u_{ij})=0$；W_{ij} 为以点 i 为圆心、u_{ij} 为半径的圆周长在面积 A 中的比例，引入 W_{ij} 是为了消除边界效应。

$$\hat{L}_{11}(r)=\sqrt{\hat{k}(r)/\pi}-r$$

若$\hat{L}_{11}(r)=0$，在尺度 r 下呈随机分布；$\hat{L}_{11}(r)>0$，在尺度 r 下呈聚集分布；$\hat{L}_{11}(r)<0$，在尺度 r 下呈均匀分布。

2. 紫楠种群动态特点

（1）种群年龄结构

紫楠种群年龄结构如图 6-2-1 所示。从图 6-2-1 中可以看出，紫楠种群各大小级数量差异显著。3 个样地的紫楠种群低龄级个体数量较多，而高龄级个体数量较少，均属于典型的增长型种群。其中 I 龄级的个体数量最多，数量远超其余龄级。

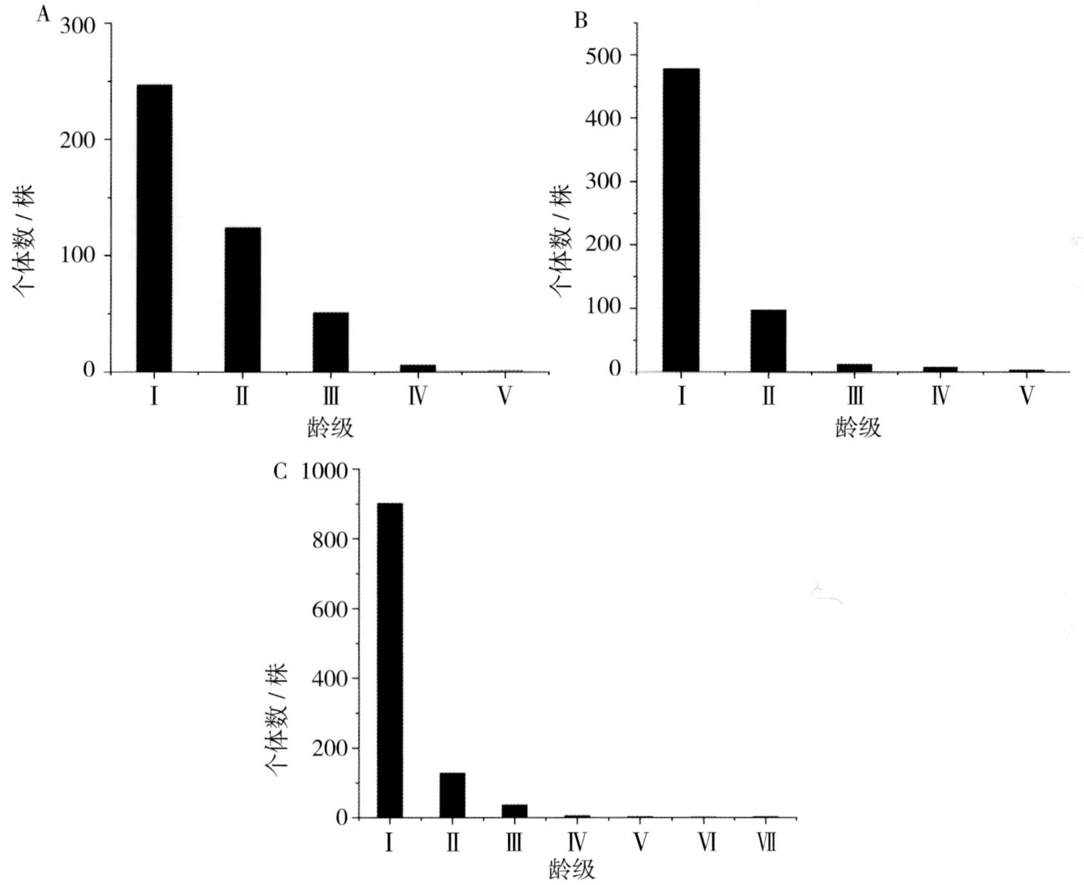

图 6-2-1　紫楠种群年龄结构

A. 句容市宝华山紫楠种群；B. 溧阳市龙潭林场西阴窠紫楠种群；C. 溧阳市龙潭林场中阴窠紫楠种群

（2）种群结构动态特征

依据动态量化分析方法进行分析，句容市宝华山紫楠天然种群相邻各级间的数量变化动态指数为 49.50%、58.87%、88.24%、83.33%。紫楠种群相邻各级个体数量变化动态指数均为正值，表明 I 级、II 级、III 级、IV 级均为增长型结构。整个紫楠种群龄级结构动态指数为 57.31%，受随机干扰时整个紫楠种群龄级结构动态指数为 11.46%，均为正值，表明在当前阶段该紫楠种群为一个增长型种群。

溧阳市龙潭林场西阴窠紫楠种群相邻各级个体数量变化动态指数为 79.71%、87.63%、41.67%、57.14%，表明 I 级、II 级、III 级、IV 级均为增长型结构。整个紫楠种群龄级结构动态指数为 79.97%，受随机干扰时整个紫楠种群龄级结构动态指数为 5.33%，均为正值，表明在当前阶段该紫楠种群为一个增长型种群。

溧阳市龙潭林场中阴窠紫楠种群相邻各级个体数量变化动态指数为 85.81%、71.88%、83.33%、50.00%、33.33%、-33.33%，表明Ⅰ级、Ⅱ级、Ⅲ级、Ⅳ级、Ⅴ级均为增长型结构，而Ⅵ级为负值，表明Ⅵ级为衰退型结构。整个紫楠种群龄级结构动态指数为 83.50%，受随机干扰时整个紫楠种群龄级结构动态指数为 5.96%，均为正值，表明在当前阶段该紫楠种群为一个增长型种群。

种群动态量化分析表明，我们调查的苏南山区 3 个紫楠种群相邻各级个体数量变化动态指数基本上为正值，整个紫楠种群龄级结构动态指数，以及受随机干扰时整个紫楠种群龄级结构动态指数均为正值，种群动态均呈增长状态。

（3）静态生命表分析

句容市宝华山的紫楠随着龄级的增大，紫楠种群数量存在波动性。总体上，幼年个体数量丰富，中期次之，成年个体数量最少（表 6-2-1）。期望寿命反映的是 x 龄级内个体的平均生存能力。种群期望寿命最高值出现在第Ⅰ、Ⅱ龄级，分别为 1.236 和 0.966，表明此阶段紫楠种群的生存质量最好，生理活动达到旺盛期，可能与幼苗初期个体生命力较强及所需求的生存空间较小等因素有关。总体来看，随着年龄的增加，紫楠种群期望寿命逐渐缩短，说明种群的生存能力不断减小，个体的生理功能也逐渐减弱。

表 6-2-1　句容市宝华山紫楠天然种群静态生命表

龄级	DBH	a_x	l_x	$\ln l_x$	d_x	q_x	L_x	T_x	e_x	K_x	S_x
Ⅰ	0—5	247	1000	6.908	498	0.498	751	1236	1.236	0.689	0.502
Ⅱ	5—10	124	502	6.219	296	0.590	354	485	0.966	0.891	0.410
Ⅲ	10—15	51	206	5.328	182	0.883	115	131	0.636	2.150	0.117
Ⅳ	15—20	6	24	3.178	20	0.833	14	16	0.667	1.792	0.167
Ⅴ	≥ 20	1	4	1.386	4	1.000	2	2	0.500	1.386	0.000

溧阳市龙潭林场西阴窠的紫楠随着龄级的增大，紫楠种群数量存在波动性。总体上，幼年个体数量丰富，中期次之，成年个体数量最少（表 6-2-2）。种群期望寿命最高值出现在第Ⅲ、Ⅳ龄级，分别为 1.328 和 0.919，表明此阶段紫楠种群的生存质量最好，生理活动达到旺盛期，可能原因是紫楠到达壮年，竞争力和生命力较强。总体来看，随着年龄的增加，紫楠种群期望寿命先延长后缩短，说明种群的生存能力先增大后减小，个体的生理功能也先增强后减弱。

表 6-2-2　溧阳市龙潭林场西阴窠紫楠天然种群静态生命表

龄级	DBH	a_x	l_x	$\ln l_x$	d_x	q_x	L_x	T_x	e_x	K_x	S_x
Ⅰ	0—5	478	1000	6.908	797	0.797	601	749	0.749	1.595	0.203
Ⅱ	5—10	97	203	5.313	178	0.876	114	147	0.726	2.090	0.124
Ⅲ	10—15	12	25	3.223	10	0.417	20	33	1.328	0.539	0.583
Ⅳ	15—20	7	15	2.684	8	0.571	10	13	0.919	0.847	0.429
Ⅴ	≥ 20	3	6	1.837	6	1.000	3	3	0.478	1.837	0.000

根据溧阳市龙潭林场中阴窠紫楠种群的调查资料，发现第Ⅴ龄级和第Ⅵ龄级的数据发生波动，第Ⅴ龄级的存活数等于第Ⅶ龄级，第Ⅵ龄级的存活数小于第Ⅶ龄级。据特定生命表假设，年龄组合是稳定的，各年龄的比例不变。因此，对Ⅴ—Ⅶ龄级的数进行匀滑，计算该区段 a_x^*。

溧阳市龙潭林场中阴窠的紫楠随着龄级的增大，紫楠种群数量存在波动性。总体上，幼年个体数量丰富，中期次之，成年个体数量最少（表 6-2-3）。种群期望寿命最高值出现在第Ⅳ、Ⅴ龄级，分别为

1.984 和 1.726，表明此阶段紫楠种群的生存质量最好，生理活动达到旺盛期。

表 6-2-3　溧阳市龙潭林场中阴窠紫楠天然种群静态生命表

龄级	DBH	a_x	a_x^*	l_x	$\ln l_x$	d_x	q_x	L_x	T_x	e_x	K_x	S_x
Ⅰ	0—5	902	902	1000	6.908	858	0.858	571	698	0.698	1.953	0.142
Ⅱ	5—10	128	128	142	4.955	102	0.719	91	127	0.898	1.269	0.281
Ⅲ	10—15	36	36	40	3.687	33	0.833	23	36	0.914	1.792	0.167
Ⅳ	15—20	6	6	7	1.895	2	0.333	6	13	1.984	0.405	0.667
Ⅴ	20—25	3	4	4	1.489	1	0.250	4	8	1.726	0.288	0.750
Ⅵ	25—30	2	3	3	1.202	1	0.333	3	4	1.134	0.405	0.667
Ⅶ	≥ 30	3	2	2	0.796	2	1.000	1	1	0.451	0.796	0.000

（4）存活曲线分析

以径级相对应的龄级为横坐标，以存活量的自然对数 $\ln l_x$ 为纵坐标，根据句容市宝华山等紫楠天然种群静态生命表绘制其存活曲线（图 6-2-2）。

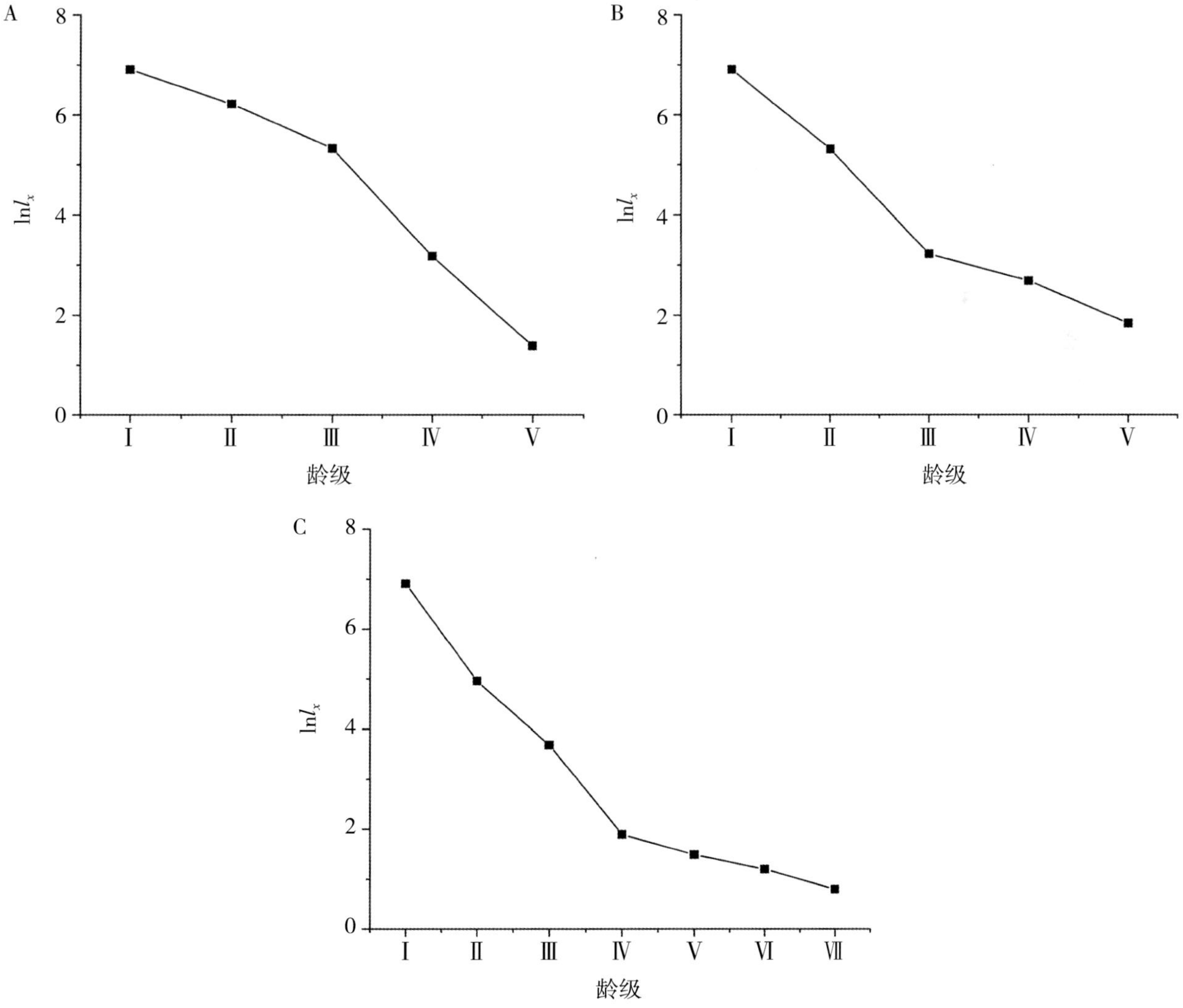

图 6-2-2　紫楠天然种群存活曲线

A. 句容市宝华山紫楠种群；B. 溧阳市龙潭林场西阴窠紫楠种群；C. 溧阳市龙潭林场中阴窠紫楠种群

由图 6-2-2 可见，句容市宝华山紫楠种群存活曲线呈现随龄级增大而下降的趋势，第Ⅲ—Ⅳ龄级下降幅度相较于其他龄级明显，仅有 11.65% 的紫楠能从第Ⅲ龄级穿过该环境筛到达第Ⅳ龄级，存活数下降的原因可能是紫楠个体不断长大，对阳光、营养等需求变大，所需生存空间变大，紫楠个体间为争夺有限的生存空间而发生激烈的种内竞争，同时紫楠与其他乔木层物种也发生种间竞争。

句容市宝华山紫楠种群存活曲线呈凸起状，因此认为紫楠的存活曲线更趋于 Deevey Ⅰ型，说明大多数紫楠个体能活到平均生理寿命，表明句容市宝华山紫楠种群幼体成活率高，老年个体存活率低。

溧阳市龙潭林场西阴窠紫楠种群存活曲线呈现随龄级增大而下降的趋势，第Ⅰ—Ⅲ龄级下降幅度相较于其他龄级明显，仅有 2.51% 的紫楠能从第Ⅰ龄级穿过该环境筛到达第Ⅲ龄级，存活数明显下降的原因主要是紫楠幼龄个体为争夺有限的生存空间而发生激烈的种内竞争，同时紫楠幼龄个体较小，生长能力和竞争力不够强，受到环境的强烈筛选，致使幼龄个体大量死亡。其存活曲线的类型介于 Deevey Ⅱ型和 Deevey Ⅲ型之间，因此按照 Hett 等（1976）的检验估算法，采用 2 种模型对紫楠种群存活曲线类型进行检验，运用 SPSS 统计分析软件进行拟合，分别得到：R=0.992，R=0.969。由于指数模型的相关系数 R 大于幂函数模型的相关系数 R，因此认为紫楠的存活曲线更趋于 Deevey Ⅱ型，即表示溧阳市龙潭林场西阴窠紫楠种群各龄级具有相同的死亡率。

溧阳市龙潭林场中阴窠紫楠种群存活曲线呈现随龄级增大而下降的趋势，第Ⅰ—Ⅱ龄级和第Ⅲ—Ⅳ龄级下降幅度相较于其他龄级明显，仅有 14.19% 的紫楠能从第Ⅰ龄级穿过该环境筛到达第Ⅱ龄级，仅有 16.67% 的紫楠能从第Ⅲ龄级穿过该环境筛到达第Ⅳ龄级。其存活曲线的类型介于 Deevey Ⅱ型和 Deevey Ⅲ型之间，因此采用 2 种模型对紫楠种群存活曲线类型进行检验，分别得到：R=0.992，R=0.963。由于指数模型的相关系数 R 大于幂函数模型的相关系数 R，因此认为紫楠的存活曲线更趋于 Deevey Ⅱ型，即表示溧阳市龙潭林场中阴窠紫楠种群各龄级具有相同的死亡率。

紫楠种群的死亡率和消失率曲线反映了紫楠种群的一般特征。以径级相对应的龄级为横坐标，以死亡率和消失率为纵坐标，根据句容市宝华山等紫楠天然种群静态生命表，绘制其死亡率和消失率曲线（图 6-2-3）。

从图 6-2-3 可以看出死亡率存在两个高峰，第一个峰值出现在第Ⅲ龄级，死亡率高达 0.833；在第Ⅲ龄级也出现了消失率的最高值，为 2.150。第一个峰值产生的主要原因可能是紫楠个体不断长大，所需生存空间变大，种内竞争和种间竞争导致大量紫楠个体死亡。这与上述存活曲线分析结果一致。第二个峰值出现在第Ⅴ龄级，死亡率为 1.000。第二个峰值伴随着紫楠种群进入生理死亡年龄而产生，种群个体迅速消亡。

溧阳市龙潭林场西阴窠紫楠种群的死亡率和消失率曲线变化趋势基本一致，死亡率和消失率均存在两个高峰。其中，第一个峰值出现在第Ⅱ龄级，死亡率高达 0.876，消失率为 2.090，第Ⅰ和第Ⅱ龄级的死亡率和消失率相对较高，说明紫楠个体在幼龄阶段生存能力弱，大量死亡。这与上述存活曲线分析结果一致。

溧阳市龙潭林场中阴窠紫楠种群的死亡率和消失率曲线变化趋势基本一致，死亡率和消失率均存在三个高峰，第一个高峰和第二个高峰分别出现在第Ⅰ和第Ⅲ龄级。第Ⅰ龄级的死亡率高达 0.858，消失率为 1.953；第Ⅲ龄级的死亡率高达 0.833，消失率为 1.792；而第Ⅱ龄级死亡率和消失率相对较低。

结合静态生命表与存活曲线特征，对比苏南山区句容市宝华山、溧阳市龙潭林场西阴窠及中阴窠 3 处种群动态特征发现：句容市宝华山紫楠天然种群存活曲线为 Deevey Ⅰ型，说明大多数紫楠个体能活到平均生理寿命，属于增长型的发展模式；而溧阳市龙潭林场西阴窠及中阴窠紫楠天然种群存活曲线为 Deevey Ⅱ型，说明种群各年龄的死亡基本相同，属于稳定型的发展模式。

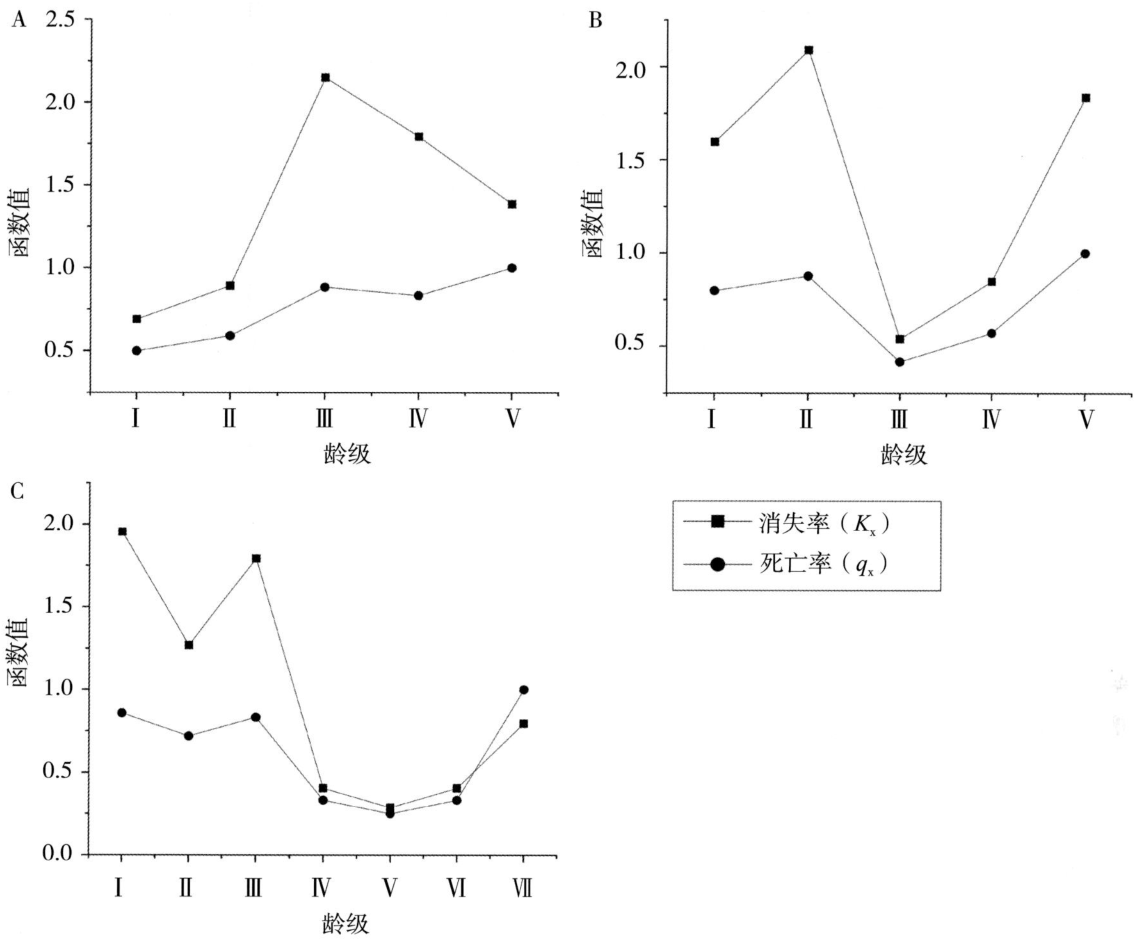

图 6-2-3　紫楠天然种群死亡率和消失率曲线

A. 句容市宝华山紫楠种群；B. 溧阳市龙潭林场西阴窠紫楠种群；C. 溧阳市龙潭林场中阴窠紫楠种群

（5）种群生存分析

句容市宝华山紫楠种群生存率随龄级增长逐渐下降，累计死亡率则逐渐上升，并且两者互补（表 6-2-4）。从第Ⅱ至第Ⅲ龄级，紫楠的生存率锐减，累计死亡率骤升。从第Ⅲ龄级开始，紫楠种群的生存率曲线和死亡率曲线的降、升都趋于平缓，这说明紫楠种群的幼树死亡率较高。至第Ⅴ龄级，种群生存率仅为 0，累计死亡率高达 100%，表明紫楠种群在此龄级之后逐渐进入衰老阶段，大量个体由于到达生理年龄而死亡，种群开始衰退。

表 6-2-4　句容市宝华山紫楠种群生存函数估算值

龄级	径级 /cm	生存率函数 [$S_{(i)}$]	累计死亡率函数 [$F_{(i)}$]	死亡密度函数 [$f_{(ti)}$]	危险率函数 [$\lambda_{(ti)}$]
Ⅰ	0—< 5	0.5020	0.4980	0.1004	0.1326
Ⅱ	5—< 10	0.2058	0.7942	0.0184	0.1674
Ⅲ	10—< 15	0.0241	0.9759	0.0586	0.3162
Ⅳ	15—< 20	0.0040	0.9960	0.0100	0.2855
Ⅴ	20—< 25	0.0000	1.0000	0.0334	0.4000

溧阳市龙潭林场西阴窠紫楠种群从第Ⅱ龄级开始，紫楠种群的生存率曲线和死亡率曲线的降、升都趋于平缓（图 6–2–4），这说明紫楠种群的幼树死亡率较高。相较于句容市宝华山的紫楠种群，溧阳市龙潭林场西阴窠的紫楠种群在第Ⅰ龄级就有较高的死亡率，其值为 79.70%（表 6–2–5），远高于句容市宝华山的 49.80% 的死亡率。其原因可能是溧阳市龙潭林场西阴窠第Ⅰ龄级的紫楠数量大于句容市宝华山的紫楠，导致竞争更加激烈。

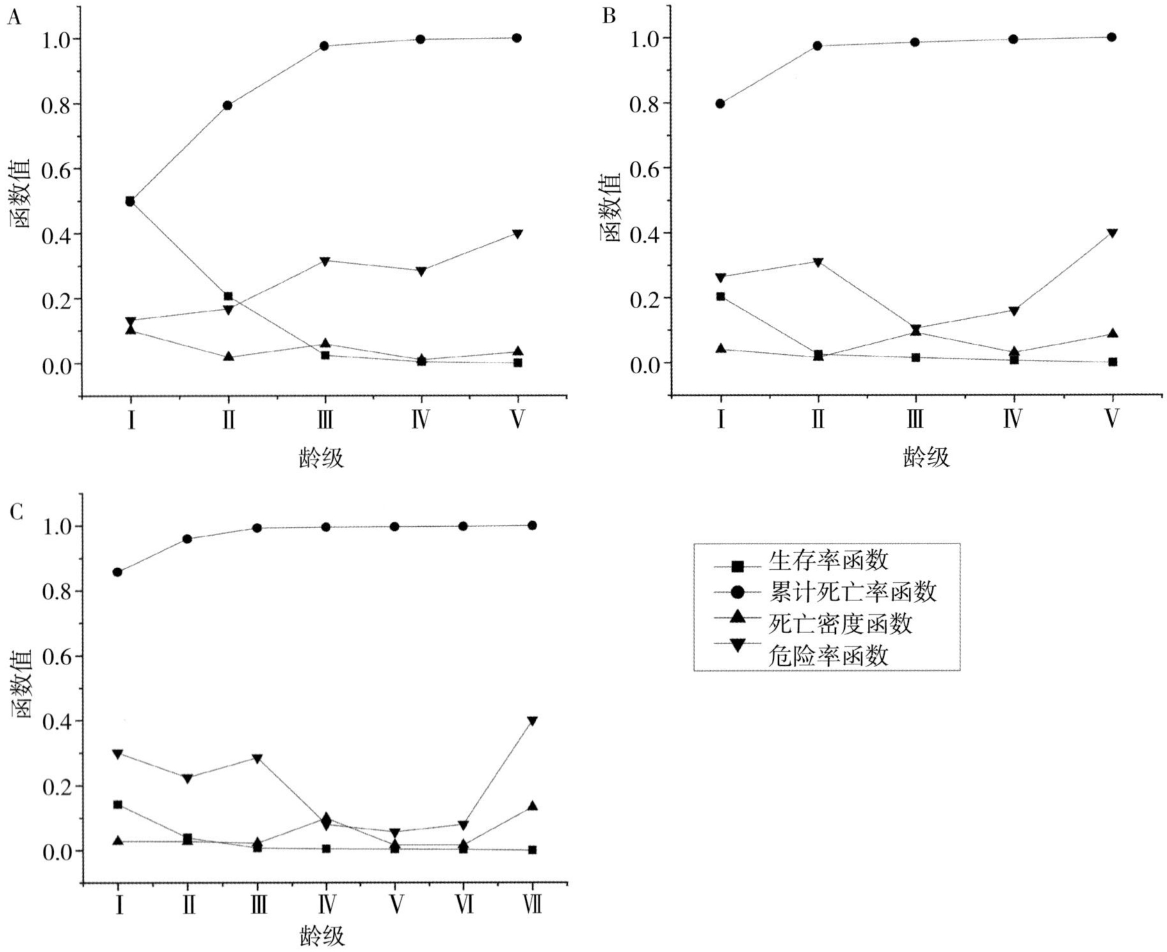

图 6–2–4 紫楠种群生存率、累计死亡率、死亡密度和危险率函数曲线

A. 句容市宝华山紫楠种群；B. 溧阳市龙潭林场西阴窠紫楠种群；C. 溧阳市龙潭林场中阴窠紫楠种群

表 6–2–5 溧阳市龙潭林场西阴窠紫楠种群的生存函数估算值

龄级	径级 /cm	生存率函数 [$S_{(i)}$]	累计死亡率函数 [$F_{(i)}$]	死亡密度函数 [$f_{(ti)}$]	危险率函数 [$\lambda_{(ti)}$]
Ⅰ	0—< 5	0.2030	0.7970	0.0406	0.2650
Ⅱ	5—< 10	0.0252	0.9748	0.0158	0.3117
Ⅲ	10—< 15	0.0147	0.9853	0.0918	0.1054
Ⅳ	15—< 20	0.0063	0.9937	0.0308	0.1598
Ⅴ	20—< 25	0.0000	1.0000	0.0858	0.4000

溧阳市龙潭林场中阴窠紫楠种群曲线与溧阳市龙潭林场西阴窠紫楠种群的变化趋势基本一致，在第Ⅰ龄级就有着较高的死亡率（表 6–2–6），同时曲线较为平缓（图 6–2–4）。

表 6-2-6 溧阳市龙潭林场中阴窠紫楠种群的生存函数估算值

龄级	径级 /cm	生存率函数 [$S_{(i)}$]	累计死亡率函数 [$F_{(i)}$]	死亡密度函数 [$f_{(ti)}$]	危险率函数 [$\lambda_{(ti)}$]
Ⅰ	0—＜5	0.1420	0.8580	0.0284	0.3005
Ⅱ	5—＜10	0.0399	0.9601	0.0278	0.2245
Ⅲ	10—＜15	0.0067	0.9933	0.0228	0.2855
Ⅳ	15—＜20	0.0044	0.9956	0.1000	0.0799
Ⅴ	20—＜25	0.0033	0.9967	0.0166	0.0571
Ⅵ	25—＜30	0.0022	0.9978	0.0166	0.0799
Ⅶ	＞30	0.0000	1.0000	0.1334	0.4000

总体而言，紫楠种群的危险率曲线与死亡率和消失率曲线，以及死亡密度函数曲线变化情况基本一致，表明紫楠种群具有前期个体多、死亡率高，后期衰退的特点。

（6）时间序列预测

采用一次移动平均法预测句容市宝华山与溧阳市龙潭林场西阴窠紫楠的种群年龄结构在未来 2—5 年的变化（表 6-2-7、表 6-2-8）。

表 6-2-7 句容市宝华山紫楠种群动态的时间序列预测

龄级	初始个体数	M_t			
		Ⅱ龄级后	Ⅲ龄级后	Ⅳ龄级后	Ⅴ龄级后
Ⅰ	247				
Ⅱ	124	186			
Ⅲ	51	88	141		
Ⅳ	6	29	60	107	
Ⅴ	1	4	19	46	86

表 6-2-8 溧阳市龙潭林场西阴窠紫楠种群动态的时间序列预测

龄级	初始个体数	M_t			
		Ⅱ龄级后	Ⅲ龄级后	Ⅳ龄级后	Ⅴ龄级后
Ⅰ	478				
Ⅱ	97	288			
Ⅲ	12	55	117		
Ⅳ	7	10	23	149	
Ⅴ	3	5	4	30	119

由表 6-2-7 与表 6-2-8 可知，紫楠种群各龄级存活数的峰值在序列中呈现依次向后推移，第Ⅳ、Ⅴ龄级个体数随着时间的推移逐渐增多。由于紫楠种群的幼龄个体数较多，可以补充该种群在中间各龄级个体因种内及种间竞争而减少的数量，所以从整体上来看，句容市宝华山和溧阳市龙潭林场西阴窠紫楠种群呈增长趋势。

采用一次移动平均法预测溧阳市龙潭林场中阴窠紫楠的种群年龄结构在未来 2—7 年的变化（表 6-2-9）。总体上，苏南山区紫楠种群年龄结构表现为增长型，种群内用来更新换代的幼苗和幼树占绝大多数，因此苏南山区紫楠种群仍具有较大的发展潜力。

表 6-2-9 溧阳市龙潭林场中阴窠紫楠种群动态的时间序列预测

龄级	初始个体数	M_t					
		Ⅱ龄级后	Ⅲ龄级后	Ⅳ龄级后	Ⅴ龄级后	Ⅵ龄级后	Ⅶ龄级后
Ⅰ	902						
Ⅱ	128	515					
Ⅲ	36	82	213				
Ⅳ	6	21	34	268			
Ⅴ	4	5	9	44	215		
Ⅵ	3	4	3	12	35	180	
Ⅶ	2	3	2	4	10	30	154

由表 6-2-9 可知，溧阳市龙潭林场中阴窠紫楠种群第Ⅵ、Ⅶ龄级个体数随着时间的推移逐渐增多。从整体上来看，该地紫楠种群呈增长趋势。

（7）分布格局及动态

从图 6-2-5 中可以看出，3 个样地的紫楠种群在不同的空间尺度下都表现出明显的集群分布。其中，句容市宝华山的紫楠种群在 0—4m 尺度下聚集程度逐渐增强，空间尺度为 4m 时达到最大聚集强度 0.98，4—10m 尺度下聚集程度逐渐减弱，10—15m 尺度下聚集程度又随空间尺度的增大而增强。溧阳市龙潭林场西阴窠的紫楠种群在 0—4m 尺度下聚集程度逐渐增强，空间尺度为 4m 时达到最大聚集强度 0.87，4—17m 尺度下聚集程度的整体趋势逐渐减弱，17—20m 尺度下聚集程度随空间尺度的增大而平缓增大。溧阳市龙潭林场中阴窠的紫楠种群在 0—9m 尺度下聚集程度逐渐增强，空间尺度为 9m 时达到最大聚集强度 1.70，9—20m 尺度下聚集程度随空间尺度的增大而平稳减弱。

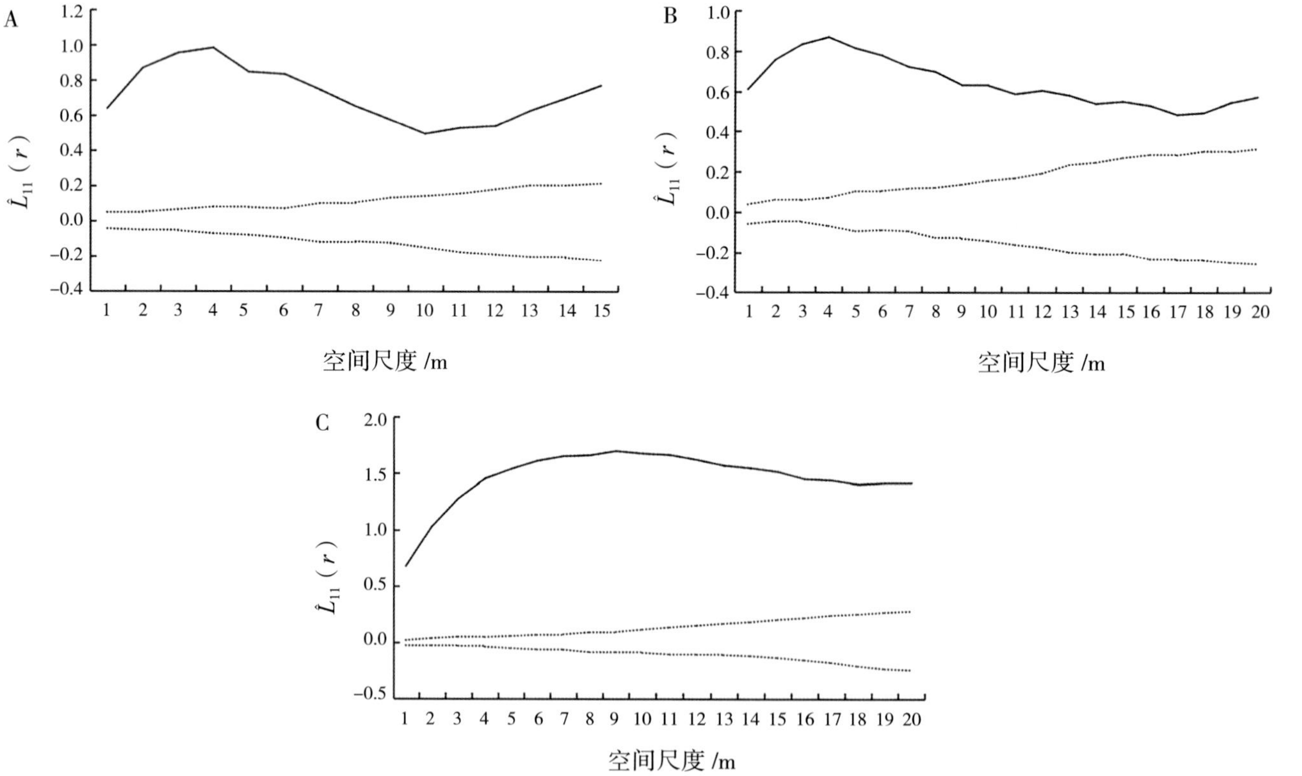

图 6-2-5 紫楠种群空间分布格局

A. 句容市宝华山紫楠种群；B. 溧阳市龙潭林场西阴窠紫楠种群；C. 溧阳市龙潭林场中阴窠紫楠种群

从研究结果看，紫楠的空间分布格局遵循此规律：随着龄级的增加，紫楠种群具有从集群分布趋于随机分布的趋势。该种群第Ⅰ、Ⅱ龄级主要呈现集群分布，可能原因：紫楠生长缓慢，低龄级个体数较多且植株较小，低龄级个体需要的资源量较少，竞争相对较弱；萌蘖产生的子株分布于母株附近，而萌蘖分株间具有生理整合作用，使各种异质性资源得以共享，由此来分摊更多的生境风险，导致其自疏作用不明显；小生境的异质作用导致紫楠幼树与小树的不均匀分布，如局部的土壤、植被、地形等环境因子的差异，采伐、自然灾害等造成的林窗，都为低龄级种群的大量繁殖、生长创造了条件。而随着龄级的增加，植株个体对各种资源（如阳光、养料、水分等）的需求增大，种内竞争和种间竞争加剧，从而导致自疏和他疏，使种群个体数量减少，聚集强度减弱，所以第Ⅲ龄级紫楠个体主要呈现随机分布。

（二）湘楠种群动态

湘楠是樟科楠属常绿阔叶树种，通常高 3—8m。1982 年出版的《江苏植物志（下册）》记载江苏省仅有 1 种楠属植物，即紫楠。灵谷寺森林是南京紫金山森林中保存最完整且历史较悠久的落叶阔叶林之一。曲仲湘等（1952）在南京灵谷寺进行森林调查中，尚未发现楠属植物；熊文愈等（1983）对灵谷寺森林的调查，仍未记录到楠属植物。郝日明和魏宏图（1999）报道：湘楠种群已经成为南京灵谷寺森林中 1 种常见的林下常绿树种，并且在部分自然植被中处于建群种或优势种的地位。

目前，南京灵谷寺森林中湘楠的生长状态为小乔木，有时因树干基部萌蘖分枝而呈灌木状。该区部分孤立生长的湘楠植株在树干基部直径约 1cm、高度仅 0.7m 左右时即可开花结果。花期 3—4 月，果熟期为 9 月下旬至 11 月，果实在树上挂果时间可持续到 12 月下旬。湘楠的肉质核果在成熟时为亮黑色，卵形或卵圆形，长 1.0—1.2cm，直径约 0.7cm。

1. 湘楠种群动态研究方法

（1）种群研究区域与样方设置

湘楠的野外调查地点为南京灵谷寺景区。它位于南京市玄武区紫金山南麓（32.0325°—32.1042°N，118.8067°—118.8844°E），海拔 420m，总面积 2970hm^2。该区属于北亚热带季风气候，四季分明，年平均气温 15.4℃，极端最高气温 40.7℃，极端最低气温为 -14.0℃，年降水量 1000—1050mm，年均日照 2213h，全年无霜期 322d（陈霞等，2020）。该区基岩主要为砂岩及页岩，尤以砂岩为多，土壤为石质土或灰棕壤，一般土层都很薄，pH 5—6。景区内土壤性质局部变异很大，北部地势较陡，土层较薄，土壤质地较粗，有机质的聚积较少，多为碎块状构造，持水量较少；中部和南部地势平缓，土层深厚，土壤质地较为黏重，有机质较多，多呈团粒及核状构造，持水量较大（徐驰等，2004）。研究区域内森林群落主要为具常绿成分的落叶阔叶林和针阔混交林。

参考曲仲湘等（1952）、熊文愈等（1983）和安树青等（1991）所采用的样带法，在研究区域内布设宽 2m 的 A（650m）、B（550m）、C（250m）、D（100m）4 条样带（图 6-2-6）。从每条样带的起点出发，每 50m 设一个调查单位，A 线共有 13 个调查单位，B 线 11 个单位，C 线 5 个单位，D 线 2 个单位，每个调查单位的面积为 100m^2。对每个单位中的乔木树种进行每木调查，识别植物种类，使用钢卷尺测量胸径（DBH），无 DBH 的植株（高度未达 1.3m）记录其基径，通过测高杆测量树木高度（H）。为调查样带内除乔木外其他木本植物和竹类的信息，在每个单位中设置 5 个 1m × 1m 的调查样方和 5 个 1m × 1m 记名样方（图 6-2-6）。31 个调查单位共设 310 个调查样方，包括 155 个调查样方和 155 个记名样方。在调查样方内记录植物的种类、数量、高度，而记名样方内仅记录植物种类。

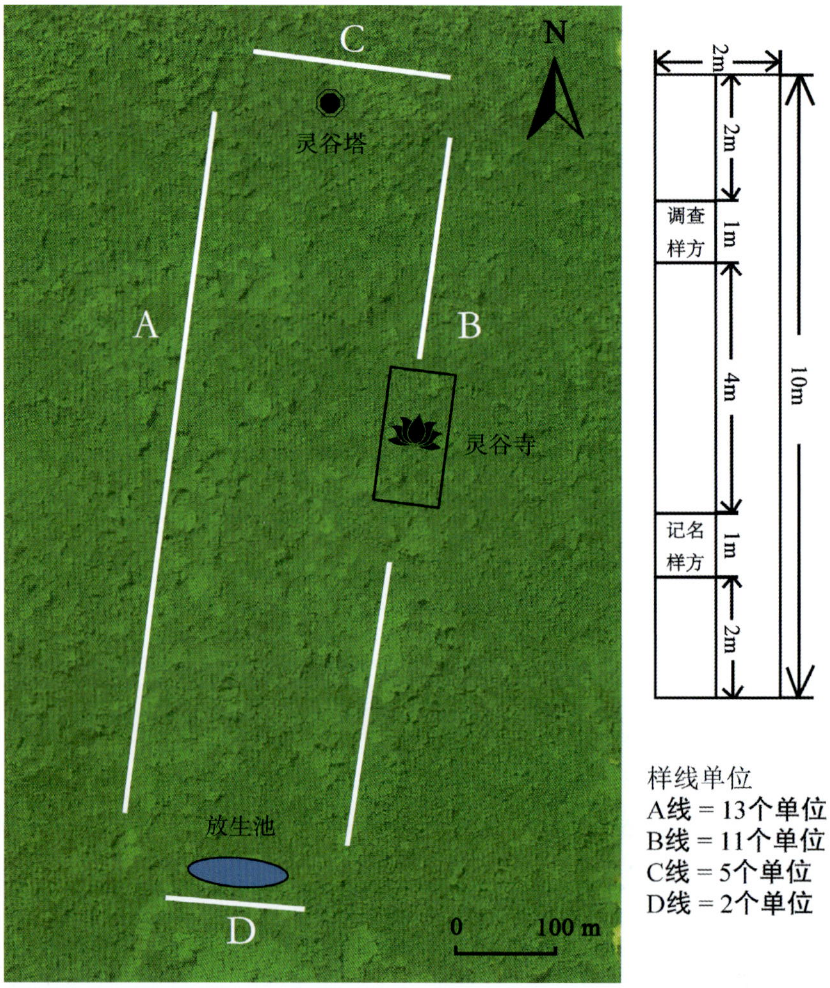

图 6-2-6　南京市灵谷寺调查样线（左）和样线中的样方设置示意图（右）

（2）龄级划分

根据紫金山湘楠种群的生活史及调查数据的特点，以大小级结构代替年龄分析，具体划分标准为：

Ⅰ龄级（幼苗）：DBH < 2.5cm，h < 33cm。

Ⅱ龄级（幼树）：DBH < 2.5cm，h ≥ 33cm。

Ⅲ龄级（小树）：2.5cm ≤ DBH < 5.0cm。

Ⅳ龄级（中树）：5.0cm ≤ DBH < 7.5cm。

Ⅴ龄级（中树）：7.5cm ≤ DBH < 10cm。

Ⅵ龄级（大树）：10.0cm ≤ DBH < 12.5cm。

Ⅶ龄级（大树）：DBH ≥ 12.5cm。

（3）种群结构特征等

湘楠种群结构特征分析、静态生命表编制、存活曲线绘制、生存分析方法与时间序列预测模型所使用的方法，与紫楠种群所采用的研究方法相同。

2. 湘楠种群动态特点

（1）年龄结构

由于在同一环境下同一树种的龄级与径级对环境的反应规律具有一致性，因此用大小级代替年龄级对湘楠种群年龄结构进行分析。整理湘楠种群的野外取样数据，以大小级为横轴，以大小级个体数量为纵轴绘制湘楠种群大小级分布图（图 6-2-7）。

从图 6-2-7 中可以看出，湘楠种群各大小级数量差异显著。湘楠主要集中于 A、B 两个样线，而 C 与 D 两个样线中湘楠个体数量极少。A、B 两个样线中都以幼树密度最大，样线内中树和大树数量少，甚至缺失。

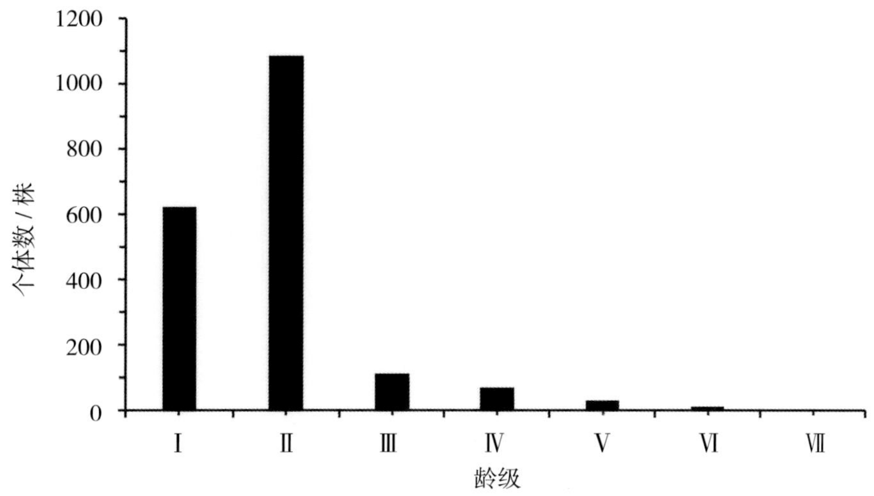

图 6-2-7　湘楠种群龄级结构

（2）种群结构动态特征

采用定量方法分析湘楠种群的动态变化，发现相邻各龄级间个体数量变化动态指数分别为 −42.74%、89.71%、36.61%、60.56%、64.29%、80.00%，种群第Ⅱ龄级发生波动，出现增长现象，其余龄级个体数均表现为衰退，这与野外调查结果高龄级数量较少的情况相符。整个种群龄级结构动态指数为 42.43%，受随机干扰时种群龄级结构动态指数为 3.03%，说明种群个体数总体呈平稳趋势。

（3）静态生命表分析

编制南京紫金山种群特定时间生命表（表 6-2-10）。期望寿命反映的是 x 龄级内个体的平均生存能力。种群期望寿命最高值出现在第Ⅰ、Ⅱ龄级，表明此阶段湘楠种群的生存质量最好，生理活动达到旺盛期。总体来看，随着年龄的增加，湘楠种群期望寿命逐渐降低，说明种群的生存能力逐步减弱，个体的生理功能也逐步减弱。

表 6-2-10　湘楠种群静态生命表

龄级	a_x	a_x^*	l_x	$\ln l_x$	d_x	q_x	L_x	T_x	e_x	K_x	S_x
Ⅰ	623	933	1000	6.91	348	0.35	826	1574	1.57	0.43	0.65
Ⅱ	1088	608	652	6.48	349	0.54	477	748	1.15	0.76	0.47
Ⅲ	112	283	303	5.71	227	0.75	190	271	0.89	1.38	0.25
Ⅳ	71	71	76	4.33	46	0.61	53	81	1.06	0.93	0.39
Ⅴ	28	28	30	3.40	19	0.64	20	28	0.93	1.03	0.36
Ⅵ	10	10	11	2.37	9	0.80	6	8	0.70	1.61	0.20
Ⅶ	2	2	2	0.76	2	1.00	1	1	0.47	0.76	0.00

（4）存活曲线分析

以龄级为横坐标，以存活数的对数为纵坐标，根据南京紫金山湘楠种群静态生命表绘制存活曲线（图 6-2-8）。由图 6-2-8 可知，湘楠种群各龄级存活数均下降。存活数下降明显，主要原因是大量幼龄个体为争夺有限的生存空间而发生激烈的种内竞争，致使大量Ⅱ龄级个体死亡。野外调查过程中发现高龄级湘楠很少，这一现象就很好地证明了这一点。从第Ⅲ龄级开始至第Ⅵ龄级，种群存活数的下降趋于平缓。

但从第Ⅵ至第Ⅶ龄级，种群存活数再次出现明显下降，其主要原因是湘楠进入生理死亡年龄。

为了检验南京紫金山湘楠种群的存活状况究竟是符合 Deevey Ⅱ型还是 Deevey Ⅲ型曲线，参照 Hett 等提出的方法用 2 种数学模型进行检验，相应回归方程为：$N_x=13.036e^{-0.327x}$，$r^2=0.8467$，$F=0.5486$；$N_x=10.5x^{-0.896}$，$r^2=0.6382$，$F=0.4797$。由于指数模型的 F 检验值及相关系数 r^2 均大于幂函数模型，因此推断南京紫金山湘楠种群的存活曲线更趋于 Deevey Ⅱ型。

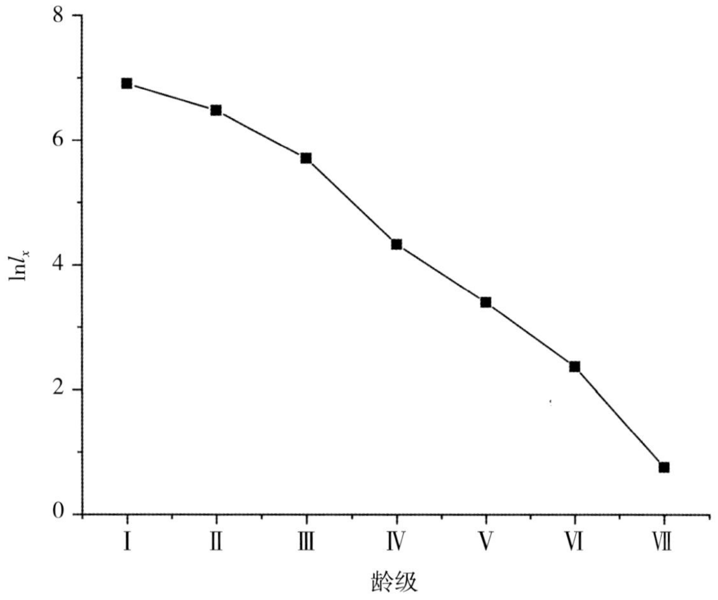

图 6-2-8 湘楠种群存活曲线

以湘楠种群静态生命表为基础，以龄级为横坐标，以死亡率（q_x）和消失率（K_x）为纵坐标绘制死亡率和消失率曲线（图 6-2-9）。

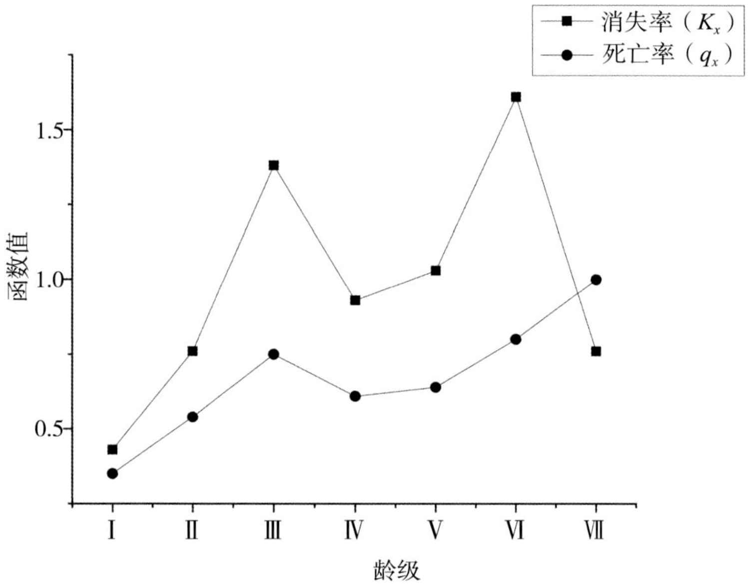

图 6-2-9 湘楠种群死亡率和消失率曲线

湘楠种群的死亡率和消失率曲线反映了湘楠种群的一般特征。图 6-2-9 显示死亡率和消失率曲线变化趋势基本一致。死亡率和消失率均存在 2 个高峰，第 1 个峰值出现在第Ⅲ龄级，死亡率高达 0.75；死亡率第 2 个峰值出现在第Ⅶ龄级，为 0.80。

（5）种群生存分析

湘楠种群的生存函数估算值见表 6-2-11。以龄级为横坐标，以生存函数估算值为纵坐标，绘制生存率、累计死亡率、死亡密度和危险率函数曲线（图 6-2-10）。

表 6-2-11 湘楠种群的生存函数估算值

龄级	径级 /cm	生存率函数 [$S_{(i)}$]	累计死亡率函数 [$F_{(i)}$]	死亡密度函数 [$f_{(ti)}$]	危险率函数 [$\lambda_{(ti)}$]
Ⅰ	DBH < 2.5，h < 33	0.6500	0.3500	0.1625	0.1061
Ⅱ	DBH < 2.5，h ≥ 33	0.3055	0.6945	0.0312	0.1202
Ⅲ	2.5 ≤ DBH < 5.0	0.0764	0.9236	0.0214	0.1200
Ⅳ	5.0 ≤ DBH < 7.5	0.0298	0.9702	0.0144	0.0878
Ⅴ	7.5 ≤ DBH < 10.0	0.0107	0.9893	0.0028	0.0941
Ⅵ	10.0 ≤ DBH < 12.5	0.0002	0.9998	0.0185	0.1333
Ⅶ	DBH ≥ 12.5	0.0000	1.0000	0.0182	0.2000

注：DBH 为胸径，h 为树高。

南京紫金山湘楠种群生存率随龄级增长逐渐下降，累计死亡率则逐渐上升，并且两者互补。从第Ⅰ至第Ⅲ龄级，湘楠的生存率锐减，累计死亡率骤升。从第Ⅲ龄级开始湘楠种群的生存率函数曲线和死亡率函数曲线的降、升都趋于平缓，这说明湘楠种群的幼树死亡率较高。至第Ⅵ龄级，种群生存率仅为0.2%，累计死亡率高达99.98%，表明湘楠种群在此龄级之后逐渐进入衰老阶段，大量个体由于到达生理年龄而死亡，种群开始衰退。

根据2022年的调查数据，南京紫金山湘楠种群的第Ⅱ龄级个体数量最多，达1088株，为第Ⅳ龄级数量的15倍多，比样地中第Ⅳ到第Ⅶ龄级个体的总和还多，因此该区的湘楠种群属于增长型。然而根据过去70年来的资料和文献，在1951年、1981年和2002年的调查中均未见该种的野外记录。根据我们2022年的调查，该区湘楠种群的最大径级为第Ⅶ龄级，仅有2株。该区阔叶林样地中湘楠最大胸径为13.5cm。李新华等（2009）对南京灵谷寺湘楠种群的调查显示，该区湘楠的最大胸径为17.8cm。我们认为，这应该是该区湘楠的栽培个体。同时我们认为，我们2022年调查的样地中的湘楠为南京灵谷寺栽培植株的繁衍后代。

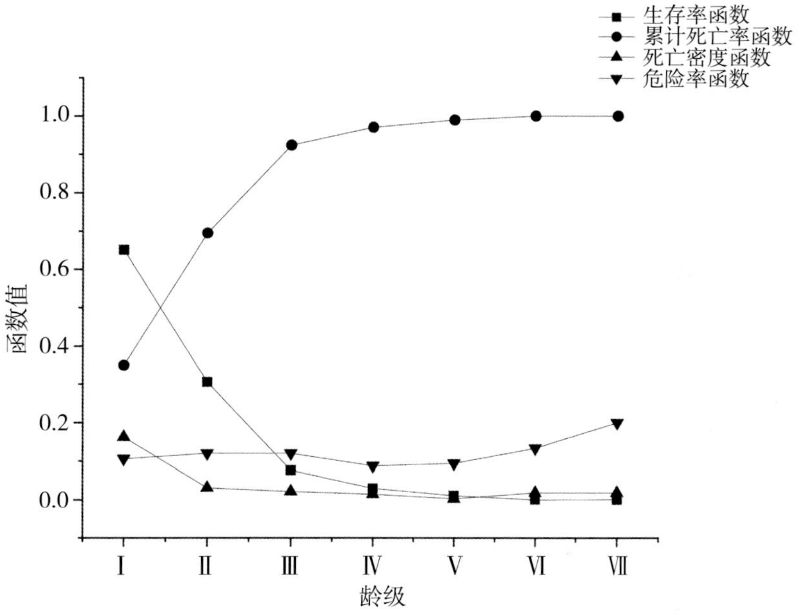

图6-2-10　湘楠种群生存率、累计死亡率、死亡密度和危险率函数曲线

湘楠种群的危险率函数曲线（图6-2-10）与死亡率和消失率曲线，以及死亡密度函数曲线变化情况基本一致，呈现较为平缓的变化趋势。

对上述4个生存函数曲线的分析表明，湘楠种群具有前期个体多、死亡率高、后期衰退的特点，这与种群存活曲线（图6-2-8）、死亡率和消失率曲线（图6-2-9）的分析结果相一致。

（6）时间序列预测

采用一次移动平均法预测湘楠种群年龄结构在未来2—7年的变化（表6-2-12）。

表6-2-12　湘楠种群动态的时间序列预测

龄级	初始个体数	M_t					
		Ⅱ龄级后	Ⅲ龄级后	Ⅳ龄级后	Ⅴ龄级后	Ⅵ龄级后	Ⅶ龄级后
Ⅰ	933						
Ⅱ	608	771					
Ⅲ	283	446	608				
Ⅳ	71	177	321	474			
Ⅴ	28	50	127	248	385		
Ⅵ	10	19	36	98	200	322	
Ⅶ	2	6	13	28	79	167	276

由表 6-2-12 可知，湘楠种群各龄级存活数的峰值在序列中呈现依次向后推移，第Ⅵ、Ⅶ龄级个体数随着时间的推移逐渐增多。由于湘楠种群的幼龄个体数较多，可以补充该种群在中间各龄级个体因种内及种间竞争而减少的数量，所以从整体上来看，紫金山湘楠种群呈增长趋势。

《江苏植物志（第 2 卷）》记载：湘楠在江苏“产于宜兴。南京（紫金山）有栽培”。根据我们的野外调查及相关文献分析，认为紫金山的湘楠为逸生种群，目前已经呈现为近自然状态的分布。

我们的调查还发现，该区湘楠植株在胸径 1.0cm 左右即可结实，成熟种子在样地中易于萌发；同时样地中的湘楠可以通过萌枝进行无性繁殖。根据文献记载，早在 1961 年南京中山园林管理处就从外地引种了一批湘楠，种在南京灵谷寺庙的南边和无梁殿的南边，样地中的近 2000 株湘楠很可能就是这批湘楠的衍生后代。因此，我们认为，前 3 次在南京灵谷寺森林群落的调查中，特别是 1981 年和 2002 年的跟踪观测结果中应该有湘楠种群。在 2002 年的文献中，曾记载南京灵谷寺的阔叶林中具有大批的紫楠植株，数量达 1065 株，其中最大的胸径约为 7.5cm（徐驰等，2004）。根据文献记载，南京紫金山的灵谷寺有樟科楠属植物 3 种：白楠（*Phoebe neurantha*）、紫楠和湘楠。而根据我们的实地调查和文献分析，该区并没有白楠，所谓的“白楠”其实就是湘楠！而在样地 A 线和 B 线中存在大量的湘楠，而非紫楠！因此，我们推测 2002 年的调查记录中出现的大量紫楠植株很可能就是湘楠。

由此可见，在过去的 20 年间，南京紫金山的湘楠种群数量至少增加了 869 株，相当于湘楠的株数每年增加 43.5 株。在这 20 年间，湘楠的最大胸径从 7.5cm 增加到 13.5cm，相当于湘楠的胸径每年每株增加 0.3cm。在我们的调查中，湘楠种群仅见 2 株第Ⅶ龄级的个体，湘楠种群属于增长型。湘楠为灌木或小乔木，树高可达 8.5m。因此，我们认为，未来南京灵谷寺阔叶林中湘楠种群的比例还会进一步增加，这可能会影响该区落叶阔叶林乔木层的优势物种组成，进而影响群落类型和群落结构的改变，因此建议对该区的湘楠种群的动态变化进行持续的动态监测。

（三）麻栎种群动态

麻栎为壳斗科栎属落叶乔木，树干通直高大，树冠雄伟，早春叶色鹅黄嫩绿，秋季转为橙褐色，季相变化明显。麻栎是中国暖温带和亚热带地区森林植被的主要组成树种，具有较高的生态、经济和景观价值。

1. 麻栎种群动态研究方法

（1）种群研究区域与样方设置

根据野外调查，选择常州市武进区横山桥镇的横山生态公益林与溧阳市瓦屋山的麻栎群落作为研究区域。两地生境条件及样方设置方法等，与“一、种群大小”中麻栎种群的调查方法相同。

（2）龄级划分

为分析麻栎种群动态，根据常州市横山生态公益林与溧阳市瓦屋山麻栎种群的生活史及调查数据的特点，将麻栎划分为 9 个龄级。

Ⅰ龄级：0cm < DBH ≤ 1cm。

Ⅱ龄级：1cm < DBH ≤ 2.5cm。

Ⅲ龄级：2.5cm < DBH ≤ 5cm。

Ⅳ龄级：5cm < DBH ≤ 10cm。

Ⅴ龄级：10cm ＜ DBH ≤ 15cm。

Ⅵ龄级：15cm ＜ DBH ≤ 20cm。

Ⅶ龄级：20cm ＜ DBH ≤ 25cm。

Ⅷ龄级：25cm ＜ DBH ≤ 30cm。

Ⅸ龄级：DBH ＞ 30cm。

（3）种群结构特征等

麻栎种群结构特征分析、静态生命表编制、存活曲线绘制、生存分析方法与时间序列预测模型所使用的方法，与紫楠种群所采用的研究方法相同。

2. 麻栎种群动态特点

（1）种群年龄结构

整理常州市横山生态公益林与溧阳市瓦屋山麻栎的野外取样数据，以龄级为横轴，以龄级的个体数为纵轴，绘制麻栎种群龄级分布图（图 6-2-11、图 6-2-12）。

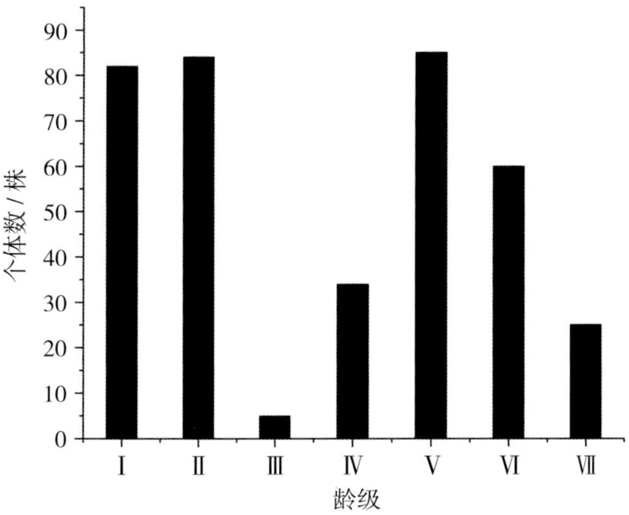

图 6-2-11　常州市横山生态公益林麻栎种群年龄结构

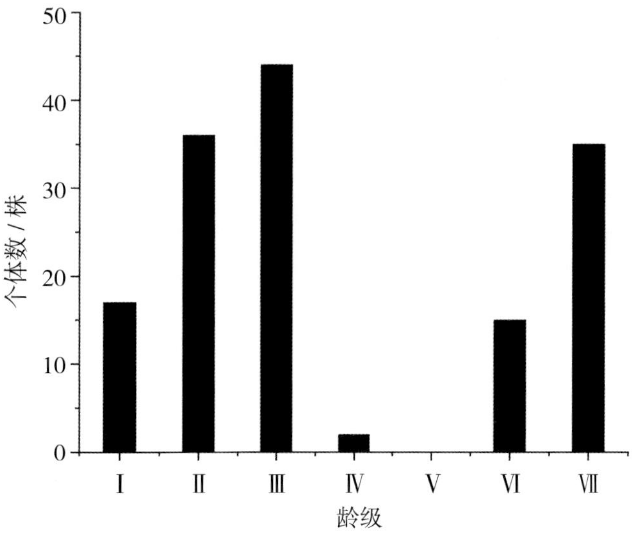

图 6-2-12　溧阳市瓦屋山麻栎种群年龄结构

从图 6-2-11、图 6-2-12 可以看出，常州市横山生态公益林与溧阳市瓦屋山麻栎种群各龄级数量之间变化较大。由于常州市横山生态公益林麻栎最初为人工栽培，后来进行生态保护，将其作为生态公益林，调查时发现当地对林下植株层进行森林抚育，因此导致麻栎种群各龄级之间数量变化差距较大。溧阳市瓦屋山麻栎种群也有着相似的情况，其中第Ⅳ龄级个体数量很少，而第Ⅴ龄级个体缺失。

（2）种群结构动态特征

采用定量方法分析麻栎种群的动态变化，发现常州市横山生态公益林麻栎种群相邻各龄级间个体数量变化动态指数分别为 12.79%、14.67%、17.19%、20.75%、26.19%、35.48%、55.00%，种群各个龄级个体数均表现为衰退，整个种群龄级结构动态指数为 20.07%，受随机干扰时的种群龄级结构动态指数为 0.18%，说明种群个体数总体呈平稳趋势。

溧阳市瓦屋山麻栎种群相邻各龄级间个体数量变化动态指数分别为 12.20%、13.89%、16.13%、19.23%、23.81%、31.25%、45.45%、83.33%，种群各个龄级个体数均表现为衰退，整个种群龄级结构动态指数为 21.23%，受随机干扰时的种群龄级结构动态指数为 2.36%，说明种群个体数总体呈平稳趋势。

（3）静态生命表分析

期望寿命反映的是 x 龄级内个体的平均生存能力。如果直接以实测存活数估算每个年龄组的死亡率，很可能会出现负值。因此，采用匀滑技术对数据进行处理。结果发现，麻栎种群期望寿命最高值出现在第Ⅰ、Ⅱ龄级（表 6-2-13、表 6-2-14）。这表明此阶段两个地区的麻栎种群的生存质量最好，生理活动达到旺盛期。总体来看，随着年龄的增加，麻栎种群期望寿命逐渐降低，说明种群的生存能力逐步减弱，个体的生理功能也逐步减弱。

表 6-2-13 常州市横山生态公益林麻栎种群静态生命表

龄级	a_x	a_x^*	l_x	$\ln l_x$	d_x	q_x	L_x	T_x	e_x	K_x	S_x
Ⅰ	82	86	1000	6.91	128	0.13	936	3907	3.91	0.14	0.87
Ⅱ	84	75	872	6.77	349	0.40	808	2971	3.41	0.16	0.85
Ⅲ	5	64	744	6.61	128	0.17	680	2163	2.91	0.19	0.83
Ⅳ	34	53	616	6.42	128	0.21	552	1483	2.41	0.23	0.79
Ⅴ	85	42	488	6.19	128	0.26	424	931	1.91	0.30	0.74
Ⅵ	60	31	360	5.89	128	0.35	297	506	1.40	0.44	0.65
Ⅶ	25	20	233	5.45	46	0.20	210	303	1.30	0.22	0.80
Ⅷ	14	14	187	5.23	187	1.00	93	93	0.50	5.23	0.00

表 6-2-14 溧阳市瓦屋山麻栎种群静态生命表

龄级	a_x	a_x^*	l_x	$\ln l_x$	d_x	q_x	L_x	T_x	e_x	K_x	S_x
Ⅰ	17	41	1000	6.91	122	0.12	939	4189	4.19	0.13	0.88
Ⅱ	36	36	878	6.78	349	0.40	817	3250	3.70	0.15	0.86
Ⅲ	44	31	756	6.63	122	0.16	695	2433	3.22	0.18	0.84
Ⅳ	2	26	634	6.45	122	0.19	573	1738	2.74	0.21	0.81
Ⅴ	0	21	512	6.24	122	0.24	451	1165	2.27	0.27	0.76
Ⅵ	15	16	390	5.97	85	0.22	348	713	1.83	0.24	0.78
Ⅶ	35	11	306	5.72	112	0.37	250	366	1.20	0.46	0.63
Ⅷ	22	6	194	5.27	155	0.80	116	135	0.70	1.62	0.20
Ⅺ	14	1	38	3.65	38	1.00	19	19	0.50	3.65	0.00

（4）存活曲线分析

以龄级为横坐标，以存活数的对数为纵坐标，根据常州市横山生态公益林与溧阳市瓦屋山麻栎种群静态生命表绘制存活曲线（图 6-2-13、图 6-2-14）。由图 6-2-13 和图 6-2-14 可知，两个调查区域内的麻栎种群各龄级存活数均下降。存活数下降明显的主要原因可能是大量幼龄个体为争夺有限的生存空间而发生激烈的种内竞争。值得注意的是，常州市横山生态公益林的麻栎种群在第Ⅶ—Ⅷ龄级，种群存活数的下降趋势相较于之前的龄级之间的变化趋势较为平缓；而溧阳市瓦屋山的麻栎种群在第Ⅷ—Ⅸ龄级之间的生存曲线较陡，原因是麻栎在此龄级可能达到了生理年龄上限，导致个体死亡。

为了检验常州市横山生态公益林与溧阳市瓦屋山麻栎种群的存活状况究竟是符合 Deevey Ⅱ型，还是 Deevey Ⅲ型曲线，参照 Hett 等（1976）提出的方法用两种数学模型进行检验。常州市横山生态公益

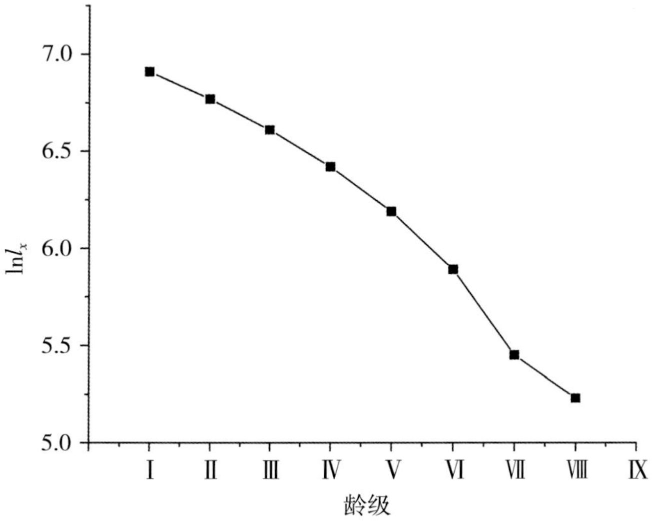

图 6-2-13　常州市横山生态公益林麻栎种群存活曲线

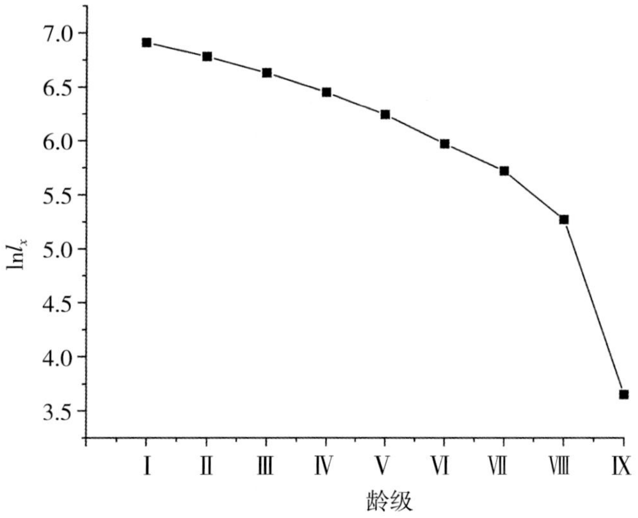

图 6-2-14　溧阳市瓦屋山麻栎种群存活曲线

林麻栎种群相应回归方程为：$N_x=7.3941e^{-0.041x}$，$r^2=0.9546$，$F=0.0011$；$N_x=7.2979x^{-0.128}$，$r^2=0.7791$，$F=0.0001$。由于指数模型的 F 检验值及相关系数 r^2 均大于幂函数模型，所以推断其麻栎种群的存活曲线更趋于 Deevey Ⅱ型。溧阳市瓦屋山麻栎种群相应回归方程为：$N_x=7.9693e^{-0.061x}$，$r^2=0.0048$，$F=0.5486$；$N_x=7.7586x^{-0.197}$，$r^2=0.5458$，$F=0.0003$。由于指数模型的 F 检验值及相关系数 r^2 均大于幂函数模型，所以推断其麻栎种群的存活曲线更趋于 Deevey Ⅱ型。

以麻栎种群静态生命表为基础，以龄级为横坐标，以死亡率（q_x）和消失率（K_x）为纵坐标，绘制死亡率和消失率曲线（图 6-2-15、图 6-2-16）。

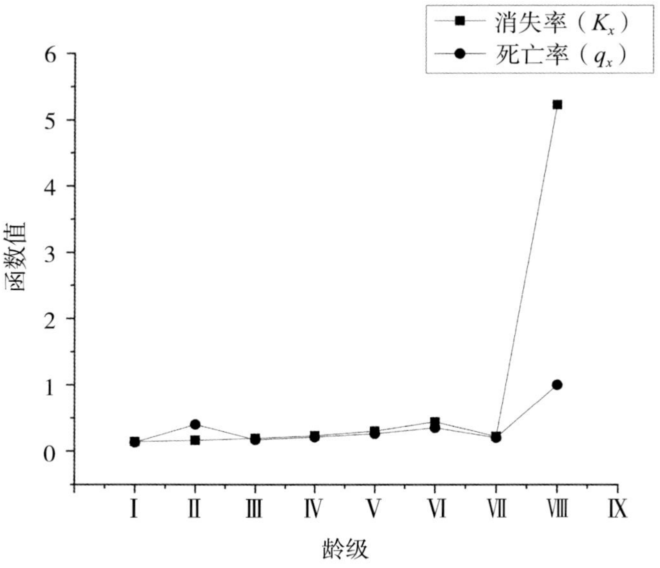

图 6-2-15　常州市横山生态公益林麻栎种群死亡率和消失率曲线

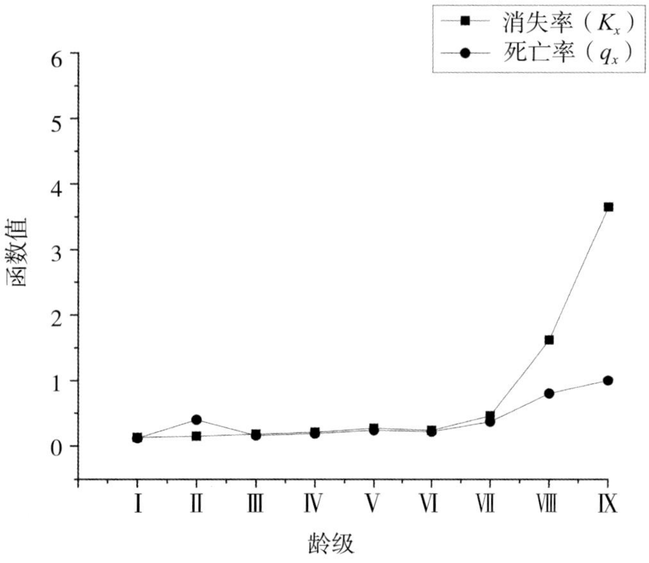

图 6-2-16　溧阳市瓦屋山麻栎种群死亡率和消失率曲线

两个地点麻栎种群的死亡率和消失率曲线反映了该种群的一般特征。结果显示死亡率和消失率曲线变化趋势基本一致。死亡率和消失率变化均比较平缓，这一点符合其生存曲线的结果。

结合静态生命表与存活曲线分析，发现两地的麻栎种群均随着龄级的增加而呈现其存活数下降的趋势。存活数下降的主要原因很可能是大量幼龄个体为争夺有限的生存空间而发生激烈的种内竞争。值得注意的是，常州市横山生态公益林麻栎种群在第Ⅶ至第Ⅷ龄级，种群存活数的下降趋势相较于之前的龄级之间的变化趋势相对平缓。这表明随着龄级的增长，虽然环境筛选仍在发挥作用，但由于存活个体数较前期已明显减少，种内和种间竞争都明显减小，所以相比幼龄阶段，死亡率相对较小。而溧阳市瓦屋山的麻栎种群在第Ⅷ至第Ⅸ龄级之间的生存曲线较陡，其原因可能是麻栎在此龄级达到了生理年龄上限，导致个体死亡。因此，麻栎种群的数量动态不仅与树种特性有关，而且与群落样地的环境过滤、种间竞争及种内竞争有关，还与种群的建群历史及植被的管理方式有关。

（5）种群生存分析

麻栎的生存函数估算值见表 6-2-15、表 6-2-16。以龄级为横坐标，以生存函数估算值为纵坐标，绘制生存率、累计死亡率、死亡密度和危险率函数曲线（图 6-2-17、图 6-2-18）。

表 6-2-15 常州市横山生态公益林麻栎种群生存函数估算值

龄级	径级 /cm	生存率函数 [$S_{(i)}$]	累计死亡率函数 [$F_{(i)}$]	死亡密度函数 [$f_{(ti)}$]	危险率函数 [$\lambda_{(ti)}$]
Ⅰ	0—< 1	0.8700	0.1300	0.8700	0.1390
Ⅱ	1—< 2.5	0.7424	0.2576	0.0851	0.2298
Ⅲ	2.5—< 5	0.6148	0.3852	0.0510	0.2473
Ⅳ	5—< 10	0.4872	0.5128	0.0255	0.1869
Ⅴ	10—< 15	0.3596	0.6404	0.0255	0.2390
Ⅵ	15—< 20	0.2320	0.7680	0.0255	0.2936
Ⅶ	20—< 25	0.1862	0.8138	0.0092	0.3138
Ⅷ	25—< 30	0.0000	1.0000	0.0372	0.4000

表 6-2-16 溧阳市瓦屋山麻栎种群生存函数估算值

龄级	径级 /cm	生存率函数 [$S_{(i)}$]	累计死亡率函数 [$F_{(i)}$]	死亡密度函数 [$f_{(ti)}$]	危险率函数 [$\lambda_{(ti)}$]
Ⅰ	0—< 1	0.8800	0.1200	0.8800	0.1277
Ⅱ	1—< 2.5	0.7578	0.2422	0.0815	0.2146
Ⅲ	2.5—< 5	0.6356	0.3644	0.0489	0.2325
Ⅳ	5—< 10	0.5133	0.4867	0.0244	0.1765
Ⅴ	10—< 15	0.3911	0.6089	0.0244	0.2259
Ⅵ	15—< 20	0.3062	0.6938	0.0170	0.2615
Ⅶ	20—< 25	0.1940	0.8060	0.0225	0.3104
Ⅷ	25—< 30	0.0385	0.9615	0.0311	0.3816
Ⅸ	> 30	0.0000	1.0000	0.0077	0.4000

麻栎种群生存率随着龄级的增长而逐渐下降，累计死亡率则逐渐上升，并且两者互补。从第Ⅰ—Ⅸ龄级，麻栎种群的生存率曲线和死亡率曲线的降、升趋势均较为一致，这说明麻栎种群中各龄级个体数随时间的变化较为一致。

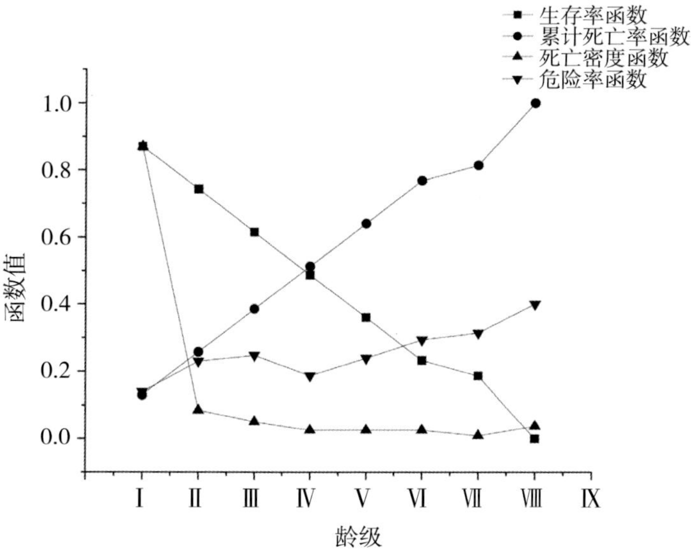

图 6-2-17 常州市横山生态公益林麻栎种群生存率、累计死亡率、死亡密度和危险率函数曲线

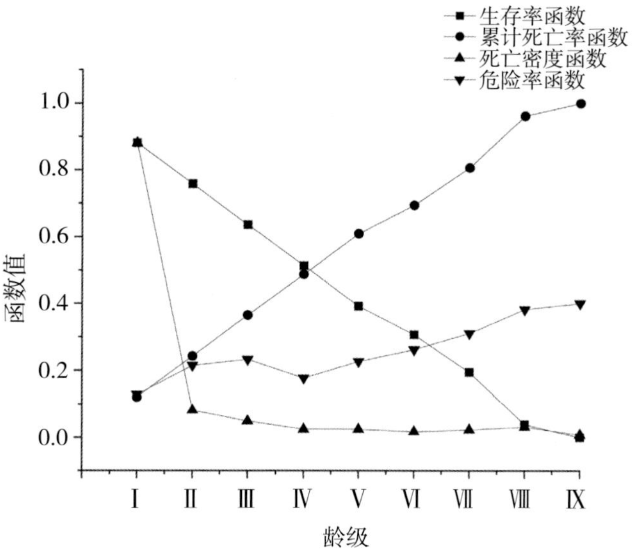

图 6-2-18 溧阳市瓦屋山麻栎种群生存率、累计死亡率、死亡密度和危险率函数曲线

（6）时间序列预测

采用一次移动平均法预测麻栎的种群年龄结构在未来 2—9 年的变化（表 6-2-17、表 6-2-18）。

表 6-2-17 常州市横山生态公益林麻栎种群动态的时间序列预测

龄级	初始个体数	M_t						
		Ⅱ龄级后	Ⅲ龄级后	Ⅳ龄级后	Ⅴ龄级后	Ⅵ龄级后	Ⅶ龄级后	Ⅷ龄级后
Ⅰ	86							
Ⅱ	75	81						
Ⅲ	64	70	75					
Ⅳ	53	59	64	70				
Ⅴ	42	48	53	59	64			
Ⅵ	31	37	42	48	53	59		
Ⅶ	20	26	31	37	42	48	53	
Ⅷ	14	17	22	27	32	37	43	48

表 6-2-18 溧阳市瓦屋山麻栎种群动态的时间序列预测

龄级	初始个体数	M_t							
		Ⅱ龄级后	Ⅲ龄级后	Ⅳ龄级后	Ⅴ龄级后	Ⅵ龄级后	Ⅶ龄级后	Ⅷ龄级后	Ⅸ龄级后
Ⅰ	41								
Ⅱ	36	39							
Ⅲ	31	34	36						
Ⅳ	26	29	31	34					
Ⅴ	21	24	26	29	31				
Ⅵ	16	19	21	24	26	29			
Ⅶ	11	14	16	19	21	24	26		
Ⅷ	6	9	11	14	16	19	21	24	
Ⅸ	1	4	6	9	11	14	16	19	21

由表6-2-17、表6-2-18可知，麻栎种群各龄级存活数的峰值在序列中呈现依次向后推移，第Ⅵ、Ⅶ龄级个体数随着时间的推移逐渐增多。幼龄个体可以补充该种群在中间各龄级个体因种内及种间竞争而减少的数量，所以从整体上来看，常州市横山生态公益林与溧阳市瓦屋山麻栎种群呈增长趋势。

种群分析结果表明：常州市横山生态公益林与溧阳市瓦屋山的麻栎种群各个龄级之间个体数差异较大，存在一定的波动，这可能与两地种群均存在一定的人为干扰有关。

根据吴征镒院士主编的《中国植被》（1980），常州市横山属于我国亚热带常绿阔叶林区域（Ⅳ），东部（湿润）常绿阔叶林亚区域（ⅣA），北亚热带常绿落叶阔叶混交林地带（ⅣAi），江淮丘陵、落叶栎类、苦槠、马尾松林区（ⅣAi-2）。该区属北亚热带向中亚热带的过渡区域，具有起源古老、植物种类丰富、南北成分兼有、亚热带植被性质显著等特点。地带性植被为代表北亚热带森林植被特征的常绿落叶阔叶混交林。由于地处人为活动频繁的经济高度发达地区，调查区域内原始的地带性植被基本没有保留，现存的植被类型主要是封山育林后形成的次生林，主要为落叶阔叶林。此外，在沟谷地带还有少量的常绿阔叶林、常绿落叶阔叶混交林及竹阔混交林等。因此，该区现存的以麻栎等为优势种的次生林，对于控制水土流失、改良土壤结构、改善小气候环境、维持物种多样性等方面有着重要作用。该区已建立常州市横山生态公益林，属于生态红线管控区域。而溧阳市瓦屋山已建立麻栎林植物自然保护小区，保护以麻栎等为优势种构成的落叶阔叶林。建议加强森林管护、监测和宣传教育等活动，将该保护小区建设成集保护、宣传和教育于一体的功能区划合理、基础设施完备、管理水平高效、森林植被能长期稳定维持的自然保护小区。

（四）朴树种群动态

朴树为大麻科朴属常见树种，主要分布于我国安徽、江苏、福建、河南、四川和台湾等地。作为优良的绿化观赏树种，朴树也栽培于澳大利亚、美国及欧洲等地，并在南非等地成为外来入侵种（Andreu and Vil，2010）。朴树喜光、耐旱，对土壤要求不严，生态适应性强，对二氧化硫、氯气等有毒气体有较强抗性。朴树的茎皮可以造纸和用于生产人造棉，果实可作润滑油，近年来的研究还发现，从其树枝的提取物中分离的化合物具有抗肿瘤和消炎的功效。朴树是我国落叶阔叶林或常绿落叶阔叶混交林的常见优势种或建群种，广泛分布于我国中亚热带和北亚热带的落叶栎类林、栲类林或石灰岩植被中，它对涵养水源、保持生态平衡和维持生物多样性具有重要意义。

1. 朴树种群动态研究方法

（1）种群研究区域与样方设置

朴树的野外调查地点为南京市浦口区中部的老山国家森林公园。地理坐标为32.0500°—32.1500° N，118.4167°—118.6667° E，属于长江北岸的丘陵地带。该区总面积80km^2，平均海拔约200m，最高山峰490m，地貌类型复杂（邵燕和汤庚国，2007）。该区属亚热带季风气候区，雨量充沛，四季分明，年平均气温15.3℃，＞10℃积温4900℃，全年无霜期228d，年平均降水量1043.8mm。受成土母质影响，地带性土壤为黄棕壤，此外，还有石灰土、紫色土及小片的白云岩土等。该区的主要植被类型为落叶阔叶林及常绿落叶阔叶混交林（高邦权和张光富，2005）。该区森林群落由于受人为干扰较少，基本处于天然次生林状态。朴树林主要分布于虎凹和核桃凹。群落的乔木层主要由朴树、黄连木、黄檀、八角枫、栓皮栎等组成，灌木层主要有山胡椒、八角械、朴树、圆叶鼠李、白檀、茶条槭、三角枫、紫珠（*Callicarpa bodinieri*）等，草本层有高粱藨、薹草、莓叶委陵菜（*Potentilla fragarioides*）、贯众等，层间植物有木通、紫藤、菝葜、小果菝葜、络石等。

在野外踏查的基础上，于老山国家森林公园海拔约 100m 处，选择朴树林分布相对集中的核桃凹和虎凹，沿山沟或山坡设置 10 个面积为 400m^2 的样地（表 6-2-19）。为了研究朴树种群的年龄结构和分布格局，将每个样地划分成 16 个 5m × 5m 的小样方，对朴树群落进行每木调查。为了调查朴树群落多样性，将每个样地划分为 4 个 10m × 10m 样方，在每个 10m × 10m 样方内再设置 4 个 5m × 5m 下木层小样方和 4 个 1m × 1m 草本层小样方。记录样方内乔木层、下木层和草本层的全部植被种类、数量，采用每木调查法进行群落学调查，测定其树高、胸径及环境因子等。

表 6-2-19　朴树群落样地概况

样地号	地点	坡度 /（°）	坡向 /（°）	群落优势种	平均胸径 /cm	最大胸径 /cm
Q1	核桃凹	15	NE70	朴树 + 黄连木	20.48	46.20
Q2	核桃凹	20	NE15	朴树	23.33	38.00
Q3	核桃凹	15	NE10	朴树	19.50	36.60
Q4	核桃凹	20	NE90	朴树 + 黄连木	28.63	43.00
Q5	核桃凹	10	NE20	朴树 + 刺槐	8.05	18.50
Q6	核桃凹	20	NE30	朴树 + 黄檀	5.25	19.00
Q7	核桃凹			朴树	26.75	50.00
Q8	虎凹	20	NE60	朴树 + 栓皮栎	36.00	36.00
Q9	虎凹	15	NE65	朴树	37.25	54.00
Q10	虎凹	10	NE25	朴树	29.00	35.00

（2）种群龄级划分

我们采用种群内两相邻龄级间个体的数量变化动态指数、种群年龄结构数量变化动态指数（陈晓德，1998），分析朴树种群动态。根据老山朴树种群的生活史及调查数据的特点，将朴树划分为 7 个径级，以代替龄级。

Ⅰ龄级 0cm ＜ DBH ＜ 4cm。

Ⅱ龄级 4cm ≤ DBH ＜ 10cm。

Ⅲ龄级 10cm ≤ DBH ＜ 20cm。

Ⅳ龄级 20cm ≤ DBH ＜ 30cm。

Ⅴ龄级 30cm ≤ DBH ＜ 40cm。

Ⅵ龄级 40cm ≤ DBH ＜ 50cm。

Ⅶ龄级 DBH ≥ 50cm。

此外，参照曲仲湘等（1952）的五级立木划分法，在测定种群格局时将老山国家森林公园朴树种群大小级分为：

Ⅰ龄级（幼苗）DBH ＜ 2.5cm，h ＜ 33cm。

Ⅱ龄级（幼树）DBH ＜ 2.5cm，h ≥ 33cm。

Ⅲ龄级（小树）2.5cm ≤ DBH ＜ 7.5cm。

Ⅳ龄级（中树）7.5cm ≤ DBH ＜ 22.5cm。

Ⅴ龄级（大树）DBH ≥ 22.5cm。

（3）静态生命表编制等

朴树种群静态生命表编制、存活曲线绘制、生存分析方法、时间序列预测模型与分布格局及动态所使用的方法，与紫楠种群所采用的研究方法相同。

2. 朴树种群动态特点

（1）年龄结构

由于在同一环境下同一树种的龄级与径级对环境的反应规律具有一致性，所以用大小级代替龄级对朴树种群年龄结构进行分析。整理朴树种群的野外取样数据，以各大小级的个体数量为纵轴，以大小级为横轴绘制朴树种群大小级分布图（图 6-2-19）。

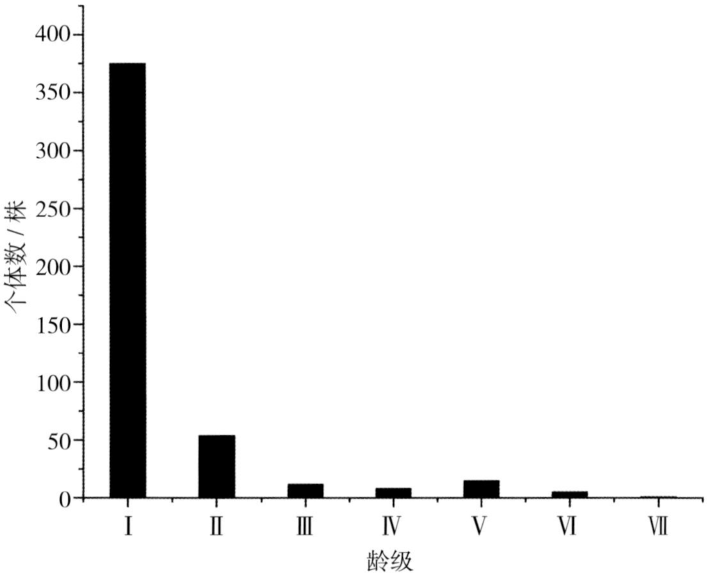

图 6-2-19　朴树种群龄级结构

从图 6-2-19 可以看出，朴树种群各大小级数量差异显著。除 Q6 样地外，其余各样地都以幼树密度最大，样地中幼苗、幼树、中树和大树数量缺少甚至缺失，个别样方内甚至存在 2 个大小级缺失的情况。除 Q9 样地外，幼苗数都很少，在 Q5、Q6、Q8 和 Q10 样地中甚至缺失。

朴树种群的大小级结构与其自身的生物生态学特征、环境因素、种内种间竞争等都有密切关系。在 Q1 至 Q6 沿山坡取样的样地中，草本层的盖度都较大，加上朴树幼苗生长缓慢，与同层的植物生存竞争激烈，因而导致位于草本层的朴树幼苗数量很少或缺失；对于幼树来说，一般位于下木层，尽管下木层盖度也较大，但是其成层现象并不明显，幼树面对的生存竞争并不如幼苗强烈，使得幼树的数量得以积累；在从幼树向小树发育的过程中，因幼树数量很多，由自疏导致的数量减少也较为严重，使得小树的数量相对于幼树来说急剧减少；在朴树群落中，乔木层树种的个体年龄较为年轻，中树和大树在群落竞争中处于优势地位，数量变动不如幼苗、幼树、小树明显。在 Q8、Q10 沿沟谷取样的两个样地中，有岩石裸露，土层瘠薄，在雨期受雨水冲洗严重，影响朴树种子的停留和生根，因而导致幼苗数量不足或缺失；在沟谷附近取样的 Q7 样地中也有相近的情况。在 Q9 样地中，由于沟谷所占样地面积较小，加之草本层的盖度较小，反而使得幼苗的数量相对充足。

多个样地的朴树种群存在幼苗、中树与大树很少或缺失的现象，这对朴树的自然更新会有一定的影响。虽然朴树种群的幼树数量丰富，但广泛存在除幼树外的各个大小级的个体缺乏或缺失的现象，因而朴树为不稳定的间歇型种群，这与广西青梅（*Vatica guangxiensis*）种群的结构极为相似（赵学农等，1993）。

（2）种群结构动态特征

采用定量方法分析朴树种群的动态变化，发现相邻各龄级间个体数量变化动态指数分别为 85.60%、77.78%、33.33%、-46.67%、66.67% 和 80.00%，种群第Ⅳ龄级发生波动，出现衰退现象，其余各龄级个体数均表现为增长，这与野外调查中朴树幼苗更新状况较相符。整个种群龄级结构动态指数为 80.44%，受随机干扰时的种群龄级结构动态指数为 11.49%，说明种群个体数总体呈增长趋势。

（3）静态生命表分析

静态生命表是用一个特定的时间断面来反映多个世代交叠的种群在各年龄组上的存活状况，如果直接以实测存活数估算每个年龄组的死亡率，很可能会出现负值。因此，我们采用匀滑技术对数据进行处理，匀滑修正后的存活数用 a_x^* 表示，并以此数值编制南京老山国家森林公园朴树种群特定时间生命表（表 6-2-20）。期望寿命反映的是 x 龄级内个体的平均生存能力。种群期望寿命最高值出现在第Ⅲ、Ⅳ龄级，表明此阶段朴树种群的生存质量最好，生理活动达到旺盛期。总体来看，随着年龄的增加，朴树种群期望寿命先延长后缩短，说明种群的生存能力先增大后减小，个体的生理功能也先增强后减弱。

表 6-2-20　朴树种群静态生命表

龄级	径级 /cm	组中值	a_x	a_x^*	l_x	$\ln l_x$	d_x	q_x	L_x	T_x	e_x	K_x	S_x
Ⅰ	0—4	2	375	375	1000	6.908	856	0.856	572	751	0.751	1.938	0.144
Ⅱ	4—10	7	54	54	144	4.970	107	0.741	91	179	1.241	1.350	0.259
Ⅲ	10—20	15	12	14	37	3.620	8	0.214	33	88	2.357	0.241	0.786
Ⅳ	20—30	25	8	11	29	3.379	8	0.273	25	55	1.864	0.318	0.727
Ⅴ	30—40	35	15	8	21	3.060	8	0.375	17	29	1.375	0.470	0.625
Ⅵ	40—50	45	5	5	13	2.590	8	0.600	9	12	0.900	0.916	0.400
Ⅶ	50—60	55	1	2	5	1.674	5	1.000	3	3	0.500	1.674	0.000

（4）存活曲线分析

以龄级为横坐标，以存活数的对数为纵坐标，根据南京老山国家森林公园朴树种群静态生命表绘制存活曲线（图 6-2-20）。由图 6-2-20 可知，朴树种群第Ⅰ至第Ⅲ龄级存活数较其他龄级下降明显，曲线斜率大。存活数下降明显的主要原因是大量幼龄个体为争夺有限的生存空间而发生激烈的种内竞争，致使大量幼龄个体死亡，只有 3.7% 的个体可以通过此生长阶段的筛选而进入第Ⅲ龄级。野外调查过程中发现大量幼树顶枯，很好地证明了这一点。第Ⅲ—Ⅵ龄级，种群存活数的下降趋于平缓。但第Ⅵ—Ⅶ龄级，种群存活数再次出现明显下降，其主要原因是朴树进入生理死亡年龄。

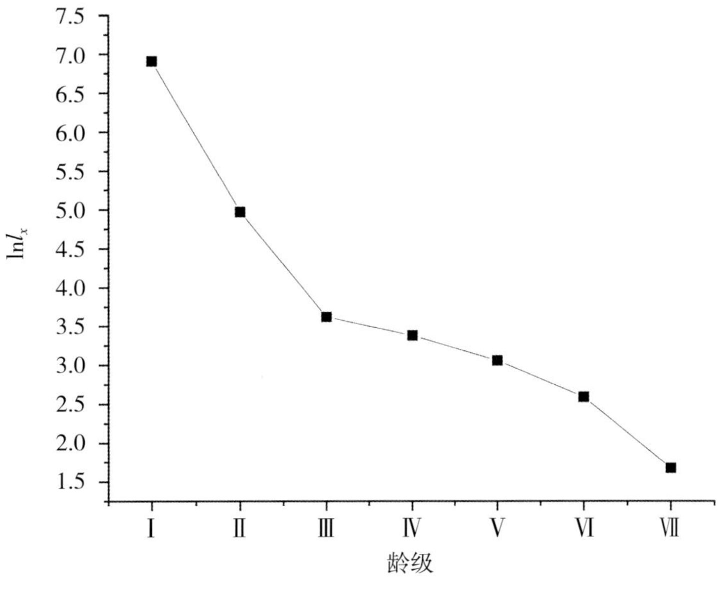

图 6-2-20　朴树种群存活曲线

为了检验老山朴树种群的存活状况究竟是符合 Deevey Ⅱ型还是 Deevey Ⅲ型曲线，参照 Hett 等（1976）提出的方法用 2 种数学模型进行检验，运用 SPSS 13.0 统计软件进行相关分析。相应回归方程为：$N_x=7.7667e^{-0.2044x}$，$r^2=0.946$，$F=87.406$；$N_x=7.4220x^{-0.6341}$，$r^2=0.914$，$F=53.464$。由于指数模型的 F 检验值及相关系数 r 均分别大于幂函数模型，所以推断老山国家森林公园朴树种群的存活曲线更趋于 Deevey Ⅱ型。

以朴树种群静态生命表为基础，以龄级为横坐标，以死亡率（q_x）和消失率（K_x）为纵坐标绘制死亡率和消失率曲线（图 6-2-21）。

朴树种群的死亡率和消失率曲线反映了朴树种群的一般特征。图 6-2-21 显示，死亡率和消失率曲线变化趋势基本一致。死亡率和消失率均存在 2 个高峰，第 1 个峰值出现在第Ⅰ龄级，死亡率高达 0.856；第 2 个峰值出现在第Ⅶ龄级，死亡率为 1.000。

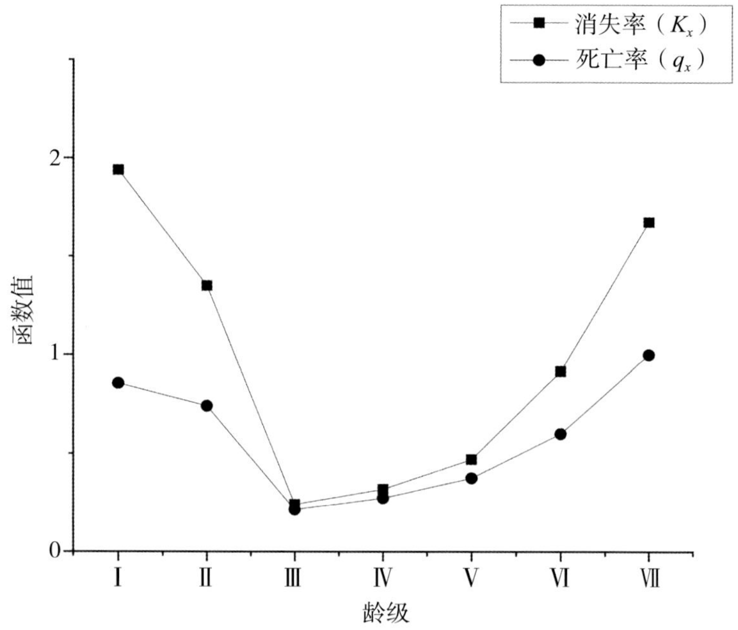

图 6-2-21　朴树种群死亡率和消失率曲线

蔡小英等（2006）在对福建省福州市琅岐岛风景区景观林中的朴树种群进行静态生命表分析后认为，该区的朴树种群存活曲线为 Deevey Ⅲ型，我们研究结果与其不一致。福州市琅岐岛风景区位于南亚热带海洋性季风气候区，而南京老山国家森林公园地处北亚热带季风气候区，前者的地带性植被为季风常绿阔叶林（亚热带常绿季雨林），而后者为常绿落叶阔叶混交林。朴树作为东亚分布种，由于其具有较强的适应性，因而可以分布于不同的气候带。我们的研究结果表明，南京老山国家森林公园朴树种群与福州市琅岐岛朴树种群尽管相隔甚远，但两者表现出相同的存活曲线特征，这很可能反映了朴树种群的普遍特征，即不同年龄段的死亡率相等。较多的幼苗数量弥补了种群生长过程中由于种内及种间竞争而造成的数量减少，保证种群的天然更新能力。此外，我们的研究结果还表明，仅根据种群生存曲线判定种群属于 Deevey Ⅰ型、Ⅱ型还是Ⅲ型，很可能与实际情形不符，应该进行统计检验。

（5）种群生存分析

朴树种群的生存函数估算值见表 6-2-21。以龄级为横坐标，以生存函数估算值为纵坐标，绘制生存率、累计死亡率、死亡密度和危险率函数曲线，如图 6-2-22 所示。

表 6-2-21　朴树种群生存函数估算值

龄级	径级 /cm	组中值	生存率函数 [$S_{(i)}$]	累计死亡率函数 [$F_{(i)}$]	死亡密度函数 [$f_{(ti)}$]	危险率函数 [$\lambda_{(ti)}$]
Ⅰ	0—4	2	0.144	0.856	0.036	0.374
Ⅱ	4—10	7	0.037	0.963	0.018	0.196
Ⅲ	10—20	15	0.029	0.971	0.001	0.024
Ⅳ	20—30	25	0.021	0.979	0.001	0.032
Ⅴ	30—40	35	0.013	0.987	0.001	0.046
Ⅵ	40—50	45	0.005	0.995	0.001	0.086
Ⅶ	50—60	55	0.000	1.000	0.001	0.200

南京老山国家森林公园朴树种群的生存率随龄级增长逐渐下降，累计死亡率则逐渐上升，并且两者互补。第Ⅰ—Ⅱ龄级，朴树的生存率锐减，累计死亡率骤升。从第Ⅱ龄级开始朴树种群的生存率函数曲

线和死亡率函数曲线的降、升都趋于平缓，这说明朴树种群幼苗的死亡率较高。至第Ⅵ龄级，种群生存率仅为 0.5%，累计死亡率高达 99.5%，表明朴树种群在此龄级之后逐渐进入衰老阶段，大量个体由于到达生理年龄而死亡，种群开始衰退。

朴树种群的危险率曲线（图 6-2-22）与死亡率和消失率曲线（图 6-2-21）变化情况基本一致，都是在第Ⅰ龄级出现峰值，第Ⅲ—Ⅵ龄级趋于平缓，第Ⅶ龄级出现第 2 个峰值。而死亡密度函数曲线则呈现较为平缓的变化趋势。

对上述 4 个生存函数曲线的分析表明，朴树种群具有前期薄弱、中期稳定、后期衰退的特点，这与种群存活曲线（图 6-2-20）、死亡率和消失率曲线（图 6-2-21）的分析结果相一致。

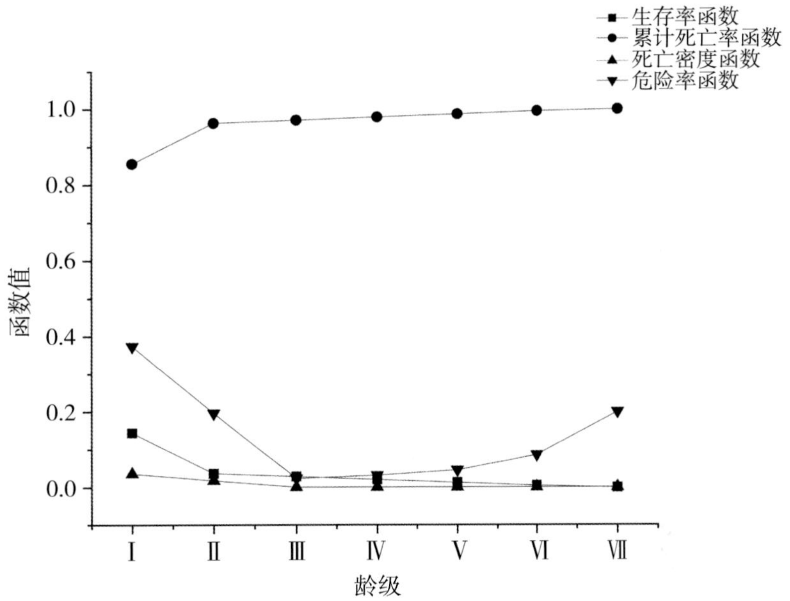

图 6-2-22　朴树种群生存率、累计死亡率、死亡密度和危险率函数曲线

靠种子自然散布繁殖的朴树，其幼苗基本上都散布于母树周围。在其生长过程中，由于受到来自草本层的种间竞争压力而使幼龄个体大量死亡，造成第 1 个死亡率高峰。至第Ⅲ龄级时种群出现最低死亡率和最低消失率，主要原因可能有两个：一是由于进入该龄级的个体数相对于前 2 个龄级有了明显减少，来自种间的竞争压力明显变小；二是由于朴树属高大乔木，至该龄级时其高度已经普遍超过草本层植物，原先来自草本层植物的竞争明显减少，使死亡率和消失率达整个生命周期的最低点。之后，随着群落的进展演替，伴随着个体间生存空间竞争压力的增大，死亡率和消失率又缓慢上升，至最高龄级（第Ⅶ龄级）时再次出现死亡率高峰。第 2 个死亡率高峰的出现更多地与朴树进入生理死亡年龄有关，生长空间、土层深度等环境因子的限制，以及病虫害的发生，也可能是形成死亡率高峰的原因。

（6）时间序列预测

采用一次移动平均法预测朴树的种群年龄结构在未来 2—7 年的变化（表 6-2-22）。

表 6-2-22　朴树种群动态时间序列预测

龄级	初始个体数	M_t					
		Ⅱ龄级后	Ⅲ龄级后	Ⅳ龄级后	Ⅴ龄级后	Ⅵ龄级后	Ⅶ龄级后
Ⅰ	375						
Ⅱ	54	215					
Ⅲ	14	34	148				
Ⅳ	11	13	26	114			
Ⅴ	8	10	11	22	93		
Ⅵ	5	7	8	10	18	79	
Ⅶ	2	4	5	7	8	16	67

由表 6-2-22 可知，朴树种群各龄级存活数的峰值在序列中依次向后推移，第Ⅵ、Ⅶ龄级个体数随着时间的推移逐渐增多。由于朴树种群的幼龄个体数较多，可以补充该种群在中间各龄级个体因种内及种间竞争而减少的数量，所以从整体上来看，南京老山国家森林公园朴树种群呈增长趋势。

朴树种群特征的定量分析及时间序列模型预测结果均显示，南京老山国家森林公园朴树种群呈增长型，种群天然更新能力较强，这与朴树为多年生高大乔木，且种子结实率和种子萌发率均较高有关。Panetta（2001）指出，朴树种子的存活时间较长，在土壤中寿命可长达 24 个月；在浅表播种与雨水冲刷条件下朴树种子萌发率均较高（约 40.0%）。我们的研究与林承超等（1995）对福州琅岐岛滨海沙丘朴树群落特征的研究结果一致，证实大量幼苗是保证朴树种群天然更新的原动力。

（7）分布格局及动态

将朴树种群个体按大小级分成 5 个等级，然后测定各大小等级的分布格局。当某一龄级个体数很少或缺失时，则没有进行测定（表 6-2-23）。t 检验表明：除 Q6 样地外，各个样地的朴树种群的方差均值比率均显著大于 1，朴树种群为集群分布。Q1—Q10 的丛生指标与 Cassie 指标均大于零，聚块性指标均大于 1，这说明朴树种群为集群分布。除 Q1 和 Q6 样地外，其余 8 个样地的 K 值均小于 8，这也说明朴树种群基本为集群分布。因此，该区朴树种群总体呈现为集群分布，这与大多数落叶阔叶林中优势植物种群的分布格局相同（刘峰等，2000）。

表 6-2-23　朴树种群空间分布格局

样地号	$S^2/\bar{x}$	t 检验	分布型	I	K	C_A	$m^*/\bar{x}$
Q1	3.1158	5.7943	Clump	2.1158	8.9801	0.1113	1.1114
Q2	15.9462	40.9318	Clump	14.9462	1.3465	0.7424	1.7427
Q3	9.7831	24.0536	Clump	8.7831	2.3625	0.4233	1.4233
Q4	6.4477	14.9192	Clump	5.4477	4.3596	0.2294	1.2294
Q5	2.4388	3.9402	Clump	1.4388	5.6038	0.1785	1.1785
Q6	1.6284	1.7210	Poisson	0.6284	12.8297	0.0779	1.0779
Q7	2.2908	3.5350	Clump	1.2908	2.2758	0.4394	1.4394
Q8	2.6539	4.5294	Clump	1.6539	1.7761	0.5630	1.5630
Q9	1.8345	2.2853	Clump	0.8345	4.3440	0.2302	1.2302
Q10	3.6836	3.3494	Clump	2.6836	1.2809	0.7807	1.7807

朴树种群在不同发育阶段的空间分布格局存在差异（表 6-2-24）。从表 6-2-24 可以看出，根据方差均值比率法，除 Q4 和 Q8 样地外，其余 8 个样地中随着朴树种群的发育，不同大小级朴树个体的分布格局总体呈现有规律的变化，即由集群分布趋于随机分布。特别是从Ⅱ级（幼树）开始，主要表现为从集群分布逐渐过渡为随机分布。而根据表 6-2-24 中的丛生指数（I）、Cassie 指数（C_A）和聚块指数（$m^*/\bar{x}$）来判断，除样地 Q4 和 Q6 外，Q1、Q2、Q3、Q9、Q10 样地中的朴树个体从Ⅰ级（幼苗）到Ⅴ级（大树）均呈现从集群分布到均匀分布的趋势；而 Q5、Q7、Q8 样地中的朴树个体从小到大则全部为集群分布。结合上述方差均值比率法的判别结果，不难看出该区的朴树种群从幼年个体到中树再到大树的过程中，朴树种群基本呈现扩散趋势；但根据负二项参数 K 值和聚块指数（$m^*/\bar{x}$）等来判断，种群的集群强度变化不太明显。不过根据 K 值和 $m^*/\bar{x}$ 指标仍不难看出，Ⅰ级（幼苗）的集群强度没有Ⅱ级（幼树）高，这与朴树的种子沿母体周围散布，Ⅰ级（幼苗）死亡率高，个体数量较少，同时Ⅱ级（幼树）的分布与光照相关有关。从Ⅱ级（幼树）成长为Ⅲ级（小树）的过程中，朴树个体数量迅速减少，同时也导致了Ⅲ级

（小树）的集群强度大大减少。从Ⅲ级（小树）成长为Ⅳ级（中树）与Ⅴ级（大树）的死亡率大大减少，因而集群强度的变化并不明显。

表 6-2-24 朴树种群分布格局动态

样地号	大小级	$S^2/\bar{x}$	t 检验	分布型	I	K	C_A	$m^*/\bar{x}$
Q1	Ⅰ	7.5195	17.8545	Clump	6.5195	0.2780	3.5971	4.5970
	Ⅱ	1.9393	2.5725	Clump	0.9393	17.7654	0.0563	1.0563
	Ⅲ	1.3778	1.0346	Poisson	0.3778	0.9927	1.0074	2.0074
	Ⅳ							
	Ⅴ	0.9333	−0.1826	Poisson	−0.0667	−0.1850	−5.4054	0.4667
Q2	Ⅰ	8.4242	20.3321	Clump	7.4242	0.1852	5.3996	6.3995
	Ⅱ	14.5832	37.1990	Clump	13.5832	1.3114	0.7625	1.7626
	Ⅲ	4.6000	9.8590	Clump	3.6000	0.1910	5.2356	6.2364
	Ⅳ							
	Ⅴ	0.8667	−0.3651	Poisson	−0.1333	−1.4063	−0.7111	0.2889
Q3	Ⅰ	2.4000	3.3841	Clump	1.4000	0.1786	5.5991	6.6000
	Ⅱ	9.9389	24.4801	Clump	8.9389	2.1955	0.4555	1.4555
	Ⅲ	1.8849	2.4233	Clump	0.8849	0.7770	1.2870	2.2871
	Ⅳ							
	Ⅴ	0.9333	−0.1826	Poisson	−0.0667	−0.1850	−5.4054	0.4667
Q4	Ⅰ	0.8000	−0.5477	Poisson	−0.2000	−1.2500	−0.8000	0.2000
	Ⅱ	6.3218	14.5743	Clump	5.3218	4.3336	0.2308	1.2308
	Ⅲ	1.3333	0.9129	Poisson	0.3333	0.7500	1.3333	2.3333
	Ⅳ							
	Ⅴ	0.8667	−0.3651	Poisson	−0.1333	−1.4063	−0.7111	0.2889
Q5	Ⅰ							
	Ⅱ	2.7595	4.8185	Clump	1.7595	3.4459	0.2902	1.2902
	Ⅲ	1.1515	0.4149	Poisson	0.1515	9.0750	0.1102	1.1102
	Ⅳ	1.2533	0.6938	Poisson	0.2533	2.4671	0.4053	1.4053
	Ⅴ							
Q6	Ⅰ							
	Ⅱ	2.3494	3.6956	Clump	1.3494	2.6863	0.3723	1.3722
	Ⅲ	0.8030	−0.5396	Poisson	−0.1970	−21.2547	−0.0470	0.9530
	Ⅳ	1.3330	0.9129	Poisson	0.3330	0.7500	1.3333	2.3330
	Ⅴ							
Q7	Ⅰ							
	Ⅱ	1.9531	2.6101	Clump	0.9531	1.7706	0.5648	1.5648
	Ⅲ	1.2095	0.5738	Poisson	0.2095	2.0881	0.4789	1.4790
	Ⅳ	1.5867	1.6067	Poisson	0.5867	0.5327	1.8772	2.8773
	Ⅴ	1.2095	0.5738	Poisson	0.2095	2.0881	0.4789	1.4790
Q8	Ⅰ							
	Ⅱ	1.7200	1.9718	Poisson	0.7200	3.0382	0.3291	1.3291
	Ⅲ	1.6909	1.8921	Poisson	0.6909	0.9951	1.0049	2.0050
	Ⅳ							
	Ⅴ							

续表

样地号	大小级	$S^2/\bar{x}$	t 检验	分布型	I	K	C_A	$m^*/\bar{x}$
Q9	Ⅰ	4.4000	9.3113	Clump	3.4000	0.2574	3.8850	4.8857
	Ⅱ	1.8118	2.2231	Clump	0.8118	2.6178	0.3820	1.3820
	Ⅲ	2.0889	2.9821	Clump	1.0889	0.3439	2.9078	3.9037
	Ⅳ							
	Ⅴ	0.8667	−0.3651	Poisson	−0.1333	−1.4063	−0.7111	0.2889
Q10	Ⅰ							
	Ⅱ	4.1778	8.7027	Clump	3.1778	0.9406	1.0571	2.0593
	Ⅲ	0.9333	−0.1826	Poisson	−0.0667	−1.8750	−0.5333	0.4667
	Ⅳ							
	Ⅴ	0.8000	−0.5477	Poisson	−0.2000	−1.2500	−0.8000	0.2000

就分布格局而言，朴树种群的集群分布是由其本身的生物生态学特性和环境条件的不同，以及两者之间的相互作用决定的。朴树种群的种子主要依赖自然散布。朴树的果实类型为核果，大小 4—5mm。尽管风力与鸟类在种子的散布过程中都起到一定的作用，但由于其种子数量众多，基本上仍围绕母体周围扩散；幼苗成长为幼树的过程中，由于朴树喜光，光照相对充足的地方对朴树生长有利，造成朴树幼树呈现与光照强度有一定相关性的斑块状分布。幼树数量远远大于其他大小级的个体数，基本上决定了朴树种群的分布格局。

（五）珍稀濒危野生植物种群动态

根据最新研究，江苏现有国家重点保护和濒危野生植物 41 种，隶属于 25 科 34 属。其中，中华水韭（*Isoetes sinensis*）和珊瑚菜（*Glehnia littoralis*）为野外灭绝，受威胁种类（CR、EN、VU）有 29 种，占比高达 70.73%（张光富等，2022）。

苔藓植物 1 科 1 属 1 种；石松类和蕨类植物 4 科 4 属 5 种，如水蕨（*Ceratopteris thalictroides*）等；裸子植物仅 1 科 1 属 1 种，即金钱松；被子植物 19 科 28 属 34 种，如香果树等。就生活型而言，江苏省分布的国家级珍稀植物以草本植物居多，有 25 种，占总种数的 60.97%；其次为乔木，有 12 种（29.27%）；再次为木质藤本，有 3 种（7.32%）；竹类最少，仅有 1 种（2.44%）。

总体上，江苏的国家重点保护和濒危野生植物较为集中，主要分布在苏南地区，如秤锤树仅见于南京市老山，宝华玉兰和独花兰仅见于镇江市句容市宝华山，天目玉兰仅见于宜兴市小黑沟。这其中以宜溧山区分布的植物种类较多，但是它们的种群规模往往偏小，甚至有的个体数目不足 100 株，如金钱松、天目玉兰、银缕梅等。而分布于苏中和苏北地区的种类较少。江苏分布的这 39 种植物中（除野外灭绝的中华水韭和珊瑚菜外），有 32 种均分布于省级自然保护区之外，仅有 7 种位于保护区内，而且其中有不少植物仅有部分种群位于保护区内，如银缕梅、琅琊榆和大叶榉树等。

我们选择研究工作相对开展较多、种群资料较为详尽的宝华玉兰、银缕梅、大叶榉树、香果树、南方红豆杉为调查对象，研究江苏珍稀濒危野生植物种群的动态变化。

宝华玉兰、银缕梅、香果树的生长特点、保护等级、分布情况等之前已有介绍，这里仅介绍大叶榉树、南方红豆杉。

大叶榉树为榆科榉属落叶乔木，是中国特有树种。其木材纹理美观，材质坚硬，耐腐蚀，是优良的用材树种，同时大叶榉树树冠大，叶的颜色随季节变化，是良好的园林绿化树种，具有重要的经济价值。其枝皮纤维可制蜡纸和人造棉，根、树皮还可入药。在1991年《中国植物红皮书：稀有濒危植物（第一册）》中，大叶榉树被列为国家二级保护稀有种；在1999年国务院批准的《国家重点保护野生植物名录（第一批）》中，该种曾被列为国家二级濒危植物；在2013年、2023年《中国生物多样性红色名录·高等植物卷》中，该种均被列为近危物种；在2021年颁布的《国家重点保护野生植物名录》中，该种被列为国家二级重点保护野生植物。根据 *Flora of China* 记载，大叶榉树分布于安徽、福建、甘肃、广东、广西、贵州、河南、湖北、湖南、江苏、江西、陕西、四川、西藏、云南、浙江等16个省份。江苏省是大叶榉树的主要分布区之一，江苏省内尚存较多的野生大叶榉树群落。结合第二次全国重点保护野生植物资源调查结果（江苏），在江苏省句容市，常州市金坛区、溧阳市，无锡市宜兴市和苏州市等地均有该种的分布，其中江苏南部的宜溧山地是大叶榉树的主要分布区域，尤其是在溧阳市龙潭林场、惠家村和金坛区石家山林场。

南方红豆杉（*Taxus wallichiana* var. *mairei*）是红豆杉科的一种常绿雌雄异株乔木。在1999年《国家重点保护野生植物名录（第一批）》中，该种曾被列为国家一级濒危物种；在2013年《中国生物多样性红色名录·高等植物卷》中该种被列为易危物种；在2020年《中国生物多样性红色名录·高等植物卷》中，该种被列为近危物种；在2021年《国家重点保护野生植物名录》中，该种被列为国家二级保护植物。该种生长缓慢，茎干坚硬而紧密，可以提供高质量的木材。南方红豆杉树形美丽，常被种植在庭院作为一种宝贵的观赏树木。此外，其树皮、枝叶中含有紫杉醇这种天然的抗肿瘤药物，具有独特的生理功能，被认为是一种重要的木本药用植物（Sun et al.，2015）。成熟的南方红豆杉具有覆盖种子的假种皮。假种皮与被子植物的肉质果实相似，颜色鲜红，可溶性糖高、味甘。假种皮可以吸引鸟类觅食，从而有助于种子的运输和传播（Li et al.，2017）。

1. 珍稀濒危野生植物种群动态研究方法

（1）种群调查区域与样方设置

宝华玉兰、香果树、银缕梅种群调查区域与样方设置见“一、种群大小”（为了更好地了解香果树、银缕梅种群动态特点，同样在江苏省外设置样地）。这里仅介绍大叶榉树、南方红豆杉种群调查区域与样方设置方法。

①大叶榉树种群调查区域与样方设置。根据第二次全国重点保护野生植物资源调查结果（江苏），选择大叶榉树集中分布的苏南溧阳和金坛地区为研究区域。龙潭林场位于江苏省溧阳市戴埠镇，地理位置为31.2700° N，119.4839° E，海拔148m。该地区气候条件在“一、种群大小”有关紫楠种群的调查方法中已做介绍。该区的森林群落类型主要为落叶阔叶林，森林群落中的主要优势种为大叶榉树、朴树、糙叶树和黄檀等。

惠家村位于江苏省溧阳市戴埠镇，地理位置为31.2139° N，119.4622° E，海拔122m。该地区属于北亚热带季风气候，四季分明，雨量充沛，日照充足。年平均气温16.6℃，1月份气温最低，平均为2.8℃；7月份气温最高，平均为27.9℃。极端最高气温38.6℃，极端最低气温 –15.3℃。无霜期达222d左右。年平均雨量1149.7mm。土壤类型为黄棕壤。该区的森林群落类型主要为落叶阔叶林和竹林，森林群落中的主要优势种为大叶榉树、朴树、枫香树、槲栎等。

石家山林场位于江苏省金坛区薛埠镇，地理位置为31.7211° N，119.3208° E，海拔108m。该地区属于北亚热带季风气候，四季分明，温和湿润，无霜期长。年平均气温15.3℃，1月份温度最低，平均为2.8℃；7月份温度最高，平均为28.1℃。极端最高气温39.6℃，极端最低气温 –13.8℃。无霜期达228d左右。

年平均雨量 1063.6mm。土壤类型为黄棕壤。该区的森林群落类型主要为落叶阔叶林，森林群落中的主要优势种为大叶榉树、朴树、糙叶树和三角槭等。

在龙潭林场、惠家村和石家山大叶榉树分布集中的区域，选择具有代表性的分布点各设置 7 个 $400m^2$ 的样地，每块样地划分为 16 个 5m × 5m 的小样方。对小样方中的大叶榉树进行每木调查，记录其树高、基径、胸径、冠幅等。

②南方红豆杉种群调查区域与样方设置。尽管江苏省没有南方红豆杉的自然分布，但是 20 世纪 50 年代栽培于南京中山植物园松柏园的南方红豆杉借助鸟类等媒介生物的搬运，现已在附近紫金山的次生林中形成了由南方红豆杉后代组成的野化种群（Rewilding population）（Li and Zhang，2021）。野化种群的调查样地位于南京市紫金山西麓（南京中山植物园内），地理位置为 32.1078° N，118.3789° E。该地属于亚热带湿润季风气候。年平均气温 16.0℃，极端最高气温 43.0℃，极端最低气温 –14.0℃，最热月（7 月）温度 27.8℃，最冷月（1 月）温度 2.4℃，年平均降水量 1106.5mm，全年无霜期 237d（张光富等，2007）。落叶阔叶林是该地区的主要森林植被，其他主要植被类型还有常绿落叶阔叶混交林、针阔混交林和竹林等。

南方红豆杉野化种群分布于距母株不远的落叶阔叶林和针阔混交林内。落叶阔叶林内的优势树种有栓皮栎、枫杨、枫香树和柳杉，针阔混交林内的优势树种有朴树、香樟和三尖杉。

南京紫金山山坡上的落叶阔叶林位于母株南方红豆杉的东面。一条小溪穿过落叶阔叶林。母株南方红豆杉西面为针阔混交林，与母株之间有一条小路隔开（图 6-2-23）。我们采用两种方法记录了两种森林中每个子代南方红豆杉的数量、胸径、树高、枝下高和更新方式（实生、萌生）。首先，我们在每个森林类型中设置 3 个相邻的样带。样带由距母株较近至远分别标记为 A、B 和 C；分别在落叶阔叶林和针阔混交林中的每条样带设 25 个样地和 16 个样地，样地大小均为 20m × 20m。其次，我们对样地和样带外的南方红豆杉野化植株也用相同的方式进行每木调查。最后，利用 GPS Tool Box（https://sourceforge.net/projects/gpstoolbox/）测量了各林分南方红豆杉野化种群的分布面积。

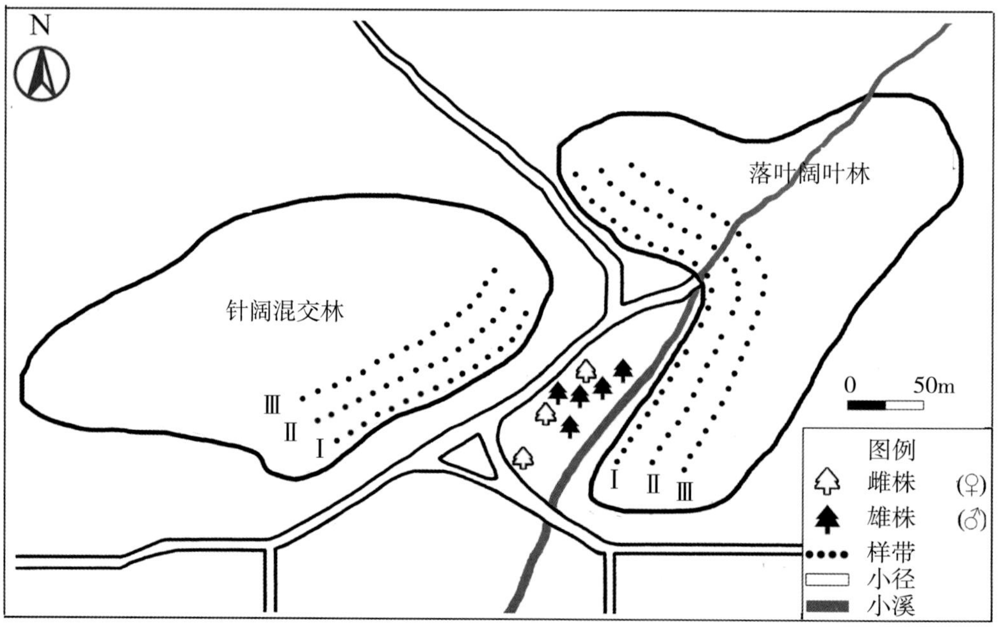

图 6-2-23　野化南方红豆杉（*Taxus wallichiana* var. *mairei*）的分布地点和样地
（样带距母株由近到远排列，每个点分别代表样带中的 1 个样方；落叶阔叶林的 3 条样带中每条各设 25 个样方，针阔混交林的 3 条样带中每条各设 16 个样方）

此外，通过清除凋落物和挖掘地下根系，将南方红豆杉野化植株分为两类：实生和萌生（图 6-2-24）。样地内具有自身根系的个体也被记为实生，萌枝更新的个体划分为 4 种类型：根蘖萌生、根颈萌生、机会萌生和残桩萌生（Ky-Dembele et al.，2007）。

图 6-2-24 样地中野化南方红豆杉（*Taxus wallichiana* var. *mairei*）的 4 种萌生类型

A. 根蘖萌生；B. 残桩萌生；C. 机会萌生；D. 根颈萌生

采用胸径、树高和枝下高表示南方红豆杉的个体生长状况。利用活冠层比（LCR）反映南方红豆杉的耐阴性。LCR 的计算公式为：LCR=（树高－枝下高）/ 树高。为了方便，我们使用树的高度减去枝下高表示树冠的垂直长度（Zhang et al.，2018）。

（2）龄级划分

①宝华玉兰的龄级划分。宝华玉兰为我国国家二级重点保护野生植物，不宜利用解析木或生长锥对目标植物进行年龄测定。因此，在宝华玉兰种群年龄难以准确获取的情况下，以径级代替龄级来分析种

群的动态变化。虽然径级和龄级之间不完全等同，但是二者存在一定的相关性。在相同的环境条件下，同一树种的径级和龄级对环境的反应规律具有一致性。根据样地内调查情况和目标物种的生长规律，参照曲仲湘等（1952）五级立木划分法，结合实际情况做适当调整，将宝华玉兰划分为6个龄级，具体如下：

Ⅰ龄级 DBH < 2.5cm，h < 33cm。

Ⅱ龄级 DBH < 2.5cm，h ≥ 33cm。

Ⅲ龄级 2.5cm ≤ DBH < 7.5cm。

Ⅳ龄级 7.5cm ≤ DBH < 15cm。

Ⅴ龄级 15cm ≤ DBH < 22.5cm。

Ⅵ龄级 DBH ≥ 22.5cm。

②银缕梅的龄级划分。考虑到银缕梅材质坚硬，野生个体数较少，生长锥法本身对植株的破坏性较大，而且相同生境下同一树种的龄级对环境的反应规律具有一致性（王剑伟等，2008; 孙启武等，2009），所以我们采用大小级代替年龄级。根据实际测得的数据，并结合其种群生活史特征，将银缕梅种群划分为9个龄级：

Ⅰ龄级 DBH < 2.5cm。

Ⅱ龄级 2.5cm ≤ DBH < 5cm。

Ⅲ龄级 5cm ≤ DBH < 7.5cm。

Ⅳ龄级 7.5cm ≤ DBH < 10cm。

Ⅴ龄级 10cm ≤ DBH < 12.5cm。

Ⅵ龄级 12.5cm ≤ DBH < 15cm。

Ⅶ龄级 15cm ≤ DBH < 17.5cm。

Ⅷ龄级 17.5cm ≤ DBH < 20cm。

Ⅸ龄级 20cm ≤ DBH < 25cm。

③大叶榉树的龄级划分。大叶榉树为国家二级重点保护野生植物，不易测定每个个体的确切年龄，并且无解析木资料。因此，我们采用空间代替时间方法，即将大叶榉树依胸径大小分级，以立木级结构代替种群的年龄结构分析种群动态。根据大叶榉树生活史特征及样地中大叶榉树径级分布状况，对大叶榉树种群进行径级划分：龙潭和石家山大叶榉树种群分为10个龄级，惠家村大叶榉树种群分为9个龄级。

Ⅰ龄级 DBH < 5cm。

Ⅱ龄级 5cm ≤ DBH < 10cm。

Ⅲ龄级 10cm ≤ DBH < 15cm。

Ⅳ龄级 15cm ≤ DBH < 20cm。

Ⅴ龄级 20cm ≤ DBH < 25cm。

Ⅵ龄级 25cm ≤ DBH < 30cm。

Ⅶ龄级 30cm ≤ DBH < 35cm。

Ⅷ龄级 35cm ≤ DBH < 40cm。

Ⅸ龄级 40cm ≤ DBH < 45cm。

Ⅹ龄级 DBH ≥ 45cm。

④香果树的龄级划分。选取不同径级的香果树（江苏省溧阳市 15 株，浙江省淳安县 10 株），在 1.3m 处钻取年轮，记录树木胸径并将其与钻取的树芯对应编号。将保存的树芯通过干燥、打磨读取树龄，拟合胸径—年龄曲线（图 6-2-25）。

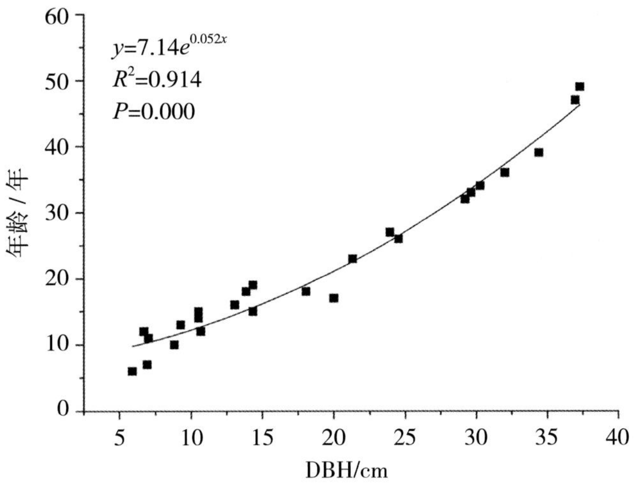

图 6-2-25　香果树（*Emmenopterys henryi*）胸径—树龄拟合曲线

结合香果树胸径—年龄拟合曲线与香果树的生活史特点，将香果树种群划分为 9 个年龄级，每 10 年为 1 龄级（即 0—10 年为Ⅰ龄级，依此类推），分别统计溧阳市与淳安县香果树各分布点不同年龄级的个体数。

⑤南方红豆杉的龄级划分。根据实际测量的胸径，结合其生活史特征，对野化南方红豆杉种群的径级结构进行划分（Li et al.，2021）：

Ⅰ龄级 DBH < 2.5cm（幼苗）。

Ⅱ龄级 2.5cm ≤ DBH < 5cm（树苗）。

Ⅲ龄级 5cm ≤ DBH < 7.5cm。

Ⅳ龄级 7.5cm ≤ DBH < 10cm。

Ⅴ龄级 DBH ≥ 10cm。

同时，划分野化南方红豆杉的高度等级（黄玉清等，2000；Ahmadi et al.，2020）：

Ⅰ龄级 $h < 2$m。

Ⅱ龄级 $2\text{m} \leq h < 4$m。

Ⅲ龄级 $4\text{m} \leq h < 6$m。

Ⅳ龄级 $6\text{m} \leq h < 8$m。

Ⅴ龄级 $h \geq 8$m。

使用 Excel 2021 和 SPSS v22 软件（SPSS Inc.，Chicago，USA）进行基础数据处理和分析。采用双样本 t 检验比较针阔混交林和落叶阔叶林南方红豆杉平均胸径、树高和枝下高的差异。用单因素方差分析（ANOVA）比较在每个森林类型中 3 个不同样带中南方红豆杉的数量、胸径和高度。

（3）种群分布格局测度

①方差 / 均值比率法。由于宝华玉兰在宝华山国家森林公园内的分布面积较为局限，因此采用方差 / 均值比率法判定宝华玉兰的分布格局。

②点格局分析。由于研究区域内银缕梅、大叶榉树和香果树的分布相对较广，种群内个体数量较多，因此采用点格局分析法研究上述种群的空间结构，并分析香果树种群不同年龄级个体之间的种间关联性。

分析两个种群的种间关联，实际上是两个种群之间的点格局分析，也叫多元点格局分析，其定义和计算原理与单种群点格局相近（Diggle，1983）。公式如下：

$$\hat{k}_{12}(r)=\frac{A}{n_1 n_2}\sum_{i=1}^{n_1}\sum_{j=1}^{n_2}W_{ij}^{-1}I_r(u_{ij})$$

式中，n_1 和 n_2 分别为两个种群包含的个体数，i 和 j 分别代表两个种群个体。同样：

$$\hat{L}_{12}(r)=\sqrt{\hat{k}_{12}(r)/\pi}-r$$

$\hat{L}_{12}(r)=0$，两个种群个体在尺度 r 下无关联；$\hat{L}_{12}(r)>0$，两个种群个体在尺度 r 下呈正关联；$\hat{L}_{12}(r)<0$，两个种群个体在尺度 r 下呈负关联。

采用 Monte-Carlo 函数检验拟合置信区间。计算不同尺度下 $\hat{L}_{11}(r)$ 或 $\hat{L}_{12}(r)$ 值，最大值和最小值分别为上下包迹线的坐标值。若实际分布的 $\hat{L}_{11}(r)$ 值落在置信区间内，则此尺度下物种呈随机分布；若落在置信区间上方，则此尺度下物种为集群分布；若落在置信区间下方，则此尺度下物种呈均匀分布。在分析种间关联时，若 $\hat{L}_{12}(r)$ 值落在上下包迹线之间，则此尺度下两种群间无显著关联；若值落在包迹线上方，则此尺度下两种群间呈正关联；若值落在包迹线下方，则此尺度下两种群间呈负关联。

对于银缕梅种群，采用 Programita 软件进行银缕梅种群点格局数据的分析，空间尺度大小为样地最短边长的一半，即龙王山和万佛山的空间尺度为 0—25m，大龙西岕的空间尺度为 0—15m，步长均为 1m，Monte-Carlo 检验的随机模拟次数为 100 次。此外，采用 Excel 2021 对数据进行基本处理和分析。

对于大叶榉树种群，分别在龙潭林场和石家山设置 30m × 40m 和 40m × 50m 的样方，每个样方再划分为 10m × 10m 的矩形小样方。采用 Programita 软件完成数据分析过程，空间尺度大小为矩形样地最短边长的一半。石家山大叶榉树种群的空间尺度为 1—20m，龙潭林场大叶榉树种群的空间尺度为 1—20m，步长均为 1m，Monte-Carlo 检验的随机模拟次数为 100 次。此外，采用 Excel 2021 对数据进行基本处理和分析。

对于香果树种群，分别在原生林与次生林中香果树分布集中的江苏省溧阳市南山竹海安鸡头山与浙江省淳安县枫树岭镇大源村直坑选取样地，样地面积均为 50m × 30m。将两个样地分别划分为 15 个 10m × 10m 的矩形小样方，以每个矩形小样方为调查单元，记录样方内所有香果树胸径、高度、更新方式和坐标位置。依据香果树径级结构进行划分，通常将 DBH ≤ 7.50cm（实际年龄≤ 10.55 年）称为小树，7.50cm < DBH ≤ 22.50cm（10.55 年<实际年龄≤ 23.00 年）称为中树，DBH > 22.50cm（实际年龄> 23.00 年）称为大树。据此将香果树 9 个径级分为小树（0—10 年）、中树（10—20 年）和大树（≥ 20 年）3 个年龄段，分析各年龄段香果树种群空间分布格局，以及不同年龄段间的格局动态、空间关联性。

香果树空间分布格局与不同年龄级间关联性研究尺度为 0—30m，置信水平为 99%，拟合 100 次，使用 Excel 2021、Programita 软件进行数据分析，并用 Origin 8.0 和 Photoshop CS 5 软件制图。

（4）空间分布格局分析

采用 K 函数分析南方红豆杉种群的空间分布格局和不同龄级间个体的空间关联（具体方法参见紫楠种群的分布格局测定方法）。鉴于南方红豆杉野化种群主要呈斑块状分布，因此在野外踏查的基础上，选择紫金山西麓面积较大、距离母株最近（14m）、分布相对集中的地段，设置一个面积为 30m × 70m 的矩形样地（图 6-2-26）来分析野化种群的分布格局。为便于野外测定，将样地分成 21 个 10m × 10m 的小样方。在点格局分析时将该种群划分为以下 3 个龄级：龄级 Ⅰ（基径< 2.5cm）；龄级 Ⅱ（2.5cm ≤基径< 7.5cm）；龄级 Ⅲ（基径≥ 7.5cm）。

采用 Programita 软件进行数据分析，空间尺度大小为最短边长的一半（即 0—15m），步长为 1m，Monte-Carlo 检验的随机模拟次数为 100 次。此外，采用 Excel 2021 对数据进行基本的处理和分析。

（5）结构多样性调查与分析

为了研究南方红豆杉野化种群在不同群落中的结构多样性差异，在南方红豆杉分布的两个林分中设置 2 个样地（图 6-2-27）。A 样地面积为 40m × 40m（$1600m^2$），以栓皮栎、枫香树、朴树等落叶乔木为主。B 样地面积为 30m × 50m（$1500m^2$），以常绿乔木为主，主要有香樟、天竺桂（*Cinnamomum*

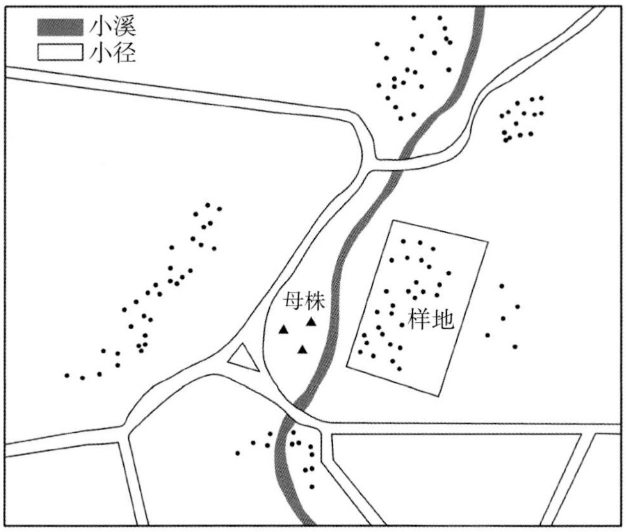

图 6-2-26　南方红豆杉野化种群点格局取样示意

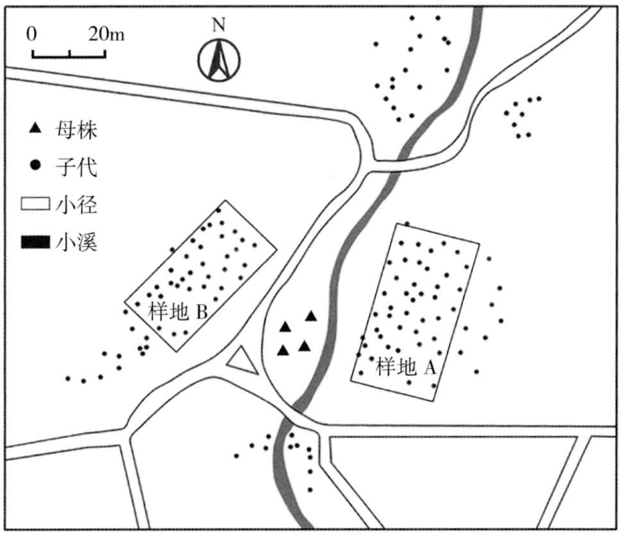

图 6-2-27　南方红豆杉野化种群结构四组法样地示意

japonicum）、冬青等，也伴有一些落叶乔木，如麻栎、枫香树和朴树等。在 A、B 样地分别设立 64 个和 60 个样方，以每个样方的中心点为取样点，标记距离该取样点最近的南方红豆杉为参考木（样地 A：n=62；样地 B：n=56），再标记距离这株参考木最近的 3 株乔木为邻近木，以这样的 1 株参考木和 3 株邻近木作为测量结构多样性的一个计算单位，即一个四组结构。分别记录参考木和邻近木的种类、胸径、树高，以及参考木与邻近木之间的距离等。由于在调查样地中小径级的南方红豆杉个体占多数，为了更好地反映和分析南方红豆杉野化种群的生长状况及其与周围其他树种的关系，将参考木和邻近木的起测胸径定为 4.0cm。如果选取的邻近木位于样方范围外，则选择距离次近的乔木为邻近木，以确保选取的 4 株乔木都在样方内。

利用以下的结构多样性指数来表示南方红豆杉的空间分布情况。

混合指数（M_i）是指参考木周围的邻近木与其是同种的概率。该指数可以描述参考木周围的树种分布情况和空间配置情况。其计算公式为：

$$M_i = \frac{1}{n}\sum_{j=1}^{n} v_{ij}$$

当参考木（i）与邻近木（j）为同一物种时，v_{ij} 的值为 0；当参考木与邻近木为不同树种时，v_{ij} 的值为 1。n 为邻近木的数量，在这里 n=3。因此 M_i 只有 4 个值（0.00，0.33，0.67，1.00）。M_i 的值越小，参考木与邻近木为同种的概率越高；相反，M_i 的值越大，参考木与邻近木为不同树种的概率越高。

树间距指数（D_i）指的是参考木与邻近木之间的平均距离。该指数可以反映林分的密度。其计算公式为：

$$D_i = \frac{1}{n}\sum_{j=1}^{n} S_{ij}$$

S_{ij} 为参考木（i）与邻近木（j）之间的距离。D_i 的值越大，参考木与邻近木之间的平均距离越大，林分的密度越小，彼此间的竞争越小；D_i 的值越小，参考木与邻近木之间的平均距离就越小，林分的密度越大，彼此间的竞争越大。

胸径和高度差异指数（TD_i/HD_i）描述的是参考木与邻近木在胸径（水平方向）和高度（垂直方向）方面的差异情况。其计算公式如下：

$$TD_i(HD_i)=\frac{1}{n}\sum_{j=1}^{n}(1-r_{ij})$$

r_{ij}= 较小的胸径或高度 / 较大的胸径或高度。为了更好地量化这种水平和垂直方向上的差异情况（Pommerening，2002），将胸径和高度差异指数的数值分成 4 个等级：一是较小差异（胸径或高度差异等级为 0—0.3：邻近木的平均胸径和高度比参考木大或小 0—30%）；二是中等差异（胸径或高度差异等级为 0.3—0.5：邻近木的平均胸径比参考木大或小 30%—50%）；三是较大差异（胸径或高度差异等级为 0.5—0.7：邻近木的平均胸径比参考木大或小 50%—70%）；四是很大差异（胸径或高度差异等级为 0.7—1.0：邻近木的平均胸径比参考木大或小 70% 以上）。

（6）静态生命表编制等

江苏珍稀濒危野生植物种群的静态生命表编制、存活曲线绘制、种群动态分析所使用的方法，与前文中对紫楠所采用的方法相同。

2. 珍稀濒危野生植物种群动态特点

（1）宝华玉兰种群动态特点

①年龄结构。经计算，得出宝华玉兰种群径级大小级结构（表 6-2-25）。根据表 6-2-25，宝华玉兰共有 149 株，分布于 6 个径级。这其中成年个体（DBH > 5cm）有 38 株，且全部为实生苗，分布于Ⅲ、Ⅳ、Ⅴ和Ⅵ 4 个径级阶段。而萌生苗有 40 株，分属于Ⅰ级幼苗和Ⅱ级幼树阶段。因此，该种的种群规模较小。这与此前报道的该种成年个体（DBH > 5cm）仅 34 株有所不同。原因可能是我们对宝华山地区所有可能的宝华玉兰分布地点，分不同季节（尤其是花期）进行了较为详尽的调查和植株标记。例如，调查中发现在小山头有 1 株胸径 45cm 的植株，这是迄今在该地区发现的最粗的宝华玉兰，而在前人的研究中均未曾提及。其次，经过 6—7 年的生长发育，宝华玉兰不同龄级的个体也可能有所增加。而本次调查样方中共有宝华玉兰 130 株，占其个体总数的 87.2%，基本可以反映其群落状况。

表 6-2-25　宝华玉兰种群径级大小级结构

项目	径级						小计
	Ⅰ	Ⅱ	Ⅲ	Ⅳ	Ⅴ	Ⅵ	
实生植株	6	51	21	14	6	11	109
萌生植株	2	38	0	0	0	0	40
合计	8	89	21	14	6	11	149

②静态生命表和存活曲线。经计算，得出宝华玉兰种群静态生命表（表 6-2-26）。根据表 6-2-26 可知，平均期望寿命 e_x 反映的是宝华玉兰种群 x 径级个体的平均生存能力。从表中还可以看出，宝华玉兰的种群数量从Ⅱ龄级开始随着年龄的增加而逐渐降低，种群的 e_x 值在个体胸径为Ⅰ级时最大，其余各级均很低。其中，Ⅲ级、Ⅴ级的 e_x 值相对较大，表明这些龄级处于宝华玉兰生理活动的旺盛时期。

表 6-2-26　宝华玉兰种群静态生命表

径级	径级距 /cm	a_x	l_x	$\ln l_x$	d_x	q_x	L_x	T_x	e_x
Ⅰ	DBH < 2.5cm，h < 33cm	8	1000	6.908	−10125	−10.125	6062.5	15750.0	15.750
Ⅱ	DBH < 2.5cm，h ≥ 33cm	89	11125	9.317	9000	0.809	6625.0	9687.5	0.871
Ⅲ	2.5cm ≤ DBH < 7.5cm	17	2125	7.662	625	0.294	1812.5	3062.5	1.441

续表

径级	径级距 /cm	a_x	l_x	$\ln l_x$	d_x	q_x	L_x	T_x	e_x
Ⅳ	7.5cm ≤ DBH < 15cm	12	1500	7.313	1250	0.833	875.0	1250.0	0.833
Ⅴ	15cm ≤ DBH < 22.5cm	2	250	5.521	0	0.000	250.0	375.0	1.500
Ⅵ	DBH ≥ 22.5cm	2	250	5.521			125.0	125.0	0.500

宝华玉兰幼年阶段的死亡率较高，只有很少的个体可以存活。从宝华玉兰种群存活曲线（图6–2–28）可知，Ⅰ龄级后有一个明显的凸起，然后才出现一个凹陷。Ⅰ龄级后的凸起主要是由于Ⅱ龄级存活个体的数目远远超过了Ⅰ龄级和Ⅲ龄级存活个体的数目，使得存活曲线上Ⅱ龄级处出现了一个峰值。在高径级处每级的数目相对都较少，从而进一步说明了宝华玉兰种群并不是一个稳定增长的种群。

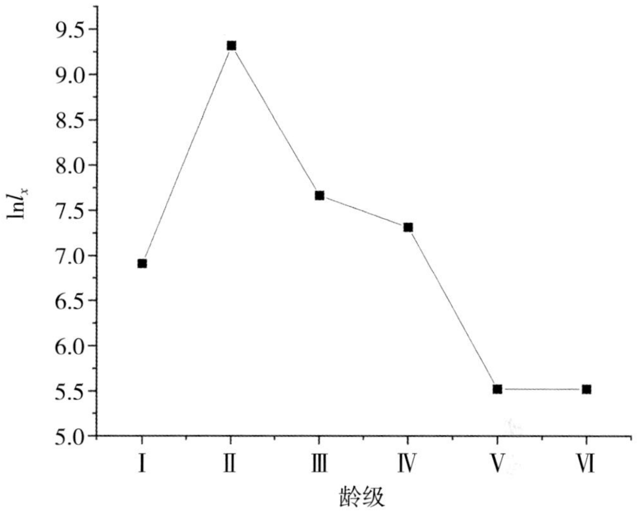

图 6–2–28　宝华玉兰种群的存活曲线

从图 6–2–28 可知，宝华玉兰种群的存活曲线可能接近于凸型，即 Deevey Ⅰ型。这里我们采用指数函数和幂函数方程式两种数学模型对宝华玉兰种群的存活曲线类型进行检验，并运用 SPSS 统计分析软件进行拟合，结果如下：

$$N_x=9.100e^{-0.08x}\ (r=0.525,\ F=4.418,\ P=0.103)$$

$$N_x=8.346x^{-0.17}\ (r=0.314,\ F=1.828,\ P=0.248)$$

由于幂函数模型和指数函数模型的 P 值均大于 0.05，均未达到显著水平，说明宝华玉兰的存活曲线既非 Deevey Ⅱ，也非 Deevey Ⅲ型。因此，认为宝华玉兰种群的存活曲线更趋于 Deevey Ⅰ型，即表示宝华玉兰种群低龄级个体的死亡率小于成年个体。

③分布格局。各样地的宝华玉兰种群分布格局的结果见表 6–2–27。宝华玉兰在 Q1 样地中为集群分布，但其聚集强度不高，在 Q2、Q3、Q4 样地中均为随机分布。

表 6–2–27　宝华玉兰种群分布格局

种群	个体总数	S^2	$\bar{x}$	$S^2/\bar{x}$	t 值	格局类型
Q1	60	11.267	3.750	3.004	5.489	集群分布
Q2	60	5.296	3.688	1.436	1.195	随机分布
Q3	7	0.667	0.500	1.333	0.913	随机分布
Q4	3	0.163	0.188	0.867	–0.365	随机分布

宝华玉兰的分布格局主要由其生物学特性和生长环境所决定。Q1 样地中幼年个体偏多，植株萌生特性较强，再加上一定的人为干扰，使萌生苗在母株附近生长，造成了该样地其种群呈集群分布的格局。与 Q1 样地相比，在 Q2 样地中Ⅰ龄级幼苗较少，而Ⅱ龄级幼树偏多，调查中还发现该样地中有些宝华玉兰的萌生幼树有断梢现象，这可能表明存在激烈的种内自疏和种间竞争，并使其呈现出随机分布的格局。而在 Q3、Q4 样地中，宝华玉兰高龄级植株个体相对较多，其生长经历了漫长的时期，推测在早期可能存在明显的种内自疏和种间竞争。此外，宝华玉兰也靠种子繁殖，其种子有鲜红色的外种皮，且胚乳丰富，

富含油脂，易被林中的鼠类和鸟类所食，难以发芽成苗，动物食后未消化的种子只有在适宜的生态环境中才能存活，其幼苗的存活机会少，且只能是零星分布。宝华玉兰林下潮湿，当聚合蓇葖果成熟落地后，种子往往随聚合果同时腐烂，不易发芽，在林下找到的大多是腐烂的聚合果和不能发芽的种子，几乎看不见幼苗的存在。总体而言，上述因素的综合作用造成了宝华玉兰种群的随机分布格局。

宝华玉兰分布区域狭小，局限分布于宝华山北坡海拔约 200m 处。对生存环境的要求苛刻，以及生长环境的不断恶化，是宝华玉兰致濒的主要原因。现在宝华玉兰集中分布区内，建立了省级自然保护区（133.33hm^2）及国家森林公园，对宝华玉兰采取了就地保护措施。

宝华玉兰种群分布于毛竹林和落叶阔叶林，森林郁闭度高，林下透光度较差。虽然宝华玉兰在其分布区内有一定数量的幼苗，但是生长在该环境下的幼苗难以长成大树，这阻碍了宝华玉兰的天然更新。宝华玉兰的竞争主要来自种间（蒋国梅等，2010），这也对其种群数量的增加起到了阻碍作用。此外，在宝华玉兰集中分布的“锅底洼”，较低海拔的毛竹不断地向宝华玉兰天然分布区蔓延，这影响了群落中其他植物的生存和自然更新，对宝华玉兰的生存构成了威胁。由此推测：宝华玉兰所处生境具有较高的物种多样性，且在适宜生境中的种子可以自然萌发，但环境条件和种间竞争阻碍了宝华玉兰幼苗成长为成年植株。

（2）银缕梅

① 年龄结构。经计算，得出银缕梅种群龄级结构（图 6–2–29）。由图 6–2–29 可看出，3 个地点的银缕梅种群总体均呈倒 J 形，为增长型种群。其中，浙江省安吉县龙王山和安徽省舒城县万佛山两

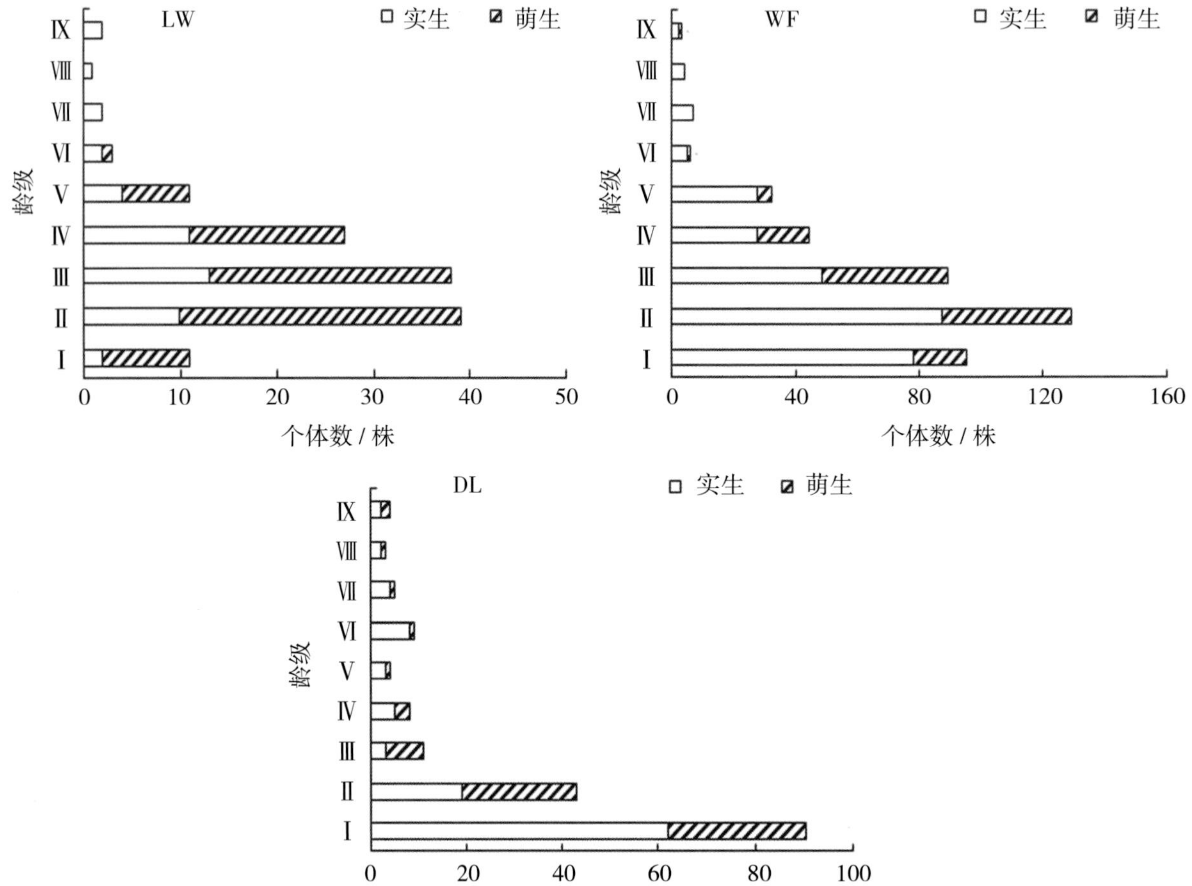

图 6–2–29　银缕梅种群龄级结构

LW. 浙江龙王山银缕梅种群；WF. 安徽万佛山银缕梅种群；DL. 江苏大龙西岕银缕梅种群

地点的银缕梅种群结构较为相近，银缕梅个体数分别为 134 株和 409 株，DBH 平均大小分别为 6.6cm 和 5.8cm。在龙王山和万佛山两研究地点中，DBH < 7.5cm 的银缕梅个体，分别为 88 株和 313 株，占总个体数的 65.7% 和 76.5%，其中 DBH 在 2.5—5cm 的幼树最多，分别占总个体数的 29.1% 和 31.5%；DBH > 20cm 的老龄个体数最少，分别为 2 株和 3 株，占该地点总个体数的 1.5% 和 0.7%。江苏省宜兴市大龙西岕银缕梅总个体数为 177 株，平均 DBH 为 6.3cm。DBH < 7.5cm 的幼树为 133 株，占总个体数的 81.4%，其中 DBH < 2.5cm 的幼苗最多，达 90 株，占总个体数的 50.8%；DBH > 20cm 的老龄个体数最少，共 4 株，占该地点总个体数的 2.3%。总体来看，随着种群龄级的增大，银缕梅个体数呈逐渐减少的趋势（表 6-2-28）。

表 6-2-28 银缕梅种群数量与龄级分布

样地	生长方式	龄级划分									总计
		Ⅰ	Ⅱ	Ⅲ	Ⅳ	Ⅴ	Ⅵ	Ⅶ	Ⅷ	Ⅸ	
浙江龙王山	实生	2	10	13	11	4	2	2	1	2	47
	萌生	9	29	25	16	7	1	0	0	0	87
	总计	11	39	38	27	11	3	2	1	2	134
安徽万佛山	实生	78	87	48	27	27	5	7	4	2	285
	萌生	17	42	41	17	5	1	0	0	1	124
	总计	95	129	89	44	32	6	7	4	3	409
江苏大龙西岕	实生	62	19	3	5	3	8	4	2	2	108
	萌生	28	24	8	3	1	1	1	1	2	69
	总计	90	43	11	8	4	9	5	3	4	177

在浙江省安吉县龙王山和安徽省舒城县万佛山银缕梅种群结构中，Ⅰ、Ⅱ和Ⅲ龄级银缕梅个体的死亡率和消失率最低，与之对应的 DBH < 7.5cm 的个体数最多，该龄级阶段的种群存活率下降平缓。江苏省宜兴市大龙西岕的银缕梅种群中，DBH < 7.5cm 的银缕梅个体数最多，而与之对应的Ⅰ、Ⅱ和Ⅲ龄级个体的死亡率和消失率均高于其他龄级，该龄级阶段的银缕梅种群存活率急剧下降。其原因可能是幼苗个体较小，生长和竞争力不强，在受到强烈的环境筛选时死亡率较高。另外，人为干扰也是一个重要因素。调查样地的海拔较低，经过一条石阶小径后即可到达，游客较易进入该区域，银缕梅幼苗较容易受到破坏。银缕梅生长在竹林旁，当地村民春季的竹笋采集和秋季的伐竹行为，无疑对银缕梅幼苗造成威胁。此外，由于银缕梅树形优美，树皮斑驳，导致人们挖掘。调查时发现一些较大的银缕梅植株在被挖掘后，因不易搬运而被遗弃；相比之下，幼苗更易挖掘和搬运。Ⅸ龄级的银缕梅个体数少，预期寿命最短，消失率最高，可能原因是该种群个体在进入生理死亡年龄后，生存空间、土壤、水分等生态因子受到限制，而导致种群个体迅速消亡。

②静态生命表和存活曲线。经计算，得出银缕梅天然种群静态生命表（表 6-2-29）。由表 6-2-29 可见，银缕梅种群幼年个体的存活数（a_x^*）和存活量（l_x）均较为丰富，中期次之，成年个体数相对较少。总体来看，龙王山和万佛山两地银缕梅种群的期望寿命值（e_x）随着龄级增加逐渐降低，Ⅸ龄级个体的期望寿命最低。而大龙西岕的银缕梅种群期望寿命值，在Ⅰ—Ⅳ龄级逐渐增大，在Ⅳ—Ⅸ龄级逐渐降低，Ⅳ龄级个体的期望寿命最高，Ⅸ龄级个体的期望寿命最低。龙王山和万佛山银缕梅种群的死亡率（q_x）和消失率（K_x）在Ⅰ—Ⅶ龄级呈逐渐增加的趋势，龙王山银缕梅种群Ⅸ龄级个体的消失率最大。而大龙西岕的银缕梅种群中，Ⅰ、Ⅱ和Ⅲ龄级个体的死亡率和消失率与其他龄级相比，均达到较高水平，Ⅳ—Ⅷ龄级个体的死亡率和消失率逐渐增加，Ⅸ龄级个体的消失率最大。

表 6-2-29 银缕梅天然种群静态生命表

样地	龄级	DBH/cm	a_x	a_x^*	l_x	$\ln l_x$	d_x	q_x	L_x	T_x	e_x	K_x
浙江龙王山	Ⅰ	< 2.5	11	35	1000	6.908	143	0.143	929	3557	3.557	0.154
	Ⅱ	2.5—5.0	39	30	857	6.754	143	0.167	786	2629	3.067	0.182
	Ⅲ	5.0—7.5	38	25	714	6.571	143	0.200	643	1843	2.580	0.223
	Ⅳ	7.5—10.0	27	20	571	6.348	143	0.250	500	1200	2.100	0.288
	Ⅴ	10.0—12.5	11	15	429	6.060	143	0.333	357	700	1.633	0.405
	Ⅵ	12.5—15.0	3	10	286	5.655	143	0.500	214	343	1.200	0.693
	Ⅶ	15.0—17.5	2	5	143	4.962	114	0.800	86	129	0.900	1.609
	Ⅷ	17.5—20.0	1	1	29	3.352	0	0.000	29	43	1.500	0.000
	Ⅸ	> 20.0	2	1	29	3.352			14	14	0.500	3.352
安徽万佛山	Ⅰ	< 2.5	95	109	1000	6.908	147	0.147	927	3436	3.436	0.159
	Ⅱ	2.5—5.0	129	93	853	6.749	147	0.172	780	2509	2.941	0.189
	Ⅲ	5.0—7.5	89	77	706	6.560	147	0.208	633	1729	2.448	0.233
	Ⅳ	7.5—10.0	44	61	560	6.327	147	0.262	486	1096	1.959	0.304
	Ⅴ	10.0—12.5	32	45	413	6.023	147	0.356	339	610	1.478	0.439
	Ⅵ	12.5—15.0	6	29	266	5.584	147	0.552	193	271	1.017	0.802
	Ⅶ	15.0—17.5	7	13	119	4.781	110	0.923	64	78	0.654	2.565
	Ⅷ	17.5—20.0	4	1	9	2.216	0	0.000	9	14	1.500	0.000
	Ⅸ	> 20.0	3	1	9	2.216			5	5	0.500	2.216
江苏大龙西岕	Ⅰ	< 2.5	90	90	1000	6.908	522	0.522	739	1467	1.467	0.739
	Ⅱ	2.5—5.0	43	43	478	6.169	356	0.744	300	728	1.523	1.363
	Ⅲ	5.0—7.5	11	11	122	4.806	33	0.273	106	428	3.500	0.318
	Ⅳ	7.5—10.0	8	8	89	4.487	11	0.125	83	322	3.625	0.134
	Ⅴ	10.0—12.5	4	7	78	4.354	11	0.143	72	239	3.071	0.154
	Ⅵ	12.5—15.0	9	6	67	4.200	11	0.167	61	167	2.500	0.182
	Ⅶ	15.0—17.5	5	5	56	4.017	11	0.200	50	106	1.900	0.223
	Ⅷ	17.5—20.0	3	4	44	3.794	11	0.250	39	56	1.250	0.288
	Ⅸ	> 20.0	4	3	33	3.507			17	17	0.500	3.507

银缕梅种群存活曲线见图 6-2-30。由图 6-2-30 可见，龙王山和万佛山两地银缕梅种群各龄级的存活率下降趋势基本一致，在Ⅷ和Ⅸ龄级不再变化。而大龙西岕的银缕梅种群随着龄级增大，下降率逐渐减慢，在Ⅰ—Ⅲ龄级急剧下降，而在Ⅲ—Ⅸ龄级下降较为平缓。用指数函数和幂函数方程式两种数学模型对 3 个地点的银缕梅种群的存活状况进行检验，运用 SPSS 统计分析软件进行拟合。结果表明，龙王山和万佛山存活曲线趋于 Deevey Ⅱ型，而大龙西岕符合 Deevey Ⅲ型。

银缕梅种群死亡率和消失率见图 6-2-31。如图 6-2-31 所示，3 个地点的银缕梅种群的死亡率和消失率的变化趋势基本一致。龙王山和万佛山银缕梅种群的消失率和死亡率曲线的趋势更为相似。在Ⅰ—Ⅶ龄级，随着龄级的增加，银缕梅种群的死亡率和消失率逐渐增加，死亡率在Ⅶ龄级达到最大，消失率在Ⅶ和Ⅸ龄级分别出现峰值。大龙西岕的银缕梅种群，在Ⅰ—Ⅱ龄级，死亡率和消失率均增加，死亡率在Ⅱ龄级达到最大，消失率在Ⅱ和Ⅸ龄级分别出现峰值。

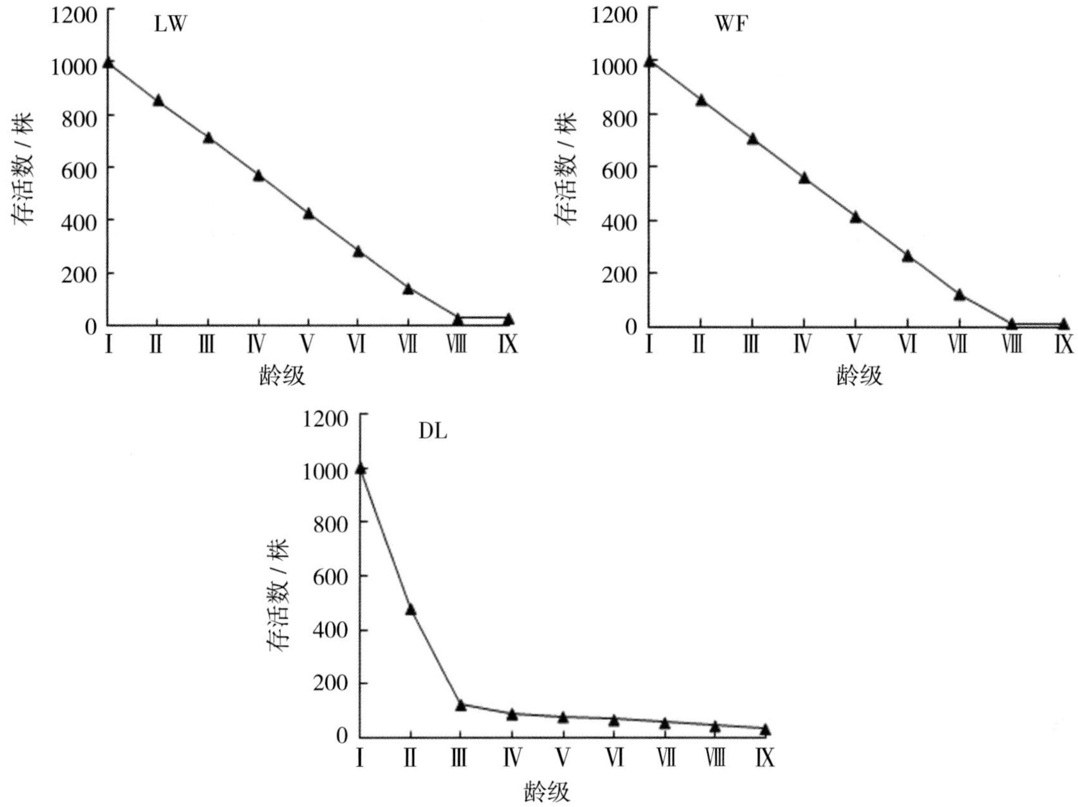

图 6-2-30　银缕梅种群存活曲线

LW. 龙王山银缕梅种群；WF. 万佛山银缕梅种群；DL. 大龙西岕银缕梅种群

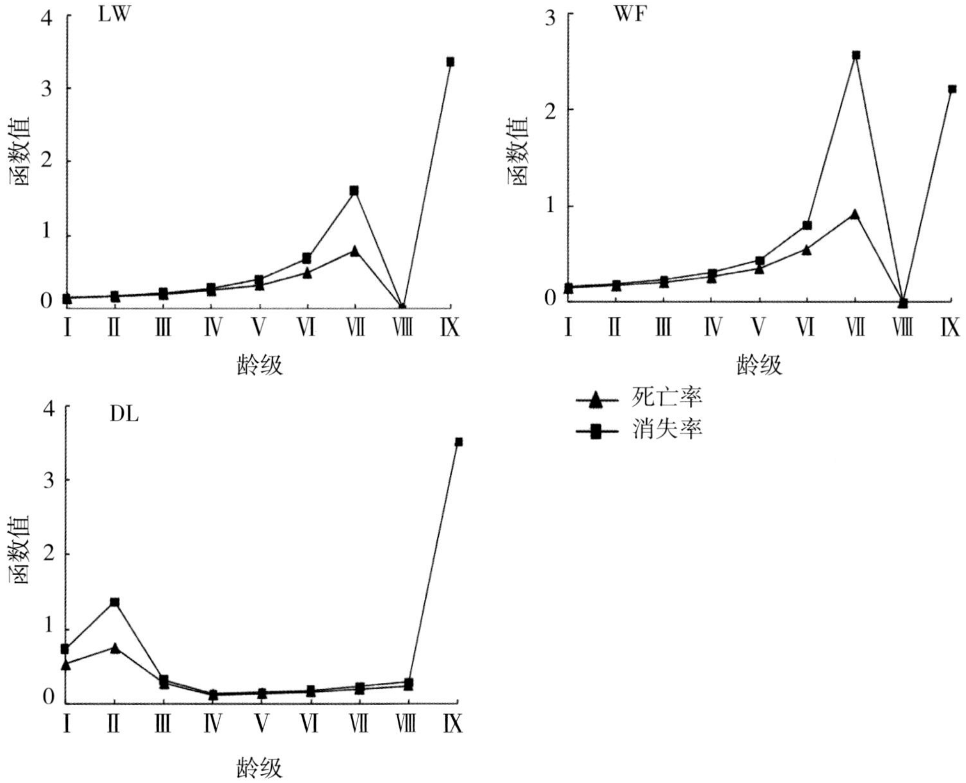

图 6-2-31　银缕梅种群死亡率和消失率

LW. 龙王山银缕梅种群；WF. 万佛山银缕梅种群；DL. 大龙西岕银缕梅种群

③分布格局。在银缕梅种群空间分布格局图（图 6-2-32）中，实线为实测值，虚线为拟合的上下包迹线，即置信区间。$\hat{L}_{11}(r)$ 值落在包迹线上方，说明该种为集群分布；落在包迹线之间，为随机分布；落在包迹线下方，则为均匀分布。如图 6-2-32 所示，3 个地点的银缕梅种群在所有尺度下的 $\hat{L}_{11}(r)$ 值均落在包迹线上方，即表现为集群分布，龙王山银缕梅种群的集群强度最大，大龙西齐次之，万佛山最小。

3 个地点的银缕梅种群在所研究空间尺度下均表现为集群分布，不同尺度下集群强度不同。集群分布有利于种群发挥群体效应，形成适于自身生长的小环境，从而维持种群的生存发展（袁志良等，2011）。

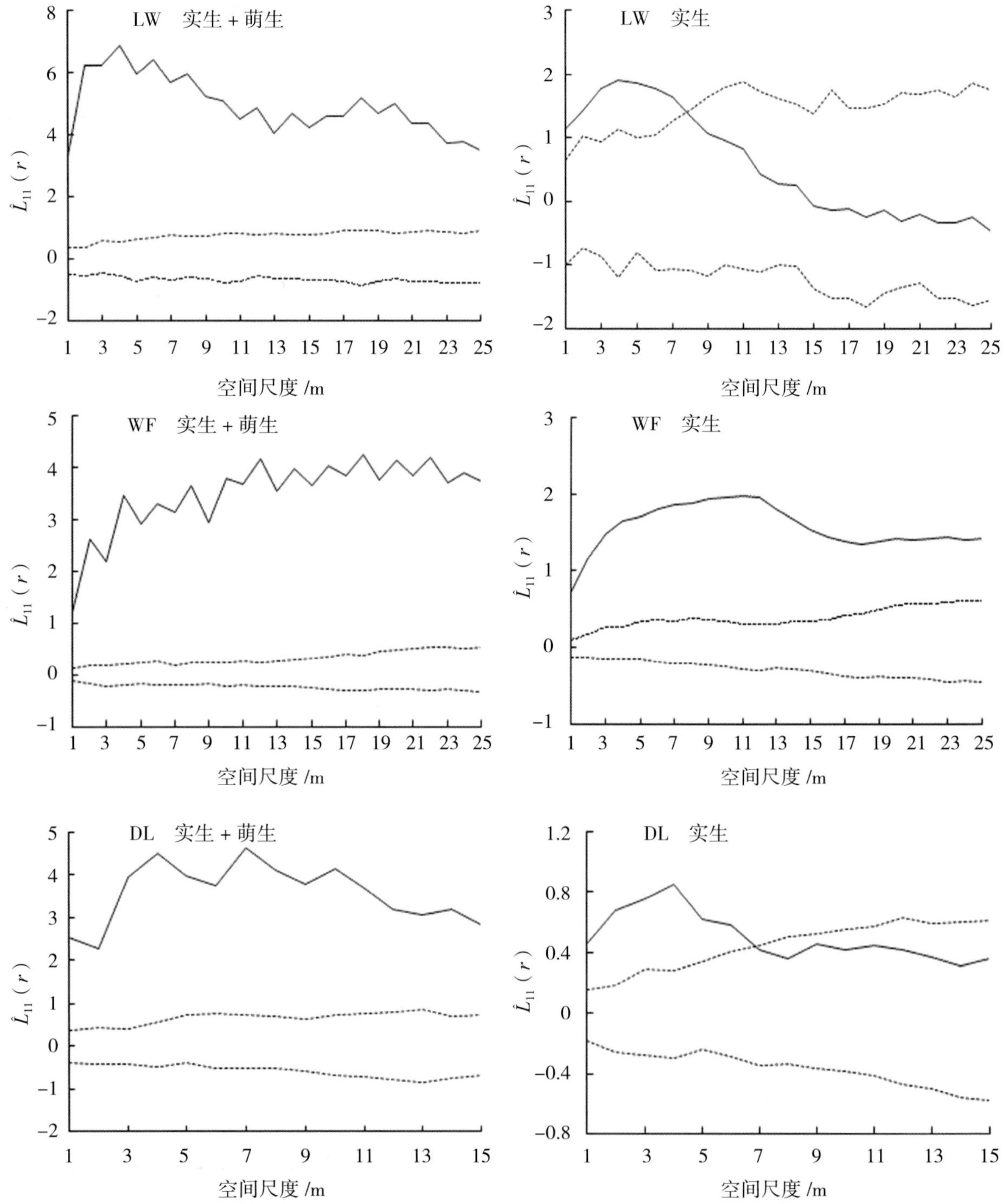

图 6-2-32 银缕梅种群空间分布格局

LW. 龙王山银缕梅种群；WF. 万佛山银缕梅种群；DL. 大龙西齐银缕梅种群

银缕梅种群通常生长在沟谷等特殊生境，生境异质性使得种群主要通过萌枝进行繁殖，萌枝通常聚集生长在母树附近形成斑块。另外，幼树和小树的喜光性也是导致种群呈集群分布的一个原因。高贤明等（2001）在研究辽东栎林的径级结构时，认为同一物种在受生境异质性和人为干扰的影响下，其种群更新方式会有所不同，种子繁殖和萌枝更新两种方式可能会共同存在。大龙西芥的银缕梅种群幼苗数量较多，且大多为实生苗。该地生境复杂，银缕梅种群适宜生境范围狭小。由于种子萌发需要水分、养分和光照等资源，因此实生苗聚集生长在地形条件良好、土层较厚的林隙。岩石边缘和受人为干扰的银缕梅个体主要依靠根颈萌枝和残桩萌枝进行繁殖。因此，银缕梅种群的集群分布是由生境异质性与萌蘖繁殖方式的共同作用的结果。

（3）大叶榉树

① 年龄结构。在溧阳市戴埠镇龙潭林场 7 个 20m × 20m 的样地中共调查到大叶榉树 247 株，分布于 10 个龄级（图 6-2-33）。Ⅰ龄级个体数量最多，共有 122 株，占总数的 49.39%。进入Ⅱ龄级后，个体数量急剧降低，在Ⅱ—Ⅴ龄级，个体数量逐渐增加；在Ⅴ—Ⅹ龄级个体数量逐渐减小。Ⅹ龄级个体数量最少，仅 1 株，占总数的 0.40%。总体上，龙潭大叶榉树种群龄级结构呈倒 J 形，幼苗和小树（Ⅰ龄级）个体数量最多，中树（Ⅱ—Ⅴ龄级）次之，大树（Ⅵ—Ⅹ龄级）个体数量最少，表现为增长型种群。

溧阳市戴埠镇惠家村 7 个 20m × 20m 的样地共调查到大叶榉树 243 株，分布于 9 个龄级（图 6-2-34）。Ⅰ龄级个体数量最多，共有 129 株，占总数的 53.09%。进入Ⅱ龄级后，个体数量急剧降低，Ⅱ—Ⅸ龄级，

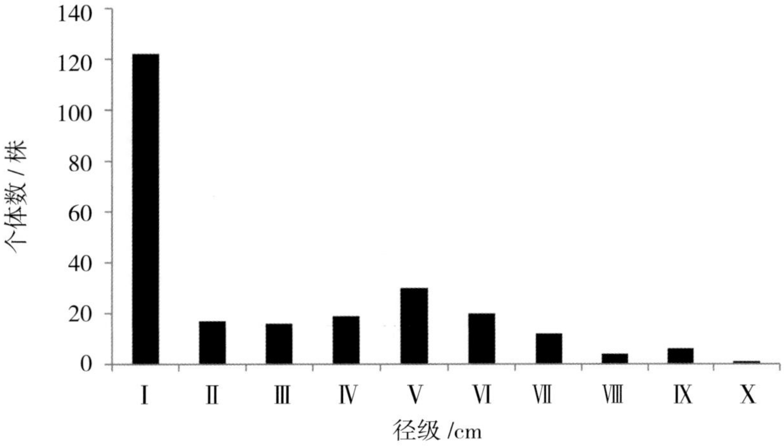

图 6-2-33　龙潭大叶榉树种群龄级结构

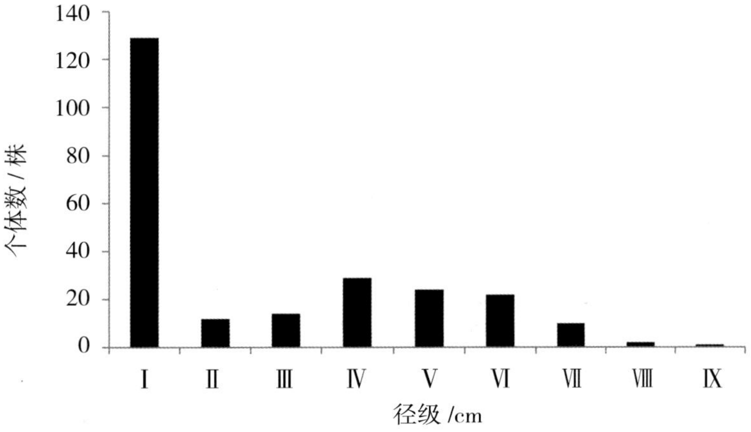

图 6-2-34　惠家村大叶榉树种群龄级结构

种群数量出现波动。Ⅱ—Ⅳ龄级，个体数量逐渐增加；Ⅳ—Ⅸ龄级个体数量逐渐减小，并且在Ⅸ龄级个体数量最少，仅1株，占总数的0.41%。总体上，惠家村大叶榉树种群龄级结构呈倒J形，幼苗和小树（Ⅰ龄级）个体数量最多，其次是中树（Ⅱ—Ⅴ龄级），大树（第Ⅵ—Ⅹ龄级）个体数量最少，表现为增长型种群。

金坛区薛埠镇石家山林场7个20m×20m的样地共调查到大叶榉树292株，分布于10个龄级（图6-2-35）。Ⅰ龄级个体数量最多，共有167株，占总数的57.19%。进入Ⅱ龄级后，个体数量急剧降低，Ⅱ—Ⅹ等级，个体数量出现波动。Ⅸ和Ⅹ龄级个体数最少，分别只有1株。总体上，石家山大叶榉树幼苗和小树（Ⅰ龄级）个体数量最多，其次是中树（Ⅱ—Ⅴ龄级），大树（Ⅵ—Ⅹ龄级）个体数量最少，种群龄级结构呈倒J形，表现为增长型种群。

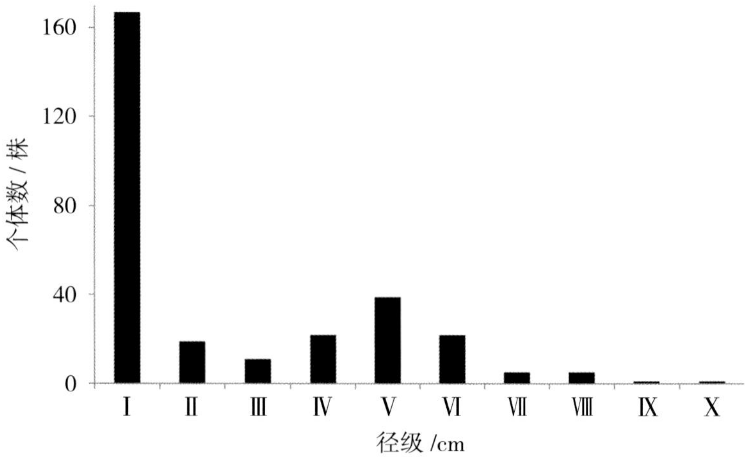

图6-2-35 石家山大叶榉树种群龄级结构

3个地区大叶榉树的种群数量存在一定的差异，其中石家山林场大叶榉树种群数量最多，共有292株；龙潭林场和惠家村大叶榉树种群数量相差不大，分别为247和243株。3个地区大叶榉树种群在Ⅰ龄级时个体数量最多，进入Ⅱ龄级后，个体数量急剧降低，且不同龄级处个体的数量有一定的差异，种群有一定的波动性。总体上，3个地区大叶榉树种群龄级结构均呈倒J形，幼苗和小树个体数量最多，其次是中树，大树个体数量最少，表现为增长型种群。

② 静态生命表和存活曲线。从大叶榉树天然种群的静态生命表（表6-2-30）可知，龙潭林场大叶榉树幼年个体数量较多，中树次之，老年个体数量最少，龄级结构呈金字塔形。e_x 反映了 x 龄级内个体的期望寿命。大叶榉树种群的期望寿命总体上是随龄级的增大而逐渐变短的，在Ⅰ龄级期望寿命最高，但在Ⅶ龄级生命期望值出现波动。死亡率在Ⅵ龄级达到最大值，其次是Ⅸ龄级；消失率在Ⅹ龄级最大。

表6-2-30 大叶榉树种群静态生命表

样地	龄级	a_x	a_x^*	l_x	$\ln l_x$	d_x	q_x	L_x	T_x	e_x	K_x
龙潭林场	Ⅰ	122	88	1000	6.908	159	0.159	920	3228	3.228	0.173
	Ⅱ	17	74	841	6.734	159	0.189	761	2307	2.744	0.210
	Ⅲ	16	60	682	6.525	159	0.233	602	1546	2.267	0.266
	Ⅳ	19	46	523	6.259	159	0.304	443	944	1.805	0.363
	Ⅴ	30	32	364	5.896	159	0.438	284	500	1.376	0.575
	Ⅵ	20	18	205	5.321	159	0.778	125	216	1.057	1.504
	Ⅶ	12	4	45	3.817	11	0.250	40	91	2.007	0.288
	Ⅷ	4	3	34	3.529	11	0.333	28	51	1.509	0.405
	Ⅸ	6	2	23	3.124	11	0.500	17	23	1.014	0.693
	Ⅹ	1	1	11	2.430			6	6	0.528	2.430

根据野外调查和统计，江苏省溧阳市南山竹海风景区和龙潭林场 2800m^2 次生林调查样地中，香果树植株共计 470 株。依据年龄级可看出，香果树主要集中分布于 Ⅰ—Ⅱ 龄级（图 6-2-39 中 S1—S6）。Ⅰ龄

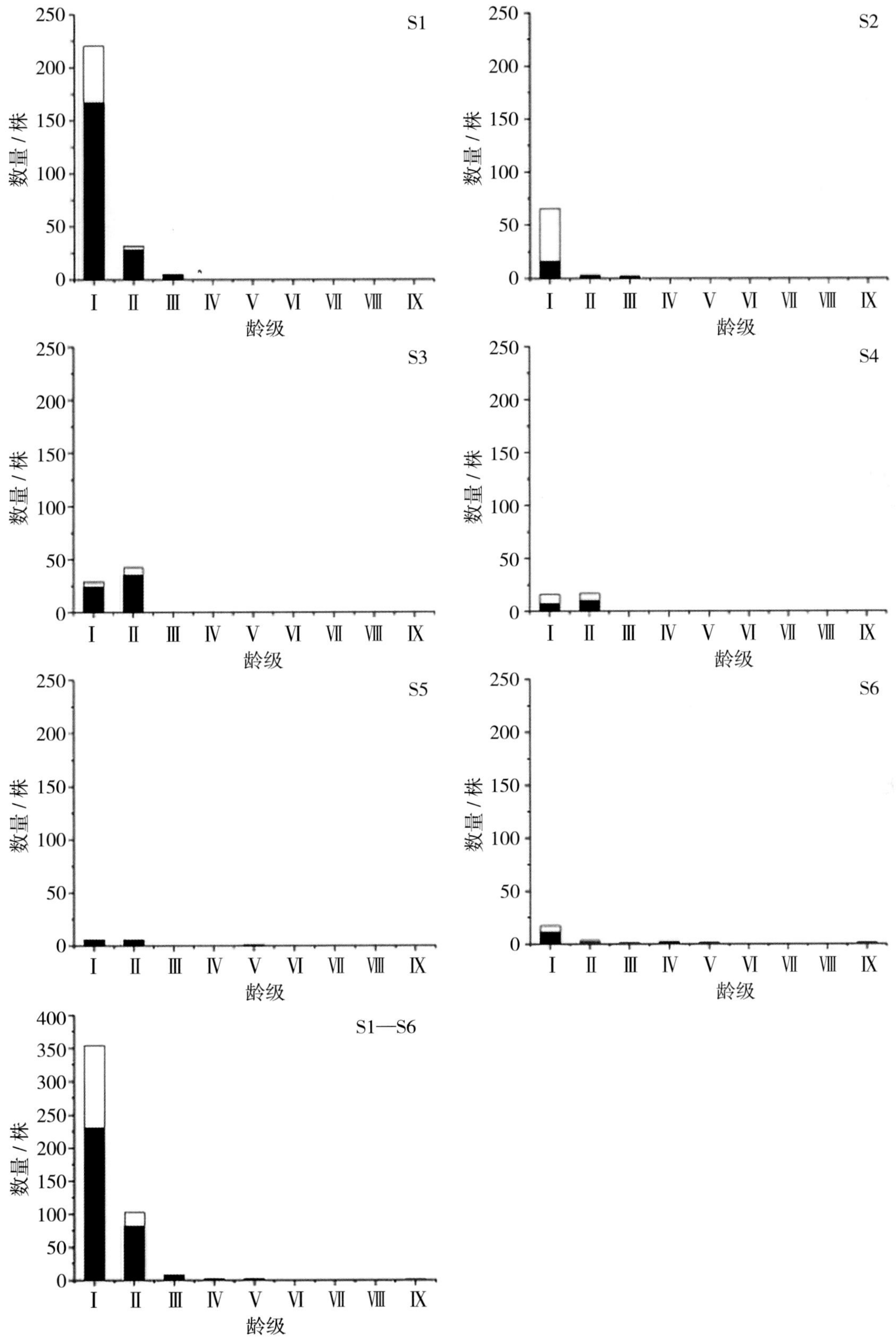

图 6-2-39　次生林香果树 6 个种群（S1—S6）的龄级结构
（白色表示萌生，黑色表示实生）

级个体数量为 354 株，占总体数量的 75.32%；Ⅱ龄级个体数量为 103 株，占总体数量的 21.91%；Ⅲ龄级、Ⅳ龄级、Ⅴ龄级和Ⅸ龄级分别有 8 株、2 株、2 株和 1 株香果树，4 个年龄级香果树数量和仅占总数量的 2.77%。其中，最大 1 株香果树分布于龙潭林场，DBH 为 50.64cm，高度达 16m。经曲线拟合，其实际年龄为 99.37 年，是目前所发现的江苏省最大的一株野生香果树植株。

从图 6-2-39（S1—S6）中也可以看出，香果树萌生植株占据一定的比例。实生植株 324 株，占总体数量的 68.94%；萌生植株 146 株，占总体数量的 31.06%。溧阳香果树植株萌生比例较大，可能与该处香果树所在的次生林在 20 世纪 90 年代遭受过人为砍伐有关。

从香果树分布的小种群来看，南山竹海风景区 5 个（S1—S5），龙潭林场 1 个（S6）。在南山竹海风景区 5 个香果树种群中，安鸡头山（S1）种群个体数量最多，共计 257 株（实生 200 株、萌生 57 株）。地轨终点处（S2）与地轨中部往下（S3）香果树数量次之，均为 71 株。其中，S2 实生 21 株，萌生 50 株，S3 实生 59 株，萌生 12 株。桃树岕（S4）数量较少，只有 33 株（实生 17 株，萌生 16 株）。龙潭林场香果树个体数量也较少，共 25 株（实生 16 株、萌生 9 株）。而深溪岕（S5）香果树数量最少，仅 13 株（实生 11 株，萌生 2 株）。从种群数量来看，次生林香果树主要分布在南山竹海风景区安鸡头山，这也是目前所知的江苏省野生香果树分布面积最大、数量最多的地区。

从不同香果树种群的年龄级个体数量分布来看，6 个香果树种群年龄均较小，主要集中于 0—20 年（Ⅰ龄级与Ⅱ龄级），种群中大径级个体很少，龄级缺失，部分斑块林下更新幼苗极少。这与 20 世纪 90 年代遭受过人为砍伐的情况相符合。

次生林香果树种群结构动态如表 6-2-32 所示，不同种群（S1、S2、S3、S4、S5 和 S6）与总体种群（S1—S6）中，其相邻年龄级间的种群数量动态变化均存在一定的波动，如香果树 S3 和 S4 种群Ⅰ—Ⅱ龄级，S5 种群Ⅳ—Ⅴ龄级，S6 种群的Ⅲ—Ⅳ龄级与Ⅷ—Ⅸ龄级的 V_n 值均为负数，说明这些相邻年龄级间的个体数量增加。但这 6 个种群及香果树整个种群的 V_{pi} 值均为正值，表明它们均属于增长型种群，不同种群增长性大小为：S2（0.93）＞ S1（0.77）＞ S6（0.73）＞ S5（0.54）＞ S4（0.49）＞ S3（0.47）。在随机干扰条件下，由于种群出现年龄级缺失，故其 V'_{pi} 值未能计算。

表 6-2-32　次生林中香果树种群结构动态

地点	V_1	V_2	V_3	V_4	V_5	V_6	V_7	V_8	V_{pi}	V'_{pi}
S1	0.86	0.12	1.00	0.00	0.00	0.00	0.00	0.00	0.77	
S2	0.96	0.33	1.00	0.00	0.00	0.00	0.00	0.00	0.93	
S3	−0.31	1.00	0.00	0.00	0.00	0.00	0.00	0.00	0.47	
S4	−0.06	1.00	0.00	0.00	0.00	0.00	0.00	0.00	0.49	
S5	0.00	1.00	0.00	−1.00	1.00	0.00	0.00	0.00	0.54	
S6	0.82	0.67	−0.50	0.50	1.00	0.00	0.00	−1.00	0.73	
S1—S6	0.71	0.92	0.75	0.00	1.00	0.00	0.00	−1.00	0.75	

生境片段化导致香果树种群在野外呈间断分布的小种群，原生林香果树分布于 4 个不同的区域（曲源头羊栏里只有群落数据），次生林香果树种群分布于 6 个不同的区域。片段化的生境能够对群落的物种组成与数量结构产生影响，同时影响种群的年龄结构与数量动态。年龄级结构能够反映植物个体在时间与空间上的分配差异（江波等，2018）。原生林的 3 个香果树种群中，P1 为逆 J 形，P2 与 P3 为间歇型，整个种群（P1、P2、P3）也呈现为逆 J 形。次生林的 6 个香果树种群中，S1 与 S2 为 L 形，S3 与 S4

为单峰型，S5 与 S6 为间歇型，而整个种群为逆 J 形。对原生林与次生林间断分布的香果树种群年龄结构的研究结果表明，不同分布区域的种群往往会呈现不同的年龄结构动态。这与安静等（2017）研究的异翅独尾草（*Eremurus anisopterus*）的种群结构与动态，以及江波等（2018）研究的巴山榧树（*Torreya fargesii*）的种群结构与动态的结果一致。而康华靖等（2007）与郭连金（2009）研究的香果树种群结构为衰退型，与我们的结果不一致。原因可能在于：取样方法不一致，我们研究中无性系分株作为独立植株，而康华靖等（2007）研究的大盘山香果树种群结构中，无性系分株只取最大一株；龄级划分方法不一致，我们研究中根据实际年龄划分年龄级，每 10 年为一等级，而康华靖等（2007）与郭连金（2009）按照五级立木法以径级代替年龄级划分等级；香果树在我国分布范围广泛，不同地区的生境特征，以及人为干扰等自然状况存在一定的差异。

虽然自然干扰（如火山爆发、地震和泥石流等）能够使生境发生片段化，但是人为干扰是导致这种现象最主要的因素（陈小勇等，2000）。次生林香果树群落在 20 世纪 90 年代遭受过大面积的人为砍伐，且该区域位于溧阳南山竹海景区内，受到一定程度的人为干扰，次生性质明显。因此，该地区香果树种群年龄偏小，75.32% 的个体年龄小于 10 年，21.91% 的个体年龄为 10—20 年，20 年以上个体极少，且龄级出现缺失。而原生林香果树种群龄级完整，0—10 年的个体占 40.70%，10—20 年的个体占 35.80%，其余 23.50% 的个体均为 20 年以上。次生林与原生林香果树种群年龄结构差异明显，最主要的原因在于人为的砍伐使得溧阳次生林中残留的大径级个体极少，大部分小径级个体（0—20 年的个体）均为砍伐后通过种子繁殖或萌生出的个体；而淳安原生林由于地处偏远，海拔高，受人为活动的影响很少，香果树种群保存良好，因此种群中保存了相当数量的大径级个体。

② 静态生命表和存活曲线。根据野外调查数据，将原生林 3 个香果树种群与次生林 6 个香果树种群分别编制种群静态生命表（表 6-2-33）。

表 6-2-33　香果树种群静态生命表

群落类型	龄级	a_x	a_x^*	l_x	$\ln l_x$	d_x	q_x	L_x	T_x	e_x	K_x	S_x
原生林	Ⅰ	191	191	1000	6.91	120	0.12	940	1982	1.98	0.13	0.88
	Ⅱ	168	168	880	6.78	702	0.80	529	1042	1.19	1.60	0.20
	Ⅲ	43	34	178	5.18	31	0.18	162	513	2.88	0.19	0.82
	Ⅳ	17	28	147	4.99	32	0.22	131	351	2.39	0.24	0.79
	Ⅴ	15	22	115	4.75	31	0.27	99	220	1.91	0.32	0.73
	Ⅵ	15	16	84	4.43	32	0.38	68	120	1.44	0.47	0.63
	Ⅶ	5	10	52	3.96	31	0.60	37	52	1.00	0.92	0.40
	Ⅷ	5	4	21	3.04	16	0.75	13	16	0.75	1.39	0.25
	Ⅸ	10	1	5	1.66			3	3	0.50	1.66	0.00
次生林	Ⅰ	354	354	1000	6.91	808	0.81	596	1045	1.05	1.65	0.19
	Ⅱ	108	68	192	5.26	42	0.22	171	449	2.34	0.25	0.78
	Ⅲ	3	53	150	5.01	43	0.29	129	278	1.86	0.33	0.72
	Ⅳ	2	38	107	4.68	42	0.40	86	150	1.40	0.50	0.61
	Ⅴ	2	23	65	4.17	42	0.65	44	64	0.98	1.06	0.35
	Ⅵ	0	8	23	3.12	20	0.88	13	20	0.88	2.08	0.13
	Ⅶ	0	1	3	1.04	0	0.00	3	7	2.50	0.00	1.00
	Ⅷ	0	1	3	1.04	0	0.00	3	4	1.50	0.00	1.00
	Ⅸ	1	1	3	1.04			1	1	0.50	1.04	0.00

原生林香果树种群静态生命表表明，香果树种群的期望寿命值（e_x）在Ⅰ—Ⅲ龄级存在波动，在Ⅲ龄级出现最大值。Ⅳ—Ⅸ龄级中，随着龄级增大，种群期望寿命值逐渐降低。死亡率（q_x）在Ⅱ龄级和Ⅷ龄级出现一个小高峰，Ⅱ龄级出现高峰的原因可能是香果树个体迈入成年阶段占据林冠层时，种内竞争强度增大。Ⅲ—Ⅷ龄级中，死亡率逐级增加，这是香果树种群正常的生理死亡现象。

次生林香果树种群静态生命表表明，在Ⅱ与Ⅶ龄级种群的期望寿命值（e_x）各出现一个小高峰，Ⅶ龄级期望寿命达到最大，Ⅸ龄级最小。死亡率（q_x）在Ⅰ龄级与Ⅵ龄级较高。香果树种群在Ⅰ龄级出现高死亡率的原因可能是香果树幼苗、幼树低龄级的个体数量多，竞争能力弱，很难通过外界强烈的环境筛选作用而死亡。Ⅵ龄级个体死亡率较高的原因可能是成年个体种内竞争强烈。

从香果树种群存活曲线（图 6-2-40）可以看出，不管是原生林还是次生林，香果树种群成活率均随着年龄级的增加而下降；但原生林在Ⅱ龄级，次生林在Ⅰ和Ⅵ龄级的下降幅度更明显。应用 Hett 和 Loucks 的指数函数、幂函数对溧阳与淳安香果树种群的存活曲线类型进行检验，运用 SPSS 统计分析软件进行拟合，方程如下：

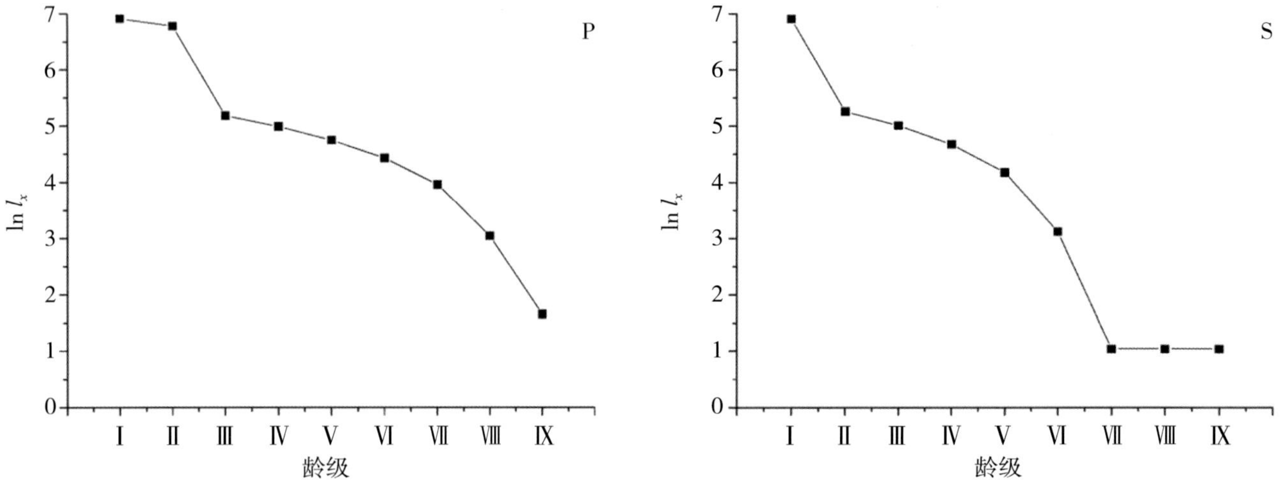

图 6-2-40　香果树种群存活曲线

P. 原生林；S. 次生林

原生林：

$$N_x=8.94e^{-0.15x}\ (F=35.43,\ R^2=0.84,\ P=0.00)$$

$$N_x=8.72x^{-0.50}\ (F=13.74,\ R^2=0.67,\ P=0.01)$$

根据模型，原生林香果树种群的存活曲线为 Deevey Ⅱ型。

次生林：

$$N_x=10.814e^{-0.27x}\ (F=44.69,\ R^2=0.87,\ P=0.00)$$

$$N_x=10.43x^{-0.91}\ (F=16.20,\ R^2=0.70,\ P=0.01)$$

根据模型，次生林香果树种群的存活曲线为 Deevey Ⅱ型。

③ 分布格局。对淳安原生林与溧阳次生林中的香果树种群进行单变量分析发现，不管是原生林还是次生林香果树种群在所有尺度下$\hat{L}_{11}(r)$值均位于上包迹线上方，为聚集分布（图 6-2-41）。这可能与香果树种子沿母树传播，萌生能力较强有关。

用单变量$\hat{L}_{11}(r)$分析淳安原生林与溧阳次生林香果树种群各龄级空间格局动态（图 6-2-42），结果表明：淳安原生林香果树种群不同龄级空间分布格局与溧阳次生林有所差异。原生林中小树$\hat{L}_{11}(r)$

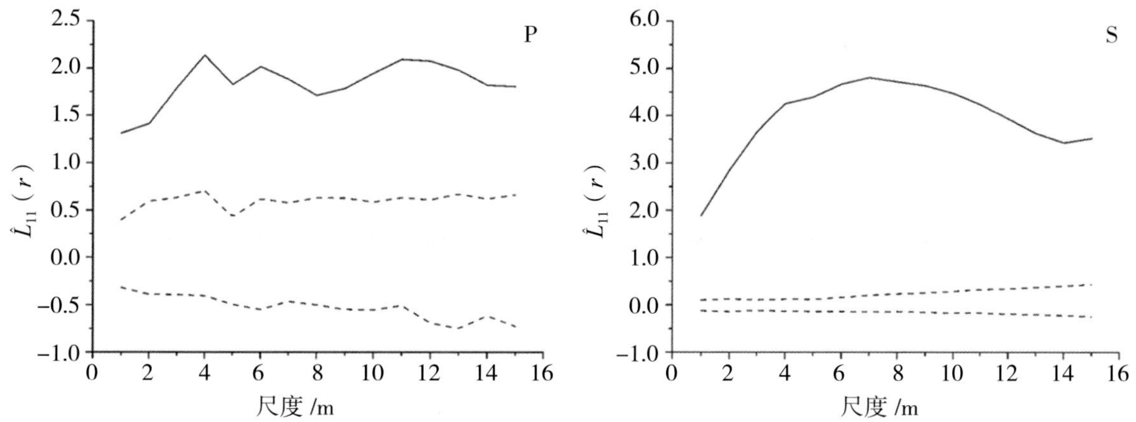

图 6-2-41 香果树种群空间分布格局

P. 原生林；S. 次生林

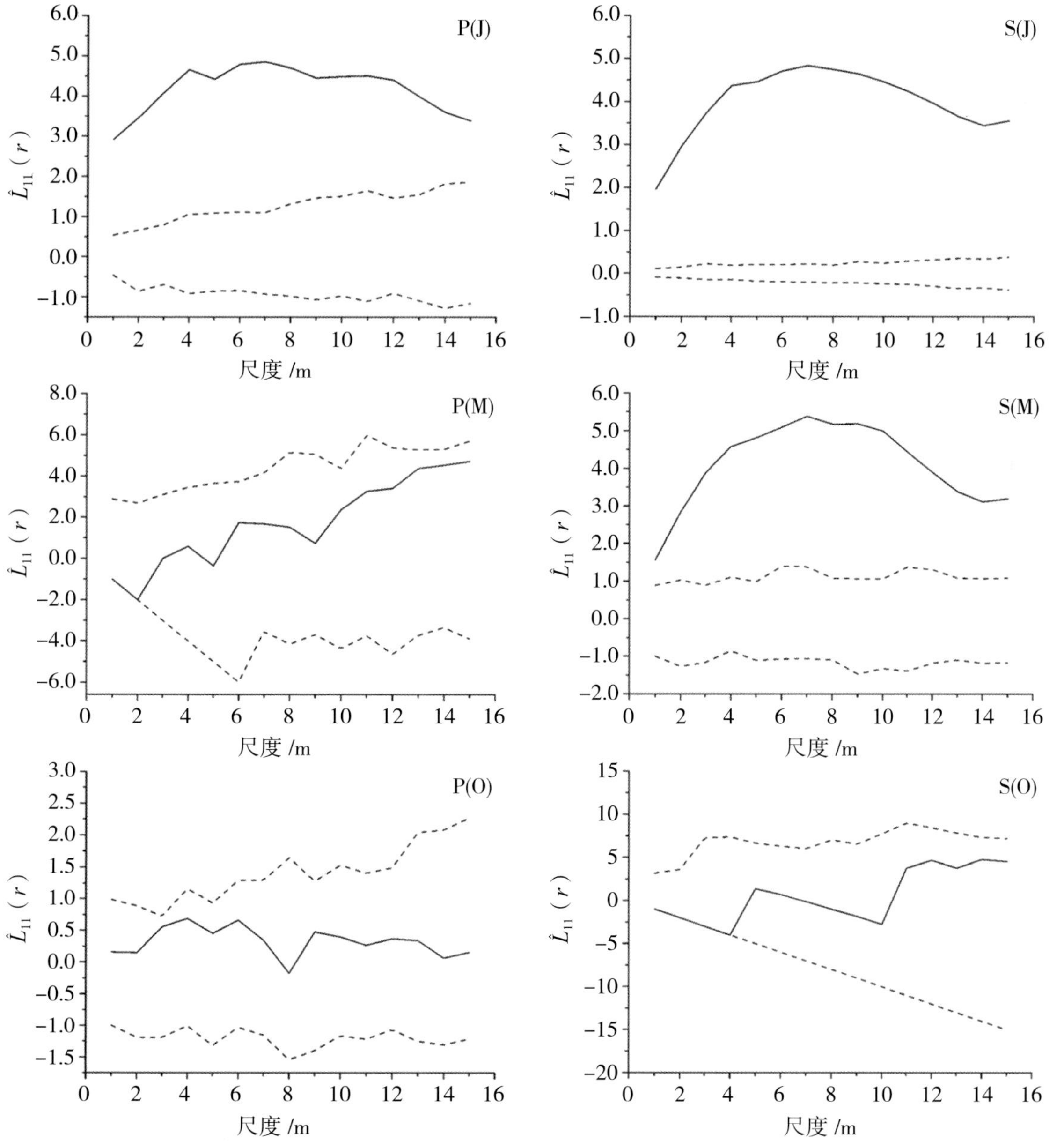

图 6-2-42 香果树种群不同龄级空间分布格局

P. 原生林；S. 次生林；J. 小树，M. 中树，O. 大树值在所有尺度下均超出上包迹线，呈现集群分布。中树在0—1m尺度下$\hat{L}_{11}(r)$值与下包迹线重合，接近或达到均匀分布；而在1—15m尺度下，$\hat{L}_{11}(r)$值落在上下包迹线构成的置信区间之间，呈现出随机分布。大树在所有尺度下$\hat{L}_{11}(r)$值落在上下包迹线构成的置信区间之间，为随机分布。总体来看，原生林香果树个体随着年龄的增长，空间分布格局由聚集分布转向随机分布。

次生林香果树种群的小树与中树个体在所有尺度下，$\hat{L}_{11}(r)$值均超出上包迹线，呈现集群分布，小树分布格局与原生林一致，中树则出现较大的差异。大树在0—4m尺度下$\hat{L}_{11}(r)$值与下包迹线重合，接近或达到均匀分布，而在4—15m尺度下，$\hat{L}_{11}(r)$值落在上下包迹线构成的置信区间之间，呈现出随机分布，与原生林空间格局一致。总体来看，次生林中香果树随着年龄的增长，也为聚集分布趋于随机分布。

用双变量$\hat{L}_{12}(r)$分析浙江淳安原生林与江苏溧阳次生林中香果树种群不同龄级空间关联性（图6-2-43）。在原生林中，小树与中树在0—9m尺度下$\hat{L}_{12}(r)$值落在上下包迹线之间，表现为空间无关联，

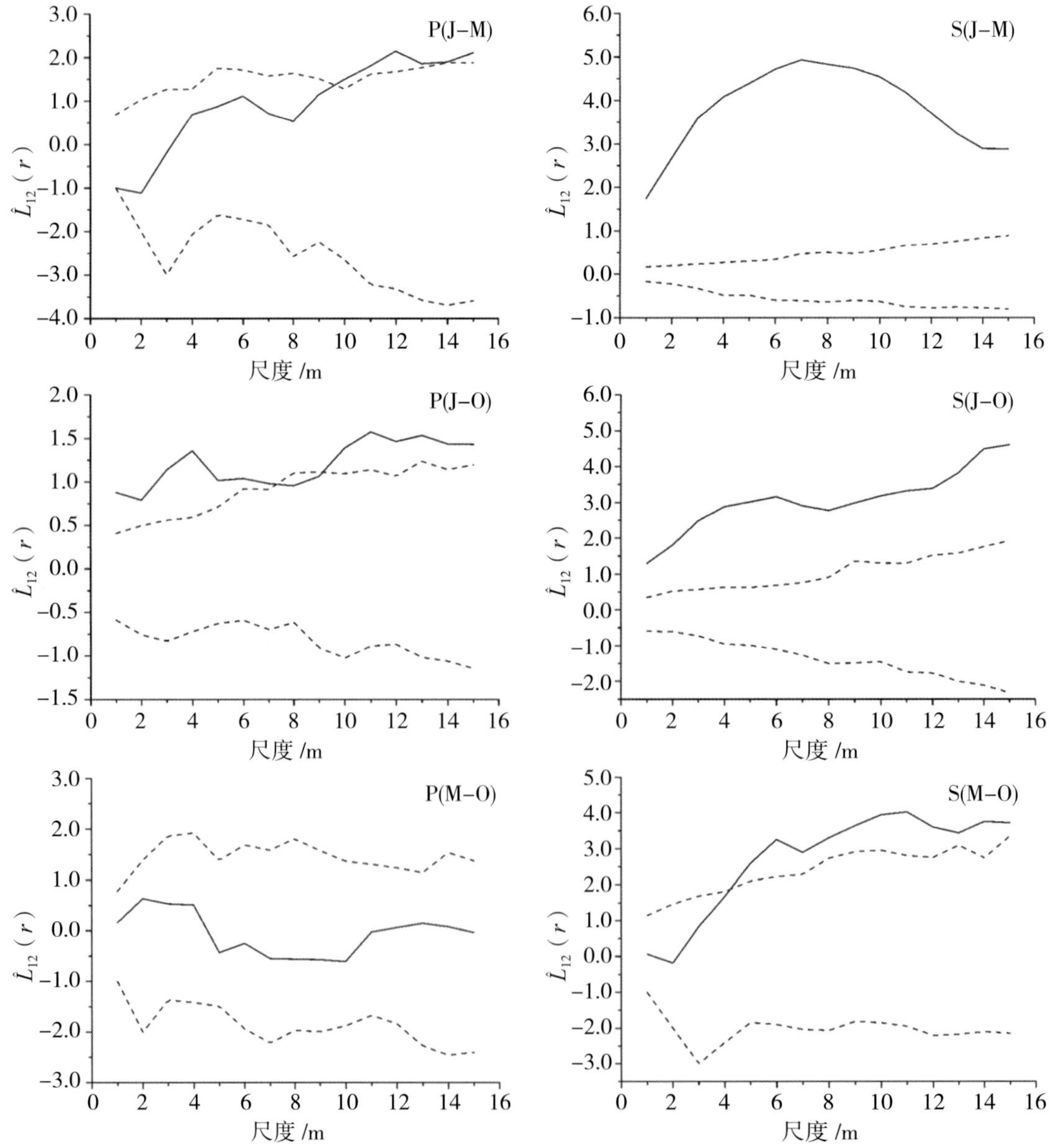

图 6-2-43 香果树种群不同龄级间空间关联性

P. 原生林；S. 次生林；J. 小树，M. 中树，O. 大树

在 9—15m 尺度下$\hat{L}_{12}(r)$值又落在上包迹线上方，为空间正关联。小树与大树在 0—7m 与 9—15m 尺度下为空间正关联，在 7—9m 尺度下无空间关联性。中树与大树在所有尺度上$\hat{L}_{12}(r)$值落在上下包迹线之间，呈空间无关联。

在次生林中，小树与中树、小树与大树在所有尺度下$\hat{L}_{12}(r)$值均落在上包迹线上方，表明小树与中树、小树与大树在空间上为正关联。中树与大树在 0—4m 尺度上$\hat{L}_{12}(r)$值落在上下包迹线之间，呈空间无关联，在 4—15m 尺度下$\hat{L}_{12}(r)$值又落在上包迹线上方，由空间无关联变为空间正关联。

比较研究原生林与次生林香果树种群的空间格局，不但能有效评估原生林与次生林群体的生长状况，还能为濒危物种野生群体的恢复提供重要依据。康华靖等（2007）应用相邻格子样方法分析了浙江省大盘山香果树种群的分布格局，结果也显示香果树整体上呈聚集分布。这与本研究的结果一致。而比较不同森林类型香果树的聚集强度，淳安原生林$\hat{L}_{11}(r)$值位于 1—2 之间，溧阳次生林$\hat{L}_{11}(r)$值位于 2—5 之间，次生林的聚集强度远大于原生林。原因有以下 3 点：一是淳安原生林林龄较大，1500m^2 样地内最大个体直径 50.32cm（97.74 年），平均个体直径 15.21cm（23.29 年），种内自疏作用强，个体相距较远；溧阳次生林林龄较小，1500m^2 样地内最大个体直径 20.70cm（20.95 年），平均个体直径 2.24cm（8.24 年），幼苗幼树多，个体间相距较近。二是淳安原生林萌生个体数量相对较少（22.39%），种群密度相对较低（493 株 /hm^2）；而溧阳次生林遭人为砍伐后萌生个体数量多（31.06%），种群密度大（1800 株 /hm^2）。三是溧阳因人为干扰形成的次生林，生境异质性强，种群传播受到限制，个体间聚集强度大；原生林经过长期的演化，生境总体上趋于稳定，由于种内自疏作用，而使得聚集强度减小。这与 Fibich 等（2016）研究的新几内亚岛原生林与次生林结果相似。

原生林与次生林中均有一定数量的幼苗，且均表现为聚集分布。幼苗密度过大，使得部分个体难以通过环境的筛选而死亡，因此建议辅以人工移栽野生苗至适宜生境中，以减少扦插繁殖成本，增加成活率，增大野生种群规模。

种群的龄级结构体现了该种群的动态变化及其潜在的发展趋势。在原生林与次生林样地中均呈现小树集群分布、大树随机分布的现象。可能原因有以下 4 点：一是与香果树母树种子传播的限制有关。香果树果实为蒴果，种子具翅，由于果实重力的作用及周围大树对种子传播的阻碍，种子多散布在母树周围。由种子萌发产生的幼树或小树聚集在一起，形成大规模的斑块。二是与香果树的萌生能力有关。香果树较强的萌蘖能力，常可萌生出幼苗，加剧了低龄级的香果树个体在小尺度范围内的集群分布状态。三是与香果树种内的竞争作用有关。随着龄级的增加，个体对自然资源的需求能力增强，在种内和种间容易产生竞争作用，竞争加剧使生长过密的个体产生自疏和他疏，导致原生林与次生林中较大龄级个体呈现出了随机分布。四是与大径级个体的随机死亡有关。受种群个体密度的制约，随着年龄的增大，种群的死亡率逐渐升高（Getzin et al.，2006）。徐卫红等（2010）应用信息维数分析了武夷山香果树空间分布格局，康华靖等（2007）应用相邻格子样方法分析了大盘山香果树种群的空间格局，其结果均表示随着龄级的增大，香果树个体由聚集分布转向随机分布，这与本研究结果相似。此外，一些学者研究的其他珍稀植物的空间格局及格局动态也表示低龄级下集群分布与高龄级下随机分布的格局是由种子传播限制、环境异质性与种内种间竞争等综合因素所导致的（杨清培等，2014；李肇晨等，2015；许强等，2016）。

原生林与次生林香果树种群不同龄级间的相互作用基本上呈现为大树对小树的促进作用，只有原生林在 7—8m 尺度下$\hat{L}_{12}(r)$值位于上下包迹线之间，表现为空间无关联。主要原因在于：香果树群落中岩石裸露度高，土壤稀薄；大多幼苗根部位于土壤表层或横走于岩石缝间；大树适当遮阴，可为幼苗提供适宜的地上环境。另外大树庞大根系系统的固土保水作用，有利于幼树对水分及营养物质的吸收，为幼苗提供了适宜的地下环境。在原生林中，中树与小树在小尺度下无关联，大尺度下正关联；大树与中树在所有尺度下均无相关性；而次生林中，中树和小树在所有尺度下为正关联；大树与中树在小尺度下无关联，大尺度下正关联。可能原因是随着小树个体的增大，种内的自疏作用以及自身生存能力的加强，使其可以脱离母树的庇护而独立生长。总体来看，次生林中大树对小树、中树对小树、大树对中树的正关联强度明显高于原生林。可能原因是次生林香果树林龄小，正处于发展阶段，且个体数量多，种群密度大，种内关联强度大；原生林已经发展到一定阶段，群落处于稳定状态，种内关联强度较小。植物群落种间关联性是研究群落发展现状与趋势的重要方面，然而我们仅对香果树种内格局动态与空间关联性进行了研究。彭焱松等（2013）研究香果树与毛竹的空间关联性表明，毛竹与香果树个体表现为空间负关联。溧阳次生林位于南山竹海景区内，次生群落四周皆为毛竹，且有少数毛竹已经入侵至香果树群落内。因此，一方面须加强对香果树种群的动态监测，尤其应关注不同龄级香果树的生长状况；另一方面须密切关注次生林中的毛竹，以及林缘毛竹种群的生长与种群扩展，以防止毛竹的生态入侵。

需注意的是，对于香果树等间断分布的种群进行野外调查取样时，应该在全面调查的基础上，根据其种群分布特点（单株散生还是片状分布），尽可能对不同的种群进行充分取样，以增加样本的代表性。否则，所得结论可能难以真实反映该物种的真实情况。

人为活动的影响加剧了香果树生境的破碎化。溧阳次生林中护林人员对森林砍伐或清理影响了种群的扩展。因此，我们根据同一地区不同香果树种群年龄结构特点及原生林与次生林年龄结构的比较研究，建议对该种的保护应该侧重于：尽可能减少人为活动的干扰，禁止游客入林，培训护林人员识别并保护香果树个体；对于现有间断分布的香果树个体，可以考虑结合人为措施加强其种群间的迁移或交流，从而降低局部种群的灭绝风险；营造合适的生境斑块，便于种群间的扩展与交流。

（5）南方红豆杉

① 种群结构和更新方式。落叶阔叶林和针阔混交林中野化南方红豆杉分别有 506 株和 412 株。这些南方红豆杉已经发展成为一个自然更新的野化种群。两个林分子代南方红豆杉的更新方式分别为实生（80.72%）和萌生（19.28%）（图 6–2–44）。针阔混交林中有南方红豆杉萌生个体 84 株，占总数 412 株的 20.39%；落叶阔叶林中，萌生个体有 93 株，占总数 506 株的 18.38%。两林分南方红豆杉的萌生植株多为幼苗（DBH < 2.5cm）。在每个林分中，萌生方式包括 4 种类型：根蘖萌生、残桩萌生、机会萌生和根颈萌生。

南方红豆杉野化种群林分特征见表 6–2–34。落叶阔叶林野化种群分布面积为 20365m^2，针阔混交林野化种群分布面积为 58170m^2。落叶阔叶林的子代南方红豆杉数为 506 株，针阔混交林的子代南方红豆杉数为 412 株。此外，除活冠层比（LCR）外，落叶阔叶林后代的南方红豆杉的平均胸径、树高和枝下高均大于针阔混交林。例如，落叶阔叶林（n=506）和针阔混交林（n=412）的平均胸径分别为 3.89 ± 0.12cm 和 3.08 ± 0.12cm，差异有统计学意义（双样本 t 检验：t=4.812，df=916，P=0.00）（表 6–2–35），说明落叶阔叶林的南方红豆杉生长状况好于针阔混交林。就 DBH ≥ 5cm 的南方红豆杉而言，针阔混交林中南方红豆杉的平均高度和 LCR 均大于落叶阔叶林（双样本 t 检验：t=–5.023，df=238，P=0.00；t=–2.901，df=238，P=0.004）；两个林分间的南方红豆杉的平均胸径和枝下高差异不显著（双样本 t 检验：t=1.041，df=238，P=0.299；t=0.341，df=238，P=0.734）。

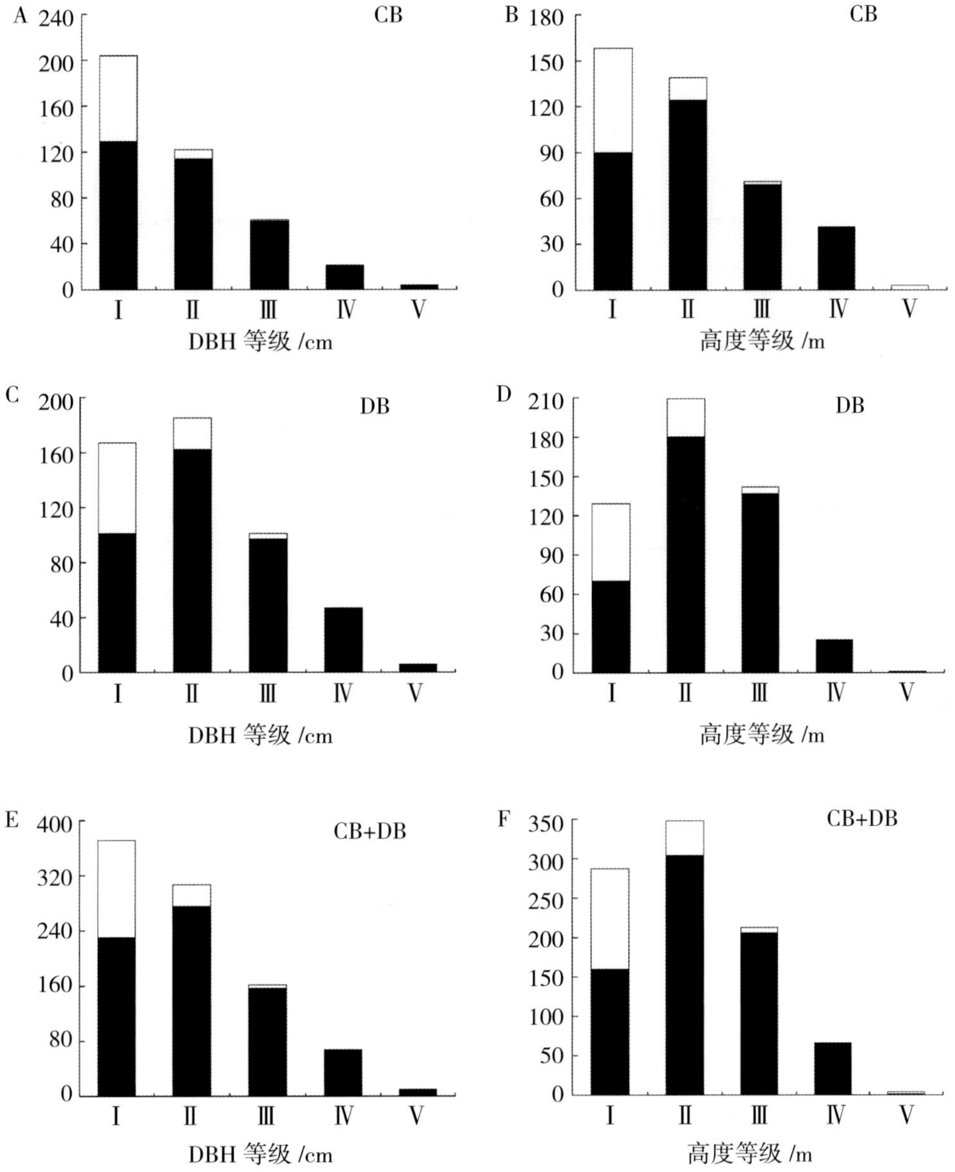

图 6-2-44 落叶阔叶林（DB）和针阔混交林（CB）中南方红豆杉野化种群的胸径和高度等级

（白色表示萌生，黑色表示实生）

表 6-2-34 南方红豆杉野化种群林分特征

项目	落叶阔叶林	针阔混交林
东经 /（°）	118.8267—118.8300	118.8236—118.8269
北纬 /（°）	32.0582—33.0625	32.0586—32.0612
海拔 /m	41—74	47—63
坡度 /（°）	30	35
坡向	西南	东南
南方红豆杉种群分布面积 /m^2	20365	58170
南方红豆杉个体数 / 株	506	412
南方红豆杉最大 DBH/cm	17.90	12.29
南方红豆杉最大高度 /m	8.70	8.50
南方红豆杉距母株最远距离 /m	350	365

表 6-2-35 两种林分中野化南方红豆杉的平均胸径、树高、枝下高和活冠层比

林型	平均 DBH/cm		平均树高 /m		平均枝下高 /m		平均活冠层比	
	DBH ≥ 5cm	总计	DBH ≥ 5cm	总计	DBH ≥ 5cm	总计	DBH ≥ 5cm	总计
针阔混交林	6.92 ± 0.16^a（n=86）	3.08 ± 0.12^b（n=412）	5.69 ± 0.13^a（n=86）	2.92 ± 0.09^b（n=412）	1.20 ± 0.10^a（n=86）	1.20 ± 0.04^b（n=412）	0.65 ± 0.02^a（n=86）	0.58 ± 0.01^a（n=412）
落叶阔叶林	7.18 ± 0.16^a（n=154）	3.89 ± 0.12^a（n=506）	4.96 ± 0.08^b（n=154）	3.19 ± 0.07^a（n=506）	2.04 ± 0.07^a（n=154）	1.47 ± 0.08^a（n=506）	0.58 ± 0.01^b（n=154）	0.5 ± 0.05^a（n=506）

注：不同字母表示在统计学上有显著差异（$P < 0.05$）。

在地理位置、海拔、坡度，以及与母株的最远距离等方面，两林分中南方红豆杉的生长条件非常相似（表 6-2-36）。从样带 A 到样带 B 再到样带 C，两个林型中的子代南方红豆杉数量逐渐减少，表明距离母树越远，子代的南方红豆杉越少。

表 6-2-36 野化南方红豆杉在两种林分中的平均密度（株 /400m^2）

样带	落叶阔叶林			针阔混交林			野化种群		
	DBH < 5cm	DBH ≥ 5cm	总计	DBH < 5cm	DBH ≥ 5cm	总计	DBH < 5cm	DBH ≥ 5cm	总计
A	8.72 ± 1.80^a	4.64 ± 1.03^a	13.68 ± 2.67^a（n=342）	7.38 ± 2.36^a	3.63 ± 1.19^a	11.00 ± 2.91^a（n=176）	8.20 ± 1.42^a	4.24 ± 0.77^a	12.63 ± 1.97^a（n=518）
B	3.56 ± 0.92^b	0.92 ± 0.24^b	4.48 ± 1.05^b（n=112）	6.00 ± 0.79^{ab}	1.44 ± 0.49^b	7.44 ± 1.16^{ab}（n=119）	4.51 ± 0.66^b	1.12 ± 0.24^b	5.63 ± 0.81^b（n=231）
C	0.76 ± 0.31^b	0.40 ± 0.20^b	0.96 ± 0.42^b（n=24）	2.00 ± 0.53^b	0.50 ± 0.27^b	2.50 ± 0.75^b（n=40）	1.24 ± 0.29^c	0.44 ± 0.16^b	1.56 ± 0.40^c（n=64）

注：不同字母表示在统计学上有显著差异（$P < 0.05$）。

从各林分中南方红豆杉野化种群的大小级分布来看，其种群结构呈扩大的趋势（图 6-2-44）。从胸径上看，两种林分中大多数个体属于第Ⅰ和第Ⅱ大小级。此外，DBH < 5cm 的南方红豆杉在落叶阔叶林中有 326 株（79.13%），在针阔混交林中有 352 株（69.57%）。换句话说，这两个森林中的南方红豆杉都以幼苗和树苗为主。在高度上，针阔混交林内大部分个体属于前两级；然而，在落叶阔叶林和整个野化种群中，大多数个体都属于前 3 级，这表明大多数南方红豆杉的高度小于 6m（图 6-2-44）。在胸径和树高上，两林分的成年南方红豆杉只有 240 株（26.14%）（DBH ≥ 5cm）和 68 株（7.41%）（$h \geq 6$m）。整体而言，树高的大小级分布与胸径分布相似。

我们的研究表明，南方红豆杉野化种群的不同龄级间的相互作用大多表现为无关联性，只有龄级Ⅰ与Ⅱ在 1—4m 和 10—15m 下呈正关联；龄级Ⅰ与Ⅲ在 6—13m 下呈负关联。王磊等（2010）在分析皖南山区南方红豆杉天然种群的点格局时指出，该种随着龄级级差的增加，其幼龄个体与同种其他个体之间的空间负关联逐渐显现，而相邻龄级的个体在空间分布上则相互独立，关联性很小。南京紫金山南方红豆杉野化种群的种内联结性，从总体上看与其较为类似。这可能表明，南方红豆杉的种内联结与不同龄级存在很大的关系。

种内联结性是指同一物种不同龄级个体在空间分布上的相互关联性，其成因不仅涉及环境条件的均匀性、干扰程度与过程、历史因素的作用（王磊等，2010），而且还与群落中动植物关系、所研究的空间尺度、目的物种和其他优势种的邻接效应等相关。如 Martínez 等（2010）对西班牙西北部一个落叶阔

叶林中的欧洲红豆杉（*Taxus baccata*）等 5 个优势种的空间关联性进行研究，结果发现：欧洲红豆杉在小尺度上为正联结，在中尺度上为负联结；不同物种的种间联结性变化很大。

与自然种群相类似，本研究中南方红豆杉的幼龄个体对光照、水分、土壤养分等需求较小，而随着个体的增大，成年个体之间的竞争激烈，该种与其他物种以及周围环境条件的关系也将发生变化，因此其不同龄级的关联性也会随之改变。调查发现，样地中的幼苗大多为种子萌发的实生苗，其幼苗不仅来源于附近的母株，也来源于样地中较大的植株。因此，我们推测鸟类对其种子的传播及环境资源的利用等因素是南方红豆杉种内联结性的重要成因。然而，由于南方红豆杉在自然界广泛分布于不同植被类型、不同海拔以及不同生境类型中，而目前对于该种的相关报道极少，因此其自然种群与野化种群的种内联结性研究均有待于今后进一步加强。

② 空间分布格局。南方红豆杉野化种群不同龄级的分布格局及其与尺度的关系见图 6-2-45。龄级Ⅰ个体在 1—4m 的小尺度下随机分布，4—10m 中尺度下为集群分布，而在 10—15m 的大尺度下又表现为随机分布。龄级Ⅱ个体在所有尺度下均呈现集群分布，且集群程度随着尺度范围的增大呈现上升的趋势。龄级Ⅲ个体在样方内所有尺度下均表现为随机分布。因此，南方红豆杉野化种群的分布格局随着龄级的增加呈现由集群趋于随机分布；但总体上看，该种群所有个体在不同尺度下均呈现为集群分布的特征。

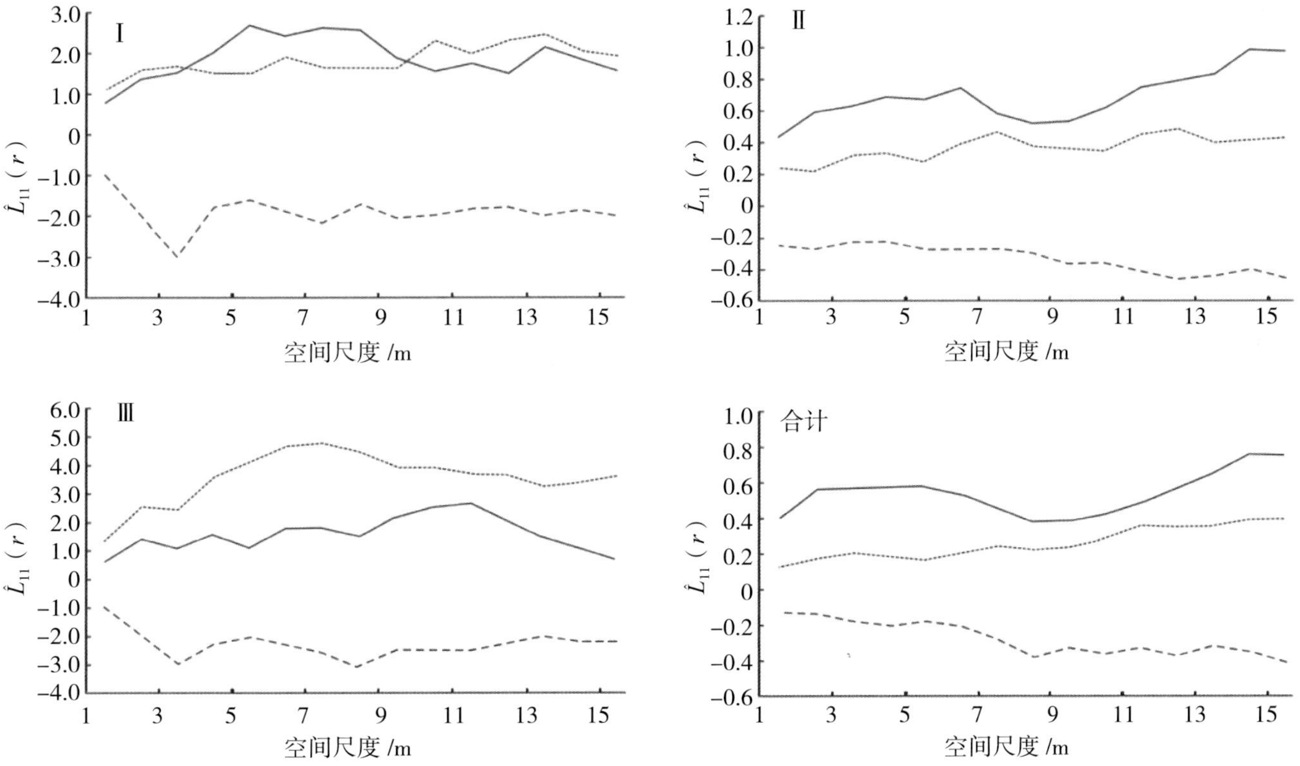

图 6-2-45　南方红豆杉野化种群不同龄级的空间分布格局
（虚线部分表示置信区间，实线表示函数值）

南方红豆杉野化种群不同龄级间的空间关联见图 6-2-46。南方红豆杉龄级Ⅰ与Ⅱ的个体中，在 1—4m 小尺度和 10—15m 大尺度下呈现正关联，而在 4—10m 中尺度下无显著关联；龄级Ⅰ与Ⅲ的个体在 1—6m 和 13—15m 尺度下无显著关联，而在 6—13m 尺度下呈现负关联。在不同尺度下，相邻龄级Ⅱ与Ⅲ个体间在空间分布上均无显著关联。

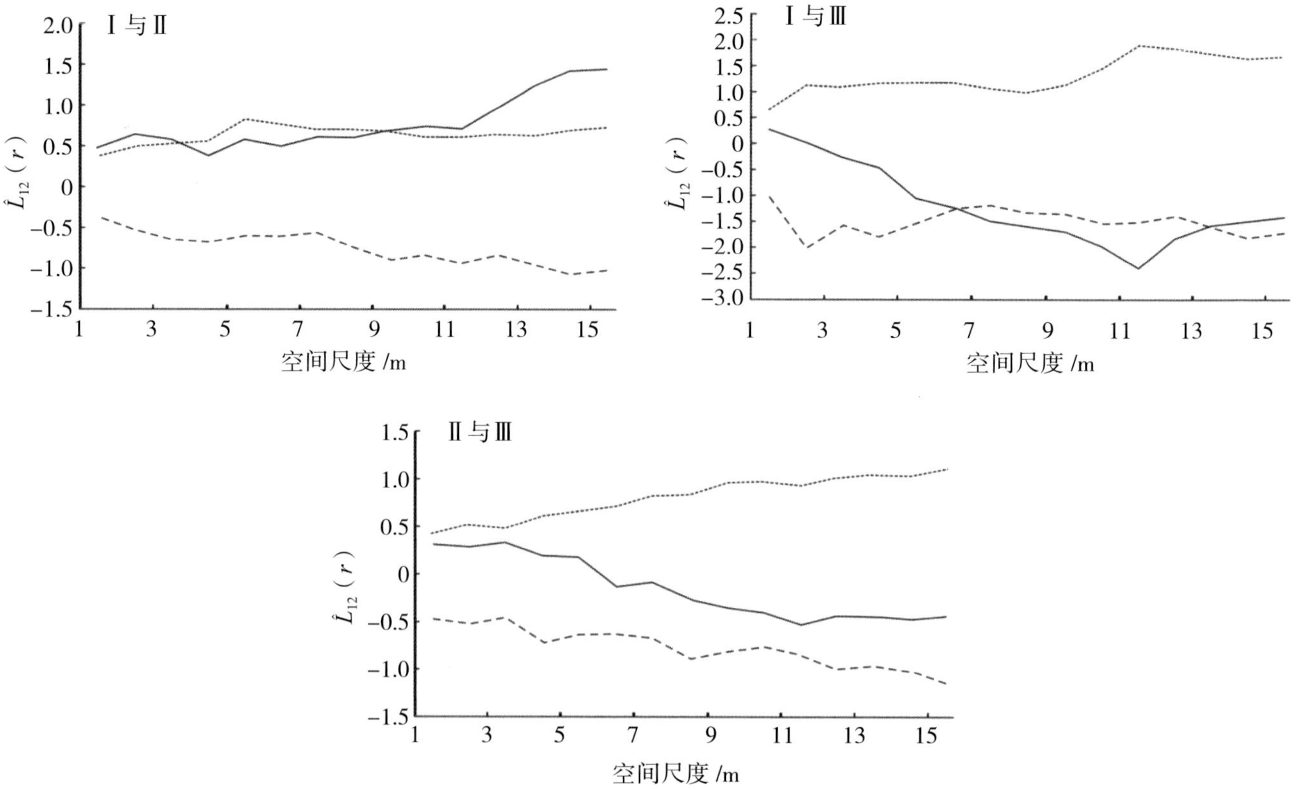

图 6-2-46　南方红豆杉野化种群不同龄级间的空间关联
（虚线部分表示置信区间，实线表示函数值）

③ 结构多样性。混合指数（M_i）在两个样地之间的区别不大（图 6-2-47）。在 A 样地中，超过 80% 采样点的参考木的所有邻近木都不是南方红豆杉（M_i=1.00），或者只有一棵邻近木（M_i=0.67）是南方红豆杉。样地 B 与样地 A 表现出相似的格局，而且两个样地中 M_i=1.00 的均占了较大的比例，表明南方红豆杉面临着高强度的种间竞争。相比之下，A 样地有很少的参考木附近分布着 3 株同种的邻近木（M_i=0.00），而 B 样地所有参考木周围均没有 3 株南方红豆杉作为邻近木。

树间距指数（D_i）描述了参考树与最近的 3 棵邻近木之间的平均距离。我们以 1m 步长为标准，将所有采样点分为 5 类（图 6-2-47）。在 A 样地和 B 样地中占比较高的树间距离分别为 2—3m（48.0%）和 1—2m（65.0%）。A 样地（n=62）和 B 样地（n=56）参考木与邻近木的平均距离分别为 2.34 ± 0.09m 和 1.86 ± 0.07m。

胸径差异指数（TD_i）和高度差异指数（HD_i）反映了参考木周围 3 个最近邻近木胸径和树高方面的变化。TD_i/HD_i 的值越高，表明树与树的大小越相近。南方红豆杉野化种群的胸径 / 高度的差异变化为中等水平；对于大多数采样点，邻近木的平均大小比参考木树大 30%—70%，表明存在中等到较大程度的差异。

与其他邻近木相比，高于 10m 的邻近木（称为“大邻近木”）有更大的树冠和胸径。为了比较大邻近木（$h \geqslant$ 10m）在不同条件下对南方红豆杉生长的影响，我们将 118 个结构单元划分为 4 类：0 个、1 个、2 个、3 个大邻近木。结果表明：大多数参考木只有一棵大邻近木，这样的参考木有 50 株，占参考木总数的 42.37%。

已有研究表明，南方红豆杉是典型的耐阴树种，在幼年期更为明显（Li et al.，2021）。植物耐阴性作为一种重要的生活史性状，它受到植物个体发育和当地环境条件的影响（Valladares and Niinemetsü，2008）。在所调查的这两个群落样地中，随着时间的推移南方红豆杉的高度均有所增加，但生长非常缓慢，

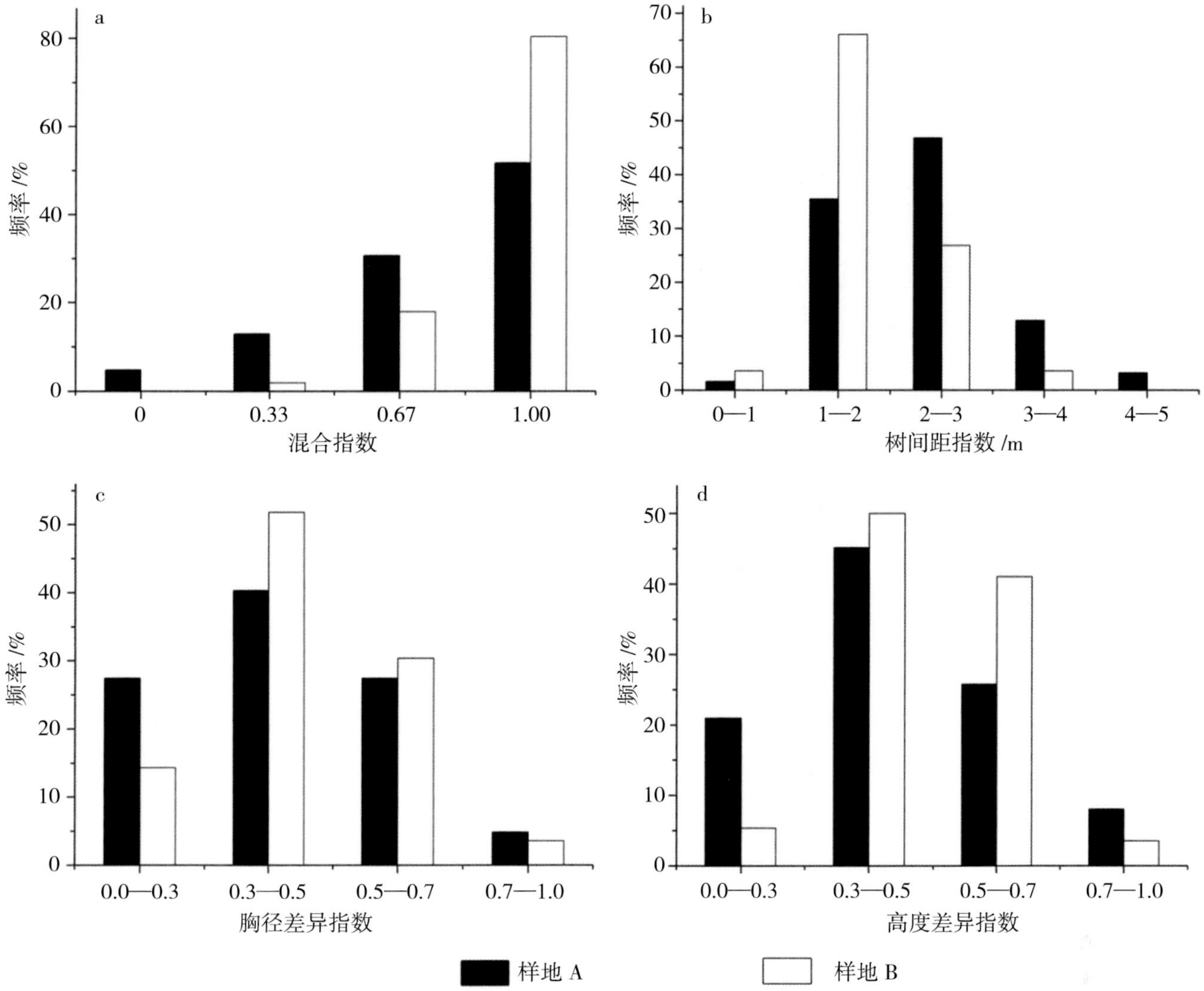

图 6-2-47　南京紫金山两个样地南方红豆杉野化种群结构多样性
（n=118 个结构单元）

同时其胸径、枝下高和活冠比也随之增加（表 6-2-35）。枝下高表征树木的耐阴程度，活冠层比表示树木的活力，即南方红豆杉长得越高，越有活力。因此，随着这些南方红豆杉向群落的林冠层生长，它们可能需要更多的环境资源。然而，样地中南方红豆杉生长最好的条件是在单个大树（$h \geqslant 10$m）的情况下（Zhang et al.，2018）。考虑到许多森林的环境资源（如营养元素、水分等）是有限的，在没有任何大树作为邻近木的情况下，南方红豆杉的树高或直径增长应该是最好的，然而事实并非如此。样地中南方红豆杉植株（子代）在邻近的单个大树下分布最多，其树高、胸径、活冠层比均达到最大值，而不是在没有大树或者周围有 2—3 棵大树的情况下。根据结构指数的结果（图 6-2-47），两个样地的南方红豆杉可能面临来自最近邻居的激烈竞争，因为我们发现它们与邻近的树木非常接近（$<$ 3m），而邻近的树木大多是非南方红豆杉，它们植株较大，因此在高度和胸径差异方面均处于优势地位。由此可见，在其他条件相同的情况下，南方红豆杉在 2 棵或 3 棵相邻的大树下生长时，与只在 1 棵大树下生长相比，会面临更激烈的竞争。高径级南方红豆杉个体（DBH $\geqslant$ 4.0cm）呈随机分布，而不同胸径级南方红豆杉总体上呈块状空间分布。因此，我们有理由认为样地中南方红豆杉在耐阴性和生长之间存在着功能权衡。

南方红豆杉野化种群通常生长在潮湿的山谷、山坡和开阔的山坡上。它是一种耐阴树种，分布于针叶林、常绿阔叶林和针阔混交林中。这些森林中的大多数优势树种，如枫香树、水青冈、苦槠、青冈等，能够为南方红豆杉提供适宜的生存和生长环境。据推测，南京中山植物园的南方红豆杉野化种群分布的次生林已有 70 多年，次生林中的优势树种不少胸径大于 40cm。这些次生林位于排水良好、人为干扰少、土壤深、有机质丰富的山坡上（李伟等，2014）。因此，分布有南方红豆杉野化种群的次生林的上述特征都为南方红豆杉子代的繁殖和生长创造了有利条件，即群落生境和种源促使了南方红豆杉野化种群的形成。

8 个南方红豆杉母株的树龄仅 65 年。实际上，野生南方红豆杉的树龄可达 1000—1600 年（南程慧等，2009）。南方红豆杉生长缓慢，需要 35 年以上的时间才能开始结出种子（茹文明等，2006）。据推测，自 20 世纪 90 年代以来，植物园内 3 株生长状态良好的南方红豆杉母株的雌株每年都会产生种子（Zhang et al.，2018）。此外，南方红豆杉母株距野化种群的距离不远（小于 400m）（表 6-2-34）。因此，繁殖旺盛的南方红豆杉母株每年应该能够提供丰富的种子用于传播。

动物介导的种子传播也是野化种群扩散的关键因素。鸟类食用并传播母株。南方红豆杉种子有肉质假种皮，具黏性、甜味，营养丰富。种子成熟时，它的种皮会变红。一般来说，红色是觅食鸟类注意到的最引人注目的颜色（Gagetti et al.，2016）。邓青珊等（2010）发现 6 种鸟类［红嘴蓝鹊（*Urocissa erythrorhyncha*）、灰喜鹊（*Cyanopica cyana*）、白头鹎（*Pycnonotus sinensis*）、虎斑地鸫（*Zoothera dauma*）、红尾鸫（*Turdus naumanni*）和乌灰鸫（*Turdus hortulorum*）］在南方红豆杉的树上吞食种子，并证明了在迁地保护中，鸟类在南方红豆杉野化种群的建立中发挥了重要作用。南京紫金山有大面积的次生林和生活在其中的各种鸟类。朱琼琼和鲁长虎的研究表明（2007），红嘴蓝鹊和白头鹎是南京中山植物园南方红豆杉成熟种子传播的主要媒介。此外，与白头鹎相比，红嘴蓝鹊更活跃。当它们寻找种子时，它们可能会飞到距离母株南方红豆杉 300—400m 的森林中（邓青珊等，2010）。此外，一条小溪将研究地点的落叶阔叶林一分为二（图 6-2-23），这也可能影响鸟类的活动。这两种鸟类通常成群（大多 3—5 只）飞行、觅食、栖息，它们喜欢生活在小溪或河流等水源附近。因此，我们认为这种植物、动物相互作用可能导致落叶阔叶林的南方红豆杉子代多于针阔混交林。

此外，李宁等（2020）认为，啮齿动物在浙江省天目山南方红豆杉的种子清除中发挥了重要作用。啮齿动物的储藏和搬运也可以促进种子的远距离传播。据报道，南京紫金山的啮齿动物可以觅食 3 种栎属植物的坚果（刘长渠等，2016）。因此，我们推测该地区的啮齿动物也可能以南方红豆杉的种子为食，从而可能有助于南方红豆杉种子的传播和幼苗的更新。

因此，占地 $7hm^2$ 的 900 株南方红豆杉野化种群的建立可能原因是其种子通过鸟类觅食和运输，且靠近南方红豆杉母株附近的次生林为子代南方红豆杉的种子萌发和萌枝更新提供了适宜的栖息地。

贺善安等（2007）报道，南京紫金山有南方红豆杉 461 株，个体呈随机分布，但未提及种群的格局测定方法。我们运用点格局法分析南方红豆杉野化种群的空间分布格局，结果发现：随着龄级的增加，该种群具有从集群分布趋于随机分布的趋势。这与广西元宝山国家级自然保护区的南方红豆杉天然种群的格局动态相类似，即种群分布格局由低龄级向高龄级呈现出集群转为随机分布（李先琨等，2003）。但从总体上看，南方红豆杉野化种群的分布格局呈现集群分布（图 6-2-45）。究其原因，可能主要与其生物学特性有关。由于南方红豆杉生长缓慢，低龄级的个体数较多，低龄级个体的植株较小，需要的养分、水分等资源量较少，竞争能力较弱，因此低龄级主要呈现集群分布。而随着龄级的增加，植物的资源需求量增大，种内竞争及种间竞争势必加剧，由此导致自疏或他疏，因此高龄级个体在样地中的数量较少，并在所有尺度下表现为随机分布。结合上述分析，南方红豆杉野化种群的格局是由物种的生物学特性及其与环境条件共同作用的结果。

在过去的几十年中，南方红豆杉通过迁地保护已经扩散到南京中山植物园和紫金山附近的不同次生林中，其种群规模和分布面积不断增加。虽然根据我们的实地调查，这些野化种群目前还没有结出种子，但我们预测其将在2025—2030年开花并结出种子。因此，在不久的将来，子代南方红豆杉可以看作一个可自我维持的自然更新种群。

我们调查和分析了南京紫金山南方红豆杉的种群规模、分布面积、更新方式和野化种群结构。这些结果不仅可以为今后南方红豆杉的保护和管理提供重要的基础数据，也为保护中国分布的南方红豆杉属的其他濒危物种提供参考。例如：在迁地保护的地点，通过引种植物与当地动物的相互作用，其繁殖体（如种子或果实）可能会扩散到附近合适的栖息地，形成新的野化种群，这是对迁地保护的有益补充。

与此同时，尽管缺乏对当地多样性影响的实际证据，但我们认为这种野化种群的扩大可能会影响南京紫金山次生林的物种多样性。首先会影响次生林林下幼苗的更新。子代南方红豆杉作为一种耐阴树种，其幼苗在次生林下深厚肥沃的土壤能良好生长。目前，落叶阔叶林和针阔混交林的南方红豆杉幼苗和幼树数量均超过300株（表6-2-34），这可能对林下幼苗的种类、丰度、更新方式和生长性能产生严重影响。其次会影响次生林的演替。南方红豆杉是一种常绿树种。目前研究区域最大的南方红豆杉高8.70m，胸径17.90cm（表6-2-34）。一方面，南方红豆杉在继续生长过程中可能需要更多的环境资源（光、水、空间等），进而引发激烈的种内竞争；另一方面，随着树高和胸径的增加，这些南方红豆杉可能会遭受来自其伴生树种的激烈的种间竞争。这些竞争将不可避免地进一步影响现有次生林的进展演替。

目前，南京紫金山共有鸟类70余种，其中6种以南方红豆杉种子为食。最常见的两种能够吞食带假种皮的南方红豆杉种子的鸟类是红嘴蓝鹊和白头鹎。实际上，除了南方红豆杉，这些鸟类还觅食其他物种的果实或种子，如香樟、桑、构树等。如果子代南方红豆杉开始结出种子，由于其假种皮味甜、红色、营养丰富，该种可能比本地植物种类能吸引更多的鸟类传播其种子，这可能会引起似然竞争。长远地看，这将会影响本地植物的繁殖、分布和生长。

迄今为止，研究区域的南方红豆杉野化种群尚未采取任何管理措施。因此，基于我们的研究结果，建议关注这一野化种群的增长和扩散，同时应将该种群纳入植物园栽培植物管理目标，并尽快同时纳入紫金山次生林保护管理体系。

三、植物群落大小

沿海滩涂湿地是单位面积上生态服务价值最高的生态系统之一，它不仅具有多种经济与生态功能，而且具有重要的应用与科学价值（吴统贵等，2008）。而滩涂湿地植被是其中重要的组成部分，是湿地生态系统中的第一性生产力，它具有调节气候、保滩护岸、维护生物多样性等多种生态功能。

近年来，对滩涂植被的研究主要集中在利用遥感技术对滩涂湿地植被资源（黄华梅等，2007；管玉娟和张利权，2008）、滩涂湿地中外来入侵种的生物学特性（王卿等，2006；鲍芳和石福臣，2007）及滩涂湿地植物群落的开发利用等，对湿地植物群落的物种多样性研究相对较少（刘文治等，2006），而对不同生境条件下湿地植被的群落类型、群落特征等研究更为少见。

江苏省地处中国东部沿海地区中部，位于长江、淮河流域下游，濒临黄海，境内海岸线长达954km。全省湿地资源极为丰富，共有湿地282.19万hm^2，其中自然湿地194.59万hm^2，占湿地总面积的

68.96%；人工湿地 87.59 万 hm^2，占湿地总面积的 31.04%。江苏省自然湿地包括近海与海岸湿地、湖泊湿地、河流湿地、沼泽湿地等类型。其中，滨海湿地面积约占自然湿地总面积的 1/2。这一类型包括潮间泥滩、沙滩、盐碱海滩、潮间沼泽、盐裸地等，分布在从南通市启东市以北至盐城市滨海以南的大丰、响水、东台等市县，为亚洲最大的潮间淤泥质滨海湿地。其盐城市滨海湿地为《中国湿地保护行动计划》中的国家重要湿地，江苏盐城湿地珍禽国家级自然保护区、江苏大丰麋鹿国家级自然保护区为国际重要湿地（徐惠强，2012）。

因此，我们根据最近两年对盐城市、连云港市和南通市等地滨海湿地的调查，分析江苏滨海湿地的现状植被特征，从草丛、灌丛和森林 3 个方面分析并比较江苏沿海植物群落和内陆植物群落的大小。

（一）滨海湿地植物群落大小研究

1. 调查区域概况

根据《全国湿地资源调查技术规程（试行）》及 2009 年江苏省湿地资源调查，江苏省有滨海湿地 106.23 万 hm^2，主要包括近海与海岸湿地、人工湿地两大类（姚志刚等，2014）。

（1）近海与海岸湿地

江苏省有近海与海岸湿地面积 99.22 万 hm^2，占江苏湿地总面积的 35.16%，共有 7 个湿地型。其中浅海水域面积 44.49 万 hm^2，占该类湿地总面积的 44.84%，分布遍及整个江苏省沿海近海，从灌南县兴庄河口至连云港市西墅村、启东市蒿枝港至启东嘴稳定型淤泥海岸、盐城市射阳河口至南通市东灶港淤长型淤泥质海岸，以及位于射阳县新洋港至南通市遥望港之间海域的辐射沙洲群；海域海底坡度小，浅海水域湿地向海辐射可达数千米。淤泥质海滩面积 41.86 万 hm^2，占该类湿地总面积的 42.19%，主要分布于灌南县兴庄河口至连云港市连云区西墅村、连云港市大板至盐城市射阳河口、盐城市射阳河口至南通市东灶港、南通市东灶港至启东市蒿枝港、启东市蒿枝港至启东嘴。潮间盐水沼泽面积 4.20 万 hm^2，占该类湿地总面积的 4.23%，主要分布于淤泥质海滩分布区的潮间带和潮上带区域。岩石海岸面积 188.45hm^2，占该类湿地总面积的 0.02%，主要分布于连云港市连云区西墅村至烧香河入海口北。沙石海岸面积 1.51 万 hm^2，占该类湿地总面积的 1.52%，主要分布于连云港市海州湾北部的绣针河口至灌南县兴庄河口，滩面沉积物以淤泥质粉砂、粗粉砂为主。河口水域面积 4.77 万 hm^2，占该类湿地总面积的 4.80%，主要分布于长江北支、盐城市射阳河、射阳县海河镇入海水道、废黄河、灌河等入海河口。三角洲（沙洲、沙岛）面积 2.38 万 hm^2，占该类湿地总面积的 2.40%，主要分布于射阳县新洋港至南通市遥望港之间海域。江苏省近海与海岸湿地分布行政区范围涉及连云港、盐城、南通 3 个市，其中连云港市 10.81 万 hm^2，盐城市 53.12 万 hm^2，南通市 35.28 万 hm^2，3 个市行政范围包括赣榆区、海州区、连云区、灌云县、灌南县、响水县、滨海县、射阳县、大丰区、东台市、海安市、如东县、通州区、海门区、启东市 15 个县（市、区）（徐惠强，2012）。

（2）人工湿地

江苏滨海湿地区域内有人工湿地 87.59 万 hm^2，占江苏湿地总面积的 31.04%。其中盐田面积 1.42 万 hm^2，占滨海湿地总面积的 1.33%；水产养殖场面积 5.60 万 hm^2，占滨海湿地总面积的 5.27%。在长期利用和改造近海与海岸湿地过程中，除围垦作为农业种植、港口或工业用地外，部分滨海自然湿地被开发为盐田、水产养殖场、季节性水稻田等人工湿地，虽然自然生态属性显著改变，但是这些人工湿地在候鸟迁徙季节为鸟类提供了重要的觅食场所。特别是在滨海自然湿地面积快速减少的境况下，这些人工湿地的生态价值对沿海鸟类生物多样性保护就显得尤为重要。

2. 样方设置与调查方法

按照行政区划，江苏省重要湿地（滨海湿地区域）从北到南依次为连云港市、盐城市、南通市。根据前期调查并结合相关文献资料，在这 3 个城市的沿海滩涂分别设置 2 个、6 个、3 个调查样区开展维管植物种类和植被类型调查，共计 11 个调查样区（表 6-3-1）。根据每个调查样区的生境特点，在每个样区中分别设置 1—5 个数量不等的调查地点。调查时以样区为单位，在调查样区对不同的调查地点分别设置调查样线和调查样方。

为了比较江苏滨海湿地调查范围内的不同生境类型下植物群落的大小，我们将从海边滩涂至内陆的第二道海堤（老海堤）作为划分界线。将在老海堤附近的调查区域作为内陆地区；而将第一道海堤（新海堤）至海边的区域作为沿海地区。根据野外调查资料，整理两个区域的不同植被类型（包括草丛、灌丛和森林），并比较两者的植物群落大小。

表 6-3-1 江苏省重要湿地（滨海湿地区域）植物调查样区布设

城市	调查样区编号	行政区域	调查地点
连云港市	1	连云港市赣榆区	赣榆沿海湿地
	2	连云港市连云区	连云港临洪口湿地
盐城市	3	盐城市响水县	灌东盐场
	4	盐城市射阳县	射阳河口湿地
	5	盐城市射阳县	江苏盐城湿地珍禽国家级自然保护区
	6	盐城市大丰区	江苏大丰麋鹿国家级自然保护区
	7	盐城市东台市	东台蹲门湾湿地
	8	盐城市东台市	东台条子泥湿地
南通市	9	南通市如东县	如东小洋口湿地
	10	南通市如东县	如东东凌湿地
	11	南通市启东市	蒿枝港湿地

野外调查工作安排在 2022 年夏秋两季进行，在 8 月上旬和 9 月下旬对江苏省重要湿地（滨海湿地区域）开展植物种类和植被现状调查。主要采取样线法在样区内进行物种组成的调查，全面调查、鉴定样线两侧 5m 范围内的所有维管植物，其中对野外存疑植物，珍稀、濒危植物进行拍照、录像或采集标本带回室内鉴定。统计时，维管植物包括蕨类植物、裸子植物和被子植物。其中，被子植物又分为双子叶植物和单子叶植物。蕨类植物根据 PPG 分类系统，裸子植物根据 GPG 分类系统，被子植物根据 APG IV 分类系统。植物的中文名称及拉丁学名主要参考修订版《江苏植物志》（1—5 卷）、《中国植物志》（中文版）和 *Flora of China*（英文版），以及中国生物物种名录 2022、植物智（http://www.iplant.cn/）等网站信息。此外，在野外调查植物种类时，对野生种和栽培种分别统计，其中栽培种包括调查区域内常见的果树、蔬菜及常见的庭园和绿化观赏植物。

在资料搜集、野外调查和样线调查的基础上，针对江苏省重要湿地（滨海湿地区域）分布的不同植被类型及地形地貌特点，选择每个样区集中分布的不同群落片段，采用典型样地法、每木调查法和 Braun-Blanquent 多盖度等级法进行样地调查，每个样方的面积大于或等于群落的表现面积。根据群落的不同类型、地形等特点，采用巢式样方法确定群落的表现面积。具体方法为：乔木群落，样方面积 100—400m^2（10m×10m 至 20m×20m）；灌木群落，平均高度大于 3m 的样方面积 16m^2（4m×4m），平均高度在 1—3m 的样方面积 4m^2（2m×2m），平均高度小于 1m 的样方面积 1m^2（1m×1m）；草本植物，平均高度大于 2m 的样方面积 4m^2（2m×2m），平均高度在 2m 以内的样方面积 1m^2（1m×1m）。

对于森林群落，调查时分层设置样方。

首先，在乔木层设置一个面积为 100—400m^2 的调查样方，采用每木调查法记录乔木层植物的种名、株数、物候期、生活型、生长状况及结实情况，测量其胸径、树高、枝下高、冠幅（长与宽）等。

其次，在乔木层的每个调查样方中分别设置一个 4m×4m 或 2m×2m 的样方进行灌木层植物的调查，记录灌木层植物的种名、株数、物候期、生活型、生长状况、结实情况，测量其胸径、树高等。

最后，在灌木层的每个调查样方中分别随机设置一个 2m×2m 或 1m×1m 的草本层样方，采用 Braun-Blanquent 多盖度等级法记录草本层植物的种类、高度、多盖度等级等。

（二）滨海湿地主要的内陆植物群落

1. 草本植物群落大小

根据野外调查资料分析，江苏内陆区域的草本植物群落主要包括外来入侵植被（草丛）、高草草丛和低草草丛。

（1）外来入侵植被

①加拿大一枝黄花群落。加拿大一枝黄花为菊科多年生草本，主要生长在河滩、荒地、公路两旁、农田边、农村住宅四周，其根状茎发达，繁殖力极强，传播速度快，生长优势明显。在调查范围内，加拿大一枝黄花群落主要分布于道路两边及荒地（图 6-3-1）。群落高度 0.7—1.2m，总盖度通常为 70%—

图 6-3-1 加拿大一枝黄花群落（如东县小洋口）

80%。该草丛呈斑块状分布，群落层次不够分明，建群种或优势种主要为加拿大一枝黄花，其重要值为91.69。同时混生有小蓬草、长舌野青茅（*Deyeuxia arundinacea* var. *ligulata*）和芦苇等少数草本植物（表6-3-2）。

表 6-3-2 加拿大一枝黄花群落不同物种重要值

种名	相对频度/%	相对多盖度/%	重要值/%
草本层			
加拿大一枝黄花 *Solidago canadensis*	91.24	92.14	91.69
小蓬草 *Erigeron canadensis*	1.78	2.46	2.12
长舌野青茅 *Deyeuxia arundinacea* var. *ligulata*	1.78	2.46	2.12
拂子茅 *Calamagrostis epigeios*	1.78	2.46	2.12
芦苇 *Phragmites australis*	0.11	0.25	0.18
田菁 *Sesbania cannabina*	0.11	0.25	0.18

②小蓬草群落。小蓬草为菊科一年生草本，常生长于旷野、荒地、田边和路旁，为一种常见的杂草。在调查范围内，小蓬草群落主要分布于路旁和养殖塘附近的荒地（图6-3-2）。该草丛的群落种类组成较为简单，群落高度为0.6—1.3m，总盖度75%—85%。群落层次不够分明，建群种或优势种主要为小蓬草，其重要值为91.62。同时混生有田菁、野大豆和钻叶紫菀等少数草本植物（表6-3-3）。

图 6-3-2 小蓬草群落（连云港市东西连岛）

表 6-3-3　小蓬草群落不同物种重要值

种名	相对频度 /%	相对多盖度 /%	重要值 /%
草本层			
小蓬草 *Erigeron canadensis*	90.87	92.36	91.62
田菁 *Sesbania cannabina*	1.76	2.46	2.11
狗牙根 *Cynodon dactylon*	1.76	2.46	2.11
野大豆 *Glycine soja*	1.76	2.46	2.11
钻叶紫菀 *Symphyotrichum subulatum*	0.13	0.25	0.19

③钻叶紫菀群落。钻叶紫菀为菊科一年生草本，生长在山坡灌丛中、草坡、沟边、路旁或荒地。在调查范围内，钻叶紫菀群落主要分布于海边滩涂路旁的高地（图 6-3-3）。群落优势种明显，主要为钻叶紫菀，伴生种主要有碱蓬、互花米草、牛筋草等。群落高度 0.7—0.9m，总盖度通常为 70%—80%。

图 6-3-3　钻叶紫菀群落（滨海县三支渠）

④牵牛群落。牵牛为旋花科一年生缠绕草本，生于山坡灌丛、干燥河谷路边、园边宅旁、山地路边，或为栽培。在调查范围内，牵牛群落主要分布于路旁（图 6-3-4）。群落高度约 0.6m，总盖度通常为 95%。该草丛的群落种类组成较为简单，群落层次不够分明，建群种或优势种主要为牵牛，其重要值为 96.06。同时混生有田菁、刺槐和猪毛蒿等少数木本和草本植物（表 6-3-4）。

图 6-3-4　牵牛群落（如东县小洋口）

表 6-3-4　牵牛群落不同物种重要值

种名	相对频度 /%	相对多盖度 /%	重要值 /%
草本层			
牵牛 *Ipomoea nil*	95.37	96.75	96.06
田菁 *Sesbania cannabina*	1.04	1.55	1.29
刺槐 *Robinia pseudoacacia*	1.04	1.55	1.29
猪毛蒿 *Artemisia scoparia*	0.03	0.15	0.09

（2）高草草丛

①香蒲群落。香蒲为香蒲科多年生水生或沼生草本，生于湖泊、池塘、沟渠、沼泽及河流缓流带。在调查范围内，香蒲群落主要分布于海堤内侧的河沟中（图 6-3-5）。群落优势种明显，主要为香蒲，通常在水体中（远离岸边）可形成单优群落；而在近岸处，有时有少量伴生种，主要为芦苇、野大豆、喜旱莲子草等。群落高度为 0.9—1.2m，总盖度通常为 70%—90%。

②芦苇群落。芦苇为禾本科多年生草本，根状茎十分发达，产于全国各地，生于江河湖泽、池塘沟渠沿岸和低湿地。在调查范围内，芦苇群落主要分布于近海岸湿地和海堤内侧的荒地中（图 6-3-6）。群落优势种明显，主要为芦苇，伴生种主要有碱蓬、野艾蒿、野大豆、田菁等。群落高度变化较大，从 0.4—2.6m 不等，总盖度通常为 80%—95%。

图 6-3-5　香蒲群落（启东市蒿枝港）

图 6-3-6　芦苇群落（响水县灌东盐场）

芦苇群落在调查区域内分布广泛，根据野外调查结果，现对5个调查样区中芦苇群落的结构特征进行如下分述。

1号调查样区：该草丛的群落种类组成较为简单，群落高度约为1.3m，总盖度80%左右。建群种或优势种主要为芦苇，其重要值为87.03。同时混生有野大豆、碱蓬和虎尾草等少数草本植物（表6-3-5）。

表6-3-5　1号调查样区芦苇群落不同物种重要值

种名	相对频度/%	相对多盖度/%	重要值/%
草本层			
芦苇 *Phragmites australis*	86.34	87.72	87.03
野大豆 *Glycine soja*	4.96	5.85	5.40
碱蓬 *Suaeda glauca*	4.96	5.85	5.40
虎尾草 *Chloris virgata*	0.37	0.58	0.48

3号调查样区：该草丛的群落种类组成较为简单，群落高度约为1.4m，总盖度90%左右。建群种或优势种主要为芦苇，其重要值为96.84。同时混生有碱蓬和互花米草等少数草本植物（表6-3-6）。

表6-3-6　3号调查样区芦苇群落不同物种重要值

种名	相对频度/%	相对多盖度/%	重要值/%
草本层			
芦苇 *Phragmites australis*	96.53	97.15	96.84
碱蓬 *Suaeda glauca*	1.97	2.59	2.28
互花米草 *Spartina alterniflora*	0.13	0.26	0.19

5号调查样区：该草丛的群落种类组成较为简单，群落高度为0.6—0.9m，总盖度70%—80%。建群种或优势种主要为芦苇，其重要值为91.92。同时混生有雀麦（*Bromus japonicus*）、长裂苦苣菜和野艾蒿等少数草本植物（表6-3-7）。

表6-3-7　5号调查样区芦苇群落不同物种重要值

种名	相对频度/%	相对多盖度/%	重要值/%
草本层			
芦苇 *Phragmites australis*	91.47	92.36	91.92
雀麦 *Bromus japonicus*	1.98	2.46	2.22
长裂苦苣菜 *Sonchus brachyotus*	1.98	2.46	2.22
野艾蒿 *Artemisia lavandulifolia*	1.98	2.46	2.22
小蓬草 *Erigeron canadensis*	0.17	0.25	0.21

9号调查样区：该草丛的群落种类组成较为简单，群落高度约为0.9m，总盖度80%左右。建群种或优势种主要为芦苇，其重要值为87.74。同时混生有互花米草和盐地碱蓬等少数草本植物（表6-3-8）。

表 6-3-8　9 号调查样区芦苇群落不同物种重要值

种名	相对频度/%	相对多盖度/%	重要值/%
草本层			
芦苇 *Phragmites australis*	87.24	88.24	87.74
互花米草 *Spartina alterniflora*	4.37	5.88	5.13
盐地碱蓬 *Suaeda salsa*	4.37	5.88	5.13

10 号调查样区：该草丛的群落种类组成较为简单，群落高度约为 1.3m，总盖度 80% 左右。建群种或优势种主要为芦苇，其重要值为 90.66。同时混生有野大豆和田菁等少数草本植物（表 6-3-9）。

表 6-3-9　10 号调查样区芦苇群落不同物种重要值

种名	相对频度/%	相对多盖度/%	重要值/%
草本层			
芦苇 *Phragmites australis*	89.86	91.46	90.66
野大豆 *Glycine soja*	5.22	6.10	5.66
田菁 *Sesbania cannabina*	1.73	2.44	2.08

③芦竹群落。芦竹为禾本科多年生草本，生于河岸道旁、沙质壤土中。在调查范围内，芦竹群落主要分布于海堤内侧的河沟边（图 6-3-7）。群落优势种明显，主要为芦竹，伴生种主要有芦苇、野艾蒿、野大豆等。群落高度一般为 2.0—2.5m，总盖度通常为 80%—95%。

图 6-3-7　芦竹群落（东台市条子泥）

（3）低草草丛

①拂子茅群落。拂子茅为禾本科多年生草本，分布遍及全国，生于潮湿地及河岸沟渠旁（图 6-3-8）。在调查范围内，拂子茅群落主要分布于道路两侧。群落优势种明显，主要为拂子茅，伴生种主要有芦苇、小蓬草、猪毛蒿、长裂苦苣菜等。群落高度 0.6—0.9m，总盖度通常为 80%—90%。

拂子茅群落在调查区域内分布广泛。根据野外调查结果，现对 3 个调查样区中拂子茅群落的结构特征进行如下分述。

5 号调查样区：该草丛的群落种类组成较为简单，群落高度约为 0.9m，总盖度在 85% 左右。建群种或优势种主要为拂子茅，其重要值为 82.12。同时混生有小蓬草、芦苇和长裂苦苣菜等少数草本植物（表 6-3-10）。

图 6-3-8　拂子茅群落（东台市条子泥）

表 6-3-10　5 号调查样区拂子茅群落不同物种重要值

种名	相对频度 /%	相对多盖度 /%	重要值 /%
草本层			
拂子茅 *Calamagrostis epigeios*	81.36	82.87	82.12
小蓬草 *Erigeron canadensis*	4.97	5.52	5.25
芦苇 *Phragmites australis*	4.97	5.52	5.25
长裂苦苣菜 *Sonchus brachyotus*	4.97	5.52	5.25
猪毛蒿 *Artemisia scoparia*	0.41	0.55	0.48

8 号调查样区：该草丛的群落种类组成较为简单，群落高度约为 0.7m，总盖度在 85% 左右。建群种或优势种主要为拂子茅，其重要值为 94.19。同时混生有小蓬草和加拿大一枝黄花等少数草本植物（表 6-3-11）。

表 6-3-11　8 号调查样区拂子茅群落不同物种重要值

种名	相对频度 /%	相对多盖度 /%	重要值 /%
草本层			
拂子茅 *Calamagrostis epigeios*	93.44	94.94	94.19
小蓬草 *Erigeron canadensis*	1.96	2.53	2.25
加拿大一枝黄花 *Solidago canadensis*	1.96	2.53	2.25

9 号调查样区：该草丛的群落种类组成较为简单，群落高度约为 0.5m，总盖度 85% 左右。建群种或优势种主要为拂子茅，其重要值为 94.06。同时混生有猪毛蒿、小蓬草和田菁等少数草本植物（表 6-3-12）。

表 6-3-12　9 号调查样区拂子茅群落不同物种重要值

种名	相对频度 /%	相对多盖度 /%	重要值 /%
草本层			
拂子茅 *Calamagrostis epigeios*	93.42	94.70	94.06
猪毛蒿 *Artemisia scoparia*	1.78	2.53	2.15
小蓬草 *Erigeron canadensis*	1.78	2.53	2.15
田菁 *Sesbania cannabina*	0.12	0.25	0.19

②葎草群落。葎草为大麻科缠绕草本，在我国除新疆、青海外，南北各省区均有分布。常生于沟边、荒地、废墟、林缘边（图 6-3-9）。在调查范围内，葎草群落主要分布于海堤内侧的河沟边及荒地中。群落高度约 0.4m，总盖度通常为 90%。该草丛的群落种类组成较为简单，群落层次不够分明，建群种或优势种主要为葎草，其重要值为 94.27。同时混生有芦苇、小蓬草和狗尾草等少数草本植物（表 6-3-13）。

图 6-3-9　葎草群落（东台市蹲门湾湿地）

表 6-3-13　葎草群落不同物种重要值

种名	相对频度 /%	相对多盖度 /%	重要值 /%
草本层			
葎草 *Humulus scandens*	93.84	94.70	94.27
芦苇 *Phragmites australis*	1.79	2.53	2.16
小蓬草 *Erigeron canadensis*	1.79	2.53	2.16
狗尾草 *Setaria viridis*	0.09	0.25	0.17

③野艾蒿群落。野艾蒿为菊科多年生草本，多生于低海拔或中海拔地区的路旁、林缘、山坡、草地、山谷、灌丛及河湖滨草地等（图 6-3-10）。在调查范围内，野艾蒿群落主要分布于道路两边及荒地中。群落高度 0.7—1.2m，总盖度通常为 70%—85%。群落层次不够分明，建群种或优势种主要为野艾蒿，其重要值为 87.57。同时混生有罗布麻、芦苇和山莴苣（*Lactuca sibirica*）等少数草本植物（表 6-3-14）。

图 6-3-10 野艾蒿群落（南通市通州湾）

表 6-3-14 野艾蒿群落不同物种重要值

种名	相对频度 /%	相对多盖度 /%	重要值 /%
草本层			
野艾蒿 *Artemisia lavandulifolia*	86.91	88.24	87.57
罗布麻 *Apocynum venetum*	2.62	2.35	2.49
芦苇 *Phragmites australis*	2.62	2.35	2.49
碱蓬 *Suaeda glauca*	2.62	2.35	2.49
长裂苦苣菜 *Sonchus brachyotus*	2.62	2.35	2.49
山莴苣 *Lactuca sibirica*	2.62	2.35	2.49

④狗尾草群落。狗尾草为禾本科一年生草本，产于全国各地，常见于荒野、道旁，为旱地作物常见的一种杂草（图 6-3-11）。在调查范围内，狗尾草群落主要分布于道路两边。群落高度 0.6—1.2m，总盖度通常为 70%—90%。群落层次不够分明，建群种或优势种主要为狗尾草，其重要值为 68.79。同时混生有葎草、印度草木樨和碱蓬等少数草本植物（表 6-3-15）。

图 6-3-11 狗尾草群落（江苏大丰麋鹿国家级自然保护区第三核心区）

表 6-3-15 狗尾草群落不同物种重要值

种名	相对频度 /%	相对多盖度 /%	重要值 /%
草本层			
狗尾草 *Setaria viridis*	68.13	69.44	68.79
葎草 *Humulus scandens*	10.07	11.57	10.82
印度草木樨 *Melilotus indicus*	5.45	4.63	5.04
碱蓬 *Suaeda glauca*	5.45	4.63	5.04
猪毛蒿 *Artemisia scoparia*	5.45	4.63	5.04
马唐 *Digitaria sanguinalis*	5.45	4.63	5.04

⑤狗牙根群落。狗牙根为禾本科多年生低矮草本，广布于我国黄河以南各省，多生长于村庄附近、道旁河岸、荒地山坡（图 6-3-12）。在调查范围内，狗牙根群落主要分布于荒地、道路两边及路旁的绿化带中。群落高度约 0.1m，总盖度通常为 95%。该草丛的群落种类组成较为简单，群落层次不够分明，建群种或优势种主要为狗牙根，其重要值为 97.61。同时混生有马唐等少数草本植物（表 6-3-16）。

图 6-3-12 狗牙根群落（射阳县射阳河口）

表 6-3-16 狗牙根群落不同物种重要值

种名	相对频度 /%	相对多盖度 /%	重要值 /%
草本层			
狗牙根 *Cynodon dactylon*	96.79	98.43	97.61
马唐 *Digitaria sanguinalis*	1.06	1.57	1.32

⑥长裂苦苣菜群落。长裂苦苣菜为菊科一年生草本，生于山地草坡、河边或碱地（图 6-3-13）。在调查范围内，长裂苦苣菜群落主要分布于道路两边和荒地中。群落高度约 0.7m，总盖度通常为 90%。该草丛的群落种类组成较为简单，群落层次不够分明，建群种或优势种主要为长裂苦苣菜，其重要值为 94.00。同时混生有萝藦、碱蓬和芦苇等少数草本植物（表 6-3-17）。

图 6-3-13 长裂苦苣菜群落（连云港市赣榆区青口河口）

表 6-3-17 长裂苦苣菜群落不同物种重要值

种名	相对频度 /%	相对多盖度 /%	重要值 /%
草本层			
长裂苦苣菜 *Sonchus brachyotus*	93.31	94.70	94.00
萝藦 *Cynanchum rostellatum*	1.74	2.53	2.13
碱蓬 *Suaeda glauca*	1.74	2.53	2.13
芦苇 *Phragmites australis*	0.12	0.25	0.19

⑦田菁群落。田菁为豆科一年生亚灌木状草本，通常生于水田、水沟等潮湿低地（图 6–3–14）。在调查范围内，田菁群落主要分布于滩涂、道路两旁和水沟中。该草丛的群落种类组成较为简单，群落高度约为 0.4m，总盖度在 85% 左右。群落层次不够分明，建群种或优势种主要为田菁，其重要值为 96.15。同时混生有猪毛蒿、萹蓄和碱蓬等少数草本植物（表 6–3–18）。

图 6–3–14　田菁群落（连云港市赣榆区西林子）

表 6–3–18　田菁群落不同物种重要值

种名	相对频度 /%	相对多盖度 /%	重要值 /%
草本层			
田菁 *Sesbania cannabina*	95.41	96.90	96.15
猪毛蒿 *Artemisia scoparia*	1.54	2.58	2.06
萹蓄 *Polygonum aviculare*	0.07	0.26	0.16
碱蓬 *Suaeda glauca*	0.07	0.26	0.16

⑧野大豆群落。野大豆为豆科一年生缠绕草本，常见于潮湿的田边、园边、沟旁、河岸、湖边、沼泽、草甸、沿海和岛屿向阳的矮灌木丛或芦苇丛中（图 6–3–15）。在调查范围内，野大豆群落主要分布于滩涂、路旁、河沟边及荒地。该草丛的群落种类组成较为简单，群落高度为 0.3—0.5m，总盖度 70%—90%。群落层次不够分明，建群种或优势种主要为野大豆，其重要值为 81.84。同时混生有猪毛蒿、狗牙根、虎尾草和狗尾草等少数草本植物（表 6–3–19）。

图 6-3-15　野大豆群落（南通市通州湾）

表 6-3-19　野大豆群落不同物种重要值

种名	相对频度 /%	相对多盖度 /%	重要值 /%
草本层			
野大豆 *Glycine soja*	80.81	82.87	81.84
猪毛蒿 *Artemisia scoparia*	6.34	5.52	5.93
狗牙根 *Cynodon dactylon*	6.34	5.52	5.93
虎尾草 *Chloris virgata*	6.34	5.52	5.93
狗尾草 *Setaria viridis*	0.16	0.55	0.36

2. 灌木植物群落大小

根据野外调查资料分析，江苏内陆区域的灌木植物群落主要有构树灌丛和柽柳灌丛。

（1）构树灌丛

构树为桑科高大落叶乔木，常野生或栽于村庄附近的荒地、田园及沟旁（图 6-3-16）。该种萌蘖性强，在调查范围内常常由于人为活动而呈现灌木状。构树在调查范围内主要见于路边的刺槐林旁。该灌丛以构树占优势，其他伴生树种主要为刺槐，群落组成较为简单，草本层植物较少。

图 6-3-16 构树灌丛（响水县灌东盐场）

（2）柽柳灌丛

柽柳为柽柳科小乔木或灌木，生于河流冲积平原、海滨、滩头、潮湿盐碱地和沙荒地（图 6-3-17）。柽柳灌丛在调查范围内主要见于海边湿地，以柽柳占优势，主要伴生植物为碱蓬、芦苇、拂子茅等，群落结构较为简单（表 6-3-20）。

图 6-3-17　柽柳灌丛（东台市蹲门湾湿地）

表 6-3-20　柽柳群落不同物种重要值

种名	相对频度/%	相对多盖度/%	重要值/%
灌木层			
柽柳 *Tamarix chinensis*	22.22	37.27	29.74
碱蓬 *Suaeda glauca*	16.67	18.63	17.65
芦苇 *Phragmites australis*	22.22	6.21	14.22
萝藦 *Cynanchum rostellatum*	5.56	18.63	12.09
猪毛菜 *Kali collinum*	11.11	6.21	8.66
拂子茅 *Calamagrostis epigeios*	5.56	6.21	5.88
野大豆 *Glycine soja*	5.56	6.21	5.88
印度草木樨 *Melilotus indicus*	11.11	0.62	5.87

3. 乔木植物群落大小

根据野外调查资料分析，江苏内陆区域的乔木植物群落主要包括水杉群落和大叶榉树群落。这两类在调查区域内均属于栽培的人工植被。

（1）水杉群落

水杉为柏科高大落叶乔木，喜光性强，对环境条件的适应性较强。在河流两旁、湿润山坡及沟谷中多有栽培（图 6-3-18）。其树姿优美，为著名的庭园树种。木材可供房屋建筑、板料、电杆、家具及木纤维工业原料等使用。水杉林在调查范围内主要见于路边，为栽培的行道树。

图 6-3-18　水杉群落（江苏大丰麋鹿国家级自然保护区）

该群落乔木层郁闭度在0.50左右，平均高度约为3.6m。在该层次中，只有2种乔木树种，即水杉和楝，重要值分别为84.15和15.56，其中水杉为优势种（表6-3-21）。林下灌木层和草本层均比较稀疏。

表6-3-21　水杉群落乔木层不同物种重要值

种名	相对多度/%	相对频度/%	相对显著度/%	重要值/%
乔木层				
水杉 *Metasequoia glyptostroboides*	81.82	84.02	86.62	84.15
楝 *Melia azedarach*	18.18	15.13	13.38	15.56

（2）大叶榉树群落

大叶榉树为榆科高大落叶乔木，常生于溪间水旁或山坡土层较厚的疏林中（图6-3-19）。木材致密坚硬，纹理美观，可供造船、桥梁、车辆、家具、器械等使用。大叶榉树在调查范围内主要见于路边，为栽培的行道树。大叶榉树为乔木层的绝对优势种，伴生有楝；灌木层伴生有楝、乌桕；草本层伴生有圆叶牵牛（*Ipomoea purpurea*）、狗尾草、刺儿菜。

图6-3-19　大叶榉树群落（江苏大丰麋鹿国家级自然保护区）

该群落乔木层郁闭度在0.80左右，平均高度约为4.9m。在该层次中，有2种乔木树种，其中的优势种为大叶榉树，重要值为90.23，伴生树种为楝。灌木层的盖度为20%，平均高度为1.2m。灌木层种类组成较为简单，优势种为大叶榉树，重要值为46.72，伴生树种包括乌桕和楝。草本层的盖度约15%，高度小于1.0m，共有3种植物。优势种为圆叶牵牛，其重要值为68.93，伴生种有狗尾草、刺儿菜（表6-3-22）。

表 6-3-22　大叶榉树群落不同层次物种重要值

种名	相对多度 /%	相对频度 /%	相对显著度 /%	相对多盖度 /%	重要值 /%
乔木层					
大叶榉树 *Zelkova schneideriana*	88.24	89.43	93.01		90.23
楝 *Melia azedarach*	11.76	8.16	6.99		8.97
灌木层					
大叶榉树 *Zelkova schneideriana*	50.00	46.04	44.13		46.72
乌桕 *Triadica sebifera*	25.00	30.87	39.25		31.71
楝 *Melia azedarach*	25.00	19.43	16.63		20.35
草本层					
圆叶牵牛 *Ipomoea purpurea*		68.41		69.44	68.93
狗尾草 *Setaria viridis*		26.35		27.78	27.06
刺儿菜 *Cirsium arvense* var. *integrifolium*		1.89		2.78	2.33

（三）滨海湿地主要的沿海植物群落

1. 草本植物群落大小

根据野外调查资料分析，江苏沿海区域的草本植物群落主要包括沼泽草丛和盐生草丛。

（1）沼泽草丛

①碱蓬群落。碱蓬为苋科一年生草本，生于海滨、荒地、渠岸、田边等含盐碱的土壤中（图 6-3-20）。在调查范围内，碱蓬群落主要分布于滩涂、海边含盐碱的土壤中。群落的优势种明显，主要为碱蓬，高度 0.2—0.7m，总盖度通常为 80%—90%。常见伴生种有芦苇、互花米草、盐地碱蓬、南方碱蓬、田菁、地肤等。

图 6-3-20　碱蓬群落（连云港市赣榆区绣针河口）

碱蓬群落在调查区域内分布广泛，根据野外调查结果，现对 3 个调查样区碱蓬群落的结构特征进行如下分述。

2 号调查样区：该草丛的群落种类组成较为简单，群落高度约为 0.8m，总盖度在 90% 左右。建群种或优势种主要为碱蓬，其重要值为 93.97。同时混生有葎草、地肤和马唐等少数草本植物（表 6-3-23）。

表 6-3-23　2 号调查样区碱蓬群落不同物种重要值

种名	相对频度 /%	相对多盖度 /%	重要值 /%
草本层			
碱蓬 *Suaeda glauca*	93.24	94.70	93.97
葎草 *Humulus scandens*	1.74	2.53	2.13
地肤 *Bassia scoparia*	1.74	2.53	2.13
马唐 *Digitaria sanguinalis*	0.19	0.25	0.22

4 号调查样区：该草丛的群落种类组成较为简单，群落高度约为 0.6m，总盖度 80% 左右。建群种或优势种主要为碱蓬，其重要值为 87.12。同时混生有芦苇、葎草和野大豆等少数草本植物（表 6-3-24）。

表 6-3-24　4 号调查样区碱蓬群落不同物种重要值

种名	相对频度 /%	相对多盖度 /%	重要值 /%
草本层			
碱蓬 *Suaeda glauca*	86.53	87.72	87.12
芦苇 *Phragmites australis*	4.62	5.85	5.23
葎草 *Humulus scandens*	4.62	5.85	5.23
野大豆 *Glycine soja*	0.23	0.58	0.41

6 号调查样区：该区域碱蓬群落呈斑块状分布，且高矮不一。群落种类组成较为简单，高度为 0.2—0.7m，总盖度在 80% 左右。建群种或优势种主要为碱蓬，其重要值为 78.08。同时混生有小蓬草、互花米草、钻叶紫菀和萹蓄等少数草本植物（表 6-3-25）。

表 6-3-25　6 号调查样区碱蓬群落不同物种重要值

种名	相对频度 /%	相对多盖度 /%	重要值 /%
草本层			
碱蓬 *Suaeda glauca*	77.21	78.95	78.08
小蓬草 *Erigeron canadensis*	4.75	5.26	5.01
互花米草 *Spartina alterniflora*	4.75	5.26	5.01
钻叶紫菀 *Symphyotrichum subulatum*	4.75	5.26	5.01
萹蓄 *Polygonum aviculare*	4.75	5.26	5.01

②盐地碱蓬群落。盐地碱蓬为苋科一年生草本，生于盐碱土中（图 6-3-21）。在调查范围内，盐地碱蓬群落主要分布于滩涂、海边含盐碱的土壤中。群落优势种明显，主要为盐地碱蓬，其重要值为 97.08，高度 0.4—0.5m，群落盖度大小通常为 95%。群落组成简单，常见伴生种有互花米草等（表 6-3-26）。

图 6-3-21　盐地碱蓬群落（如东县小洋口）

表 6-3-26　盐地碱蓬群落不同物种重要值

种名	相对频度/%	相对多盖度/%	重要值/%
草本层			
盐地碱蓬 *Suaeda salsa*	96.75	97.40	97.08
互花米草 *Spartina alterniflora*	1.54	2.60	2.07

③南方碱蓬群落。南方碱蓬为苋科小灌木，生于海滩及海岸上的沙地，常成片群生（图 6-3-22）。在调查范围内，南方碱蓬群落主要分布于滩涂近岸处的水中或潮湿地方。群落优势种明显，主要为南方碱蓬，有时可形成单优群落。群落高度为 0.25—0.40m，总盖度通常为 80%—90%。群落组成简单，群落层次不够分明，建群种或优势种主要为南方碱蓬，其重要值为 86.71。同时混生有互花米草、芦苇和糙叶薹草等少数草本植物（表 6-3-27）。

图 6-3-22　南方碱蓬群落（东台市方塘河闸）

表 6-3-27 南方碱蓬群落不同物种重要值

种名	相对频度 /%	相对多盖度 /%	重要值 /%
草本层			
南方碱蓬 *Suaeda australis*	86.21	87.21	86.71
互花米草 *Spartina alterniflora*	4.73	5.81	5.27
芦苇 *Phragmites australis*	1.96	2.33	2.14
糙叶薹草 *Carex scabrifolia*	1.96	2.33	2.14
碱蓬 *Suaeda glauca*	1.96	2.33	2.14

④互花米草群落。互花米草为禾本科多年生草本，地下部分由短而细的须根和根状茎组成，根系发达（图 6-3-23）。在调查范围内，互花米草群落主要分布于滩涂和海边荒地。群落优势种明显，主要为互花米草，且常形成单优群落。群落高度为 0.5—0.8m，总盖度通常为 80%—90%。群落层次不够分明，建群种或优势种主要为互花米草，其重要值为 96.12。偶尔混生有芦苇和盐地碱蓬等少数草本植物（表 6-3-28）。

图 6-3-23 互花米草群落（连云港市赣榆区海头）

表 6-3-28 互花米草群落不同物种重要值

种名	相对频度 /%	相对多盖度 /%	重要值 /%
草本层			
互花米草 *Spartina alterniflora*	95.34	96.90	96.12
芦苇 *Phragmites australis*	1.05	1.55	1.30
盐地碱蓬 *Suaeda salsa*	1.05	1.55	1.30

⑤大米草群落。大米草为禾本科多年生草本，生于海岸的潮汐泥地中（图 6–3–24）。在调查范围内，大米草群落仅见于南通市如东县境内的海边滩涂，分布范围较窄。群落优势种明显，主要为大米草，且常形成单优群落。相比于互花米草群落，大米草群落高度较矮，约 0.5m，且群落盖度相对较小，通常为 60%。

图 6–3–24 大米草群落［近岸零星分布的为南方碱蓬（*Suaeda australis*），远处成片分布的为大米草］（如东县小洋口）

（2）盐生草丛

①盐角草群落。盐角草为苋科一年生草本，生于盐碱地、盐湖旁及海边（图 6–3–25）。在调查范围内，盐角草群落仅见于盐城市东台市和南通市如东县境内的海边滩涂，分布范围相对较窄。群落优势种明显，主要为盐角草，同时伴生有少量芦苇和盐地碱蓬。群落高度 0.15—0.20m，群落盖度大小通常为 60%。群落层次不够分明，建群种或优势种主要为盐角草，其重要值为 54.67。同时混生有芦苇和盐地碱蓬等少数草本植物（表 6–3–29）。

图 6–3–25 盐角草群落（如东县东凌）

表 6-3-29　盐角草群落不同物种重要值

种名	相对频度 /%	相对多盖度 /%	重要值 /%
草本层			
盐角草 *Salicornia europaea*	53.78	55.56	54.67
芦苇 *Phragmites australis*	21.46	22.22	21.84
盐地碱蓬 *Suaeda salsa*	21.46	22.22	21.84

②二色补血草群落。二色补血草为白花丹科多年生草本，主要生于平原地区，也见于山坡下部、丘陵和海滨，喜生于含盐的钙质土上或沙地（图 6-3-26）。在调查范围内，二色补血草群落仅见于盐城市响水县，分布范围较窄。群落高度 0.3—0.4m，总盖度通常为 70%—75%。群落层次不够分明，建群种或优势种主要为二色补血草，其重要值为 78.33。同时混生有碱蓬、小蓬草和萝藦等少数草本植物（表 6-3-30）。

图 6-3-26　二色补血草群落（响水县灌东盐场）

表 6-3-30　二色补血草群落不同物种重要值

种名	相对频度 /%	相对多盖度 /%	重要值 /%
草本层			
二色补血草 *Limonium bicolor*	78.13	78.53	78.33
碱蓬 *Suaeda glauca*	4.96	5.24	5.10
小蓬草 *Erigeron canadensis*	4.96	5.24	5.10

续表

种名	相对频度 /%	相对多盖度 /%	重要值 /%
萝藦 *Cynanchum rostellatum*	4.96	5.24	5.10
猪毛蒿 *Artemisia scoparia*	4.96	5.24	5.10
狗尾草 *Setaria viridis*	0.34	0.52	0.43

③砂引草群落。砂引草为紫草科多年生草本，生于海滨沙地、干旱荒漠及山坡道旁（图 6-3-27）。在调查范围内，砂引草群落仅见于连云港市赣榆区和盐城市响水县的海边沙地中，分布范围相对较窄。群落高度约 0.2m，总盖度通常为 80%。该草丛的群落种类组成较为简单，群落层次不够分明，建群种或优势种主要为砂引草，其重要值为 94.23。同时混生有马唐和藜等少数草本植物（表 6-3-31）。

图 6-3-27　砂引草群落（连云港市赣榆区绣针河口）

表 6-3-31　砂引草群落不同物种重要值

种名	相对频度 /%	相对多盖度 /%	重要值 /%
草本层			
砂引草 *Tournefortia sibirica*	93.52	94.94	94.23
马唐 *Digitaria sanguinalis*	1.83	2.53	2.18
藜 *Chenopodium album*	1.83	2.53	2.18

④无翅猪毛菜群落。无翅猪毛菜（*Salsola komarovii*）为苋科一年生草本，常见于海滨、河滩沙质土壤中（图 6-3-28）。在调查范围内，无翅猪毛菜群落仅见于连云港市赣榆区的海边沙地中，分布范围相对较窄，且形成单优群落。群落高度 0.3—0.5m，总盖度通常为 80%—90%。

图 6-3-28 无翅猪毛菜群落（连云港市赣榆区兴庄河）

⑤肾叶打碗花群落。肾叶打碗花为旋花科多年生草本，产于辽宁省、河北省、山东省、江苏省、浙江省、台湾省等沿海地区，生于海滨沙地或海岸岩石缝中（图 6-3-29）。在调查范围内，肾叶打碗花群落主要分布于海滨沙地。群落高度约 0.2m，总盖度通常为 85%。该草丛的群落种类组成较为简单，群落层次不够分明，建群种或优势种主要为肾叶打碗花，其重要值为 93.93。有时混生有藜、马唐和狗尾草等少数草本植物（表 6-3-32）。

图 6-3-29 肾叶打碗花群落（如东县小洋口）

表 6-3-32 肾叶打碗花群落不同物种重要值

种名	相对频度 /%	相对多盖度 /%	重要值 /%
草本层			
肾叶打碗花 *Calystegia soldanella*	93.17	94.70	93.93
藜 *Chenopodium album*	1.74	2.53	2.13
马唐 *Digitaria sanguinalis*	1.74	2.53	2.13
狗尾草 *Setaria viridis*	0.13	0.25	0.19

⑥碱菀群落。碱菀（*Tripolium pannonicum*）为菊科一年生草本，常生于海岸、湖滨、沼泽及盐碱地（图 6-3-30）。在调查范围内，碱菀群落仅见于南通市如东县和启东市。该群落种类组成较为简单，群落高度约为 1.9m，总盖度在 90% 左右。群落层次不够分明，建群种或优势种主要为碱菀，其重要值为 87.78。同时混生有猪毛蒿和芦苇等少数草本植物（表 6-3-33）。

图 6-3-30　碱菀群落（启东市蒿枝港）

表 6-3-33　碱菀群落不同物种重要值

种名	相对频度 /%	相对多盖度 /%	重要值 /%
草本层			
碱菀 *Tripolium pannonicum*	87.33	88.24	87.78
猪毛蒿 *Artemisia scoparia*	4.96	5.88	5.42
芦苇 *Phragmites australis*	4.96	5.88	5.42

2. 灌木植物群落大小

根据野外调查资料分析，江苏沿海区域的灌木群落主要包括紫穗槐灌丛和枸杞灌丛。

（1）紫穗槐灌丛

紫穗槐灌丛在调查范围内主要见于堤岸或路旁（图 6-3-31）。该灌丛以紫穗槐（*Amorpha fruticosa*）占优势，其他伴生树种主要为刺槐，群落组成较为简单；草本层稀疏。群落高度 2.0—2.5m，总盖度为 30%。

（2）枸杞灌丛

枸杞为茄科多分枝灌木，常生于山坡、荒地、丘陵地、盐碱地、路旁及村边宅旁（图 6-3-32）。枸杞灌丛在调查范围内主要见于盐城市响水县灌东盐场养殖塘的田埂旁或沟边路旁等地，以枸杞占优势，主要伴生植物为紫穗槐、刺槐、长裂苦苣菜等。

图 6-3-31　紫穗槐群落（如东县东凌）

图 6-3-32　枸杞群落（响水县灌东盐场）

该群落组成较为简单，高度约为 1.3m，总盖度为 60%。灌木层以枸杞占优势，重要值为 72.10。其他伴生树种主要有野大豆、刺槐和马瓟儿等（表 6-3-34）。草本层较为稀疏。

表 6-3-34　枸杞群落不同物种重要值

种名	相对频度 /%	相对多盖度 /%	重要值 /%
灌木层			
枸杞 *Lycium chinense*	71.58	72.61	72.10
野大豆 *Glycine soja*	9.94	10.37	10.16
刺槐 *Robinia pseudoacacia*	3.89	4.15	4.02
马瓟儿 *Zehneria japonica*	3.89	4.15	4.02
构树 *Broussonetia papyrifera*	3.89	4.15	4.02
婆婆针 *Bidens bipinnata*	3.89	4.15	4.02
桑 *Morus alba*	0.16	0.41	0.29

3. 乔木植物群落大小

根据野外调查资料分析，江苏沿海区域的乔木群落主要包括刺槐群落和红花洋槐群落。这两种群落类型均属于人工栽培，后经自然生长而形成。

（1）刺槐群落

刺槐为豆科落叶乔木，根系浅而发达，易风倒，但生态适应性强，为优良的固沙保土树种（图 6-3-33）。刺槐材质硬重，抗腐耐磨，宜作为枕木、车辆、建筑、矿柱等多种用材。在我国华北平原的黄淮流域有较多的成片造林，其他地区多为零星栽植，而在江苏的苏北沿海地区广泛栽培。刺槐林在调查范围内主要见于海堤、路边，或作为栽培的行道树。刺槐为乔木层的绝对优势种，偶见伴生有女贞；灌木层伴生种主要为桑、构树、紫薇、枸杞等；草本层伴生种主要为乌蔹莓、酢浆草、野菊、小蓬草等。

刺槐林在调查区域内分布广泛，根据野外调查结果，现对 5 个调查样区的群落结构特征进行如下分述。

2 号调查样区：乔木层郁闭度 0.60 左右，平均高度约为 5.5m。在该层次中，仅有 1 种乔木树种，即刺槐，重要值为 100.00。灌木层的盖度为 30%，平均高度为 1.6m。该层次仅有 1 种植物，即刺槐，重要值

图 6-3-33 刺槐群落（江苏大丰麋鹿国家级自然保护区）

为 100.00。草本层的盖度约 40%，高度小于 1.0m，共有 4 种植物。优势种为野艾蒿，重要值为 44.92。此外，草本层还有伴生种山莴苣（*Lactuca sibirica*）、马唐、狗尾草（表 6-3-35）。

表 6-3-35 2 号调查样区刺槐群落的不同层次物种重要值

种名	相对多度 /%	相对频度 /%	相对显著度 /%	相对多盖度 /%	重要值 /%
乔木层					
刺槐 *Robinia pseudoacacia*	100.00	100.00	100.00		100.00
灌木层					
刺槐 *Robinia pseudoacacia*	100.00	100.00	100.00		100.00
草本层					
野艾蒿 *Artemisia lavandulifolia*		44.38		45.45	44.92
马唐 *Digitaria sanguinalis*		17.96		18.18	18.07
山莴苣 *Lactuca sibirica*		17.96		18.18	18.07
狗尾草 *Setaria viridis*		17.96		18.18	18.07

6 号调查样区：乔木层郁闭度在 0.60 左右，平均高度为 7.0—7.5m。在该层次中，仅有 1 种乔木树种，即刺槐，重要值为 100.00。灌木层的盖度为 30%，平均高度为 1.6m。该层次仅有 1 种植物，即刺槐，重

要值为 100.00。草本层的盖度约 40%，高度小于 1.0m，共有 8 种植物。优势种为高羊茅和乌蔹莓，重要值均为 20.95。此外，草本层还有伴生种拂子茅、酢浆草、小蓬草等（表 6-3-36）。

表 6-3-36　6 号调查样区刺槐群落的不同层次物种重要值

种名	相对多度 /%	相对频度 /%	相对显著度 /%	相对多盖度 /%	重要值 /%
乔木层					
刺槐 *Robinia pseudoacacia*	100.00	100.00	100.00		100.00
灌木层					
刺槐 *Robinia pseudoacacia*	100.00	100.00	100.00		100.00
草本层					
高羊茅 *Festuca elata*		20.35		21.55	20.95
乌蔹莓 *Causonis japonica*		20.35		21.55	20.95
拂子茅 *Calamagrostis epigeios*		20.12		21.55	20.84
酢浆草 *Oxalis corniculata*		10.28		8.62	9.45
小蓬草 *Erigeron canadensis*		10.28		8.62	9.45
狗牙根 *Cynodon dactylon*		10.28		8.62	9.45
圆叶牵牛 *Ipomoea purpurea*		7.61		8.62	8.12
碱蓬 *Suaeda glauca*		0.74		0.86	0.80

8 号调查样区：乔木层郁闭度在 0.60 左右，平均高度约为 5.5m。在该层次中，有 3 种乔木树种，其中优势种为刺槐，重要值为 90.49，伴生树种包括女贞和垂柳（*Salix babylonica*）。灌木层的盖度为 30%，平均高度为 1.7m。灌木层的优势种为刺槐，重要值为 68.54，其他伴生植物包括枸杞和桑。草本层的盖度约 80%，高度为 0.3m，共有 6 种植物。优势种为拂子茅，重要值为 90.07。此外，草本层还有伴生种狗尾草、小蓬草和罗布麻等（表 6-3-37）。

表 6-3-37　8 号调查样区刺槐群落的不同层次物种重要值

种名	相对多度 /%	相对频度 /%	相对显著度 /%	相对多盖度 /%	重要值 /%
乔木层					
刺槐 *Robinia pseudoacacia*	91.18	90.43	89.86		90.49
女贞 *Ligustrum lucidum*	5.88	5.12	4.63		5.21
垂柳 *Salix babylonica*	2.94	4.06	5.51		4.17
灌木层					
刺槐 *Robinia pseudoacacia*	53.33	67.96	84.33		68.54
枸杞 *Lycium chinense*	33.33	18.24	4.23		18.60
桑 *Morus alba*	13.33	11.95	11.44		12.24
草本层					
拂子茅 *Calamagrostis epigeios*		89.34		90.80	90.07
狗尾草 *Setaria viridis*		5.76		6.05	5.91
小蓬草 *Erigeron canadensis*		2.01		2.42	2.22
罗布麻 *Apocynum venetum*		0.15		0.24	0.20
圆叶牵牛 *Ipomoea purpurea*		0.15		0.24	0.20
牛膝 *Achyranthes bidentata*		0.15		0.24	0.20

9 号调查样区：乔木层郁闭度约为 0.70，平均高度约为 5.6m。该层次的优势种为刺槐，重要值为 95.29，伴生树种为桑。灌木层的盖度约为 40%，平均高度为 2.1m。灌木层的优势种为刺槐，重要值为 47.26，其他伴生植物包括桑、紫薇、朴树和构树。草本层的盖度约 30%，高度小于 1m，共有 10 种植物。优势种为长舌野青茅和牛膝，重要值均为 17.27。此外，草本层还有伴生种小蓬草、龙葵和钻叶紫菀等（表 6-3-38）。

表 6-3-38　9 号调查样区刺槐群落的不同层次物种重要值

种名	相对多度 /%	相对频度 /%	相对显著度 /%	相对多盖度 /%	重要值 /%
乔木层					
刺槐 *Robinia pseudoacacia*	96.61	95.37	93.89		95.29
桑 *Morus alba*	3.39	4.63	6.11		4.71
灌木层					
刺槐 *Robinia pseudoacacia*	36.84	46.72	58.21		47.26
桑 *Morus alba*	36.84	23.52	12.09		24.15
紫薇 *Lagerstroemia indica*	15.79	16.93	18.55		17.09
朴树 *Celtis sinensis*	5.26	5.01	5.58		5.28
构树 *Broussonetia papyrifera*	5.26	4.97	5.58		5.27
草本层					
长舌野青茅 *Deyeuxia arundinacea* var. *ligulata*		16.94		17.61	17.27
牛膝 *Achyranthes bidentata*		16.94		17.61	17.27
小蓬草 *Erigeron canadensis*		9.37		9.15	9.26
龙葵 *Solanum nigrum*		9.37		9.15	9.26
钻叶紫菀 *Symphyotrichum subulatum*		9.37		9.15	9.26
萝藦 *Cynanchum rostellatum*		9.37		9.15	9.26
乌蔹莓 *Causonis japonica*		9.37		9.15	9.26
加拿大一枝黄花 *Solidago canadensis*		9.37		9.15	9.26
马唐 *Digitaria sanguinalis*		9.37		9.15	9.26
牵牛 *Ipomoea nil*		0.53		0.70	0.62

10 号调查样区：乔木层郁闭度在 0.60 左右，平均高度约为 6.1m。在该层次中仅有 1 种乔木树种，即刺槐，重要值为 100.00。灌木层的盖度为 20%，平均高度为 2.2m。灌木层的优势种为刺槐，重要值为 49.15，其他伴生植物包括紫穗槐和枸杞。草本层的盖度约 30%，高度小于 1m，共有 6 种植物。优势种为野菊，重要值为 42.99。此外，草本层还有伴生种酢浆草、枸杞和小蓬草等（表 6-3-39）。

表 6-3-39　10 号调查样区刺槐群落的不同层次物种重要值

种名	相对多度 /%	相对频度 /%	相对显著度 /%	相对多盖度 /%	重要值 /%
乔木层					
刺槐 *Robinia pseudoacacia*	100.00	100.00	100.00		100.00
灌木层					
刺槐 *Robinia pseudoacacia*	27.27	47.98	72.18		49.15
紫穗槐 *Amorpha fruticosa*	45.45	35.47	26.83		35.92
枸杞 *Lycium chinense*	27.27	16.53	0.99		14.93

续表

种名	相对多度/%	相对频度/%	相对显著度/%	相对多盖度/%	重要值/%
草本层					
野菊 *Chrysanthemum indicum*		42.12		43.86	42.99
酢浆草 *Oxalis corniculata*		15.97		17.54	16.76
枸杞 *Lycium chinense*		15.97		17.54	16.76
小蓬草 *Erigeron canadensis*		15.97		17.54	16.76
狗尾草 *Setaria viridis*		4.99		1.75	3.37
加拿大一枝黄花 *Solidago canadensis*		4.99		1.75	3.37

（2）红花洋槐群落

红花洋槐林在调查范围内主要见于江苏盐城国家级珍禽自然保护区内的道路两侧，为栽培的行道树（图 6–3–34）。该群落的物种组成较为简单，灌木层以红花洋槐（*Robinia pseudoacacia* ‘Decaisneana’）占优势，重要值为 88.79。伴生树种为刺槐，重要值为 11.21（表 6–3–40）。草本层较为稀疏。群落高度为 2.3m，盖度为 50%。此外，野外调查发现，部分红花洋槐被麋鹿折断，长势较差。

表 6–3–40　红花洋槐群落的物种重要值

种名	相对多度/%	相对频度/%	相对显著度/%	重要值/%
灌木层				
红花洋槐 *Robinia pseudoacacia* ‘Decaisneana’	81.48	89.43	95.46	88.79
刺槐 *Robinia pseudoacacia*	18.52	10.57	4.54	11.21

图 6–3–34　红花洋槐群落（江苏盐城国家级珍禽自然保护区）

四、植物群落组成动态变化

植物群落的组成指一个群落是由哪些植物种类所构成，即组成群落的有机体种类。群落种类组成的动态变化既包括一定区域内植物群落水平空间上群落的种类变化，也包括一定时间范围内植物群落的种类及其组成的数量变化。因此，研究群落组成的时空变化，有助于分析群落中优势种组成、群落结构动态、群落的种间关系，也有助于研究生物多样性的维持机制及预测一定区域内的群落演替方向。

这里我们分别以江苏沿海滩涂植物群落和亚热带山区的森林群落为例，简要分析江苏植物群落组成的动态变化。

（一）沿海滩涂植物群落组成动态变化

1. 沿海滩涂植物群落组成动态变化研究

江苏沿海滩涂植物群落的调查方法参见本章第三部分“滨海湿地植物群落大小研究”中的样方设置与调查方法。根据野外调查样方数据，分析江苏沿海滩涂植物群落的种类组成和水平空间分布特点。

2. 沿海滩涂植物群落组成特点

（1）群落的物种组成

根据野外实地调查，江苏省重要湿地（滨海湿地区域）内共有维管植物 68 科 208 属 303 种（包括亚种、变种和变型）。其中，野生植物有 52 科 144 属 205 种，栽培植物有 38 科 79 属 98 种，野生种类与栽培种类的比例为 2.09 ： 1。从植物类群看，调查范围内蕨类植物有 3 科 4 属 4 种，全部为野生种；裸子植物有 4 科 7 属 10 种，全部为栽培植物；被子植物有 61 科 197 属 289 种，包括双子叶植物 46 科 144 属 217 种，单子叶植物 15 科 53 属 72 种。被子植物中，野生被子植物有 45 科 133 属 191 种；栽培被子植物有 38 科 79 属 98 种（表 6–4–1）。此外，这些维管植物的种 / 属比仅为 1.46，这表明江苏省重要湿地（滨海湿地区域）的属种组成较为单调，植物种系分化程度均不高。

表 6–4–1　江苏省重要湿地（滨海湿地区域）维管植物统计

植物类群		科			属			种		
		野生	栽培	小计	野生	栽培	小计	野生	栽培	小计
蕨类植物		3	0	3	4	0	4	4	0	4
裸子植物		4	0	4	7	0	7	10	0	10
被子植物	双子叶植物	35	30	46	96	62	144	139	78	217
	单子叶植物	10	8	15	37	17	53	52	20	72
合计		52	38	68	144	79	208	205	98	303

（2）植被类型及分布规律

根据野外样地调查资料，江苏省重要湿地（滨海湿地区域）的现状植被可以划分为 44 个群系（表 6–4–2）。其中，针叶林有 1 个群系，阔叶林有 3 个群系，竹林有 1 个群系，灌丛有 5 个群系，草丛有 33

个群系，水生植被有 1 个群系。这表明江苏省重要湿地（滨海湿地区域）现状植被以草丛为主，其他植被类型较少。

表 6-4-2　江苏省重要湿地（滨海湿地区域）植被类型一览

植被型组	植被型	群系
针叶林	落叶针叶林	*水杉林
阔叶林	落叶阔叶林	*刺槐林
		*大叶榉树林
		*加杨林
竹林	单轴型竹林	*斑竹林
灌丛	落叶灌丛	*红花洋槐灌丛
		*紫穗槐灌丛
		构树灌丛
		柽柳灌丛
		枸杞灌丛
草丛	盐生草丛	碱蓬群落
		盐地碱蓬群落
		南方碱蓬群落
		互花米草群落
		大米草群落
		盐角草群落
		二色补血草群落
		砂引草群落
		无翅猪毛菜群落
		肾叶打碗花群落
		碱菀群落
	非盐生草丛	香蒲群落
		芦苇群落
		芦竹群落
		拂子茅群落
		长舌野青茅群落
		葎草群落
		野艾蒿群落
		狗尾草群落
		金色狗尾草群落
		狗牙根群落
		马唐群落
		稗群落
		地肤群落
		猪毛蒿群落
		长裂苦苣菜群落
		加拿大一枝黄花群落
		小蓬草群落

续表

植被型组	植被型	群系
草丛	非盐生草丛	伪泥胡菜群落 钻叶紫菀群落 田菁群落 牵牛群落 野大豆群落
水生植被	沉水植被	川蔓藻群落

注：* 表示栽培植被。

总体上，江苏省重要湿地（滨海湿地区域）的植被可分为陆域和水域两种类型。陆域植被主要分布在海堤内侧（图 6–4–1），沿箭头所指方向分布的植物群落依次为：拂子茅、芦苇、芦竹草丛，刺槐林（伴生有少量垂柳、女贞等树种），拂子茅、芦苇、节节草、芦竹草丛。水域植被主要分布在海堤外侧（图 6–4–1），沿箭头所指方向分布的植物群落依次为拂子茅、芦苇草丛，碱蓬、盐地碱蓬、南方碱蓬草丛，互花米草、大米草草丛，光滩。其中，相比于拂子茅群落，芦苇群落分布面积相对较小，其群落盖度也较小。互花米草群落则分布广泛，种群数量多，植株长势良好；大米草群落在调查区域内的分布较窄（仅出现在调查样区 10），种群数量较少，植株长势相对较差。

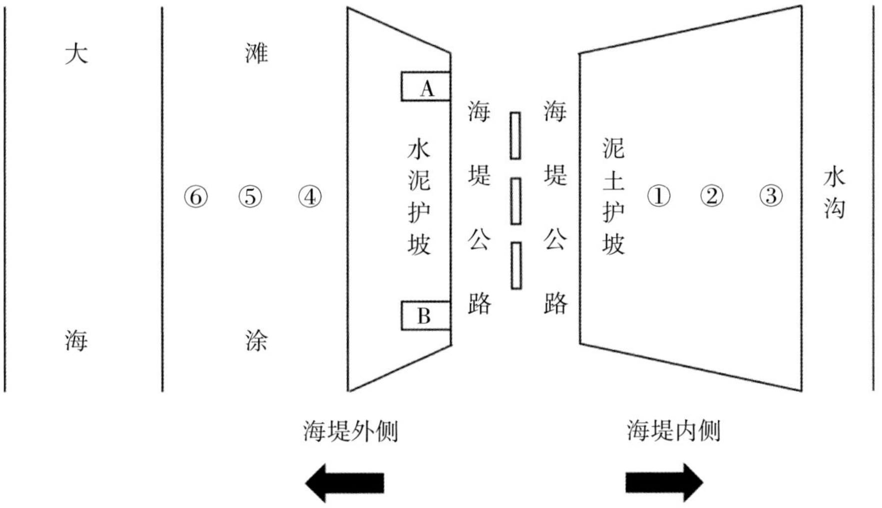

图 6–4–1 江苏省重要湿地（滨海湿地区域）植被分布示意

①拂子茅、芦苇、芦竹草丛；②刺槐林；③拂子茅、芦苇、节节草、芦竹草丛；④拂子茅、芦苇草丛；⑤碱蓬、盐地碱蓬、南方碱蓬草丛；⑥互花米草、大米草草丛；A、B：风力发电机

调查范围内不同地段植物群落的空间分布存在一定的差异。

①南通市如东县小洋口生态恢复区域：海堤内侧的公路两边分布有长舌野青茅草丛，再向外为刺槐林，在刺槐林的外侧有浅水沟，沟边分布有长舌野青茅草丛。而海堤外侧的水域植被从水泥护坡到滩涂依次为芦苇草丛、盐地碱蓬草丛（伴生有少量碱蓬）、互花米草草丛、柽柳灌丛。

②小洋口风景区未进行生态恢复的区域：海堤内侧陆域植被的群落组成较为简单，主要分布有加拿大一枝黄花和小蓬草等草本植物群落。海堤外侧近公路旁分布有拂子茅草丛，水泥护坡的裂缝中有时会生长有少量肾叶打碗花草丛，从水泥护坡到滩涂依次分布有碱蓬草丛、互花米草草丛（在这两者之间有时存在部分光滩）。

③盐城市响水县：由于灌东盐场位于调查区域内，且该地段存在部分养殖塘，所以此处受到人为活动的影响较大。从公路到养殖塘依次分布有互花米草、芦苇、野艾蒿、碱蓬和长裂苦苣菜群落。

④南通市如东县东凌段：海堤公路的两侧主要分布有拂子茅、芦竹、芒群落；海堤内侧的泥土护坡分布有刺槐林，林外水沟旁分布有芦苇群落。水域植被群落类型较为简单，主要分布有大米草草丛（偶尔在局部地段的水泥护坡与滩涂的交界处分布有少量南方碱蓬草丛）。

随着植物群落的空间分布变化，其群落的种类组成也发生相应的改变。总体上，从内陆区域向沿海区域，植物群落的种类组成趋于单调，群落结构也随着趋于简单。例如，在海堤斜坡的刺槐林大致具有较为明显的群落分层，即乔木层、灌木层和草本层，而到了沿海的滩涂草丛植被，如互花米草群落、碱蓬群落、盐角草群落等，其群落仅具有一层，而且群落的种类组成极为简单。这种植被种类组成的变化很可能主要是受到沿海区域盐分梯度和人类活动等方面的影响。

（3）互花米草群落的分布格局

互花米草为江苏沿海滩涂植被的代表植物，其群落在滩涂的分布格局通常呈现为：光滩—小块植丛（零星分布）—斑块状草丛（斑块状分布）—成片草丛（广泛分布）（图 6-4-2）。而不同地段的互花米草群落的物种组成均较为单一，互花米草在群落中占绝对的优势地位，仅在靠近海堤的群落中偶尔伴生有碱蓬或盐地碱蓬。在潮沟两侧有时分布有互花米草群落，但其群落盖度变化很大。

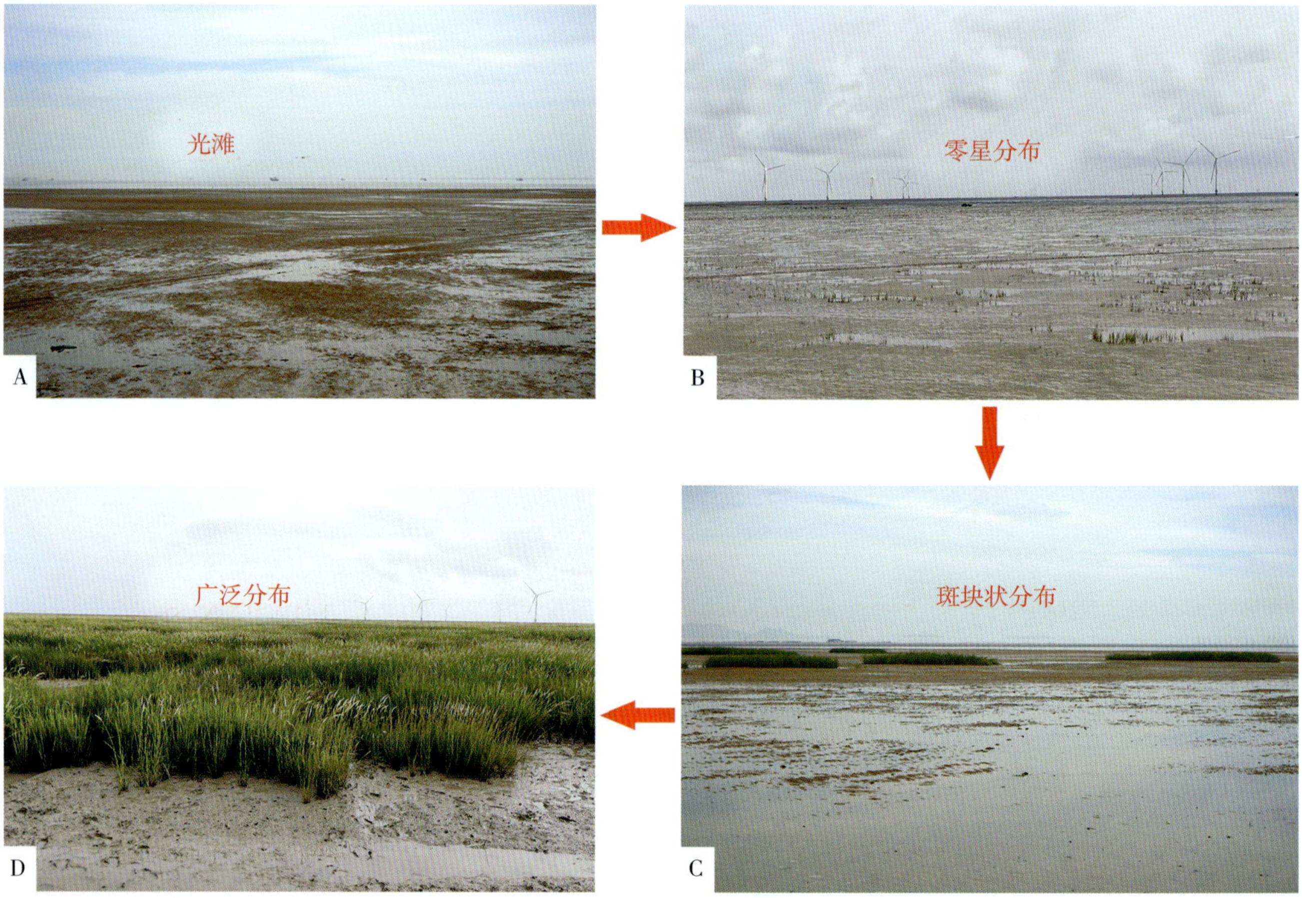

图 6-4-2　互花米草群落在江苏沿海滩涂的分布格局

A. 光滩；B. 小块植丛（零星分布）；C. 斑块状草丛（斑块状分布）；D. 成片草丛（广泛分布）

江苏省互花米草群落的分布格局多样，不同群落的盖度相差较大，究其原因，很可能在于：互花米草结实率高，种子是其远距离扩张的主要方式，且种子可能耐盐，萌发率高；该种为多年生草本，萌蘖性很强，可以通过分蘖的方式向外扩展种群规模；该种具有很强的耐盐特性，其叶片上分布有盐腺，可以将植物体内多余的盐分及时排出。

需要指出的是，在野外还发现了一种仅生长于半咸水中的沉水植被——川蔓藻群落，调查范围内仅见于盐城市东台市蹲门湾湿地。其群落的种类组成极为简单，为单一优势群落。

姚志刚等（2014）在《江苏省滨海湿地现状、问题及保护对策》一文中报道：江苏滨海湿地维管植物共有 63 科 200 属 288 种。与之相比，此次调查的植物种类略多。原因可能在于：两者的调查范围有所不同，前者的调查面积为 106.23 万 hm^2，而本次调查设置 11 个调查样区（表 6-3-1）。尽管我们的调查面积较小，但是植物种类却较多，这可能与此次调查较为深入有关，也可能与近年来当地政府部门不断强化滨海湿地的生态保护有关。

（二）森林群落的动态变化

这里以香果树原生林和次生林为例来说明江苏森林群落的动态变化。《中国植物志》中记载香果树在我国 14 个省份均有分布（中国植物志编辑委员会，1999），*Flora of China* 中记载香果树分布于 15 个省份，而 2016 年张永华在研究香果树系统发育结构时采样点涉及的省份共有 16 个（Zhang et al.，2016）。虽然香果树在我国分布区域广，但种群数量少且分布生境局限，大多分布于沟谷或山坡碎石中，种群呈斑块状。随着人为活动的频繁，现存野生香果树群落分布的生境类型不一，概括而言可分为两类，即受到人为活动干扰的次生林、人为活动干扰很少或无人为干扰的原生林。

在全国第一次重点保护野生植物资源调查（江苏省）中，香果树在江苏省已经“野外灭绝”（郝日明等，2000）。而孔磊等（2015）报道指出在常州市溧阳市南山竹海深溪岕仍残留野生香果树个体，但种群数量较少，仅 9 株。而通过 2016 年以来我们的野外调查，在溧阳市南山竹海与龙潭林场陆续发现香果树另外 5 个分布地点，共 400 余株。由于该区域在 20 世纪 90 年代遭受过人为砍伐，因此该地香果树群落主要为经砍伐后演替形成的次生林。

为研究常州市溧阳市次生林中香果树种群、群落生长现状及发展趋势，我们选取气候带相近的临近省份浙江省淳安县香果树群落进行对比研究。浙江省淳安县香果树也为第二次全国重点保护野生植物资源调查（浙江省）中发现的新分布点，由于地处偏远、海拔较高（主峰磨心尖海拔为 1527.70m）、人口稀少而很少有人类活动干扰，为典型的原生群落。因此，本章选取中国东部邻近省份浙江与江苏两省落叶阔叶林中的原生香果树群落与次生香果树群落为研究对象，通过研究原生林与次生林中香果树种群结构、更新策略与分布格局，以及群落物种组成与多样性，对比分析原生林与次生林中香果树生长现状与发展趋势，为野生香果树种群的合理保护提供理论参考。

1. 森林群落组成动态变化研究

（1）样方设置和野外调查

在香果树种群调查的基础上（样方设置和野外调查方法参见本章第一部分），在浙江省淳安县原生林香果树分布的 4 个地点（记作 P1—P4）分别选取 8 个、4 个、4 个、4 个 10m × 10m 的样方开展群落调查，样方面积共计 $2000m^2$。在江苏省常州市溧阳市次生林香果树分布的 6 个地点（记作 S1—S6）分别选取 6 个、

2个、4个、2个、2个、2个10m×10m的群落调查样方，共计$1800m^2$。对样方中的维管植物进行分层调查，记录所有乔木层（DBH≥5cm）树种的种名、胸径和高度；在每个乔木层样方中设置1个灌木层调查样方，面积为5m×5m，记录样方内所有灌木的种名、胸径和高度；在每个灌木层样方内设置1个草本层调查样方，面积为1m×1m，记录样方内所有草本植物的种名与多盖度等级。此外，在每个样方的中点处记录经纬度坐标、海拔、坡向、坡度等环境因子。

（2）重要值计算

香果树群落不同层次的物种重要值计算方法及公式参见本章第二部分的重要值计算，在此不再赘述。

（3）物种多样性测定

香果树群落的物种多样性计算方法如下：根据调查样方内各层次物种的重要值，计算Shannon-Wiener物种多样性指数（SW）、Simpson生态优势度指数（SN）和Pielou群落均匀度指数（PW）（张光富等，2007）。公式如下：

$$SW=3.3219(\lg N-\frac{1}{N}\sum_{i=1}^{s}n_i\lg n_i)$$

$$SN=1-\sum_{i=1}^{s}n_i(n_i-1)/N(N-1)$$

$$PW=\frac{3.3219(\lg N-\frac{1}{N}\sum_{i=1}^{s}n_i\lg n_i)}{3.3219[\lg N-\frac{\alpha(S-\beta)\lg\alpha+\beta(\alpha+1)\lg(\alpha+1)}{N}]}$$

式中，S表示物种数，N表示所有物种的个体数，n_i表示第i个物种的重要值，3.3219是从ln到lg的转化系数。β为N被S整除后的余数，$\alpha=(N-\beta)/S$。

群落中物种总体重要值根据不同层次占据的权重计算，其中乔木层占50%、灌木层占30%、草本层占20%（任国学等，2011）。为了比较香果树原生林和次生林群落的物种多样性，应用单因素方差分析法和Duncan法分别对原生林（P1—P4）和次生林（S1—S6）香果树群落不同层次的物种多样性指数进行统计分析（$\alpha=0.05$）。

（4）分类多样性

根据野外样方调查，整理出香果树群落物种名录。依据《中国植物志》将其划分为纲、目、科、属和种5个等级，每个等级赋以相应权重，定义分类等级上最长的路径长度为100。即：不同纲的种$\omega_{ij}=100$，不同目的种$\omega_{ij}=80$，不同科的种$\omega_{ij}=60$，不同属的种$\omega_{ij}=40$，不同种$\omega_{ij}=20$（Clarke et al.，1998）。

根据Clarke等（1998）提出的分类多样性计算方法，应用Primer 6软件计算平均分类学差异指数（Δ^+）与分类学差异变异指数（Λ^+）值，公式如下：

$$\Delta^+=\frac{(\sum\sum_{i<j}\omega_{ij})}{\frac{s(s-1)}{2}}$$

$$\Lambda^+=\frac{\sum\sum_{i<j}(\omega_{ij}-\Delta^+)}{\frac{s(s-1)}{2}}$$

式中，ω_{ij}表示第i个和第j个物种在分类等级上的路径长度，s为样方内的物种数。

2. 森林群落组成特点

（1）物种组成

根据调查（表 6-4-3），香果树原生林 2000m² 样地中的物种种类组成丰富，共有 75 科 132 属 170 种（包括亚种、变种和变型）。其中被子植物居多，共 68 科 120 属 158 种，包括双子叶植物 60 科 110 属 148 种，单子叶植物 8 科 10 属 10 种。蕨类植物有 5 科 10 属 10 种，裸子植物有 2 科 2 属 2 种。

香果树次生林 1800m² 样地中有维管植物 76 种（包括亚种、变种和变型），隶属于 47 科 69 属。其中，蕨类植物有 2 科 3 属 4 种，裸子植物有 1 科 1 属 1 种，被子植物最多，共 44 科 65 属 71 种，包括双子叶植物 37 科 57 属 62 种，单子叶植物 7 科 8 属 9 种。

表 6-4-3　香果树群落维管植物统计

植物类群	原生林			次生林		
	科	属	种	科	属	种
蕨类植物	5	10	10	2	3	4
裸子植物	2	2	2	1	1	1
双子叶植物	60	110	148	37	57	62
单子叶植物	8	10	10	7	8	9
合计	75	132	170	47	69	76

根据科内所含植物种数的多少，原生林内维管植物科的大小顺序排列见表 6-4-4。蔷薇科含有 13 种，种数最多，如棣棠（*Kerria japonica*）、蛇莓、木莓、三叶委陵菜和浙闽樱桃（*Prunus schneideriana*）等。6—9 种的科共有 5 科，虎耳草科、樟科和荨麻科分别含有 8 种，山茶科与壳斗科分别含有 6 种。2—5 种的科共有 35 科，其余 34 科为单种属植物。

表 6-4-4　原生林香果树群落科的大小顺序排序

≥ 10 种（1 科）	
蔷薇科Rosaceae（13∶8）	
6—9种（5科）	
虎耳草科Saxifragaceae（8∶6）	山茶科Theaceae（6∶3）
樟科Lauraceae（8∶5）	壳斗科Fagaceae（6∶3）
荨麻科Urticaceae（8∶4）	
2—5种（35科）	
豆科Leguminosae（5∶5）	杜鹃花科Ericaceae（2∶2）
伞形科Umbelliferae（5∶5）	紫草科Boraginaceae（2∶2）
槭树科Aceraceae（5∶2）	唇形科Labiatae（2∶2）
蓼科Polygonaceae（4∶3）	爵床科Acanthaceae（2∶2）
蹄盖蕨科Athyriaceae（3∶3）	百合科Liliaceae（2∶2）
鳞毛蕨科Dryopteridaceae（3∶3）	禾本科Gramineae（2∶2）
石竹科Caryophyllaceae（3∶3）	天南星科Araceae（2∶2）
大戟科Euphorbiaceae（3∶3）	水龙骨科Polygonaceae（2∶2）
安息香科Styracaceae（3∶3）	金缕梅科Hamamelidaceae（2∶1）
卫矛科Celastraceae（3∶2）	景天科Crassulaceae（2∶1）

续表

2—5 种（35 科）	
木通科Lardizabalaceae（3∶2）	漆树科Anacardiaceae（2∶1）
鼠李科Rhamnaceae（3∶2）	堇菜科Violaceae（2∶1）
清风藤科Sabiaceae（3∶2）	凤仙花科Balsaminaceae（2∶1）
山茱萸科Cornaceae（2∶2）	八角枫科Alangiaceae（2∶1）
胡桃科Juglandaceae（2∶2）	报春花科Primulaceae（2∶1）
榆科Ulmaceae（2∶2）	玄参科Scrophulariaceae（2∶1）
木兰科Magnoliaceae（2∶2）	忍冬科Caprifoliaceae（2∶1）
山茱萸科Cornaceae（2∶2）	
1种（34科）	
卷柏科Selaginellaceae（1∶1）	胡颓子科Elaeagnaceae（1∶1）
乌毛蕨科Blechnaceae（1∶1）	马钱科Loganiaceae（1∶1）
红豆杉科Taxaceae（1∶1）	桑科Moraceae（1∶1）
三尖杉科Cephalotaxaceae（1∶1）	木樨科Oleaceae（1∶1）
紫金牛科Myrsinaceae（1∶1）	酢浆草科Oxalidaceae（1∶1）
兰科Orchidaceae（1∶1）	罂粟科Papaveraceae（1∶1）
姜科Zingiberaceae（1∶1）	海桐花科Pittosporaceae（1∶1）
猕猴桃科Actinidiaceae（1∶1）	毛茛科Ranunculaceae（1∶1）
夹竹桃科Apocynaceae（1∶1）	苦木科Simaroubaceae（1∶1）
五加科Araliaceae（1∶1）	旌节花科Stachyuraceae（1∶1）
马兜铃科Aristolochiaceae（1∶1）	省沽油科Staphyleaceae（1∶1）
桦木科Betulaceae（1∶1）	山矾科Symplocaceae（1∶1）
菊科Compositae（1∶1）	马鞭草科Verbenaceae（1∶1）
葫芦科Cucurbitaceae（1∶1）	葡萄科Vitaceae（1∶1）
柿树科Ebenaceae（1∶1）	石蒜科Amaryllidaceae（1∶1）
莎草科Cyperaceae（1∶1）	茜草科Rubiaceae（1∶1）
薯蓣科Dioscoreaceae（1∶1）	椴树科Tiliaceae（1∶1）

注：各科所附数值为种数：属数。

次生林内维管植物科的大小顺序排列见表 6-4-5。其中，樟科含种数最多，共 4 种，分别为檫木、山鸡椒、山胡椒和紫楠。桑科也含有 4 种，分别为薜荔、构树、爬藤榕和小构树。含 3 种的有 5 个科，含 2 种的有 13 科，其余 27 种为单种属植物。

表 6-4-5 次生林香果树群落科的大小顺序排序

4种（2科）	
樟科Lauraceae（4∶4）	桑科Moraceae（4∶2）
3种（5科）	
榆科Ulmaceae（3∶3）	葡萄科Vitaceae（3∶2）
木通科Lardizabalaceae（3∶2）	鳞毛蕨科Dryopteridaceae（3∶2）
漆树科Anacardiaceae（3∶2）	
2种（13科）	
蓼科Polygonaceae（2∶2）	葫芦科Cucurbitaceae（2∶2）

续表

2种（13科）	
木兰科Magnoliaceae（2∶2）	五加科Araliaceae（2∶2）
金缕梅科Hamamelidaceae（2∶2）	茜草科Rubiaceae（2∶2）
虎耳草科Saxifragaceae（2∶2）	马鞭草科Verbenaceae（2∶2）
蔷薇科Rosaceae（2∶2）	禾本科Gramineae（2∶2）
大戟科Euphorbiaceae（2∶2）	莎草科Cyperaceae（2∶1）
卫矛科Celastraceae（2∶2）	
1种（27科）	
铁角蕨科Aspleniaceae（1∶1）	报春花科Primulaceae（1∶1）
三尖杉科Cephalotaxaceae（1∶1）	安息香科Styracaceae（1∶1）
桦木科Betulaceae（1∶1）	木樨科 Oleaceae（1∶1）
荨麻科Urticaceae（1∶1）	夹竹桃科Apocynaceae（1∶1）
苋科Amaranthaceae（1∶1）	苦苣苔科Gesneriaceae（1∶1）
山茶科Theaceae（1∶1）	唇形科Labiatae（1∶1）
豆科Leguminosae（1∶1）	玄参科Scrophulariaceae（1∶1）
苦木科Simaroubaceae（1∶1）	菊科Compositae（1∶1）
槭树科Aceraceae（1∶1）	百合科Liliaceae（1∶1）
清风藤科Sabiaceae（1∶1）	石蒜科Amaryllidaceae（1∶1）
椴树科Tiliaceae（1∶1）	薯蓣科Dioscoreaceae（1∶1）
梧桐科Sterculiaceae（1∶1）	天南星科Araceae（1∶1）
胡颓子科Elaeagnaceae（1∶1）	兰科Magnoliaceae（1∶1）
八角枫科Alangiaceae（1∶1）	

注：各科所附数值为种数∶属数。

（2）群落分类多样性指数

根据原生林与次生林香果树群落的样地调查数据，建立平均分类学差异指数（Δ^+）与分类学差异变异指数（Λ^+）理论平均值在95%置信水平上的置信漏斗曲线（图6-4-3）。Δ^+表示调查样地中所有维管植物种间路径长度的理论平均值，Δ^+值越大，表示样地内种间分类学多样性越大，种间亲缘关系越远；Λ^+表示种间路径长度的方差，代表群落物种间分布的均一性，Λ^+值越小代表物种分布的均一性越强。图中虚线为软件拟合的Δ^+与Λ^+的理论平均值，置信上限与置信下限（实线）分别表示对应指数的理论最大值与理论最小值。由图可以看出，Δ^+值、Λ^+值与物种数量相互独立。

根据图a可以看出，Δ^+的理论平均值为75，且Δ^+的理论值随着物种数量增多基本保持不变。Δ^+的置信下限值从种数为3时开始上升，当种数为65时，曲线趋于平稳并与理论平均值曲线平行；Δ^+的置信上限值从物种数量为3时开始下降，至物种数为60时，曲线趋于平稳并与理论平均值曲线平行。此外，还可以看出，P1和P3样地的物种种类最多，为77种，S4的物种数量最少，仅17种，但原生林香果树样地物种数量普遍高于次生林香果树样地物种数量；S5的Δ^+值最大（80.30），P2的Δ^+值最小（71.49），次生林香果树除S4样地外，其余样地群落的平均分类学差异指数均高于原生林。

图a中所有香果树样地均位于置信漏斗内，仅有2个（P1和P2）位于置信下限边缘。在10个样地中，5个样地（S1、S2、S3、S5和S6）的Δ^+值大于理论平均值，且这5个样地均位于次生林；其余样地（S4、P1、P2、P3和P4）的Δ^+值均小于理论平均值，且在这5个样地中，除S4样地外，其他均位于浙江省

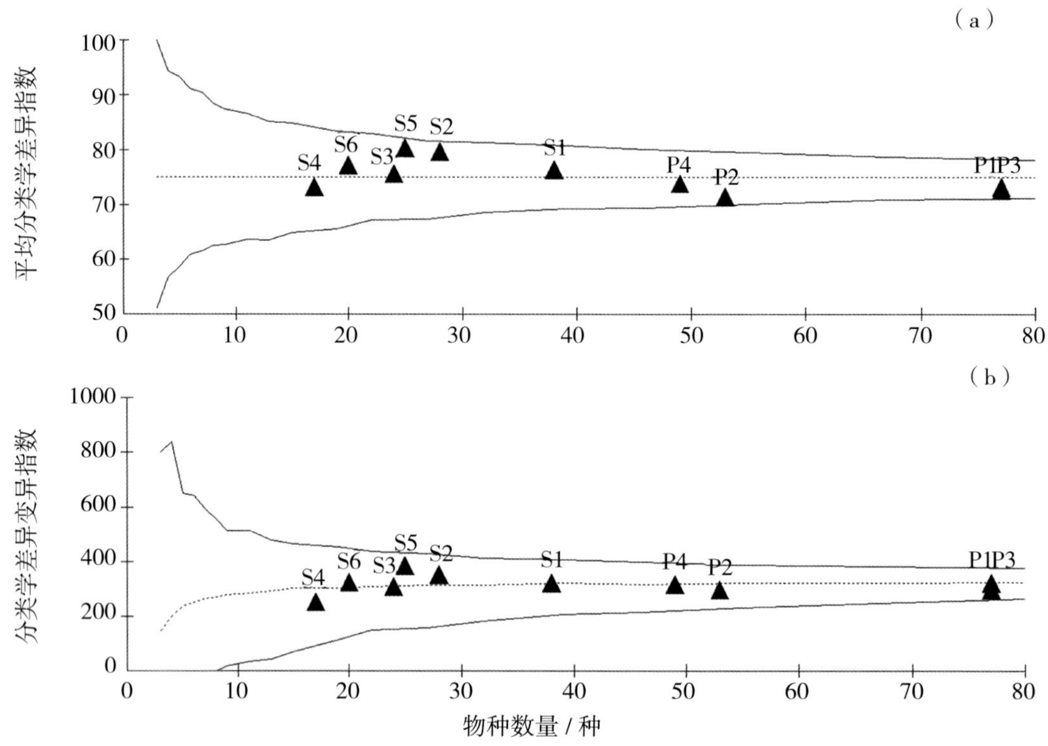

图 6-4-3 Δ^+（a）与 Λ^+（b）的置信漏斗曲线及香果树（*Emmenopterys henryi*）各调查点（原生林 P1—P4, 次生林 S1—S6）在曲线中的位置

淳安县。这说明次生林香果树群落物种分类多样性值较大，亲缘关系较远；原生林香果树群落物种分类多样性值较低，亲缘关系较近。

由图 b可以看出：Λ^+ 的理论平均为 320，理论曲线由 120 开始上升至物种数量为 19 时达到最大（320）且趋于稳定。Λ^+ 的置信下限从种数为 3 时开始逐渐上升，当种数在 22—27 时，曲线趋于平稳，之后随物种数目增加曲线继续逐步上升；Λ^+ 的置信上限从物种数为 3 开始迅速降低，当物种数目为 26 时降低趋势减缓。此外，还可以看出，S5（384.60）的 Λ^+ 值最大，S4（253.25）的 Λ^+ 值最小。除 S4 样地外，次生林香果树其余样地群落的分类差异变异指数均高于原生林。

总体来看，10 个香果树样地中只有次生林的 3 个样地（S2、S5 和 S6）的 Λ^+ 值大于理论平均值，其余样地的 Λ^+ 值均小于理论平均值。但所有样地位于置信漏斗内，且均位于理论曲线附近，说明原生林与次生林区域内香果树群落大都保存较好。但次生林香果树群落的 Λ^+ 值除 S4 外均高于原生林，说明次生林香果树群落内物种分布的均一性较弱。原生林 4 个样地（S7—S10）平均分类学差异指数平均为 72.78，分类学差异变异指数平均为 308.73。次生林 6 个样地（S1—S6）平均分类学差异指数平均为 77.08，分类学差异变异指数平均为 324.91。即原生林与次生林相比，原生林亲缘关系近，群落物种均一。

（3）群落的物种重要值

根据野外样地调查，原生林与次生林中香果树群落乔木层的物种种类差异较大。原生林中乔木层的物种种类丰富，主要为香果树、浙江山梅花、山柿、小叶青冈、枫香树、光叶毛果枳椇、红脉钓樟和红柴枝等。次生林中乔木层的物种种类较少，主要有香果树、青榨槭、紫楠、毛竹、野桐、大叶榉树和檫木等（表 6-4-6）。

根据重要值，原生林中香果树重要值均为最大，分别为 39.11、30.99、41.10 和 15.49，说明原生林中香果树在群落中占据绝对优势地位。次生林的 S1、S4、S5 和 S6 群落中，香果树的重要值均为最大，依次为 44.38、41.22、27.87 和 47.15，表明香果树在这 4 个群落中均为优势种。而在 S2 和 S3 群落中，香果树重要值均位于第二位，为群落中的次优种，而且这 2 个群落中乔木层物种也相对较少，分别为 4 种和 2 种。

表 6-4-6　原生林和次生林中香果树群落的乔木层物种组成及重要值

物种	重要值 /%									
	P1	P2	P3	P4	S1	S2	S3	S4	S5	S6
香果树*Emmenopterys henryi*	39.11	30.99	41.10	15.49	44.38	28.46	48.83	41.22	27.87	47.15
青榨槭*Acer davidii*					13.36					
紫楠*Phoebe sheareri*				7.37	12.78		51.17		6.70	17.07
豺皮樟*Litsea rotundifolia* var. *oblongifolia*					7.41					
朴树*Celtis sinensis*					6.04	8.63		14.61	10.54	
枫香树*Liquidambar formosana*		8.16			5.54					
牛鼻栓*Fortunearia sinensis*					3.70					
八角枫*Alangium chinense*	2.34				3.49					8.31
野桐*Mallotus apeltus*					3.30	15.75				
毛竹*Phyllostachys edulis*						47.15		17.33	11.41	
构树*Broussonetia papyrifera*								10.21		
白花泡桐*Paulownia fortunei*								9.65		
刺榆*Hemiptelea davidii*								6.99		
大叶榉树*Zelkova schneideriana*									12.67	
檫木*Sassafras tzumu*									12.55	
臭椿*Ailanthus altissima*									10.74	
黄檀*Dalbergia hupeana*									7.52	
梧桐*Firmiana simplex*										19.13
野漆树*Toxicodendron succedaneum*										8.34
浙江山梅花*Philadelphus zhejiangensis*	15.29			3.90						
山柿*Diospyros japonica*	14.33		5.99	4.45						
细齿稠李*Prunus obtusata*	6.69		3.99	2.51						
苦木*Picrasma quassioides*	3.86									
香槐*Cladrastis wilsonii*	3.39	7.91								
白木乌桕*Neoshirakia japonica*	3.10									
豹皮樟*Litsea coreana* var. *sinensis*	2.65									
毛脉槭*Acer pubinerve*	2.33									
小叶青冈*Quercus myrsinifolia*	2.32	8.85	5.73	5.12						
毛八角枫*Alangium kurzii*	2.31									
华山矾*Symplocos chinensis*	2.28									
光叶毛果枳椇*Hovenia trichocarpa* var. *robusta*		8.60								
野梧桐*Mallotus japonicus*		7.16								
港柯*Lithocarpus harlandii*		7.07	18.07	4.71						
野核桃*Juglans mandshurica*		5.33								
茅栗*Castanea seguinii*		5.18								
红楠*Machilus thunbergii*		3.78								

续表

物种	重要值 /%									
	P1	P2	P3	P4	S1	S2	S3	S4	S5	S6
浙闽樱*Prunus schneideriana*		3.54								
鄂西清风藤*Sabia campanulata* subsp. *ritchieae*		3.43								
光叶榉*Zelkova serrata*			4.61							
厚壳树*Ehretia acuminata*			5.22							
拟赤杨*Alniphyllum fortunei*			4.54							
天目槭*Acer sinopurpurascens*			4.14							
小叶白辛树*Pterostyrax corymbosus*			6.62	1.84						
红脉钓樟*Lindera rubronervia*				10.52						
红柴枝*Meliosma oldhamii*				10.09						
秀丽槭*Acer elegantulum*				9.16						
青冈*Cyclobalanopsis glauca*				8.11						
青钱柳*Cyclocarya paliurus*				5.69						
赛山梅*Styrax confusus*				3.31						
异色泡花树*Meliosma myriantha* var. *discolor*				2.20						
微毛柃*Eurya hebeclados*				2.15						
秀丽四照花*Cornus hongkongensis* subsp. *elegans*				1.78						
毛果南烛*Lyonia ovalifolia* var. *hebecarpa*				1.60						

（4）物种多样性指数

物种多样性能够综合反映物种的丰富度和均匀度（汪殿蓓等，2001），它能够体现群落的结构性、稳定性及发展性。通常越复杂的群落，稳定性越强，发展水平越高，抗干扰能力也越强（臧润国，2004；康永祥等，2010）。采用 4 个物种多样指数（*S*、SW、SN 和 PW）对原生林与次生林中香果树群落不同层次的物种多样性进行分析，结果如表 6-4-7。

表 6-4-7　原生林与次生林中香果树群落物种多样性指数

地点	层次	*S*	SW	SN	PW
P1	乔木层	13.00	2.88	0.80	0.78
	灌木层	25.00	4.23	0.94	0.91
	草本层	57.00	5.53	0.98	0.96
	总体	25.40	3.81	0.88	0.85
P2	乔木层	12.00	3.23	0.86	0.90
	灌木层	22.00	4.17	0.94	0.94
	草本层	27.00	4.56	0.96	0.96
	总体	18.00	3.78	0.91	0.92
P3	乔木层	10.00	2.72	0.78	0.82
	灌木层	25.00	4.45	0.96	0.96
	草本层	58.00	5.27	0.97	0.91
	总体	24.10	3.75	0.87	0.88

续表

地点	层次	*S*	SW	SN	PW
P4	乔木层	18.00	3.87	0.93	0.93
	灌木层	18.00	3.77	0.91	0.90
	草本层	32.00	3.87	0.86	0.78
	总体	20.80	3.84	0.91	0.89
S1	乔木层	9.00	2.55	0.76	0.80
	灌木层	21.00	3.84	0.91	0.88
	草本层	31.00	4.43	0.95	0.90
	总体	17.00	3.31	0.84	0.84
S2	乔木层	4.00	1.75	0.67	0.88
	灌木层	10.00	3.05	0.86	0.92
	草本层	18.00	3.90	0.93	0.94
	总体	8.60	2.57	0.78	0.90
S3	乔木层	2.00	1.00	0.50	1.00
	灌木层	7.00	2.25	0.74	0.80
	草本层	20.00	3.95	0.93	0.92
	总体	7.10	1.96	0.66	0.92
S4	乔木层	6.00	2.30	0.76	0.89
	灌木层	8.00	2.68	0.82	0.89
	草本层	17.00	3.27	0.82	0.80
	总体	8.80	2.61	0.79	0.87
S5	乔木层	8.00	2.85	0.85	0.95
	灌木层	9.00	2.82	0.82	0.89
	草本层	16.00	3.38	0.86	0.84
	总体	9.90	2.95	0.85	0.91
S6	乔木层	5.00	2.00	0.71	0.86
	灌木层	7.00	2.69	0.84	0.96
	草本层	13.00	3.37	0.88	0.91
	总体	7.20	2.48	0.78	0.90
P1—P4	乔木层	13.25 ± 1.70^{b}	3.18 ± 0.25^{c}	0.84 ± 0.03^{b}	0.86 ± 0.03^{a}
	灌木层	22.50 ± 1.66^{b}	4.16 ± 0.14^{ab}	0.93 ± 0.01^{a}	0.93 ± 0.01^{a}
	草本层	43.50 ± 8.15^{a}	4.81 ± 0.37^{a}	0.94 ± 0.03^{a}	0.90 ± 0.04^{a}
	总体	22.08 ± 1.67^{b}	3.80 ± 0.02^{bc}	0.89 ± 0.01^{ab}	0.89 ± 0.01^{a}
S1—S6	乔木层	5.67 ± 1.05^{b}	2.08 ± 0.27^{c}	0.71 ± 0.05^{c}	0.90 ± 0.03^{a}
	灌木层	10.33 ± 2.19^{b}	2.89 ± 0.22^{b}	0.83 ± 0.02^{ab}	0.89 ± 0.02^{a}
	草本层	19.17 ± 2.54^{a}	3.72 ± 0.19^{a}	0.89 ± 0.02^{a}	0.88 ± 0.02^{a}
	总体	9.77 ± 1.51^{b}	2.65 ± 0.19^{bc}	0.78 ± 0.03^{bc}	0.89 ± 0.01^{a}

总体来看，原生林的物种丰富度指数（*S*）、Shannon-Wiener 物种多样性指数（SW）和 Simpson 生态优势度指数（SN）均大于次生林，而 Pielou 群落均匀度指数值（PW）相差不大。

从原生林与次生林不同层次的物种多样性指数值来看，原生林与次生林中不同群落层次的 *S*、SW 和 SN 均表现为同一趋势，即草本层最大，灌木层次之，乔木层最小。根据差异显著性分析，*S*、SW 和 SN

的乔木层与草本层均表现为差异显著（$P < 0.05$），而原生林与次生林中 PW 值差异均不显著（$P > 0.05$）。

（5）原生林与次生林中香果树群落结构

比较香果树原生林与次生林群落结构，原生林群落乔木层高度通常为 12—15m，物种种类较多（表 6-4-4）；林下灌木 2—4m；草本种类也较丰富，通常小于 1m。次生林群落乔木层通常为 8—10m，种类稀疏（表 6-4-5）；灌木层 1.50—3.00m；草本层通常小于 1m（彭仙丽等，2017）。两种森林群落中垂直结构明显，香果树优势地位突出，除 S2 与 S3，香果树重要值均为最高（表 6-4-6）；而灌木层中香果树较少，草本层中香果树丰富，但仅分布于部分样地中，聚集现象明显。香果树的垂直分布扩大了其对空间的占据，对于群落结构的稳定与维持具有重要作用。

植物群落的物种组成与结构是研究植物群落功能的基础（Loreau et al.，2001；Tilman et al.，2006），对于阐明森林群落的演替有重要作用。浙江省淳安县原生林 2000m^2 样地中共有维管植物 75 科 132 属 170 种，而江苏省常州市溧阳市次生林 1800m^2 样地中有维管植物 47 科 69 属 76 种，原生林中的物种种数明显多于次生林。翁东明等（2014）比较研究了浙江省落叶阔叶林中群落的物种组成，结果显示原生林物种组成小于次生林。熊志斌等（2010）的研究也显示原生林物种丰富度指数小于次生林。本章研究与上述结果相反，原因可能为：①毛竹的入侵对香果树次生群落物种多样性产生了不利影响。白尚斌等（2013a）研究认为毛竹入侵减小森林群落中乔木层与灌木层的物种丰富度；此外，白尚斌等（2013b）研究表明毛竹浸提液对种子萌发也具有抑制作用。②人为干扰的影响。次生林群落 S2 与 S3 位于地面缆车附近，轨道两边林分的定时清理降低了群落的物种丰富度指数。

通常认为异质性高的地区，能为物种提供更多异质生境，其中植物种类越丰富，多样性也越高（Kerr and Packer，1997；Dufour et al.，2006），且物种多的区域比物种少的区域分类多样性高（Pacini et al.，2009）。而关于原生林与次生林物种多样性与分类多样性的研究，结果不一。Garcia-Gonzalo 等（2008）认为原生林物种多样性比次生林低，Kessler 等（2005）与 Kumar 等（2006）则研究认为原生林物种丰富度指数高于次生林。Brearley 等（2004）研究认为原生林物种多样性指数高于次生林。对比分析浙江省淳安县原生林与江苏省常州市溧阳市次生林香果树群落物种丰富度指数和分类多样性指数，发现原生林虽然物种种类多，但其分类多样性低。分析原因可能为：①原生林经过长期的自然演化，群落生境单一，群落中保留了相似环境条件的共生物种，因而分类多样性低；而次生林生境异质性强，为更多物种提供了生存的环境，所以分类多样性高。②原生林中单种属植物占总物种数的 20.00%，≥ 2 种的科的物种数占总物种数的 80.00%；次生林中单种属植物占总物种数的 35.53%，≥ 2 种的科的物种数占总物种数的 64.47%。原生林中单种属植物所占比例低，则分类多样性低。

因此，江苏不同地区的植物群落组成存在很大的差异。苏北的沿海滩涂植被的群落组成相对简单，而苏南亚热带山区的森林群落组成较为丰富。以香果树群落为例，香果树原生林的群落物种多样性总体上高于次生林。总体而言，不同植物群落中植物种类的变化主要受群落所在的气候带、土壤类型、干扰强度及演替（恢复）时间的影响。不同地区特殊的水热和土壤条件影响着植物群落的发生和发育，而次生林的恢复与发展，应该尽量减少或控制人为活动的干扰。

第七章　江苏植被生态位与种间联结

生态位与种间联结是种群生态学研究的核心问题。生态位与种间联结在很大程度上解释了物种在群落中的空间分布及其对环境资源的利用能力，有助于更好地了解群落内优势种的生态习性及其相互关系，为森林植被保育与恢复、群落的稳定和演替、植物资源的保护和利用提供理论依据。

我们在江苏省现状植被野外调查的基础上，选择该区最为常见、分布最广的落叶阔叶林类型，分析植物群落中不同层次木本植物的生态位与种间联结。采用典型样地法对 2 种常见森林群落（朴树群落、麻栎群落）、2 种濒危植物群落（大叶榉树群落、香果树群落）进行调查，分别计算其群落内优势种的生态位宽度、生态位重叠和种间联结，并且比较不同群落类型中优势种的生态位特征与种间关系。

一、森林群落优势种群生态位与种间关系

（一）研究概述

生态位是物种对多个环境因子生态适应的综合结果，可以反映一个物种在群落中的地位、功能和未来发展趋势（Hutchinson，1957； Scheele et al.，2017）。自 1917 年 Grinnell 首次提出，该理论经过不断发展和完善（Anderson，2013； Arellano et al.，2014； Ingram et al.，2018），现已成为近代生态学的重要研究领域之一（董雪等，2020）。生态位理论的量化指标主要是生态位宽度（Shannon and Weiner，1949； Levins，1968）和生态位重叠（Pianka，1973； Schoener，1974）。其中，生态位宽度反映物种分布、数量及对环境资源的利用状况。生态位宽度大，表明物种在群落中数量多、分布广，资源利用能力强，具有较强的适应能力。而生态位重叠反映物种之间对环境资源利用的相似程度和竞争关系。生态位重叠大，表明物种对环境资源的需求相似度高，可能存在激烈的竞争关系（Colwell and Futuyma，1971； Wu et al.，2020； 黄石德等，2023）。

种间联结是指不同物种在空间分布上的相互关联性，包括空间分布关系及物种之间的功能依赖关系，是植物群落重要的数量和结构特征之一，是植物群落结构形成和演化的基础（Gleason，1926； 徐满厚等，2016； 叶权平等，2018）。正联结通常表明不同物种对环境条件具有相似的需求或一个物种的生长为另一个物种的定居创造了适宜的条件，而负联结通常表明物种间对环境需求不同或者由于竞争而产生相互排斥（Gleason，1926； 张雄邦等，2016； 刘润红等，2020）。

生态位与种间联结在很大程度上解释了物种在群落中的空间分布及其对环境资源的利用能力，结合生态位和种间联结的研究，能更好地了解植物群落内优势种的生态习性及其相互关系，从而为群落动态演替、植被生态恢复及植物多样性的保护利用提供理论依据（Gu et al.，2017； Lu et al.，2020）。

目前生态位与种间联结的相关理论也被广泛用于珍稀濒危植物资源的保护（陈龙涛等，2016； Shao and Zhang，2021），判断入侵物种对环境带来的损害（江焕等，2019），森林资源管理（Chai et al.，2016； Lu et al.，2020）等。

（二）研究方法

1. 样地设置

对亚热带地区落叶阔叶林中优势种群的生态位与种间联结研究，其野外调查通常采用样地法。我们对上述4类森林群落分别采用20m×20m典型样地法进行分层调查，即将每个样地划分为4个10m×10m乔木样方，再在每个乔木样方内设置1个5m×5m的灌木样方和1个1m×1m的草本样方。记录样方内乔木层（DBH ≥ 5 cm）和灌木层（DBH < 5cm）所有树种的种名、株数、胸径、高度，以及草本层植物的种名、高度和多盖度等级等信息。此外，记录样地的经纬度坐标、海拔、坡向、坡度等环境因子。

2. 重要值计算

重要值（IV）可以反映各物种在群落中的地位和作用，常用于衡量物种在群落中的优势程度（宋永昌，2017； Jin et al.，2022）。因此，重要值在森林群落中通常是一个物种的多度、频度和显著度的综合值，其计算公式如下：

$$IV=(RA+RD+RF)/3$$

式中，RA为相对多度，RD为相对显著度，RF为相对频度。

此外，剔除仅在1个样地出现的偶见种后，根据样地数量及实际情况，选取某个群落乔木层（DBH ≥ 5cm）或灌木层（DBH < 5cm）中前10种作为该群落乔木层或灌木层的优势种。

3. 生态位计算

（1）生态位宽度

生态位宽度是指某物种在其生存环境中对各种资源的利用总和，常用于反映物种的分布和对环境资源的利用程度。利用Levins指数（B_L）和Shannon指数（B_S）计算群落中优势物种的生态位宽度（Shannon and Weiner，1949； Levins，1968）。计算公式如下：

$$B_L=1/\sum_{j=1}^{r}P_{ij}^2$$

$$B_S=-\sum_{j=1}^{r}P_{ij}\ln P_{ij}$$

式中，P_{ij}为物种i在资源位j上的重要值占所有资源位上的重要值总和的比例$P_{ij}=n_{ij}/N_i$，n_{ij}为物种i在资源j上的重要值，N_i为物种i在所有资源位上的重要值之和（$N_i=\sum_{j=1}^{r}n_{ij}$），r为资源总位数（样方总数）。

（2）生态位相似性系数

生态位相似性系数反映群落内两个物种利用环境资源的相似程度。生态位相似性越大，表明物种对环境资源的需求越相似（Schoener，1974； 刘润红等，2020）。本书利用Schoener指数（C_{ik}）计算生态位相似性，计算公式如下（Schoener，1974）：

$$C_{ik}=1-0.5\sum_{j=1}^{r}|P_{ij}-P_{kj}|$$

式中，C_{ik} 为物种 i 和种 k 的生态位相似性系数，P_{ij} 和 P_{kj} 分别是物种 i 和 k 在资源位 j 上的重要值，$C_{ik}=C_{ki}$。

（3）生态位重叠指数

生态位重叠指数反映两物种利用同等级的资源且相互重叠的情况。生态位重叠大的物种对在环境资源不足时可能存在较为激烈的种间竞争（Pianka，1973； 江焕等，2019； 肖艳梅等，2021）。本书采用 Pianka 指数（O_{ik}）计算生态位重叠，计算公式如下（Pianka，1973）：

$$O_{ik}=\sum_{j=1}^{r}P_{ij}P_{kj}/\sqrt{\sum_{j=1}^{r}P_{ij}^{2}\sum_{j=1}^{r}P_{kj}^{2}}$$

式中，O_{ik} 为物种 i 和物种 k 的生态位重叠指数，P_{ij} 和 P_{kj} 分别是物种 i 和 k 在资源位 j 上的重要值，$O_{ik}=O_{ki}$。

4. 种间联结测定

（1）总体联结性检验

采用方差比率（VR）来测定多物种间的总体联结性，使用统计量 W 来检验关联程度（Schluter，1984； Wang et al.，2019）。计算公式如下：

$$P_i=n_i/N$$

$$S_T^2=\frac{1}{N}\sum_{j=1}^{N}(T_j-t)^2,\delta_T^2=\frac{1}{N}\sum_{i=1}^{S}P_i(1-P_i)$$

$$\mathrm{VR}=S_T^2/\delta_T^2,W=\mathrm{N}\times\mathrm{VR}$$

式中，S_T^2 为总种数方差，δ_T^2 为总体样本方差，n_i 是包含物种 i 的样方数，N 是总样方数，S 是总物种数，T_j 是样方 j 出现的物种数，t 为样方中物种的平均数。

当 VR > 1 时，表示群落总体上表现为正联结，VR < 1 表示负联结，VR=1 表示无联结。用 W 值检验 VR 是否显著偏离 1。当 $W>\chi^2_{0.05(N)}$ 或 $W<\chi^2_{0.95(N)}$，说明物种间总体联结性显著（$P<0.05$）。反之，当 $\chi^2_{0.95(N)}<W<\chi^2_{0.05(N)}$ 时，说明物种间总体无显著联结（$P>0.05$）。

（2）种间联结性检验

基于 2×2 列联表进行卡方检验（χ^2 检验），由于取样的非连续性，使用 Yates 连续校正公式对卡方进行校正（Greig-Smith，1983； Chai et al.，2016； Lu et al.，2020）。当某一物种的出现频率为 100% 时，为避免分母为 0 导致无法计算的情况，将 b 和 d 值加权到 1 以获得较为客观的效果（江焕等，2019； Jin et al.，2022）。卡方检验的计算公式如下：

$$\chi^2=\frac{N(|ad-bc|-0.5N)^2}{(a+b)(b+d)(c+d)(a+c)}$$

式中，N 是总样方数，a 是包含物种 i 和 k 的样方数，b 是包含物种 i 而不包含物种 k 的样方数，c 是包含物种 k 而不包含物种 i 的样方数，d 是物种 i 和 k 都不包含的样方数。

当 $ad>bc$ 时，两物种间呈正联结，物种对倾向于同时出现；当 $ad<bc$ 时，两物种间呈负联结，物

种对往往是独立的。此外，当$\chi^2 \leqslant 3.841$时，表示物种对间联结不显著（$P \geqslant 0.05$）；当$3.841 < \chi^2 \leqslant 6.635$时，表示物种对间联结性显著（$0.01 \leqslant P < 0.05$）。当$\chi^2 > 6.635$时，表示物种对间联结性极显著（$P < 0.01$）。

χ^2检验以定性数据为基础，无法区分联结强度的大小，不意味着χ^2检验不显著的物种对间就不存在联结性；Spearman 秩相关系数则是基于数量数据，能对χ^2检验进行补充和完善（徐满厚等，2016；黄林娟等，2021）。计算公式如下：

$$r(i,k)=1-\frac{6\sum_{j=1}^{N}(x_{ij}-\overline{x}_j)^2(x_{kj}-\overline{x}_k)^2}{N^3-N}$$

式中，$r(i,k)$为 Spearman 秩相关系数，N为样方总数，x_{ij}和x_{kj}分别是物种i和物种k在样方j中的秩。

重要值计算在 Excel 2019 中完成，生态位与种间联结计算在 R 4.0.5 中利用 spaa 包完成，Spearman 秩相关系数的显著性检验在 SPSS 20 中完成。

二、朴树群落优势种群生态位与种间联结

（一）朴树群落优势种群生态位与种间联结研究方法

朴树（图 7-2-1）为大麻科朴属落叶乔木，是我国重要的乡土植物。朴树是我国落叶阔叶林或常绿落叶阔叶混交林的常见优势种或建群种，广泛分布于我国中亚热带和北亚热带的落叶栎类林、榉类林或石灰岩植被中（吴征镒，1980），它对涵养水源、保持生态平衡和维持生物多样性具有重要的意义。

图 7-2-1　朴树（*Celtis sinensis*）

研究区域位于南京老山国家森林公园，地理位置为 32.0500°—32.1500°N，118.4167°—118.6667°E。该区属于北亚热带季风气候区，温暖湿润，雨量充沛，光照充足，四季分明。年平均气温 15.1℃，年均降水量 1106.5mm，全年无霜期 228d。土壤类型主要为黄棕壤。老山位于中亚热带和北亚热带的交汇处，该区的主要植被类为落叶阔叶林和常绿落叶阔叶混交林（高邦权和张光富，2005；张雄邦等，2016）。其中，落叶阔叶林是该区相对稳定的森林植被类型，群落的植物种类组成较为丰富，群落成层现象较为明显（王林林等，2012）。

在南京老山国家森林公园以朴树分布

为主的天然次生林内，在野外踏查的基础上选择人为干扰较小的朴树群落进行调查，分别在虎凹和核桃凹设置 6 块和 4 块典型调查样地，共计 10 个样地（S1—S10），样地面积均为 20m × 20m。朴树林是该区落叶阔叶林的主要类型之一（图 7–2–2），其乔木层物种主要有朴树、黄檀、刺槐、构树等；灌木层物种主要有高粱藨、荚蒾、卫矛、野山楂等；草本层物种主要有贯众、海金沙、天南星（*Arisaema heterophyllum*）、野蔷薇等。

图 7–2–2 朴树林（南京市老山）

（二）朴树群落优势种群生态位与种间联结特征

1. 乔木层和灌木层优势种的重要值

计算朴树群落乔木层和灌木层所有物种的重要值之后，剔除群落中仅在一个样地中出现的偶见种，如枫杨（图 7–2–3），得到朴树群落乔木层、灌木层优势种的重要值（表 7–2–1）。

图 7-2-3 朴树群落偶见种枫杨（*Pterocarya stenoptera*）（南京市老山）

表 7-2-1 朴树群落乔木层和灌木层优势种的重要值

群落层次	物种编号	种名	样地编号										Σ/%
			S1	S2	S3	S4	S5	S6	S7	S8	S9	S10	
乔木层	T1	朴树 *Celtis sinensis*	52.49	38.76	60.06	34.78	63.35	26.37	30.86	25.09	48.82	39.00	419.58
	T2	黄连木 *Pistacia chinensis*	4.71	8.60	24.37	53.92	19.21	17.47	40.16	19.55	8.76	5.62	202.37
	T3	黄檀 *Dalbergia hupeana*	0.00	34.68	0.00	0.00	0.00	23.53	28.98	0.00	0.00	5.37	92.56
	T4	刺槐 *Robinia pseudoacacia*	38.20	9.53	0.00	0.00	0.00	0.00	0.00	0.00	0.00	0.00	47.73
	T5	榆树 *Ulmus pumila*	0.00	0.00	0.00	0.00	0.00	4.96	0.00	25.14	0.00	15.06	45.16
	T6	八角枫 *Alangium chinense*	4.60	0.00	0.00	0.00	8.72	0.00	0.00	0.00	6.26	9.34	28.92
	T7	三角槭 *Acer buergerianum*	0.00	0.00	0.00	0.00	0.00	0.00	0.00	0.00	23.73	4.69	28.42
	T8	化香树 *Platycarya strobilacea*	0.00	0.00	0.00	0.00	0.00	23.35	0.00	0.00	0.00	4.36	27.71
	T9	构树 *Broussonetia papyrifera*	0.00	0.00	15.57	0.00	8.72	0.00	0.00	0.00	0.00	0.00	24.29
	T10	赛山梅 *Styrax confusus*	0.00	0.00	0.00	5.63	0.00	4.32	0.00	0.00	0.00	0.00	9.95
灌木层	S1	朴树 *Celtis sinensis*	26.69	37.66	34.74	54.52	40.83	31.64	38.93	17.48	9.64	26.99	319.12
	S2	山胡椒 *Lindera glauca*	6.68	3.88	10.38	8.76	8.21	7.13	12.46	6.12	7.63	8.16	79.41
	S3	八角枫 *Alangium chinense*	4.31	3.73	17.36	0.00	15.29	0.00	3.73	14.61	7.36	3.73	70.12
	S4	苦竹 *Pleioblastus amarus*	26.82	16.66	0.00	0.00	0.00	0.00	0.00	4.58	15.61	0.00	63.67
	S5	三角槭 *Acer buergerianum*	0.00	0.00	0.00	0.00	0.00	0.00	0.00	1.86	36.49	4.03	42.38
	S6	圆叶鼠李 *Rhamnus globosa*	0.00	8.50	3.44	0.00	6.98	6.57	10.40	0.00	1.86	0.00	37.75
	S7	赛山梅 *Styrax confusus*	1.98	0.00	0.00	5.55	6.01	12.13	5.03	0.00	0.00	0.00	30.70
	S8	柘树 *Maclura tricuspidata*	0.00	5.86	0.00	3.51	0.00	11.87	6.19	0.00	0.00	0.00	27.43
	S9	茶条槭*Acer tataricum* subsp. *ginnala*	0.00	0.00	0.00	0.00	0.00	0.00	0.00	22.88	3.34	0.00	26.22
	S10	黄连木 *Pistacia chinensis*	0.00	0.00	0.00	9.32	3.09	6.23	1.49	1.77	2.23	2.06	26.19

由表 7–2–1 可知，在乔木层中，重要值排名前 10 的物种分别为朴树（T1）、黄连木（T2）、黄檀（T3）、刺槐（T4）、榆树（T5）、八角枫（T6）（图 7–2–4）、三角槭（T7）、化香树（T8）、构树（T9）、赛山梅（T10）。在这 10 个样地中，乔木层排名前 10 的物种的重要值之和占该层所有物种重要值之和的 92.67%。在灌木层中，重要值排名前 10 的物种分别为朴树（S1）、山胡椒（S2）、八角枫（S3）、苦竹（S4）、三角槭（S5）、圆叶鼠李（S6）、赛山梅（S7）、柘树（S8）、茶条槭（S9）、黄连木（S10）。在这 10 个样地中，灌木层排名前 10 的物种的重要值之和占该层所有物种重要值之和的 72.30%。因此，在乔木层和灌木层中，均选择前 10 种作为朴树群落的优势种。

在乔木层中，7 个样地中朴树的重要值最大；在剩余 3 个样地（S4、S7 和 S8）中，朴树重要值在前 10 个优势树种中排名第 2。在灌木层中，7 个样地中朴树的重要值最大；在剩余 3 个样地（S1、S8 和 S9）中，朴树重要值在前 10 个优势树种中排名第 2 或第 3。

研究结果表明，在乔木层和灌木层中，朴树具有最高的重要值，在群落中处于优势地位，是群落的建群种。南京地处我国亚热带常绿阔叶林向暖温带落叶阔叶林的过渡地带，朴树为当地森林植被落叶阔叶林的主要建群种之一（阎传海等，1995；赵清等，2003）。由于受人为干扰较少，南京老山国家森林公园保存着较为完好的朴树次生林。野外调查发现，朴树在南京老山国家森林公园中分布广泛，可以生长在山坡、沟谷等生境中。

图 7–2–4 朴树群落优势树种八角枫（*Alangium chinense*）（南京市老山）

2. 乔木层和灌木层优势种的生态位

经计算，得出朴树群落乔木层和灌木层优势种生态宽度（表 7–2–2）。由表 7–2–2 可知，在乔木层中，Levins 指数（B_L）和 Shannon 指数（B_S）的范围分别为 1.36—9.14 和 0.44—2.26。其中，朴树（T1）的生态位宽度最大，B_L、B_S 分别为 9.14 和 2.26；其次为黄连木（T2），B_L、B_S 分别为 6.42 和 2.05；化香树（T8）的生态位宽度最小，B_L、B_S 分别为 1.36 和 0.44。在灌木层中，Levins 指数（B_L）和 Shannon 指数（B_S）的范围分别为 1.29—9.27 和 0.38—2.26。其中，山胡椒（S2）的生态位宽度最大，B_L、B_S 分别为 9.27 和 2.26；其次为朴树（S1），B_L、B_S 分别为 8.76 和 2.23；茶条槭（S9）最小，B_L、B_S 分别为 1.29 和 0.38。

研究结果表明，在所调查的这 10 个样地中，朴树群落乔木层和灌木层优势种的生态位宽度存在较大差异。在这两层的优势树种中，朴树均具有较大的生态位宽度，这表明朴树具有较强的资源利用能力和环境适应能力。

表 7-2-2 朴树群落乔木层和灌木层优势种生态位宽度

群落层次	物种编号	种名	Levins指数		Shannon指数	
			B_L	排名	B_S	排名
乔木层	T1	朴树 *Celtis sinensis*	9.14	1	2.26	1
	T2	黄连木 *Pistacia chinensis*	6.42	2	2.05	2
	T3	黄檀 *Dalbergia hupeana*	3.26	4	1.24	4
	T4	刺槐 *Robinia pseudoacacia*	1.47	8	0.50	8
	T5	榆树 *Ulmus pumila*	2.31	5	0.93	5
	T6	八角枫 *Alangium chinense*	3.74	3	1.35	3
	T7	三角槭 *Acer buergerianum*	1.38	9	0.45	9
	T8	化香树 *Platycarya strobilacea*	1.36	10	0.44	10
	T9	构树 *Broussonetia papyrifera*	1.85	7	0.65	7
	T10	赛山梅 *Styrax confusus*	1.97	6	0.68	6
灌木层	S1	朴树 *Celtis sinensis*	8.76	2	2.23	2
	S2	山胡椒 *Lindera glauca*	9.27	1	2.26	1
	S3	八角枫 *Alangium chinense*	5.70	3	1.88	3
	S4	苦竹 *Pleioblastus amarus*	3.21	8	1.25	8
	S5	三角槭 *Acer buergerianum*	1.33	9	0.49	9
	S6	圆叶鼠李 *Rhamnus globosa*	4.96	4	1.67	5
	S7	赛山梅 *Styrax confusus*	3.87	6	1.47	6
	S8	柘树 *Maclura tricuspidata*	3.33	7	1.29	7
	S9	茶条槭 *Acer tataricum* subsp. *ginnala*	1.29	10	0.38	10
	S10	黄连木 *Pistacia chinensis*	4.58	5	1.72	4

经计算，得出朴树群落乔木层和灌木层优势种生态位相似性系数（图 7-2-5）。由图 7-2-5 可知，朴树群落中乔木层优势树种的生态位相似性系数（C_{ik}）介于 0.00—0.63。其中，朴树（T1）和黄连木（T2）的生态位相似性系数最大（0.63）；有 12 个种对的生态位相似性系数等于 0，占所有种对数的 26.67%。在 45 个种对中，$C_{ik} \geqslant 0.5$ 的种对有 1 个，占总种对数的 2.22%；$C_{ik} < 0.5$ 的种对有 44 个，占总种对数的 97.78%。在灌木层中，优势树种的生态位相似性系数（C_{ik}）介于 0.00—0.84。其中，朴树（S1）和山胡椒（S2）的生态位相似性系数最大（0.84）；有 4 个种对的生态位相似性系数等于 0，占所有种对数的 8.89%。$C_{ik} \geqslant 0.5$ 的种对有 13 个，占总种对数的 28.89%；$C_{ik} < 0.5$ 的种对有 32 个，占总种对数的 71.11%。乔木层和灌木层的生态位相似性指数的平均值分别为 0.17 和 0.33，均小于 0.5，这说明大部分物种之间的生态位相似性较小，物种对环境资源的要求差异较大。

在乔木层中，朴树与群落中其他优势树种之间生态位相似性系数（C_{ik}）的平均值为 0.29，朴树仅与 1 个优势树种［黄连木（T2）］的生态位相似性系数高于 0.5。在灌木层中，朴树与群落中其他优势树种之间生态位相似性系数（C_{ik}）的平均值为 0.46；朴树与 5 个优势种［山胡椒（S2）、八角枫（S3）、圆叶鼠李（S6）、赛山梅（S7）和黄连木（S10）］的生态位相似性系数高于 0.5。这说明与乔木层相比，在灌木层中朴树与群落中的其他主要物种对资源的要求较为一致，更易发生激烈的竞争关系。

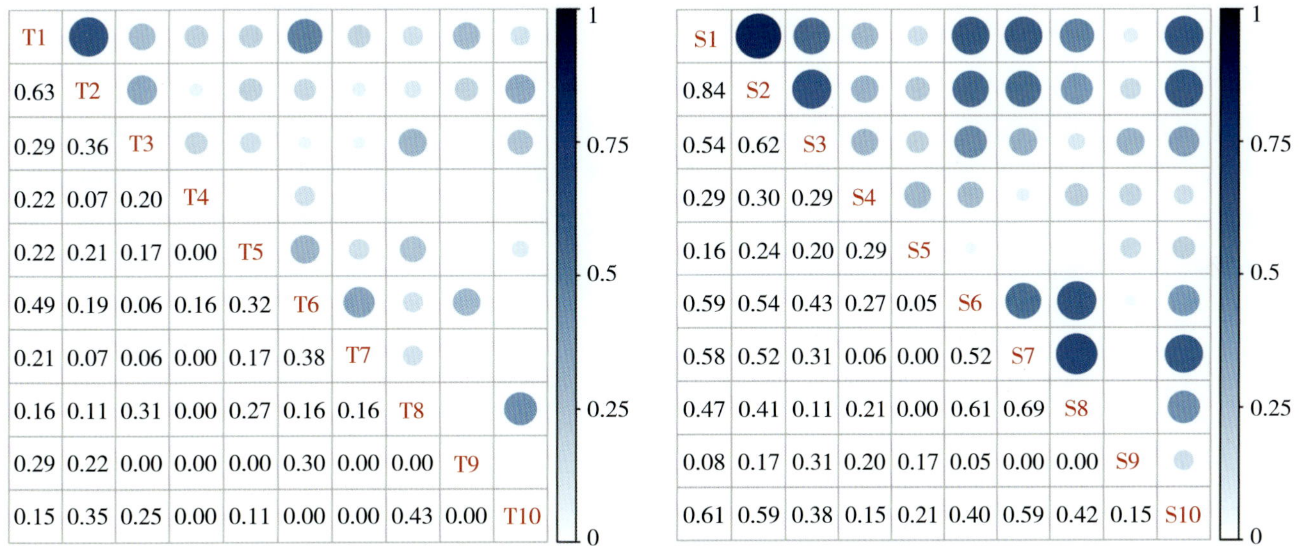

图 7-2-5　朴树群落乔木层和灌木层优势种生态位相似性系数

注：T1—T10、S1—S10 分别代表朴树群落乔木层和灌木层的优势种，编号同表 7-2-1；圆圈的大小和颜色（对角线上）表示生态位相似性系数（对角线下）的大小。

经计算，得出朴树群落乔木层和灌木层优势种生态位重叠指数（图 7-2-6）。由图 7-2-6 可知，朴树群落乔木层优势树种的生态位重叠指数（O_{ik}）介于 0.00—0.72。其中，朴树（T1）和黄连木（T2）的生态位重叠指数最大（0.72）；有 12 个种对的生态位重叠指数等于 0，占所有种对数的 26.67%。$O_{ik} \geqslant 0.5$ 的种对有 6 个，占总种对数的 13.33%；$O_{ik} < 0.5$ 的种对有 39 个，占总种对数的 86.67%。在灌木层中，优势种的生态位重叠指数（O_{ik}）介于 0.00—0.93。其中，朴树（S1）和山胡椒（S2）的生态位相似性系数最大（0.93）；有 4 个种对的生态位重叠指数等于 0，占所有种对数的 8.89%。$O_{ik} \geqslant 0.5$ 的种对有 18 个，占总种对数的 40.00%；$O_{ik} < 0.5$ 的种对有 27 个，占总种对数的 60.00%。乔木层和灌木层中优势种的平均生态位相似性指数分别为 0.23 和 0.40，均小于 0.5。这说明朴树群落中大部分物种之间的生态位重叠较低，物种间竞争较小或不存在竞争关系。

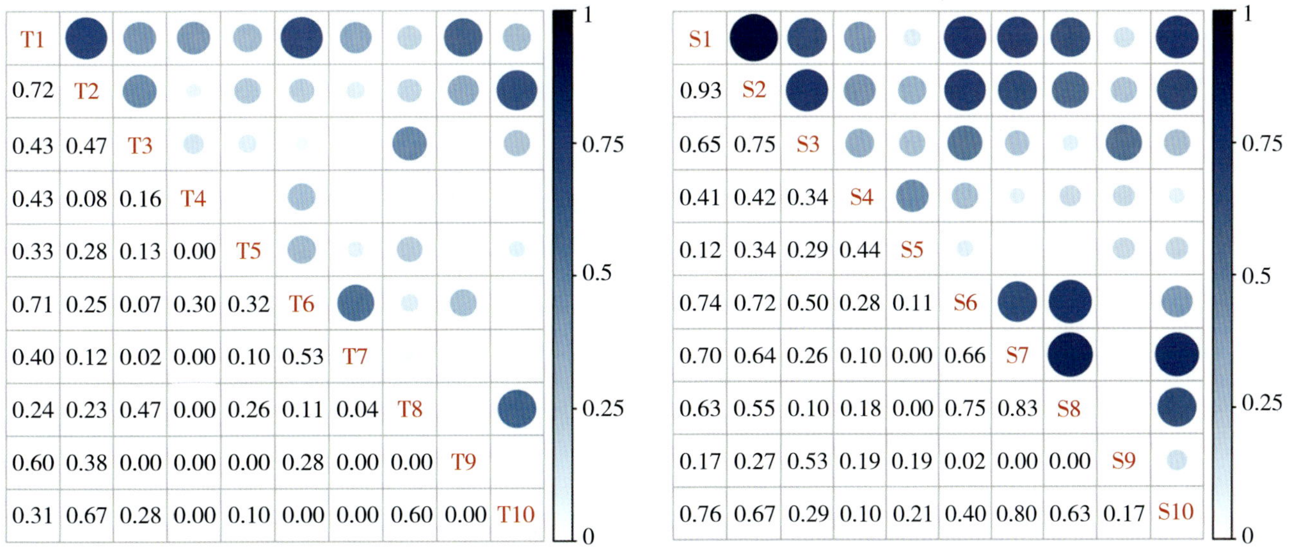

图 7-2-6　朴树群落乔木层和灌木层优势种生态位重叠指数

注：T1—T10、S1—S10 分别代表朴树群落乔木层和灌木层的优势种，编号同表 7-2-1；圆圈的大小和颜色（对角线上）表示生态位重叠指数（对角线下）的大小。

在乔木层中，朴树与群落中其他优势树种之间生态位重叠指数（O_{ik}）的平均值为0.46，朴树与3个优势树种［黄连木（T2）、八角枫（T6）和构树（T9）］的生态位重叠指数高于0.5。在灌木层中，朴树与群落中其他优势种之间生态位重叠指数（O_{ik}）的平均值为0.57；朴树与6个优势种［山胡椒（S2）、八角枫（S3）、圆叶鼠李（S6）、赛山梅（S7）、柘树（S8）和黄连木（S10）］的生态位重叠指数高于0.5。因此，总体上在乔木层和灌木层中，朴树与群落中的其他优势种的生态位重叠指数接近或高于0.5。这表明在环境资源不足时，朴树与伴生树种可能会发生激烈的竞争关系。这一结果与相似性指数的结果较为一致。

3. 乔木层和灌木层优势种的种间联结

经计算，得出朴树群落乔木层和灌木层优势种的总体联结性（表7-2-3）。由表7-2-3可知，朴树群落乔木层和灌木层的方差比率（VR）分别为1.13（VR＞1）和0.75（VR＜1）。这表明乔木层优势树种的总体联结性呈正联结，而灌木层优势种的总体联结性呈负联结。此外，检验统计量（W）分别为11.34和7.54，均落入χ^2临界值内（N=10）。这表明乔木层和灌木层优势种的总体关联性呈不显著联结（$P>0.05$）。因此，朴树群落乔木层和灌木层优势种的总体联结性分别表现为不显著的正联结和不显著的负联结。

表7-2-3 朴树群落乔木层和灌木层优势种总体联结性

层次	方差比率（VR）	检验统计量（W）	χ^2临界值	结果
乔木层	1.13	11.34	（3.94，18.31）	不显著的正联结
灌木层	0.75	7.54	（3.94，18.31）	不显著的负联结

卡方检验结果表明，在乔木层的45个种对中，15个种对表现为不显著正联结，占所有种对数的33.33%；30个种对表现为不显著负联结，占所有种对数的66.67%。在灌木层的45个种对中，20个种对表现为不显著正联结，占所有种对数的44.44%；22个种对表现为不显著负联结，占所有种对数的48.89%；3个种对表现为无联结，占所有种对数的6.67%（图7-2-7）。

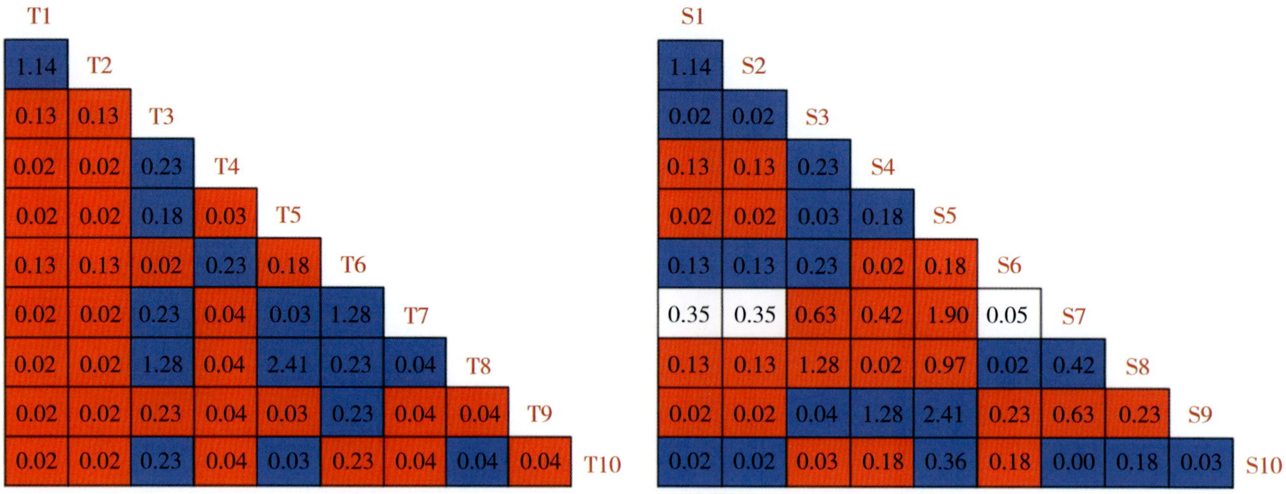

图7-2-7 朴树群落乔木层和灌木层优势种χ^2统计量

注：T1—T10、S1—S10分别代表朴树群落乔木层和灌木层的优势种，编号同表7-2-1；红色、蓝色和白色分别代表负联结、正联结和无联结。

在乔木层和灌木层中，朴树群落优势树种的种间联结均表现为不显著联结。这说明朴树群落中优势物种的分布较为独立，不同物种间的关系较为松散。其主要原因在于朴树群落等落叶阔叶林尚处在进展演替的后期，属于不稳定的演替阶段，可能容易受到外界环境因素的扰动而发生波动。如当前朴树林乔木层优势物种尽管主要为演替后期的阔叶树种，如朴树、黄檀、化香树、三角槭等，但其中还有马尾松等先锋演替树种（图 7-2-8），也有刺槐等外来落叶阔叶树种。王林林等（2012）对该区朴树群落稳定性的分析也表明，其群落处于不稳定状态。

图 7-2-8　朴树群落优势树种马尾松（*Pinus massoniana*）（南京市老山）

Spearman 秩相关分析结果表明，在乔木层的 45 个种对中，19 个种对表现为正联结，占所有种对数的 42.22%。其中，呈显著和不显著正相关的种对分别有 2 个［朴树（T1）和构树（T9）、八角枫（T6）和三角槭（T7）］和 17 个，分别占所有种对数的 4.44% 和 37.78%。26 个种对表现为负联结，占所有种对数的 57.78%，均为不显著。在灌木层的 45 个种对中，23 个种对表现为正联结，占所有种对数的 51.11%。其中，呈显著和不显著正相关的种对分别有 1 个［三角槭（S5）和茶条槭（S9）］和 22 个，分别占所有种对数的 2.22%、48.89%。22 个种对表现为负联结，占所有种对数的 48.89%。其中，呈显著和不显著负相关的种对分别有 4 个［朴树（S1）和三角槭（S5）、朴树（S1）和茶条槭（S9）、山胡椒（S2）和苦竹（S4）、八角枫（S3）和柘树（S8）］和 18 个，分别占所有种对数的 8.89% 和 40.00%（图 7-2-9）。

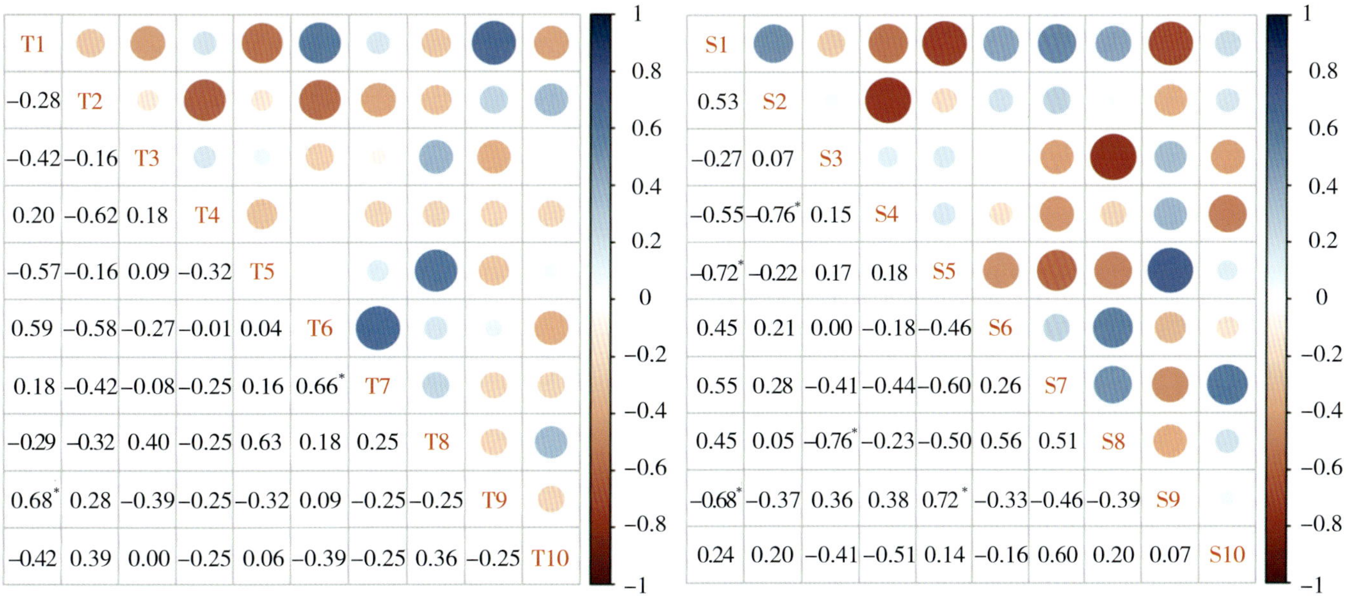

图 7-2-9　朴树群落乔木层和灌木层优势种 Spearman 秩相关系数

注：T1—T10、S1—S10 分别代表朴树群落乔木层和灌木层的优势种，编号同表 7-2-1；圆圈的大小和颜色强度（对角线上）表示 Spearman 秩相关系数（对角线下）的大小。* 说明呈显著相关。

总体联结性与卡方检验、Spearman 秩相关分析结果在判断正联结或负联结上不完全一致。例如，在乔木层中，卡方检验和 Spearman 秩相关分析的检验结果显示负联结种对数均多于正联结种对数，但群落的总体联结性呈现不显著正联结。这与刘润红等（2018）对漓江河岸带枫杨群落主要木本植物的种间联结分析结果相类似。其原因是朴树群落在长期演替过程中，群落内乔木层的优势树种生态位可能已产生分化，部分物种间存在有利的相互作用（可能与朴树群落内部分树种的生态习性有关）。值得注意的是，在朴树群落乔木层和灌木层的 10 个优势种中，均有 2 个物种出现在所有样地中，导致分母为 0 无法计算卡方值。因此，本书采用加权的方法，将 *b* 和 *d* 值加权到 1。以乔木层为例，重新计算朴树（T1）、黄连木（T2）和其他优势树种的卡方值，结果显示在加权后的 17 个种对中，仅有 1 个种对表现为正联结。这可能也是导致在乔木层中，总体联结检验和卡方检验结果不一致的原因之一。

对南京老山国家森林公园朴树群落优势种的生态位与种间联结研究发现，目前该地区朴树与伴生树种之间具有较大的生态位相似和重叠，群落处于进展演替阶段，群落尚不稳定，抵御自然灾害及外来种入侵的能力较弱。因此，建议在朴树林生态恢复过程中，可以适当去除少量先锋树种或外来入侵种；人工抚育过程中可以合理种植一些生境需求相似、有相近生物学特性的树种。这样，通过调节森林群落中植物种内种间竞争关系，可增强其群落的稳定性，改善森林生态系统的结构与功能。

三、麻栎群落优势种群生态位与种间联结

（一）麻栎群落优势种群生态位与种间联结研究方法

麻栎是壳斗科栎属落叶乔木，广泛分布于我国的亚热带和暖温带地区，是中国温带落叶阔叶林及亚热带落叶阔叶林的优势植物（苑海静等，2021； 张元燕等，2014）。由于其生态适应性强，对土壤要求不严，因此麻栎不仅是江苏重要的造林绿化树种之一，也是江苏落叶阔叶林、针阔混交林、常绿落叶阔叶混交林的主要优势树种或建群种。

研究区域位于江苏省常州市武进区和溧阳市。常州市位于 31.1500°— 32.0667°N，119.1333°—120.2000°E，地处江苏省南部、长三角腹地，东与无锡市相邻，西与南京市、镇江市接壤，南与无锡市、安徽省宣城市交界，与上海市、南京市两大都市等距相望，区位条件优越。常州市属北亚热带季风性湿润气候，四季分明，温暖湿润，年均气温 16.3℃，年降水量 1068.9mm，年日照时间 2035h，年无霜期 237d，土壤类型以黄棕壤为主（阳文锐等，2013）。

麻栎林（图 7–3–1）是苏南山区落叶阔叶林的主要类型之一。在野外踏查的基础上，分别在常州市武进区横山桥（31.7667°N，120.1000°E）和溧阳市瓦屋山（31.6500°N，119.3000°E）设置 6 块和 4 块典型调查样地，共计 10 个样地（S1—S10），样地面积均为 20m × 20m。所调查样地的乔木层物种主要有麻栎、栓皮栎、香樟、野鸦椿等；灌木层物种主要有山胡椒、白檀、野梧桐等；草本层物种主要有络石、海金沙、山麦冬等。

图 7-3-1　麻栎林（常州市武进区横山桥）

（二）麻栎群落优势种群生态位与种间联结特征

1. 乔木层优势种的重要值

计算 10 个样地中所有物种的重要值，以重要值之和作为排序依据，筛选出乔木层前 10 种作为优势树种，各优势树种的重要值详见表 7-3-1。在乔木层中，重要值排名前 10 的物种分别为麻栎（T1）、栓

表 7-3-1　麻栎群落乔木层优势树种重要值

编号	种名	样地编号										Σ/%
		S1	S2	S3	S4	S5	S6	S7	S8	S9	S10	
T1	麻栎 *Quercus acutissima*	74.95	74.77	51.22	69.83	66.28	60.60	64.57	42.11	54.58	39.10	598.00
T2	栓皮栎 *Quercus variabilis*	15.46	19.11	4.35	19.91	16.25	16.07	4.74	0.00	8.09	3.23	107.21
T3	香樟 *Camphora officinarum*	9.59	6.12	6.38	10.27	8.14	17.93	0.00	3.04	0.00	2.69	64.15
T4	湿地松 *Pinus elliottii*	0.00	0.00	30.36	0.00	0.00	5.40	0.00	0.00	0.00	0.00	35.76
T5	野鸦椿 *Euscaphis japonica*	0.00	0.00	0.00	0.00	0.00	0.00	12.31	5.71	9.92	5.02	32.97
T6	朴树 *Celtis sinensis*	0.00	0.00	0.00	0.00	0.00	0.00	0.00	13.02	4.05	12.14	29.22
T7	女贞 *Ligustrum lucidum*	0.00	0.00	0.00	0.00	0.00	0.00	0.00	12.90	3.59	11.68	28.18
T8	黄檀 *Dalbergia hupeana*	0.00	0.00	0.00	0.00	0.00	0.00	9.04	4.50	9.00	4.09	26.63
T9	杉木 *Cunninghamia lanceolata*	0.00	0.00	0.00	0.00	0.00	0.00	0.00	11.70	0.00	10.68	22.38
T10	刺槐 *Robinia pseudoacacia*	0.00	0.00	0.00	0.00	9.34	0.00	4.57	0.00	6.81	0.00	20.72

皮栎（T2）（图 7-3-2）、香樟（T3）（图 7-3-3）、湿地松（T4）（图 7-3-4）、野鸦椿（T5）（图 7-3-5）、朴树（T6）、女贞（T7）（图 7-3-6）、黄檀（T8）、杉木（T9）、刺槐（T10）。乔木层前 10 种的重要值之和占所有物种重要值之和的 96.52%。

图 7-3-2 麻栎群落优势树种栓皮栎（*Quercus variabilis*）（常州市武进区横山桥）

图 7-3-3 麻栎群落优势树种香樟（*Camphora officinarum*）（常州市武进区横山桥）

图 7-3-4　麻栎群落优势树种湿地松（*Pinus elliottii*）（常州市武进区横山桥）

图 7-3-5　麻栎群落优势树种野鸦椿（*Euscaphis japonica*）（常州市武进区横山桥）

图 7-3-6　麻栎群落优势树种女贞（*Ligustrum lucidum*）（常州市武进区横山桥）

研究结果表明，乔木层的优势树种中麻栎的重要值最大，这表明在研究区域内麻栎是群落的建群种。它能很好地适宜环境，对群落的稳定性起着重要作用。麻栎为高大落叶乔木，根系发达，适应性强，耐干旱瘠薄，可以用作生态修复的先锋树种和水土保持的优良树种。

2. 乔木层优势树种的生态位

经计算，得出麻栎群落乔木层优势树种的生态位宽度（表 7–3–2）。由表 7–3–2 可知，在乔木层中，Levins 指数（B_L）和 Shannon 指数（B_S）的范围分别为 1.32—9.60 和 0.41—2.28。其中，麻栎（T1）的生态位宽度最大，B_L、B_S 分别为 9.60 和 2.28；其次为栓皮栎（T2），B_L、B_S 分别为 6.97 和 2.03；湿地松（T4）的生态位宽度最小，B_L、B_S 分别为 1.32 和 0.41。这表明麻栎均具有最大的生态位宽度，进而表明麻栎具有较强的资源利用能力和环境适应能力。在麻栎群落乔木层优势树种中，Levins 指数和 Shannon 指数生态位宽度测定结果排序完全一致。

表 7–3–2　麻栎群落乔木层优势树种生态位宽度

编号	种名	Levins指数		Shannon指数	
		B_L	排名	B_S	排名
T1	麻栎 *Quercus acutissima*	9.60	1	2.28	1
T2	栓皮栎 *Quercus variabilis*	6.97	2	2.03	2
T3	香樟 *Camphora officinarum*	6.04	3	1.93	3
T4	湿地松 *Pinus elliottii*	1.32	10	0.41	10
T5	野鸦椿 *Euscaphis japonica*	3.57	4	1.33	4
T6	朴树 *Celtis sinensis*	2.56	7	1.00	7
T7	女贞 *Ligustrum lucidum*	2.56	7	1.00	7
T8	黄檀 *Dalbergia hupeana*	3.48	5	1.31	5
T9	杉木 *Cunninghamia lanceolata*	2.00	9	0.69	9
T10	刺槐 *Robinia pseudoacacia*	2.85	6	1.07	6

经计算，得知麻栎群落乔木层优势树种生态位相似性系数（图 7–3–7）。由图 7–3–7 可知，麻栎群落乔木层优势树种的生态位相似性系数（C_{ik}）介于 0.00—1.00。其中，朴树（T6）和女贞（T7）的生态位相似性系数最大（1.00）；有 7 个种对的生态位相似性系数等于 0，占所有种对数的 15.56%。在 45 个种对中，$C_{ik} \geq 0.5$ 的种对有 9 个，占总种对数的 20.00%；$C_{ik} < 0.5$ 的种对有 36 个，占总种对数的 80.00%。麻栎群落乔木层优势树种的平均生态位相似性指数为 0.30，这说明大部分物种之间的生态位相似性较小，物种对环境资源的要求差异较大。

经计算，得知麻栎群落乔木层优势树种生态位重叠指数（图 7–3–8）。由图 7–3–8 可知，麻栎群落乔木层优势树种的生态位重叠指数（O_{ik}）介于 0.00—1.00。其中，朴树（T6）和女贞（T7）的生态位重叠指数最大（1.00）；有 7 个种对的生态位重叠指数等于 0，占所有种对数的 15.56%。$O_{ik} \geq 0.5$ 的种对有 16 个，占总种对数的 35.56%；$O_{ik} < 0.5$ 的种对有 29 个，占总种对数的 64.44%。麻栎群落乔木层的优势树种的生态位重叠指数平均值为 0.37，这说明大部分物种之间的生态位重叠较低，物种间竞争较小或不存在竞争关系。

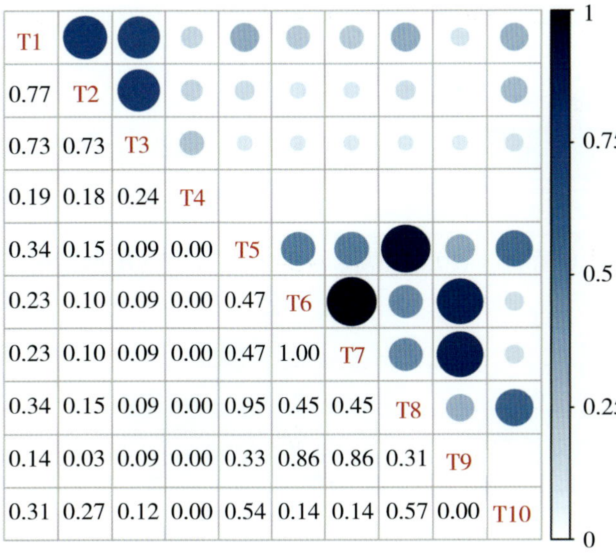

图 7-3-7 麻栎群落乔木层优势树种生态位相似性系数

注：T1—T10 代表麻栎群落乔木层优势树种，编号同表 7-3-1；圆圈的大小和颜色（对角线上）表示生态位相似性系数（对角线下）的大小。

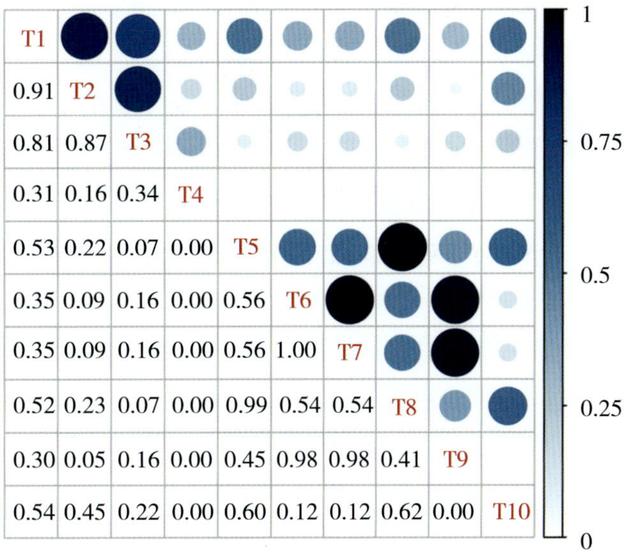

图 7-3-8 麻栎群落乔木层优势树种生态位重叠指数

注：T1—T10 代表麻栎群落乔木层的优势树种，编号同表 7-3-1；圆圈的大小和颜色（对角线上）表示生态位重叠指数（对角线下）的大小。

就麻栎与伴生树种而言，生态位相似性系数（C_{ik}）和生态位重叠指数（O_{ik}）的平均值分别为 0.36、0.51。麻栎与 2 个优势树种［栓皮栎（T2）、香樟（T3）］的生态位相似性系数高于 0.5，麻栎与 5 个优势树种［栓皮栎（T2）、香樟（T3）、野鸦椿（T5）、黄檀（T8）和刺槐（T10）］的生态位重叠指数高于 0.5，这说明麻栎与群落中的其他优势树种对资源的要求较为一致，较易发生激烈的竞争关系，在环境资源不足时会产生激烈的竞争关系。

研究结果表明，麻栎在乔木层的优势树种中具有最大的生态位宽度。这表明在研究区域内麻栎能充分利用环境资源，具有较强的环境适应性。一般来说，重要值较大的物种，其生态位宽度一般较大，但两者顺序并非完全一致，如湿地松的重要值在 10 个优势树种中排在第 4 位，但生态位宽度最低。这可能是由于在演替初期，人工种植的湿地松生长快、成活率高，作为早期先锋演替树种改变了麻栎群落所处的环境条件；随着演替进行，香樟、朴树、黄檀等中性或耐阴树种逐渐增多，而喜阳的针叶树种更新缓慢，甚至死亡（金超等，2021）。

3. 乔木层优势树种的种间联结

总体联结性检验的结果显示，总体样方差 =1.68，总种数方差 =3.16，方差比率（VR）=1.88，检验统计量（W）=18.81（表 7-3-3）。总体联结性的 VR=1.88 ＞ 1，所以麻栎群落优势树种总体呈正联结，群落处于相对稳定的演替阶段；W=18.81，查表可得当自由度为 10 时，χ^2 临界值为（3.94，18.31），W ＞ 18.31，可知 VR 显著偏离 1。这表明麻栎群落乔木层优势树种表现为显著联结。因此，麻栎群落乔木层优势树种总体联结性表现为显著的正联结。

表 7-3-3 麻栎群落乔木层优势树种的总体联结性

层次	方差比率（VR）	检验统计量（W）	χ^2 临界值	结果
乔木层	1.88	18.81	（3.94，18.31）	显著的正联结

卡方检验结果表明，在乔木层的 45 个种对中，20 个种对表现为正联结，占所有种对数的 44.44%，其中呈显著和不显著正联结的种对分别有 2 个［野鸦椿（T5）和黄檀（T8），朴树（T6）和女贞（T7）］和 18 个，分别占所有种对数的 4.44% 和 40.00%。其余 25 个种对表现为不显著的负联结，占所有种对数的 55.56%（图 7-3-9）。

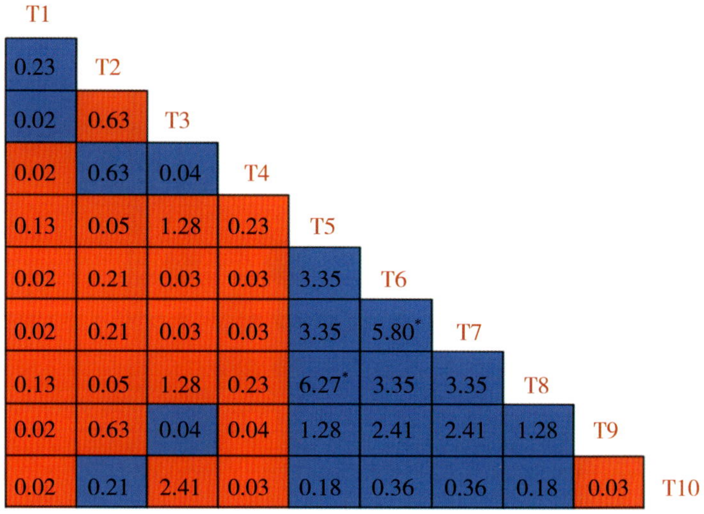

图 7-3-9 麻栎群落乔木层优势树种 χ^2 统计量

注：T1—T10 麻栎群落乔木层的优势树种，编号同表 7-3-1；红色、蓝色和白色分别代表负联结、正联结和无联结。* 说明呈显著相关。

Spearman 秩相关分析结果表明，在乔木层的 45 个种对中，18 个种对表现为正联结，占所有种对数的 40.00%（图 7-3-10）。其中，呈极显著、显著和不显著正相关的种对分别有 5 个［麻栎（T1）和栓皮栎（T2）、野鸦椿（T5）和黄檀（T8）、朴树（T6）和女贞（T7）、朴树（T6）和杉木（T9）、女贞（T7）和杉木（T9）］、2 个［朴树（T6）和黄檀（T8）、女贞（T7）和黄檀（T8）］和 11 个，分别占所有种对数的 11.11%、4.44% 和 24.44%。27 个种对表现为负联结，占所有种对数的 60.00%。其中，呈极显著、显著和不显著负相关的种对分别有 2 个［香樟（T3）和野鸦椿（T5）、香樟（T3）和黄檀（T8）］、6 个［麻栎（T1）和朴树（T6）、麻栎（T1）和女贞（T7）、麻栎（T1）和杉木（T9）、栓皮栎（T2）和朴树（T6）、栓皮栎（T2）和女贞（T7）、栓皮栎（T2）和杉木（T9）］和 19 个，分别占所有种对数的 4.44%、13.33% 和 42.22%。

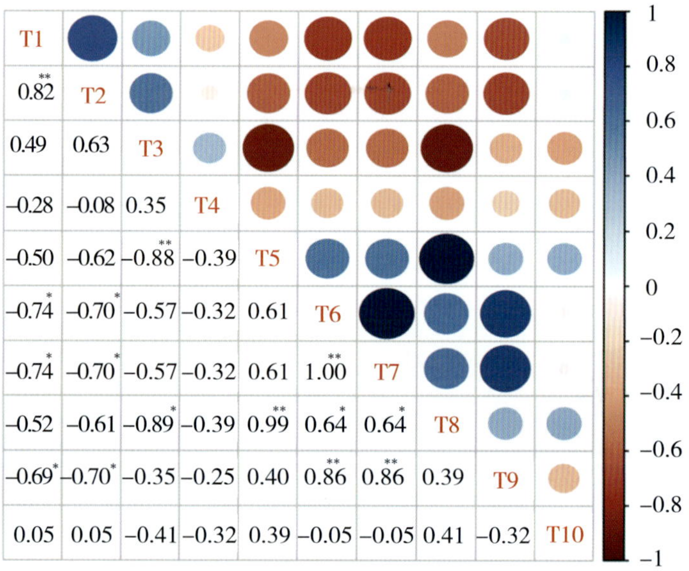

图 7-3-10 麻栎群落乔木层优势树种 Spearman 秩相关系数

注：T1—T10 代表麻栎群落乔木层的优势树种，编号同表 7-3-1；圆圈的大小和颜色强度（对角线上）表示 Spearman 秩相关系数（对角线下）的大小。** 说明呈极显著相关，* 说明呈显著相关。

种间联结研究表明，麻栎群落总体联结性呈现显著正联结，这表明麻栎群落处于较稳定的顶极演替阶段。而卡方检验和 Spearman 秩相关分析结果表明，大多数种对的联结关系未达到显著水平，这说明种对间的独立性相对较强，种间联结较为松散，这可能与群落目前的发展阶段及物种本身的生态学特性有关。但在卡方检验和 Spearman 秩相关分析的检验中，负联结的种对数大于正联结，这与总体联结性检验结果并不完全一致。这是由于物种的种间关系主要受到环境压力和种间相互作用两方面的影响，环境压力主要表现为生境异质性；而在种间互作方面，不同生态适应性的植物会利用不同的空间资源，如果群落内优势树种生态位产生了分化，物种可能处于相对独立状态，从而导致负联结种对数出现较多（涂洪润等，2019）。卡方检验和 Spearman 秩相关分析结果具有一致性，但也存在一定的差异。研究结果表明，两种方法的检验结果均表现为不显著的种对数大于显著的种对数，同时负联结的种对数多于正联结。Spearman 秩相关分析的结果显著优于卡方检验，这是由于卡方检验仅能定性地判断种对的联结性是否显著，不能定量描述种对间联结强度；而 Spearman 秩相关分析是基于定量数据的检验方法，具有更高的灵敏性，能够对卡方检验结果进行补充和完善（舒琪等，2021；徐满厚等，2016）。

对麻栎群落中优势树种的生态位与种间联结的研究，可以为麻栎种群的有效保护、经营管理和可持续发展等提供一定的理论依据。研究结果表明，麻栎群落处于较为稳定的顶极群落阶段。麻栎为喜光且深根性树种，因此建议采取疏伐适当增加林窗、清除森林内的枯死木等方法，增加森林内的光照强度，从而促进麻栎幼苗、幼树的生长与更新。在研究区域内，麻栎种群既有人工种植，又有自然更新的种群。建议今后的管理，可以考虑选择与麻栎具有正联结较强的物种进行种植，或适度伐除具有负联结或联结性较小的伴生物种，以减缓种间竞争，利于森林可持续发展。

四、大叶榉树群落优势种群生态位与种间联结

（一）大叶榉树群落优势种群生态位与种间联结研究方法

大叶榉树为榆科榉属落叶乔木（图 7-4-1），是中国特有树种。在 1999 年国务院批准的《国家重点保护野生植物名录（第一批）》中，被列为国家二级濒危植物；在 2013 年《中国生物多样性红色名录·高等植物卷》中，被列为近危物种；在 2021 年颁布的《国家重点保护野生植物名录》中，被列为国家二级重点保护野生植物。在 2023 年“世界自然保护联盟红色名录”网站上，被列为易危种。大叶榉树具有良好的景观、经济及生态价值。其根系发达，可涵养水源，还是良好的水土保持树种（钟育谦，2016；Liu et al.，2019a；Wang et al.，2021）。

图 7-4-1　大叶榉树（*Zelkova schneideriana*）

研究区域位于江苏省南部的常州市山区，这里属北亚热带季风湿润气候，四季分明，光照充足，温暖湿润。年均气温 16.3℃，年均降水量 1068.9mm，年日照时间 2035h，全年无霜期 237d。土壤类型以黄棕壤为主（阳文锐等，2013）。在野外调查的基础上，在常州市南部山区选择溧

阳市惠家村、龙潭和常州市金坛区石家山三地开展大叶榉树的样地调查（表 7-4-1）。这 3 个地点分布的大叶榉树群落分层较为明显：乔木层的主要优势物种有大叶榉树、朴树、糙叶树等；灌木层的主要优势物种有格药柃、山胡椒、苦竹等；草本层的主要优势物种有络石、山麦冬、求米草等。在这 3 个地点分别设置 7 块 20m × 20m 的调查样地，共计 21 个样地，样地面积为 8400m^2。此外，在野外调查采样过程中还发现，大叶榉树群落样地中的伴生树种以落叶树种为主（图 7-4-2），但在溧阳市惠家村的局部地段，也有少量大叶榉树生长于竹林中（图 7-4-3）。

表 7-4-1　苏南山区大叶榉树群落 3 个取样地点的基本概况

地点	经度（E）	纬度（N）	坡向	海拔/m	土壤类型	地形	群落类型
溧阳市龙潭	119.4839°	31.2703°	东南	148	黄棕壤	山坡沟谷	落叶阔叶林
溧阳市惠家村	119.4622°	31.2139°	东南	122	黄棕壤	山坡	落叶阔叶林 竹阔混交林
金坛区石家山	119.3208°	31.7211°	东北	108	黄棕壤	山坡	落叶阔叶林

图 7-4-2　落叶阔叶林中的大叶榉树（*Zelkova schneideriana*）（溧阳市）

图 7-4-3　竹阔混交林中的大叶榉树（*Zelkova schneideriana*）（溧阳市）

（二）大叶榉树群落优势种群生态位与种间联结特征

1. 乔木层和灌木层优势种的重要值

计算这 21 个样地中所有物种的重要值，然后以重要值之和作为排序依据，分别筛选出乔木层和灌木层中前 10 种作为优势种。各优势树种的重要值，详见表 7-4-2。为了更好地体现物种对环境资源的利用效率，同时避免因物种个体差异带来的误差，我们以 20m × 20m 的样方作为一个综合资源位，用优势树种的重要值表征物种的资源利用状态，而不是采用物种在样方中的多度（株数）（江焕等，2019；舒琪等，2021）。

由表 7-4-2 可知，在乔木层中，重要值排名前 10 的物种分别为大叶榉树（T1）、朴树（T2）、糙叶树（T3）、黄檀（T4）、梧桐（T5）（图 7-4-4）、枫香树（T6）、化香树（T7）、女贞（T8）、紫楠（T9）和响叶杨（T10）（图 7-4-5）。在这 21 个样地中，除响叶杨（T10）外，乔木层前 10 种的重要值之和均大于 40.00%，占乔木层所有物种重要值之和的 84.97%。在灌木层中，重要值排名前 10 的物种分别为大叶榉树（S1）、朴树（S2）、山胡椒（S3）、紫楠（S4）、冬青（S5）、海州常山（S6）（图 7-4-6）、小叶女贞（S7）、糙叶树（S8）、女贞（S9）和苦竹（S10）。在这 21 个样地中，灌木层前 10 种的重要值之和均大于 40.00%，占灌木层所有物种重要值之和的 64.13%，而茶、老鸦柿（图 7-4-7）、牛鼻栓等重要值较小。因此，选择乔木层和灌木层的前 10 种作为大叶榉树群落优势种。

表 7-4-2　大叶榉树群落乔木层和灌木层优势种的重要值

层次	编号	种名	样地编号																					Σ/%
			H1	H2	H3	H4	H5	H6	H7	L1	L2	L3	L4	L5	L6	L7	S1	S2	S3	S4	S5	S6	S7	
乔木层	T1	大叶榉树 *Zelkova schneideriana*	36.94	21.32	31.61	33.99	42.74	72.21	53.70	53.31	34.04	43.46	43.22	33.17	51.75	45.19	50.49	92.15	54.79	32.03	30.13	44.76	48.30	949.30
	T2	朴树 *Celtis sinensis*	23.40	0.00	12.76	15.90	27.30	7.07	8.34	18.99	26.68	31.53	20.39	0.00	11.00	21.83	12.05	0.00	16.49	25.54	15.72	6.58	15.72	317.29
	T3	糙叶树 *Aphananthe aspera*	0.00	0.00	0.00	0.00	0.00	0.00	0.00	27.70	14.66	11.61	0.00	0.00	0.00	0.00	3.74	0.00	7.77	19.96	16.90	3.32	0.00	105.65
	T4	黄檀 *Dalbergia hupeana*	0.00	4.85	7.24	20.87	18.97	0.00	16.09	0.00	11.98	13.41	5.14	0.00	4.92	0.00	0.00	0.00	0.00	0.00	0.00	0.00	0.00	103.46
	T5	梧桐 *Firmiana simplex*	0.00	0.00	0.00	0.00	0.00	0.00	0.00	0.00	0.00	0.00	8.56	39.21	3.50	5.82	0.00	0.00	0.00	0.00	0.00	15.65	4.85	77.59
	T6	枫香树 *Liquidambar formosana*	4.54	8.25	9.48	6.15	4.67	0.00	21.88	0.00	0.00	0.00	0.00	0.00	0.00	3.66	0.00	0.00	0.00	0.00	0.00	0.00	0.00	58.62
	T7	化香树 *Platycarya strobilacea*	14.33	14.89	0.00	8.46	0.00	0.00	0.00	0.00	0.00	0.00	3.79	0.00	12.67	0.00	0.00	0.00	0.00	0.00	0.00	0.00	0.00	54.13
	T8	女贞 *Ligustrum lucidum*	0.00	0.00	0.00	0.00	0.00	0.00	0.00	0.00	0.00	0.00	0.00	13.35	0.00	4.37	10.13	0.00	5.30	5.58	11.06	0.00	0.00	49.79
	T9	紫楠 *Phoebe sheareri*	0.00	0.00	0.00	0.00	0.00	0.00	0.00	0.00	0.00	0.00	3.75	10.86	12.24	13.26	0.00	0.00	0.00	0.00	0.00	0.00	0.00	40.10
	T10	响叶杨 *Populus adenopoda*	8.02	6.06	10.33	0.00	0.00	0.00	0.00	0.00	0.00	0.00	0.00	0.00	3.93	0.00	0.00	0.00	0.00	0.00	0.00	0.00	0.00	28.34
灌木层	S1	大叶榉树 *Zelkova schneideriana*	32.28	15.84	18.13	29.88	28.10	24.67	24.60	29.40	21.06	23.48	20.56	15.81	11.47	19.06	25.60	18.83	26.71	12.19	11.91	29.53	14.13	453.25
	S2	朴树 *Celtis sinensis*	17.04	20.04	16.55	26.39	8.11	3.05	29.28	24.12	10.98	11.98	12.45	0.00	17.01	22.29	8.19	24.77	19.25	0.00	5.27	4.96	3.43	285.16
	S3	山胡椒 *Lindera glauca*	3.47	5.72	0.00	0.00	6.68	4.34	0.00	5.08	0.00	3.19	22.67	18.63	2.31	5.96	6.80	20.05	13.91	21.11	20.91	0.00	11.13	171.95
	S4	紫楠 *Phoebe sheareri*	0.00	0.00	0.00	0.00	0.00	0.00	0.00	0.00	0.00	0.00	18.19	15.00	24.23	33.84	0.00	0.00	0.00	0.00	0.00	0.00	0.00	91.26
	S5	冬青 *Ilex chinensis*	17.49	37.78	11.81	0.00	0.00	0.00	0.00	0.00	0.00	2.91	0.00	0.00	4.27	0.00	0.00	0.00	0.00	5.39	0.00	2.20	0.00	81.85
	S6	海州常山 *Clerodendrum trichotomum*	0.00	0.00	6.40	0.00	0.00	6.48	0.00	0.00	11.37	2.41	14.13	0.00	2.34	14.90	0.00	2.62	0.00	0.00	0.00	4.64	0.00	65.30
	S7	小叶女贞 *Lindera glauca*	0.00	0.00	0.00	0.00	0.00	0.00	0.00	2.90	0.00	2.37	5.71	2.44	0.00	0.00	2.97	6.17	5.61	6.95	7.70	4.55	4.74	52.10
	S8	糙叶树 *Aphananthe aspera*	0.00	0.00	0.00	0.00	0.00	0.00	0.00	15.13	21.18	12.74	0.00	0.00	0.00	0.00	0.00	0.00	0.00	0.00	2.25	0.00	0.00	51.29
	S9	女贞 *Ligustrum lucidum*	0.00	0.00	0.00	0.00	0.00	0.00	0.00	0.00	0.00	0.00	0.00	7.53	0.00	0.00	5.67	4.38	0.00	15.76	16.36	0.00	0.00	49.70
	S10	苦竹 *Pleioblastus amarus*	0.00	0.00	0.00	4.40	8.91	23.27	8.36	0.00	0.00	0.00	0.00	0.00	0.00	0.00	0.00	0.00	0.00	0.00	0.00	0.00	0.00	44.94

图 7-4-4　梧桐（*Firmiana simplex*）

图 7-4-5　响叶杨（*Populus adenopoda*）

图 7-4-6　海州常山（*Clerodendrum trichotomum*）

图 7-4-7　老鸦柿（*Diospyros rhombifolia*）

2. 乔木层和灌木层优势种的生态位

经计算，得知大叶榉树群落乔木层和灌木层优势种生态位宽度（表 7-4-3）。由表 7-4-3 可知，在乔木层中，Levins 指数（B_L）和 Shannon 指数（B_S）的范围分别为 3.13—18.86 和 1.30—2.99。其中，大叶榉树（T1）的生态位宽度最大，B_L、B_S 分别为 18.86、2.99；其次为朴树（T2），B_L、B_S 分别为 15.45、2.81；梧桐（T5）的 B_L 最小（3.13），B_S 为 1.42；紫楠（T9）的 B_S 最小（1.30），B_L 为 3.52。

在灌木层中，Levins 指数（B_L）和 Shannon 指数（B_S）的范围分别为 2.84—19.33 和 1.20—3.00。其中，大叶榉树（S1）的生态位宽度最大，B_L、B_S 分别为 19.33、3.00；其次为朴树（S2），B_L、B_S 分别为 14.79、2.79；苦竹（S10）最小，B_L、B_S 的值分别为 2.84 和 1.20。

研究结果表明，大叶榉树在乔木层和灌木层中具有最大的重要值和生态位宽度。这表明在研究区域内大叶榉树能充分利用环境资源，具有较强的环境适应性，是群落乔木层的建群种，对群落的稳定性起着重要作用。根据《中国重点保护野生植物资源调查》记载，大叶榉树群落生境类型多样，常见于山坡、山麓或沟谷地带（马福和张建龙，2009）。野外调查发现，大叶榉树群落在苏南山区主要分布于落叶阔叶林和竹阔混交林中，可以生长在林缘、山坡和沟谷等不同生境类型中，在群落中优势地位突出。

经计算，得知大叶榉树群落乔木层和灌木层优势种生态相似性系数（图 7-4-8）。由图 7-4-8 可知，苏南山区大叶榉树群落乔木层优势树种的生态位相似性系数（C_{ik}）介于 0.00—0.69。其中，大叶榉树（T1）

表 7-4-3　大叶榉树群落乔木层和灌木层优势种生态位宽度

层次	编号	种名	Levins指数		Shannon指数	
			B_L	排名	B_S	排名
乔木层	T1	大叶榉树 *Zelkova schneideriana*	18.86	1	2.99	1
	T2	朴树 *Celtis sinensis*	15.45	2	2.81	2
	T3	糙叶树 *Aphananthe aspera*	5.92	4	1.89	4
	T4	黄檀 *Dalbergia hupeana*	7.12	3	2.06	3
	T5	梧桐 *Firmiana simplex*	3.13	10	1.42	8
	T6	枫香树 *Liquidambar formosana*	4.71	6	1.75	5
	T7	化香树 *Platycarya strobilacea*	4.35	7	1.52	7
	T8	女贞 *Ligustrum lucidum*	5.15	5	1.71	6
	T9	紫楠 *Phoebe sheareri*	3.52	9	1.30	10
	T10	响叶杨 *Populus adenopoda*	3.60	8	1.33	9
灌木层	S1	大叶榉树 *Zelkova schneideriana*	19.33	1	3.00	1
	S2	朴树 *Celtis sinensis*	14.79	2	2.79	2
	S3	山胡椒 *Lindera glauca*	10.97	3	2.54	3
	S4	紫楠 *Phoebe sheareri*	3.64	7	1.34	8
	S5	冬青 *Ilex chinensis*	3.47	8	1.52	6
	S6	海州常山 *Clerodendrum trichotomum*	6.33	5	1.99	5
	S7	小叶女贞 *Ligustrum quihoui*	9.64	4	2.32	4
	S8	糙叶树 *Aphananthe aspera*	3.11	9	1.21	9
	S9	女贞 *Ligustrum lucidum*	3.96	6	1.48	7
	S10	苦竹 *Pleioblastus amarus*	2.84	10	1.20	10

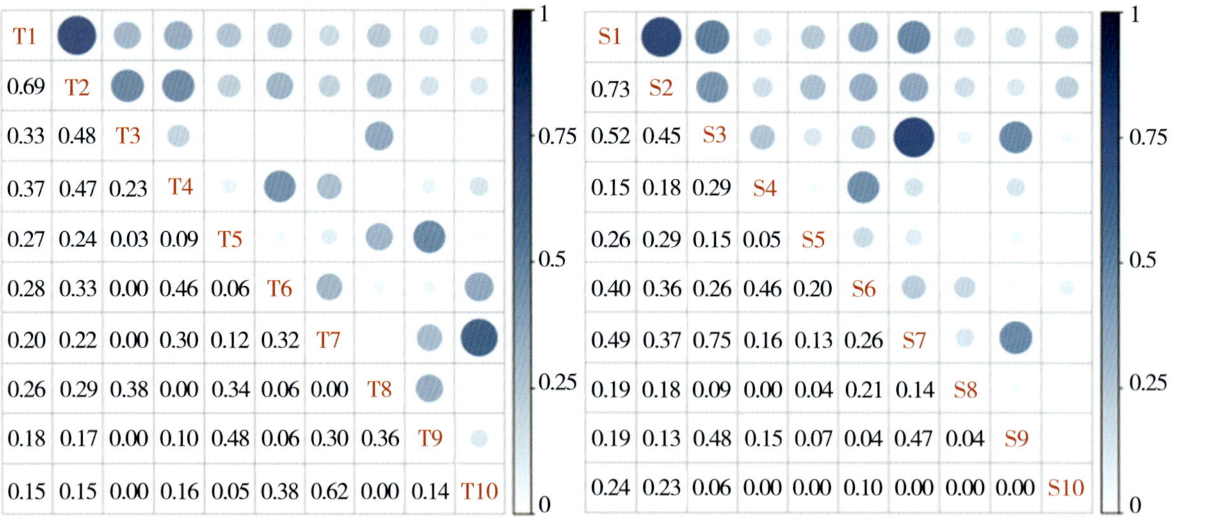

图 7-4-8　大叶榉树群落乔木层和灌木层优势种生态位相似性系数

注：T1—T10、S1—S10 分别代表苏南山区大叶榉树群落乔木层和灌木层的优势种，编号同表 7-4-2；圆圈的大小和颜色（对角线上）表示生态位相似性系数（对角线下）的大小。

和朴树（T2）的生态位相似性系数最大（0.69）。在45个种对中，$C_{ik} \geq 0.5$的种对有2个，占总种对数的4.44%；$C_{ik} < 0.5$的种对有43个，占总种对数的95.56%。在灌木层中，优势种的生态位相似性系数（C_{ik}）介于0.00—0.75，其中山胡椒（S3）和小叶女贞（S7）的生态位相似性系数最大（0.75）。$C_{ik} \geq 0.5$的种对有3个，占总种对数的6.67%；$C_{ik} < 0.5$的种对有42个，占总种对数的93.33%。乔木层和灌木层的生态位相似性系数的平均值均为0.22，这说明大部分物种之间的生态位相似性较小，物种对环境资源的要求差异较大。

经计算，得知大叶榉树群落乔木层和灌木层优势树种生态位重叠指数（图7-4-9）。由图7-4-9可知，苏南山区大叶榉树群落乔木层优势树种的生态位重叠指数（O_{ik}）介于0.00—0.77，其中大叶榉树（T1）和朴树（T2）的生态位重叠指数最大（0.77）。$O_{ik} \geq 0.5$的种对有7个，占总种对数的15.56%；$O_{ik} < 0.5$的种对有38个，占总种对数的84.44%。在灌木层中，优势种的生态位重叠指数（O_{ik}）介于0.00—0.89，其中山胡椒（S3）和小叶女贞（S7）的生态位相似性系数最大，为0.89。$O_{ik} \geq 0.5$的种对有8个，占总种对数的17.78%；$O_{ik} < 0.5$的种对有37个，占总种对数的82.22%。乔木层和灌木层的生态位重叠指数的平均值分别为0.28和0.29，这说明大部分物种之间的生态位重叠较低，物种间竞争较小或不存在竞争关系。

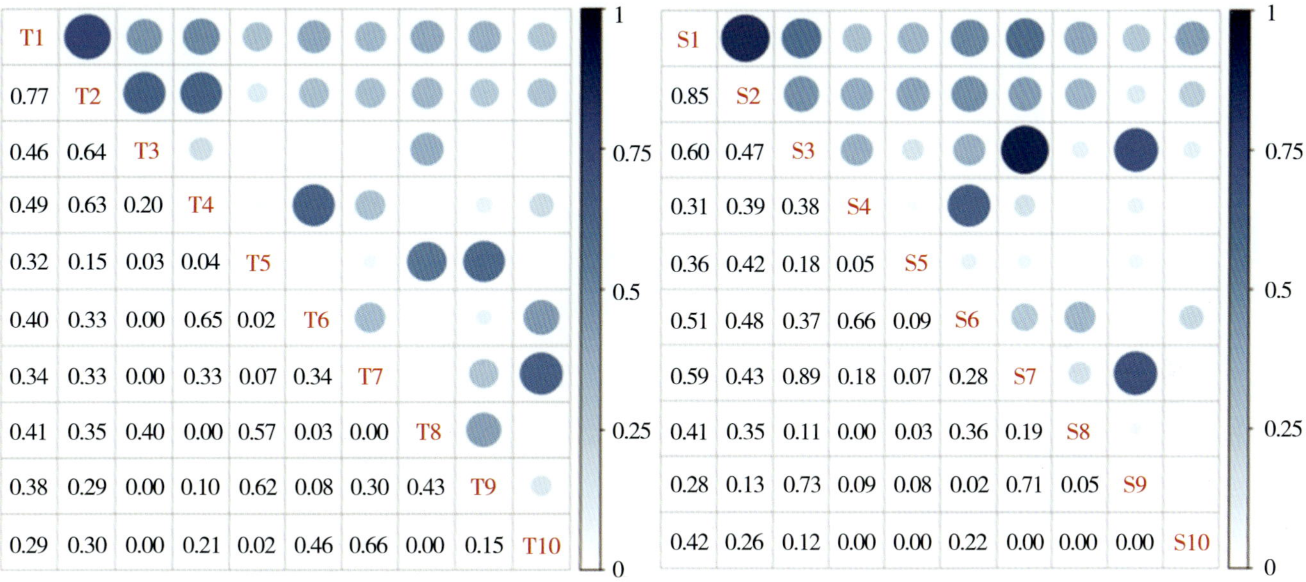

图7-4-9 大叶榉树群落乔木层和灌木层优势树种生态位重叠指数

注：T1—T10、S1—S10分别代表苏南山区大叶榉树群落乔木层和灌木层的优势种，编号同表7-4-2；圆圈的大小和颜色（对角线上）表示生态位重叠指数（对角线下）的大小。

就大叶榉树与伴生树种而言，在乔木层中，生态位相似性系数（C_{ik}）和生态位重叠指数（O_{ik}）的平均值分别为0.30、0.43；在灌木层中，C_{ik}和O_{ik}的平均值分别为0.35、0.48，这表明大叶榉树与大部分伴生树种的生态位相似性较小，对环境资源的需求差异较大，种间竞争较小。在乔木层中，仅有1个种对（大叶榉树和朴树）的C_{ik}和O_{ik}均大于等于0.5；而在灌木层中，有2个种对（大叶榉树和朴树、大叶榉树和山胡椒）的C_{ik}和O_{ik}均大于等于0.5。这表明大叶榉树和朴树、山胡椒对环境资源的需求较为一致，当环境资源不足时两物种间可能会发生激烈的竞争关系。

3. 乔木层和灌木层优势种的种间联结

经计算，得知大叶榉树群落乔木层和灌木层优势种总体联结性（表7-4-4）。由表7-4-4可知，苏南山区大叶榉树群落乔木层和灌木层的方差比率（VR）分别为 0.97 和 0.64，均小于 1，这表明乔木层和灌木层优势种的总体联结性呈负联结。此外，检验统计量（*W*）分别为 20.45 和 13.40，均落入 χ^2 临界值内（*N*=21），这表明乔木层和灌木层优势种的总体关联性呈不显著联结（$P > 0.05$）。因此，苏南山区大叶榉树群落乔木层和灌木层优势种的总体联结性均表现为不显著的负联结。

表 7-4-4 大叶榉树群落乔木层和灌木层优势种总体联结性

层次	方差比率（VR）	检验统计量（*W*）	χ^2临界值	结果
乔木层	0.97	20.45	（11.59，32.67）	不显著的负联结
灌木层	0.64	13.40	（11.59，32.67）	不显著的负联结

卡方检验结果表明，在乔木层的 45 个种对中，17 个种对表现为正联结，占所有种对数的 37.78%，其中呈极显著、显著和不显著正联结的种对分别有 1 个［梧桐（T5）和紫楠（T9）］、1 个［化香树（T7）和响叶杨（T10）］和 15 个，分别占所有种对数的 2.22%、2.22% 和 33.33%。27 个种对表现为负联结，占所有种对数的 60.00%，呈显著和不显著负联结的种对分别有 2 个［糙叶树（T3）和枫香树（T6）、黄檀（T4）和女贞（T8）］和 25 个，分别占所有种对数的 4.44% 和 55.56%。1 个种对［朴树（T2）和枫香树（T6）］表现为无联结，占所有种对数的 2.22%。在灌木层的 45 个种对中，16 个种对表现为不显著正联结，占所有种对数的 35.56%；29 个种对表现为不显著负联结，占所有种对数的 64.44%（图 7-4-10）。

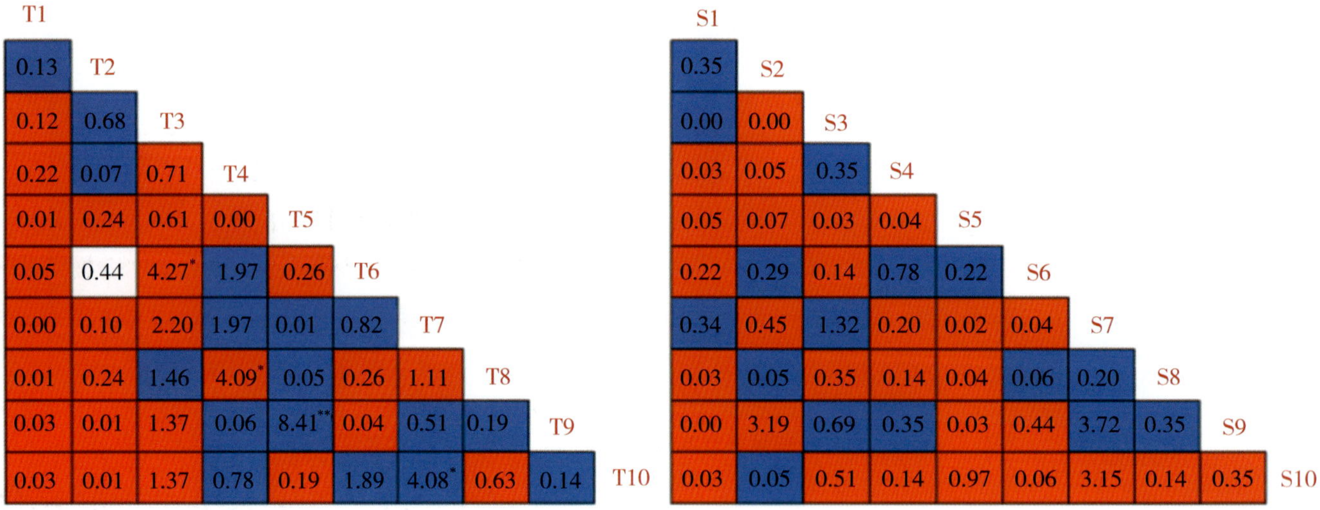

图 7-4-10 大叶榉树群落乔木层和灌木层优势种 χ^2 统计量

注：T1—T10、S1—S10 分别代表苏南山区大叶榉树群落乔木层和灌木层的优势种，编号同表 7-4-2；红色、蓝色和白色分别代表负联结、正联结和无联结。

Spearman 秩相关分析结果表明，在乔木层的 45 个种对中，17 个种对表现为正联结，占所有种对数的 37.78%（图 7-4-11）。其中，呈极显著、显著和不显著正相关的种对分别有 2 个［梧桐（T5）和紫楠（T9）、化香树（T7）和响叶杨（T10）］、2 个［黄檀（T4）和枫香树（T6）、枫香树（T6）和响叶杨（T10）］和 13 个，分别占所有种对数的 4.44%、4.44% 和 28.89%。28 个种对表现为负联结，占所有种对数的 62.22%，其中呈显著和不显著负相关的种对分别有 2 个［糙叶树（T3）和枫香树（T6）、黄檀（T4）和女贞（T8）］和 26 个，分别占所有种对数的 4.44% 和 57.78%。在灌木层的 45 个种对中，13 个种对表现为正联结，占所有种对数的 28.89%，其中呈极显著和不显著正相关的种对分别有 3 个［山胡椒（S3）

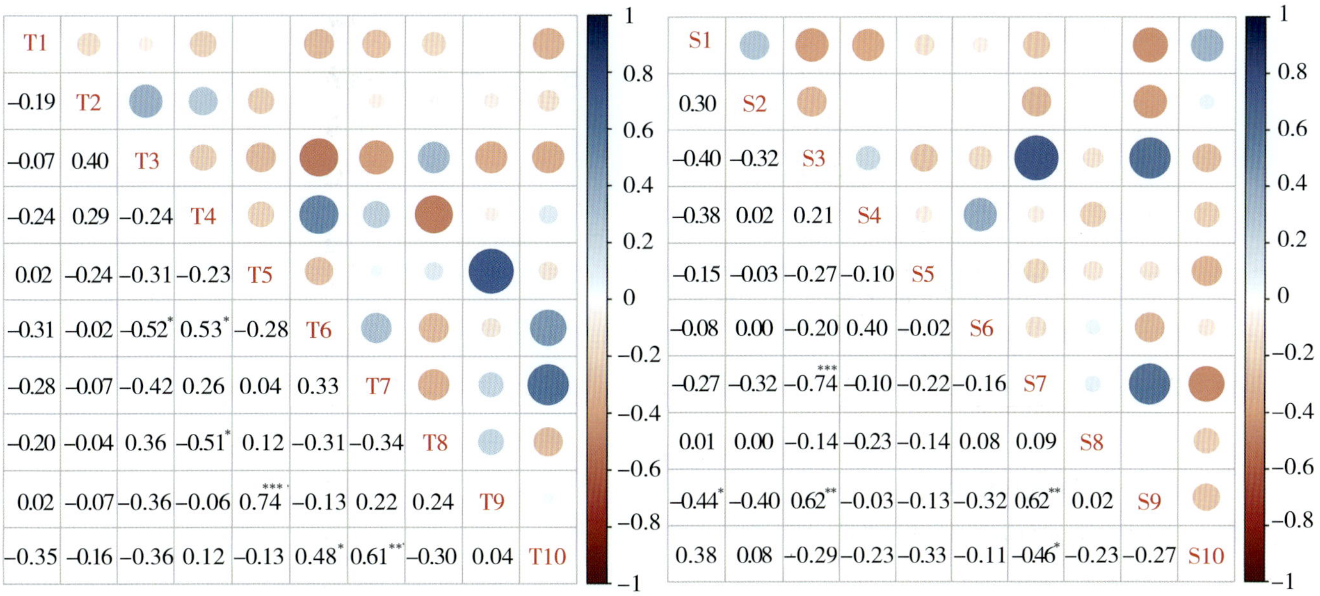

图 7-4-11　大叶榉树群落乔木层和灌木层优势种 Spearman 秩相关系数

注：T1—T10、S1—S10 分别代表苏南山区大叶榉树群落乔木层和灌木层的优势种，编号同表 7-4-2；圆圈的大小和颜色强度（对角线上）表示 Spearman 秩相关系数（对角线下）的大小。

和小叶女贞（S7）、山胡椒（S3）和女贞（S9）、小叶女贞（S7）和女贞（S9）］和 10 个，分别占所有种对数的 6.67% 和 22.22%。32 个种对表现为负联结，占所有种对数的 71.11%，其中呈显著和不显著负相关的种对分别有 2 个［大叶榉树（S1）和女贞（S9）、小叶女贞（S7）和苦竹（S10）］和 30 个，分别占所有种对数的 4.44% 和 66.67%。

生态位重叠与种间联结密切相关。许多研究表明，正联结表明物种利用相似的环境资源和生态位重叠，而负联结表明物种有不同的资源需求和生态位分离（Gu et al.，2017）。研究结果表明，在乔木层和灌木层中，与大叶榉树生态位相似、重叠最高的伴生树种为朴树，这可能与两者均为喜阳落叶树种有关，两者的生态习性与生境类型较为相似；而在乔木层中，黄檀与女贞为显著的负联结且生态位重叠低，这可能与黄檀和女贞分别为落叶树种和常绿树种，同时女贞的耐盐性比黄檀强有关（苏卫国等，2011；赖小连等，2020；黄林娟等，2021）。

此外，生态位重叠与种间联结能够反映种间竞争和群落稳定性（Moloney and Levin，1996）。在乔木层和灌木层中，大多数物种的生态位相似性系数和重叠指数较低，这表明物种对环境资源的需求有较大的差异，种间竞争并不激烈。同时，总体联结性的结果为不显著的负联结，这表明大多数树种的联结性较弱，优势树种的分布相对独立且随机；χ^2 检验和 Spearman 秩相关分析进一步表明，绝大多数的种对表现为不显著联结，且负相关的种对数大于正相关的种对数。种间负联结越强，生态位相似和重叠越小，这与前人关于森林群落中优势植物种间关系的研究结果相一致（Gu et al.，2017；李丘霖等，2017；刘润红等，2020）。因此，我们推测苏南山区大叶榉树群落位于演替早期，环境资源相对丰富，种间竞争相对较小；而随着群落演替的进行，将有更多的物种对可能会表现出正关联。这与姚锐（2017）大叶榉树群落稳定性的研究结果一致，表明苏南山区大叶榉树群落处于不稳定状态，并且处于进展演替阶段。

本研究区域主要位于北亚热带常绿落叶阔叶混交林带或中亚热带常绿阔叶林带（刘昉勋和邓懋彬，1964；钟育谦，2016）。因此，推测随着森林群落演替的进行，群落将向着以紫楠、冬青等常绿树种为主的方向演替；大叶榉树属于喜光的落叶树种，这将不利于大叶榉树的更新与生长。

五、香果树群落优势种群生态位与种间联结

（一）香果树群落优势种群生态位与种间联结研究方法

香果树为茜草科香果树属落叶乔木（图 7-5-1），是第四纪冰川期幸存的孑遗植物之一，是中国特有单种属植物，对研究茜草科的系统发育、形态演化及中国种子植物地理区系具有重要的意义（Wu and Raven，2011）。在 1991 年《中国植物红皮书：稀有濒危植物（第一册）》中，香果树被列为国家级保护稀有种；在 1999 年国务院批准的《国家重点保护野生植物名录（第一批）》中，被列为国家二级重点保护野生植物；在 2004 年《中国物种红色名录》中，被列为"未列入"物种（汪松和解焱，2004）；在 2013 年《中国生物多样性红色名录·高等植物卷》评估报告中，被列为近危种；在 2021 年颁布的《国家重点保护野生植物名录》中，被列为国家二级重点保护野生植物。

图 7-5-1　香果树（*Emmenopterys henryi*）

研究区域位于常州市南部山区，江苏溧阳山区在 20 世纪 90 年代遭受过较为严重的人为砍伐，因此该区香果树群落为砍伐后衍生的次生林，残存着一定的野生香果树种群。该区属于北亚热带季风气候区，四季分明，温和湿润，光照充足，无霜期长。年均气温 16.6℃，1 月最低，7 月最高。年均日照 1561.0h，年均降水量 1149.7mm，降雨日 133d。土壤以黄棕壤为主要类型（王坚强等，2016）。森林群落主要为落叶阔叶林，群落中的主要优势树种为香果树、青榨槭、紫楠、毛竹、野桐、朴树、大叶榉树、檫木、臭椿、梧桐和八角枫等。调查的香果树群落位于江苏溧阳天目湖国家湿地公园，地理位置为 31.1614°—

31.2572°N，119.4850°—119.5156°E。由于该区的香果树群落为小的斑块状分布，因此在香果树种群野外调查的基础上，分别选取 6 个、2 个、4 个、2 个、2 个和 2 个 10m × 10m 的群落调查样方，面积共计 $1800m^2$（表 7-5-1）。

表 7-5-1　苏南山区香果树群落的 6 个样地概况

样地	经度（E）	纬度（N）	海拔 /m	坡度/（°）	坡向	郁闭度
S1	119.5139°	31.1614°	407	28	NW	0.6
S2	119.5136°	31.1624°	374	30	NW	0.6
S3	119.5145°	31.1646°	243	48	NW	0.5
S4	119.5147°	31.1656°	203	25	NW	0.7
S5	119.5156°	31.1738°	446	32	N	0.7
S6	119.4850°	31.2572°	195	34	NW	0.5

注：香果树群落 S1—S6 分别位于溧阳市南山竹海的安鸡头山、鸡鸣村（地轨终点东侧）、鸡鸣村（地轨中部西侧）、桃树岕、深溪岕和龙潭林场。

（二）香果树群落优势种群生态位与种间联结特征

1. 乔木层优势种的重要值

计算江苏省溧阳市香果树群落所有乔木层物种的重要值，剔除群落乔木层中仅在 1 个样地中出现的偶见种。以重要值之和作为排序依据，乔木层前 6 个种的重要值占所有物种的重要值之和的 78.7%，这样筛选出前 6 种作为优势树种。它们分别是香果树（T1）、紫楠（T2）、毛竹（T3）（图 7-5-2）、朴树（T4）、

图 7-5-2　毛竹（*Phyllostachys edulis*）

野桐（T5）（图 7–5–3）和八角枫（T6）（表 7–5–2）。

结果发现，在这 6 个样地中，除 S4 外，其余 5 个地点中香果树的重要值均为最大。在 S4 样地中，香果树的重要值为 34.78，仅次于该样地中的最大值 53.92（紫楠）。在 S5 样地中，香果树的重要值为 63.35，远大于该样地中的其他种。可见，香果树是群落中乔木层的优势树种，在群落中占据主导地位。

图 7–5–3 野桐（*Mallotus tenuifolius*）

表 7–5–2 香果树群落乔木层优势树种重要值

编号	种名	样地编号						Σ /%
		S1	S2	S3	S4	S5	S6	
T1	香果树 *Emmenopterys henryi*	52.49	38.76	60.06	34.78	63.35	26.37	419.58
T2	紫楠 *Phoebe sheareri*	4.71	8.60	24.37	53.92	19.21	17.47	202.37
T3	毛竹 *Phyllostachys edulis*	0.00	34.68	0.00	0.00	0.00	23.53	92.56
T4	朴树 *Celtis sinensis*	38.20	9.53	0.00	0.00	0.00	0.00	47.73
T5	野桐 *Mallotus tenuifolius*	0.00	0.00	0.00	0.00	0.00	4.96	45.16
T6	八角枫 *Alangium chinense*	4.60	0.00	0.00	0.00	8.72	0.00	28.92

2. 乔木层优势种的生态位

根据重要值计算香果树群落中各优势树种的生态位宽度（表 7–5–3）。从表 7–5–3 可知，香果树群落中乔木层的 B_L（Levins 生态位宽度）和 B_S（Shannon 生态位宽度）的范围分别为 1.40—5.74 和 0.46—1.77。其中，香果树的生态位宽度最大，其 B_L 和 B_S 分别为 5.74 和 1.77；其次为朴树，其 B_L 和 B_S 分别为 3.64 和 1.34；野桐的生态位宽度最小，其 B_L 和 B_S 分别为 1.40 和 0.46。这表明该地香果树的分布范围较广，具有较强的环境适应能力和资源利用能力。

在 6 个样地中，香果树的生态位宽度最大，这表明在研究区域内其分布范围较广，具有较强的环境适应能力和资源利用能力。

表 7–5–3 香果树群落乔木层优势树种生态位宽度

编号	物种名	Levins指数		Shannon指数	
		B_L	排名	B_S	排名
T1	香果树 *Emmenopterys henryi*	5.74	1	1.77	1
T2	紫楠 *Phoebe sheareri*	2.47	3	1.11	3
T3	毛竹 *Phyllostachys edulis*	2.17	4	0.92	4
T4	朴树 *Celtis sinensis*	3.64	2	1.34	2
T5	野桐 *Mallotus tenuifolius*	1.40	6	0.46	6
T6	八角枫 *Alangium chinense*	1.71	5	0.61	5

经计算，得出香果树群落乔木层优势树种生态位相似性系数（图 7-5-4）。图 7-5-4 显示，在乔木层的 15 个种对中，香果树群落优势树种的生态位相似指数（C_{ik}）介于 0.00—0.62，所有种对的生态位重叠指数的平均值为 0.33。$C_{ik}>0.5$ 的种对只有 4 个，占所有种对的 26.67%；$C_{ik}\leqslant 0.5$ 的种对有 11 个，占所有种对的 73.33%。这表明香果树群落中大部分物种之间的生态位相似指数较低，生态位相似性较小，说明大部分物种对环境资源的需求差异较大。

经计算，得出香果树群落乔木层优势树种生态位重叠指数（图 7-5-5）。图 7-5-5 显示，在乔木层的这 15 个种对中，生态位重叠指数（O_{ik}）介于 0.00—0.90，所有种对的生态位重叠指数的平均值为 0.38。$O_{ik}>0.5$ 的种对只有 5 个，占所有种对的 33.33%；$O_{ik}\leqslant 0.5$ 的种对有 10 个，占所有种对的 66.67%。这表明香果树群落中大部分物种之间的生态位重叠较低，说明物种间竞争较小或不存在竞争关系。

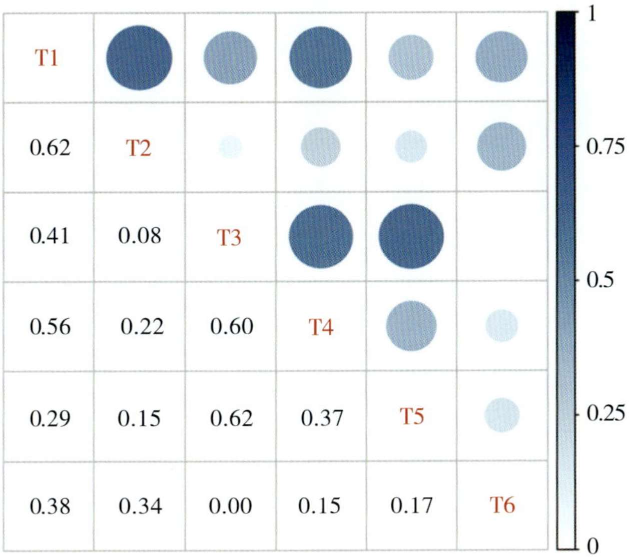

图 7-5-4　香果树群落乔木层优势树种生态位相似性系数

注：T1—T6 代表香果树群落灌木层的优势树种，编号同表 7-5-3；圆圈的大小和颜色（对角线上）表示生态位相似性系数（对角线下）的大小。

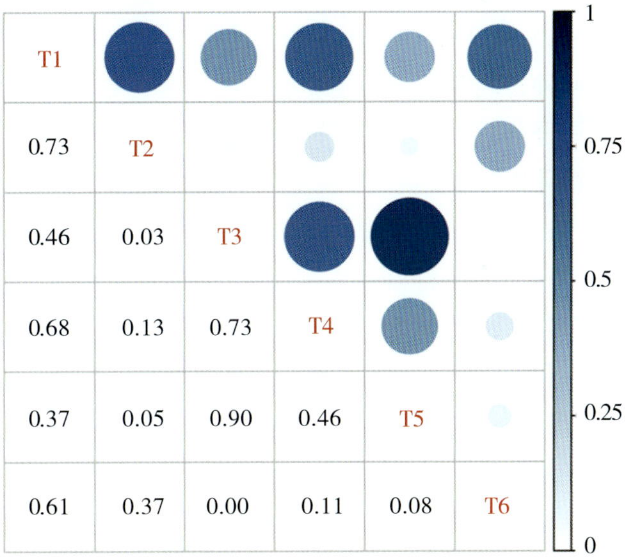

图 7-5-5　香果树群落乔木层优势树种生态位重叠指数

注：T1—T6 代表香果树群落乔木层的优势树种，编号同表 7-5-3；圆圈的大小和颜色（对角线上）表示生态位重叠指数（对角线下）的大小。

香果树和伴生树种的生态位相似指数（C_{ik}）、生态位重叠指数（O_{ik}）平均值分别为 0.45、0.57，这表明香果树与大部分伴生树种的生态位相似性较大。其中，香果树—紫楠、香果树—朴树的 C_{ik} 和 O_{ik} 均大于 0.5，这表明在所调查的群落中，香果树和紫楠、朴树的环境资源的需求较为一致，当环境资源不足时这些物种之间可能会发生激烈的竞争。

3. 乔木层优势种的种间联结

总体联结性检验结果显示，总体样方差为 1.14，总种数方差为 0.92，方差比率（VR）为 0.80，检验统计量（W）为 4.83（表 7-5-4）。总体联结性的 VR=0.80 < 1，所以香果树群落优势树种总体呈负联结。W=4.83，查表可得当自由度为 6 时，W 在 χ^2 临界值内，可知 VR 不显著偏离 1。这表明苏南地区香果树群落乔木层优势树种无显著联结性，群落整体上不稳定，存在一定的波动。这可能与本研究的 6 个样地中，其中 5 个样地（S1—S5）位于溧阳市南山竹海景区（S5 靠近景区边界）有关。香果树群落面临着因为游客数量增多而带来的保护压力，因而群落处于不稳定状态。

表 7-5-4 香果树群落乔木层优势树种总体联结性

层次	方差比率（VR）	检验统计量（W）	χ^2临界值	结果
乔木层	0.80	4.83	（1.64，12.59）	不显著的负联结

卡方检验结果表明，在溧阳山区香果树群落乔木层的 15 个种对中，呈正联结的种对有 6 个，占总种对数的 40.00%；呈负联结种对有 7 个，占总种对数的 46.67%；呈无联结的种对仅有 2 个，占总种对数的 13.33%。这与香果树群落乔木层总体联结性呈负联结的结果基本一致（图 7-5-6）。所有种对的卡方值均小于 3.841，说明种对间联结都为不显著联结。这表明，香果树群落乔木层的优势树种之间的联结较弱，各物种相对独立。

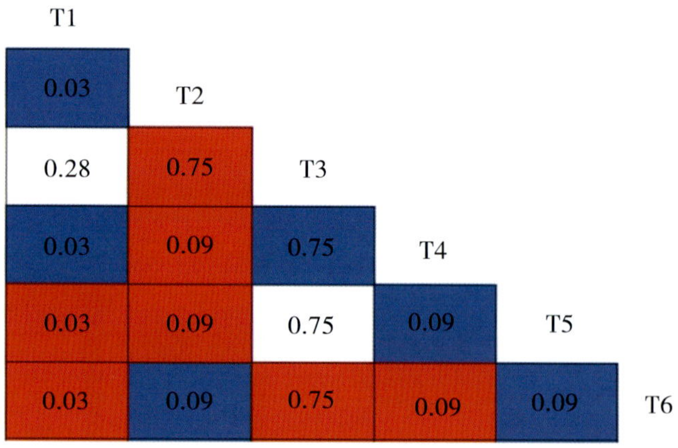

图 7-5-6 香果树群落乔木层优势树种 χ^2 统计量

注：T1—T6 代表香果树群落乔木层的优势树种，编号同表 7-5-3；红色、蓝色和白色分别代表负联结、正联结和无联结。

Spearman 秩相关检验结果显示，在江苏溧阳山区香果树群落乔木层的 15 个种对中，呈正相关的种对有 7 个，占总种对数的 46.67%（图 7-5-7）。其中，呈显著和不显著正相关的种对分别有 1 个［香果树（T1）和紫楠（T2）］和 6 个，分别占总种对数的 6.67% 和 40.00%；呈负相关种对有 8 个，占总种对数的 53.33%。其中，呈极显著、显著和不显著负相关的种对分别有 1 个［紫楠（T2）和毛竹（T3）］、2 个［香果树（T1）和朴树（T4）、紫楠（T2）和朴树（T4）］和 5 个，分别占总种对数的 6.67%、13.33% 和 33.33%。这同样表明香果树群落内不同物种间的相关性较弱，各物种间趋于独立分布。

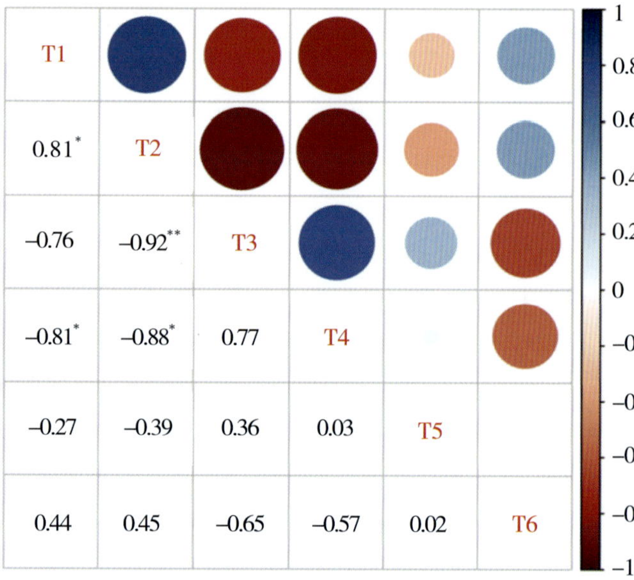

图 7-5-7 香果树群落乔木层优势树种 Spearman 秩相关系数

注：T1—T6 代表香果树群落乔木层的优势树种，编号同表 7-5-3；圆圈的大小和颜色强度（对角线上）表示 Spearman 秩相关系数（对角线下）的大小。

卡方检验和 Spearman 秩相关结果表明，香果树与大多数伴随树种之间均为不显著联结，这表明香果树与其他主要伴生树种的分布仍具有一定的独立性。因此，总体上当前所调查的香果树群落属于次生林，并且这些群落处于演替的早期阶段。

由于天然林的减少和人为活动的影响，近年来我国香果树的分布范围急剧减少（马福和张建龙，2009）。根据野外调查，江苏分布的香果树目前仅见于次生林中，野生种群目前分布在溧阳市深溪岕，溧阳山区为江苏境内香果树的唯一分布地点。香果树种群规模偏小、自然更新困难、毛竹入侵及旅游活动等是香果树受到威胁的主要原因（王坚强等，2016）。除个别植株较大（DBH ≥ 20cm）外，大多为小径级的植株。它们在森林群落中往往为共优树种或居于林冠下层。此外，香果树的多个分布点位于溧阳市南山竹海景区，景区内砍伐阔叶树种并种植毛竹，以人为营造“人工竹海”景观的做法，对香果树群落的更新与保护极为不利。

根据我们的研究推测：随着植物群落演替的进行，当环境资源不足时，香果树种群很可能会与周围的主要伴生树种如朴树、紫楠等产生激烈的种间竞争。因此，建议对苏南山区分布的香果树种群开展动态监测。香果树作为珍稀濒危树种，与其他植物相比，其竞争能力较低，因此可以考虑对香果树群落采取一定的森林抚育措施，如对香果树伴生树种紫楠与朴树进行适当间伐或择伐等。此外，在调查中发现存在部分木质藤本植物缠绕香果树，这会对香果树的生长和更新产生不利影响，在香果树种群监测中应该加以关注。

六、森林优势树种种间关系及群落稳定性

本章在野外调查的基础上，选择 2 个常见森林群落和 2 个濒危植物群落作为江苏植被中落叶阔叶林的主要代表，分析了 4 个森林群落中优势树种的生态位和种间联结特征。研究发现，无论在常见植物群落还是在珍稀濒危植物群落中，朴树、麻栎、大叶榉树和香果树均具有较大的重要值和生态位宽度，这说明在研究区域内这些优势种分布较为广泛，能够较好地利用环境资源。

在常见植物群落中，朴树群落和麻栎群落乔木层优势树种的总体联结性检验分别为不显著的正联结和显著的正联结，而朴树群落灌木层则表现为不显著的负联结。相比之下，对于珍稀濒危植物群落，大叶榉树群落和香果树群落均表现为不显著的负联结。这可能说明珍稀濒危植物所在群落的稳定性低于常见植物群落，也可能与这些珍稀濒危植物起源古老，对生境要求高，易受片段化的影响，对生境的要求相对严格，容易受到周围环境的影响而处于威胁状态有关。

此外，在这 4 个植物群落中，优势种中表现为负联结的种对数多于正联结，并且不显著的种对数多于显著的种对数，说明这些群落中多数物种的独立性较强，种间联结较为松散。可能原因如下：首先，这些群落均属于落叶阔叶林，均分布于江苏南部亚热带山区，这些地区在气候条件和土壤类型方面均较为相似。其次，这些群落均处于落叶阔叶林进展演替的阶段，尚未到达该区森林群落演替的顶极阶段。最后，这很可能也与江苏省人口众多、环境资源压力较大有关。在苏南山区，人口密度较大，人为生产活动频繁，原始森林已经荡然无存，现存的植物群落均为次生林。这些群落所在的生境可能遭受旅游、筑路或农业生产等不同程度的干扰和威胁，森林群落的生境片段化明显。因此，不论是常见植物群落，还是濒危植物群落，其优势种的种间关系总体上较为松散。

根据我们的研究结果，这些森林植被中的主要优势树种尽管目前重要值较高、生态位宽度较大，生态位重叠较低，但是随着森林演替的进行，不同物种对环境资源竞争的加剧，其种群的数量、结构与分布很可能将发生变化。尤其是大叶榉树群落和香果树群落，今后不仅需要关注濒危物种大叶榉树和香果树的种群数量动态，还应该关注与其关系相对密切的主要伴生树种的数量动态。也就是说，对于濒危物种的生态保护，不仅需要关注这些物种本身，还需要考虑它们在群落中与周围树种的种间关系，以及它们所处植物群落的动态演替。

第八章　江苏植被动态过程分析

植被动态是指特定地段上的植被在时间上的变动。根据时间尺度，植被动态变化可以大致分为小尺度（小于 100 年，如物候节律、季节性波动）、中等程度（100 年至几百年，如森林群落演替）和大尺度（长达 1000 年甚至更长，如某个区域植被的演变）（Knapp，1986）。其中，植物群落演替是植被动态变化的重要内容之一。因此，本章从原生演替和次生演替过程、进展演替和逆行演替过程、入侵植被的动态过程分析及演替过程中群落动态变化等方面来阐述江苏省植被的动态过程。

一、原生演替和次生演替过程分析

演替是某一地段上一个群落被另一个群落代替的过程，它是群落动态的重要特征之一。早在 1747 年法国植物学家 Buffon 在其著作中记载了森林植被演替的现象，1863 年美国学者 Thorean 在研究美国东北林区森林砍伐后的植被变化时提出“森林演替”的概念（许中旗等，2005）。但是对植物群落动态变化研究起到重要推动作用的是美国生态学家 Clements，他开创了现代植物群落演替的研究方法，并且于 1916 年提出单元顶极学说。其要点为在一个具体的地区，一般的演替系列的终点取决于该地区的气候性质。英国学者 Tansley（1939）则提出多元顶极学说。Whittaker（1953）则提出顶极格局假说，即由于环境因子的连续变化，在任何一个区域内都将形成不同类型顶极群落；其中分布最广的为优势顶极群落。

根据演替发生环境的差异，植被的演替可分为原生演替和次生演替。原生演替也称为初生演替，是指在一个从未被植物覆盖的地面或者在原有的植被被彻底消灭后的地方发生的演替。这种演替可以发生在水体环境中，也可以在陆地环境中。例如，在海底火山喷发形成的新岛屿上，或者在由冰川融化而暴露的地区上，最初的生物演替就是原生演替。

次生演替是指一个地区原来的植物群落由于火灾、洪水、崖崩、风灾、人类活动等原因大部分消失后所发生的演替。这种演替与原生演替的不同之处，在于次生演替的发生地仍保留有其他地方进入或残存的根系、种子等可重新生长的繁殖体或者原有的土壤等生境条件，因此可以认为它是原生演替发展过程中受到自然或人为扰动而出现的某种演替。

简言之，原生演替就是从没有生命体的一片空地上植被类群的演替，而次生演替则是在具有一定植物体的空地上进行的植被演替。而生物群落的演替过程，从植物的定居开始，到形成稳定的植物群落为止，这个过程就称为演替系列。

（一）原生演替

原生演替根据发生生境条件的不同，可分为不同的基本类型，本章将原生演替分为水生演替系列和旱生演替系列。水生演替系列又可大致分为沉水植物群落阶段、浮水植物群落阶段、挺水植物群落阶段、木本沼泽植物群落阶段。旱生演替系列一般可以分为地衣植物阶段、苔藓植物阶段、草本植物阶段、灌木植物阶段、乔木植物阶段。关于两种不同生境类型的演替，仅作如下简要介绍。

1. 水生演替系列

水生演替系列包括湖泊、池沼、河流、酸沼、河口三角洲、海岸水生生境发生的演替。淡水的湖泊、河流中的植物群落，通常有沉水植物群落阶段、浮水植物群落阶段、挺水植物群落阶段、木本沼泽植物群落阶段等，在江苏泗洪洪泽湖湿地国家级自然保护区、江苏溧阳天目湖国家湿地公园、江苏扬州宝应湖国家湿地公园、南京七里河湿地、常州市金坛区长荡湖、太湖流域较为典型。

（1）沉水植物群落阶段

通常在水深 5—7m 处，在水流缓慢的河流或湖底裸地上最先出现的先锋植物是轮藻属（*Chana*）植物。由于其生物量相对较大，使湖底有机质积累较快，自然也就使湖底的抬升作用加强。当水深至 2—4m 时，眼子菜属（图 8-1-1）、狐尾藻属（*Myriophyllum*）（图 8-1-2）、金鱼藻属、黑藻属（*Hydrilla*）、茨藻属（*Najas*）等水生高等植物开始大量出现。这些植物生长繁殖能力更强，同时随着上游夹带来的泥沙沉积，使得垫高湖底的作用不断加强，从而为浅水区域的植物生长创造了有利条件。

图 8-1-1　溧阳长荡湖国家湿地公园的沉水植物群落（以菹草群落为主）

图 8-1-2　扬州宝应湖国家湿地公园的沉水植物群落（以狐尾藻群落为主）

（2）浮水植物群落阶段

随着河床或湖底的日益变浅，有些浮水植物开始生长。在水深 2—3m 的地方，常见的浮水植物有芡实（*Euryale ferox*）、睡莲（浮叶）、多种浮水眼子菜（*Potamogeton* spp.）、荇菜（浮叶）、菱属植物（图 8-1-3）、莲、金银莲花（*Nymphoides indica*）（图 8-1-4）等浮叶根生种类。这些植物一方面由于其自

图 8-1-3　江苏溧阳天目湖国家湿地公园中的浮水植物群落［细果野菱群落中前一阶段的沉水植物黑藻（*Hydrilla verticillata*）］

图 8-1-4 江苏溧阳长荡湖国家湿地公园中的浮水植物群落（以金银莲花群落为主）

身生物量较大，植物残体对进一步抬升湖底有很大的作用，另一方面由于这些植物叶片漂浮在水面，当它们密集时，使水下光照条件变得很差，不利于水下沉水植物的生长，迫使沉水植物向较深的湖底转移，但水体中央也可能有无茎的漂浮植物，如浮萍、水鳖、凤眼莲、满江红、槐叶蘋（图 8-1-5）等，遮盖住这部分的水面。这些浮水植物体缠结的能力很大，并有高度堆积水中泥沙的能力，从而降低水体深度，并起到抬升湖底的作用。

图 8-1-5 扬州市宝应湖水体中央的漂浮植物群落（以槐叶蘋群落为主）

（3）挺水植物群落阶段

湖水水位的季节性波动使得湖边浅水地带的湖底有时露出水面，有时被水淹没。当水面浅到一定的程度，土壤全部露出，这时的生境已经不再适应浮水植物的生存。黑三棱（*Sparganium stoloniferum*）、薹草、灯芯草、荸荠等草本植物就逐渐迁移进来，形成了薹草草丛。一些耐水湿的禾草类植物如芦苇（图 8-1-6）、藨草、菰，以及香蒲（图 8-1-7）、水烛、野慈姑（*Sagittaria trifolia*）（图 8-1-8）、菖蒲等沼生植物种类通常具有发达的地下茎和大量的根，往往形成群落优势种明显的挺水植被。以莲为例，在池塘或湖泊的浅水处往往先以浮水叶片向开阔水面拓展，占据空缺的生态位，紧接着依靠向前延伸的发

图 8-1-6　苏州市太湖西山的挺水植物群落（近岸以芦苇群落为主）

图 8-1-7　江苏溧阳长荡湖国家湿地公园的浮水植物群落［（芡实（*Euryale ferox*）占优势，近岸有挺水植物香蒲（*Typha orientalis*）进入］

图 8-1-8　苏州市太湖东山建国村的浮水植物群落［眼子菜（*Potamogeton distinctus*）占优势，近岸有挺水植物野慈姑（*Sagittaria trifolia*）进入］

达地下茎从湖底伸出直立水面的圆盾形荷叶，以扩展种群的生存空间（图 8-1-9）。由于这些植物可以忍耐适度的水淹，因此适应于水位的季节性变动。由于这类挺水植物发达的根系深入湖底，茎直立地挺出湖面，叶片占据着水面以上的空间，从而使浮水植物逐渐减少。而随着挺水植物的大量生长，湖底密集的根系和每年大量的植物残体沉入水底，使得湖底的有机物大大增加，湖泊边缘的沉积物也开始变硬，逐渐形成坚实的土壤。当湖底抬升到地下水位以上时，湖泊的残留部分在夏季时会干涸，这为木本植物群落的生长创造了有利条件。

图 8-1-9　江苏溧阳长荡湖国家湿地公园的挺水植物群落（莲群落，下图为局部放大）

（4）木本沼泽植物群落阶段

随着地面的进一步抬升和排水条件的改善，在沼泽植物群落中会出现许多耐水湿的灌木甚至乔木，如柳属、杨属、桤木属植物或枫杨、水竹等。随着这些木本植物的不断侵入和生长，逐渐形成森林，使得地下水位降低，而枝叶凋落物和地被植物生长将加剧群落的成土作用，最终湿生的生境将变成中生生境。

由于所需时间长，江苏的水生演替系列的这一阶段一般不够典型。同时由于人为活动的影响，不少地带往往混有少量耐水湿的栽培植物种类，如池杉、中山杉（*Taxodium* ‘Zhongshanshan’）、落羽杉（图 8-1-10）、水杉等。

图 8-1-10　芦苇群落旁的落羽杉林［江苏溧阳长荡湖国家湿地公园，树上有小白鹭（*Egretta garzetta*）和夜鹭（*Nycticorax nycticorax*）］

2. 旱生演替系列

旱生演替系列是从环境条件极端恶劣的岩石表面或旱沙地上开始的。由于没有土壤、光照强、温度变化大、十分干燥，因此在这些生境上一般从地衣开始进行着缓慢的演替。在江苏西南部的宁镇山脉、茅山山脉、老山山脉、宜溧山脉的石英砂岩和砂岩，西北部的铜山、泉山、云龙山的石灰岩，东北部云台山的结晶片岩和片麻岩上都有很典型的从裸岩上开始的旱生演替。旱生演替系列主要包括以下 5 个演替阶段。

（1）地衣植物阶段

在表面无土壤、光照强、温度变化大、贫瘠而干燥的岩石表面，最先出现的是地衣，而且是壳状地衣。地衣分泌的有机酸腐蚀了坚硬的岩石表面，再加之物理和化学风化作用，坚硬的岩石表面出现了一些小颗粒。在地衣残体的作用下，该细小颗粒有了有机的成分，逐渐形成微量“土壤”，土壤条件有了改善，然后在壳状地衣群落中出现了叶状地衣（图 8-1-11、图 8-1-12）。由于叶状地衣可以积累较多的水分和残体，进而将出现枝状地衣。其后，枝状地衣继续作用岩石表层，使岩石表层更加松软，岩石碎粒中有机质也逐渐增多。近年来研究表明：大部分原生裸地的环境条件都有很大的异质性，演替迹地中的固氮细菌或真菌可以促使土壤中的氮含量增加，这些均为后来者的入侵和定居创造了有利条件。相反，地衣植物群落创造的较好环境反而不适合其自身生存。

图 8-1-11　宜兴市龙池山白云岩裸露岩石上的壳状地衣植物群落

图 8-1-12　宜兴市小黑沟山顶岩石上的叶状地衣植物群落

地衣植物阶段是岩石表面植物群落原生演替系列的先锋植物群落阶段。这一阶段在整个系列过程中需要的时间最长。一般越到后面，由于环境条件的逐渐改善，发展所需的时间就越短。在地衣群落发展的后期，往往有苔藓植物出现。

（2）苔藓植物阶段

苔藓植物与地衣植物相似，可以忍受极端干旱的环境，在干旱的状况下会停止生长进入休眠，待到温暖多雨时又大量生长。这类植物的残体比地衣大得多。苔藓植物的生长可以积累更多的腐殖质（图 8-1-13），对岩石表面的改造作用更加强烈，这为以后生长植物创造了更适合的条件。

图 8-1-13　苔藓植物群落（宜兴市小黑沟）

植物群落原生演替系列的上述两个最初阶段，与环境的关系主要表现在土壤的形成和积累方面，对岩面小气候的影响反而很不明显。

（3）草本植物阶段

群落的演替断续向前发展，就进入草本植物阶段。一些耐干旱的植物种类如卷柏、石韦，以及肿足蕨属、岩蕨属、铁角蕨属（图 8-1-14）植物开始生长，同时一些低矮耐寒的禾本科、菊科、蔷薇科等植物陆续出现，这些种子植物对环境的改造作用更加强烈，小气候和土壤条件更有利于植物的生长，演替继续向前进行。

图 8-1-14　草本植物阶段的江苏铁角蕨群落（南京市紫金山）

（4）灌木植物阶段

在草本植物群落发展到一定程度，一些喜光的阳性灌木出现，它们常与高草（如野古草）混合生长，形成“高草灌木群落”（图 8-1-15）。随后，灌木的数量大量增加，如以胡枝子属、蔷薇属植物及野山楂、酸枣等为主，往往形成以这些植物占优势的灌木群落。

（5）乔木植物阶段

随着时间的推移，阳性的乔木树种开始生长，逐渐形成了森林。在这个过程中，林下耐阴的树种得以定居。随着耐阴性树种的增加，阳性树种由于无法在林内更新而逐渐消失。林下侵入了耐阴的灌木和草本植物，最终形成了复合的森林群落。

图 8-1-15　高草灌木群落（连云港市云台山柳河山顶）

以上是旱生演替的一般过程。在实际演替过程中，群落的演替进程取决于演替迹地的可获得性、可以到达迹地的物种，以及定居物种的性能表现（Eddy vander Maarel and Franklin，2017）。例如常州市金坛区一些采石场废弃地的演替呈现为：裸地—草丛—灌丛—森林，而没有出现地衣及苔藓植物群落阶段，主要原因在于附近为亚热带山区，随着雨水和刮风可以带来少量土壤，而原生演替的生境异质性明显，加之附近种源丰富，因此有利于种子等繁殖体的着落、萌发和存活（图 8-1-16）。

图 8-1-16　常州市金坛区石家山采石场及附近的落叶阔叶林（上为采石场，下为次生林）

（二）次生演替

次生演替发生在干扰后保留部分植被，或植被虽然被全部破坏，但种子库或繁殖体存在，且土壤发育良好的地点。如森林采伐地、火烧迹地上的演替，弃耕地上的演替等均为次生演替（Heckman et al.，2022）。导致次生演替发生的原因包括火烧、病虫害、严寒、干旱、长期淹水、冰雹打击等，但最主要和最大规模的是人为的干扰，如森林的过伐、草原过度放牧和割草、耕地撂荒等。

与原生演替相比，次生演替在生态状态、环境遗产、生物遗产和生态系统性质方面均存在明显的不同（表 8-1-1）（Rapson，2023；任海，2023）。通常，自然植被遭到破坏后次生演替的趋向、速度及所经历的阶段，主要取决于原有植被受到破坏的方式、程度和持续时间，但也受到干扰历史、生物互作和气候变化等方面的影响（贺强，2021）。由于次生植被大多是在人为活动的影响下形成的，因此对次生演替的研究具有非常重要的实际意义。

表 8-1-1　原生演替与次生演替的比较（引自 Rapson，2023，有改动）

类别	指标	原生演替	次生演替
1.生态状态			
	演替驱动因子	自发的	自发的
	外部干扰体系	形成土壤	多种潜在原因
	景观年龄	幼龄	中龄至老龄
	到顶极的时间	千年	数世纪到千年
	演替系列	一个	一个到多个
	轨迹	收敛	收敛到发散
2.环境遗产			
	土壤质地	无	发育较好
	土壤有机质含量	无	高
	土壤营养	无	丰富
	氮磷比	低	低—平衡
	土壤污染物	无	无
3.生物遗产			
	现存植被	无	先前乡土植被的残留或片断
	地上生物量的性质	无	粗木碎片或毁坏植被
	地上生物量的数量	无	低
	植物多样性	从无开始增加	从一些到增加
	乡土种的比例	从无开始增加	大多数是乡土种，乡土种比例在增加
	繁殖	有性；r对策	混合的；K对策
	植物繁殖限制	可能且下降	不可能
	种子库大小	无	广泛和多样的
	种子库中的乡土种	无	全部或大多数
	种子库中的外来种	无	无或少
	凋落物	少	深且稠密
	分解者群落	无	丰富
	优势分解者	细菌	真菌
	动物多样性	仅有转瞬即逝的	建群的和繁殖中的
	动物群落中的乡土种	所有的	大多数到所有的
	草食动物	零星的	对现存植被合适

续表

类别	指标	原生演替	次生演替
4.生态系统性质			
	优势过滤	环境	生物群
	促进	高	中等
	竞争	低	高
	对定居者的抵抗性	低	中等到高
	植物功能群组成	无	自然的
	恢复力	低	高

二、进展演替和逆行演替过程分析

（一）进展演替和逆行演替的比较

植物群落中的进展演替是和逆行演替相对而言的，当一个群落向该地带稳定性大的群落方向发展，即从结构简单向结构复杂的方向发展，称为进展演替，反之则为逆行演替。进展演替表现为群落结构的复杂化，物种多样性趋于增加，群落中种间互作关系增强，地上和地下空间最大利用，生产力的最大利用和生产率的提高，群落生境的中生化和群落环境的强烈改造，群落的稳定性、抗干扰能力增强（表8-2-1）。此外，尽管进展演替能恢复原来稳定性大的群落，但也只是恢复同一类型的群落，并非是原群落完全的复原，在群落结构、种类成分等方面会有或多或少的差别（任海等，2001）。逆行演替则相反，表现为群落结构的简单化，地上和地下空间的不充分利用，生产力的极小利用和生产率的降低，植物群落生境向旱生化或湿生化两极发展，以及群落环境的极轻微改造（宋永昌，2017）。

表 8-2-1　植物群落的进展演替和逆行演替特征比较

进展演替的特征	逆行演替的特征
1. 群落结构的复杂化	1. 群落结构的简单化
2. 优势度从以低级小型植物为主朝着高级大型植物发展，优势种寿命越来越长	2.优势度从以大型植物为主朝着小型植物发展，优势种寿命越来越短
3. 物种多样性呈增加趋势	3. 物种多样性呈减少趋势
4. 生活型多样化	4. 生活型简化
5. 种间互作增强，窄生态幅的种增加	5. 种间互作减弱，宽生态幅的种增加
6. 群落趋向中生化	6. 群落趋向旱生化或湿生化
7. 群落生物量增加，土地生产力提升	7. 群落生物量减少，土地生产力降低
8. 土壤剖面发育趋于成熟	8. 土壤剖面弱化
9. 群落生境质量提高	9. 群落生境质量退化
10. 群落稳定性、抗干扰能力增强	10. 群落稳定性、抗干扰能力降低

（二）亚热带森林群落演替的动态过程分析

有学者将演替分为线性演替和循环演替。前者是指在一个地段上，一个群落代替另一个群落，有规律地向顶极群落方向发展的过程。后者是指森林群落中乔木种群的循环更新过程。由于目前对于群落演替的机制尚缺乏统一的认识，学术界对于这两种演替的看法不一。因此这里以江苏省分布的森林植被中最为常见的亚热带次生林为例，简要阐述两种常见的森林更新方式。

1. 循环更新

一般来说，亚热带森林群落进展演替涉及两类更新方式，即循环更新和林窗更新。循环更新是指群落在它的某些阶段（常常是顶极阶段）被群落组成成分中的某种内在特性（主要是优势种的属性）所毁坏，在这个阶段被破坏之后，演替又从起始阶段或某一中间阶段重新开始，最后又回到原有类型。以南京市紫金山的常绿落叶阔叶混交林为例，其循环更新过程见图 8–2–1。

①根据图 8–2–1A，南京市紫金山的森林群落动态变化主要表现为：裸地—草丛—灌丛—针叶林—针阔叶混交林—落叶阔叶林—常绿落叶阔叶混交林—裸地—草丛—灌丛—……，最终发育形成与当地气候条件相适应的地带性植被类型——常绿落叶阔叶混交林。这种模式称为森林的循环更新。其原因一般认为是顶极群落的优势树种受到影响或破坏，由于群落土壤条件存在，因此这种森林更新方式在演替上属于次生演替。

②由于从裸地到草丛，再经灌丛、针叶林、针阔叶混交林，最后形成地带性顶极群落，因此这样的过程也称为进展演替。反之，如果由于自然或人为原因，从常绿落叶阔叶混交林向落叶阔叶林，或者向针阔叶混交林方向发展，甚至破坏加剧最终退化为次生裸地，则属于逆行演替。

2. 林窗更新

林窗是亚热带森林内普遍存在的干扰方式之一，通常是指由一株或数株冠层树木死亡或倒伏后，森林冠层空间在地面的垂直投影区域。林窗更新是森林进行自我更新的重要途径之一。林窗形成后，林下环境将发生很大变化，微地形因树倒伏而形成或高或低的树倒坑或树倒丘，从而有别于一般的林地地表。因此林窗内的光照强度、光质，空气温度、湿度，土壤养分资源的有效性等将发生明显改变，与正常林冠下的小环境存在较大差异。随着环境条件的改变，许多在土壤中休眠的及外来的种子等繁殖体由于受到林窗内光照增加、温度升高等条件的诱导开始萌发、生长，这使得林窗内的植物种类组成、群落结构都发生改变，从而推动森林的更新，即林窗更新。

①根据图 8–2–1B，南京市紫金山的森林群落动态变化过程总体上与循环更新相似。在发育成熟的森林群落中，由于风倒木等的形成出现林地中的空斑即林窗，可从裸地到草丛，再经灌丛、针叶林、针阔叶混交林，最后形成地带性顶极群落。这主要是由于群落的生境条件尚存，土壤中很可能存在种子或根状茎等繁殖体，或者附近存在森林群落，因而种源丰富，可以依靠风力或媒介生物搬运种子等繁殖体进入林窗。对紫金山次生林林窗植被内的物种多样性和树种多度研究表明，两者均显著高于非林窗区域的植被（安树青等，1997）。

②与循环更新相比，林窗更新一般进程较快，规模较小，有时也可以不经过草丛、灌丛、针叶林或针阔叶混交林（即方括号内的演替阶段）。

此外，在苏南山区往往分布有大量的竹林及一些竹阔混交林。根据野外调查和分析，江苏亚热带森林群落可以从草丛发展为竹林、竹阔混交林，再发展为落叶阔叶林或常绿阔叶林。在苏北地区，森林群落的演替进程与亚热带森林群落的循环更新相类似，所不同的是顶极群落一般为落叶阔叶林。有时由于建群种的生物学和生态学特性，或者由于人为措施的干预如营造人工林、森林抚育或间伐等，可以将某一演替阶段（即阶段性演替群落）维持很长时间。

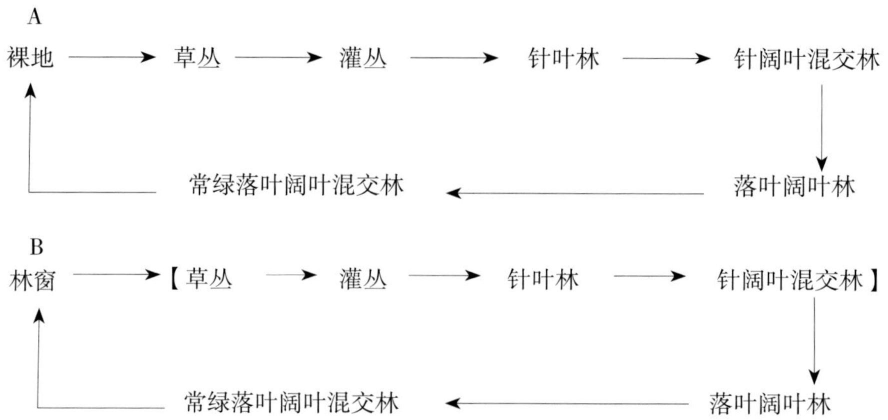

图 8-2-1 亚热带森林群落的循环更新（A）和林窗更新（B）

三、入侵植被的动态过程分析

如果分析一个地区植被的种类组成，往往会发现或多或少地存在外来入侵植物。以我国为例，目前已报道外来入侵植物 402 种，隶属于 68 科 224 属，广泛分布于我国绝大多数省份（闫小玲等，2020）。理论上，如果在该地区的某种群落类型中，其主要优势种为外来入侵物种，则该植被类型应该不同于本地植被类型。遗憾的是，查阅国内外的文献资料并未见到专门论述此类植被的相关报道。因此，这里我们根据对江苏植被的调查与分析，仅对入侵植被的概念、特点及演替过程进行简要阐述。

（一）入侵植被的定义、类型和特点

入侵植被是指以外来入侵种为主要优势种或建群种所构成的植物群落。外来种是指在一定区域内历史上没有自然发生分布而由人类活动直接或间接引入，在当地自然或人为生态系统中建立了可自我维持的种群的物种（刘苏等，2002）。历史上，外来种的引入对农业文明的发展和人类社会的进步起到了一些积极推动作用。但另一方面，一些外来种的传入也对当地生态系统的结构和功能产生不良影响，危及本地物种特别是珍稀濒危物种的生存，造成生物多样性的降低。当外来种在自然或半自然的生态系统中建立种群并实现种群自我更新时，称为归化种。如果外来种在当地适宜的土壤、气候、丰富的食物供应或缺少天敌抑制的良好生存条件下，得以进一步迅速繁殖、快速扩增，损害当地的生物多样性和生态系统，甚至危及人类健康，从而造成经济损失及灾难，这些外来种才成为外来入侵种。这一过程即为外来种入侵或生态入侵（连宾，2022）。

可见，入侵植被的种类组成可以有本地种，但是在群落组成中本地种的比例偏低；在群落中占据主导地位或作用的是外来入侵植物。类似地，参照本地植被的类型划分，外来入侵植被的类型也可以根据建群种的生活型、群落外貌结构、生态地理特征等进行划分。由于这类植被的主要优势种来自该植被类型的分布范围之外，因此应该考虑其生态习性在入侵地是否发生改变，它与本地种的生态互作关系如何，其生活史策略是什么？这些因素很可能直接影响到入侵植被的群落动态。不过，已有的研究大多集中于外来入侵物种的入侵机制及如何有效地科学防治，从植物群落的角度分析入侵植被的种类组成、群落结构、植被动态有待加强。

已有研究表明：外来入侵植物会挤占本地植物的生存空间（干扰假说，DH 和生态位空缺假说，ENH），并占据其生态位，因此可以更有效地利用入侵地氮素进行生长和繁殖（氮分配假说，NAH），这使得群落生境中的资源利用率增加（波动资源假说，FRH），加快了入侵植物的定植过程。同时入侵植物会避免草食动物采食及减少与本地植物的竞争（新武器假说，EWH 和竞争能力增强假说，EIEC），进而提高自身的竞争能力及生长速度。有时还可以与本地的丛植菌根真菌和其他菌根互作，形成共生关系促进氮、磷的吸收（增强的互惠互利假说，NWH 和氮分配假说，NAH）。此外，通过与媒介生物的互作，外来入侵植物可以在新生境中快速定植和扩散（理想杂草假说）（侯清晨等，2022）。

根据外来入侵植物的特点，我们提出入侵植被具有以下特点。

①群落种类组成一般极为简单。有时甚至为单优势种群落，如江苏沿海滩涂的互花米草群落。

②群落结构较为简单。由于不少外来入侵植物具有化学互感作用，在入侵地分布和生长时会分泌化学物质抑制本地种植物的生长。再加上群落中的植物种类一般偏少，优势种的多度往往极高，所以此类群落的结构一般相对简单，如江苏滩涂地区分布的刺槐林。

③群落往往成片分布。由于外来入侵植物一般生长快，繁殖能力强，繁殖体易于传播，生态适应性高，尽管其在入侵地往往会遭到本地群落的抵抗，但入侵植被一般还是成片分布。通常它们出现在受到人为活动强烈的区域或者原生植被遭到破坏的地方。例如，小蓬草群落在江苏一般见于荒地、田边或路旁。

④群落的生产力低下。与本地种组成的植物群落相比，由于入侵植被的种类单一，结构简单，往往群落的生物量偏低，对土地的利用率不高。

⑤植被地带性分布不明显。入侵植被的主要优势种或建群种来自外地，这类植物大多为草本植物，分布极为广泛，因此由其构成的入侵植被的地带性特征并不明显，相当于隐域植被。例如，加拿大一枝黄花原产北美，现在广泛分布于欧洲、亚洲和美洲。

（二）入侵植被的动态分析

关于入侵植被的动态变化，很少受到人们的关注。仅有的报道也是侧重于由外来入侵杂草构成的草丛。这里我们以江苏的现状植被为例，初步分析入侵植被的动态变化。

江苏植被的 197 个群系中，涉及入侵植被的群系有 10 个，占总群系数的 5.08%。这些群系包括落叶阔叶林如刺槐林，也包括草本植物群系如小蓬草群系，但以草本植物群系为主。在 9 个草本植物群系中，既有陆生草本植物群落，也有挺水植物群落、浮水植物群落和沉水植物群落；既有分布于沿海滩涂的草丛，也有分布于淡水湖泊或河流的草丛。究其原因，这可能与江苏分布入侵植被的建群种的生活型多样有关。

江苏植被的这 10 个群系中，其植被动态变化大致可以分为两类。

（1）循环演替

如苏北滩涂分布的互花米草或大米草群落。这种类型的入侵植被一般为单优群落。互花米草在江苏沿海可以正常开花结实，能够依靠种子进行繁殖；该种也可以依靠根状茎进行营养繁殖。由于其种子耐水淹、耐盐，可以随着水流四处传播。在光滩上，互花米草的种子萌发后通过萌蘖形成植丛，再通过根状茎繁殖形成斑块状的草丛。这些草丛最终通过种群扩展连接成片，形成大面积成片的互花米草盐生草甸，群落盖度可以达到 95% 以上。

（2）随机演替

这种类型的入侵植被包括陆生草丛和水生草丛。以水盾草群落为例，水盾草为多年生沉水草本，可以依靠植株断裂随着水流传播而扩展种群。该种营养繁殖发达，并能在弱光条件下生长从而占据较深水体的空缺生态位，常常形成单优群落（图 8-3-1）。该种也可以正常开花结实，维持种群的遗传多样性。在扬州市宝应湖的浅水区域，该种可以与黑藻、金鱼藻、菹草等本地种出现在同一个群落中。根据观察，水盾草在群落中可以为优势种、共优种、建群种，甚至单一的种类，这可能表明水盾草群落的动态变化具有一定的随机性，与水体深度、富营养化程度及人为干扰情况密切相关（图 8-3-2）。又如加拿大一枝黄花通常形成单优群落，但是野外调查发现该种与同为菊科的其他外来入侵植物一年蓬可以形成共优群落，这支持入侵熔炉假说，即一种入侵植物的成功定植会创造有利于另一种入侵植物定植的环境。最近的研究还发现两者在一个群落中产生的共同入侵复合效应为拮抗；在共同入侵下，加拿大一枝黄花的相对竞争优势度显著高于一年蓬（Wang et al.，2023）。在江苏省的一些荒地中，时常可以看到不同外来入侵植物的共同入侵效应及时间生态位的分化（图 8-3-3）。

图 8-3-1　水盾草单优群落（徐州市彭祖园池塘，白色为水盾草的花）

图 8-3-2　水盾草群落（扬州市宝应湖）

图 8-3-3　钻叶紫菀（*Symphyotrichum subulatum*）（果期）和加拿大一枝黄花（*Solidago canadensis*）（花期）的共同入侵（南京市秦淮区七桥瓮）

总之，由于植物入侵机制的假说众多，入侵植被长期以来未能得到足够的重视，因此今后关于入侵植被的动态变化研究亟须加强。

四、演替过程中群落动态变化

植被演替涉及植物群落的种类组成、群落结构与外貌、群落生境变化等方面。了解群落的动态变化趋势及速度对于更好地保护现状植被和生物多样性，科学有效地管理和利用这些生物资源均具有非常重要的意义。以下将以南京市紫金山森林植被与苏北滨海湿地植被为例，分析江苏森林植被与滨海湿地植被的群落动态变化。

（一）森林植被的动态变化

森林植被的演替所需时间一般较长，所采用的研究方法包括：设定固定样地，连续跟踪观测；比较群落的不同空间序列，即通过空间序列推断时间序列；构建数学模型，进行群落演替的动态模拟；结合化石、孢粉或分子证据分析植被的动态变化。相比之下，固定样地法简单而直接，并且易于消除空间异质性和干扰对群落动态的影响。继美国 Smithsonian 研究院在巴拿马的 Barro Colorado 岛内建立首个森林动态监测样地之后（Condit，1995），我国学者于 20 世纪后期开始在全国范围内建立起一系列永久监测样地，并构建了中国森林生物多样性监测网络（CForBio）（米湘成等，2016；马克平，2017）。国内学者依托于这些森林动态监测样地对多种群落类型的演替动态展开研究，极大促进了物种共存和群落构建等生态学机理研究的蓬勃发展。但从大型样地建立时间来看，国内外对森林动态的监测时间通常较短。

灵谷寺位于南京市东郊紫金山国家森林公园内，灵谷寺周围森林植被曾因战争而遭到严重破坏，20 世纪 40 年代在部分地段人工营造了马尾松林，现有的灵谷寺森林群落即在此基础上经次生演替而来。林区内 2 种主要的森林植被类型为马尾松林和落叶阔叶林，在我国北亚热带具有一定的代表性。这里我们根据 4 次调查数据（1951 年、1981 年、2002 年和 2022 年）进行比较，分析该区森林植被的群落类型、种类组成、物种多样性及主要树种的种群动态变化。

1. 主要森林树种变化

按林分组成划分，灵谷寺森林群落分为常绿针叶林和落叶阔叶林，其中常绿针叶林即以马尾松为优势种的马尾松林。在 2022 年的 31 个调查单位中，南京灵谷寺的马尾松林有 5 个单位，落叶阔叶林有 26 个单位。而在 1951 年和 1981 年，马尾松林均有 11 个单位，落叶阔叶林均有 20 个单位。到 2002 年，马尾松林仅有 7 个单位，而落叶阔叶林有 24 个单位。可见随着时间的推移，该区马尾松林的调查单位数呈现减少的趋势，而落叶阔叶林调查单位数则逐渐增多。

南京市灵谷寺位于中国北亚热带东部地区，现在森林植被主要是带有常绿成分的落叶阔叶林和针阔混交林（袁在翔等，2017）。通过对该区森林群落中植物种类、多度、频度、主要树种的重要值及群落多样性的调查，同时结合历史调查资料进行对比研究，最近 70 年来南京市灵谷寺地区针叶林和阔叶林的演替过程中主要树种的变化可以简要归纳如下。

①针叶林：马尾松 + 黄连木（1951）—马尾松 + 枫香树（1981）—马尾松 + 栓皮栎（2002）—马尾

松 + 枫香树（2022）。

②阔叶林：黄连木 + 榔榆（1951）—栓皮栎 + 白栎（1981）—三角槭 + 紫楠（2002）—枫香树 + 湘楠（2022）。

总体上看，早期针叶林中的强阳性针叶树种马尾松逐渐衰退，首先被阳性落叶阔叶树如黄连木、枫香树等取代，随后又被相对耐阴树种如麻栎、湘楠、木樨等所替代。针叶林的分布范围逐渐减少，并且有针叶林向次生性的针阔叶混交林逐渐发展趋势，随后将不断演替形成以阳性落叶树种占优势的落叶阔叶林，最终会被耐阴性树种占优势的落叶阔叶树种和部分常绿阔叶树种所形成的常绿落叶阔叶混交林所取代。

此外，我们根据 70 年来南京市灵谷寺森林群落立木的生活型变化，发现样地中的常绿成分逐渐增加。这可能是自 1991 年以来，由一些常绿树种如苦槠、木樨、湘楠等大量侵入（图 8–4–1），且长势良好，可以开花结实引起（图 8–4–2）。这预示着群落可能向常绿落叶阔叶混交林的方向演替，即演替为该地区的自然植被类型。

图 8–4–1　落叶阔叶林中的湘楠（*Phoebe hunanensis*）（南京市紫金山灵谷寺）

图 8-4-2　落叶阔叶林中的湘楠（*Phoebe hunanensis*）果枝（南京市紫金山灵谷寺）

2. 群落物种多样性变化

在 3100 m^2 调查面积上，南京市灵谷寺森林群落在 1951 年、1981 年、2002 年和 2022 年的立木（DBH ≥ 2.5 cm）株数分别为 441、413、439、1008，变异系数为 0.502；而灌木和苗木总株数分别为 4712、44130、7372、6502 株，变异系数为 1.212。这表明该区的森林群落中立木株数在前 3 个时期数量相近，而在近二十年来显著增加；灌木和苗木的数量在近 20 年来增加较少。这 4 个时期南京市灵谷寺调查样地中物种数依次为：75 种、30 种、73 种和 95 种，可见该区物种数在近二十年来也有一定程度的增加。物种多样性指数结果表明：南京市灵谷寺森林群落的 Shannon-Wiener 指数（*SW*）、Simpson 指数（*SN*）、Pielou 指数（*PW*）分别为 2.936、0.890、0.649；与 1981 年相比，除 *SN* 外，*SW* 和 *PW* 均有所增加（表 8-4-1）。

表 8-4-1　南京市灵谷寺森林群落的物种多样性变化

调查年份	物种丰富度/个	个体数/株	Shannon-Wiener指数	Simpson指数	Pielou指数
1951	75	5153	1.381	0.936	0.320
1981	30	44543	0.985	0.799	0.290
2002	73	7811	1.346	0.927	0.314
2022	95	7510	2.936	0.890	0.649

注：1951 年、1981 年和 2002 年的调查数据分别引自曲仲湘等（1952）、熊文愈等（1983）和徐驰等（2004）。

南京市灵谷寺森林经过近10年的发展，1951年植物物种的种类和株数均有明显的增加（曲仲湘等，1952）。再经过30年，到1981年时该区森林群落中乔木层的不少种类的胸径明显增加，通过激烈的种间竞争和种内竞争使得这些现存的主要树种种类和株数均减少，但这样也为其他植物的入侵提供了可能的生态位，因此1981年植株数量多达44000余株（熊文愈等，1983）。随后经过20年的群落演替，样地中植物种类有所增加，但是株数会明显减少。从2002—2022年，再经过最近20年的发展，样地中的种类略有增加，而株数有所减少；同时马尾松种群数量和分布面积明显减少（图8-4-3）。这可能表明：亚热带森林群落的物种多样性变化不仅与群落的演替阶段有关，而且也与人为活动、气候变化有关。例如，样地中部分落叶乔木树种，如栓皮栎、三角槭、黄连木等经过70多年的生长，很可能已经接近其成年植株阶段，如三角槭DBH达81cm，少量个体甚至达到其生理寿命。而在灵谷寺森林样地中乔木树种的竞争一直较为激烈，这可能使得这些落叶乔木树种的种类和数量均降低。最近几十年来，由于全球气候变化和人为活动的影响，南京市紫金山的年均气温（15.4℃）（陈霞等，2020）与20世纪50年代（15.3℃）相比，年均气温已有所增加。这可能有利于一些常绿阔叶树种的种群扩展和生长发育，如在样地中已经发现少量的八角金盘的个体。

图8-4-3　落叶阔叶林旁的马尾松（*Pinus massoniana*）（南京市紫金山灵谷寺）

（二）滨海湿地植被的动态变化

江苏滨海湿地面积达 106 万 hm^2（姚志刚等，2014）。区域内人类经济活动频繁，部分地区对生物资源的过度利用明显。现状植被类型以草丛为主，并且群落组成和群落结构简单（表 4–2–4）。这里主要从群落的优势种组成及群落物种多样性进行简要分析。

1. 群落主要优势种变化

江苏滨海湿地植被的植物种类较为贫乏、区系成分也相对简单；植物群落优势种明显，伴生种较少；大多为草本植物，少量为灌木种类，如南方碱蓬、柽柳、罗布麻等；多数植物群落处于演替的早期阶段，滨海湿地植被的演替速度明显快于森林群落。

根据对连云港市、盐城市和南通市滨海湿地植物群落的调查和分析，采用空间替代时间法，从近海至近岸，江苏滩涂湿地植被的分布呈现出较为明显的规律性变化：光滩—互花米草群落（图 8–4–4）—碱蓬群落—大穗结缕草群落—芦苇群落—白茅群落—木本植物群落。

图 8–4–4　江苏沿海滩涂互花米草群落进展演替（连云港市赣榆区海头）

在上述 7 个演替阶段中，由于互花米草为外来入侵物种，尽管该种在江苏滨海地区分布广泛（图 8–4–5），但是有的地段分布着大米草群落。而在没有互花米草或大米草的地带，则将直接由光滩发展为碱蓬群落（图 8–4–6）。这一阶段的群落土壤受海水浸渍，主要生长着耐盐的优势种，如碱蓬、南方碱蓬、盐地碱蓬、盐角草。随着地形的升高，盐分降低，在潮沟附近的高地上除了生长少量互花米草和碱蓬属

图 8-4-5　江苏沿海滩涂成片分布的互花米草群落（连云港市东西连岛）

图 8-4-6　江苏沿海滩涂分布的碱蓬群落（连云港市赣榆区海头）

植物外（图 8-4-7），还将出现多年生禾草如大穗结缕草、獐毛及矮生薹草等莎草科植物，这些草本植物大多具有发达的根状茎，并且耐盐碱，适生于滨海湿地或海边沙地。这一阶段的群落中，在不同土壤盐分的生境中有时会有二色补血草、拟漆姑（*Spergularia marina*）、砂引草、肾叶打碗花、东亚市藜等不同优势种，但通常群落优势种明显，植物种类组成单调。近岸边一般将分布着成片的芦苇群落（图 8-4-8）。芦苇为假盐生植物，其耐盐性显著低于泌盐的盐生植物互花米草。至岸边高地，由于雨水的淋溶作用，土壤中的盐分进一步减少，一些中生性草本植物如白茅、狗牙根、芦竹、拂子茅、长裂苦苣菜、猪毛蒿、野艾蒿、习见蓼（*Polygonum plebeium*）、萝藦等菊科、蓼科或萝藦科植物可以成片生长（图 8-4-9）。

图 8-4-7 江苏沿海滩涂分布的碱蓬群落，潮沟分布互花米草群落，高地分布碱蓬群落（连云港市赣榆区海头）

图 8-4-8 江苏沿海滩涂分布的芦苇群落（如东县小洋口湿地）

在人为活动强烈的地区，往往会有适应性强的入侵草本如小蓬草、钻叶紫菀、一年蓬等成为群落的优势种。随后草本群落的进展演替进行，部分灌木或乔木种类陆续侵入其中，如枸杞、柽柳、紫穗槐、刺槐等，最终形成木本植物群落（图 8-4-10）。

图 8-4-9 从近海至岸边的沿海滩涂群落演替：光滩、碱蓬群落、禾本科（Poaceae）和菊科（Asteraceae）等草丛（连云港市赣榆区临洪河口）

图 8-4-10 江苏省养殖塘边海堤上的刺槐群落（连云港市赣榆区临洪河口）

2. 群落物种多样性变化

物种多样性是物种丰富度和分布均匀性的综合反映，体现了群落结构类型、组织水平、发展阶段、稳定程度和生境差异。它不仅可以反映群落在组成、结构、功能和动态等方面的异质性，也可以反映不同自然地理条件与群落的相互关系。这里以江苏沿海地区的植物群落和内陆地区的植物群落进行分析（表8-4-2）。

表 8-4-2　江苏滨海湿地主要植物群落的物种多样性比较

	群落类型	*S*	*SW*	*SN*	*PW*
沿海地区	草丛（*n* = 11）	3.82 ± 1.17	0.67 ± 0.43	0.24 ± 0.21	0.36 ± 0.23
	灌丛（*n* = 2）	3.50 ± 3.50	1.14 ± 0.63	0.42 ± 0.15	0.63 ± 0.09
	森林（*n* = 5）	2.94 ± 1.13	0.77 ± 0.35	0.30 ± 0.12	0.37 ± 0.17
内陆地区	草丛（*n* = 23）	4.22 ± 1.20	0.96 ± 0.34	0.18 ± 0.12	0.27 ± 0.13
	灌丛（*n* = 4）	4.50 ± 0.58	1.46 ± 0.35	0.60 ± 0.19	0.69 ± 0.16
	森林（*n* = 2）	2.25 ± 0.35	0.80 ± 0.16	0.39 ± 0.12	0.68 ± 0.00

注：*S* 为群落丰富度指数，Shannon-Wiener（*SW*）为物种多样性指数，Simpson（*SN*）为生态优势度指数，Pielou（*PW*）为群落均匀度指数。*n* 表示用于物种多样性计算的样方数。

首先，总体上江苏滨海湿地草丛的群落丰富度指数（*S*）最高，且内陆地区草丛中物种丰富度大于沿海地区。这可能是由于仅少数的盐生植物可以适应沿海地区特殊的环境条件。就灌丛而言，主要为植被遭到破坏后经逆行演替而形成的次生灌丛，结构凌乱，种类较为混杂，既有乔木树种的幼树，也有灌木物种。沿海和内陆地区的森林群落均为人工栽培，*S*、*SW*、*SN* 相差不大，反映了该区森林植被现状特征。

其次，江苏滨海湿地区域植物分布的纬度地带性并不明显。这可能是因为我们设置的调查区域纬度跨度不大，并且多数调查样区内的人为活动较为明显。例如，调查区域内存在一定的生产建设活动，如滩涂养殖、旅游开发和农业生产等。这势必会对调查区域内野生动植物及其栖息地的保护管理造成一定干扰。此外，调查过程中还发现局部地段可能由于缺乏科学有效的指导，在农业生产或水产养殖过程中存在过量喷洒除草剂、杀虫剂或农药等问题，这可能会直接或间接影响当地的水体环境，从而影响当地动植物的生存与生长。

根据江苏沿海植物群落的特点，我们建议在保护和管理好江苏现有的滨海湿地植物和植被类型的同时，积极开展滨海湿地的生态修复工程。这里的调查范围既涉及农业和工业生产活动区，也涉及风景区和自然保护区。对于调查范围内的重点保护区域可以实施开渠引潮等生态修复工程，以使潮水能进入高潮滩，维持海岸带盐沼湿地生态系统的基本水文条件，维持高潮滩的生物多样性。此外，在进行绿化引种时，建议结合江苏滨海湿地区域风大、盐分高等环境条件，当地职能部门应该因地制宜，积极开展耐盐、抗风树种的筛选和引种。例如，绿化带处可以种植海滨锦葵（*Kosteletzkya virginica*）、罗布麻、田菁、柽柳等，草坪种类可以考虑结缕草（*Zoysia japonica*），水生植物可以选择芦苇和香蒲等。

第九章　江苏植被与生物多样性保护

植被可以为人类提供直接的生产和生活资料，同时可以提供广泛的生态服务功能，如调节气候、保持水土、美化环境等。此外，植被对于维护生物多样性、保持生态平衡乃至构建美学或景观效果都具有不可低估的作用。一个地区的植被（包括自然植被、人工植被及古树资源）不仅是不同植物种类组成的有机结合，更是对当地气候、土壤、地形等环境条件的综合反映，因此植被可以为当地的动物提供食物、巢穴及生存空间，还可为丛枝菌根、固氮菌等微生物提供物质、能量和生长环境。本章简要阐述江苏野生植物资源的类型及保护，并根据最近资料概述江苏古树名木的现状及生长状况，最后归纳总结江苏现状植被的主要特点，并简要阐述其保护对策。

一、野生植物资源的利用与保护

（一）野生植物资源概况

植物资源是可以不断自然更新并人为繁殖扩大的可再生资源，它不仅能直接利用太阳能，还能够将其转换为化学能加以贮藏。因为植物所具有的这种特殊性质及其与生态系统其他成分的密切关系，所以植物资源在整个自然资源中起着桥梁的作用，并占据中心地位。它深刻地影响水资源、土壤资源、气候资源及动物资源。一方面，植物资源为人类提供所需的食物、药物和建筑材料等物质基础；另一方面，它还具有调节气候、保护生态平衡、美化绿化环境和提供药用价值等多种功能（黄威廉等，1988）。一个地区的野生植物资源，通常蕴藏于当地的不同植被类型组合之中。因此，植被成为发掘植物资源的物质基础。

江苏省植物资源较为丰富，野生植物种类和植被类型比较复杂。本书的最新统计结果表明，江苏省境内共有维管植物 235 科 1243 属 3592 种。其中，蕨类植物有 30 科 66 属 184 种，裸子植物有 10 科 32 属 77 种，被子植物有 195 科 1145 属 3331 种；野生植物有 191 科 854 属 2346 种，栽培植物有 156 科 587 属 1246 种。

依据 1999 年《国家重点保护野生植物名录（第一批）》，江苏省自然分布有国家重点保护野生植物 15 种，其中一级 2 种、二级 13 种，包括蕨类 3 种、裸子植物 1 种、被子植物 11 种。根据 2021 年调整后的新《名录》，江苏省分布的国家重点保护野生植物增至 34 种，其中一级 2 种、二级 32 种，它们隶属于 22 科 28 属（表 9–1–1）。这 34 种植物包括苔藓植物 1 种、石松类和蕨类植物 4 种、裸子植物 1 种和被子植物 28 种。这些保护植物有的是数量极少、分布范围极窄的濒危种，如宝华玉兰、山涧草、浙贝母（图 9–1–1）等；有的是具重要经济价值、科研价值的濒危种和稀有种，如莼菜、金钱松、独花兰（图 9–1–2）等；有的是有重要作物的野生种群和有遗传价值的近缘种，如野大豆、细果野菱等。

图 9-1-1　浙贝母（*Fritillaria thunbergii*）

图 9-1-2　独花兰（*Changnienia amoena*）

表 9-1-1　江苏省境内的国家重点保护野生植物

科名	科拉丁学名	种中文名	种拉丁学名	保护等级	生活型
白发藓科	Leucobryaceae	桧叶白发藓	*Leucobryum juniperoideum*	二级	丛生草本
石松科	Lycopodiaceae	长柄石杉	*Huperzia javanica*	二级	多年生草本
水韭科	Isoetaceae	中华水韭*	*Isoetes sinensis*	一级	多年生草本
凤尾蕨科	Pteridaceae	粗梗水蕨*	*Ceratopteris pteridoides*	二级	一年生草本
凤尾蕨科	Pteridaceae	水蕨*	*Ceratopteris thalictroides*	二级	一年生草本
松科	Pinaceae	金钱松	*Pseudolarix amabilis*	二级	落叶乔木
莼菜科	Cabombaceae	莼菜*	*Brasenia schreberi*	二级	多年生草本
樟科	Lauraceae	浙江楠	*Phoebe chekiangensis*	二级	常绿乔木
木兰科	Magnoliaceae	宝华玉兰	*Yulania zenii*	二级	落叶乔木
水鳖科	Hydrocharitaceae	龙舌草*	*Ottelia alismoides*	二级	一年生草本
兰科	Orchidaceae	白及*	*Bletilla striata*	二级	地生草本
兰科	Orchidaceae	独花兰	*Changnienia amoena*	二级	地生草本
兰科	Orchidaceae	杜鹃兰	*Cremastra appendiculata*	二级	地生草本
兰科	Orchidaceae	建兰	*Cymbidium ensifolium*	二级	地生草本
兰科	Orchidaceae	蕙兰	*Cymbidium faberi*	二级	地生草本
兰科	Orchidaceae	春兰	*Cymbidium goeringii*	二级	地生草本
藜芦科	Melanthiaceae	华重楼*	*Paris polyphylla* var. *chinensis*	二级	多年生草本
藜芦科	Melanthiaceae	狭叶重楼*	*Paris polyphylla* var. *stenophylla*	二级	多年生草本
百合科	Liliaceae	荞麦叶大百合*	*Cardiocrinum cathayanum*	二级	多年生草本
百合科	Liliaceae	浙贝母*	*Fritillaria thunbergii*	二级	多年生草本
禾本科	Poaceae	山涧草	*Chikusichloa aquatica*	二级	多年生草本
禾本科	Poaceae	中华结缕草*	*Zoysia sinica*	二级	多年生草本

续表

科名	科拉丁学名	种中文名	种拉丁学名	保护等级	生活型
金缕梅科	Hamamelidaceae	银缕梅	*Parrotia subaequalis*	一级	落叶乔木
小二仙草科	Haloragaceae	乌苏里狐尾藻*	*Myriophyllum ussuriense*	二级	多年生草本
豆科	Fabaceae	野大豆*	*Glycine soja*	二级	一年生草本
榆科	Ulmaceae	大叶榉树	*Zelkova schneideriana*	二级	落叶乔木
千屈菜科	Lythraceae	细果野菱*	*Trapa incisa*	二级	一年生草本
安息香科	Styracaceae	秤锤树	*Sinojackia xylocarpa*	二级	落叶乔木
猕猴桃科	Actinidiaceae	软枣猕猴桃*	*Actinidia arguta*	二级	落叶木质藤本
猕猴桃科	Actinidiaceae	中华猕猴桃*	*Actinidia chinensis*	二级	落叶木质藤本
猕猴桃科	Actinidiaceae	大籽猕猴桃*	*Actinidia macrosperma*	二级	落叶木质藤本
茜草科	Rubiaceae	香果树	*Emmenopterys henryi*	二级	落叶乔木
伞形科	Apiaceae	明党参*	*Changium smyrnioides*	二级	多年生草本
伞形科	Apiaceae	珊瑚菜*	*Glehnia littoralis*	二级	多年生草本

注：加 * 表示属于农业农村部门管辖，其余属于林业部门管辖。

（二）野生植物资源类型

对植物资源分类，是对其进行研究和有效利用的一项基础性工作。现参照《江苏植物志》（第 1 卷）对植物资源类型的划分，根据植物的利用方式将江苏境内的 2346 种野生维管植物划分为 22 个类型（表 9–1–2），包括粮食植物、药用植物、油脂植物、材用植物、观赏和绿化植物、生物能源类植物等。其中，以观赏和绿化植物最多，占总种数的 56.05%；其次为药用植物，占总种数的 50.96%。而其余类型的植物资源相对较少。由于存在同一种植物有多种用途的情况，因此在统计时分别按照不同的类型进行计算，同时在计算每一类型的百分比时以江苏野生维管植物总数作为分母。

表 9–1–2 江苏境内的野生维管植物资源类型

植物资源类型	种数	占野生总种数/%	植物资源类型	种数	占野生总种数/%
1.粮食	2	0.09	12.芳香和挥发油	250	10.66
2.药用	1200	51.15	13.蜜粉源	214	9.12
3.油脂	200	8.53	14.色素和染料	28	1.19
4.材用	156	6.65	15.鞣料	140	5.97
5.果树	19	0.81	16.纤维	256	10.91
6.蔬菜	109	4.65	17.树脂和树胶	21	0.90
7.观赏和绿化	1320	56.27	18.绿肥	86	3.67
8.饲用	200	8.53	19.生物能源	7	0.30
9.淀粉和糖类	150	6.39	20.植物源农药	37	1.58
10.饮料	90	3.84	21.生态和环境保护	165	7.03
11.可食	260	11.08	22.有毒	208	8.87

1. 粮食类植物资源

江苏省有 2 种可作为粮食的野生植物，分别为菰和荞麦（*Fagopyrum esculentum*）。

2. 药用类植物资源

江苏省境内的药用植物资源较为丰富，有1200种，主要包括石松（*Lycopodium japonicum*）、长柄石杉（*Huperzia javanica*）、伏地卷柏（*Selaginella nipponica*）、兖州卷柏、中华卷柏、卷柏、问荆（*Equisetum arvense*）、草问荆（*Equisetum pratense*）、节节草、笔管草（*Equisetum ramosissimum* subsp. *debile*）、狭叶瓶尔小草（*Ophioglossum thermale*）、瓶尔小草（*Ophioglossum vulgatum*）、松叶蕨（*Psilotum nudum*）、紫萁、芒萁、里白（*Diplopterygium glaucum*）、刺齿凤尾蕨（*Pteris dispar*）、半边旗（*Pteris semipinnata*）、井栏边草（*Pteris multifida*）、栗柄凤尾蕨（*Pteris plumbea*）、狗脊、斜方复叶耳蕨（*Arachniodes amabilis*）、戟叶耳蕨（*Polystichum tripteron*）、赤松、圆柏、瓣蕊唐松草（*Thalictrum petaloideum*）、白头翁（*Pulsatilla chinensis*）、蝙蝠葛（*Menispermum dauricum*）、白屈菜（*Chelidonium majus*）、博落回（图9–1–3）、凹头苋（*Amaranthus blitum*）、萹蓄、扁担杆、白背黄花稔（*Sida rhombifolia*）、播娘蒿（*Descurainia sophia*）、波齿糖芥（*Erysimum macilentum*）、北美独行菜（*Lepidium virginicum*）、凹叶景天（*Sedum emarginatum*）、白鹃梅、白梨（*Pyrus bretschneideri*）、背扁膨果豆（*Phyllolobium chinense*）、八角枫、百蕊草、蓖麻（*Ricinus communis*）、斑地锦、北枳椇（*Hovenia dulcis*）（图9–1–4）、白蔹（*Ampelopsis japonica*）、白鲜（*Dictamnus dasycarpus*）、北柴胡（*Bupleurum chinense*）、白苞芹（*Nothosmyrnium japonicum*）、滨海前胡（*Peucedanum japonicum*）、白花龙（*Styrax faberi*）、百两金（*Ardisia crispa*）、白前（*Cynanchum glaucescens*）、白薇（*Cynanchum atratum*）、变色白前（*Cynanchum versicolor*）、白英、北鱼黄草（*Merremia sibirica*）、斑种草（*Bothrispermum chinense*）、宝盖草（*Lamium amplexicaule*）、薄荷（*Mentha canadensis*）、北玄参（*Scrophularia buergeriana*）、半边莲（*Lobelia chinensis*）、白花蛇舌草（*Hedyotis diffusa*）、白马骨（*Serissa serissoides*）、败酱（*Patrinia scabiosifolia*）、苏门白酒草（*Erigeron sumatrensis*）、白苞蒿、艾蒿、长叶车前（*Plantago lanceolata*）、半夏（*Pinellia ternata*）、荸荠、无苞香蒲（*Typha laxmannii*）、百合（*Lilium brownii* var. *viridulum*）、宝铎草（*Disporum sessile*）、白及（*Bletilla striata*）等。

图9–1–3 博落回（*Macleaya cordata*）

图 9-1-4　北枳椇（*Hovenia dulcis*）（左下角示膨大的果柄）

3. 油脂类植物资源

江苏省油脂类植物有 200 种，主要有赤松、粗榧、红脉钓樟、红楠、檫木、爪哇五味子（*Schisandra elongata*）、红柴枝、大叶朴（*Celtis koraiensis*）、胡桃楸、化香树、单茎悬钩子（*Rubus simplex*）、高粱藨、地榆、光叶石楠（*Photinia glabra*）、庐山石楠、合欢（*Albizia julibrissin*）、苦参（*Sophora flavescens*）、光叶马鞍树（*Maackia tenuifolia*）、待宵草（*Oenothera stricta*）、黄花月见草（*Oenothera glazioviana*）、黄珠子草（*Phyllanthus virgatus*）、重阳木（*Bischofia polycarpa*）、裂苞铁苋菜（*Acalypha brachystachya*）、葛藟葡萄（*Vitis flexuosa*）、栾树（*Koelreuteria paniculata*）、建始槭、黄连木、臭椿、臭辣树（*Tetradium glabrifolium*）、赤杨叶（*Alniphyllum fortunei*）、杠柳（*Periploca sepium*）、厚壳树（*Ehretia acuminata*）、藿香（*Agastache rugosa*）、短柄野芝麻（*Lamium album*）、荔枝草（*Salvia plebeia*）、车前、流苏树（*Chionanthus retusus*）、桔梗、接骨木（*Sambucus williamsii*）、黄花蒿（*Artemisia annua*）等。

4. 材用类植物资源

江苏省的经济材用植物种类也较丰富，有 156 种，主要有金钱松、杉木、毛豹皮樟（*Litsea coreana* var. *lanuginosa*）、红楠、檫木、垂枝泡花树（*Meliosma flexuosa*）、红柴枝、牛鼻栓、大叶朴、大果榉（*Zelkova sinica*）、刺榆、胡桃楸、化香树、枫杨、茅栗、苦槠、青冈、麻栎、槲栎、白栎、枹栎、江南桤木（*Alnus trabeculosa*）、冬青、大叶冬青（*Ilex latifolia*）（图 9-1-5）、马甲子（*Paliurus ramosissimus*）、复羽叶栾树（*Koelreuteria bipinnata*）、青榨槭（图 9-1-6）、建始槭、南酸枣、黄连木、木蜡树、漆树、臭椿、君迁子、赤杨叶、毛竹、刚竹等。

图 9-1-5　大叶冬青（*Ilex latifolia*）

图 9-1-6　青榨槭（*Acer davidii*）

5. 果树类植物资源

江苏省的果树类植物种类共有 19 种，分别为无花果（*Ficus carica*）、锥栗（*Castanea henryi*）、茅栗、软枣猕猴桃（*Actinidia arguta*）、中华猕猴桃（*Actinidia chinensis*）、狗枣猕猴桃（*Actinidia kolomikta*）、大籽猕猴桃（*Actinidia macrosperma*）、桃树（*Amygdalus persica*）、稠李（*Padus avium*）、山楂（*Crataegus pinnatifida*）、山里红（*Crataegus pinnatifida* var. *major*）、野山楂、湖北山楂（*Crataegus hupehensis*）、

木瓜（*Pseudocydonia sinensis*）、白梨、沙梨（*Pyrus pyrifolia*）、垂丝海棠（*Malus halliana*）、酸枣、南酸枣。

6. 蔬菜类植物资源

江苏省的蔬菜类植物种类有109种，主要有水蕨、莲、芡实、莼菜、藜、青葙（*Celosia argentea*）、刺苋（*Amaranthus spinosus*）、凹头苋、莲子草（*Alternanthera sessillis*）、马齿苋（*Portulaca oleracea*）、牛繁缕（*Myosoton aquaticum*）、酸模、野葵（*Malva verticillata*）、鸡腿堇菜（*Viola acuminata*）、诸葛菜（*Orychophrapmus violaceus*）、蔊菜（*Rorippa indica*）、白花碎米荠（*Cardamine leucantha*）、碎米荠（*Cardamine hirsuta*）、地榆、委陵菜（*Potentilla chinensis*）、背扁膨果豆、救荒野豌豆、小巢菜（*Vicia hirsuta*）、细果野菱、米面蓊、鸭儿芹（*Cryptotaenia japonica*）、野茼蒿（*Crassocephalum crepidioides*）、菰、薯蓣等。

7. 观赏和绿化类植物资源

江苏省的观赏和绿化类植物种类有1320种，最为丰富，主要有棕鳞耳蕨（*Polystichum polyblepharum*）、赤松、金钱松、杉木、圆柏、粗榧、宝华玉兰、豹皮樟、白鹃梅（图9-1-7）、八角枫、白杜（*Euonymus maackii*）、白木乌桕（图9-1-8）、北枳椇、白花龙、滨海珍珠菜（*Lysimachia mauritiana*）、笔龙胆（*Gentiana zollingeri*）、白棠子树（*Callicarpa dichotoma*）、白蜡树、白穗花（*Speirantha gardenii*）、百合、安徽石蒜（*Lycoris anhuiensis*）、白花马蔺（*Iris lactea*）、北火烧兰（*Epipactis xanthophaea*）、白及、斑叶兰（*Goodyera schlechtendaliana*）等。

图9-1-7 白鹃梅（*Exochorda racemosa*）

图 9-1-8　白木乌桕（*Neoshirakia japonica*）（左下角为三棱状球形蒴果）

8. 饲用类植物资源

江苏省的饲用植物种类有 200 种，主要有问荆、南国蘋（*Marsilea minuta*）、满江红、金鱼藻、构树、灰绿藜（*Chenopodium glaucum*）、藜、繁缕、萹蓄、柳叶刺蓼（*Persicaria hungeana*）、齿果酸模、蔊菜、龙牙草、朝天委陵菜（*Potentilla supina*）（图 9-1-9）、花木蓝（*Indigofera kirilowii*）、锦

图 9-1-9　朝天委陵菜（*Potentilla supina*）

鸡儿（*Caragana sinica*）、糙叶黄芪（*Astragalus scaberrimus*）、鹿藿、假地豆（*Desmodium heterocarpon*）、胡枝子、截叶铁扫帚、长萼鸡眼草（*Kummerowia stipulacea*）、假地蓝（*Crotalaria ferruginea*）、附地菜（*Trigonotis peduncularis*）、半蒴苣苔（*Hemiboea subcapitata*）（图 9–1–10）、黄鹌菜、菊苣（*Cichorium intybus*）、矮慈姑（*Sagittaria pygmaea*）、大茨藻、凤眼莲等。

图 9–1–10　半蒴苣苔（*Hemiboea subcapitata*）

9. 淀粉和糖类植物资源

江苏省境内的淀粉和糖类植物资源有 150 种，主要包括紫萁、蕨、茅栗、苦槠、青冈、小叶青冈、柯、麻栎、槲栎、栓皮栎、红蓼、荞麦、茶、荠（*Capsella bursa-pastoris*）、灰毛泡（*Rubus irenaeus*）、金樱子、翻白草、葛、山黑豆（*Dumasia truncata*）、两型豆（*Amphicarpaea edgeworthii*）、宜昌胡颓子（*Elaeagnus henryi*）、胡颓子、细果野菱、秋葡萄（*Vitis romanetii*）、葛藟葡萄、短毛独活（*Heracleum moellendorffii*）、君迁子、打碗花（*Calystegia hederacea*）、白苏（*Perilla frutescens*）、金银忍冬（*Lonicera maackii*）、菊苣、半夏、掌叶半夏（*Pinellia pedatisecta*）、荸荠、黄精（*Polygonatum sibiricum*）、乳白石蒜（*Lycoris albiflora*）、直立百部（*Stemona sessilifolia*）（图 9–1–11）、小果菝葜、黄独（*Dioscorea bulbifera*）、薯蓣（图 9–1–12）等。

图 9–1–11　直立百部（*Stemona sessilifolia*）

图 9-1-12　薯蓣（*Dioscorea polystachya*）

10. 饮料类植物资源

江苏省境内有饮料类植物资源 90 种，主要包括豹皮樟、木防己、葎草（*Humulus scandens*）、柘树、青冈、小叶青冈、柯、麻栎、软枣猕猴桃、绞股蓝（*Gynostemma pentaphyllum*）、绣球绣线菊（*Spiraea blumei*）、刺叶桂樱（*Laurocerasus spinulosa*）、茅莓、腺花茅莓（*Rubus parvifolius* var. *adenochlamys*）、金樱子、蓬蘽、山莓、高粱藨、太平莓（*Rubus pacificus*）、粗叶悬钩子（*Rubus alceifolius*）、硕苞蔷薇（*Rosa bracteata*）、山楂、山里红、葛藟葡萄、山葡萄（*Vitis amurensis*）、网脉葡萄（*Vitis wilsoniae*）、毛葡萄（*Vitis heyneana*）、薄荷等。

11. 可食类植物资源

江苏省境内的可食类植物资源有 260 种，较为丰富，主要包括莲、刺榆、大果榆、薜荔、锥栗、槲栎、槲树、川榛（*Corylus heterophylla* var. *sutchuenensis*）、地肤、藜、刺苋、繁缕、虎杖、广东焯菜（*Rorippa cantoniensis*）、白花碎米荠、播娘蒿、豆梨（*Pyrus calleryana*）、垂丝海棠、刺槐、葛藟葡萄、白蔹、变豆菜（*Sanicula chinensis*）、粉叶柿（*Diospyros glaucifolia*）、枸杞、挂金灯（*Alkekengi officinarum* var. *franchetii*）、短柄野芝麻、车前、东亚魔芋、百合等。

12. 芳香和挥发油类植物资源

植物体内含有具特殊芳香的挥发油，经加工提取后可广泛应用于医药卫生、食品加工、香料制造、日用化妆品生产等工业。江苏省的芳香和挥发油类植物有 250 种，主要包括香樟、狭叶山胡椒、山胡椒、三桠乌药、紫楠、南五味子、土荆芥（*Dysphania ambrosioides*）、水蓼、毛芽椴（*Tilia tuan* var. *chinensis*）、崖花海桐（*Pittosporum illicioides*）、悬钩子蔷薇（*Rosa rubus*）、金樱子、马鞍树（*Maackia hupehensis*）、紫藤、南苜蓿（*Medicago polymorpha*）（图 9–1–13）、天蓝苜蓿（*Medicago lipulina*）、紫穗槐、毛瑞香（*Daphne kiusiana*）、野花椒（*Zanthoxylum simulans*）、吴茱萸（*Tetradium ruticarpum*）、野老鹳草（图 9–1–14）、细柱五加、小窃衣（*Torilis japonica*）、异叶茴芹（*Pimpinella diversifolia*）、蛇床（*Cnidium monnieri*）、迎红杜鹃（*Rhododendron mucronulatum*）、砂引草、兰香草（*Caryopteris incana*）、留兰香（*Mentha spicata*）、紫花香薷（*Elsholtzia argyi*）、栀子（*Gardenia jasminoides*）、旋覆花（*Inula japonica*）等。

图 9–1–13 南苜蓿（*Medicago polymorpha*）

图 9–1–14 野老鹳草（*Geranium carolinianum*）

13. 蜜粉源类植物资源

江苏省的蜜源植物种类较丰富，有 214 种，这为养蜂业提供了优良的资源。主要有茶、翅柃（*Eurya alata*）、格药柃、黄海棠（*Hypericum ascyron*）、毛糯米椴（*Tilia henryana*）、糯米椴（*Tilia henryana* var. *subglabra*）、南京椴、椴树（*Tilia tuan*）、毛芽椴、大花溲疏（*Deutzia grandiflora*）、白鹃梅、稠李、毛叶欧李（*Cerasus dictyoneura*）、毛樱桃（*Cerasus tomentosa*）、茅莓、插田泡（*Rubus coreanus*）、金樱子、地榆、华中栒子（*Cotoneaster silvestrii*）（图 9–1–15）、火棘、木瓜（图 9–1–16）、刺槐、南苜蓿、黄花月见草、多花勾儿茶（*Berchemia floribunda*）、马银花、黄背越橘（*Vaccinium iteophyllum*）、兰香草等。

图 9-1-15　华中栒子（*Cotoneaster silvestrii*）

图 9-1-16　木瓜（*Pseudocydonia sinensis*）

14. 色素和染料类植物资源

江苏省的色素和染料类植物有 28 种，分别为毛豹皮樟、博落回、桑树、茅栗、商陆（*Phytolacca acinosa*）、萹蓄、习见蓼、杠板归（*Persicaria perfoliata*）、酸模、柃木、稠李、火棘、水榆花楸、华东木蓝、红花锦鸡儿（*Caragana rosea*）、梾木（*Cornus macrophylla*）、白杜、冻绿（*Rhamnus utilis*）、长叶冻绿、猫乳、栾树、复羽叶栾树、建始槭、苦条槭（*Acer tataricum* subsp. *theiferum*）、黄连木、海州常山、丹参（*Salvia miltiorrhiza*）、大麻叶泽兰（*Eupatorium cannabinum*）。

15. 鞣料类植物资源

鞣料植物为制栲胶的原料，栲胶是制革、选矿、印染、软化用水等的化工用品。江苏省的鞣料类植物有 140 种，主要包括赤松、粗榧、檫木、胡桃楸、化香树、茅栗、小叶青冈、柯、小叶栎（*Quercus chenii*）、枹栎、雷公鹅耳枥（*Carpinus viminea*）、商陆、虎杖、酸模、茶、落新妇（*Astilbe chinensis*）、稠李、蓬藟、木莓、龙牙草（*Agrimonia pilosa*）、多花木蓝（*Indigofera amblyantha*）、灯台树（*Cornus controversa*）、铁冬青（*Ilex rotunda*）、一叶荻（*Flueggea suffruticosa*）（图 9-1-17）、算盘子、铜钱树（*Paliurus hemsleyanus*）（图 9-1-18）、野鸦椿、栾树、盐麸木、小果菝葜等。

图 9-1-17　一叶荻（*Flueggea suffruticosa*）

图 9-1-18　铜钱树（*Paliurus hemsleyanus*）

16. 纤维类植物资源

纤维植物的茎皮纤维细长，韧性强，为良好的工业用纤维，可供造纸、搓绳等用。江苏省的纤维植物资源丰富，有256种，主要包括芒萁、蕨、赤松、金钱松、大血藤（*Sargentodoxa cuneata*）、风龙（*Sinomenium acutum*）、大叶朴、榔榆、构树、胡桃楸、枹栎、地肤、柽柳、肥皂荚（*Gymnocladus chinensis*）、苦参、鸡血藤（*Callerya reticulata*）、大托叶猪屎豆（*Crotalaria spectabilis*）、胡颓子、长柱瑞香（*Daphne championii*）、雷公藤（*Tripterygium wilfordii*）、黄珠子草、建始槭、蒺藜（*Tribulus terrestris*）（图 9-1-19）、苦绳（*Dregea sinensis*）、黄荆（*Vitex negundo*）（图 9-1-20）、白蜡树、鸡仔木（*Sinoadina racemosa*）、金银忍冬、花蔺（*Butomus umbellatus*）、高秆莎草（*Cyperus exaltatus*）、阿穆尔莎草（*Cyperus amuricus*）、短叶水蜈蚣（*Kyllinga brevifolia*）、江苏薹草（*Carex kiangsuensis*）、阔叶箬竹、金镶玉竹、鹅毛竹（*Shibataea chinensis*）、长芒草（*Stipa bungeana*）、大米草、秕谷草（*Leersia sayanuka*）、狗尾草、大油芒、斑茅（*Saccharum arundinaceum*）、黄背草、长苞香蒲（*Typha domingensis*）等。

图 9-1-19　蒺藜（*Tribulus terrestris*）

图 9-1-20　黄荆（*Vitex negundo*）

17. 树脂和树胶类植物资源

江苏省的树脂和树胶类植物有21种，分别为赤松、碱蓬、盐地碱蓬、桃树、含羞草山扁豆（*Chamaecrista mimosoides*）、豆茶决明（*Chamaecrista nomame*）、田菁、大托叶猪屎豆、盐麸木、野漆树（*Toxicodendron succedaneum*）、木蜡树、漆树、粉叶柿、君迁子、老鸦柿、罗布麻、地梢瓜（*Cynanchum thesioides*）、杠柳、豆腐柴（*Premna microphylla*）、金银忍冬、火柴头（*Commelina benghalensis*）。

18. 绿肥类植物资源

绿肥是用绿色植物体制成的肥料，是一种养分完全的生物肥源。江苏省的绿肥类植物有86种，主要包括睡莲、盐地碱蓬、酸模叶蓼、小叶野决明（*Thermopsis chinensis*）、花木蓝、河北木蓝、背扁膨果豆、救荒野豌豆（图9-1-21）、窄叶野豌豆（*Vicia sativa* subsp. *nigra*）、小巢菜、山野豌豆（*Vicia amoena*）、歪头菜（*Vicia unijuga*）（图9-1-22）、山黑豆、小苜蓿（*Medicago minima*）、天蓝苜蓿、假地豆、长波叶山蚂蝗（*Desmodium sequax*）、铁马鞭（*Lespedeza pilosa*）、中国猪屎豆（*Crotalaria chinensis*）、狐尾藻、大青、窄叶泽泻（*Alisma canaliculatum*）、水鳖、水筛（*Blyxa japonica*）、菹草、光叶眼子菜、小茨藻、纤细茨藻（*Najas gracillima*）等。

图9-1-21 救荒野豌豆（*Vicia sativa*）

图 9-1-22 歪头菜（*Vicia unijuga*）

19. 生物能源类植物资源

生物能源是指利用生物可再生原料及太阳能生产的能源。生物能源植物通常是指那些具有合成较高还原性烃的能力、可产生接近石油成分和替代石油使用的产品的植物，以及富含油脂的植物，是可再生能源开发的唯一资源对象。江苏省的生物能源类植物有 7 种，分别为续随子（*Euphorbia lathyris*）（图 9-1-23）、黄连木、毛竹、鹅毛竹、倭竹、互花米草、狗尾草。

图 9-1-23 续随子（*Euphorbia lathyris*）

20. 植物源农药资源

植物源农药是指利用植物所含的稳定的有效成分，按一定的方法对受体植物进行使用后，使其免遭或减轻病、虫、杂草等有害生物为害的植物源制剂。江苏省的植物源农药资源有 37 种，分别是狗脊、算盘子、冻绿、野鸦椿、无患子（*Sapindus saponaria*）（图 9-1-24）、野漆树、木蜡树、臭椿、苦树（*Picrasma quassioides*）、白鲜、野花椒、青花椒、刺楸、细柱五加、蛇床、紫花前胡、羊踯躅（*Rhododendron molle*）、满山红、泽珍珠菜（*Lysimachia candida*）、龙胆（*Gentiana scabra*）、杠柳、龙葵、曼陀罗（*Datura stramonium*）、牵牛、马鞭草（*Verbena officinalis*）、豆腐柴、水蜡烛（*Dysophylla yatabeana*）、透骨草（*Phryma leptostachya* subsp. *asiatica*）、车前、醉鱼草、桔梗、接骨草（*Sambucus chinensis*）、金银忍冬、苣荬菜（*Sonchus wightianus*）、兔儿伞、牡蒿、黄花蒿等。

图 9-1-24　无患子（*Sapindus saponaria*）

21. 生态和环境保护类植物资源

利用绿色植物特殊的生物学和生态学特性，可减轻污染，绿化荒山，改善和美化环境。江苏省的这类野生植物有 165 种，主要包括睡莲、无花果、华桑（*Morus cathayana*）、麻栎、小叶栎、江南桤木、盐角草、碱蓬、木荷、毛花绣线菊（*Spiraea dasyantha*）、太平莓、平枝栒子（*Cotoneaster horizontalis*）、马鞍树、鸡血藤、田菁、锦鸡儿、南苜蓿、阴山胡枝子（*Lespedeza inschanica*）、紫穗槐、玉铃花、水竹叶、江苏薹草、阔叶箬竹、毛竹、纤毛野青茅（*Deyeuxia pyramidalis* var. *ciliata*）、假稻（*Leersia japonica*）、孔雀稗、野黍（*Eriochloa villosa*）、裂稃草（*Schizachyrium brevifolium*）等。

22. 有毒植物资源

江苏省的一些野生植物含有有毒物质，是有毒植物，共有 208 种，主要包括细辛（*Asarum*

sieboldii)、管花马兜铃(*Aristolochia tubifora*)、红毒茴(*Illicium lanceolatum*)、还亮草、乌头(*Aconitum carmichaelii*)、展毛乌头(*Aconitum carmichaelii* var. *truppelianum*)、威灵仙(*Clematis chinensis*)、狭裂太行铁线莲、禺毛茛、小果博落回(*Macleaya microcarpa*)、皱叶酸模(*Rumex crispus*)、中华补血草(*Limonium sinense*)、合萌(*Aeschynomene indica*)、芫花(*Daphne genkwa*)(图9-1-25)、毛脉显柱南蛇藤(*Celastrus stylosus*)、通奶草(*Euphorbia hypericifolia*)、续随子、泽漆(*Euphorbia helioscopia*)、小果珍珠花(*Lyonia ovalifolia* var. *elliptica*)、曼陀罗、醉鱼草、桃叶鸦葱(*Scorzonera sinensis*)、烟管头草、鸢尾(*Iris tectorum*)、黄独等。

图 9-1-25 芫花(*Daphne genkwa*)

(三)野生植物资源开发利用现状

1. 利用方式

根据野外调查，江苏省对野生植物资源的开发利用情况，可以归纳为以下两类。

(1)直接利用

此类利用主要是一些果树，如无花果、野山楂、山莓等，当地村民每年会采集其果实或种子食用或出售。也有个别村民采集少数植物如大叶榉树的种子进行育苗繁殖。

此外，我们在野外调查的过程中发现，有时会有人偷采盗挖春兰(*Cymbidium goeringii*)、惠兰(*Cymbidium faberi*)、杜鹃兰(*Cremastra appendiculata*)等兰科植物回家栽培或观赏；有时也有人直接从野外挖取薄叶润楠(*Machilus leptophylla*)、红楠、粗榧等具有观赏价值的植株，将其修剪作为盆栽植物观赏或售卖。

(2)间接利用

此类利用主要根据一些树种的特性，进行绿化、观赏、环境美化，以及利用野生林木形成森林景观或由古树名木形成古树名木景观开展森林公园旅游、观光、娱乐、科普等活动。如溧阳市境内的南山竹海风景区，利用营造竹海景观建造了一个集资源利用、生态保护和旅游观光于一体的景点。

2. 存在问题

最近几十年来，江苏省社会经济的快速发展给境内自然生态系统带来了巨大的环境压力。根据我们的野外调查，江苏省的野生植物资源保护面临着多方面的挑战。概况而言，可以归纳为以下 4 个方面。

（1）开发利用形式单一

对野生植物资源的利用形式相对单一，缺乏深加工或综合利用。如苏南山区的一些毛竹群落，由于生产方式的转变、人工费用的不断增加，时常出现成年的毛竹由于生长时间过长而枯死或倒伏的现象，这些毛竹资源并未得到很好的利用。其实，可以对这些毛竹群落从竹笋、幼竹到成年毛竹进行分阶段的管理和利用，尽量避免由于疏于管理或者经营不善而出现毛竹枯死浪费的现象。

（2）多头管理，职责交叉分散

目前省内少数地区存在对野生植物资源的保护管理不善的现象，即同一个森林公园、公益林的管理同时涉及多个不同的职能部门，这将导致在实际管理过程中出现疏于管理甚至放任自流的现象。主要体现在：①不合理的资源利用与众多分散无序的“自驾游”式的旅游方式，往往破坏森林公园、公益林等地的自然生态平衡，使得森林资源直接受到影响。例如，局部地段的森林砍伐、修建旅游设施、开山炸石修路等活动造成水土流失、植被破坏、生境退化等。②存在盗挖、偷采等现象。例如，在大龙西岕进行银缕梅群落调查时发现，样地中有个别银缕梅植株被偷采盗挖。据推测，被盗挖的银缕梅很可能用于制作盆景。而由于这些地区分属于旅游、林业或环保等多个管理部门管辖，实际上对于这些野生植物资源的保护措施往往难以落到实处。因此，加强管理部门之间的协调，统一管理野生植物资源刻不容缓。

（3）科学研究不足

目前野生植物资源的相关研究程度不高。近年来的野外调查分析，初步了解了江苏省的野生植物资源的现状及特点。但是，关于人为影响条件下野生植物的动态演替、外来入侵物种的合理防治、珍稀濒危动植物种群的复壮与维持、不同物种之间的相互关系、栖息地或生境的有效改善、主要森林群落的野外动态监测等，这些相关研究今后均有待于开展。

（4）宣传力度不够

江苏省有丰富的植被类型，也有许多珍稀动植物。但是，在保护区、森林公园、公益林内通常对于珍稀或保护动物的关注度较高，而对野生植物的保护宣传力度相对不够，这可能会使得不少游客或当地群众误认为野生植物的保护没有那么重要。实际上，在野外调查过程中我们发现，不少游客会随意攀折树木、采挖野菜、践踏野道、乱丢杂物、焚烧枯草等。这些都对当地的生物多样性尤其是植物资源保护造成了人为的破坏或不良的影响。

（四）野生植物资源保护建议

为了更好地保护江苏省的野生植物资源，针对以上分析中存在的问题，现提出以下保护建议。

（1）多元化开发利用植物资源

随着社会经济的快速发展，人们生活水平的不断提高，我们建议在江苏省境内对于野生植物资源的利用，应该由传统的单一开发利用转向综合利用。例如，对于毛竹的加工与利用，鲜笋可以制作笋干或零食，竹竿可以材用或制作工艺品，成片分布的竹林可以构建“林海”景观开展生态旅游。此外，有效的栽培与开发利用，也有利于野生植物资源的保护。

（2）建立统一的保护管理体系

由于历史原因，目前我国多个部门管理同一种保护地的现象并不少见。例如以前一个自然保护地，由于它属于省级自然保护区，因此归属林业部门管理；同时又因为它是国家森林公园，也归属住建部门管理。但这样的多头管理，会导致人力物力的浪费，且会造成许多保护管理措施不能落到实处。

近年来，我国正在加快构建以国家公园为主体的自然保护地体系，江苏省也在积极部署和统筹安排，不断优化自然保护地体系建设，并取得了明显成效。如调整无锡龙池山等省级自然保护区，申报创建南京中山国家植物园，淮安市白马湖2023年被列为国际重要湿地。通过构建统一协调的保护管理体系，建立自然生态系统保护的新机制，努力做到职能部门主体明确，各司其职，各负其责。

（3）促进植物科学研究

野生植物资源的有效利用是涉及面较宽、综合性较强的工作，这项工作不仅需要实践探索，更需要相关的理论研究，只有这样才能做到植物资源的有效利用和永续利用。因此，加强野生植物资源的科学研究工作是十分重要的。由于不同的野生植物尤其是珍稀濒危植物的生活史对策、生态对策、生境需求等往往各不相同，所以这些相关研究均需要开展扎实的科学研究，才能合理有效地保护和恢复生境，缓解或解除珍稀物种的濒危，恢复或促进当地自然生态系统与生产建设的协调发展。

（4）增强植物保护意识

首先，应该加大各个自然保护区、森林公园、国家湿地公园、公益林等的宣传力度，积极扩大对外宣传，建议相关职能部门与媒体联合制作动植物资源的保护手册，向游客或当地居民免费发放。利用各类媒体广泛宣传，积极倡导生物多样性的保护。其次，应该积极介绍相关的植物保护知识，如《中国珍稀濒危保护植物名录》《中国植物红色名录》《国家重点保护野生植物名录》等。可以通过在保护区、公园等地竖立宣传牌、宣传展板，对部分珍稀植物进行挂牌，设置二维码，便于游客了解和学习。再次，每年还可以利用“植树节”“世界湿地日”“世界野生动植物日”“国际生物多样性日”“世界环境日”等常规活动，宣传保护自然生态环境及野生植物资源的重要意义。

二、古树资源与保护

古树指在人类历史过程中保存下来的年代久远或具有重要科研、历史、文化价值，树龄在100年以上的树木（图9-2-1）；名木指在历史上或社会上有重大影响的中外历代名人所植或者具有极其重要的历史、文化价值、纪念意义的树木（图9-2-2）。由于针对树种的实际树龄测定存在一定的困难，而不同树种的生长速度也存在差异，因此在实际清查过程中，对江苏省境内调查时树龄主要依据当地记载及植株胸径或基径进行判断。根据《江苏省林木种质资源清查技术标准》（2018版）（以下简称《清查标准》），以江苏省各地级市古树名木目录为基础，并由各市林业指导站对各辖镇（乡或街道）进行补充摸底调查，即各个镇对其所辖乡、村可能存在的古树名木（一般DBH ≥ 30cm）进行增补。再根据以往目录及增补清单，由课题负责人、专业技术人员与当地林业站管理人员，赴野外对每个乡镇进行实地清查或核实。江苏省13个市的古树名木调查于2013—

图9-2-1 银杏（*Ginkgo biloba*）古树单株（如皋市搬经镇卢庄村，胸径256.7cm，1500年）

图 9-2-2　名木海岸松（*Pinus pinaster*）（连云港市东海县李埝乡，平均胸径 18.5cm，45 年）

2021 年完成，各市的调查资料被录入“江苏林木种质信息系统”（徐惠强和张光富，2023）。另外，本次古树名木清查工作不包括仅能在室内或人工设施条件下栽培的南方观赏植物及栽培时间在 5 年以下的树木。

（一）古树资源概述

目前关于古树名木的界定，各家观点不一。古树按照树龄可划分为一级古树（≥ 500 年）、二级古树（300—499 年）和三级古树（100—299 年）。但在实际调查中对于古树的年龄测定较为困难。目前，常用的确定树木生长年龄的方法有年轮年表法（Duchesne et al.，2019）、交叉定年法（Solomina et al.，2022）、放射性碳测量法（Patrut et al.，2022）、树龄 -DBH 方程法（Ábri and Rédei，2022）和访谈法（Cui et al.，2022）。年轮年表法通过生长锥取样、样品处理、年轮测定来确定树龄，应用较为普遍。但古树因衰老出现的树干腐烂或中空现象，会影响年轮样品的准确性。交叉定年法是对年轮年表法的校正与补充。放射性碳测量法准确性高，但成本较高，依赖优良的测量设备。上述方法需要科学的测量方法和专业的仪器，不适用于调查范围大、古树数量多的全面清查工作。因此，我们对江苏古树名木资源清查，主要是基于历史资料记录、林业调查记录和对当地居民、长者、管理者的采访来确定古树的年龄。在后续数据整理时，根据实地测量的 DBH 和树木生长特性校正年龄。我们首先筛选出年龄未达 100 年的记录，约 300 条，根据 DBH 估测其年龄，保留数据录入错误但实际树龄大于 100 年的记录，删除 10 条树龄未到 100 年的记录。接下来，核查全部记录的年龄等级，更改 200 余条年龄等级划分错误的记录。最后，逐条核对一级古树和二级古树的年龄和 DBH 数据，以避免树龄估测偏高的情况。

其次，由于清查数据中的“名木”是指具有历史、文化、观赏与科学价值或具有重要纪念意义的树木，其划分有较强的主观性，所以仅选择其中树龄达到 100 年的个体归入“古树”，其余名木数据在本研究中不再做进一步的统计分析。最终，我们获得了江苏古树和古树群的基础数据（表 9-2-1）。

根据调查和统计，江苏省共有古树单株 7934 株（份），隶属于 63 科 126 属 216 种（包括种下分类单位，下同）。江苏省古树群有 364 个（份），包括 13387 株古树，隶属于 18 科 25 属 28 种。因此，江苏省的古树资源共有 21321 株，它们涉及 217 种，隶属于 63 科 126 属。此外，这些古树不论单株还是古树群，其植株均属于种子植物。由此可见，江苏省古树资源主要以古树单株的形式存在，这一类型的古树占据了所有古树名木资源的 95.61%。

表 9-2-1 江苏省的古树资源

类别	株数/群	种数	属数	科数
古树	7934	216	126	63
古树群	13387（364）	28	25	18
名木	93	24	21	13

注：名木的数据引自《江苏林木种质资源》（徐惠强和张光富，2023）。

江苏省古树资源的生活型共有 6 种（表 9-2-2）。其中，落叶乔木最多，有 114 种，占古树资源总种数的 52.53%；其次为常绿乔木，有 48 种（22.12%）；再次为落叶灌木，有 29 种（13.36%）。在这 217 种植物中，乔木共有 162 种，占总种数的 74.65%；灌木次之，有 52 种，占 23.96%；藤本最少，仅 3 种，占 1.38%，如落叶藤本紫藤、凌霄（图 9-2-3），常绿藤本络石。可见，江苏省古树资源的生活型多样，但以落叶树种植物为主（占 66.81%），这与该区的气候条件相适应。

图 9-2-3 古树资源中的落叶藤本凌霄（*Campsis grandiflora*）（常熟市第一人民医院，胸径 38cm，113 年）

表 9-2-2　江苏古树资源的生活型统计

序号	生活型	种数	占总种数的百分比/%	小计	占总种数的百分比/%
1	常绿乔木	48	22.12	162	74.65
2	落叶乔木	114	52.53		
3	常绿灌木	23	10.60	52	23.96
4	落叶灌木	29	13.36		
5	常绿藤本	1	0.46	3	1.38
6	落叶藤本	2	0.92		
合计		217	100.00	217	100.00

（二）古树资源的树种分析

江苏省古树资源涉及植物 217 种，下面分古树和古树群两类分别分析其主要树种组成。

1. 古树的主要树种组成

将各科按所含古树树种的数量排序，结果显示：位列前五的科均含至少 10 种古树，依次为蔷薇科（19 种）、柏科（16 种）、豆科（10 种）、壳斗科（10 种）和无患子科（Sapindaceae，10 种）。上述 5 科共含古树 65 种，占江苏古树总种数的 30.09%。同时，按照各个属所含古树树种的多少排序，排名前二的槭属和刺柏属各含古树 6 种，分别占总种数的 2.78%；排名前十的属所含古树树种共 48 种，占总种数的 22.22%。可见，以种数计，江苏古树的优势科、优势属均不明显。

将 216 种古树树种按多度分为：优势种（≥ 100 株），常见种（10—99 株），稀有种（2—9 株）和独有种（只有 1 株）。结果显示，优势种有 14 种，占古树总种数的 6.48%，分别为圆柏（图 9-2-4）、银杏、罗汉松、香樟、荷花玉兰（*Magnolia grandiflora*）、黄杨（*Buxus sinica*）、皂荚（*Gleditsia sinensis*）、槐（*Styphnolobium japonicum*）、板栗、大叶榉树、朴树、黄连木、柿（*Diospyros kaki*）、木樨（*Osmanthus fragrans*）。这 14 种优势种共含古树 5543 株，占古树总数的 69.86%，具有明显的优势地位。其中，银杏、圆柏、木樨和朴树所含古树数量较多，分别有 2643 株、453 株、380 株和 361 株，这四者累计占总株数的 48.36%。银杏的数量远超其他树种，

图 9-2-4　古树资源中的优势种圆柏（*Juniperus chinensis*）（扬州市邗江区大明寺，胸径 21.5cm，130 年）

位列第一，单种株数占总株数的 33.31%。此外，稀有种的种数最多，有 78 种，占总种数的 36.11%；常见种和独有种的数量相同，均有 62 种，分别占总种数的 28.70%。可见，以株数计，江苏古树的优势种极为明显。

2. 古树群的主要树种组成

根据调查和统计，江苏省古树群共 364 个，包括古树 13387 株。大多数古树群（212 个，58.24%）由小于 15 株的古树个体组成。含 5 株古树的古树群最多（36 个），占江苏古树群总个数的 9.89%，其中古银杏群有 31 个。相比之下，仅有 24 个古树群所含个体数大于 100 株。最大的古树群有古树 2560 株，为古栗群，占地面积约为 227205.12m^2。含古树个体数前十的古树群，均为由单一树种组成的古树群，所含树种分别为侧柏、银杏、板栗、梨、沙梨。

364 个古树群所包括的全部古树属于 18 科 25 属 28 种，每个古树群所含的树种介于 1—4 种。有 353 个古树群仅由单一树种组成，占古树群总数的 96.98%。银杏和板栗是构成江苏古树群的主要树种（图 9-2-5），共有古银杏群 313 个（85.99%），共计有银杏 6995 株。板栗共计 3644 株，在 12 个古树群中有该种的分布记录。构成古树群的树种中，大多数（20 种）是在江苏省有野生分布的本地种，少数（8 种）为栽培的外来种。就树种的价值而言，有 25 种具有实用价值的古树树种，具有观赏价值的树种也有较高

图 9-2-5　古树群中的主要树种板栗（*Castanea mollissima*）（邳州市古栗园，平均胸径 55.0cm，120 年）

的占比（42.86%）。此外，圆柏、白杜、乌桕、槐等 10 个树种，同时兼具实用和观赏价值。

此外，江苏省古树的树龄大多分布在 100—300 年，即三级古树的数量最多（约占古树总数的 79.99%），二级（11.06%）和一级古树（8.95%）较少。古树群的平均年龄均小于 300 年，绝大多数为三级（99.14%），少数为二级（0.86%）。

（三）古树资源的生长状况

根据《全国古树名木普查建档技术规定》并结合古树研究相关文献，古树名木的生长状况可以分为 5 个等级：旺盛、一般、较差、濒死和死亡（表 9-2-3）。其中，生长状况旺盛和一般的树木总体长势良好，而生长状况较差和濒死的树木面临着较大的生存威胁。

表 9-2-3　江苏古树生长状态等级划分

活力等级	生长状态	英文简称	解释说明
1	旺盛	Good	正常叶片量占叶片总量95%以上，树冠完整。枝条生长正常、新梢数量多，无枯枝枯梢。主干无缺损，没有病虫害
2	一般	Fair	正常叶片量占叶片总量70%—95%，树冠缺损率小于20%。新梢生长偏弱，枝条有少量枯死。树干局部有损伤
3	较差	Poor	正常叶片量占叶片总量50%—70%，树冠缺损率20%—60%。树体残缺，枝叶稀疏。树干局部坏死，破坏严重
4	濒死	Dying	正常叶片量占叶片总量50%以下，树冠缺损率大于60%。树冠和主梢大多枯死，仅存少量活枝。树干大部分坏死、干朽或空洞
5	死亡	Died/Dead	无正常叶片。枝条枯死，无新梢和萌条。树干枯死

根据表 9-2-4，江苏省古树单株资源中，90% 以上的树木长势良好，其中生长状况一般的树木数量最多，有 4005 株，占比达 50.48%；生长状况旺盛的树木数量也较多，有 3264 株，占比 41.14%。相反，江苏省古树单株资源中，仅不到10% 的树木长势差或已死亡，其中生长状况较差的古树占比最大，有 550 株；其次是濒死的古树，有 115 株。因此，江苏省古树的生长状况总体良好。

与古树单株相比，江苏省古树群资源总体生长状况更好。其中，生长状况一般的古树群数量最多，有 219 份，占比达 60.16%；其次为生长旺盛的古树群，有 142 份，占 39.01%；而较差和濒死的古树群合计仅有 3 份，占 0.82%。

表 9-2-4　江苏省古树资源生长状况统计

生长状况	旺盛	一般	较差	濒死	死亡	小计
古树单株份数/株数	3264	4005	550	115	0	7934
百分比/%	41.14	50.48	6.93	1.45	0.00	100.00
古树群份数	142	219	2	1	0	364
百分比/%	39.01	60.16	0.55	0.27	0.00	100.00

因此，江苏省古树资源总体长势良好。这可能与气候、土壤、栽培历史和当地习俗有关。这里以绝对数量最多的银杏为例，分析其数量多、总体长势好的原因：①适宜的气候。银杏在我国的分布范围大致在 20°—42°N，93°—130°E，年均温 7.7—22.3℃，年降水量 500—2000mm，整体跨度大，但以季节分

明、温暖湿润，海拔 1000m 以下，年平均气温 10—18℃，年降水量 600—1000mm，空气相对湿度 70%—90% 的气候条件为佳（曹福亮，2007；Del Tredici，2007；Liu et al.，2019b）。江苏省气候的总体特点则是季风显著、四季分明；降水充沛，全省平均降水量 900—1000mm；气候温和，年平均气温 13—16℃。此外，江苏省邻近黄海和东海，气候潮湿，海拔最高仅 625m。上述特征均落入银杏的适生范围。②合适的土壤。银杏在多种母质发育的土壤上均能优质丰产；适生 pH 为 4.5—8.0，以中性或微酸土最适宜；喜肥沃湿润、排水良好的土壤（何方等，1995；曹福亮，2007）。江苏省地处长江中下游堆积平原，土层较厚，腐殖质含量高。全省土壤 pH 偏酸性，为 5.0—6.0，适宜银杏根系的地下生长。③长久的栽培历史。银杏具有的观赏、食用价值使得一本土树种在很久以前的农耕时代就被选做栽培树种（Crane，2016；Liu et al.，2019a）。跨越数个朝代的栽植历史，目前形成了不少著名的银杏培育地，分布于浙江、广西和江苏等地。江苏省有 3 个著名的银杏产地，分别是苏州市吴中区、泰州市泰兴市、徐州市邳州市，其中苏州市吴中区距离目前仍有野生银杏分布的西天目山仅 200km，而泰兴市分布有大量的银杏古树群或单株。如泰兴市是中国著名的银杏之乡，江苏泰兴国家古银杏公园坐落于“中国银杏第一镇”——泰兴市宣堡镇境内（图 9-2-6、图 9-2-7）。④民间的习俗。随着野生银杏不断融入人民的生活，它们逐渐被赋予了宗教、文化与人文价值。江苏省泰州市、盐城市、扬州市、连云港市、徐州市的市树都是银杏。它们或被作为荫蔽树，荫护家园或道路，或被视为“佛树”“圣树”（Lindenmayer and Laurance，2016），遭遇过灾难仍然存活的银杏通常会被认为是“神树”，当地居民一般不会随意砍伐或破坏这些古树。这是农耕文化下祖祖辈辈保留的习惯。

图 9-2-6　江苏泰兴国家古银杏公园

图 9-2-7　江苏泰兴国家古银杏公园的古银杏（*Ginkgo biloba*）（平均胸径 66.0cm，120 年）

但是，在江苏省这些珍贵的古树资源中，也有少部分长势差并面临较大的生存威胁。这些威胁包括古树常遇到的雷击、风暴、虫害等特殊自然事件（Lindenmayer and Laurance，2016）。高大挺拔而长寿的古树容易遭受雷击伤害。江苏省沿海地区每年夏季都会遭到台风的波及，古树名木伸展的枝条容易在大风中被折断。梅雨季节之后，江苏省会经历大约 20 天的高温少雨天气，这对于需水量大的古树而言是一个难关。病虫害也是古树名木常常会遇到的威胁，以银杏为例，银杏超小卷蛾（*Pammene ginkgoicola*）以银杏为寄主，老树更容易受到侵害。古树巨大的树冠给鸟类提供了栖息地，也带来了其他植物的种子，常见的附生植物包括樟科、桑科、葡萄科等（图 9-2-8）。此外，古树中也存在极少数外来树种，很可能因为不太适应江苏省的气候和土壤环境而生长不佳。

图 9-2-8　古银杏（*Ginkgo biloba*）（胸径 45.0cm，100 年）树干上缠绕大量藤本植物地锦（*Parthenocissus tricuspidata*）（南通市如东县双甸镇石南村）

除自然灾害外，古树资源还受到不同程度的人为干扰和破坏。根据详细记录的古树名木地点位置描述，江苏省古树名木资源主要分布于农村居住地、宗教场所、政府和社区机构。我国民众对古树名木通常心存敬畏，不会随意砍伐或破坏。人们通常认为祖先种下这些树，后人可在树下乘凉、举办庆典、收获果实。正是这些古树名木将他们与前几代人或是历史事件联系起来，而成为家族历史和遗产的一部分。寺庙中的古树则被认为是“佛树”“圣树”而被崇拜。因此，在上述这些生境类型中，很多古树名木都会受到人们的祭拜。但是，民众对古树名木的祭拜行为，例如在树干及其周围焚香、往树枝上缠绕红绳，甚至向树皮或树干裂缝中塞钱祈福等，也给它们带来一定的生存威胁。

除此之外，古树资源正遭受着不同程度的来自城镇化的威胁（Li and Zhang，2021）。城镇化的威胁主要体现在以下几方面：①空间狭小。部分位于城市住宅区、企业工厂及道路边的古树名木，植株生长空间较为狭小。②光照遮蔽。在城镇化程度高的地区，高楼林立，这些树木周围常有房屋遮挡或被邻近的栽培树种遮阴。③土壤板结。随着城镇化建设的推进，越来越多的地面被水泥覆盖，这些建筑用材常常遮盖古树名木根系上方的土壤，影响其正常的呼吸（Jim，2004；Jim and Zhang，2013）。④管理不当。根据实地调查发现，城镇中频繁的施工给树木生长带来影响。部分市民会将自己的电动车、垃圾等物件随意摆靠在邻近商业街区道路的绿化古树上。而在工厂中的古树还常因为工厂搬迁等原因失去管护。事实上，一部分长势极差的古树名木往往同时遭受着多种生存威胁。例如，位于扬州市堂子巷 4 号的古银杏周围全是硬化铺面，影响根系生长；树木之间距离过近，生长受到抑制。

（四）古树资源保护建议

江苏省地处亚热带和暖温带两种气候区的过渡带，森林资源较少，森林植被具有明显的过渡性、多样性和复杂性，但古树名木种类繁多，资源丰富。然而，由于自然灾害、人为干扰等原因，少部分古树正遭受着严峻的生存威胁。根据江苏省实际调查的结果及我国古树名木保护规定，我们提出以下保护建议。

1. 在城乡建设过程中进行合理规划

应将古树的生存和保护作为一个因素，纳入城市或农村重建活动中，以确保这些古树有足够的生存空间和良好的光照条件。例如，只要在设计规划中预留一些合适的生态位，采用草坪或地被植物代替大面积的水泥地面，古树的存活和生长就可以得到更好的保证（Jim and Zhang，2013；Zhang et al.，2017；Lai et al.，2019）。再如，在旧城改造中遇到古树空间狭窄等问题，也可以考虑将其移植到城市公园或绿地中，这些地区开敞的空间可以为古树地上树冠的伸展和地下根系的扩展提供良好的生长条件（Jim，2004；Zhang et al.，2017；Lai et al.，2019）。目前，江苏省各地制定保护管理办法时，已经开始注意为古树资源留出空间。例如，2023 年常州市出台了市政府规范性文件《常州市古树名木和古树后备资源保护管理办法》，首次明确古树名木和古树后备资源的保护范围，并对古树名木、古树后备资源实行分级保护和统一管理。其中第十一条就明确指出：“确认为古树名木的，在古树名木树冠垂直投影外扩 5 米的范围或者古树名木树干外扩 15 米的范围中取较大值，划定其保护范围。”

2. 加强专业指导和科学管理

目前，江苏省古树主要由当地自然资源管理部门统筹管理。江苏省林业资源并不丰富，自然资源管理部门负责的任务多，林业管理部门规模不大，林业人才相对不足，尤其是缺乏精通古树保护管理的专业人才。根据本次普查，我们发现了一定数量被错误鉴定的古树，以南通市为例：位于通州区东社镇东平村 12 组季玉江家的 1 株朴树被当地村民误认为是榉树（*Zelkova serrata*）；位于海安市江淮文化园内的 1 株黄连木，被错误标记挂牌为“漆树 *Toxicodendron vernicifluum*”；而位于通州区兴仁镇长林桥村卫志云屋后的 2 株黄杨（挂牌编号为 66016、66017），中文名称错写为“小叶黄杨”（*Buxus sinica* var. *parvifolia*），而下面对应的拉丁学名又错写为“*Buxus bodinieri*”，但实际上“*Buxus bodinieri*”是雀舌黄杨的拉丁学名（图 9–2–9）。根据鉴定，这 2 株植物，实际应为黄杨。本次普查发现的类似错误亟须纠正，建议每份古树均应配有对应的电子记录和正确命名的实物挂牌。可喜的是，上述全省 7934 份古树名木的具体数据都已录入到江苏省林业管理系统中，部分地区针对古树的复壮工作也在陆续展开。

古树的保护还需要专业人才提供专业的防虫、防旱等知识。建议省级林业主管部门定期对木材一线管理人员进行专业指导。这些指导方针包括：在春季预防和控制病虫害；在炎热干燥的夏季给古树名木浇水；定期清除古树名木上的附生植物；安装避雷针等。如果树干周围的地面被水泥或香灰覆盖，建议及时清除，并留出裸露的土壤。对于经常受到居民活动干扰的古树名木，应在其周围设置足够大的围栏（至少与冠幅等宽）。之后，可以引导居民在围栏外进行商业或民俗活动（图 9–2–10）。

对于仍无人看管的古树名木，要及时确定直接管理者，确保每株古树名木都有对应的养护责任人。根据《江苏省城市古树名木保护管理规定》第十一条，“城市古树名木的养护责任单位或者个人（以下简称养护责任人）依照下列规定确定：（一）风景名胜区、城市公园、广场、城市道路绿地及机场、铁路、公路、江河堤坝、水库湖渠等用地范围内的古树名木，其管理单位为养护责任人；（二）机关、部队、团体、企业事业单位和文物保护单位、宗教活动场所等用地范围内的古树名木，该单位为养护责任人；（三）城镇居民庭院范围内的古树名木，该庭院居民为养护责任人；（四）无管理单位或权属不明的古

图 9–2–9　通州区兴仁镇长林桥村古树黄杨（*Buxus sinica*）挂牌有误

树名木，由古树名木所在地县（市、区）城市园林绿化行政主管部门负责组织养护。”因此，由于工厂搬迁而失管的古树名木应由所在地城市园林绿化行政主管部门负责指派专业管理人员。

最后，应该加强对古树名木的保护与管理，杜绝或禁止人为的破坏。例如2023年常州市印发了《常州市古树名木和古树后备资源保护管理办法》，以加强辖区内的古树资源保护和管理。

3. 将合理保护古树与尊重传统习俗有机结合

图 9-2-10　在古银杏（*Ginkgo biloba*）旁新建专门用于供奉的小祠堂

绝大多数民众认同古树名木需要特殊保护，这为古树名木保护工作的开展提供了社会基础。但有些民众缺乏专业知识，他们的“保护措施”可能适得其反或徒劳无功。例如位于南通市如皋市白蒲镇林梓粮站李思明宅旁的1株古银杏，调查时银杏的主干正在被打药水（药品名称为“飘绿”），树基部被布捆住，树冠上罩有黑纱布，树上叶片少且小，有树奶，近枯死。从调查情况看，当地群众对古银杏非常爱惜，保护意识很强。据称，这株银杏的拯救费用已花费近40万元，但是由于缺乏对古树生态习性及科学管护的专业知识，实际保护效果并不理想，该古树的长势仍然很差。此外，传统习俗也促使许多村民崇拜古树名木，如围着古树名木烧香，在树枝上缠红绳，甚至把祭拜物品放在树洞里。他们把这种行为视为对古树名木的崇敬，却没有意识到这些行为对古树名木及其周围环境的破坏。因此，提高居民对环境保护的正确认识，引导他们采取正确的措施保护古树名木是非常必要的（倪健忠等，2011；Blicharska and Mikusinski，2014）。当然建议在制定相关规定时，首先要尊重这些传统习俗，将古树保护与尊重习俗有机结合起来，让公众主动参与到古树的保护与管理之中。

三、江苏植被保护现状及对策

（一）江苏植被保护现状

1. 植被类型多样性评估

江苏省的现状植被包括自然植被和人工植被。自然植被分为 5 个植被型组，14 个植被型，28 个植被亚型，197 个群系（表 4–2–4）。这些自然植被可以分为陆域植被和水域植被。根据地形，森林植被（包括针叶林、阔叶林和灌丛）主要分布于低山丘陵，如宁镇山脉、宜溧山地、连云港市和徐州市的低山丘陵；水域植被包括草甸与草丛、沼泽和水生植被，它们主要分布于湖泊、江河湿地及滨海湿地。根据群系数目，江苏现状植被主要以阔叶林为主，占陆域植被群系总数的 53.76%。此外，江苏省的人工植被分为 3 个植被型组、7 个植被型、14 个植被亚型（表 4–2–5），它们主要分布于平原。然而，这些次生阔叶林，如落叶阔叶林、常绿落叶阔叶混交林、常绿阔叶林等一般分布于人为活动明显的低山丘陵，生境破碎化程度较高，并且周围时常镶嵌分布着少量的人工植被或外来入侵植被（图 9–3–1）。

图 9–3–1　宜溧山地的毛竹林、草丛与阔叶林镶嵌分布（宜兴市）

表 9-3-1 江苏省自然植被的群系数与地形类型

序号	植被型组	所含群系数（百分比）	主要分布地形
1	针叶林	12（6.09%）	低山丘陵
2	阔叶林	50（25.38%）	低山丘陵
3	灌丛	31（15.74%）	低山丘陵
4	草甸与草丛	38（19.29%）	平原、低山丘陵
5	沼泽与水生植被	66（33.50%）	水域
合计	5个	197（100.00%）	3类

2. 现状植被的主要特点

由于江苏省境内没有高山，平原面积广阔，农业开发历史悠久，社会经济十分发达，现状植被主要是原生植被遭到破坏后经过演替，并在发育过程中受到不同程度的干扰而形成的不同演替系列。这里根据我们的野外调查和群落特征分析，将江苏省植被的主要特点归纳如下。

（1）植被类型丰富，种类组成简单

根据我们的野外调查和初步整理，江苏省的自然植被类型包括 197 个群系，204 个群丛。这些群系包括了针叶林、阔叶林、灌丛、草丛、草甸，以及挺水植物群落、浮水植物群落和沉水植物群落等不同植被类型。而且每一植被亚型一般含有多个群系，如暖性落叶阔叶林包括麻栎林、枫香树林、栓皮栎林、朴树林等 17 个群系；禾草草丛包括芒草丛、白茅草丛、黄背草草丛等 14 个群系；浮水植物群落包括浮萍群落、满江红群落、细果野菱群落等 16 个群系。根据表 9-3-1 可知，不论是陆域植被还是水域植被，均含有相对丰富的群系类型。这可能与江苏省地处我国华东地区，水热等气候条件适宜有关。

然而，我们分析表明：亚热带森林植被的群落结构一般分为乔木层、灌木层和草本层 3 层，乔木层中通常缺乏不同亚层的分化。在宜溧山地的部分常绿阔叶林中，乔木树种有时呈现丛生状态，乔木层中建群种群的重要值大，但是这些种类的胸径往往并不大（大多小于 30cm），而是在调查样地中的多度偏高。与同处中亚热带的皖南、浙东山区的同类森林相比，江苏省亚热带森林群落的种类组成相对简单。这可能一方面由于本区的木荷林等常绿阔叶林群落分布于我国北界，另一方面由于这些森林群落分布于低山丘陵，易长期受到人为扰动。以兰科植物为例，修订版《江苏植物志》（刘启新，2015）记载江苏省自然分布 25 种，而近年来我们的野外样地调查很少发现兰科种类。

（2）植被纬向地带性分异显著，水平和垂直分带不明显

江苏省陆域面积 10.72 万 km^2，仅占中国陆域面积的 1.12%。区域面积不大，其地形呈南北向较长、东西向较短的平行四边形。由于地跨暖温带、北亚热带和中亚热带气候，自北向南江苏省植被的纬度地带性较为明显，依次为落叶阔叶林、常绿落叶阔叶混交林、常绿阔叶林。

江苏省地处我国大陆东部沿海，地跨 30.7500°—35.1333°N，116.3500°—121.9333°E。尽管东西宽度不大，但是由于东部濒临黄海，沿海海岸线长达 954km，因此在其东部沿海地区分布着广阔的滨海湿地。江苏省的海岸带北起连云港市的绣针河口，南抵长江口（31.6500°—35.0333°N，118.9667°—121.9333°E），自北向南包括连云港、盐城和南通 3 个设区市。这些沿海滩涂由于主要受到土壤盐分的影响而广泛分布着以碱蓬、盐地碱蓬、二色补血草、盐角草、砂引草等为优势种的盐生草甸，在沿海滩涂还分布着以互花米草、大米草为优势种的入侵植被。自东向西，即由近海至内陆，随着滨海土壤盐分的降低，盐生草甸逐渐被白茅、虎尾草、狼尾草为优势种的草丛所替代。例如，在大丰区的蹲门湾湿地，从废弃

的养殖塘到岸边，及至堤岸，植被类型从半咸水中分布的川蔓藻群落，演变为盐地碱蓬或碱蓬群落，再到堤岸旁生长的白茅群落（图 9-3-2）。因此，植被在江苏省滨海湿地区域呈现出一定的水平地带性特征。诚然，这种作用同时受到地形和气候因素的共同影响。例如，在连云港市的云台山海边分布着盐生草甸，而在墟沟、柳河、悟道庵等山上则分布着落叶阔叶林。在江苏省全省，这种植被分布的水平地带性并不明显。

图 9-3-2　由近海到近岸的植被分布：川蔓藻群落、盐地碱蓬或碱蓬群落、白茅群落（盐城市大丰区蹲门湾湿地）

此外，由于江苏省最高峰玉女峰海拔仅 624.4m，其丘陵山地海边一般在 10—400m，且地形切割破碎，同时由于人为影响深刻，因此江苏省植被的垂直地带性一般不明显（图 9-3-3）。一般低海拔为茶园或竹园，至山坡为阔叶林或茶园。苏南山地一般海拔不超过 500m，在低海拔山地的近山顶处往往也分布着大片的毛竹林（图 9-3-4）。

图 9-3-3　苏南低山丘陵的茶园、毛竹林与落叶阔叶林（宜兴市，由近及远）

图 9-3-4　毛竹林分布于宜溧山地的山麓和山顶（宜兴市龙池山）

（3）自然植被的次生性强，并含有少量入侵植被

江苏省境内缺乏高山，区域内人口密度高，社会经济活动频繁，自然植被是在原有植被遭到破坏后经过植被恢复或进展演替发育而成。由于长期以来受到人为活动的影响，江苏省的自然植被具有明显的次生性。这主要体现在以下几个方面：首先，不论是在亚热带还是在暖温带，其地带性森林群落的分布面积小，常常仅残存于山体的局部地段，有时与人工植被或半自然恢复植被镶嵌分布。其次，地带性植物群落的特征不典型。这固然与受气候影响导致江苏省植被的过渡性特征明显有关，更主要的原因是受到人为活动影响导致植被次生性增强。以中亚热带常绿阔叶林为例，江苏省的暖性常绿阔叶林共有 9 个群系（表 4-2-4）。这些森林群落的乔木层植株一般缺乏大径级的个体，一些乔木树种如青冈、柯、木荷等往往表现出一定的萌生性甚至呈现为灌木状。同时，在乔木层中木质藤本植物的种类和数量往往较少或植株较小，林中的枯倒木很少见到。此外，在森林群落中有时伴生少量栽培植物，甚至外来入侵植物。安树青等（1991）在研究南京紫金山的森林植被时指出，生活型谱和群落土壤分析均表明“紫金山具有典型的次生森林和土壤”。杨俊博等（2021）对比分析了不同时期的江苏省植被分布并指出：人为活动，特别是城市化进程，是影响江苏省植被变迁的主要驱动力。

在人为活动强烈的局部地段，业已出现少量的入侵植被。目前，江苏省入侵植被的群系有 10 个，涉及森林、草丛、草甸、沼泽和水生植被等不同类型，具体分析参见第八章。

（二）江苏植被保护存在的问题

1. 人为干扰对植被影响深刻

江苏省境内有低山、丘陵、平原等多种地貌类型，其生物多样性和不同植被所受到的干扰较为复杂。按照干扰的来源与作用方式，可以将干扰分为自然干扰和人为干扰两种类型。自然干扰指没有人为活动介入，在自然环境条件下发生的干扰，包括环境的波动和偶发性的破坏性事件，如干旱、洪涝、地质灾害等。人为干扰是指人类的生产、生活和其他社会活动形成的干扰体对自然环境和生态系统施加的各种影响。人为干扰的方式多种多样，影响的空间范围可大可小，变化很大。与自然干扰相比，江苏省植被受到的人为干扰是影响自然植被最大的因素，它可能使得群落的结构或功能受到损害或发生改变，降低群落的生境质量，导致外来物种入侵，影响或改变生态系统的稳定性。

对森林或灌丛等陆域植被的人为干扰主要体现在：①土地利用方式的改变。例如，苏南山区为了营造“竹海”景观，将部分竹阔混交林人为改造成毛竹林。②生产方式的改变。在山区为了清理茶园、果园或竹林附近的杂草，尤其是为了控制外来入侵植物，大量喷洒除草剂和杀虫剂，这势必对本地种的生长、种群更新及群落生境产生不利影响。对滩涂盐生草甸或草丛等滨海湿地植被的人为干扰主要体现在围垦、养殖、种植及快速城市化，这已经显著减少了碱蓬、白茅、芦苇等自然植被的分布面积。通过近年来的江苏省滨海湿地调查还发现，人为干扰已经导致碱菀、盐角草、珊瑚菜等植物明显减少（图 9-3-5）。此外，人为干扰不仅直接改变自然植被的种类组成和分布面积，还将对群落生境及生存其中的动植物产生不利影响。例如，国家一级重点保护野生动物黑嘴鸥（*Larus saundersi*）到繁殖季会在分布碱蓬群落、獐毛群落或补血草属群落的地面筑巢繁殖，而互花米草的入侵将导致其适生区范围减少，不利于其种群繁衍。

图 9-3-5　江苏滨海湿地的碱菀群落（南通市如东县东凌）

2. 对植被保护重视不够

植被不仅是人类赖以生存的重要物质基础，而且是生物多样性保护的重要依托。植被的可持续发展，对于推进现代林业高质量发展，助力乡村振兴和美丽江苏建设，筑牢“强富美高”新江苏和美丽中国建设的生态基底，均具有不可低估的重要作用。

然而，由于种种原因，长期以来江苏省植被的保护并未得到应有的重视。例如，改革开放以来，江苏省积极投入自然保护区建设、野生动植物资源保护、生物多样性本底调查等一系列工作，虽然取得了明显成效：全省现有国家级自然保护区 3 个，省级自然保护区 5 个（表 9–3–2）；经过多年大规模的绿化造林，全省森林面积已增加至目前的 156 万 hm^2，林木覆盖率达 24%。但是，江苏省的植被有哪些？主要分布在哪里？它们有哪些特征？这些关于江苏植被的本底资料，迄今为止尚无专门的论述或报道。江苏省植被的保护，多年来客观上得益于自然保护区、森林公园、湿地公园的保护和建设，但是这些自然保护地建设和评估中鲜有将植被列为评价指标之一的。

表 9–3–2　江苏省省级以上自然保护区及主要保护对象

保护区名称	面积/hm^2	批建时间	主管部门	类型	级别	行政区域	主要保护对象
江苏盐城湿地珍禽国家级自然保护区	284179	1983.02	盐城市和江苏省林业局	野生动物	国家级	盐城市	丹顶鹤等珍禽及沿海滩涂湿地生态系统
江苏大丰麋鹿国家级自然保护区	2667	1986.02	江苏省林业局	野生动物	国家级	盐城市（大丰区）	麋鹿、丹顶鹤及湿地生态系统
江苏泗洪洪泽湖湿地国家级自然保护区	49365	1985.07	江苏省林业局	内陆湿地	国家级	淮安市（泗洪县）	湿地生态系统、大鸨等鸟类、鱼类产卵场及地质剖面
南京长江江豚省级自然保护区	8692	2014.09	南京市绿化园林局	内陆湿地	省级	南京市	白鱀豚、长江江豚及其他长江珍稀鱼类和水生态环境
无锡龙池山省级自然保护区	172	1981.06	无锡市自然资源和规划局	森林生态	省级	无锡市（宜兴市）	常绿阔叶林、常绿落叶阔叶混交林、银缕梅、白颈长尾雉等
江苏南通启东长江口（北支）湿地省级自然保护区	29412	2002.11	南通市自然资源和规划局	野生动物	省级	南通市（启东市）	典型河口湿地生态系统、濒危鸟类、珍稀水生动物及其他经济鱼类
江苏淮安洪泽湖东部湿地省级自然保护区	54000	2004.11	淮安市自然资源和规划局	内陆湿地	省级	淮安市（淮阴区、洪泽县、盱眙县）	洪泽湖湿地生态系统及以国家一、二级和重点保护鸟类为主的动植物资源、渔业资源
江苏镇江长江豚类省级自然保护区	5730	2002.08	镇江市自然资源和规划局	野生动物	省级	镇江市（丹徒区）	淡水豚类及其生境

2022 年，江苏省森林覆盖率为 15.2%，远低于全国平均水平（24.0%），在森林区域是相对偏低的，而且江苏省森林的质量总体不高。因此，为了践行“绿水青山就是金山银山”的生态文明理念，着力构建全域覆盖的生态体系，应该重视江苏省植被的保护与恢复，促进江苏省植被的健康发展。

3. 对植被生态研究不足

江苏省的植被类型多种多样，自然植被的群丛有 200 多个，且自然植被与人工植被在不少地区呈现交错分布。最近几十年来随着全球气候变暖、外来生物入侵及生产生活方式的改变，江苏省的现状植被在经历着深刻的变化。但是由于重视程度不够，研究经费有限，基础学科科研产出的关注度不高等因素，江苏省植被研究明显不足，迄今尚无一本专门论述江苏省植被的专著，仅在地方性自然保护区综合考察或林业相关研究中偶有述及。而同处华东地区的安徽省、山东省，两省早在 20 多年前已经出版省级植被专著，《安徽植被》出版于 1983 年，《山东植被》出版于 2000 年。

事实上，江苏省的自然植被具有明显的自身特点。加强植被生态研究，不仅有助于在理论上丰富植被科学理论，而且对于当地的植被恢复与管理也具有积极的指导作用。例如，苏南山区的阔叶林是研究我国亚热带森林群落的种类组成变化、森林群落的次生演替及人为干扰下森林植被恢复动态的良好材料。又如，银缕梅为阳性树种，一般分布于亚热带森林群落演替的早期阶段，因此维持宜兴市大龙西岕分布的银缕梅群落的阶段性演替阶段，对于该濒危物种的保护至关重要。

（三）江苏植被保护对策

1. 加快保护地建设，减少人为干扰

由于历史原因，江苏省的自然保护区、森林公园、湿地公园、海洋公园等隶属于不同部门管辖，保护地相对分散。建议依托江苏省近年来的自然保护地调整和优化，建立统一协调的全省保护地体系，明确自然主体，加强资源管理，减少人为干扰。

江苏省委办公厅、省政府办公厅 2020 年印发了《关于建立健全自然保护地体系的实施意见》，计划到 2025 年完成全省自然保护地现状调查、整合优化和勘界立标工作。根据国家规定，按照分级和属地相结合的方式进行登记管辖，将每个自然保护地作为独立的登记单元，清晰界定自然保护地范围内各类自然资源资产的产权主体，划清资产所有权、使用权的边界，确保权属主体明确、资源边界清晰、登记信息完整。

通常，自然保护地分为国家公园、自然保护区和自然公园 3 类，其中自然公园包括风景、森林、湿地、地质、海洋等类型。江苏省将立足自然资源禀赋，依托世界自然遗产、国家级自然保护区和风景名胜区等，按照国家公园布局规划和设立标准，将最具有保护价值、最重要生物多样性集中分布区域培育建成国家公园。到 2035 年，将全面建成以国家公园和自然保护区为主体，各级各类自然公园为基础的自然保护地体系，力争建成 1—2 个国家公园。

目前，江苏省的自然保护地建设已取得初步成效，如 2019 年经联合国教科文组织世界遗产委员会审议通过，中国黄（渤）海候鸟栖息地（第一期）被批准列入《世界遗产名录》。其范围包括江苏盐城湿地珍禽国家级自然保护区部分区域、江苏大丰麋鹿国家级自然保护区全境、江苏省盐城市东台市条子泥市级湿地公园、江苏省盐城市东台市条子泥湿地保护小区和江苏省盐城市东台市高泥淤泥质海滩湿地保护小区。这是我国第一块、全球第二块潮间带湿地世界遗产。

经过调整和优化，截至 2023 年 12 月，江苏已建成国家级森林公园 22 个（表 9-3-3）。它们分布于 11 个市，其中南京市和苏州市最多，各有 5 个。此外，江苏的省级森林公园共有 46 个。南京市有 8 个：

南京江宁牛首山省级森林公园、南京六合平山省级森林公园、南京幕燕省级森林公园、南京南郊省级森林公园、南京六合方山省级森林公园、南京江宁方山省级森林公园、南京六合金牛湖省级森林公园、南京大塘金省级森林公园。徐州市有 5 个：徐州贾汪大洞山省级森林公园、徐州新沂马陵山省级森林公园、徐州睢宁梁山省级森林公园、徐州邳州古栗省级森林公园、徐州邳州黄草山省级森林公园。连云港市有 5 个：连云港花果山省级森林公园、连云港北固山省级森林公园、连云港锦屏山省级森林公园、连云港东海青松岭省级森林公园、连云港灌云大伊山省级森林公园。无锡市有 4 个：无锡江阴要塞省级森林公园、无锡宜兴太华山省级森林公园、无锡阳山省级森林公园、无锡宜兴竹海省级森林公园。苏州市有 4 个：苏州吴江桃源省级森林公园、苏州常熟滨江省级森林公园、苏州太湖东山省级森林公园、苏州吴中区香雪海省级森林公园。常州市有 3 个：常州溧阳瓦屋山省级森林公园、常州溧阳西郊省级森林公园、常州金坛茅东省级森林公园。盐城市有 3 个：盐城射阳海滨省级森林公园、盐城大丰林海省级森林公园、盐城射阳金海省级森林公园。扬州市有 3 个：扬州仪征龙山省级森林公园、扬州仪征铜山省级森林公园、扬州西郊省级森林公园。镇江市有 3 个：镇江黄岗寺省级森林公园、镇江东进省级森林公园、镇江老鸦岗省级森林公园。宿迁市有 3 个：宿迁古黄河省级森林公园、宿迁骆马湖省级森林公园、宿迁泗洪洪泽湖省级森林公园。南通市有 2 个：南通范公堤省级森林公园、南通老洪港省级森林公园。泰州市有 2 个：泰州姜堰溱湖省级森林公园、泰州姜堰白米省级森林公园。淮安市有 1 个：淮安洪泽湖古堰省级森林公园。

表 9-3-3　江苏省国家级森林公园名录

序号	名称	级别	所在市县	建立时间	面积/hm^2
1	江苏南京紫金山国家森林公园	国家级	玄武区	2003.12	3008.8
2	江苏南京栖霞山国家森林公园	国家级	栖霞区	2010.12	1019.0
3	江苏游子山国家森林公园	国家级	高淳区	2015.12	8436.0
4	江苏南京老山国家森林公园	国家级	浦口区	1991.08	8000.0
5	江苏南京无想山国家森林公园	国家级	溧水区	2015.01	2071.7
6	江苏惠山国家森林公园	国家级	滨湖区	1993.05	936.0
7	江苏宜兴国家森林公园	国家级	宜兴市	1992.11	3400.0
8	江苏徐州环城国家森林公园	国家级	徐州市	1992.11	1333.3
9	江苏天目湖国家森林公园	国家级	溧阳市	2015.01	3759.0
10	江苏虞山国家森林公园	国家级	常熟市	1989.05	1260.0
11	江苏上方山国家森林公园	国家级	虎丘区	1992.07	500.0
12	江苏大阳山国家森林公园	国家级	高新区	2009.02	1029.8
13	江苏东吴国家森林公园	国家级	吴中区	1993.05	1200.0
14	江苏西山国家森林公园	国家级	吴中区	1997.12	6000.0
15	江苏南通狼山国家森林公园	国家级	崇川区	2018.08	657.3
16	江苏连云港云台山国家森林公园	国家级	连云区	1993.05	2000.0
17	江苏铁山寺国家森林公园	国家级	盱眙县	2003.10	7058.0
18	江苏盱眙第一山国家森林公园	国家级	盱眙县	1993.05	1400.0
19	江苏黄海海滨国家森林公园	国家级	东台市	2015.12	4156.9
20	江苏南山国家森林公园	国家级	润州区	1995.11	1000.0
21	江苏宝华山国家森林公园	国家级	句容市	1996.04	1700.0
22	江苏三台山国家森林公园	国家级	湖滨新区	2017.01	1110.5

2023 年，我国发布首批 789 处陆生野生动物重要栖息地名录中，江苏有 14 处，即大丰麋鹿（*Elaphurus davidianus*）重要栖息地（图 9-3-6）、泰州姜堰溱湖兽类及鸟类重要栖息地、南京浦口老山獐（*Hydropotes*

图 9-3-6　中国首批陆生野生动物重要栖息地之一大丰麋鹿重要栖息地（盐城市大丰区）

inermis）及中华虎凤蝶（*Luehdorfia chinensis*）重要栖息地、盐城沿海滩涂湿地候鸟重要栖息地、泗洪洪泽湖湿地候鸟重要栖息地、苏州吴江同里湿地候鸟重要栖息地、如东小洋口沿海滩涂湿地勺嘴鹬（*Eurynorhynchus pygmeus*）重要栖息地、南京溧水石臼湖湿地候鸟重要栖息地、连云港赣榆海州湾沿海湿地候鸟重要栖息地、连云港临洪河口湿地候鸟重要栖息地、启东长江口湿地候鸟重要栖息地、兴化里下河沼泽湿地候鸟重要栖息地、淮安白马湖湿地候鸟重要栖息地、海门蛎蚜山湿地候鸟重要栖息地。此外，2023 年以来正在积极申报创建“南京中山国家植物园”。

2. 加强宣传教育，增强植被保护意识

江苏省自然资源厅及各级林业管理机构对生物资源的保护一直非常重视，每年利用“植树节”“世界湿地日”“世界野生动植物日”“国际生物多样性日”“世界环境日”等节日，积极举办保护野生动植物资源及自然生态环境的公益宣传活动。

植被是珍稀濒危野生动植物生存与繁衍的重要载体，也是生物多样性保护的重要组成部分。然而，长期以来对于植被保护的宣传力度不足，建议今后充分利用网络平台，如官方微博、短视频、微信公众号、数字新闻传媒等途径加大植被保护的宣传力度，提高民众的植被保护意识。

3. 加大资金投入，提高植被保育水平

不论是自然植被的野外调查、固定样地的观测，还是植物群落中优势种群的年龄结构、生态位和种间联结等方面的研究，均需要投入不少的经费支撑。

江苏省目前已经在句容市宝华山、南京市老山和宜兴市小黑沟等地设立森林生态系统的固定样地。由于森林群落的生长相对缓慢，因此定期的连续跟踪观测尤为重要。建议一方面加大林业建设投入力度，增加造林与护林资金，改革林业生态建设经费管理办法，提高社会参与造林积极性；另一方面积极向私人、公司、非营利机构等进行多方筹措资金，用于植被动态监测和相关研究。

总之，应构建统一的保护地体系，扩大宣传，增加投入，加强研究，不断提高江苏植被的保育水平。此外，协调好自然植被的保护与开发利用的关系，如森林公园、湿地公园应该在旅游开发建设的同时，积极筹措资金做好现有植被的保育工作，坚持绿色发展，促进人与自然和谐共生（图 9-3-7）。

图 9-3-7　江苏天目湖国家森林公园的水生植被与陆生植被景观

参考文献

AHMADI K, ALAVI S J, AMIRI G Z, et al. 2020. Patterns of density and structure of natural populations of *Taxus baccata* in the Hyrcanian forests of Iran[J]. Nordic Journal of Botany, 38: e02598.

ANDERSON R P. 2013. A framework for using niche models to estimate impacts of climate change on species distributions[J]. Annals of the New York Academy of Sciences, 1297(1): 8–28.

ANDREU J, VIL M. 2010. Risk analysis of potential invasive plants in Spain[J]. Journal for Nature Conservation, 18(1): 34–44.

ARELLANO G, CALA V, MACIA M J. 2014. Niche breadth of oligarchic species in Amazonian and Andean rain forests[J]. Journal of Vegetation Science, 25: 1355–1366.

BLICHARSKA M, MIKUSINSKI G. 2014. Incorporating social and cultural significance of large old trees in conservation policy[J]. Conservation Biology, 28(6): 1558–1567.

BREARLEY F Q, PRAJADINATA S, KIDD P S, et al. 2004. Structure and floristics of an old secondary rain forest in central Kalimantan, Indonesia, and a comparison with adjacent primary forest[J]. Forest Ecology and Management, 195(3): 385–397.

CHAI Z Z, SUN C L, WANG D X, et al. 2016. Interspecific associations of dominant tree populations in a virgin old-growth oak forest in the Qinling Mountains, China[J]. Botanical Studies, 57(1): 1–13.

CHEN T, TAYLOR C M. 2011. *Emmenopterys* Oliv[M]//. WU Z Y, RAVEN P H. Flora of China Vol.19. Beijing: Sciences Press.

CLARKE K R, WARWICK R M. 1998. A taxonomic distinctness index and its statistical properties[J]. Journal of Applied Ecology, 35(4): 523–531.

CLEMENTS F E. 1916. Plant succession: an analysis of the development of vegetation[M]. Washington: Carnegie Institution of Washington.

COLWELL R, FUTUYMA D. 1971. On the measurement of niche breadth and overlap[J]. Ecology, 52(4): 567–576.

CONDIT R. 1995. Research in large, long-term tropical forest plots[J]. Trends in Ecology & Evolution, 10(1): 18–22.

COOK C D K. 1996. Aquatic plant book[M]. Amsterdam: SPB Academic Publishing.

CRANE P R. 2019. An evolutionary and cultural biography of ginkgo[J]. Plants People Planet, 1:32–37.

CRANE P. 2016. 银杏: 被时间遗忘的树种[M]. 胡永红, 张庆费, 译. 北京: 高等教育出版社.

CUI J P, QURESHI S, HARRIS A J, et al. 2022. Venerable trees of tropical Chinese Wuzhishan city: distribution patterns and drivers[J]. Urban Ecosystems, 25(6): 1765–1776.

DEL TREDICI P. 2007. The phenology of sexual reproduction in *Ginkgo biloba*: ecological and evolutionary implications[J]. The Botanical Review, 73(4): 267–278.

DIGGLE P J. 1983. Statistical analysis of spatial point patterns[M]. New York: Academic Press.

DUCHESNE L, HOULE D, OUIMET R, et al. 2019. Large apparent growth increases in boreal forests inferred from tree-rings are an artefact of sampling biases[J]. Scientific Reports, 9(1): 6832.

DUFOUR A, BUTTLER A. 2006. Plant species richness and environmental heterogeneity in a mountain landscape: effects of variability and spatial configuration[J]. Ecography, 29(4): 573–584.

EDDY VAN DER MARREL E, FRANKLIN J. 2017. 植被生态学（原著第二版）[M]. 杨明玉, 欧晓昆, 译. 北京：科学出版社.

FABER-LANGENDOEN D, TART D L, CRAWFORD R H. 2009. Contours of the revised US National Vegetation Classification standard[J]. Bulletin of the Ecological Society of America, 90(1): 87–94.

FIBICH P, LEPŠ J, NOVOTNÝ V, et al. 2016. Spatial patterns of tree species distribution in New Guinea primary and secondary lowland rain forest[J]. Journal of Vegetation Science, 27(2): 328–339.

GAGETTI B L, PIRATELLI A J, PIÑA RODRIGUES F C M. 2016. Fruit color preference by birds and applications to ecological restoration[J]. Brazilian Journal of Biology, 76: 955–966.

GARCIA-GONZALO J, JAGER D, LEXER M J, et al. 2008. Does climate change affect optimal planning solutions for multi-objective forest management[J]. Allgemeine Forst und Jagdzeitung, 179(5/6): 77–94.

GETZIN S, DEAN C, HE F, et al. 2006. Spatial patterns and competition of tree species in a Douglas-fir chronosequence on Vancouver Island[J]. Ecography, 29(5): 671–682.

GLEASON H. 1926. The individualistic concept of the plant association[J]. Bulletin of the Torrey Botanical Club, 53: 7–26.

GREIG-SMITH P. 1983. Quantitative plant ecology[M]. Oxford: Blackwell Scientific Publications.

GU L, GONG Z W, LI W Z. 2017. Niches and interspecific associations of dominant populations in three changed stages of natural secondary forests on Loess Plateau, PR China[J]. Scientific Reports, 7: 6604.

HECKMAN R W, HALLIDAY F W, WILFAHRT P A. 2022. Nutrients and consumers impact tree colonization differently from performance in a successional old field[J]. Oecologia, 198(1): 219–227.

HETT J M, LOUCKS O L. 1976. Age structure models of balsam fir and eastern hemlock[J]. Journal of Ecology, 64(3): 1029–1044.

HUTCHINSON G E. 1957. Concluding remarks: Cold Spring Harbor symposium of quantitative biology[J]. Quantitative Biology, 22: 415–427.

INGRAM T, COSTA-PEREIRA R, ARAÚJO M S. 2018. The dimensionality of individual niche variation[J]. Ecology, 99(3): 536–549.

JIM C Y . 2004. Spatial differentiation and landscape-ecological assessment of heritage trees in urban Guangzhou (China)[J]. Landscape and Urban Planning, 69(1): 51–68.

JIM C Y, ZHANG H. 2013. Species diversity and spatial differentiation of old-valuable trees in urban Hong Kong[J]. Urban Forestry & Urban Greening, 12(2): 171–182.

JIN S S, ZHANG Y Y, ZHOU M L, et al. 2022. Interspecific association and community stability of tree species in natural secondary forests at different altitude gradients in the southern Taihang Mountains[J]. Forests, 13(3): 373.

KERR J T, PACKER L. 1997. Habitat heterogeneity as a determinant of mammal species richness in high-energy regions[J]. Nature, 385(6613): 252–254.

KESSLER M, KEBLER P J A, GRADSTEIN S R, et al. 2005. Tree diversity in primary forest and different land use systems in central Sulawesi, Indonesia[J]. Biodiversity and Conservation, 14(3): 547–560.

KNAPP R. 1986. 植被动态[M]. 宋永昌, 张绅, 郑慧莹,等译. 北京: 科学出版社.

KUMAR A, MARCOT B G, SAXENA A. 2006. Tree species diversity and distribution patterns in tropical forests of Garo Hills[J]. Current Science, 91(10): 1370–1381.

KY-DEMBELE C, TIGABU M, BAYALA J, et al. 2007. The relative importance of different regeneration mechanisms in a selectively cut savanna-woodland in Burkina Faso, West Africa[J]. Forest Ecology and Management, 243(1): 28–38.

LAI P Y, JIM C Y, DA TANG G, et al. 2019. Spatial differentiation of heritage trees in the rapidly-urbanizing city of Shenzhen, China[J]. Landscape and Urban Planning, 181: 148–156.

LEVINS R. 1968. Evolution in changing environments: some theoretical explorations[M]. Princeton: Princeton University Press.

LI J, TREDICI P D. 2008. Chinese *Parrotia*: a sibling species of the *Persian Parrotia*[J]. Arnoldia, 66: 2–9.

LI K D, ZHANG G F. 2021. Species diversity and distribution pattern of heritage trees in the rapidly-urbanizing province of Jiangsu, China[J]. Forests, 12(11): 1543.

LI K, ZHANG G F, ZHANG Y, et al. 2021. A noteworthy case of rewilding Chinese yew from a garden population in eastern China[J]. PeerJ, 9: e12341.

LI N, AN S, LIU Z, et al. 2014. Fruit consumption and seed dispersal by birds in native vs. *ex situ* individuals of the endangered Chinese yew, *Taxus chinensis*[J]. Ecological Research, 29: 917–923.

LI N, BAI B, LI X, et al. 2017. Dispersal of remnant endangered trees in a fragmented and disturbed forest by frugivorous birds[J]. Journal of Plant Research, 130: 669–676.

LI W, ZHANG G F. 2015. Population structure and spatial pattern of the endemic and endangered subtropical tree *Shaniodendron subaequale* (Hamamelidaceae)[J]. Flora-Morphology Distribution, Functional Ecology of Plants, 212: 10–18.

LIANG W, WEI X. 2020. Factors promoting the natural regeneration of *Larix principis-rupprechtii* plantation in the Lvliang Mountains of central China[J]. PeerJ, 8(7): e9339.

LINDENMAYER D B, LAURANCE W F. 2016. The ecology, distribution, conservation and management of large old trees[J]. Biological Reviews, 92(3): 1434–1458.

LIU J, LINDENMAYER D B, YANG W, et al. 2019a. Diversity and density patterns of large old trees in China[J]. Science of the Total Environment, 655: 255–262.

LIU J, YANG B, LINDENMAYER D B. 2019b. The oldest trees in China and where to find them[J]. Frontiers in Ecology and the Environment, 17(6): 319–322.

LOREAU M, NAEEM S, INCHAUSTI P, et al. 2001. Biodiversity and ecosystem functioning: current knowledge and future challenges[J]. Science, 294(5543): 804–808.

LU C, ZHU Q, DENG Q. 2008. Effect of frugivorous birds on the establishment of a naturally regenerating population of Chinese yew in ex situ conservation[J]. Integrative Zoology, 3: 186–193.

LU Y P, CHEN W, YAO J, et al. 2020. Multiple spatial scale analysis of the niche characteristics of the *Rhododendron dauricum* plant communities in northeast China[J]. Chinese Geographical Science, 30(4): 614–630.

MARTÍNEZ I, WIEGAND T, GONZLEZ-TABOADA F, et al. 2010. Spatial associations among tree species in a temperate forest community in North-western Spain[J]. Forest Ecology and Management, 260: 456–465.

MOLONEY K A, LEVIN S A. 1996. The effects of disturbance architecture on landscape-level population dynamics[J]. Ecology, 77(2): 375–394.

PACINI A, MAZZOLENI S, BATTISTI C, et al. 2009. More rich means more diverse: extending the environmental heterogeneity hypothesis to taxonomic diversity[J]. Ecological Indicators, 9(6): 1271–1274.

PANETTA F D. 2001. Seedling emergence and seed longevity of the tree weeds *Celtis sinensis* and *Cinnamomum camphora*[J]. Weed Research, 41: 83–95.

PATRUT A, PATRUT R T, RAKOSY L, et al. 2022. Radiocarbon investigation of two large African baobabs from Kizimkazi, Zanzibar, Tanzania[J]. Studia Universitatis Babes-Bolyai, Chemia, 67(2): 143–153.

PIANKA E R. 1973. The structure of lizard communities[J]. Annual Review of Ecology and Systematics, 4: 53–74.

POMMERENING A. 2002. Approaches to quantifying forest structures[J]. Forestry, 75: 305–324.

RAPSON G L. 2023. Tertiary succession: a new concept to help vegetation restoration [J]. Restoration Ecology, 31: e13683.

RIPLEY B D. 1977. Modelling spatial patterns[J]. Journal of the Royal Statistical Society, 39(2): 172–212.

SATO T, KOTANI S, GOOD M L. 1974. Extraction of certain anionic actinide complexes from aqueous solutions by long chain alkyl ammonium compounds—III: uranium (VI) -thiocyanate system[J]. Journal of Inorganic & Nuclear Chemistry, 36(2): 451–454.

SCHEELE B C, FOSTER C N, BANKS S C, et al. 2017. Niche contractions in declining species: mechanisms and consequences[J]. Trends in Ecology & Evolution, 32(5): 346–355.

SCHLUTER D. 1984. A variance test for detecting species associations, with some example applications[J]. Ecology, 65: 998–1005.

SCHOENER T W. 1974. Resource partitioning in ecological communities[J]. Science, 185: 41–45.

SHANNON C E, WEINER W. 1949. The mathematical theory of communication: unknown distance function[M]. Urbana: University of Illinois Press.

SHAO L Y, ZHANG G F. 2021. Niche and interspecific association of dominant tree populations of *Zelkova schneideriana* communities in eastern China[J]. Botanical Sciences, 99(4): 823–833.

SOLOMINA O, MATSKOVSKY V, DOLGOVA E, et al. 2022. Tree-ring data set for dendroclimatic reconstructions and dendrochronological dating in European Russia[J]. Scientific Data, 9(1): 367.

SULLIVAN M J P, DAVY A J, GRANT A, et al. 2018. Is Saltmarsh restoration success constrained by matching natural environments or altered succession? A test using niche models[J]. Journal of Applied Ecology, 55: 1207–1217.

SUN Z H, CHEN Y, GUO Y Q, et al. 2015. Isolation and cytotoxicity evaluation of taxanes from the barks of *Taxus wallichiana* var. *mairei*[J]. Bioorganic & Medicinal Chemistry Letters, 25: 1240–1243.

TANSLEY A G. 1939. British ecology during the past quarter-century: the plant community and the ecosystem[J]. Journal of Ecology, 27(2): 513–530.

TILMAN D, REICH P B, KNOPS J M H. 2006. Biodiversity and ecosystem stability in a decade long grassland experiment[J]. Nature, 441(7093): 629–632.

VALLADARES F, NIINEMETSÜ. 2008. Shade tolerance, a key plant feature of complex nature and consequences[J]. Annual Review of Ecology Evolution and Systematics, 39: 237–257.

WANG C Y, LI Y, LI C, et al. 2023. A method for quantifying relative competitive advantage and the combined effect of co–invasion for two invasive plants[J]. Plant Diversity, 45(3): 358–361.

WANG L D, ZHANG R Q, GENG M L, et al. 2021. De novo transcriptome assembly and EST–SSR markers development for *Zelkova schneideriana* Hand.–Mazz. (Ulmaceae)[J]. 3 Biotech, 11: 420.

WANG Q, ZHU R B, CHENG J M, et al. 2019. Species association in *Xanthoceras sorbifolium* Bunge communities and selection for agroforestry establishment[J]. Agroforestry Systems, 93(4): 1531–1543.

WHITTAKER R H. 1953. A consideration of climax theory: the climax as a population and pattern[J]. Ecological monographs, 23(1): 41–78.

WIEGAND T, MOLONEY K A. 2004. Rings, circles, and null–models for point pattern analysis in ecology[J]. Oikos, 104(104): 209–229.

WU F, LIAO B W, CHEN Y J, et al. 2020. Niches of nine mangrove species in a *Sonneratia apetala*–colonized area of Dongzhai Harbor, Hainan Island, China[J]. Ecology and Evolution, 10(20): 11838–11846.

WU Z, RAVEN P. 2003. Flora of China (Vol.5)[M]. Beijing: Science Press.

WU Z, RAVEN P. 2011. Flora of China (Vol.19)[M]. Beijing: Science Press.

XIE D, LIU B, ZHAO L N, et al. 2021. Diversity of higher plants in China[J]. Journal of Systematics and Evolution, 59(5): 1111–1123.

ZHANG G F, LI Q, HOU X. 2018. Structural diversity of naturally regenerating Chinese yew (*Taxus wallichiana* var. *mairei*) populations in ex situ conservation[J]. Nordic Journal of Botany, 36: 1–10.

ZHANG H, LAI P Y, JIM C Y. 2017. Species diversity and spatial pattern of old and precious trees in Macau[J]. Landscape and Urban Planning, 162: 56–67.

ZHANG R Q, YANG J, JIN X L, et al. 2011. Dynamic activity of endogenous plant hormones in *Zelkova schneideriana* during the growth of seedlings[J]. Nonwood Forest Research, 29(4): 1–5.

ZHANG Y H, WANG I J, COMES H P, et al. 2016. Contributions of historical and contemporary geographic and environmental factors to phylogeographic structure in a Tertiary relict species, *Emmenopterys henryi* (Rubiaceae)[J]. Scientific Reports, 6(1): 24041.

安徽植被协作组. 1983. 安徽植被[M]. 合肥: 安徽科学技术出版社.

安静, 吴玲, 王海娟, 等. 2017. 不同干扰程度下沙生植物异翅独尾草的种群结构与动态特征[J]. 生态学报, 37(6): 2023–2032.

安树青, 李升峰, 王峥峰, 等. 1997. 南京灵谷寺森林动态变化的研究[J]. 植物学报, 39(7): 661–666.

安树青, 赵儒林. 1991. 中国北亚热带次生林植被特征分析[J]. 南京大学学报（自然科学版）, 27: 323–331.

白尚斌, 周国模, 王懿祥, 等. 2013a. 天目山保护区森林群落植物多样性对毛竹入侵的响应及动态变化[J]. 生物多样性, 21(3): 288–295.

白尚斌, 周国模, 王懿祥, 等. 2013b. 毛竹入侵对常绿阔叶林主要树种的化感作用研究[J]. 环境科学, 34(10): 4066–4072.

鲍芳, 石福臣. 2007. 互花米草与芦苇耐盐生理特征的比较分析[J]. 植物研究, 118(4): 421–427.

蔡蔚祺，邓懋杉, 蔡守坤. 1981. 中亚热带常绿阔叶林植被地带在江苏境内界线的意见[J]. 地理学报,

36(4): 450–453.

蔡小英, 范海兰, 洪滔, 等. 2006. 福州琅岐风景区景观林朴树种群生命表分析[J]. 北华大学学报（自然科学版）, 7(6): 545–548.

曹福亮. 2007. 中国银杏志[M]. 北京: 中国林业出版社.

陈恒彬, 张凤金, 阮志平, 等. 2013. 观赏藤本植物[M]. 武汉: 华中科技大学出版社.

陈灵芝. 2019. 中国植物区系与植被地理[M]. 北京: 科学出版社.

陈龙涛, 石晓东, 高润梅. 2016. 山西陵川南方红豆杉群落种间联结与生态位特征研究[J]. 植物科学学报, 34(4): 521–529.

陈霞, 袁在翔, 金雪梅, 等. 2020. 紫金山针阔混交林主要植物种群生态位特征[J]. 中南林业科技大学学报, 40(8): 113–119.

陈小勇. 2000. 生境片断化对植物种群遗传结构的影响及植物遗传多样性保护[J]. 生态学报, 20(5): 884–892.

陈晓德. 1998. 植物种群与群落结构动态量化分析方法研究[J]. 生态学报, 18(2): 104–107.

单树模, 王庭槐, 金其铭. 1986. 江苏省地理[M]. 南京: 江苏教育出版社.

邓懋彬, 金岳杏, 盛国英, 等. 1997. 银缕梅花芽生长和开花习性的观察[J]. 应用与环境生物学报, 3(3): 226–229.

邓青珊, 陈思静, 鲁长虎. 2010. 鸟类对南方红豆杉种子的取食与搬运[J]. 林业科学, 46(2): 157–161.

董鹏, 彭智奇, 朱弘, 等. 2022. 南京老山秤锤树空间分布格局及种间关联性[J]. 广西植物, 42(2): 247–256.

董雪, 李永华, 辛智鸣, 等. 2020. 敦煌西湖荒漠–湿地生态系统优势物种生态位研究[J]. 生态学报, 40(19): 6841–6849.

方精云, 王国宏. 2020. 中国植被志: 为中国植被登记造册[J]. 植物生态学报, 42(2): 93–95.

傅立国. 1992. 中国植物红皮书: 稀有濒危植物（第一册）[M]. 北京：科学出版社.

高邦权, 张光富. 2005. 南京老山国家森林公园朴树种群结构与分布格局研究[J]. 广西植物, 25(3): 406–412.

高贤明, 王巍, 杜晓军, 等. 2001. 北京山区辽东栎林的径级结构、种群起源及生态学意义[J]. 植物生态学报, 25(6): 673–678.

龚滨, 夏洋洁, 张光富, 等. 2012. 中国特有珍稀濒危树种银缕梅种群结构和空间格局[J].生态与农村环境学报, 28(6): 638–646.

管玉娟, 张利权. 2008. 影像融合技术在滩涂湿地植被分类中的应用[J]. 海洋环境科学, 27(6): 647–652.

郭连金. 2009. 濒危植物香果树(*Emmenopterys henryi*)种群结构与动态[J]. 植物科学学报, 27(5): 509–514.

郝日明, 黄致远, 刘兴剑, 等. 2000. 中国珍稀濒危保护植物在江苏省的自然分布及其特点[J]. 生物多样性, 8(2): 153–162.

郝日明, 魏宏图. 1999. 紫金山森林植被性质与常绿落叶阔叶混交林重建可能性的探讨[J]. 植物生态学报, 23(2): 108–115.

何方, 王义强, 吕芳德, 等. 1995. 湖南银杏分布区土壤类型的研究[J]. 经济林研究, 13(3): 1–12, 61.

贺强. 2021. 生物互作与全球变化下的生态系统动态: 从理论到应用[J]. 植物生态学报, 45(10): 1075–1093.

贺善安, 李新华, 彭峰, 等. 2007. 南方红豆杉迁地保护小种群动态的研究[J]. 植物资源与环境学报, 16(1): 35–39.

洪必恭, 金济民. 1984. 划分江苏植被带界线的新尝试[J]. 南京大学学报(自然科学版), 20(2): 314–320, 420.

侯清晨, 冯燕楼, 周玉洁, 等, 2022. 植物入侵机制的主要假说[J]. 应用生态学报, 33(11): 3105–3115.

胡玉佳, 李玉杏. 1992. 海南岛热带雨林[M]. 广州: 广东高等教育出版社.

黄宝龙. 1998. 江苏森林[M]. 南京：江苏科学技术出版社.

黄华梅, 张利权, 袁琳. 2007. 崇明东滩自然保护区盐沼植被的时空动态[J]. 生态学报, 27(10): 4166–4172.

黄林娟, 于燕妹, 安小菲, 等. 2021. 广西大石围天坑群天坑森林主要木本植物种间关联性研究[J]. 广西植物, 41(5): 695–706.

黄石德, 聂森, 肖祥希, 等. 2023. 武夷山米槠群落优势种群生态位与种间联结[J].植物科学学报, 41(3):291–300.

黄威廉, 屠玉麟, 杨龙. 1988. 贵州植被[M]. 贵阳: 贵州人民出版社.

黄威廉. 1993. 台湾植被[M]. 北京: 中国环境科学出版社.

黄玉清, 李先琨, 苏宗明. 2000. 元宝山南方红豆杉种群结构——Ⅱ. 高度结构[J]. 广西植物, 20(2): 126–130.

江波, 周先容, 尚进, 等. 2018. 中国特有植物巴山榧树的种群结构与动态[J]. 生态学报, 38(3): 1–12.

江洪. 1992. 云杉种群生态[M]. 北京: 中国林业出版社.

江焕, 张辉, 龙文兴, 等. 2019. 金钟藤入侵群落的种间联结及生态位特征[J]. 生物多样性, 27(4): 388–399.

蒋国梅, 孙国, 张光富, 等. 2010. 濒危植物宝华玉兰种内与种间竞争[J]. 生态学杂志, 29(2): 201–206.

金超, 吴初平, 丁易, 等. 2021. 午潮山常绿次生阔叶林主要木本植物功能群及其演替特征[J]. 生态学报, 41(8): 3053–3066.

康华靖, 陈子林, 刘鹏, 等. 2007. 大盘山自然保护区香果树种群结构与分布格局[J]. 生态学报, 27(1): 389–396.

康永祥, 康博文, 刘建军, 等. 2010. 陕北黄土高原文冠果群落结构及物种多样性[J]. 生态学报, 30(16): 4328–4339.

孔磊, 朱莹, 沈静静, 等. 2015. 江苏溧阳香果树群落组成及物种多样性分析[J].中南林业科技大学学报, 35(3): 84–89.

赖小连, 颜玉娟, 颜立红. 2020. NaCl胁迫对黄檀幼苗生长及生理特性的影响[J]. 植物生理学报, 56(2): 309–316.

李德铢. 2018. 中国维管植物科属词典[M]. 北京：科学出版社.

李玲, 张光富, 王锐, 等. 2011. 天目山自然保护区银杏天然种群生命表[J]. 生态学杂志, 30(1): 53–58.

李宁, 张娜, 徐静文, 等. 2020. 斑块生境中啮齿类和蚁类动物对南方红豆杉地面种子的搬运[J]. 生态学杂志, 39(4): 1248–1253.

李丘霖, 宗秀虹, 邓洪平, 等. 2017. 赤水桫椤群落乔木层优势物种生态位与种间联结性研究[J]. 西北植物学报, 37(7): 1422–1428.

李寿寅, 屈秀宜. 1990. 江苏省区域地质特征概述[J]. 中国区域地质, 9(3): 193–205, 221.

李伟, 王瑞雪, 张光富, 等. 2014. 南方红豆杉迁地保护种群的点格局分析[J]. 生态学杂志, 33(1): 16–22.

李伟. 2015. 苏南地区3种国家级珍稀保护树种的种群生态学研究[D]. 南京：南京师范大学.

李锡文. 1996. 中国种子植物区系统计分析[J]. 云南植物研究, 18(4): 363–384.

李新华, 董怡霄, 徐石清, 等. 2009. 南京灵谷寺森林中鸟类对湘楠种子的传播作用[J]. 生态学杂志, 28(1): 32–37.

李先琨, 向悟生, 欧祖兰, 等. 2003. 濒危植物南方红豆杉种群克隆生长空间格局与动态[J]. 云南植物研究, 25(6): 625–632.

李肇晨, 罗微, 陈永富, 等. 2015. 海南霸王岭陆均松空间分布格局及其与微生境异质性的关系[J]. 生态学报, 35(8): 2545–2554.

李振基, 丁鑫, 江凤英, 等. 2021. 福建植被志[M]. 福州: 福建科学技术出版社.

连宾. 2022. 广义生物安全学[M]. 北京: 科学出版社.

梁爽, 许涵, 林家怡, 等. 2014. 尖峰岭热带山地雨林优势树种白颜树空间分布格局[J]. 植物生态学报, 38(12): 1273–1282.

林承超, 魏守珍, 肖海燕, 等. 1995. 从琅岐岛滨海沙丘朴树群落特征探讨福建沿海防护林更新与改造问题[J]. 生态学报, 15(1): 54–60.

凌云, 张光富, 王锐. 2011. 南京老山国家森林公园朴树种群动态[J]. 生态与农村环境学报, 27(2): 28–34.

刘昉勋, 邓懋彬. 1964. 论江苏省三个植被带的特征及其分界问题[J]. 植物生态学与地植物学丛刊, 2(2): 256–261.

刘昉勋, 黄致远. 1982. 江苏省地带性植被的基本特点与分布规律[J]. 植物生态学与地植物学丛刊, 6 (3): 236–246.

刘昉勋, 黄致远, 蔡守坤. 1986. 江苏海岸沙生植被的研究[J]. 植物生态学报, 10 (2): 115–123.

刘昉勋, 黄致远. 1987. 江苏省植被区划[J]. 植物生态学报, 11(3): 226–233.

刘峰, 陈伟烈, 贺金生. 2000. 神农架地区锐齿槲栎种群结构与更新的研究[J]. 植物生态学报, 24(4): 396–401.

刘启新. 2015. 江苏植物志（第1卷）[M]. 南京：江苏凤凰科学技术出版社.

刘启新. 2015. 江苏植物志（第2卷）[M]. 南京：江苏凤凰科学技术出版社.

刘启新. 2015. 江苏植物志（第3卷）[M]. 南京：江苏凤凰科学技术出版社.

刘启新. 2015. 江苏植物志（第4卷）[M]. 南京：江苏凤凰科学技术出版社.

刘启新. 2015. 江苏植物志（第5卷）[M]. 南京：江苏凤凰科学技术出版社.

刘润红, 常斌, 荣春艳, 等. 2018. 漓江河岸带枫杨群落主要木本植物种群生态位[J]. 应用生态学报, 29(12): 3917–3926.

刘润红, 陈乐, 涂洪润, 等. 2020. 桂林岩溶石山青冈群落灌木层主要物种生态位与种间联结[J]. 生态学报, 40(6): 2057–2071.

刘苏, 王祥荣. 2002. 生态入侵及其对植被生态系统服务功能的影响研究[J].复旦学报（自然科学版）, 41(4): 460–465.

刘文治, 张全发, 李天煜, 等. 2006. 丹江口库区湿地植被的数量分类和排序[J]. 武汉植物学研究, 24(3): 220–224.

刘长渠, 黄华, 杨月琴, 等. 2016. 南京紫金山地区鼠类对3种栎树橡子的取食和扩散[J]. 河南科技大学学报（自然科学版）, 37(3): 78–81, 86, 90.

陆树刚. 2007. 蕨类植物学[M]. 北京: 高等教育出版社.

马福, 张建龙. 2009. 中国重点保护野生植物资源调查[M]. 北京: 中国林业出版社.

马克平. 2017. 森林动态大样地是生物多样性科学综合研究平台[J]. 生物多样性, 25(3): 227–228.

米湘成, 郭静, 郝占庆, 等. 2016. 中国森林生物多样性监测: 科学基础与执行计划[J]. 生物多样性, 24(11): 1203–1219.

南程慧, 汤庚国, 王贤荣, 等. 2009. 江西瑞昌大禾塘村南方红豆杉古树群调查[J]. 江西林业科技, 36(2):33–35, 40.

倪健忠, 孙刚, 郑刚. 2011. 江苏省古树名木资源调查及其保护对策[J]. 华东森林经理, 25(3): 65–67.

钮峥洋, 张晓晨, 祁奇, 等. 2019. 江苏宝华山自然保护区紫楠群落基本特征[J]. 浙江农林大学学报, 36(6): 1134–1141.

彭仙丽, 李莉, 张光富, 等. 2017. 苏南山区5个斑块香果树群落物种组成及多样性特征[J]. 植物资源与环境学报, 26(4): 93–100.

彭焱松, 张晓波, 桂忠明, 等. 2013. 庐山香果树毛竹混交林空间格局研究[J]. 广西植物, 33(4): 502–507.

秦国峰, 周志春. 2012. 中国马尾松优良种质资源[M]. 北京: 中国林业出版社.

秦仁昌. 1978. 中国蕨类植物科属的系统排列和历史来源[J]. 植物分类学报, 16(3): 1–19.

秦新生, 张荣京, 邢福武. 2014. 海南石灰岩地区的种子植物区系[J]. 华南农业大学学报, 35 (3): 90–99.

曲仲湘, 文振旺, 朱克贵. 1952. 南京灵谷寺森林的分析[J]. 植物学报, 1(1): 18–49.

曲仲湘, 文振旺. 1953. 江苏琅琊山林木现状的分析[J]. 植物学报, 2(3): 349–370.

曲仲湘, 文振旺. 1955. 南京栖霞山林木现况的观察[J]. 复旦学报（自然科学）, (1): 126–147.

任国学, 刘金福, 徐道炜, 等. 2011. 戴云山国家级自然保护区黄山松群落类型与物种多样性分析[J]. 植物资源与环境学报, 20(3): 82–88.

任海, 蔡锡安, 饶兴权, 等. 2001. 植物群落的演替理论[J]. 生态科学, 20(4): 59–67.

任海. 2023. 演替理论与植被恢复[J]. 广西植物, 43(8): 1516–1523.

任洁, 张光富, 胡瑞坤, 等. 2012. 浙江龙王山银缕梅种群结构和分布格局研究[J]. 植物研究, 32(5): 554–560.

茹文明, 张金屯, 张峰, 等. 2006. 濒危植物南方红豆杉濒危原因分析[J]. 植物研究, 26(5): 624–628.

邵燕, 汤庚国. 2007. 南京老山地区地被植物资源调查与应用[J]. 江苏林业科技, 34(4): 27–31.

沈国舫. 2020. 中国主要树种造林技术[M]. 北京: 中国林业出版社.

施雅风, 崔之久, 李吉均. 1989. 中国东部第四纪冰川与环境问题[M]. 北京: 科学出版社.

舒琪, 徐瑞晶, 胡璇, 等. 2021. 海南岛甘什岭青梅群落主要乔木树种生态位与种间联结[J]. 生态学杂志, 40(9): 2689–2697.

宋永昌, 阎恩荣, 宋坤. 2017. 再议中国的植被分类系统[J]. 植物生态学报, 41(2): 269–278.

宋永昌. 2004. 中国常绿阔叶林分类试行方案[J]. 植物生态学报, 28(4): 435–448.

宋永昌. 2007. 中国东部常绿阔叶林生态系统退化机制与生态恢复[M]. 北京: 科学出版社.

宋永昌. 2013. 中国常绿阔叶林: 分类・生态・保育[M]. 北京: 科学出版社.

宋永昌. 2017. 植被生态学 [M]. 2版. 北京: 高等教育出版社.

苏卫国, 王小琼, 高云云. 2011. 盐胁迫对园林植物女贞的影响[J]. 安徽农业科学, 39(18): 10880–10881, 10898.

孙启武, 王磊, 张小平, 等. 2009. 皖南山区南方红豆杉种群动态研究[J]. 林业科学研究, 22(4): 579–585.

涂洪润, 李娇凤, 杨丽婷, 等. 2019. 桂林岩溶石山青冈群落主要乔木树种的种间关联[J]. 应用生态学报, 30(1): 67–76.

汪殿蓓, 暨淑仪, 陈飞鹏. 2001. 植物群落物种多样性研究综述[J]. 生态学杂志, 20(4): 55–60.

汪松, 解焱. 2004. 中国物种红色名录(第一卷)[M]. 北京: 高等教育出版社.

王国祥, 马向东, 常青. 2015. 洪泽湖湿地[M]. 北京: 科学出版社.

王荷生. 1992. 植物区系地理[M]. 北京: 科学出版社.

王荷生. 1997. 华北植物区系地理[M]. 北京: 科学出版社.

王坚强, 张光富, 朱俊洪, 等. 2016. 濒危植物香果树在江苏的分布及其调查初报[J]. 江苏林业科技, 43(1): 25–28.

王剑伟, 张光富, 陈会艳. 2008. 特有珍稀植物宝华玉兰种群分布格局和群落特征[J]. 广西植物, 28(4): 489–494.

王磊, 孙启武, 郝朝运, 等. 2010. 皖南山区南方红豆杉种群不同龄级立木的点格局分析[J]. 应用生态学报, 21(2): 272–278.

王林林, 唐坚强, 张光富, 等. 2012. 南京朴树林竞争强度及其群落稳定性[J]. 生态与农村环境学报, 28(6): 654–660.

王卿, 安树青, 马志军, 等. 2006. 入侵植物互花米草——生物学、生态学及管理 [J]. 植物分类学报, 44(5): 559–588.

王仁卿, 周光裕. 2000. 山东植被[M]. 济南: 山东科学技术出版社.

王献溥, 郭柯, 温远光. 2014. 广西植被志要[M]. 北京: 高等教育出版社.

王志伟, 谢梦洁, 赵言文. 2010. 江苏省生物多样性及其保育[J]. 江苏农业科学, 38(4): 341–344.

翁东明, 郭瑞, 张宏伟, 等. 2014. 浙江省自然保护区落叶阔叶林群落物种组成与结构比较研究[J]. 浙江大学学报（理学版）, 41(5): 600–610.

吴统贵, 吴明, 萧江华. 2008. 杭州湾滩涂湿地植被群落演替与物种多样性动态[J]. 生态学杂志, 27(8): 1284–1289.

吴兆洪, 秦仁昌. 1991. 中国蕨类植物科属志[M]. 北京: 科学出版社.

吴征镒, 路安民, 汤彦承, 等. 2003. 中国被子植物科属综论[M]. 北京: 科学出版社.

吴征镒, 路安民, 汤彦承,等. 2002. 被子植物的一个“多系–多期–多域”新分类系统总览[J]. 植物分类学报, 40(4): 289–322.

吴征镒, 孙航, 周浙昆, 等. 2011. 中国种子植物区系地理[M]. 北京: 科学出版社.

吴征镒, 周浙昆, 孙航, 等. 2006. 种子植物分布区类型及其起源和分化[M]. 昆明: 云南科技出版社.

吴征镒. 1980. 中国植被[M]. 北京: 科学出版社.

吴征镒. 1991. 中国种子植物属的分布区类型[J]. 云南植物研究, 13(S4): 1–139.

夏露, 张强, 孙宁, 等. 2015. 1960—2012年江苏省气候变化特征[J]. 冰川冻土, 37(6): 1480–1489.

肖艳梅, 解婧媛, 姚义鹏, 等. 2021. 桂林岩溶石山常绿落叶阔叶混交林乔木层优势物种生态位研究[J]. 生态学报, 41(20): 8159–8170.

辛建攀, 田如男. 2017. 江苏野生藤本植物多样性初探[J]. 广西植物, 37(3): 356–364, 334.

熊文愈, 韩福庆, 姚琢. 1983. 南京灵谷寺森林的变化分析[J]. 南京林业大学学报（自然科学版）, 26(2): 1–23.

熊志斌, 令狐克鸿, 覃汉标, 等. 2010. 茂兰保护区板寨河头原生林与小七孔卧龙坝次生林物种多样性比较[J]. 贵州科学, 28(2): 60–65.

徐驰, 刘茂松, 张明娟, 等. 2004. 南京灵谷寺森林50年来的动态变化研究[J]. 植物生态学报, 28(5): 601–608.

徐惠强, 郝日明, 姚志刚, 等. 2001. 珍稀树种小叶银缕梅和宝华玉兰自然现状及其就地保护研究[J]. 江苏林业科技, 28(5): 19–21.

徐惠强, 张光富. 2023. 江苏林木种质资源[M]. 南京: 南京师范大学出版社.

徐惠强. 2012. 江苏湿地[M]. 北京: 中国林业出版社.

徐惠强. 2017. 江苏重点保护野生植物资源[M]. 南京: 南京师范大学出版社.

徐满厚, 刘敏, 翟大彤, 等. 2016. 植物种间联结研究内容与方法评述[J]. 生态学报, 36(24): 8224–8233.

徐卫红, 王艾平, 章志琴. 2010. 武夷山香果树种群格局的分形特征——信息维数[J]. 浙江林业科技, 30(2): 31–35.

许强, 吕金枝, 苗艳明, 等. 2016. 翅果油树群落主要物种空间分布格局及其关联性[J]. 植物学报, 51(1): 49–57.

许中旗, 李文华, 鲍维楷, 等. 2005. 植被原生演替研究进展[J]. 生态学报, 25(12): 3383–3389.

闫小玲, 严靖, 王樟华, 等. 2020. 中国外来入侵植物志（第一卷）[M]. 上海: 上海交通大学出版社.

严岳鸿, 张宪春, 马克平. 2013. 中国蕨类植物多样性与地理分布[M]. 北京: 科学出版社.

阎传海, 张绅, 宋永昌. 1995. 南京地区森林植被性质的初步研究[J]. 植物生态学报, 19(3): 280–285.

阳文锐, 李锋, 王如松, 等. 2013. 城市土地利用的生态服务功效评价方法——以常州市为例[J]. 生态学报, 33(14): 4486–4494.

杨国华. 1985. 江苏新生代植被的变迁[J]. 南京师大学报（自然科学版）, 8(1): 72–76.

杨俊博, 田锴, 吴传万, 等. 2021. 江苏植被的分布现状、驱动力及保护建议[J].中国科学: 生命科学, 51(3): 242–253.

杨清培, 金志农, 裘利洪, 等. 2014. 江西武夷山南方铁杉更新格局及代际关联性分析[J]. 生态学杂志, 33(4): 939–945.

杨小波. 2011. 海南岛陆域国家级森林生态系统自然保护区森林植被研究[M]. 北京: 科学出版社.

姚锐. 2017. 苏南山区珍稀濒危植物榉树的群落结构、种群动态及其维持机制[D]. 南京：南京师范大学.

姚志刚, 陈玉清, 袁芳, 等. 2014. 江苏省滨海湿地现状、问题及保护对策[J]. 林业科技开发, 28(4): 10–14.

叶权平, 张文辉, 于世川, 等. 2018. 桥山林区麻栎群落主要乔木种群的种间联结性[J]. 生态学报, 38(9): 3165–3174.

印红. 2013. 中国珍稀濒危植物图鉴[M]. 北京: 中国林业出版社.

于永福. 1999. 中国野生植物保护工作的里程碑——《国家重点保护野生植物名录（第一批）》出台[J]. 植物杂志, 5(4): 3–11.

袁在翔, 金雪梅, 马婷瑶. 2017. 南京灵谷寺栓皮栎种群结构与动态[J]. 生态学杂志, 36(6): 1488–1494.

袁志良, 王婷, 朱学灵, 等. 2011. 宝天曼落叶阔叶林样地栓皮栎种群空间格局[J]. 生物多样性, 19(2): 224–231.

苑海静, 成向荣, 虞木奎, 等. 2021. 不同种源麻栎生长性状的地理变异[J]. 应用生态学报, 32(8): 2791–2799.

臧润国. 2004. 海南岛热带林生物多样性维持机制[M]. 北京: 科学出版社.

张光富, 陈会艳, 陈瑞冰, 等. 2007. 南京近郊自然湿地维管植物群落特征[J]. 生态学杂志, 163(2): 145–150.

张光富, 钱士心. 2005. 安徽祁门地区种子植物区系组成及特征[J]. 植物研究, 25(3): 351–357.

张光富, 熊天石, 孙婷, 等. 2022. 江苏珍稀濒危植物的多样性、分布及保护[J]. 生物多样性, 30(2): 21335.

张光富, 张小平. 1998. 安徽省板桥山地种子植物区系初步分析[J]. 植物科学学报, 16(2): 137–148.

张光富. 1998. 安徽板桥自然保护区蕨类植物区系研究[J]. 山地学报, 16(4): 303–308.

张光富. 2007. 安徽板桥自然保护区植物多样性[M]. 南京: 南京师范大学出版社.

张金屯. 2004. 数量生态学[M]. 北京：科学出版社.

张宪春. 2012. 中国石松类和蕨类植物[M]. 北京：北京大学出版社.

张雄邦, 姚锐, 张光富. 2016. 南京老山国家森林公园朴树群落优势种的种间关系[J]. 南京师大学报（自然科学版）, 39(4): 56–64.

张元燕, 虞木奎, 方炎明. 2014. 麻栎不同种源的表型性状变异分析[J]. 植物资源与环境学报, 23(3): 36–44.

赵清, 丁登山, 阎传海. 2003. 南京幕燕山地森林植被恢复重建研究[J]. 地理研究, 22(6): 742–750.

赵学农,刘伦辉, 高圣义, 等. 1993. 版纳青梅种群结构动态与分布格局[J]. 植物学报, 35(7): 552–560.

赵媛. 2011. 江苏地理[M]. 北京: 北京师范大学出版社.

中国科学院中国植物志编辑委员会. 1978. 中国植物志（第七卷）[M]. 北京: 科学出版社.

中国科学院中国植物志编辑委员会. 2004. 中国植物志（第一卷）[M]. 北京: 科学出版社.

中国植物志编辑委员会. 1999. 中国植物志（第七十七卷, 第一分册）[M]. 北京: 科学出版社.

钟育谦. 2016. 江苏珍稀植物图鉴[M]. 南京: 南京师范大学出版社.

朱琼琼, 鲁长虎. 2007. 食果鸟类在红豆杉天然种群形成中的作用[J]. 生态学杂志, 28(6): 1238–1243.

江苏重要植被群系索引

（按首字拼音顺序排列）